中国水利学会

2021 学术年会论文集

第四分册

中国水利学会 编

黄河水利出版社

·郑州·

内 容 提 要

本书是以"谋篇布局'十四五'，助推新阶段水利高质量发展"为主题的中国水利学会2021学术年会论文合辑，积极围绕当年水利工作热点、难点、焦点和水利科技前沿问题，重点聚焦水资源短缺、水生态损害、水环境污染和洪涝灾害频繁等新老水问题，主要分为水资源、水生态、流域生态系统保护修复与综合治理、山洪灾害防御、地下水等板块，对促进我国水问题解决、推动水利科技创新、展示水利科技工作者才华和成果有重要意义。

本书可供广大水利科技工作者和大专院校师生交流学习和参考。

图书在版编目（CIP）数据

中国水利学会 2021 学术年会论文集：全五册/中国水利学会编. —郑州：黄河水利出版社，2021.12
ISBN 978-7-5509-3203-6

Ⅰ．①中… Ⅱ．①中… Ⅲ．①水利建设-学术会议-文集 Ⅳ．①TV-53

中国版本图书馆 CIP 数据核字（2021）第 268079 号

策划编辑：杨雯惠 电话：0371-66020903 E-mail：yangwenhui923@163.com

出 版 社：黄河水利出版社
地址：河南省郑州市顺河路黄委会综合楼 14 层
发行单位：黄河水利出版社
发行部电话：0371-66026940、66020550、66028024、66022620（传真）
E-mail：hhslcbs@126.com
承印单位：广东虎彩云印刷有限公司
开本：787 mm×1 092 mm 1/16
印张：158.25（总）
字数：5 013 千字（总）
版次：2021 年 12 月第 1 版
网址：www.yrcp.com
邮政编码：450003
印次：2021 年 12 月第 1 次印刷

定价：720.00 元（全五册）

中国水利学会 2021 学术年会论文集

编 委 会

主　编：汤鑫华

副主编：（以姓氏笔画为序）

丁留谦	马保松	王锦国	田以堂	司富安	吕　娟
刘九夫	刘咏峰	江恩慧	汤鑫华	许唯临	孙东亚
李行伟	李会中	李锦秀	李键庸	吴　剑	沙志贵
张　雷	张尚弘	陈茂山	陈晓宏	赵顺安	袁其田
钱　峰	倪　莉	徐　辉	高而坤	营幼峰	彭文启
蒋云钟	程　锐	蔡　阳	滕彦国	颜文耀	

委　员：（以姓氏笔画为序）

万成炎	王　乐	王　琼	王玉璠	王团乐	甘治国
成静清	朱莎莎	刘玉龙	刘昌军	刘智勇	刘锦权
闫雪峰	汤显强	祁　伟	李　亮	李　琳	李军华
李贵宝	李聂贵	杨　帆	杨姗姗	肖新宗	吴　娟
谷金钰	沈艳军	张　诚	张建立	邵天一	周　林
赵进勇	荆新爱	聂锐华	贾海涛	凌永玉	郭新蕾
唐彩红	涂新军	黄　胜	梁　梁	梁志勇	彭桃英
程　璐	温立成	窦　智	颜文珠	霍炜洁	

前言 Preface

　　学术交流是学会立会之本。作为我国历史上第一个全国性水利学术团体，90 年来，中国水利学会始终秉持"联络水利工程同志、研究水利学术、促进水利建设"的初心，团结广大水利科技工作者砥砺奋进、勇攀高峰，为我国治水事业发展提供了重要科技支撑。自 2001 年创立年会制度以来，中国水利学会认真贯彻党中央、国务院方针政策，落实水利部和中国科协决策部署，紧密围绕水利中心工作，针对当年水利工作热点、难点、焦点和水利科技前沿问题，邀请专家、代表和科技工作者展开深层次的交流研讨。中国水利学术年会已成为促进我国水问题解决、推动水利科技创新、展示水利科技工作者才华和成果的良好交流平台，为服务水利科技工作者、服务学会会员、推动水利学科建设与发展做出了积极贡献。

　　中国水利学会 2021 学术年会以习近平新时代中国特色社会主义思想为指导，认真贯彻落实"节水优先、空间均衡、系统治理、两手发力"的治水思路，以"谋篇布局'十四五'，助推新阶段水利高质量发展"为主题，聚焦水资源短缺、水生态损害、水环境污染等问题，共设 16 个分会场，分别为：山洪灾害防御分会场；水资源分会场；2021 年中国水利学会流域发展战略专业委员会年会分会场；水生态分会场；智慧水利·数字孪生分会场；水利政策分会场；水利科普分会场；期刊分会场；检验检测分会场；水利工程教育专业认证分会场；地下水分会场；水力学与水利信息学分会场；粤港澳大湾区分会场；流域生态系统保护修复与综合治理暨第二届生态水工学学术论坛分会场；水平定向钻探分会场；国际分会场。

　　中国水利学会 2021 学术年会论文征集通知发出后，受到了广大会员和水利科技工作者的广泛关注，共收到来自有关政府部门、科研院所、大专院校、水利设计、施工、管理等单位科技工作者的论文 600 余篇。为保证本次学术年会入选论文的质量，各分会场积极组织相关领域的专家对稿件进行了评审，共评选出 377 篇主题相符、水平较高的论文入选论文集。本论文集共包括 5 册。

本论文集的汇总工作由中国水利学会学术交流与科普部牵头，各分会场积极协助，为论文集的出版做了大量的工作。论文集的编辑出版也得到了黄河水利出版社的大力支持和帮助，参与评审和编辑的专家和工作人员花费了大量时间，克服了时间紧、任务重等困难，付出了辛苦和汗水，在此一并表示感谢。同时，对所有应征投稿的科技工作者表示诚挚的谢意。

由于编辑出版论文集的工作量大、时间紧，且编者水平有限，不足之处，欢迎广大作者和读者批评指正。

中国水利学会

2021 年 12 月 20 日

目录 Contents

前言

流域发展战略与系统治理

智慧水利与数字孪生

流域发展战略与系统治理

黄河下游复式断面水沙因子计算方法

蔡蓉蓉[1]　张红武[2]

（1. 水利部国际经济技术合作交流中心，北京　100084；

2. 清华大学黄河研究中心，北京　100084）

摘　要：为了进一步研究黄河下游河道的断面特性，探究滩地范围及断面形态对河道输沙的影响，本文以黄河下游典型复式断面中的滩地为研究对象，基于黄河下游代表水文站的实测大洪水资料，通过理论分析计算的方法，对滩地宽度缩窄前后复式断面水沙因子变化规律展开研究。本文提出了一种主槽范围不变情况下，滩地宽度发生变化后，复式断面水沙因子分布情况的计算方法，以黄河下游花园口站为例，结果显示，若适当缩窄滩地的宽度，有利于增加主槽与滩地的平均流速，有利于增加滩地的水流强度，有利于滩地冲淤平衡状态的形成。本文为黄河下游河道断面特性的确定提供了新方法，能够为未来黄河下游治理方案的制订提供技术参考。

关键词：黄河下游；复式断面；水沙因子；治理方案

1　引言

目前，黄河下游河道治理仍面临水沙条件与河道边界条件不相适应、河道治理和社会发展之间矛盾重重等问题。黄河下游河段以高村站为分界，从平面上看上宽下窄，高村站以上的宽浅河段最大堤距可达 24 km[1]。受气候变化、水利枢纽的调节、水土保持工程的拦截、沿河居民用水等因素的影响[2]，黄河干流的水沙形势已发生转变。变化后的水沙条件与下游河段尤其是游荡段现存的宽边界条件不相适应，来水量减少致使水流漫滩概率减小，泥沙基本淤积于主槽，使得主槽高程不断抬高，威胁沿岸人民的生存和发展。黄河下游治理模式制订的关键之一在于下游滩区运用方式的确定。张红武[3] 提出"两道防线"治理方案，应以河道工程为依托，将生产堤高标准改造成防护堤，作为第一道防线，大堤为第二道防线，再将两道防线间道路提升成格堤，形成"三堤共存"局面。张金良[4] 提出了黄河生态治理模式，将黄河滩区分区改造为"嫩滩""二滩""高滩"。国家重点研发计划专项"黄河下游河道与滩区治理研究"项目组[5-6] 指出，为保障黄河流域的生态保护工作和高质量发展，可结合"两道防线"治理方案和黄河生态治理模式，利用第一道防线保障嫩滩和二滩的稳定性，对于防护堤内的滩区农田，实施护滩治滩工程，实现"槽滩共治"。上述研究的关键在于，需要确定稳定输沙的断面特性。

河相关系一般是指冲积河流处于冲淤平衡状态时，断面水深 H、水面宽 B、平均流速 V、比降 J 和流量 Q、含沙量 S、泥沙粒径之间的定量关系，一般可通过水文统计法、稳定性理论、极值假说等方法得到[7-8]。通常使用河相关系求解稳定河宽，进行冲积渠道断面形态的设计[9]。如 Chang[10-12] 根据给定断面流量、输沙率、粒径条件，利用水流连续方程、推移质输沙公式、阻力公式求出顺直无汊河道情形下的水流功率曲线，再结合最小水流功率假说，进而求解出其他未知量。不过，马睿[13] 提出 Chang 的求解方法仅适用于流量和含沙量较小、床沙较粗的情况，无法体现沙质河床中悬移质的造

基金项目：国家重点研发计划项目（2016YFC0402500）。

作者简介：蔡蓉蓉（1992—），女，工程师，主要从事水文泥沙研究。

通讯作者：张红武（1958—），男，教授，主要从事治河防洪及河流模拟研究。

床作用。我国学者根据黄河的实际情况，使用黄河的实测资料提出了多种限制条件，得到黄河稳定河宽或整治河宽的计算方法。例如，江恩惠等[14]采用张红武输沙能力公式、曼宁公式等条件，得出流量与稳定河宽之间的图示法关系，求得输沙平衡条件下流量为 4 000 m³/s 时黄河下游游荡段稳定河宽为 600 m 左右。不过，各家计算时考虑的限制条件不同，计算出的稳定河宽或整治河宽也不相同，且现存的稳定河宽求解方法大多存在选取参量取决于实测资料的可靠性，不适用于以悬移质输沙为主的大型冲积河流等问题。由此可见，黄河的稳定河宽问题仍是一个值得深入研究的课题。此外，上述研究多是针对河道主槽，忽略了滩地范围及断面形态对输沙的影响。本文拟开展变化滩宽下复式断面水沙因子变化研究，采用实测大洪水资料，分析主槽宽度不变的情况下，滩地宽度改变对复式断面水沙因子的影响，以期为未来黄河下游治理方案的制订提供技术参考。

2 研究方法

本节将复式断面中的滩地和主槽作为研究对象，基于实测资料分析与理论分析，对相同大洪水条件下，主槽宽度保持不变时，滩地宽度缩窄后复式断面水沙因子的变化规律展开详细研究。黄河下游典型水文断面概化图如图 1 所示，本文假定滩地宽度的改变是突然发生的，计算过程中不考虑滩地宽度改变之后的河床变形。

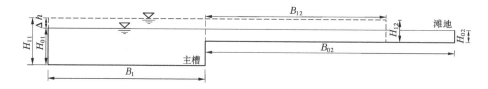

图 1　黄河下游典型水文断面概化图

假设断面滩地宽度变化前后断面的总流量和平均含沙量不变，各部分河床糙率 n、悬沙中值粒径、床沙中值粒径不变。利用水流连续方程和曼宁公式可将断面滩地宽度变化前复式断面的总流量表示为

$$Q = Q_{01} + Q_{02} = \frac{1}{n_1}\left(\frac{A_{01}}{B_1 + 2H_{01} - H_{02}}\right)^{2/3} J_0^{1/2} A_{01} + \frac{1}{n_2}\left(\frac{A_{02}}{B_{02} + H_{02}}\right)^{2/3} J_0^{1/2} A_{02} \tag{1}$$

式中：Q_{01}、B_1、H_{01}、A_{01}、J_0、n_1 分别为初始时刻主槽的流量、宽度、水深、断面面积、比降、河床糙率；Q_{02}、B_{02}、H_{02}、A_{02}、n_2 分别为初始时刻滩地的流量、宽度、水深、断面面积、河床糙率。

张治昊[15]指出，主槽的悬沙中值粒径（d_{m50}）与床沙中值粒径（D_{m50}）大于滩地的悬沙中值粒径（d_{f50}）与床沙中值粒径（D_{f50}）。但由于粒径资料匮乏，本文计算时假定滩地与主槽的粒径条件相同，即 $d_{m50} = d_{f50}$，$D_{m50} = D_{f50}$。

同理，利用水流连续方程与曼宁公式将断面滩地宽度变化后复式断面的总流量表示为

$$Q = Q_{11} + Q_{12} = \frac{1}{n_1}\left(\frac{A_{11}}{B_1 + 2H_{11} - H_{12}}\right)^{2/3} J_1^{1/2} A_{11} + \frac{1}{n_2}\left(\frac{A_{12}}{B_{12} + H_{12}}\right)^{2/3} J_1^{1/2} A_{12} \tag{2}$$

式中：Q_{11}、B_1、H_{11}、A_{11}、J_1 分别为断面滩地宽度突然改变后主槽的流量、宽度、水深、断面面积、比降；Q_{12}、B_{12}、H_{12}、A_{12} 分别为断面滩地宽度突然改变后滩地的流量、宽度、水深、断面面积。

计算使用的初始时刻断面水沙因子来源于实测大洪水资料，断面滩地宽度突然改变后的比降 J_1 由下式计算：

$$J_1 = \frac{\Delta H - \Delta h}{\Delta L} = J_0 - \frac{\Delta h}{\Delta L} \tag{3}$$

式中：Δh 为河段出口水位变化量（Δh 为正表示水面升高）；ΔH 为初始时刻相应河段入口与出口的水位差（水头损失）；ΔL 为河段长度。

本文将河段长度 ΔL 称为影响长度，即下游断面滩地宽度变化后，影响能向上游传播的最大长度。这样滩地宽度变化之后，即可忽略变化处上游 ΔL 处的水位变化，计算滩地宽度变化后的河段比降时，即可认为河段入口水位不变。本文将影响长度 ΔL 取为 10 km。

如前所述，本文不考虑断面滩地宽度变化前后的河床变形，故可将滩地断面宽度束窄后的主槽与滩地水深分别表示为

$$H_{11} = H_{01} + \Delta h \tag{4}$$

$$H_{12} = H_{02} + \Delta h \tag{5}$$

联立式（1）~ 式（5）即可试算得出 Δh，进而求得断面滩地宽度变化后的其他水力因子。

复式河道滩槽的平均含沙量并不相同，一般主槽的平均含沙量大于滩地的平均含沙量[16]。刘月兰等[17] 认为黄河下游河道入滩平均含沙量与主槽平均含沙量成正比关系：

$$S_2 = k_L S_1 \tag{6}$$

式中：k_L 为比例系数，高村以上河段取 2/3，高村以下河段取 1/2；S_2 为滩地平均含沙量；S_1 为主槽平均含沙量。

采用式（6）处理滩槽平均含沙量关系，得到

$$S_1 = \frac{QS}{Q_1 + k_L Q_2} \tag{7}$$

$$S_2 = \frac{k_L QS}{Q_1 + k_L Q_2} \tag{8}$$

式中：Q 为断面总流量；S 为断面平均含沙量；Q_1 为主槽流量；Q_2 为滩地流量。

使用面积型弗劳德数 Fr_A [18] 计算主槽、滩地、全断面的水流强度：

$$Fr_A = \frac{V}{\sqrt{g \sqrt{A_c}}} \tag{9}$$

式中：A_c 为断面面积。

使用张罗号等[19] 提出的冲淤判数估计主槽与滩地的冲淤情况，冲淤判数 ψ_s 的表达式为

$$\psi_s = S/S_* \tag{10}$$

式中：S_* 为水流挟沙力，采用张红武挟沙力公式计算。

$\psi_s = 1$ 时河床冲淤平衡，$\psi_s > 1$ 时河床淤积，$\psi_s < 1$ 时河床冲刷。

3 研究结果

以黄河下游花园口（秦厂）站断面为例，根据 1958 年 7 月 18 日 7 时 30 分至 13 时 00 分洪水实测资料得出花园口站断面主槽、滩地、全断面的流量、水面宽、面积、水深、平均流速、比降（见表 1）。由于缺乏泥沙级配资料，借用花园口站 1961—2000 年的多年平均中值粒径作为此次计算的悬移质中值粒径，为 0.019 mm，颗粒沉速取 0.25 cm/s，取悬移质中值粒径的倍数作为河床质中值粒径。花园口站断面滩槽特征因子如表 1 所示，由冲淤判数看出，该时段主槽发生冲刷，滩地发生严重淤积。

表 1 1958 年 7 月 18 日花园口站断面滩槽特征因子

项目	$Q/$（m³/s）	$B/$m	$A_c/$m²	$h/$m	$V/$（m/s）	n	$J/10^{-4}$	Fr_A	$S_*/$（kg/m³）	ψ_s
全断面	17 183.2	3 509.1	7 509.6	2.14	2.29					
主槽	16 068.0	1 367.2	5 263.5	3.85	3.05	0.014	3.2	0.114	96.2	0.9
滩地	1 115.2	2 141.9	2 246.1	1.05	0.50	0.037	3.2	0.023	4.6	12.5
槽滩水流强度之比	4.97									

花园口站主槽及滩地平均流速与滩地宽度的关系如图 2 所示。随着滩地宽度的缩小，主槽平均流速与滩地平均流速均先增大后减小，存在极大值。主槽平均流速达到极大值时对应的滩地宽度为556.9 m，滩地平均流速达到极大值时对应的滩地宽度为 115.9 m。

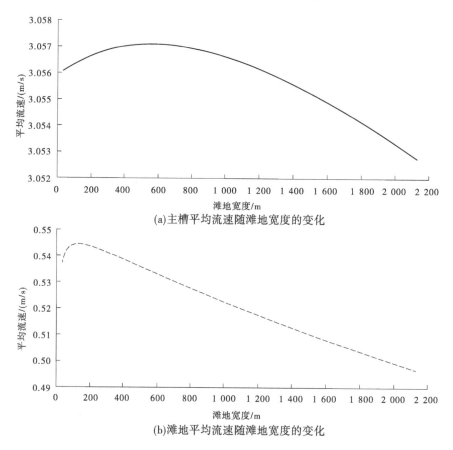

(a)主槽平均流速随滩地宽度的变化

(b)滩地平均流速随滩地宽度的变化

图 2　花园口站主槽与滩地平均流速随滩地宽度的变化

花园口站主槽及滩地面积型弗劳德数与滩地宽度的关系如图 3 所示。主槽的水流强度变化不大，滩地水流强度随滩地宽度的缩小而增大。在滩地宽度由 2 131.9 m 缩窄至 31.9 m 的过程中，主槽水流强度的变幅远小于滩地水流强度的变幅；主槽面积型弗劳德数由 0.114 5 减至 0.112 8，减幅为1.5%；滩地面积型弗劳德数由 0.023 1 增至 0.067 5，增幅为 192.2%。

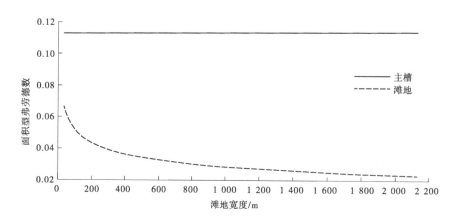

图 3　花园口站主槽及滩地面积型弗劳德数与滩地宽度的关系

花园口站主槽及滩地挟沙力与滩地宽度的关系如图 4 所示。主槽挟沙力随滩地宽度的缩小逐渐减小，而滩地的挟沙力随滩地宽度的缩小先增大后减小，存在极大值，此极值对应的滩地宽度为241.9 m。

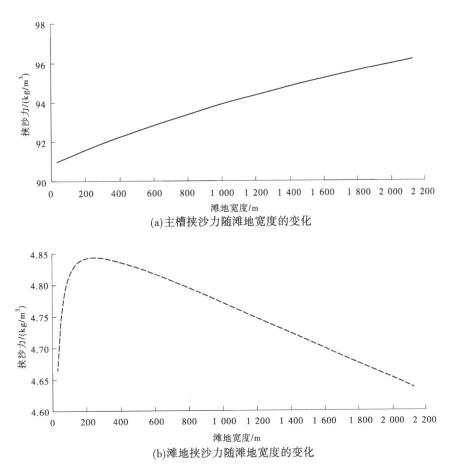

(a)主槽挟沙力随滩地宽度的变化

(b)滩地挟沙力随滩地宽度的变化

图4　花园口站主槽与滩地挟沙力与滩地宽度的关系

　　花园口站主槽及滩地冲淤判数与滩地宽度的关系如图5所示。主槽冲淤判数均小于1，滩地冲淤判数均大于1，表明主槽一直处于冲刷状态，滩地一直处于淤积状态。图5（a）表明，主槽冲淤判数相对稳定。图5（b）表明，滩地冲淤判数随滩地宽度的缩小先减小后增大，存在一个极小值，此极小值对应的滩地宽度为199.9 m，滩地冲淤判数最小时的状态最接近冲淤平衡状态。由于计算中没有考虑主槽与滩地悬沙和床沙的粒径差异，即计算中主槽的悬沙和床沙的中值粒径偏小，滩地的悬沙和床沙的中值粒径偏大，而一般情况下挟沙力随粒径的增大而减小，故主槽的计算挟沙力偏大，滩地的计算挟沙力偏小。

4　结论

　　本文提出了一种计算滩地宽度发生变化后，黄河下游典型复式断面水沙因子变化情况的方法。以黄河下游代表水文站花园口站为例，以该站1958年大洪水过程的实测资料为基础，采取实测资料分析与理论探讨相结合的手段，计算了同一大洪水条件下滩地宽度缩窄后复式断面水沙因子的变化。研究发现，随着滩地宽度的缩小，主槽平均流速与滩地平均流速均先增大后减小，存在极大值。若适当缩窄滩地的宽度，有利于增加主槽与滩地的平均流速。滩地水流强度随滩地宽度的缩小而增大，若适当缩窄滩地的宽度，有利于增加滩地的水流强度。滩地宽度缩小前后，主槽冲淤判数均小于1，滩地冲淤判数均大于1，表明主槽一直处于冲刷状态，滩地一直处于淤积状态。不过滩地冲淤判数随滩地宽度的缩小先减小后增大，存在一个极小值，极小值时对应的状态最接近冲淤平衡状态，说明适当缩

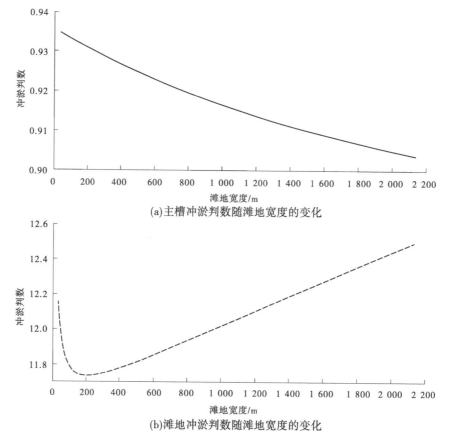

(a)主槽冲淤判数随滩地宽度的变化

(b)滩地冲淤判数随滩地宽度的变化

图 5　花园口站主槽及滩地冲淤判数与滩地宽度的关系

窄滩地的宽度，有利于滩地冲淤平衡状态的形成。本文结果可为未来黄河下游治理方案的制订提供技术参考。

参考文献

[1] 张红武，张俊华，钟德钰，等. 黄河下游宽河道的治理方略 [C] //第十届中国科协年会黄河中下游水资源综合利用专题论坛. 郑州：河南省科学技术协会，2008：55-64.

[2] 张红武，李振山，安催花，等. 黄河下游河道与滩区治理研究的趋势与进展 [J]. 人民黄河，2016，38（12）：1-10.

[3] 张红武. 未来黄河下游治理的主要对策 [J]. 人民黄河，2004，26（11）：5-8.

[4] 张金良. 黄河下游滩区再造与生态治理 [J]. 人民黄河，2017，39（6）：26-30.

[5] 张红武. 科学治黄方能保障流域生态保护和高质量发展 [J]. 人民黄河，2020b，42（3）：148-155.

[6] 张红武，李振山，安催花，等. 黄河下游河道与滩区治理研究科技报告 [R]. 北京：清华大学，2021.

[7] 倪晋仁，张仁. 河相关系研究的各种方法及其间关系 [J]. 地理学报，1992，47（4）：368-375.

[8] 戴文鸿，闫志方，陈奕，等. 稳定河道计算方法分析与比选 [J]. 南水北调与水利科技，2015，13（4）：686-690.

[9] Griffiths G A. Stable-channel design in alluvial rivers [J]. Journal of Hydrology，1983，65（4）：259-270.

[10] Chang H H. Minimum stream power and river channel patterns [J]. Journal of Hydrology，1979，41：303-327.

[11] Chang H H. Stable alluvial canal design [J]. Journal of the Hydraulics Division，ASCE，1980，106（HY5）：873-891.

[12] Chang H H. Design of stable alluvial canals in a system [J]. Journal of Irrigation and Drainage Engineering，ASCE，1985，111（1）：36-43.

[13] 马睿. 黄河输沙能力提升机理及治理方案研究 [D]. 北京：清华大学，2018.

[14] 江恩惠，梁跃平，张原锋，等. 新形势下黄河下游游荡性河道整治工程设计有关问题探讨 [J]. 泥沙研究，1999

（4）：26-31.

［15］张治昊. 黄河下游复式河道滩槽水沙运动与演变研究［D］. 北京：中国水利水电科学研究院，2015.

［16］吉祖稳，胡春宏. 漫滩水流悬移质分布规律的试验研究［J］. 泥沙研究，1997（2）：64-68.

［17］刘月兰，韩少发，吴知. 黄河下游河道冲淤计算方法［J］. 泥沙研究，1987（3）：30-42.

［18］张罗号，张红武，赵晨苏. 复杂河流面积型 Froude 数新形式及其应用［J］. 应用基础与工程科学学报，2016，24
（6）：1170-1180.

［19］张罗号，卜海磊，田依林. 细沙河流床沙中径计算公式研究［J］. 人民黄河，2011，33（12）：38-41.

我国技术标准署名问题探讨

郑　寓　许立祥　李　桃　许　国

（水利部产品质量标准研究所，浙江杭州　310012）

摘　要：我国自1988年开始实施标准署名制度，但实际上关于署名问题历来存在争议，本文通过对我国标准署名发展历史的研究，综合分析了标准署名存在的利弊情况，并指出当前我国针对标准署名问题的首要任务是淡化起草人署名在标准化工作绩效评估中的作用，进而提出要加强对标准起草工作中的监督管理工作，此外，还要借鉴国际标准署名的做法，努力实现标准署名制度国际化。

关键词：标准署名；利弊；任务；国际化

1　问题的由来

标准署名是指标准起草人员在其起草的标准适当位置签署自己的姓名[1]。关于标准是否需要署名的问题，一直以来存在争议。支持的人认为，标准作为起草人的劳动成果，标准署名是对标准起草人辛勤工作与智慧创造的体现，从而让起草人得到相应的行业认可与社会尊重，标准署名将有助于保证标准的编制质量，形成良性的标准化工作氛围，推动标准化工作持续快速发展[2]。反对的人认为，标准的形成，是一个系统的过程，需要多方面的支持与配合，是集体工作的结晶，标准的署名不能涵盖所有参与者。此外我们知道，国际标准是不存在起草人署名这一情况的，现阶段，我国正处在标准国际化的进程中，因此也不应该对我国的标准署名。

2　标准署名情况的发展

我国关于标准署名的规定可以通过查阅GB/T 1.1历年版本，中国标准化研究院前院长王忠敏曾提出《关于我国标准起草人署名的历史探轶及现状研究》这一研究题目[3]，国家标准馆的陈云鹏和汪滨通过文献调研与专家调研的方法，对我国标准署名制度进行了梳理。从调研的结果来看，最早开始明确标准署名制度的规定是1988年4月11日，国标发〔1988〕088号，该规定认为标准中需要署名起草人，此后又在GB/T 1.1—1987的7.2条补充了标准的主要起草人一般以3~5人为宜。由此可以得出，我国标准署名制度始于1988年。

自1988年开始，国家标准化委员会又先后出台了1993年、2000年、2009年的《标准化工作导则》。其中，《标准化工作导则》（GB/T 1.1—1993）中的第一单元第一部分：标准编写的基本规则；《标准化工作导则》（GB/T 1.1—2000）中标准的结构和编写规则；以及《标准化工作导则》（GB/T 1.1—2009）第一部分：标准的结构和编写均明确提出了署名标准起草人制度。GB/T 1.1—1993年版本中规定："标准的主要起草人一般不超过5人，重大综合性基础标准不超过7人"，之后的2000年和2009年版本中则全面放开了对标准起草人署名的限制。

2019年，作为深化标准化工作改革第三阶段的开局之年，也是标准体系建设之年，国家标准化管理委员会印发了《2019年全国标准化工作要点》，主基调是持续推进国家标准的精简优化。其中的一条规定引起了行业较大反响："制定、起草标准，不再署名起草单位和起草人，并研究推进推荐性

作者简介：郑寓（1985—），男，高级工程师，主要从事水利标准化工作。

通讯作者：许立祥（1990—），男，工程师，主要从事水利标准化工作。

国家标准起草单位和起草人署名制度改革"。

3 标准署名的利弊分析

3.1 标准署名积极的影响

标准的编制与起草人辛勤的工作密切相关，标准署名与否，直接影响到标准起草人工作的积极性及创造性[4]。因此，为标准署名有着特殊的意义和作用。

第一，标准署名制度能够为标准化工作者的晋升提供渠道。我国对标准化工作一直以来没有给予相应的重视，20世纪80年代，我国参与标准化工作的人员由于没有相对独立的职称，也没有奖励评价渠道，从而给标准化工作者晋升带来诸多不便[2]，标准署名为标准化工作者晋升提供了渠道，也有助于提升标准化工作者的积极性、创造性。

第二，标准署名能够标明标准起草责任人，让其接受社会监督，增强标准起草人的责任感，进一步让标准起草人重视标准的起草工作。

第三，标准署名方便标准的宣传及与标准起草人取得联系。一项标准在实施的过程中，针对标注的技术内容，往往遇到很多的问题，标准署名能够方便标准使用者在遇到疑问时与标准起草者取得联系，从而方便标准的顺利宣传与推广。

第四，标准署名能够体现出标准起草人的贡献[1]。标准的形成是一项综合性的系统工作，是现有科学技术的体现，标准的编制凝聚了起草人的智慧与创造，标准署名能够体现起草人的贡献，从而得到相应的社会认可。

3.2 标准署名消极的影响

我国标准署名制度至1988年开始以来，在实际工作中，由于标准起草人署名而引起的各类问题时有发生。

第一，最为显著的一点就是标准的制定成为部分起草单位敛财的工具。在2019年标准化工作部署完成以后，针对标准不再署名的规定上，《每日经济新闻》上就刊登了一篇《市场监管总局革新陋规：起草标准不再署名断了多少人的财路》一文，针砭时弊地道出了部分标准起草单位存在的陋习。《21世纪经济报道》也曾经做过深入的调查并发表了《"一流企业做标准"？你不知道的标准起草内幕》一文，披露了部分标准起草单位向行业内的企业或个人收取标准起草费用，并将缴纳费用的企业或个人列入标准起草单位或主要起草人，从而加强了企业的宣传与个人的社会认可度，然而这些企业或个人并未参与标准起草工作。

第二，标准署名也不能完全显示起草人的贡献，反而还会带来"权力寻租"的行政弊端。例如，个人的职称评定、奖励申报、职级晋升与标准署名挂钩时，不仅违背了起草标准所秉承的"奉献、创新"精神，而且一些并未参与标准起草的人员存在"搭便车"的情况，这也严重打击了真正标准起草人的积极性。

第三，标准署名不能体现起草人的真实贡献。标准起草人为多人时，标准署名应当根据起草人在起草过程中所承担责任的大小、所做贡献来排序，而非资历深浅、职位高低，但是标准署名不能体现出各署名人员具体所承担的相应工作。

第四，标准署名易造成"垃圾"标准层出。国家标准化研究院前院长王敏忠曾亲诉自身所经历过的一件事，2010年某月，他曾听取过某单位全体员工的述职报告，给他印象最深的是一位工龄不满三年的本科生竟然是国家十多项标准的起草人，大部分还是以第一起草人的身份来署名，这给了他很大的触动，也让他对这些起草的标准产生了严重的怀疑，他责成国家标准化研究院有关同志对近三年研究院起草的标准进行系统分析，结果确实存在大量"垃圾"标准，可见，标准署名的功利性很容易造成"垃圾"标准的产生[5]。

4 未来我国标准署名问题探讨

自1988年标准起草人署名的规定诞生开始，国内从事标准化研究工作的人员把个人绩效与标准署名联系到一起，从而造成许多消极的影响。随着我国标准制修订的进程，起草标准已不是标准化工作者工作的唯一重心，因此针对我国现阶段标准署名引起的社会问题，提出如下建议。

4.1　淡化标准署名

2019 年标准化工作部署中，明确提出不再署名起草单位和起草人，并增加标准实施信息反馈渠道等改革措施。现阶段业内人士呼吁淡化标准署名，各行业针对标准化工作者可建立综合考评体系，从而取代标准署名在个人绩效中的作用。此外，还可以在标准起草过程中针对个人所做贡献建立归档制度，对起草人所做工作进行记录，从而让淡化标准署名具有可实施性。

4.2　加强起草标准过程中的监督管理工作

起草标准过程中存在未参与标准起草人员"搭便车"的情况，归根到底是标准起草过程中的监管不到位造成的。因此，现阶段我国有必要加强标准起草过程中的监管工作，要按照起草人所做贡献的大小与档案中署名顺序一致的原则建档。

4.3　积极推进我国标准起草工作与国际接轨

国际标准强调了标准是集体工作的结晶，标准署名不能够完全体现出起草人所做贡献的大小，因此国际标准不存在署名规定，而是署名该标准的归口管理委员会。现阶段，国家正大力推进我国标准与国际标准的接轨工作，从标准署名的规定上我们也应该借鉴国际做法，努力实现标准国际化。

参考文献

［1］孙涛．关于标准起草人署名的几点看法［J］．标准化导报，1996.2（17）：17-18.

［2］李英亮，赵义屏．小议标准署名［J］．航天标准化，2014，4：45-46.

［3］王忠敏．突破标准起草人署名的误区［J］．中国标准化，2013，10：65-67.

［4］陈云鹏．关于我国标准起草人署名的历史探轶及现状研究［J］．中国标准导报，2012.8：30-32.

［5］郭龙祥，陈学章．对当前标准化工作改革的思考与建议［J］．标准科学，2016.8：24-28.

河流健康诊断对河流管理的指导意义

郭金星[1]   张建民[2]

(1. 黄河水利委员会山东水文水资源局，山东济南 250108；
2. 黄河水利委员会山东水文水资源局利津水文站，山东郓城 257400)

摘 要：从黄河健康指数变化可以看出，影响黄河健康状况的主要原因是来水少、用水多、泥沙多、水质恶化。因此，必须从黄河自身的实际情况和我国经济技术的客观限制出发，可以通过以下种种管理措施解决或缓和黄河水量、水质、泥沙的问题。河流健康状况评价不仅可以应用于对河流现状的客观描述和评价，而且能够确定河流管理行为的有效性，提高河流综合管理能力，对我国正在开展的河流综合整治和管理工作具有重要意义。

关键词：河流健康；水量；水质；泥沙

1 河流健康状况和河流管理的关系

河流健康概念很多，但都包含两方面的内容：其一，河流健康状况是基于河流管理而提出的概念，应将其运用于河流管理决策；其二，河流健康状况评估应从多学科、多角度进行，应考虑公众对河流的要求。河流管理可通过河岸植被缓冲带的管理、侵蚀控制、河道工程及水坝建造等措施影响河流健康的各个方面，包括河流地貌形态、生态系统物质能量流动及河流水文水质等。河流管理的最高目标即通过各种管理措施提高河流健康状况，达到河流可持续发展。

同时，河流健康状况的研究和评价又可作为河流管理的一个新方法，用以综合评判河流生态系统结构和功能的整体状态，从而影响河流管理决策。河流健康状况和河流管理的关系主要体现在以下四个方面：

（1）河流健康状况研究是河流管理的基础。

（2）河流健康是河流管理的目的和目标。

（3）河流健康状况理论及方法为河流管理提供新的技术手段。

（4）良好的河流管理是保障河流健康实现的先决条件。

2 黄河河流健康诊断对河流管理的启示

为了衡量河流系统的健康，需要建立一套定量评价指标体系。按照评价的结果，可以分为健康、亚健康、过渡区或是不健康等不同的等级水平。针对不同的等级水平，提出不同的治理目标和管理措施。对于受人类影响较轻、目前尚处于健康状态的河流，需要研究如何维持其健康；对于处于亚健康或是不健康的河流，则需要研究如何恢复其健康。

基于河流健康指数公式的黄河健康诊断，主要从水量、水质、泥沙三方面对黄河下游主要河段过去的健康状况、目前形势及未来趋势做出判断。目前而言，黄河下游处于不健康状态，这一结论有助于河流管理部门分析现有河流管理存在的问题和不足，以科学的发展观为指导，探讨健全和完善的河流管理对策。

从黄河健康指数变化可以看出，影响黄河健康状况的主要原因是来水少、用水多、泥沙多、水质

作者简介：郭金星（1983—），男，工程师，从事水利工程运行管理工作。

恶化。因此，必须从黄河自身的实际情况和我国经济技术的客观限制出发，通过以下种种管理措施解决或缓和黄河水量、水质、泥沙的问题。其中，有些措施已经初见成效。

2.1 水量问题

（1）加强黄河水资源管理，应采取行政、经济、工程、科技、法律、宣传等多种手段，全面构建黄河水资源统一管理、保护与调度的综合保障体系。其主要途径：一是加强计划用水和定额管理，制订黄河水资源合理配置方案，建立引水、耗水、省际断面三套配水指标。二是完善取水许可制度，实施国家统一分配水量，流量、水量断面控制，省（区）负责用水配水，对干支流重要水利枢纽工程实行统一调度。三是逐步建立合理的水价形成机制，充分利用水价、水权转换等经济手段，调节黄河水资源的供求关系。

（2）建设节水型社会，是解决我国水资源短缺问题最根本、最有效的战略举措。建设节水型社会，有利于加强水资源统一管理，提高水资源利用效率和效益，进一步增强可持续发展能力；有利于保护水生态与水环境，保障供水安全，提高人民群众的生活质量；有利于从制度上为解决水资源短缺问题建立公平有效的分配协调机制，促进水资源管理利用中的依法有序，为构建社会主义和谐社会作出积极贡献。开展节水型社会建设必须树立科学发展观，以水权、水市场理论为指导，以提高水资源利用效率和效益为核心，以体制、机制和制度建设等为主要内容，以科学技术为支撑，在重视工程节水的同时，突出经济手段的运用，切实转变用水方式和观念。黄河流域一方面水资源十分紧缺；另一方面存在大量浪费水的现象，用水效率不高。积极开展节水型社会建设，提高水资源的利用效率和效益，是缓解水资源黄河供需矛盾，实现经济社会可持续发展的有效途径。为此，沿黄省区国民经济和社会发展要充分考虑黄河水资源的承载能力，进行科学的水资源论证，合理确定本地区经济布局和发展模式；在缺水地区，限制高耗水、重污染产业，大力发展循环经济。根据黄河用水量大且浪费严重的实际，要以节水型灌区建设为重点。在进行灌区节水改造的同时，加强工业和城市生活用水节水工作。要求新建工业项目采用适用先进的节水治污技术，力争实现零排放，逐步淘汰耗水大、技术落后的工艺、设备。加快城市供水管网建设，积极推广节水型器具，提高大中城市工业用水的重复利用率。

（3）根据黄河水资源供需形势分析，在充分考虑黄河流域及相关灌溉设施节约用水的情况下，2010 年黄河流域仍将缺水 40 亿 m^3，2030 年缺水将达到 110 亿 m^3，枯水年份缺水更多。在今后相当长的时期内，缺水将成为黄河流域及相关地区经济社会发展最主要的制约因素，同时缺水也将成为维持黄河健康生命最关键的约束条件。除上述加强水资源管理、建立节水型社会外，还要实施跨流域调水，对黄河进行"输血"则是一条现实可行的有效途径。

经多年研究，到目前为止国家已经确定大规模跨流域调水工程分为东、中、西三条线路，三条线路走向自南至北，与东西走向的长江、淮河、黄河、海河四条河流形成四横三纵、南北调配、东西互济的国家水资源网络。

在南水北调三条线路中，西线工程是唯一从长江上游干支流调水直接进入黄河且以补充黄河水资源为目标的调水方案，对解决黄河资源性缺水具有至关重要的作用，也是解决西北严重干旱地区缺水，支持国家西部大开发建设的有效手段。因此，应抓紧做好南水北调西线工程的前期工作，争取早日开工建设，实现向黄河补水的目标。同时，南水北调工程的建设，研究了利用水源区丰沛的水源条件和穿过黄河向北供水的工程条件，向黄河相机补水，并与小浪底水库联合调节，以缓解黄河下游河道及河口生态环境用水不足。另外，也应研究有关专家提出的从长江三峡库区抽水至汉江并穿越秦岭入渭河的"引江济渭入黄"等一切可能向黄河补水的方案。

2.2 水质问题

水质变化趋势是水行政主管部门和学术界普遍关心的重要课题之一。当前，世界各国对水质污染趋势都给予了高度重视。西方一些发达国家为了获得客观描述水质变化的基础资料，投入了大量的人力、物力，并定期分析水质变化趋势。我国在这方面起步较晚，一方面是因为水质趋势分析的方法遇到了困难，更主要的是由于分析时要求具有长期完整的水质、水量监测数据，一般的河流管理单位无法采集到完整的数据。然而随着经济的发展，一些企业单位，重经济、轻治污、重眼前、轻长远，大量向河道直接排污，水污染矛盾日益突出，水体的水质状况引起了全社会的普遍关注，加强流域的水质管理，促进河流水污染的防治，也是当今流域管理部门进行河流管理的一项重要内容。

黄河流域大概从20世纪70年代末开始着手水质管理，成立水污染防治和水环境保护机构，逐步建立并完善了相关政策法规，实施了一系列管理措施和手段，在一定程度上减缓了水质急剧恶化的趋势，但是面对粗放经营的经济发展模式和巨大的人口压力，水环境质量难以得到根本改善，水污染防治局势严峻。黄河下游流经我国人口稠密、工农业发达的平原地区，确保供水水质安全，维持河流生态系统良性发展，是维持黄河下游河流健康的重要途径之一。水质管理工作主要有以下几个方面：

（1）实行水功能区划。

水功能区划是根据水资源状况，结合社会发展需求，对不同地区的水资源开发利用条件、水环境现状、国民经济各部门用水要求和水资源保护目标进行综合研究分析，在此基础上，利用水资源具有多种功能（如灌溉、供水、养殖、娱乐、航运、发电及维持生态等），不同的用途对水质的要求不尽相同的特点，划分水功能区，按功能区的水质要求分别进行管理。

（2）实施水污染物总量控制。

污染物总量控制的特点就是以水环境承载能力为依据，控制区域排污总量，使水污染物的接纳量控制在区域水环境的承载能力以内。在这一基本思想的指导下，以水功能区划为基础，结合区域经济发展，计算各功能区的纳污能力，对各功能区制订总量控制方案，最终确保每个功能区的纳污都控制在该功能区的水环境承载能力之内。

（3）加强监测能力建设，建立完善的重大水污染事件快速反应机制。

在优化调整水质站点的基础上，增加水质自动监测和移动监测，弥补水质监测资料时间和空间上的不足，提高流域控制单元及控制断面的监控能力；加强对有毒有机物、水生生物的监测；强化质量保证体系，提高监测质量；建设、完善监测信息数据库与网络系统，实现监测信息快速传输与共享，为水质管理提供及时可靠的信息。

为及时应对黄河重大水污染事故，黄委在大量调研成果的基础上，于2003年6月底初步建成一个体现新的管理理念，包含新的管理体系，在新的管理规定和操作规范约束下由新的技术条件支撑的"黄河重大水污染事件快速反应机制"。快速反应机制基本框架由《黄河重大水污染事件报告办法》和《黄河重大水污染事件应急调查处理规定》两个规范性文件，以及《黄河流域水资源保护局重大水污染事件应急调查处理预案》和黄委所属各基层单位的应急预案构成。另外，水质预测模型对水污染事件的过程进行预测和模拟，是快速反应机制重要的技术支持。

（4）强化经济手段在水质管理中的作用。

调整排污收费标准，使收费率等于或高于边际污染治理成本；由单一浓度收费向浓度与总量相结合收费转变；积极尝试运用排污交易、税费补贴、成本分摊等经济刺激手段。

2.3　泥沙问题

缓解泥沙问题关键是对蓄沙、冲沙时间的把握，要在流域统一配置基础上完善水沙调控体系，实施水沙联合调度。

泥沙问题的解决是个长远的水沙平衡问题，在维护黄河健康生命的实践中，管理者针对流域实际情况，提出了调节天然水沙条件的"减沙""增水""调节水沙搭配"等管理措施，这些都是对河流健康维护的有益探索。尽管对于黄河这条多沙河流而言，为涵养水源、保护沿岸的农业生产，加强水土保持工作以减少水土流失是必要的。但对其下游，为了维持河流河口、附近海岸的健康，不要一味地"蓄水拦沙"，而要科学地"调水调沙"，模拟河流的天然径流，在洪水期间来沙集中的月份，水库放水泻洪冲沙，尽量做到"多水多排，少水少排"，实现水沙联合调度。

根据多年的研究成果，2002—2014年黄河水利委员会进行了多次调水调沙试验和多次调水调沙生产运行。试验的目的就是通过水库联合调度和引水控制等手段，把不同来源区、不同量级、不同泥沙颗粒级配不平衡的水沙关系塑造成协调的水沙过程，实现下游河道减淤甚至全线冲刷。经过多年的实践证明，调水调沙效果显著，取得了良好的效益，应该继续进行下去。这一措施是深化对黄河水沙规律的认识，探索黄河治理开发的有效途径。

3 小结

河流健康评价的目的如下：

（1）对河流健康进行长期监测和评价，评价河流健康的过去状况，诊断河流健康的目前状态。

（2）识别河流健康受损的原因并能预测河流健康状况变化趋势。

（3）验证河流管理措施的有效性。

验证黄河下游河流管理措施的有效性，并从水量、水质和水沙关系出发，对黄河下游的河流管理工作提出一点简单的建议。

参考文献

［1］吴季松. 用循环经济理念创新水污染防治对策［J］. 中国水利，2003（5）：14-161.

［2］吴季松. 对我国水污染防治的几点考虑［J］. 水资源保护，2001（2）：1-41.

［3］孔凡亮. 地下水水源地污染分析及可持续利用对策［J］. 山东农业大学学报（自然科学版），2002，33（4）：464-471.

［4］蔡庆华，唐涛，刘健康. 河流生态学研究中的几个热点问题［J］. 应用生态学报，2003，14（9）：1573-1577.

［5］董哲仁. 河流生态恢复的目标［J］. 中国水利，2004（10）：56-58.

［6］张建春，彭补拙. 河岸带研究及其退化生态系统的恢复与重建［J］. 生态学报，2003，23（1）：56-63.

抚河流域气象干旱时空演变特征分析

郑金丽　　周祖昊　　刘佳嘉　　严子奇　　韦瑞深

(中国水利水电科学研究院流域水循环模拟与调控国家重点实验室，北京　100038)

摘　要：本文基于抚河流域长系列的逐日降水资料，采用标准化降水指数、干旱历时、干旱烈度等干旱指标，揭示抚河流域气象干旱时间与空间尺度上的变化特征，为流域抗旱应对提供参考。结果表明：①标准化降水指数适用于抚河流域的气象干旱评价，多尺度标准化降水指数捕捉抚河流域气象干旱的准确率在 85.71% 以上，识别效果较好。②1956—2019 年以来抚河流域春季呈干旱化趋势，农业灌溉高峰期 9 月、10 月也有干旱化趋势，其余时间尺度上抚河流域呈湿润化趋势。③气象干旱特征变量季节差异大，空间差异小。从春季到冬季，抚河流域长历时、高烈度干旱中心呈现南部—西部—北部—东南部分布形式。④抚河流域干旱历时和干旱烈度具有显著相关性，两者相关系数在 0.64 以上。抚河流域气象干旱易发生短历时低强度的干旱事件，联合重现期多为 1~4 年。

关键词：气象干旱；标准化降水指数；干旱历时；干旱烈度；copula 函数

1　引言

在全球范围内，干旱是不可避免的自然灾害之一，具有持续随时间长、影响范围广的特点。IPCC 最新研究报告指出，气候变化正在加剧水循环，在许多地区意味着更严重的干旱[1]。在全球变暖大背景下，旱灾造成的损失影响面最广，引起社会各界的广泛关注。抚河作为长江流域鄱阳湖水系主要河流之一，国内外学者对鄱阳湖流域的水文特征、洪枯水特征进行了大量研究[2-3]，而对小尺度抚河流域干旱情况研究较少，如朱圣男等[4]研究抚河流域 1960—2005 年的气象干旱及其与 ENSO 的相关性等，研究时间尺度较短，不能反映近些年抚河流域的干旱情况。

由于针对抚河流域近些年干旱研究较少，而据实际资料统计，21 世纪以来，抚河流域干旱事件频发，干旱程度不断加剧，特大干旱事件时有发生[5]，比如 2019 年发生秋冬连旱的特大干旱。因此，本文基于标准化降水指数，将灌区作为考虑对象，对抚河流域 1956—2019 年气象干旱的时空演变规律和干旱特征进行研究，为抚河流域应对抗旱的具体措施提供理论支撑。

2　研究区概况

抚河流域面积 15 767 km²，干流河长 344 km，多年平均径流量 156 亿 m³。流域涉及江西、福建两省，其中江西省的面积为 15 736 km²，占流域面积的 99.80%，福建省的面积为 31 km²，占流域面积的 0.20%。抚河流域由临水、盱江和抚河干流三个四级区组成，包含进贤县、东乡县、临川县、金溪县等 21 个县。为了便于分析抚河流域气象干旱灌区内外的演变特征，本研究采用四级区套县和灌区的方法，将抚河流域处理为 23 个分区，具体空间分布情况见图 1 和表 1。

基金项目：江西省水利科技重大项目（202022ZDKT03、KT201501、KT201508）。

作者简介：郑金丽（1997—），女，硕士研究生，研究方向为水文水资源方面。

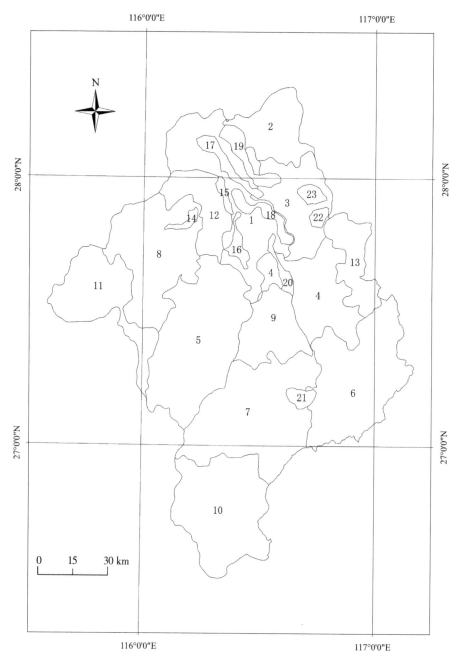

图 1 抚河流域四级区套县和灌区示意图

表 1 四级区套县和灌区

分区号	1	2	3	4	5	6	7	8
分区名	抚河干流临川县	抚河干流东乡县	抚河干流金溪县	抚河干流南城县	临水宜黄县	抚河干流黎川县	盱江南丰县	临水崇仁县
分区号	9	10	11	12	13	14	15	16
分区名	盱江南城县	盱江广昌县	临水乐安县	临水临川县	抚河干流资溪县	宝水渠灌区	宜惠渠灌区	上游灌区
分区号	17	18	19	20	21	22	23	
分区名	金临渠灌区	廖坊灌区 1	廖坊灌区 2	麻源灌区	潭湖灌区	马芦灌区	高坊灌区	

3 研究数据及方法

3.1 研究数据

研究所用气象资料为抚河流域范围内的 92 个气象站 1956—2019 年逐日降水量数据，资料由江西省水文局提供。抚河流域实际干旱统计资料摘自《江西水文志》和《江西江河志》，实际干旱用于检验气象干旱指数的合理性。

抚河流域虽然水量充沛，但由于降水年内分布极不均匀，且与农田生长需水要求不相协调，以致每年均发生不同程度的旱灾，一般年受旱面积约 70 万亩（1 亩＝1/15 hm²，全书同），以 1963 年和 1978 年灾情严重，全流域受旱面积分别为 144.7 万亩和 160.3 万亩，分别占总耕地面积的 35% 和 38.7%。旱灾从唐元和三年（808）至 1949 年的 1 141 年间，严重干旱平均 10 年发生 1 次，特大干旱每 13 年左右发生 1 次。中华人民共和国成立后，严重干旱及特大干旱的年份有 1963 年、1978 年、1991 年、2000 年、2003 年、2007 年、2019 年等。

3.2 研究方法

3.2.1 气象干旱指数

选择 WMO 推荐的标准化降水指数 SPI 计算方法统计抚河流域年干旱情况，标准化降水指数由 Mckee[6] 提出，通过概率密度函数求解累积概率，进一步将累积概率进行标准化处理，消除了降水的时空分布差异，具有稳定的计算特性且计算相对简单，在国内外有广泛的应用。SPI 的计算步骤为：

（1）采用 Gamma 分布概率密度函数对径流数据序列进行拟合，计算每个数值对应的 SRI 指数。Gamma 分布的概率累积函数如下：

$$f(x) = \frac{1}{\beta^\gamma \Gamma(\gamma)} x^{\gamma-1} e^{-x/\beta} \quad x > 0 \tag{1}$$

式中：$\beta > 0$，$\gamma > 0$ 分别为尺度和形状参数，可由极大似然估计法求得。

（2）参数确定后，对于某时段径流量 x_0，可求出小于 x_0 事件的概率为

$$F(x < x_0) = \int_0^{x_0} f(x) \, dx \tag{2}$$

径流量为 0 时的事件概率为

$$F(x = 0) = m/n \tag{3}$$

式中：m 为流量为 0 的样本数；n 为总样本数。

（3）对 Γ 分布概率序列进行标准正态化处理，获得某时段的 SRI 值：

$$SRI = S\left\{ t - \frac{c_0 + c_1 t + c_2 t^2}{1 + d_1 t + d_2 t^2 + d_3 t^3} \right\}, \quad t = \sqrt{-2\ln(F)} \tag{4}$$

当 $F \leq 0.5$ 时，$S = -1$；当 $F > 0.5$ 时，$F = 1 - F$，$S = 1$。其他常数项：$c_0 = 2.515\,517$，$c_1 = 0.802\,853$，$c_2 = 0.010\,328$，$d_1 = 1.432\,788$，$d_2 = 0.189\,269$，$d_3 = 0.001\,308$。

本文采用《气象干旱等级》中的标准[7]，见表 2。

表 2 标准化降水蒸散指数等级划分

等级	类型	Z	等级	类型	Z
1	无旱	$(-0.5, \sim)$	4	重旱	$(-2.0, -1.5]$
2	轻旱	$(-1.0, -0.5]$	5	特旱	$(\sim, -2.0]$
3	中旱	$(-1.5, -1.0]$			

3.2.2 Mann-Kendall（M-K）方法

采用 Mann-Kendall（M-K）方法作为非参数检验法，可对各区间降雨、径流深的趋势性进行检

验。已有研究表明[8]，为避免检验产生误差，在进行 M-K 检验前应判断气象序列的自相关性，然后通过计算进行剔除。对于给定的时间序列 $\{x_i, i=1, 2, \cdots, n\}$，计算一阶自回归系数 ρ_1：

$$\rho_1 = \frac{\mathrm{Cov}(x_i, x_{i+1})}{\mathrm{Var}(x_i)} = \frac{\dfrac{1}{n-2}\sum_{i=1}^{n-1}(x_i - \bar{x})(x_{i+1} - \bar{x})}{\dfrac{1}{n-1}\sum_{i=1}^{n}(x_i - \bar{x})^2} \tag{5}$$

利用变换 $x_i' = x_i - \rho_1 x_{i-1}$ 剔除自相关性得到新序列 $\{x_i', i=1, 2, \cdots, n\}$，为简便计算，将变换后的新序列仍然记为 $\{x_i, i=1, 2, \cdots, n\}$。确定该序列的对偶数 $(x_i < x_j, i, j=1, 2, \cdots, n)$ 的个数 p，然后计算 Kendall 统计量 τ、方差 σ_τ^2 和标准化变量 U：

$$\tau = \frac{4p}{n(n-1)} - 1, \ \sigma_\tau^2 = \frac{2(2n+5)}{9n(n-1)}, \ U = \frac{\tau}{\sigma_\tau^2} \tag{6}$$

统计量 U 是趋势性大小的衡量标准。U 的正负值对应序列增大趋势和减小趋势，$|U|$ 越大，表明变化趋势越明显。当给定显著性水平 α 后，可在正态分布表中查得临界值 $U_{\alpha/2}$，若 $|U| > U_{\alpha/2}$，即说明序列的趋势性显著[7]。本研究选定置信水平 $\alpha = 0.05$ 情况下的 M-K 检验阈值分界 ± 1.96，当 $|U| > 1.96$ 时，说明序列变化的趋势显著。

3.2.3 游程理论

游程理论是分析时间序列的一种方法，最早由 Herbst[9] 应用到干旱事件识别研究中，用于分离出干旱特征变量（历时、强度、峰值等）。为了尽量减少轻微干旱的影响，已有研究[10-11] 多基于双阈值法对干旱过程进行识别（见图 2），具体过程如下：

（1）将干旱指数计算结果视为离散序列，设定截断水平 Z_1，当干旱指数序列在连续时段出现负游程（$<Z_1$），则开始发生干旱事件，图中包含了 a、b、c 和 d 四次干旱过程。

（2）若干旱历时只有 1 个月，设定截断水平 Z_2，当干旱指数值大于 Z_2，认为属于小干旱过程（见图 2 中 a），忽略不计，反之划定为一次干旱事件（见图 2 中 b）。

（3）对于间隔为一个月相邻干旱过程，若间隔期干旱指数值小于 Z_0，则可将这两次干旱事件合并为一次干旱事件（见图 2 中 c、d），反之划定为两次干旱事件（见图 2 中 b、c）。

干旱事件是指干旱指数小于截断水平（本文中为 -0.5）的过程，小干旱事件和干旱事件合并的处理方法。根据干旱等级评估标准，设定截断水平 $Z_1 = -0.5$；根据已有长江中下游干旱研究[1]，设定单月干旱事件截断水平 $Z_2 = -1.5$，间隔期截断水平 $Z_0 = 0.5$。

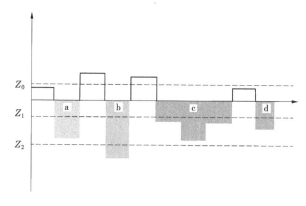

图 2　游程理论示意图

4 研究结果

4.1 气象干旱指数合理性检验

为检验标准化降水干旱指数的合理性，研究基于抚河流域实际干旱年统计资料，选择 3 个月和 12 个月时间尺度的 SPI 值进行验证。由图 3 和图 4 可知，12 个月时间尺度的 SPI 值能准确地捕捉到抚河流域特大干旱和严重干旱，除 2000 年和 2019 年的重特大干旱没有准确识别出外，总体上的准确率高达 85.71%。而 3 个月时间尺度的 SPI 值能捕捉到 2000 年和 2019 年的干旱事件，因此多尺度的 SPI 值能极大提高单一尺度干旱指数捕捉干旱事件的准确率。

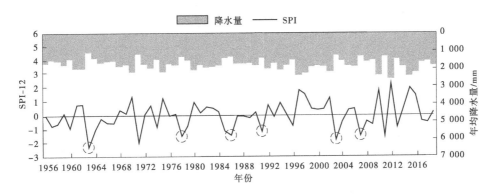

图 3 抚河流域 SPI-12 年尺度

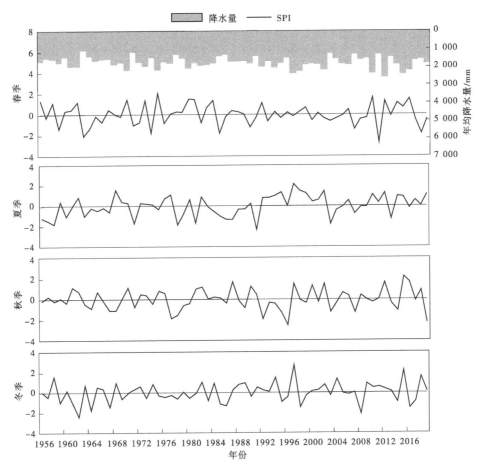

图 4 抚河流域 SPI-3 季节尺度

具体地，由图 3 可知，12 个月时间尺度的干旱指数对于干旱情况的捕获主要依靠年降水量，当干旱年年均降水量处于正常水平，而降水量年内分配极不均匀时，干旱指数捕捉干旱事件的准确率较低。因此，不同时间尺度相结合，能有效分析干旱指数的合理性。由图 4 可知，考虑 3 个月时间尺度的 SPI 值，分季节判断干旱指数的合理性。结合 SPI-12 干旱指数适用性分析结果发现，针对因降雨量年内分布不均导致发生重大干旱的情况，如 SPI-12 未捕捉到的 2000 年和 2019 年；季节尺度能增加对这种干旱情况的捕捉精度，如 2019 年重大干旱主要发生在秋季（9—11 月）。

4.2 气象干旱时空演变分析

抚河流域农作物以双季水稻为主，其生育期一般在 4 月初到 10 月下旬。其中，早稻生育期 4—6 月约 80 d，处于梅雨季节，雨水较丰，灌溉要求不多。晚稻生育期 8—10 月约 90 d，正值天干少雨季节。考虑农作物的生长周期，研究选择 1 个月、3 个月、12 个月时间尺度的 SPI 值，并分析其演变特征。

4.2.1 气象干旱指数的趋势性分析

采用 M-K 趋势检验法对全流域年尺度、季尺度的干旱指数 SPI 进行趋势性检验（见图 5），结果如下：基于 90% 的置信水平检验，抚河流域的干旱指数年尺度呈现显著增加趋势，春季呈现不显著减少趋势，夏季呈现显著增加趋势，秋冬季呈现不显著增加趋势。在 90% 的置信水平下，除春季有不显著的干旱化趋势外，其他时间呈现湿润化趋势，其中年尺度和夏季呈现显著湿润化。从逐月视角分析，通过 90% 的置信水平检验，有显著增加趋势变化的月份为 1 月、6 月、7 月、8 月和 11 月，全流域呈现湿润化趋势；2 月、4 月、5 月、9 月和 10 月有不显著减少趋势，全流域呈现干旱化趋势，尤其以农业用水高峰期最为明显；其余月份 3 月和 12 月的 SPI 值未通过置信水平检验，呈现不显著增加趋势。

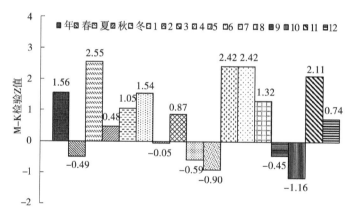

图 5 年、季、月尺度 SPI 值趋势检验结果

4.2.2 抚河流域气象干旱演变特征分析

（1）气象干旱特征变量趋势分析。

根据游程理论识别出 1956—2019 年抚河流域发生干旱事件的干旱历时、干旱烈度、最大干旱烈度以及每次干旱事件所发生的年份和起始月份等干旱特征变量，统计出干旱事件的发生频次以及干旱等级。

由图 6 中可以看出，抚河流域在 1956—2019 年发生不同级别干旱事件共计 91 次，其中 1963 年、1991 年、2019 年等分别发生较大烈度的干旱。从表 3 可以看出，干旱事件发生在 20 世纪 70 年代、80 年代较为频繁，90 年代发生频次略微下降，进入 21 世纪后，总的干旱次数进一步增加。总体来说，抚河流域干旱事件的发生呈越来越频繁的发展趋势。

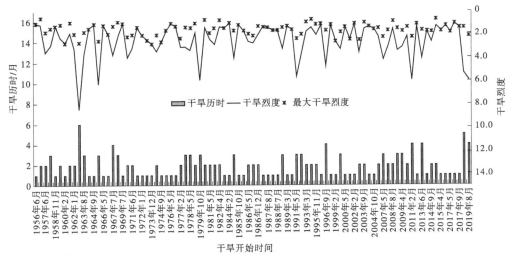

图 6 抚河流域干旱历时和干旱烈度变化图

表 3 不同年代际干旱发生情况统计

年代	1956—1959 年	1960s	1970s	1980s	1990s	2000s
发生次数	6	13	16	19	10	14
发生频率	0.07	0.14	0.18	0.21	0.11	0.15

（2）季节尺度干旱特征变量时空分布规律。

基于游程理论识别出分区干旱特征变量。具体地，以游程理论识别出干旱事件的开始时间作为干旱事件划分季节的基础，其空间分布规律见图 7。结果表明：①同一分区在不同季节干旱次数、干旱历时和干旱烈度的空间差异明显。除秋季外，其余季节抚河流域重要灌区分区的干旱次数均不高于周边非灌区单元，如灌区编号 17 和非灌区编号 1。此外，秋季和冬季，绝大部分分区平均干旱历时和干旱烈度高于春季和夏季。②同一时期不同分区干旱历时和干旱烈度的空间分布存在差异。春季和秋季，灌区平均干旱历时低于灌区外分区，尤其是廖坊灌区 1、宜惠渠灌区和马芦灌区等抚河流域重要灌区。③从春季到冬季，抚河流域长历时、高烈度干旱中心呈现南部—西部—北部—东南部分布形式。

图 8 为抚河流域内 23 个分区不同季节干旱次数、干旱历时和干旱烈度的统计结果，由图 8 可以看出：①总体上，1956—2019 年流域内所有分区干旱发生频次在 18～28 次。具体地，夏季和秋季的干旱发生次数均高于春季和冬季，其中冬季干旱发生频次最低。②季尺度干旱历时和干旱烈度的分布规律保持一致，即干旱事件造成的影响程度大小表现为：春季<夏季<秋季<冬季。这表明干旱历时越长，干旱烈度越大，两者呈现较好的正相关，其次表明秋冬季节发生的干旱事件造成的直接或间接损失大于春季和夏季；此外，虽然冬季干旱事件发生次数少，但干旱历时长、干旱烈度大，这意味着冬季发生干旱事件将导致严重的旱灾，且波及范围广，强度大。③分区 1956—2019 年季尺度干旱特征因子的统计规律与多年平均的空间分布规律具有较好的一致性。

4.2.3 干旱历时和干旱烈度的联合分布分析

基于抚河流域气象干旱事件序列，分别对干旱历时和干旱烈度、干旱历时和最大干旱烈度两组特征指标进行函数拟合，见图 9，并采用 Pearson 线性相关系数、Kendall 秩相关系数和 Spearman 秩相关系数来进一步判断干旱变量间的相关程度，见表 4。可以看出，干旱历时和干旱烈度呈现明显线性相关关系，随着干旱历时的增大，干旱强度呈线性增大，两变量 R_2 值达 0.64，各项相关系数均在 0.6

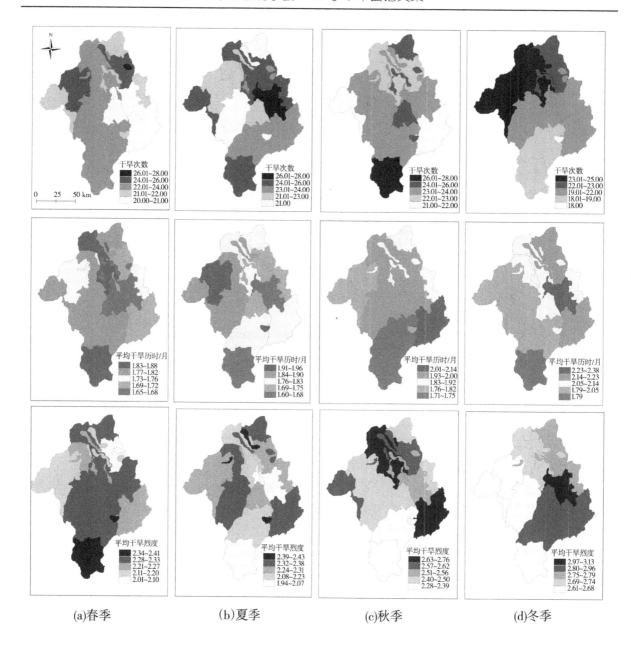

(a)春季　　　　　　(b)夏季　　　　　　(c)秋季　　　　　　(d)冬季

图 7　抚河流域 1956—2019 年季尺度干旱特征变量空间分布规律

以上；干旱历时和最大干旱烈度关系不明显，用线性函数拟合的 R^2 值仅为 0.04，各项相关系数均不到 0.3。

表 4　气象干旱特征变量之间相关性度量

变量	Pearson 线性相关系数 P	Kendall 秩相关系数 t	Spearman 秩相关系数 P_s
历时和烈度	0.84	0.64	0.77
历时和最大烈度	0.21	0.12	0.18

由表 4 可知，根据干旱特征变量相关性分析结果，干旱历时和干旱烈度有显著相关关系，因此选择合适的 Copula 函数来构造两者的联合分布，分析干旱历时-干旱烈度的联合分布情况。而干旱历时和最大干旱烈度相关系数低于 0.3，可认为不具有相关关系，认为其相互独立，不需要构造 Copula 函数来分析其联合概率。

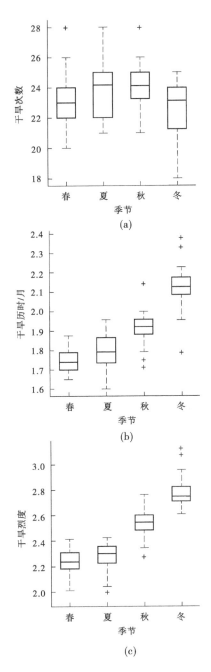

图 8　分区干旱次数、干旱历时和干旱烈度统计结果

由表 5 可知，根据抚河流域气象干旱事件各特征指标序列，采用概率分布方法依次对各干旱特征指标进行频率分析。优先选用正态分布、伽马分布等常见的函数分布对各特征指标概率分布进行拟合，并采用卡方分布检验和 K-S 检验方法对拟合优度进行检验，若通过检验，则得到相应分布函数曲线；若未通过检验，则采用核密度函数进行拟合。气象干旱历时、烈度和最大干旱烈度的分布拟合参数估计及拟合优度检验由表 5 可以看出干旱历时未通过检验，采用核密度函数拟合，干旱烈度和最大干旱烈度服从 Gamma 分布。

通过计算，理论 Copula 值和经验 Copula 值之间的平方欧式距离对抚河流域干旱历时和干旱烈度联合分布的拟合优度进行检验，结果表明 Gumbel-copula 是干旱历时和干旱烈度服从的最优联合分布函数。

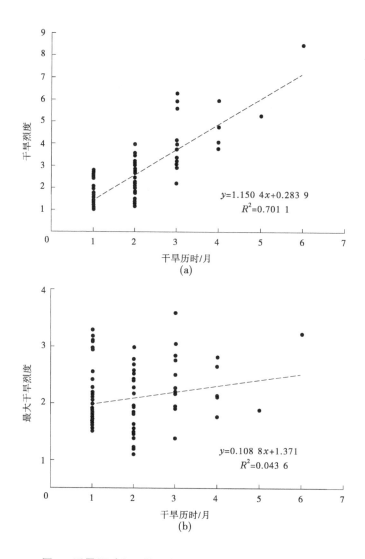

图 9　干旱历时和干旱烈度、最大干旱烈度之间的关系

表 5　干旱特征变量分布函数的 K-S 检验（$a = 0.05$）

项目	干旱历时		干旱烈度		最大干旱烈度	
	H 值	P 值	H 值	P 值	H 值	P 值
正态分布	1	0	1	0.02	0	0.23
Gamma 分布	1	0	0	0.13	0	0.82
泊松分布	1	0	1	0	1	0
指数分布	1	0	1	0	1	0
威尔分布	1	0	0	0.05	0	0.35
对数分布	1	0	1	0	1	0

（1）基于干旱历时和干旱烈度的联合分布概率。

由图 10（a）可以看出，干旱历时和干旱烈度的联合分布概率，随着干旱历时和干旱烈度值的不断增大，两者的联合遭遇概率值也不断增大。干旱烈度为 0~3 时，或干旱历时为 1~2.5 月时，等值线分布密集，表明抚河流域干旱事件多集中在干旱烈度低于 3 时，或干旱历时低于 2.5 月时。

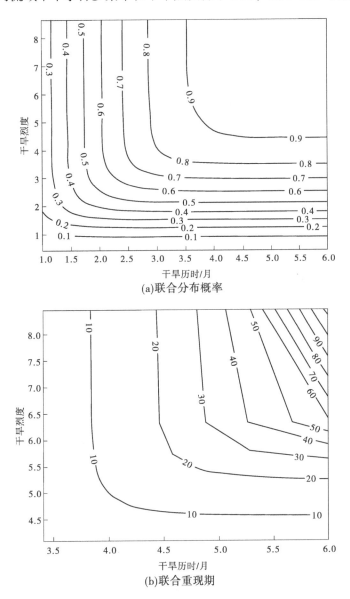

图 10　抚河流域干旱历时和干旱烈度联合分布概率和联合重现期等值线图

（2）基于干旱历时和干旱烈度的联合重现期。

结合干旱历时和干旱烈度的联合分布，获得两者的联合重现期。由图 10（b）和图 11 可以看出，随着干旱历时和干旱烈度的不断增大，两者的联合重现期呈现不断增大趋势。同时，随着干旱历时和干旱烈度的增大，等值线的密度不断增大，说明抚河流域气象干旱事件发生干旱历时和干旱烈度的联合重现期较小。具体地，在研究时间尺度 1956—2019 年内，对于抚河流域短历时和低强度的干旱事件，两者的联合重现期多为 1~4 年，共计有 84 次干旱事件；对于干旱历时为 4~5 月、干旱烈度为 3~6，两者联合重现期为 5~19 年，共计 6 次干旱事件；抚河流域当干旱历时和干旱烈度达到最大时，此次干旱事件两者的联合重现期接近 113 年。总体而言，抚河流域气象干旱易发生短历时低强度的干旱事件，对这类干旱事件的重现期进行正确估计，为预防农业水文干旱等提供科学指导。

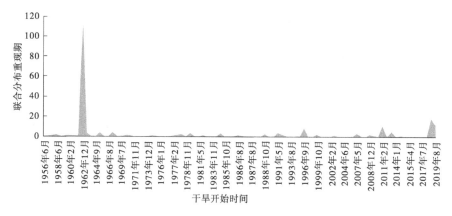

图 11　抚河流域干旱事件干旱历时–干旱烈度联合重现期

5　结论

（1）标准化降水指数适用于抚河流域的气象干旱评价，多尺度标准化降水指数捕捉抚河流域气象干旱的准确率在 85.71% 以上，识别效果较好。

（2）1956—2019 年以来抚河流域春季呈干旱化趋势，农业灌溉高峰期 9 月、10 月也有干旱化趋势，其余时间尺度上抚河流域呈湿润化趋势。

（3）气象干旱特征变量季节差异大，空间差异小。从春季到冬季，抚河流域长历时、高烈度干旱中心呈现南部—西部—北部—东南部分布形式。

（4）抚河流域干旱历时和干旱烈度具有显著相关性，两者相关系数在 0.64 以上。抚河流域气象干旱易发生短历时低强度的干旱事件，联合重现期多为 1~4 年。

参考文献

[1] IPCC. Climate change 2021: the physical science basis [M/OL]. 2021 [2021-08-01]. https://www.ipcc.ch/report/ar6/wg1/downloads/report/IPCC_ AR6_ WGI_ Full_ Report. pdf.

[2] 刘健，张奇，左海军，等. 鄱阳湖流域径流模型 [J]. 湖泊科学，2009，21（4）：570-578.

[3] 孙鹏，张强，陈晓宏，等. 鄱阳湖流域水沙时空演变特征及其机理 [J]. 地理学报，2010，65（7）：828-840.

[4] 朱圣男，刘卫林，万一帆，等. 抚河流域干旱时空分布特征及其与 ENSO 的相关性 [J]. 水土保持研究，2020，27（6）：131-138.

[5] 刘剑宇，张强，邓晓宇，等. 气候变化和人类活动对鄱阳湖流域径流过程影响的定量分析 [J]. 湖泊科学，2016，28（2）：432-443.

[6] Mckee T B, Doesken N J, Kleist J. The relationship of drought frequency and duration to time scales [C] //Proceedings of the 8th Conference on Applied Climatology 1993, 17（22）：179-183.

[7] 气象干旱等级：GB/T 20481—2006 [S].

[8] 佘敦先，夏军，张永勇，等. 近 50 年来淮河流域极端降水的时空变化及统计特征 [J]. 地理学报，2011，66（9）：1200-1210.

[9] Herbst P, Bredenkamp D, Barker H. A technique for the evaluation of drought from rainfall data [J]. Journal of hydrology, 1966, 4：264-272.

[10] 周帅，王义民，畅建霞，等. 黄河流域干旱时空演变的空间格局研究 [J]. 水利学报，2019，50（10）：1231-1241.

[11] 王晓峰，张园，冯晓明，等. 基于游程理论和 Copula 函数的干旱特征分析及应用 [J]. 农业工程学报，2017，33（10）：206-214.

黄河流域水库生态调度问题探究

陈　萌[1,2]　许琳娟[2]　赵万杰[2,3]

（1. 华北水利水电大学，河南郑州　450045；
2. 黄河水利科学研究院 水利部黄河下游河道与河口治理重点实验室，河南郑州　450003；
3. 河海大学，江苏南京　210098）

摘　要： 黄河上水利枢纽工程的修建改变了流域水文泥沙过程和生物生活环境，在取得了防洪、兴利的基础上对流域生态系统造成了危害，水库生态调度是保护和修复黄河流域生态系统的重要手段。在系统回顾国内外水库生态调度研究的基础上，总结了黄河流域水库生态调度存在的主要问题，明确了水库生态调度相关概念，探讨了水库生态调度基本原则，为黄河流域进行水库生态调度提供参考。

关键词： 黄河流域；水库；生态调度

水利工程的大规模建设会使得黄河流域生态系统遭到破坏，使得水生态系统的服务功能退化[1]。黄河调水调沙工程也会改变水库及其下游河道的水文泥沙情势和生物生活环境，为缓解此类工程对河道造成的危害，需在建设过程中考虑生态调度。传统的水库运行管理和调度主要着眼于防洪和兴利两方面目标[2]，其调度原则是在保障防洪安全的前提下最大限度地发挥河流水资源的经济效益，较少考虑水库运行对库区及下游河流生态系统的影响[3]。而黄河流域水库生态调度需要考虑生态因素，旨在实现水库由传统调度方式向生态调度方式的良好转变，以减小水利工程建设对库区的影响，恢复下游河道水文情势，修复河流生态系统功能，重建河流生物种群适宜生境，进行水质保护，恢复下游岸边带及湿地等[4-5]。

本文系统回顾了国内外水库生态调度相关研究和实践成果，指出我国黄河流域水库生态调度存在的主要问题，明确了生态调度的概念，最后提出相关展望，为黄河流域水库生态调度的进一步研究和实践提供相应参考。

1　研究现状回顾

1.1　国外研究现状

早在 20 世纪 70 年代，国外学者便开始研究水库对生态环境的影响。大量水库存在病险情和不安全因素，同时河道内及周围生物、植被生存与繁衍受到严重威胁。为了应对河流生态系统遭到破坏而引发的系列社会问题，自 80 年代起，以美国和澳大利亚为代表的西方发达国家进入河流生态修复新阶段。其中，在由传统水库调度方式向生态调度方式转变的探索中开展了大量理论研究、实地调查和实践工作，并证实了水库生态调度的有效性[6]。至 2005 年，全球已有 53 个国家、涉及 855 条河流开展了生态修复的研究或实践[4]。

基金项目： 国家自然科学基金专项项目（42041006，42041004）；中央级公益性科研院所基本科研业务费项目（HKY-JBYW-2018-03，HKY-JBYW-2020-15）。

作者简介： 陈萌（1996—），女，硕士研究生，研究方向为港口、海岸及近海工程方面。

通讯作者： 许琳娟（1984—），女，高级工程师，主要从事河流泥沙方面研究。

（1）美国。20 世纪 20 年代，美国在加利福尼亚州建成包括 20 座水库的中央河谷工程（CVP）。20 世纪 30 年代开始，美国在科罗拉多河干支流修建了多个大坝和大型引水工程。1971 年，Schlueter 认为近自然治理（near nature control）的目标，首先要满足人类对河流利用的要求，同时要维护或创造河溪的生态多样性。1972 年，《净水法案》指出对水质不利的水利工程需要加以改建或改进其运行方式。1983 年，美国对哥伦比亚河上大古力水电站（Grand Coulee Hydroelectric Power Station）溯河产卵鱼类的影响作为流域管理的主要问题。20 世纪 90 年代，美国特别强调满足鱼类和野生动物需要的生态用水要优先于发电用水[7]。

另外，美国政府还出台多部关于水利工程生态调度管理的法律，包括《自然与景观河流法》《濒危物种法》《渔业保护与管理法》《水清洁法》[8] 等，对于具体河流的生态调度也有专门的文件或法案，如表 1 所示。

表 1 美国部分河流生态调度相关文件或法案

河流	文件或法案
萨凡纳河[9]	可持续流域计划（SRP），萨凡纳河生态流量推荐方案 1.0、2.0 版
哥伦比亚河[10]	《濒危物种法案（ESA）》、《联邦哥伦比亚河电力系统生物保护意见》
田纳西河[11]	《田纳西流域管理局法》、《TVA2008 环境政策》
科罗拉多河[12]	《大峡谷保护法》（1992）、环境影响报告（EIS，1995）、格伦峡谷坝适应性管理计划

（2）澳大利亚。20 世纪 90 年代开始进行生态调度试验研究。1993 年，澳大利亚率先制订了国家河流健康计划（NRHP），确立了一套流域内河流生态系统健康评价的指标体系[13]。2002 年启动墨累河生命计划，并于 2007 年颁布《水法》[14]。此外，澳大利亚也提出了水的永续利用和恢复生态系统的分配方案。

（3）其他。1997 年，日本将"保养、保全河川环境"写进了新的河川法；乌克兰学者对德涅斯特河流域水库生态调度进行了研究[15]；非洲南端的津巴布韦和南非两国，针对河流生态需水量进行了大量研究[16]，为水库运行提供了有效指导。

综上来看，国外相关研究较为成熟，主要体现在如下几个方面：一是理论研究和实践探索相结合，生态调度是在理论与实践相结合中不断尝试、不断修正、不断完善的动态过程；二是生态调度相关规划和实施过程多方参与，保障了规划和实施过程的公开性；三是法律法规的制定和修正，对于保障河流生态流量有很好的强制作用，使得水库在运行过程中必须考虑对生态环境的影响；四是监测系统较为完善，对生态流量实施结果有更好的评估和反馈。

1.2 国内研究现状

黄河一直被称为"多泥沙河流"，其流域水沙资源分布有水少沙多、水沙异源、水沙关系不协调的显著特点[17]。为缓解黄河断流，维护流域生态环境，进行生态调度，对黄河生态系统具有重大意义。前人为此也进行了大量研究。

（1）在生态调度基本概念研究方面，陈志刚[51] 曾提出生态流量、生态调度等概念；司源[18] 系统梳理了 20 世纪中期以来国内外河流生态需水与生态调度的概念、方法、应用效果等；钮新强和谭培伦[19] 对三峡工程如何实施生态调度进行了初步的探索；余文公等[20] 探讨了水库调度在考虑河流生态安全的目标下，对水库生态调度要考虑的影响因子原则做了讨论和分析。为确保黄河下游生产、生活及生态用水，小浪底水库服从调度原则，多次弃电供水[21]。郗国明等[22] 提出小浪底水库生态调度的内涵、目标和措施。

（2）在生态调度实践方面，陈敏[23] 分析了溪洛渡、向家坝和三峡三座水库实施的联合生态调度试验；梁海燕等[24] 提出黄河水量调度对增加敏感水域水量、维护基本生态和改善水质恶化的重要作用；郝伏勤等[25] 研究了流域来水持续偏枯的情况下，黄河水量统一调度取得的成果；王晓燕等[26] 提出了评价水量调度效果的指标，对比分析了水量调度前后河口三角洲生态环境变化情况；韩艳利等[27] 评价黄河水量10年统一调度对生态环境的影响；贾海峰等[28] 探讨了水库调度与营养物削减之间的关系；娄广艳等[29] 从生态系统保护和河流健康维护角度，分析评估了黄河下游生态调度效果；芮建良等[30] 对安谷水电站鱼类栖息地保护和修复提出下泄生态流量、提高水系连通性、增设鱼道等建议；张爱静等[31] 定量评估了黄河水量统一调度与调水调沙对河口段生态水文情势的影响。

（3）在生态调度模型构建及研究方面。卓俊玲等[32] 建立了黄河三角洲湿地生态补水的地表水-地下水模型，构建了相应的生态-水文模拟系统；张洪波、王学斌等[33-34] 建立了黄河梯级水库综合调度模型；马真臻等[35] 构建了水库生态用水调度模型；蒋晓辉等[36] 运用流量恢复方法研究了黄河下游鱼类生态需水；陈秀秀等[37] 提出了一个能够综合考虑水库在社会经济、行洪输沙和生态环境3方面功能，同时兼顾了水库自身的永续发展的目标函数。

前人提出的生态调度的概念及相关问题，对于黄河流域水库生态调度的建设提供了宝贵的指导经验，但是针对"生态调度"的概念，目前仍比较模糊。

2　黄河流域水库生态调度的主要问题

生态流量评估是开展水库生态调度的前提和基础[38]，包括对水质、水量及水文节律的要求，关于生态流量评估方法更是多达200余种。黄河流域有关生态环境需水方面的研究已取得一定成果，界定了总体量值范围，同时也考虑了不同水平年对应不同保证率下的流量过程。但是，将生态环境需水成果应用到生态调度实践的研究相对较少，应用到实际工程还有很大的提升空间。目前，黄河流域水库生态调度存在的问题主要有以下几个。

2.1　水文过程与生态系统作用关系尚未厘清，水文监测预报不完善

由于生态环境需水这一概念在国内提出较晚，目前动态监测数据资料相对不丰富，水力学等模型模拟精度受限。黄河流域仅骨干水库和部分重点大型水库具备完善的水文监测预报支撑，多数具有防洪任务的水库尚未建立水库专用的水雨情监测预报系统。水库控制范围内的雨情信息依靠当地水文、气象部门共享，对水库防洪的针对性不足；水库出库流量过程通过泄流曲线推求，入库流量过程通过出库流量与水库蓄变量反算，不具备时效性，入库洪水预报工作不到位。

2.2　生态流量与水库调度尺度存在差异

生态调度过程不仅需要提供河道最小生态流量，还要考虑水文情势，给出与自然情势相近的水文过程，即满足鱼类产卵、种子发芽等生物习性的人造洪水。这个要求往往较实际调度中"月计划、旬安排"的方式更为精细，不易把控。

2.3　黄河流域水库综合利用任务较难协调，调度能力减小

目前，黄河中游干流骨干水库仅有万家寨、三门峡、小浪底3座水库。万家寨水库防洪库容仅2亿 m^3 左右；三门峡水库淤积严重，库水位315 m以下防洪库容仅3.45亿 m^3，仅小浪底水库发挥关键性控制作用[39]。小浪底水库建成至今，已淤积泥沙32.86亿 m^3，按照水库规划设计，未来还将淤积42.63亿 m^3，调度能力正在逐步减小。

2.4　黄河水沙调控工程体系不完善

当前，黄河"上拦"工程尚不完善，规划的中游四座骨干水沙调控工程只有三门峡、小浪底两座水库投入运行[40]，调水调沙后续动力不足。

2.5　过洪能力仍是水库调度的瓶颈

根据国务院批复的《黄河防御洪水方案》，刘家峡水库遭遇10年一遇和100年一遇洪水的最大出库流量分别为3 500 m^3/s 和4 290 m^3/s，小浪底水库遭遇100年一遇以下洪水时控制花园口最大流量为10 000 m^3/s。据近年来实地调研结果，刘家峡水库下游部分河段的过洪能力不足3 500 m^3/s，黄河下游"卡口"河段的主流过洪能力仅4 300 m^3/s 左右。

3 水库生态调度概念及原则

3.1 水库生态调度概念

水库生态调度是伴随水利工程对河流生态系统进行修复和健康补偿而出现的,是探索防洪、兴利与生态耦合协调的水库综合调度方式[41]。不同的学者对水库生态调度的说法不一。汪恕诚[42] 认为,水库生态调度是指在考虑经济效益和社会效益的同时,兼顾生态效益最优化的一种多目标调度手段;董哲仁等[43-44] 提出实施"水库的多目标生态调度"是对筑坝河流的一种生态补偿;王志璋和谢新民[45] 认为需要将生态因素纳入水库调度方式的考虑范围,在实现传统水库调度目标的基础上,兼顾河流生态系统的需求,尽可能恢复河流系统的连续性,满足下游河道生态流量,恢复河流自然水文节律,恢复河流生物种群生境;艾学山等[46] 指出,水库生态调度要满足基本的防洪、兴利和库区水环境与下游河道所需生态流量;郜国明等[47] 提出要基于小浪底水利工程的具体特点,将生态因子纳入水库优化调度中,进而实现水库的社会效益、经济效益和生态效益的协调统一;高永胜等[48] 指出水库生态调度应以满足人类基本生产生活用水为前提,以河流生态需水为基础,以生产、生活和生态用水共享为统领,以河流生命健康及水资源可持续利用为最终目标;张洪波等[49] 提出生态调度仅仅是水库综合调度的某一阶段或某一部分,在水库综合运行过程中,要优先保障防洪、生产生活用水等基本需求,再协调其他目标;刘志立[50] 认为,水库生态调度应遵循保障基本生活与生态需水量、平衡好防洪与生态保护的关系及水资源调度优先级三项基本原则。

综上所述,可以明确:生态调度是在兼顾水库调度的社会效益、经济效益的基础上重点考虑生态因素的水库调度新模式[51]。水库生态调度并不是以生态作为唯一的调度目标,而是将生态因素给予一定的权重,进而形成水库防洪、兴利、蓄水灌溉、供水、发电、水产养殖等多目标协调统一的运行方式。通过生态调度减小水利工程对库区水环境及河道生物的负面影响,从而实现河流生态系统的可持续发展。部分调水工程生态调度情况如表 2 所示。

表 2 部分调水工程生态水量调度情况

调度工程	调度时间	累计调水总量/亿 m³	主要生态效益
塔里木河下游生态输水	2000 年 5—9 月（4 个月共 20 次调水）	81.60	下游地下水位显著抬升,明显改善了受水区生态环境
黑河水量调度	2000—2018 年（共 18 次调水）	68.80	明显改善了黑河下游生态环境,两岸地下水位显著提升
引江济太	2007 年 5—7 月（2 个月）	10.04	明显改善了太湖水质,满足流域用水需求,显著提高了水环境承载能力,优化流域水资源
安阳市生态调水	2018 年上半年	1.10	显著改善了安阳市水环境质量与生态环境
引黄入冀补淀黄河段	2018 年 11 月至2019 年 3 月	3.47	缓解了沿线灌溉缺水情况,改善了白洋淀生态环境
南水北调工程中线	2014 年 12 月至2020 年 6 月	306.00	有效缓解了华北地区水量短缺状况,对地下水恢复起到了重要作用

3.2 水库生态调度基本原则

按照汛期和非汛期时段的不同，实施水库生态调度的一般性原则为：

（1）汛期：供电充足时，按照防洪、供水、灌溉、生态和发电及航运三者协调、渔业的顺序原则；供电紧张时，按照防洪、供水、发电、灌溉、生态和航运两者协调、渔业的顺序原则。

（2）非汛期：供电充足时，按照供水、灌溉、生态和发电及航运三者协调、渔业的顺序原则；供电紧张时，按照供水、发电、灌溉、生态和航运两者协调、渔业的顺序原则。

其中，供水主要包括工业生产、生产性服务业、畜牧业及居民生活供水；灌溉主要包括农业、林业灌溉；对生态、航运两者或生态、发电、航运三者进行协调时，依据当时的具体情况而定，如生态形势严峻与否，发电、生态、航运效益对比等。

4 结语

水库生态调度是缓解水利工程对黄河流域生态系统产生不利影响的必要手段，也是其必然选择。水库兴利、防洪和生态等目标之间既非完全协调，也非完全对立，这是多目标间协调的物理基础。多年来，为支撑经济社会的快速发展，河流水资源利用形式粗放，管理不够严格，导致其生态环境遭到严重破坏，保护和修复河流生态系统已成为当前和今后必须面对和解决的课题。为进一步提高黄河流域水库生态调度的综合效益，建设全流域水利工程生态调度系统，实现全河干支流重要控制性水库统一调度，不断提高防洪、减淤、抗旱、生态、水资源利用等综合效益。

参考文献

[1] 毛战坡，彭文启，周怀东．大坝的河流生态效应及对策研究 [J]．中国水利，2004（15）：43-45，5.

[2] 张丽丽，殷峻暹．水库生态调度研究现状与发展趋势 [J]．人民黄河，2009，31（11）：14-15，123.

[3] 金鑫，王凌河，赵志轩，等．水库生态调度研究的若干思考 [J]．南水北调与水利科技，2011，9（2）：22-26，32.

[4] 乔晔，廖鸿志，蔡玉鹏，等．大型水库生态调度实践及展望 [J]．人民长江，2014，45（15）：22-26.

[5] 康玲，黄云燕，杨正祥，等．水库生态调度模型及其应用 [J]．水利学报，2010，41（2）：134-141.

[6] 谭红武，李国强，朱瑶，等．水利水电工程生态调度的实践、问题与发展趋势 [J]．中国水能及电气化，2009（12）：16-20，29.

[7] John M，Higgins W，Gary Brock．Overview of reservoir release improrement at 20 TVA dam [J]．Journal of energy engineering，1999，125（1）：1-17.

[8] 唐晓燕，曹学章，王文林．美国和加拿大水利工程生态调度管理研究及对中国的借鉴 [J]．生态与农村环境学报，2013，29（3）：394-402.

[9] 陆海明，丰华丽，邹鹰．美国萨凡纳河生态流量管理实践案例研究 [J]．中国水利，2019（5）：25-29.

[10] 禹雪中．水电工程鱼类保护流域性管理的国际经验与借鉴 [J]．水力发电，2016，42（4）：5-9.

[11] 谭辉，张俊洁，冯时．美国田纳西河流域环境保护特点分析 [J]．水利建设与管理，2016，36（7）：58-60，73.

[12] 库伯利 D M，夏智翼，胡云鹤．美国格伦峡谷坝的适应性管理 [J]．水利水电快报，2011，32（1）：4-6.

[13] Ladson A R，White L J，Doolan J A，et al．Development and Testing of an Index of Stream Condition for Waterway Management in Australia [J]．Freshwater Biology，1999，41（2）：453-468.

[14] Angela H Arthinon．Environmental flow：ecological importance，methods and lessons from Australia．Paper presented at Mekong Dialogue Workshop "International transfer of fiver basin development experience：Australia and Mekong Region"．2 September 2002.

[15] Boulton A J．An overview of river health assessment：Philosophies practice，problems and prognosis [J]．Freshwater Biology，1999，41（2）：469-479.

[16] Hughes D A，Hannart P．A desktop model used to provide an initial estimate of the ecological instream flow requirements

of rivers in South Africa［J］．Journal of Hydrology（Amsterdam），2003，270（3-4）：167-181.

［17］王远见，江恩慧，李新杰．黄河小浪底水库 2018 年生态调度的理论与方案研究［C］//中国大坝工程学会．水库大坝高质量建设与绿色发展——中国大坝工程学会 2018 学术年会论文集，2018.

［18］司源，王远见，任智慧．黄河下游生态需水与生态调度研究综述［J］．人民黄河，2017，39（3）：61-64，69.

［19］钮新强，谭培伦．三峡工程生态调度的若干探讨［J］．中国水利，2006（14）：8-10，24.

［20］余文公，夏自强，于国荣，等．生态库容及其调度研究［J］．商丘师范学院学报，2006（5）：148，151.

［21］索丽生．水利工程的"特殊功能"——关于水利工程建设新思路的思考［J］．中国水利，2003（1）：25-26，33.

［22］郜国明，李新杰，马迎平．小浪底水库生态调度的内涵、目标及措施［J］．人民黄河，2014，36（9）：76-79.

［23］陈敏．长江流域水库生态调度成效与建议［J］．长江技术经济，2018，2（2）：36-40.

［24］梁海燕，张学峰，杨玉琳，等．水量调度对改善黄河水质与水生态的作用探讨［J］．西北水电，2008（1）：4-7.

［25］郝伏勤，王新功，刘海涛，等．黄河水量统一调度对下游生态环境的影响分析［J］．人民黄河，2006（2）：35-37，79-80.

［26］王晓燕，张长春，魏加华．黄河水量统一调度实施前后河口三角洲生态环境变化研究［J］．生态环境，2006（5）：1046-1051.

［27］韩艳利，王新功，葛雷．黄河水量 10 年调度对生态环境影响评估［J］．水资源保护，2013，29（2）：76-81.

［28］贾海峰，程声通，丁建华，等．水库调度和营养物消减关系的探讨［J］．环境科学，2001（4）：104-107.

［29］娄广艳，葛雷，黄玉芳，等．黄河下游生态调度效果评估研究［J］．人民黄河，2021，43（7）：100-103.

［30］芮建良，盛晟，白福青，等．安谷水电站鱼类栖息地生态保护与修复实践［J］．环境影响评价，2015，37（3）：18-21.

［31］张爱静，董哲仁，赵进勇，等．黄河水量统一调度与调水调沙对河口的生态水文影响［J］．水利学报，2013，44（8）：987-993.

［32］卓俊玲，葛磊，史雪廷．黄河河口淡水湿地生态补水研究［J］．水生态学，2013，34（2）：14-21.

［33］张洪波，王义民，蒋晓辉，等．基于生态流量恢复的黄河干流水库生态调度研究［J］．水力发电学报，2011，30（3）：15-21，33.

［34］王学斌，畅建霞，孟雪姣，等．基于改进 NSGA-Ⅱ的黄河下游水库多目标调度研究［J］．水利学报，2017，48（2）：135-145，156.

［35］马真臻，王忠静，郑航，等．基于低风险生态流量的黄河生态用水调度研究［J］．水力发电学报，2012，31（5）：63-70.

［36］蒋晓辉，Angela Arthington，刘昌明．基于流量恢复法的黄河下游鱼类生态需水研究［J］．北京师范大学学报（自然科学版），2009，45（Z1）：537-542.

［37］陈秀秀，叶盛，洪艳艳，等．黄河骨干水库水沙调度的目标函数构建和应用［J］．应用基础与工程科学学报，2020，28（3）：727-739.

［38］黄强，赵梦龙，李瑛．水库生态调度研究新进展［J］．水力发电学报，2017，36（3）：1-11.

［39］李晓宇，赵龙，舒灵君．2020 年黄河骨干水库防洪调度案例分析及初步认识［J］．中国防汛抗旱，2021，31（1）：15-18.

［40］魏向阳，杨会颖，赵咸榕，等．黄河"一高一低"水库调度实践与思考［J］．中国水利，2021（9）：3-6.

［41］王远坤，夏自强，王桂华．水库调度的新阶段——生态调度［J］．水文，2008（1）：7-9，76.

［42］汪恕诚．汪恕诚纵论生态调度［N］．中国水利报，2006-11-14（001）．

［43］董哲仁．筑坝河流的生态补偿［J］．中国工程科学，2006（1）：5-10.

［44］董哲仁，孙东亚，赵进勇．水库多目标生态调度［J］．水利水电技术，2007（1）：28-32.

［45］王志璋，谢新民．水库生态调度研究的若干问题探讨［C］//中国水利学会水资源专业委员会学术年会．2009.

［46］艾学山，范文涛．水库生态调度模型及算法研究［J］．长江流域资源与环境，2008（3）：451-455.

［47］郜国明，李新杰，马迎平．小浪底水库生态调度的内涵、目标及措施［J］．人民黄河，2014，36（9）：76-79.

［48］高永胜，王淑英，于松林，等．对水库生态调度问题的研究［J］．人民黄河，2009，31（11）：12-13，24.

［49］张洪波，王义民，蒋晓辉，等．基于生态流量恢复的黄河干流水库生态调度研究［J］．水力发电学报，2011，

30（3）：15-21，33.

［50］刘志立. 水库生态调度的内涵与决策目标研究［J］. 人民黄河，2016，38（8）：69-72.

［51］陈志刚，程琳，陈宇顺. 水库生态调度现状与展望［J］. 人民长江，2020，51（1）：94-103，123.

基于小波多尺度变换的伊洛河径流量变化规律研究

张廷奎[1,2]　张向萍[2]　李军华[2]　张　向[2]

（1. 郑州大学水利科学与工程学院，河南郑州　450001；

2. 黄河水利委员会黄河水利科学研究院，河南郑州　450003）

摘　要： 气候变化背景下中小河流的径流变化特征对区域水资源管理和防洪具有重要的意义。伊洛河是黄河重要的一级支流，位于黄河中下游的无工程控制区，它的径流变化特征直接影响黄河下游的防洪安全和水资源管理。本文通过小波变换、Mann-Kendall 检验等方法系统分析了 1956—2019 年伊洛河下游径流序列的演变规律。研究结果表明：伊洛河下游径流量呈逐年减少的趋势，其中 1—4 月、7—11 月下降趋势显著；在 20 世纪 90 年代前其径流量主要受到 14 年和 30 年周期的影响，第一主周期为 14 年，随着故县水库的建成，到 21 世纪后，其径流量逐步受到 30 年时间尺度的影响，第一主周期由 14 年变成 30 年，径流量在整个研究的时域上丰水期与枯水期交替变化明显；在未来几年内，黑石关站径流量较前几年有所增加，但长期来看其径流量仍处于减少的趋势。

关键词： 伊洛河；径流量；小波分析；黑石关

　　水资源对人类社会的发展具有至关重要的作用，伊洛河是黄河重要的一级支流，也是黄河下游洪水的主要来源之一，研究其径流量的变化特征对黄河下游水资源管理和防洪具有重要的意义，有助于推动黄河流域生态保护和高质量发展。穆兴民等[1] 对哈尔滨控制站 1955—2005 年年均面降雨量、年均径流和输沙量数据进行小波分析，发现三要素存在三个主周期，第一主周期为 24.0~26.0 年。陈一明等[2] 对五郎河的分析表明，年径流量和降水均存在 24 年的显著性共振周期。赵丽霞等[3] 对伊洛河径流量进行分析，发现伊洛河径流量呈显著减少趋势，突变年份发生在 1965 年、1985 年。目前，还没学者对伊洛河的流域径流量变化周期进行分析。本文运用小波变换的方法对伊洛河黑石关站 64 年的实测径流量进行分析，揭示其径流量变化规律，对黄河下游水资源管理和防洪具有重要意义，因伊洛河含沙量较少，本文不予讨论。

　　洛河发源于陕西省渭南市的箭峪岭侧木岔沟，流经陕西、河南两省，在偃师岳滩村东 1 km 处与伊河交汇形成伊洛河，然后继续向东北奔流，经巩义市河洛镇神堤村北注入黄河。伊洛河全长 447 km，流域面积 18 881 km²，是黄河三门峡水库以下的最大支流，多年平均年径流量为 35 亿 m³，占黄河多年平均径流量的 5.57%。

1　数据资料及分析方法

1.1　资料来源

　　黑石关站是伊洛河入黄河的控制站，其集水面积为 18 563 km²，占伊洛河流域面积的 98.3%。本文通过对黑石关站 1956—2019 年的月平均流量来分析伊洛河的径流量年际变化及年内变化，数据来源于《黄河流域水文资料》。

基金项目： 国家自然科学基金重大项目（42041006）；河南省自然科学基金项目（212300410372）；中央级公益性科研院所基本科研业务费专项（HKY-JBYW-2020-15）。

作者简介： 张廷奎（1998—），男，硕士研究生，研究方向为水文学及水资源。

通讯作者： 李军华（1979—），男，教授级高级工程师，主要从事河流泥沙与河道整治研究。

1.2 小波分析

1.2.1 小波函数

小波分析的基本思想是用一簇小波函数来表示或者逼近某一信号或函数。因此，小波函数是小波分析的关键，它是指具有震荡性、能够迅速衰减到零的一类函数[4]，即小波函数 $\varphi(t) \in L^2(R)$ 且满足

$$\int_{-\infty}^{+\infty} \varphi(t)\mathrm{d}t = 0 \tag{1}$$

式中：$\varphi(t)$ 为基小波函数，它可以通过尺度的伸缩和时间轴上的平移构成一簇函数系：

$$\Phi_{a,b}(t) = |a|^{-1/2}\varphi\left(\frac{t-b}{a}\right) \quad (\text{其中} a, b \in R, a \neq 0) \tag{2}$$

式中：$\Phi_{a,b}(t)$ 为子小波；a 为尺度因子，反映小波的周期长度；b 为平移因子，反映时间上的平移。

小波函数有 Haar 小波、Morlet 小波、Mexican hat 小波和 Gaussian 小波，不同小波函数的适用范围不同，因此选择合适的基小波函数是进行小波分析的前提[5]。在实际应用研究中，应针对具体情况选择所需的基小波函数；同一信号或时间序列，若选择不同的基小波函数，所得的结果往往会有所差异，有时甚至差异很大。目前，主要是通过对比不同小波分析处理信号时所得的结果与理论结果的误差来判定基小波函数的好坏，并由此选定该类研究所需的基小波函数。

本文选择 Morlet 连续复小波作为基小波函数，其优点主要有以下四点[6]：

（1）径流演变过程中包含"多时间尺度"变化特征且这种变化是连续的，所以应采用连续小波变换来进行此项分析。

（2）实小波变换只能给出时间序列变化的振幅和正负，而复小波变换可同时给出时间序列变化的位相和振幅两方面的信息，有利于对问题的进一步分析。

（3）复小波函数的实部和虚部位相差为 π/2，能够消除用实小波变换系数作为判据而产生的虚假振荡，使分析结果更为准确。

（4）Morlet 小波具有非正交性。通常在对时间系列进行分析时，希望能够得到平滑连续的小波振幅，因此非正交小波函数较为合适。

1.2.2 小波变换

$\Phi_{a,b}(t)$ 是由式（2）给出的子小波，对于给定的能量有限信号 $f(t) \in L^2(R)$，其连续小波变换（continue wavelet transform，简写为 CWT）为：

$$W_f(a, b) = |a|^{-\frac{1}{2}}\int_R f(t)\varphi'\left(\frac{t-b}{a}\right)\mathrm{d}t \tag{3}$$

式中：$W_f(a, b)$ 为小波变换系数；$f(t)$ 为一个信号或平方可积函数；a 为伸缩尺度；b 为平移参数；$\varphi'\left(\frac{t-b}{a}\right)$ 为 $\varphi\left(\frac{x-b}{a}\right)$ 的复共轭函数[7]。

由式（3）可知小波分析的基本原理，即通过增加或减小伸缩尺度 a 来得到信号的低频或高频信息，然后分析信号的概貌或细节，实现对信号不同时间尺度和空间局部特征的分析。实际研究中，最主要的就是要由小波变换方程得到小波系数，然后通过这些系数来分析时间序列的时频变化特征。

1.2.3 小波方差

将小波系数的平均值在 b 域上积分，即可得到小波方差，即

$$\mathrm{Var}(a) = \int_{-\infty}^{+\infty} |W_f(a, b)|^2\mathrm{d}b \tag{4}$$

小波方差随尺度 a 的变化过程，称为小波方差图。由式（4）可知，它能反映信号波动的能量随尺度 a 的分布。因此，小波方差图可用来确定信号中不同种尺度扰动的相对强度和存在的主要时间尺度，即主周期[8]。

2 径流量的时间序列变化特征分析

2.1 实测径流量变化分析

由图 1（a）黑石关站的径流量距平值可以看出，黑石关站的径流量距平呈减少的趋势，递减的线型倾向值为 0.405 2 亿 m³/a，说明黑石关站的年径流量变化幅度逐渐减小。黑石关站径流量距平值五年滑动平均曲线中，20 世纪 60 年代和 80 年代以及 21 世纪初为径流量偏丰年代，其余时间为偏枯年代。从图 1（b）可以看出，在 1985 年以前径流量累计距平呈波动性上升趋势，在 1985 年以后呈下降趋势。图 2 是通过 Mann-Kendall 秩次检验，绘制出的 UF_K 和 UB_K 的曲线图，可以看出黑石关站的径流量总体呈下降趋势，且在 1973 年超过 0.05 显著水平临界直线，说明下降趋势显著。从 UF_K 和 UB_K 的交点可以看出径流量存在突变现象，突变年份发生在 1969 年。图 3 为黑石关站实测径流量趋势图，可以看到其径流量存在着下降趋势。分别对 1—12 月的径流量序列进行 M-K 趋势检验，其结果如表 1 所示。由表 1 可以看出，只有 6 月的 Z 值大于 0，说明只有 6 月的径流量呈上升趋势，但其值较小，变化不明显。其他月份的径流量均为下降趋势，其中 1—4 月、7—11 月的 Z 值均超过 1.96，达到 95% 置信度水平，其径流量下降趋势显著[9]。

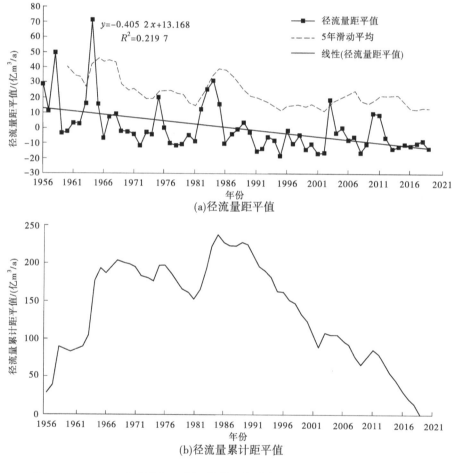

图 1 1956—2019 年伊洛河（黑石关站）径流量距平值及径流量累计距平值

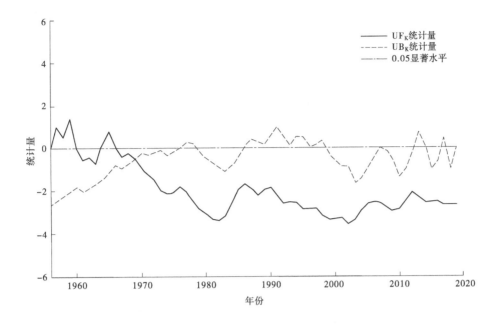

图 2　黑石关站年径流量 M-K 统计曲线图

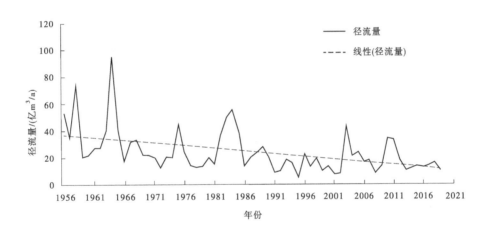

图 3　1956—2019 年黑石关站实测径流量趋势图

表 1　单月径流量 M-K 趋势检验结果

月份	1	2	3	4	5	6	7	8	9	10	11	12
Z 值	-2.654	-2.793	-2.578	-2.694	-1.576	0.110	-3.772	-3.198	-2.833	-2.677	-3.760	-1.802

2.2　年径流量周期分析

通过 Surfer15.0 绘制出黑石关站的径流量小波系数实部等值线图和小波系数模拟等值线图，如图 4 和图 5 所示。小波系数的实部等值线图反映降雨序列不同时间尺度的周期变化及其在时间域中的分布，进而能判断在不同时间尺度上降雨的未来变化趋势[10]。当小波系数实部值为正时，表明其径流量较大，处于丰水期；当小波系数实部值为负时，表明其径流量较小，处于丰水期；零值对应着突变点。小波系数的模拟值是不同时间尺度变化周期所对应的能量密度在时间域中分布的反映，小波系数模拟值愈大，表明其所对应时段或尺度的周期性愈强[11]。

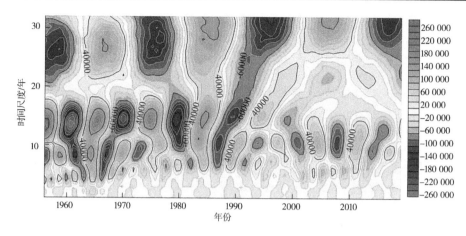

图 4　小波系数实部等值线图

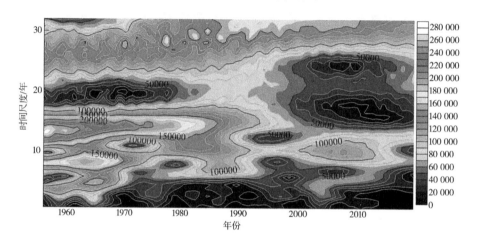

图 5　小波系数模拟等值线图

由图 4 可以看出，黑石关站的径流量存在着 3 类周期变化：25~30 年尺度，振荡中心为 30 年，径流出现了枯丰交替的准 4 次振荡；12~17 年尺度，嵌套于 25~30 年大尺度变化之下，振荡中心为 14 年，径流出现了丰枯交替的 7 次振荡，21 世纪左右，该周期逐渐消失；3~5 年尺度，以 4 年为振荡中心，其径流出现了 16 次的振荡。由图 5 可以看出，20 世纪 60—90 年代，14 年周期变化最为明显，21 世纪后其周期性逐渐减弱；其次是 25~30 年的周期较为明显，但其具有全域性。

小波方差反映了信号波动能量随时间尺度的分布状况，可根据频域上的方差贡献值检验径流序列的主周期[12]。由图 6 可以看出，黑石关站径流量变化的主周期为 14 年、30 年、9 年。由图 7 可以看出，$a=14$ 年时间尺度的小波变换系数大约经历了 7 个周期变化，丰枯变化随时间变化越来越小，周期性逐渐减弱；$a=30$ 年时间尺度的小波变换系数大约经历了 3 个周期变化，周期变化较为稳定；$a=9$ 年的时间尺度的小波变换系数大约经历了 10 个周期变化，其丰枯交替变化较为剧烈，波动幅度较大。

2.3　四季径流量周期分析

从图 8 可以看出，黑石关站四季径流量都有着明显的周期性变化。春季以 30 年为第一主周期，还存在着 14 年、8 年左右的周期；夏季以 14 年为第一主周期，还存在着 9 年、21 年左右的周期；秋季以 29 年为第一主周期，还存在着 14 年、9 年左右的周期；冬季以 30 年为第一主周期，还存在着 14 年、9 年左右的周期。由以上分析可知，除夏季第一主周期为 14 年外，其他季节均以 30 年左右为第一主周期，14 年为第二主周期，所以黑石关站的径流量主要受 14 年、30 年周期的影响。

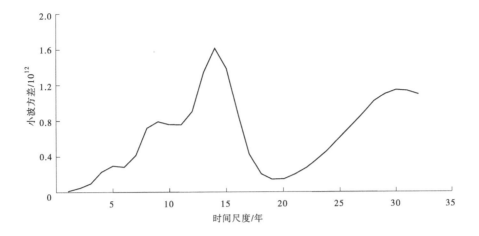

图 6　小波方差过程线

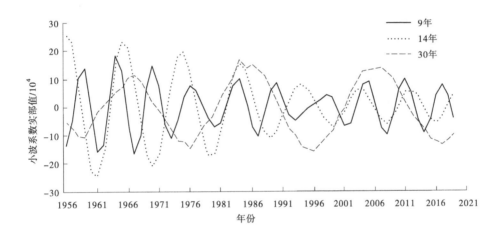

图 7　主周期不同时间尺度小波实部过程线

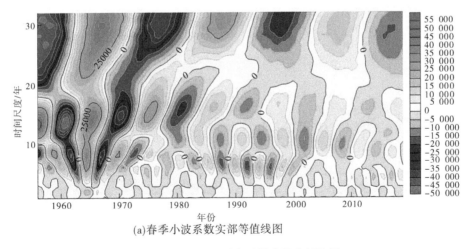

(a)春季小波系数实部等值线图

图 8　黑石关站四季径流量小波分析结果

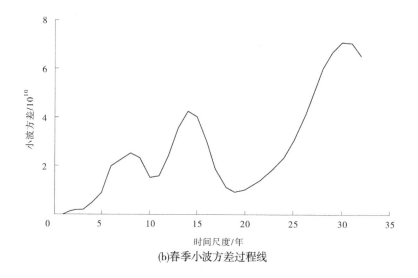

(b)春季小波方差过程线

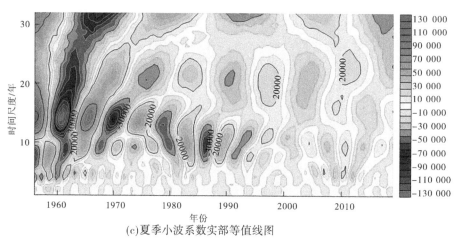

(c)夏季小波系数实部等值线图

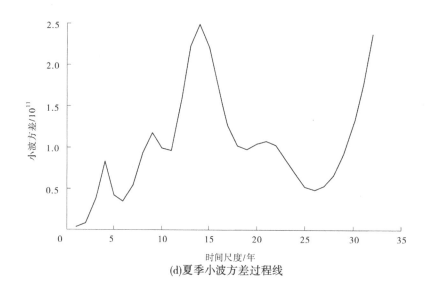

(d)夏季小波方差过程线

续图 8

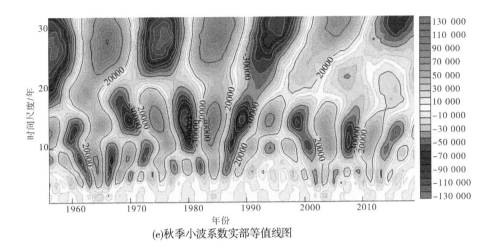

(e)秋季小波系数实部等值线图

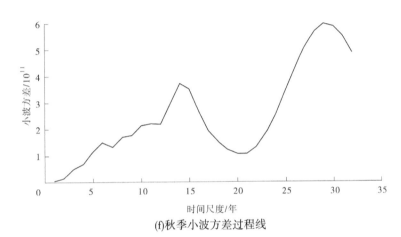

(f)秋季小波方差过程线

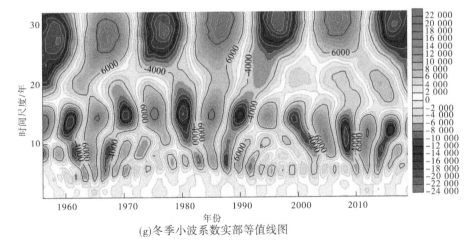

(g)冬季小波系数实部等值线图

续图 8

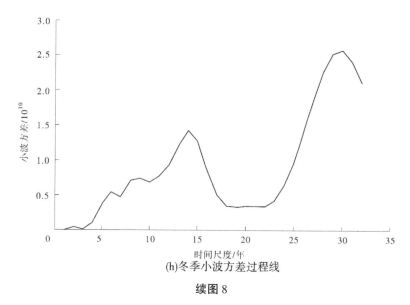

(h)冬季小波方差过程线

续图 8

3　结果与结论

对黑石关站的径流量进行小波分析，发现在 20 世纪 90 年代中期以前，其径流量以 14 年为主周期，进入 21 世纪以后，14 年周期性逐渐减弱，逐步受到 30 年周期的影响。对黑石关、白马寺、龙门镇三站 1956—1990 年、2001—2019 年共 54 年的径流量分析发现，白马寺站有 36 年的径流量占到黑石关站的 60% 以上，说明洛河是伊洛河径流量的主要来源。1993 年故县水库的建成，使洛河的径流逐渐受到水库调节的作用，使其周期发生变化，结合黑石关站 20 世纪 90 年代中期左右其径流量周期发生变化，说明故县水库对径流的调节作用影响较大。

基于黑石关站 1956—2019 年的月径流资料，通过 M-K 检验法、小波变换等方法得到以下初步结论：

（1）黑石关站年径流量在 20 世纪 90 年代中期以前，以 14 年为主周期；进入 21 世纪以后，其主周期变为 30 年。

（2）黑石关站的单月径流量除 6 月呈上升趋势外，其他月份均呈现下降趋势，其中 1—4 月、7—11 月下降趋势显著。

（3）在 20 世纪 90 年代中期以前，夏季决定着黑石关站径流量的第一主周期，进入 21 世纪以后，故县水库对径流的调节作用影响较大，夏季对径流量的影响逐渐减弱。

（4）黑石关站径流量呈减少趋势，在未来几年内，降雨量较前几年略有增加，但长期来看仍处于减少的趋势。

参考文献

[1] 穆兴民，宋小燕，高鹏，等 . 哈尔滨站径流、输沙的多时间尺度特征 [J] . 自然资源学报，2011，26（1）：135-144.

[2] 陈一明，何子杰，贾月，等 . 基于小波变换的径流与降水时频变化及相关性分析——以五郎河为例 [J] . 中国农村水利水电，2017（10）：13-17，22.

[3] 赵丽霞，徐十锋，赵旭，等 . 黄河伊洛河流域径流变化特性及趋势分析 [J] . 中国防汛抗旱，2020，30（12）：70-73，97.

[4] 刘源，徐国宾，段宇，等 . 洪泽湖入湖水沙序列的多时间尺度小波分析 [J] . 水利水电技术，2020，51（2）：128-135.

[5] 刘力 . 三峡流域径流特性分析及预测研究 [D] . 武汉：华中科技大学，2009.

［6］刘德林，刘贤赵，魏兴华，等．基于子波变换的烟台市降水变化特征的多时间尺度研究［J］．中国农村水利水电，2007（11）：68-70，73.

［7］王秀杰，费守明．小波分析方法在水文径流模拟中的应用［J］．水电能源科学，2007（6）：1-3，40.

［8］曹建荣，于洪军，刘衍君，等．黄河上游水文周期成分和突变特征的小波分析［J］．人民黄河，2011，33（3）：27-28，144.

［9］李深林，陈晓宏，赖成光，等．珠江三角洲地区近30年降雨变化趋势及其与气溶胶的关系［J］．水文，2016，36（4）：31-36，84.

［10］桑燕芳．水文序列小波分析与预报方法的研究及应用［D］．南京：南京大学，2011.

［11］吴佳美，屈吉鸿，李岩，等．基于小波分析的中牟县地下水位多尺度变化特征研究［J］．人民珠江，2019，40（2）：38-44.

［12］刘晓琼，刘彦随，李同昇，等．基于小波多尺度变换的渭河水沙演变规律研究［J］．地理科学，2015，35（2）：211-217.

无定河流域典型暴雨产洪产沙反演分析

吕文星　徐十锋　高亚军

（黄河水文水资源科学研究院，河南郑州　450004）

摘　要： 在无定河开展典型暴雨产洪产沙反演分析研究，对认识未来无定河水沙情势具有重要意义。本文以发生在"2017.07.26"无定河流域的大暴雨为研究对象，通过建立不同时期下垫面下的次洪沙量与面平均雨量以及次洪沙量与降雨因子的组合关系，分别建立了上下包线和趋势线的关系，分析其在早期和近期下垫面情况下产生洪水泥沙的致灾效应，并提出了无定河流域在不同气候-下垫面情景下的"常规"和"非常规"产流产沙模式。结果表明，2017年的降雨若分别发生在1972年以前和1998年以后的下垫面，则可以分别产生 16 107 万 m^3 的径流量、10 338 t 泥沙和 5 242 万 m^3 的径流量、2 203 万 t 泥沙。

关键词： 无定河流域；下垫面；暴雨；洪水泥沙；反演

黄河流域是中华文明的主要发源地和中国历史演进的主要承载区域，现在和今后仍然是我国发展的重要战略地区。然而水少沙多、水沙关系不协调是黄河区别于其他江河的基本特征，也是黄河复杂难治的症结所在。未来黄河的来沙情势事关治黄方略确定、流域水沙资源配置、重大水利工程布局与运用[1]。

黄土高原是黄河泥沙的主要来源区，而无定河是黄土高原多沙粗沙来源区内的黄河最大一级支流，是黄河泥沙的主要来源区。无定河大小支流众多且分布不均，流域内所建淤地坝、水库较多，河流含沙量大，历史上暴雨洪涝灾害严重[2]。近几十年来，气候变化及流域内人类活动影响的加剧，使无定河流域下垫面发生了改变，在同等降雨条件下径流量、泥沙大幅度减少[3]。许炯心认为，汛期降水的减少是入黄泥沙减少的主要原因之一[4]，20世纪60年代流域内侵蚀产沙严重，产沙量分别是1970年代、1980年代和1990年代的1.62倍、3.16倍和1.71倍[5]。自20世纪70年代以来，无定河流域修建了大量的淤地坝等水土保持措施，人类活动对产沙量变化的贡献率呈明显增大趋势[6]；1998年以后，产沙量和降水量之间不相关，决定系数仅为0.017[7]，人类活动对产沙量变化的贡献率达到65%。

现有研究主要关注的是"现状年"沙量减少的原因、未来长系列降雨情况下的多年平均来沙量[8-11]。但是，在黄土高原极端暴雨下的不同时期和不同下垫面条件可能来水来沙量反演方面仍鲜见报道。

本文以发生在"2017.07.26"无定河流域的大暴雨为研究对象，分析了其在早期（1956—1972年）和近期（1999—2016年）下垫面情况下产生洪水泥沙的致灾效应，并提出了无定河流域在不同气候-下垫面情景下的"常规"和"非常规"产流产沙模式，为客观认识未来无定河来沙情势提供科学支撑，为黄河防洪减淤提供决策依据。

1　研究区概况

无定河是黄河中游一条较大的多泥沙支流，发源于白于山北麓陕西省定边县境，流经内蒙古伊克

资助项目： 国家重点研发计划项目"黄河流域多尺度洪水泥沙产输机制与模拟"（2016YFC0402402）。

作者简介： 吕文星（1985—），男，高级工程师，主要从事黄河水沙变化研究。

昭盟和陕西榆林、延安地区，于清涧县河口村注入黄河。流域面积 30 261 km²，全长 491.2 km，其中水土流失面积 23 137 km²。流域干流河道分为三段：从河源到鱼河堡为上游，鱼河堡到崔家湾为中游，崔家湾到河口为下游。无定河在黄土高原中位置见图 1。

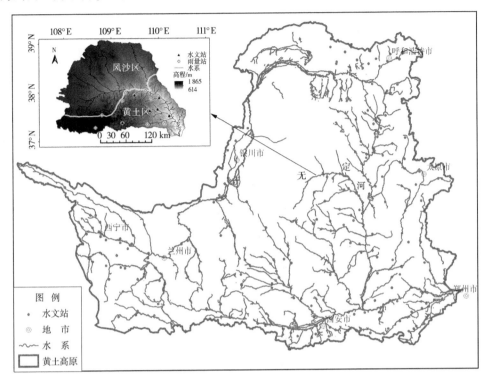

图 1　黄土高原无定河流域位置图

流域属大陆性气候，冬春干寒，雨雪稀少；夏秋炎热，雨量较多。年平均气温 6~10 ℃。春季 3~5 月多大风，最大风力可达 11 级。无霜期 160~185 d。年平均降水量 350~500 mm，西北部少，东南部多，其中 60% 以上的雨量集中在 7—9 月三个月，且多暴雨，一次暴雨量可达全年降水量的 40%。

流域大规模治理前，据川口水文站 1957—1967 年实测，平均年径流量为 15.35 亿 m³，7—9 月三个月径流量占全年的 41%；平均年输沙量为 2.17 亿 t，7—9 月三个月沙量占全年的 87.6%。一次洪水的产沙量可达全年产沙量的 50% 以上。

无定河流域地貌类型图主要分为 2 种，黄土丘陵沟壑区和沙地草原区。其中，沙地草原区占总面积的 55.8%，黄土丘陵沟壑区占总面积的 44.2%。沙地草原区主要分布在干流赵石窑以上及支流榆溪河和支流芦河靖边一带。

2　雨洪反演方法

分别利用早期和近期人类活动影响较小和较大时期的年代，通过建立早期下垫面的降雨和洪水以及降雨和泥沙的关系，重演早期下垫面的产洪产沙量。

2.1　早期、近期划分与洪水选择

早期年代的划分：利用徐建华等的研究成果[12]，无定河流域早期发生的突变年份为 1972 年，再根据暴雨洪水资料，选取 1956—1972 年作为早期下垫面时段，按照大于多年洪峰的标准，选择了洪峰流量介于 418~4 980 m³/s 的 27 场洪水。

近期年代的划分：通过资料分析及现状下垫面变化资料，无定河流域近期发生的突变年份为 1999 年，再根据暴雨洪水资料，选取 1999—2016 年作为近期下垫面时段，按照大于多年或每年至少选取 1 场洪水的标准，选择了洪峰流量介于 172~3 060 m³/s 的 18 场洪水。

2.2 降雨洪水特征值选取及相关关系建立

通过分析计算，获取了每一场洪水的洪峰流量、次洪洪量、次洪沙量、次面平均雨量、不同等级暴雨笼罩面积（≥10 mm、≥25 mm、≥50 mm 和≥100 mm 四个等级），以及每场洪水对应的三个最大雨量站所对应的集中度雨量（40%、50%、60%、70%、80%、90% 和 100% 七个等级）等指标。

通过分析次洪洪量、次洪沙量与各因子的关系，发现次洪洪量、次洪沙量与面平均雨量、暴雨笼罩面积的关系较好，而与暴雨集中度和雨强的关系比较差（见表1），为此下面重点分析次洪洪量（次洪沙量）与面平均雨量和暴雨笼罩面积的关系。

表 1 次洪洪量（次洪沙量）与各相关因子关系

时期	次洪洪量							次洪沙量						
	次洪沙量 /t	面平均雨量 /mm	暴雨笼罩面积 /km²		暴雨集中度/%		降雨强度 /mm	次洪洪量 /万 m³	面平均雨量 /mm	暴雨笼罩面积 /km²		暴雨集中度/%		降雨强度 /mm
			系数	对应面积	系数	集中度				系数	对应面积	系数	集中度	
早期	0.97	0.64	0.71	25	-0.05	100	0.02	0.97	0.54	0.62	25	0.07	100	0.03
近期	0.97	0.75	0.78	100	0.28	90	0.07	0.97	0.64	0.72	100	0.33	90	-0.04

3 典型暴雨洪水分析

3.1 暴雨特征分析

受高空槽底部冷空气与副高外围暖湿气流共同影响，2017 年 7 月 25 日 8 时至 26 日 8 时，黄河中游山西、陕西两省区间中北部地区降大到暴雨，其中无定河普降暴雨到大暴雨，暴雨中心位于子洲、米脂、绥德 3 县境内，强降雨主要出现在 25 日 20 时至 26 日 4 时。25 日 20 时至 26 日 0 时暴雨中心位于子洲县境内，26 日 0 时至 4 时降雨中心向东部移动，26 日 4 时以后降雨强度减弱，26 日 8 时降雨基本结束。按日最大降雨量大小排序的前 3 位雨量站分别为：绥德县赵家砭（252.3 mm）和四十里铺（247.3 mm）以及子洲县境内的子洲（218.7 mm）。50 mm 以上降雨量笼罩面积占大理河流域面积的 97%；100 mm 以上降雨量有 34 个雨量站，笼罩面积占大理河流域面积的 66%；200 mm 以上降雨量有 10 个雨量站（见表2、图2）。暴雨中心位于绥德赵家砭和四十里铺，雨量分别为 252.3 mm 和 247.3 mm。

表 2 7 月 25 日 8 时至 26 日 8 时单站大于 200 mm 的降雨量统计

序号	所属河流	雨量站	累计雨量 /mm	序号	所属河流	雨量站	累计雨量 /mm
1	无定河	赵家砭	252.3	6	岔巴沟	新窑台	214.2
2	无定河	四十里铺	247.3	7	无定河	米脂	214.2
3	大理河	子洲	218.7	8	岔巴沟	曹坪	212.2
4	小理河	李家圪	218.4	9	岔巴沟	朱家阳湾	201.2
5	小理河	李家河	214.8	10	岔巴沟	姬家砭	200.6

由于降雨空间的不均匀性，无定河流域内不同区域的面平均雨量差异较大（见表3）。其中大理河岔巴沟曹坪以上面平均雨量最大，为 177.8 mm；无定河丁家沟以上流域面平均雨量最小，为 51.3 mm。据统计，暴雨中心单站最大降雨量为赵家砭站的 252.3 mm，无定河流域面平均雨量为 63.6 mm。

本次降雨呈现以下特点：降雨历时较长，达 24 h，主雨时段相对集中；降水量较大；雨强大，三站最大中心雨强达到 9.98 mm/h，是 2000 年以来的最大值。

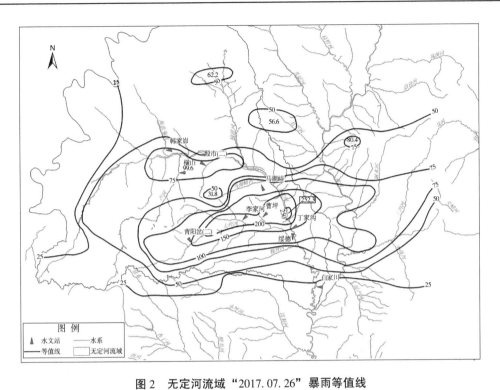

图 2　无定河流域"2017.07.26"暴雨等值线

表 3　无定河流域 7 月 25 日 8 时至 26 日 8 时各区域面平均雨量计算表

区域	不同量级雨量的笼罩面积/km²								面积/km²	面平均雨量/mm
	20~25 mm	25~50 mm	50~75 mm	75~100 mm	100~150 mm	150~200 mm	200~250 mm	250~252.3 mm		
曹坪以上					5.6	158.1	23.3		187	177.8
李家河以上		35.0	94.9	289.4	141.6	113.1	133.1		807	121.4
青阳岔以上		83.2	319.9	226.5	624.0	6.3			1 260	97.2
绥德以上		118.2	414.8	606.5	1 549	715.2	489.2		3 893	129.8
丁家沟以上	3 971	11 497	4 759	1 847	562.7	409.1	334.9	41.2	23 422	51.3
白家川以上	3 987	11 988	6 256	2 858	2 560	1 148	824.1	41.2	29 662	63.6

3.2　洪水特征分析

受暴雨影响，无定河白家川站 7 月 26 日 9 时 42 分出现流量为 4 480 m³/s 的洪峰，是仅次于 1966 年（4 980 m³/s）有实测资料以来的第二大洪峰，实测最大含沙量为 873 kg/m³，此次洪水过程的洪量为 15 444 万 m³，输沙量为 9 094 万 t。

本次洪水洪峰属于矮胖型，呈现陡涨缓落特征，洪峰、洪量和含沙量相对较大，水沙主要来自中下游，上游水沙相对较小，详见图 3。

4　雨洪关系反演

4.1　早期下垫面产洪产沙反演

由表 4 可知，分别利用次降雨量与次洪径流量、降雨组合因子与次洪径流量建立关系，经过反演

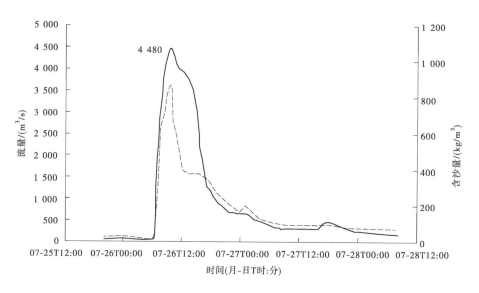

图 3 白家川站"2017.07.26"洪水过程线

得到早期下垫面次洪洪量。从图 4 和图 5 可以看出，2017 年的洪水径流量处在上下包线之间，基本在趋势线上。通过分析发现，2017 年的降雨若发生在 1972 年以前的早期下垫面，则可以产生 16 107 万 m³ 的径流量、10 338 t 泥沙（见图 6）。与 2017 年实际产生的径流量和输沙量相差不大，径流量仅减少了 663 万 m³，输沙量减少了 75 万 t，分别占到实际径流量和输沙量的 4.3% 和 0.8%。

表 4 早期下垫面降雨与次洪洪量关系

关系	线型	拟合公式	计算次洪洪量/万 m³	实测次洪洪量/万 m³	差值/万 m³
次降雨量与次洪径流量	上包线	$W_W = 474.58P_{面} + 1\ 525.4$	31 709		−16 265
	下包线	$W_W = 124.71P_{面} + 750.59$	8 682		6 762
	趋势线	$W_W = 267.75P_{面}$	17 029		−1 585
降雨组合因子与次洪径流量	上包线	$W_W = 2\ 117.6P_{面} + 1\ 117.6$	30 435	15 444	−14 991
	下包线	$W_W = 718.75P_{面} - 937.5$	9 772		5 672
	趋势线	$W_W = 1\ 019.2P_{面}$	15 186		258
平均	上包线		31 072		−15 628
	下包线		9 227		6 217
	趋势线		16 107		−663

4.2 近期下垫面产洪产沙反演

从表 5、图 7 和图 8 可以看出，2017 年的洪水径流量处在上下包线之外，更在趋势线上包线的左上方。通过分析发现，2017 年的降雨若发生在 1998 年以后的近期下垫面，则可以产生 5 242 万 m³ 的径流量、2 203 万 t 泥沙（见图 9）。比 2017 年实际产生的径流量减少了 10 202 万 m³，输沙量减少了 4 785 万 t。这说明 2017 年的暴雨是非常规性的暴雨，而且出现了严重的水毁事件。据统计，无定河的暴雨造成了绥德、子洲县城大范围遭受淹没，而且淹没水深大、泥沙淤积量高，经济损失严重，"2017.07.26"洪水期绥德、子洲城区的淹没范围分别为 1.48 km² 和 1.30 km²，分别占两城区面积的 12.3% 和 34.2%，泥沙淤积量分别为 151 万 t 和 122 万 t；流域内淤地坝遭受不同程度破坏，子洲县骨干坝受损 41 座，中型坝受损 139 座，小型坝受损 125 座。绥德县骨干坝受损 16 座，中型坝受损 142 座，小型坝受损 143 座。榆林子洲大理河县城上游的清水沟水库发生溃坝，流域内土路发生毁灭性破坏，土路上冲出的沟道最大深度为 4.85 m，最大宽度为 3.1 m，流域内的梯田受损严重，一个坡面连续几级的梯田地埂被冲毁，田面冲出深沟。

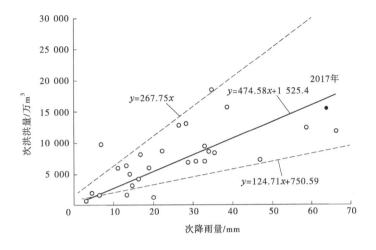

图 4　白家川站早期次雨洪关系

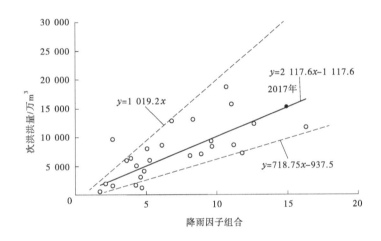

图 5　白家川站早期降雨因子组合和次洪洪量关系

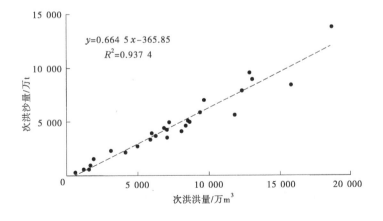

图 6　白家川站早期次洪洪量和次洪沙量关系

表5　近期下垫面降雨与次洪洪量关系

关系	线型	拟合公式	计算次洪洪量/万 m³	实测次洪洪量/万 m³	差值/万 m³
次降雨量与次洪径流量	上包线	$W_W = 219.4P_{面} + 80.597$	14 034		1 410
	下包线	$W_W = 33.333P_{面} + 166.67$	2 287		13 157
	趋势线	$W_W = 79.172P_{面}$	5 035		10 409
降雨组合因子与次洪径流量	上包线	$W_W = 873.33P_{组} - 573.33$	12 439		3 005
	下包线	$W_W = 128.26P_{组} - 206.52$	1 705	15 444	13 739
	趋势线	$W_W = 365.7P_{组}$	5 449		9 995
平均	上包线		13 327		2 207
	下包线		1 996		13 448
	趋势线		5 242		10 202

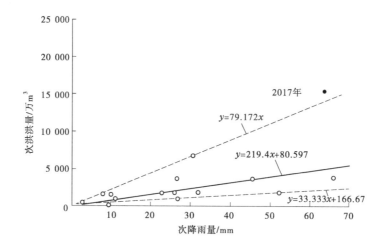

图7　白家川站近期次雨洪关系

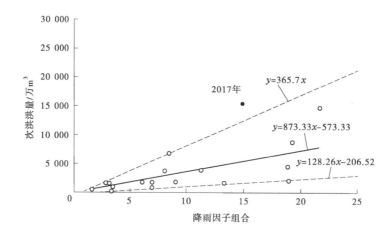

图8　白家川站近期降雨因子组合和次洪洪量关系

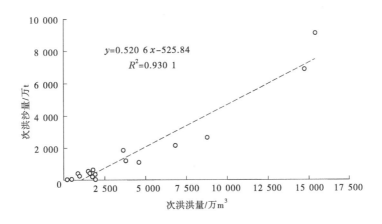

图9 白家川站近期次洪洪量和次洪沙量关系

5 结论

（1）2017 年的降雨若分别发生在 1972 年以前和 1998 年以后的下垫面，则可以分别产生 16 107 万 m^3 的径流量、10 338 t 泥沙和 5 242 万 m^3 的径流量、2 203 万 t 泥沙。

（2）从无定河流域 2017 年发生的暴雨来看，在早期下垫面下，相同的暴雨和笼罩范围仍可以产生相应的洪水泥沙，在近期下垫面下，受制于无定河特定的产流模式，一旦发生高强度大暴雨，流域出现大范围水毁事件，必将会产生早期下垫面类似的大洪水，也会刷新在近期下垫面下的常规暴雨产流产沙模式。

（3）从无定河流域的暴雨洪水关系也不难看出，短历时、低强度的暴雨适合暴雨径流的下包线，长历时、高强度的暴雨适合暴雨径流的下包线，大部分降雨组合适应暴雨径流的趋势线。当出现严重的水毁事件时，暴雨径流关系适合早期的暴雨径流关系模式。

参考文献

［1］刘晓燕，党素珍，高云飞，等．极端暴雨情景模拟下黄河中游区现状下垫面来沙量分析［J］．农业工程学报，2019，35（11）：131-138.

［2］孙夏利，顾钊．无定河中下游流域"17.7"特大暴雨洪水分析［J］．陕西：水利，2018，（4）：21-22.

［3］刁文博．变化环境对无定河流域水沙的影响［D］．杨凌：西北农林科技大学，2012.

［4］许炯心．黄河中游多沙粗沙区水土保持减沙的近期趋势及其成因［J］．中国水土保持，2004，2（7）：7-10，48.

［5］廖义善，卓慕宁，蔡强国，等．大理河流域不同时间尺度水沙变化影响因素及趋势研究［J］．水土保持学报，2009，23（6）：51-56.

［6］司海松，沈冰，李洁，等．多沙粗沙区 5 流域水沙变化及其对人类活动的响应［J］．水电能源科学，2017，35（2）：86-90.

［7］许炯心．黄河中游多沙粗沙区 1997—2007 年的水沙变化趋势及其成因［J］．水土保持学报，2010，24（1）：1-7.

［8］Wang S, Fu B, Piao S, et al. Reduced sediment transport in the Yellow River due to anthropogenic changes［J］. Nature Geoscience, 2016, 9: 38-41.

［9］刘晓燕，杨胜天，王富贵，等．黄土高原现状梯田和林草植被的减沙作用分析［J］．水利学报，2014，45（11）：1293-1300.

［10］姚文艺，冉大川，陈江南．黄河流域近期水沙变化及其趋势预测［J］．水科学进展，2013，24（5）：607-616.

［11］胡春宏．黄河水沙变化与治理方略研究［J］．水力发电学报，2016，35（10）：1-11.

［12］徐建华，李晓宇，陈建军，等．黄河中游河口镇至龙门区间水利水保工程对洪水泥沙影响研究［M］．郑州：黄河水利出版社，2009.

探析水文测验中智能测控技术的应用

蒋润民　　蒋公社

（黄河口水文水资源勘测局，山东东营　257091）

摘　要： 近些年，我国部分地区经常出现水灾灾害，对水利工程设备和国土资源产生较大不良影响和损坏，同时对人民群众的生活品质和生命财产安全带来较大影响和威胁。水文测验工作中，相关工作人员对智能测控技术进行实践应用的过程中需要有效结合硬件和软件系统，保证设计人员设计硬件和软件符合相关标准和工作需求，全面发挥整个系统在水文测验工作中的作用，从而有效保证整个系统的安全稳定性，提升水文测量信息数据的全面精准性，提升水文测验工作质量和效率，为社会提供更加优质的服务，创造更多的社会经济效益。

关键词： 水文测验；智能测控技术；应用措施

现阶段，我国水文测验过程中存在一定的问题和缺陷，水文工作人员需要加强智能测控技术的应用，保证工作高效顺利地进行，获得更加准确的水文测报数据，提升水文测验实际成效，为防洪及水利工程提供有力的数据支持和保障，提升水文测报工作质量和效率。

1　智能测控技术阐述

1.1　含义

智能测控技术主要充分发挥水文观测设备、计算机、互联网、无线通信等各种现代化先进科技设备的重要优势和作用，有效辅助测量工作的开展。工作人员需要在特定的时间段内全面测验待检测流域的资料和实际情况，结合相关信息数据更加精准全面地了解和掌握流域水文数据变化情况。智能测控技术主要包含手动方式、自动方式，其中后者在被应用的过程中需要利用前者进行管控，能够有效解决自动测控中存在的缺陷[1]。自动测控技术主要采用智能化系统，结合相配套设施对流域水文因素进行观察。工作人员应用智能监控系统的过程中，主要包含泥沙测控、缆道流量测量两种系统，智能化较强，同时融合监控、网络传送、变频等相关信息技术，准确测验流域水沙的变化情况。

1.2　重要价值

水文测验中采用智能测控技术具有重要的优势和价值，水文工作人员在水文测验实践工作中，主要采用手动测验的方式，测验的相关信息数据有专门工作人员进行记录保存。因此，水文监测工作中获得的测量结果精准性经常受到人们的质疑，由于工作人员实行人工测验的过程中，受到多种相关因素的影响，如测验工具、方法、工作人员专业素养和技术水平等多个方面会对测验结果的精准性产生影响。另外，工作人员采用人工测验形式，进行实践操作的过程中需要消耗较长的时间，不利于防汛工作高效顺利地进行[2]，工作人员对相关数据进行采集的过程中存在一定的安全风险，对他们的生命安全带来较大威胁。因此，工作人员加强对智能测控技术的应用，能够有效解决人工操作中遇到的实际问题，能够对人工测验方法存在的不足之处进行有效弥补，同时能够有效保证获得数据的准确度，增强数据的真实有效性，推进水文测验工作顺利开展。

作者简介： 蒋润民（1994—），男，助理工程师，主要从事水文测验工作。

2 智能水文测验系统

水文工作人员进行水文测验过程中，借助计算机网络设备，全面发挥智能水文测验系统的优点和作用。工作人员需要选择合适的时间全面采集相关信息资料，同时做好资料处理工作，为流域后续维护和治理工作提供有力的信息数据资料支撑和保障，有利于防洪抗旱工作的开展。该系统主要包含无线通信、变频等现代化技术，能够对河道固定断面冲淤进行准确的测验，最大限度地减少测验信息数据和实际情况存在的偏差。工作人员采用该系统能够对流域整体的水文信息和数据进行全方位的采集，借助数据处理软件同时进行高效的整合和处理，采用针对性图形样式进行绘制，有利于工作人员对这些信息数据资料的对比和分析，提升各项信息资源的实际使用效率[3]。另外，工作人员对获得的相应信息数据进行全面处理，增强智能水文测验系统的灵活性，对测验信息和数据的精准性进一步提供有效保证。

3 探析水文测验中智能测控技术的应用

3.1 智能测控技术硬件设计应用

第一，水下硬件部分设计。水文测验对智能测控技术进行应用，建立完善的智能水文系统，包含水下硬件部分的设计。相关设计人员对该部分进行设计的过程中，需要充分发挥微电脑的控制作用，能够有效控制智能水文系统水下硬件部分中多种传感器的各种信号，提升信号传递的质量和效率，保证每个不同传感器在信息传送过程中不会出现任何问题。另外，设计人员采用微电脑能够充分发挥其包含的软件编码，对各种不同信号传输过程中相互之间产生的干扰程度进行有效降低，减少各种信号之间出现错乱现象的概率。我国以往的信号传递主要采用短波形式进行信息的传送。

现阶段，设计人员采用智能测控技术，通过微电脑能够对各种类型传感器汇集的相关信息数据进行编码，同时应用高频技术，实现高频发射电路，使相关信息数据迅速及时地向主机中传递。设计人员采用智能控制技术的过程中，需要在保证信息数据传送完整性的基础上，加快信息数据传送速度[4]。另外，设计人员在实际工作中，应用短波和高频通信设备，在通信硬件中实现两者的有机融合，提升信息数据采集和传送的实际效果，保证其完整性、精准性，从而有效提升水下水文测验工作开展的质量和效率。

第二，岸上硬件部分设计。智能测控系统岸上硬件部分主要包含电动动力、数据通信等多个部分。设计人员对该部分进行实践设计的过程中，需要对模块化设计进行更多的强调和重视，将其当作设计的关键环节。岸上硬件包含多样化单元，促进设计人员对其进行设计的过程中需要设计多元化模块的构造，同时对每个不同模块做好清晰的标记，提升工作实际效果，更加符合系统设计后续检查工作开展的实际要求，便于后期系统实际应用的过程中出现相应问题和故障时，工作人员能够结合问题实际情况及时准确地发现问题模块，采用针对性方法解决相应问题，保证系统安全稳定地运行。

水文工作人员采用计算机全方位控制岸上硬件系统实际运行状态，进而在设计过程中需要保证相应的操控系统满足系统应用的实际要求。该部分系统具有相应的稳定性和抗干扰性能，才能高效提升整个智能水文测验系统的实际运行速度，不断改进和完善该系统，进一步推进该系统的研究和发展。工作人员对岸上硬件系统进行应用的过程中，各种单位同时运行，有效实时测控整个河流水位、泥沙含量和流量变化，同时对测控的相应信息数据进行完整准确的记载和传送。岸上硬件系统在实际运行的过程中存在部分小故障的情况下，整个智能测控系统能够准确判定产生的故障，并进行有效解决，对后续流域信息数据收集的完整性、精准性进行有效保障。

3.2 智能测控技术软件设计应用

第一，报表程序编制。目前，水文测验行业在发展过程中存在相应的规章制度及行业标准。因此，相关编制人员在工作开展的过程中，要遵循相应的规范制度和标准要求，对编制报表信息数据的真实准确性进行有效保证，增强数据的可控制性，促进编制报表程序在实践操作中对机器计算具有较高的适用性，同时能够有效支持人工计算的方式。智能测控能够高效处理和保存以往水文测验结果的具体信息数据，同时能够在现行报表程序编制中对以往的水文测验结果进行有效应用，提升水流流速和水深分布图绘制的实际效果，增强其合理规范性，促进每项测验工作中相应运算和成果表输出具有相应的程序，进而及时有效地完成整个河水流域水文测验分析工作。另外，报表程序的编制中能够实现流量测验、流速分布图查询、信息数据输出等现代化先进的使用性能，更加符合新时期水文测验工作的实际要求，获得更加理想的使用成效。

第二，硬件控制程序设计。设计人员对智能测控系统的硬件控制程序进行编程设计操作的过程中，通常应用 VB 编程语言，能够得到理想的操作界面，简化操作流程，为人们提供更加便捷的操作[5]。另外，该系统在实际运行的过程中，界面上图形的实时展示状态的好坏，是对整个系统的运行状况全面直观的反映。硬件控制程序包含多项不同的功能菜单，技术人员需要增加运行和系统参数、实时检测等多个方面进行构成。技术人员对该程序实行编程工作的过程中，需要深入一线实践操作人员的日常工作中，全面了解和掌握他们的实践操作行为习惯，对相关信息进行综合性考量，保证程序编程工作开展的有效性，最大限度地为相关实践操作工作人员提供更加便利和优质的服务。

硬件控制程序一般包含自动模式和手动模式，实践操作工作人员结合需要观察断面的实际情况，保证仪表文字显示的动态和准确，进而提升断面图绘制成果的精准性。设计人员对信号指示进行设计的过程中，需要对河流区域的实际情况进行全面考察，在完成这些工作的前提下，参考考察的实际信息数据，在河水流域一定范围内设置相应的流速、河底、水面等信号指示灯，保证各个区域信号指示灯接受相应信号指示的过程中，迅速及时地采用闪烁形式向操作人员发出警示，保证工作人员对信号的实际动态情况进行及时准确的了解。因此，设计人员对该软件进行设计的过程中，技术人员需要提升该系统的智能化水平，便于操作人员的应用，保证实践操作质量和效率的同时进一步提升获取测验信息数据的精准性，最大限度地减少操作人员的工作压力。

在该系统正常运行的过程中，相关实践操作人员需要对信号灯的安全稳定性进行测验，在正式水文测验工作开展之前全面排除相应问题和故障，保证其不存在任何缺陷，对水文测验结果的准确有效性进行有效保障。

3.3 应用注意事项

水文工作人员在水文测验中应用智能测控技术的过程中，需要全面了解相应的应用注意事项，提升应用的实际效果。

第一，水文工作人员对该技术进行应用的过程中，要对操作人员的日常操作习惯进行全面考虑，结合操作人员的实际情况对系统的运行规范进行科学合理的调整，提升操作人员对信号灯变化操作的适应性，有效接收相关信息数据，提升操作人员工作效率。

第二，水文工作人员在报表设计的过程中必须严格按照该行业的具体规章制度和标准要求，对人工计算的特征进行全面考虑，促进系统报表更加满足工作开展实际需求。

第三，工作人员要不断增强智能水文测验系统的智能化水平，结合操作人员实践工作行为习惯，设定相应的鼠标操作系统，促进他们高效应用操作技术，增强水文测验参数的完整性、准确性，最大限度地为操作人员提供便捷的操作流程，降低工作难度。

第四，工作人员需要对相关配套设施和设备的改进和完善进行高度重视，结合智能测控技术的运用原理，对水文站的建设进行科学合理的配置，在河流流域繁杂、周围存在较多居民的情况下，开展水文测验工作，需要增强水文站站点的相应服务建设，设定合理的水文站数目，同时增强资金投入力度，为实际工作开展提供有力的保障和支撑，合理规范地缩减相应水文站站点间隔的距离，同时对水文测验站的密度进行适当增减，缩小测验的误差行，最大限度地提升水文测验的精准度。例如，工作人员对 X 河流域开展水文测验工作的过程中，该河流域具有比较复杂的支流，当地自然气候条件变化具有明显的特征，工作人员需要勘察该河流域重点支流，适当增加水文测验站的建设，才能对该河流域径流实时变化的实际信息数据进行及时全面的了解和掌握，对获得的信息数据进行汇集、归类、总结，分析该河流域汛期水文变化特征，为削弱洪峰提供有力的数据参考和支持。

第五，工作人员水文测验过程中，结合流域水文站的实际情况，加强维修养护管理力度，保证各个水文测验站始终保持正常高效的运行状态[6]。部分水文站经过长时间的应用，难免产生相应的问题和故障，维护人员在实践工作中面对这些年久失修水文站时，需要全面检查相关设施设备，及时发现其中存在的问题和故障，采取针对性措施对设施设备进行全面更新和维修养护。相关部门要增强维护人员的相互沟通和学习，增加相关资源的投入，提升维护工作开展的成效，保证水文测验工作顺利开展。

4 结论

水文测验中应用智能测控技术能够有效清除工作中包含的安全风险隐患，进一步提升测验信息数据的完整性和精准性，充分发挥该技术的优点和使用功能，促进水文测验工作不断完善和发展。智能测控技术被应用时，设计人员需要保证硬件和软件系统设计的有效性，了解应用问题，为水文测验工作开展提供有力的支持。

参考文献

［1］陈攀，雷蕾．水文测验中智能测控技术的应用研究［J］．水电水利，2021，4（11）：104-105.

［2］安治华．基于水文测验中智能测控技术的应用分析［J］．低碳世界，2020，10，203（5）：61-62.

［3］杜忠国．水文监测中智能测控技术的应用［J］．科学技术创新，2019（5）：182-183.

［4］王丽杰，代敏，刘志强，等．立体车库智能测控中三闭环电机控制系统［J］．电机与控制学报，2020，24，187（5）：111-119.

［5］张秀芳，刘婉妮，李校红．开放式网络化测控系统中的同步控制技术分析［J］．电子设计工程，2020，28（7）：122-126.

［6］胡程港．智能测控技术在水文监测中的应用［J］．乡村科技，2020（3）：118-119.

水文测验所面临的新问题及应对措施分析

蒋公社　宋梦迪

（黄河口水文水资源勘测局，山东东营　257091）

摘　要：水资源是人类赖以生存的基础，伴随着社会经济的迅猛发展和人口的持续增长，水资源的使用需求日益加大。但现如今由于长期过度施用化肥农药给水资源带来了有害有机物，肆意排放的工业污水带来了重金属、生活垃圾、工业废水、汽车尾气，人类文明带来的各种环境污染不断渗入土地、汇入江河。水文测验工作就显得尤为重要，它能够为水资源的保护和利用提供参考依据。本文对水文特征展开分析，并对新时期水文测验中存在的问题加以总结，以此为基础探究水文测验问题的应对措施，以推动我国水资源保护发展。

关键词：检测；水资源；水文测验；问题及措施

水文测验的主要任务是收集水文方面的数据信息，通过深入的分析研究进行整理，为水资源的合理开发利用提供参考依据，是水文工程中的重要工作。但近年伴随着社会经济的迅猛发展和信息技术的进步，对水文测验也提出了更高的要求，虽然在这样的背景下水文测验工作迎来了新的发展机遇，但同时也面临着更严峻的挑战，在新时期水文测验工作仍存在诸多问题亟待解决。

1　水文特征分析

对于一条河流的水文特征，应从水位、流量、含沙量、有无结冰期等四个方面进行认识。如果河流的水位上涨、流量增大，证明该河流进入了汛期；反之，当河流的水位下降、流量减少，就证明该河流进入了枯水期。对于外流区的河流而言，水位的高低和流量的大小取决于夏季风，对于内流区的河流而言，主要与气温有关，当气温升高，高山冰雪融水时，河流就进入到了汛期。而河流的流量除以上因素外，还与一些硬性指标有关，比如河流的自身长度、支流汇入的多少、流域面积的大小都影响河流的流量。河流的含沙量主要与植被的覆盖情况有关，如果是植被覆盖较好的区域，含沙量就小；若是植被覆盖较差的区域，则含沙量就较大。河流的结冰期也被称为封冻期，主要与冬季的气温有关，当冬季水温达到 0 ℃时，河流就会出现结冰现象；当高于 0 ℃时，河流就不会产生结冰现象。我国外流河的水文特征主要以秦岭淮河为界，分为以北河流和以南河流，以北的河流流量较小，汛期较短，而且含沙量较大（最为典型的是黄河）、结冰期短。但东北的河流相对北方河流而言具有一定的独特性，流量较大、含沙量小、结冰期较长。秦岭淮河以南的河流相对以北的河流而言流量较大、汛期较长、含沙量较小、没有结冰期。我国内流河的水文特征主要体现在夏季降雨增多，河流的水量就会随之增多，当夏季过后，降雨逐渐减少，河流的水量就会逐渐减少，我国内流河大部分都属于季节性河流，内流河的主要典型代表是塔里木河。根据以上水文特征开展水文测验是水文工程中的重要工作，能够对水资源的质量和变化规律进行监测和评价，从而合理配置水资源，实现对水资源的高效利用，推动水资源保护工作的开展。

作者简介：蒋公社（1969—），男，工程师，主要从事水文测验工作。

2 水文测验概述

2.1 水文测验的基本含义

所谓水文测验，是指对自然界中的河流湖泊的分布和变化规律进行监测分析，是一项复杂的系统工程。水文测验的主要内容包括建立水文监测站点，获取水文数据并对其进行深入分析研究。其次要对测验的仪器进行检查完善，或开发新设备，确保对降水量、水温、水质等进行更准确的观测[1]。此外，还要对水文监测站点附近的水文情况开展定期调查，将获得的数据进行统一分析整理，为后期工作的开展奠定基础。总体而言，开展水文测验是为了通过获取水源信息，预防洪涝灾害，改善水质，提高水资源的利用率，当前随着水资源的严重匮乏和环境的恶化，水文测验就凸显出了一定价值。

2.2 水文测验的重要性分析

水文测验是指系统收集、整理和传输水文数据的全过程。水文测验能够有效预防河流汛期的洪涝灾害，对于水资源的管理和保护具有一定的促进作用。通过水文测验能够有效分析出河流的分布规律，缓解水资源的危机，确保水资源的合理开发利用。若未开展水文测验工作，就难以收集水源的各项信息，不利于水利工程的建设、无法提前预防洪涝灾害，造成的损失难以想象。而且近年来伴随着社会经济的迅猛发展和人口的持续上涨，对于水资源的使用需求也越来越大，当前水资源匮乏和水环境恶化的情况日渐加重，水文事业也得到了高度重视。通过水文测验为研究机构提供科学依据，促进了中国的经济发展，由此可见水文测验的作用越来越重要，尤其在新时期的发展环境中，水文测验也将迎来新的机遇，成为保障国民经济的重要手段。

2.3 水文测验的方式及特点

以水流量测验方法为例，我国与发达国家相比还存在一定差异，当前针对水流量的测验主要采用流速面积法、稀释测流法。所谓流速面积法，是根据水流的流速面积进行水流的测量，主要根据断面的流速分布进行计算，再通过相关设备仪器对流速进行测量。稀释测流法主要是在河流的上游投放适量的可溶化学示踪剂，在下游的某点位取水作为样品，通过流量与稀释倍数的比值进行计算。

水文测验能够监测水循环的规律，是一项复杂的系统工程，具有传统性的特点；水文测验要严格按照国家制定的水文测验标准进行，体现了其规范性；由于水文特征的变化较大，旱涝不均匀，水质的调查具有很多不确定因素，由此可体现出水文测验的随机性；通过水文测验能够提前预防洪涝自然灾害，传递准确的信息，体现出其及时性。

3 新时期对水文测验提出的要求

水文测验通过收集、整理和传输水文数据在水利工程中占据着重要地位。随着科学技术的不断发展进步，在 20 世纪 70 年代水文测验工作实现了自动化技术的发展，直至进入 21 世纪，正式提出了智慧水文[2]。以 2008 年长江水文测验为例，提出了数据资源一中心、信息共享一张图、应用服务一平台的建设，确定了水文测验工作的发展目标，也标志着水文测验即将进入一个新的阶段。但与此同时，水文测验也面临更加严峻的挑战。当下水资源严重匮乏、水环境逐渐恶化，人们对于水资源的使用需求越来越大，要想加强水资源的管理保护、提高资源利用率，就必须要扩大水文资料收集的范围，优化水文测验方式，创新技术，从根本上提高水文测验的水平。

4 水文测验所面临的新问题分析

4.1 人为因素方面

伴随着当前社会经济的迅猛发展和人口的持续增长，水文测验工作受到了一定影响，很多地区的水文测验站点正处于断流的阶段。随着南水北调工程的建设，越来越多的水利工程相继开展，改变了水文的变化规律，随之改变了水文测验固有的工作模式，大部分的水文测验站点开始发生变化。这对于水文测验工作产生不利影响。

4.2 基础设施方面

虽然近年来水文测验站点的数量逐渐增多，但在基础设施方面还存在一些问题，尤其是一些较为偏远的地区，严重缺乏相应的技术设备，而且随着科学技术的不断进步，相关技术设备也正在不断革新，很多水文测验站点没有对其进行及时更新，仍然采用传统的方式进行测验，且设备较为老化，无法对洪涝灾害进行预防[3]。一旦发生突发事件，没有足够的应对能力，无法发挥出水文测验工作的实效性，对人民群众的生命安全和财产安全造成一定的威胁。

4.3 专业技术方面

水文测验工作是一项复杂的系统性工程，而且很多水文测验站点建立在比较偏僻的地区，使得从事水文测验方面的人员逐渐减少。此外，近年来相关的水文测验人员大多为刚毕业的学生或实习生，缺乏实践经验，难以掌握相关的专业技术，操作水平较低。而且由于科学技术的更新速度较快，还有很多测验人员缺乏对先进设备仪器的了解，从而阻碍了水文测验工作的开展。

4.4 资料收集方面

在新时代背景下，需要水文测验站点扩大水源资料收集的范围，以此来合理配置水资源。目前水文资料的收集和整理已经由计算机取代了人工，但是严重缺乏对原始资料的检查，很多水文测验站点的资料不合理，无法通过资料来指导测验工作。

4.5 巡测发展方面

我国国土面积较大、水域较多，河流形式也具有一定差异，受多方因素影响无法顺利开展水文测验工作。当前我国水文测验站点大多采用驻测的形式，巡测的速度较为缓慢，基于这样的情况不仅所需设备较多，而且工作效率较低，不利于水文测验工作的开展。

4.6 测验对象方面

当下多数水文测验站点的服务对象较为单一，难以得到社会的认可，例如部分城市中的水位大多依靠上游测点进行计算，缺乏对洪涝灾害等观测数据，服务意识较为薄弱，难以满足水资源管理的需求。

4.7 测验与研究方面

部分水文测验站点的测验与研究工作不能有效结合，无效劳动的情况较多，做完测验工作后不能深入分析研究，或者研究的力度不够，不能保障测验工作的质量，发挥不出水文测验站点的价值。

5 关于水文测验问题的应对策略

5.1 加强水文测验人才队伍的建设

只有提高测验人员的综合素质和技术水平，才能确保水文测验工作的有效实施。基于此要对相关测验人员开展定期培训，提高其责任意识，创建优秀的人才队伍，保证工作态度认真，熟练掌握设备仪器的使用[4]。此外，还要重视思想教育，加强职业道德的培养，营造良好的工作氛围，使其能够积极正确看待水文测验工作，提高测验质量。

5.2 加大水文测验工作的投入力度

首先要改变传统的测验方法，及时革新设备与技术，政府部门要加大资金的投入，确保各个区域水文测验站点的测验技术都能跟上新时期发展的步伐。此外，在基础设施建设和设备仪器的使用上也要进行改革，摒弃使用时间较长、老化的设备仪器，使基础设施的建设不断趋于现代化，还可借鉴发达国家的设备和技术，吸取其精华，满足新时期的水文测验要求，确保水文测验工作能够顺利进行。

5.3 完善相关的法律法规

水文测验工作要完全按照国家的相关水文测验标准进行，因此完善相关的法律规定尤为必要，使这些法律法规顺应社会发展的趋势。根据不同区域的水文测验站点的实际情况提出有针对性的规定，以法律手段为依托开展水文测验工作[5]。此外，针对水文测验工作的相关管理制度也要加强完善，使各项工作都能有法可依、有序开展。尤其在生态环境保护方面要加强重视，完善法律中的不足，严厉打击违法行为。

5.4 顺应现代化的发展

伴随着社会经济的快速发展，我国早已进入了信息化时代，基于此水文测验技术必须跟随信息化的发展，提高自动化水平。通过自动化设备仪器，提高测验精度，降低错误率，保障水文测验资料的合理性。此外，要建立水文测报模型，首先基于河流的特点并结合原始数据资料进行建立，其次后根据获取到的数据对模型进行改进，最后使其形成自动化预报。还要充分利用先进设备，建立反应能力较强的巡测系统，弥补驻测的不足。

5.5 优化洪涝灾害的预防技术

洪涝灾害的防治是水文测验工作的主要目的，有效预防洪涝灾害的发生才能减少人民生命安全和财产损失，促进社会经济的可持续发展。因此，重视优化洪涝灾害的预防技术是水文测验工作的重中之重。

5.6 重视对水文测验服务内容的普及

当前大多数人对水文测验工作的内容都比较模糊，所以要进一步加强水文测验的基础服务，应该大力响应国家号召，树立先进的服务理念，与此同时政府部门也要积极配合，使广大人民群众加深对水文测验工作的认知，得到全民的支持和认可，促进水文测验工作的开展。

5.7 落实好水位流量监测工作

为降低人为因素对水文测验工作产生的不利影响，相关单位必须要掌握流域内的水利工程情况，严格监控水位情况和水位流量规律，与此同时要结合原始的资料数据进行研究，做好总结。

5.8 严格审查观测资料

在做好水文测验工作之后，对收集到的数据信息进行深入分析，并开展实地考察确定资料的准确性[6]。相关部门在对资料整理编制过后，要对比上下游的流量，分析水量的平衡，保障最终结果的可靠性。

6 结论

当前水文测验工作对促进社会经济发展具有一定价值，随着经济的快速发展，水文测验工作的任务也愈发艰巨。本文首先对我国水文特征开展了论述，基于此对水文测验工作进行了分析，并提出了新时期水文测验工作存在的不足和相关解决对策。希望能够通过本文的详细探讨为水文测验工作提供一些参考，提高测验质量和水资源的利用率，促进社会经济的可持续发展。

参考文献

［1］韩伟．新时期水文测验面临的新问题及其对策分析［J］．科技风，2018（26）：186.

［2］袁诚．浅谈水文测验存在的问题及解决措施［J］．科技经济导刊，2019，27（33）：77.

［3］吴志勇，徐梁，唐运忆，等．水文站流量在线监测方法研究进展［J］．水资源保护，2020，36（4）：1-7.

［4］王鸿杰，张建云，王兴泽，等．基于横断面垂线平均流速分布的流量计算模型研究与应用［J］．水文，2019，39（5）：50-54.

［5］苟拓，陈玲玲．水文测验面临的新问题及其对策［J］．黑龙江水利科技，2018，46（7）：70-72.

［6］夏明友．水文测报工作面临的问题及对策探讨［J］．珠江水运，2019（17）：84-85.

云南省绿色发展水平评价研究

冷博涵[1] 杨林泉[2] 胡菊香[1] 张原圆[1] 王 晞[1]

（1. 水利部中国科学院水工程生态研究所，湖北武汉 430079；

2. 云南大学，云南昆明 650000）

摘 要：为如期实现我国 2030 年前碳达峰、2060 年前实现碳中和的目标，绿色发展成为新发展阶段的热点研究领域。云南省绿色 GDP 的增长自 2016 年以来在全国名列前茅，正向着资源节约型、环境友好型转变。对其绿色发展水平进行评价，可为后续增强绿色低碳发展动力，实现经济、社会、资源、环境的全面协调发展提供突破方向，并为其他省份绿色发展提供借鉴[1]。本文从三个方面入手，建立云南省绿色发展指标体系，从结果可以看出云南省绿色发展的水平处于一个不断提升的阶段。

关键词：绿色发展；云南省；熵值法；评价模型

为如期实现我国 2030 年前碳达峰、2060 年前碳中和的目标，绿色发展成为新发展阶段的热点研究领域。"绿色发展"作为《中华人民共和国长江保护法》一个重要的章节，为推动长江流域产业结构调整、优化产业布局、推动长江流域绿色发展指明了重要突破方向。提高人均收入、控制好人口增长、升高收入分配指数、降低贫困人口数量、提高水资源使用效率、减少二氧化碳排放量、控制好空气污染、治理水土流失，这些措施可以为中国崛起奠定坚实基础[1]。杨多贵等则指出了在绿色发展中，我们首先需要遵循自然规律，其次才是经济增长[2]。明晰绿色经济发展的意义，从而进行研究分析，做出合适的政策安排，这些有利于把绿色经济发展转化成可实现的成果[3]。遵循绿色经济的发展测度原则，有研究从绿色经济政策、绿色资源环境、绿色经济效率、绿色科技创新这四个方面对绿色经济发展指标进行了构建并对绿色发展状况做出了评价[4]。通过构建幸福指数的评价体系，使用熵权 TOPSIS 法、GIS 和变异系数法，对居民的幸福指数及空间格局进行评价[5]。云南省作为具有独特矿产、丰富水能和生物资源的省份，其绿色 GDP 的增长自 2016 年以来一直在全国名列前茅，正向着资源节约型、环境友好型转变。对其绿色发展水平进行评价，可为后续增强绿色低碳发展动力，实现经济、社会、资源、环境的全面协调发展提供突破方向，并为其他省份绿色发展提供借鉴。

1 数据来源及研究范围

1.1 数据来源

2009—2018 年《中国统计年鉴》及《云南统计年鉴》、省市的环境公报和各类政府发展类公报等。

1.2 研究范围

以云南省为背景，从省级视角分析评价云南省的绿色发展水平。

2 评价体系构建方法

2.1 指标体系构建

2016 年国家发改委印发的《绿色发展指标体系》，明确指出了各个省份及自治区、直辖市需要根

基金项目：水利部技术示范项目（SF-202103）；国家自然科学基金项目（42007433）。

作者简介：冷博涵（1994—），男，工程师，主要从事河湖生态研究、绿色发展、生态价值研究。

据自身的发展情况对绿色发展指标进行构建。按照科学性、可比性、系统性、区域性、可行性和代表性原则，选择合理的评价指标，构建一套适合评价云南省绿色发展水平的指标体系，对云南省的绿色发展进行分析，对于整个评价结果十分关键。

结合云南省绿色发展情况，围绕经济的绿色增长、资源的环境承载力、政府对绿色发展的支持力度这三个维度对评价要素及具体指标进行选取。在指标的划分上，按照指标的自身性质与内在逻辑来建立联系，以期符合客观情况，构建的云南省绿色发展水平评价指标体系见表1。

表 1　云南省绿色发展水平评价指标体系

目标层	系统层	要素层	指标层	单位	指标属性	代码
云南省绿色发展水平	经济绿色增长	经济的绿色增长度	城镇居民人均可支配收入	元	正	X1
			单位 GDP 耗水量	t/万元	负	X2
			单位 GDP 化学需氧量	t/亿元	负	X3
			单位 GDP 二氧化硫排放量	t/亿元	负	X4
			单位 GDP 建设用地面积	亩/亿元	负	X5
			单位 GDP 废气排放量	m^3/万元	负	X6
		第一产业	第一产业增加值比重	%	正	X7
			单位耕地面积化肥用量	t/亩	负	X8
		第二产业	第二产业增加值比重	%	正	X9
			工业固体废弃物综合利用率	%	正	X10
		第三产业	第三产业增加值比重	%	正	X11
	资源环境承载力	资源利用	人均耕地面积	亩/人	正	X12
			工业产值耗水量	m^3/万元	负	X13
			耕地有效灌溉面积比例	%	正	X14
		环境压力	单位人均二氧化硫排放量	t/万人	负	X15
			单位人均化学需氧量	t/万人	负	X16
			单位人均用水量	m^3/万人	负	X17
	政府支持力度	基础设施	单位人均绿化造林面积	亩/万人	正	X18
			建成区绿化率	%	正	X19
			单位人均公路里程	km/万人	正	X20
			单位人均公交车辆	标台/万人	正	X21
		社会发展	人均文化事业费	元	正	X22
			污水处理率	%	正	X23
			每万人拥有有效专利数	个	正	X24
			新产品开发经费占 GDP 比重	%	正	X25
			R&D 经费内部支出占 GDP 比重	%	正	X26

2.2　指标体系的验证

2.2.1　基于熵值法的云南省绿色发展水平评价模型验证

因云南省绿色发展水平评价数据来源于《国家统计年鉴》和《云南统计年鉴》，为保证研究的客观性，需建立基于熵值法的云南省绿色发展水平评价模型。熵值法被称为能用来度量不确定性的一种方法。某一个事件的不确定性越大，体现出的熵值就越大，能够传递的信息就越少；反之，不确定性越小，熵值越小，能够反映的信息量就越多。

云南省绿色发展水平评价模型里面的指标用 X_i（$i = 1, 2, 3, \cdots, 26$）来表示。将云南省 2009—2018 年 10 年的绿色发展水平纳入评价，步骤如下：

（1）数据标准化。

将异质指标进行同质化，对于不同类型的指标处理方法如下：

正向指标处理公式为

$$X'_{ij} = \frac{X_{ij} - \min\{X_{1j}, \cdots, X_{nj}\}}{\max\{X_{1j}, \cdots, X_{nj}\} - \min\{X_{1j}, \cdots, X_{nj}\}} \tag{1}$$

负向指标处理公式为

$$X'_{ij} = \frac{\max\{X_{1j}, \cdots, X_{nj}\} - X_{ij}}{\max\{X_{1j}, \cdots, X_{nj}\} - \min\{X_{1j}, \cdots, X_{nj}\}} \tag{2}$$

（2）对第 j 项指标下的第 i 个地区所占该个指标的比重为 P_{ij}，公式为

$$P_{ij} = \frac{X_{ij}}{\sum\limits_{i=1}^{n} X_{ij}} \quad (i = 1, 2, \cdots, n; j = 1, 2, \cdots, m) \tag{3}$$

（3）对各项指标的权重 W 进行计算，公式为

$$W_j = \frac{d_j}{\sum\limits_{j=1}^{m} d_j} \tag{4}$$

（4）对各个地区的绿色发展指数 S 的综合得分进行计算，公式为

$$S_i = \sum\limits_{j=1}^{m} W_j \times P_{ij} \tag{5}$$

2.2.2 基于耦合度综合评价模型的验证

耦合度是源于物理学中的耦合系数模型，指的是两个或者两个以上的系统及运动形式下通过各种不同的相互作用而对彼此产生影响的现象。我们把系统层通过各自的耦合元素相结合，更为全面地反映出这三个系统层与目标层的关系，从而更好找出促进云南省绿色发展水平的路径。根据刘定惠等[6]、生延超等[7] 的相关研究，结合本研究的实际情况，将经济绿色增长（f）、资源环境承载力（g）、政府支持力度（h）这三个系统的综合评价分别用函数表示为

$$\left. \begin{aligned} f(x) &= \sum\limits_{i=1}^{m} a_i x_i \\ g(y) &= \sum\limits_{j=1}^{n} b_j y_j \\ h(z) &= \sum\limits_{k=1}^{o} c_k z_k \end{aligned} \right\} \tag{6}$$

式中：$f(x)$、$g(y)$、$h(z)$ 分别表示经济绿色增长、资源环境承载力、政府支持力度这三个系统层进行标准化后的值；a_i、b_j、c_k 分别为三个子系统层对应的权重；m、n、o 分别为三个系统层所对应的要素。

在耦合度协调模型里，C 为耦合度，T 为三大系统的综合评价指数，α、β、γ 表示三个系统分别对应的待定系数。根据绿色发展的特性，定出承载部分与压力部分，把经济绿色增长和资源环境承载看作承载部分，政府支持看作是压力部分。基于此观点，给待定系数赋值，定出 $\alpha = 1/3$、$\beta = 1/3$、$\gamma = 1/3$。利用中值分段法，把耦合协调度分为协调和失调，其中失调细分为极度失调、严重失调、中度失调、轻度失调、濒临失调；协调则分为勉强协调、初级协调、中级协调、良好协调、优质协调，

见表2。

表 2　协调度范围

协调度范围	协调度类型	协调度等级	协调度范围	协调度类型	协调度等级
$0 \leqslant D < 0.1$		极度失调	$0.5 \leqslant D < 0.6$		勉强协调
$0.1 \leqslant D < 0.2$		严重失调	$0.6 \leqslant D < 0.7$		初级协调
$0.2 \leqslant D < 0.3$	失调	中度失调	$0.7 \leqslant D < 0.8$	协调	中度协调
$0.3 \leqslant D < 0.4$		轻度失调	$0.8 \leqslant D < 0.9$		良好协调
$0.4 \leqslant D < 0.5$		濒临失调	$0.9 \leqslant D < 1$		优质协调

耦合度 C 计算见式（7）；三大系统的综合评价指数 T 计算见式（8）；协调度 D 计算见式（9）。

$$C = \left[\frac{f(x) \times g(y) \times h(z)}{\left(\frac{f(x) + g(y) + h(z)}{3} \right)^3} \right]^{\frac{1}{3}} \tag{7}$$

$$T = \alpha f(x) + \beta g(y) + \gamma h(z) \tag{8}$$

$$D = \sqrt{C \times T} \tag{9}$$

3　评价结果和协调度分析

3.1　评价结果

根据表3建立的指标体系，运用熵值法对云南省2009—2018年的数据进行分析，得到云南省2009—2018年绿色发展指标得分并对结果进行排序，具体评价结果见图1。由表3得出，2016年云南省经济的绿色增长水平得分最高，2018年资源环境承载力得分最高，2017年政府支持得分最高，综合评价结果是2018年云南省绿色发展水平达到最好，表明云南省绿色发展水平自2014年以来逐年提升。

表 3　云南省 2009—2018 年绿色发展指标得分

年份	经济的绿色增长		资源环境承载力		政府支持		绿色发展水平	
	综合得分	排名	综合得分	排名	综合得分	排名	综合得分	排名
2009	0.022 9	9	0.029 3	6	0.028 8	8	0.081 1	7
2010	0.025 6	8	0.030 6	4	0.029 4	7	0.085 6	6
2011	0.022 0	10	0.016 3	10	0.030 7	6	0.069 0	10
2012	0.027 6	7	0.018 1	9	0.027 7	9	0.073 4	9
2013	0.031 5	6	0.018 7	8	0.025 6	10	0.075 8	8
2014	0.041 6	4	0.027 2	7	0.032 6	5	0.101 4	5
2015	0.040 0	5	0.029 6	5	0.036 8	4	0.106 3	4
2016	0.046 4	1	0.037 5	3	0.047 0	3	0.131 0	3
2017	0.042 6	3	0.041 7	2	0.052 1	1	0.136 5	2
2018	0.045 6	2	0.043 0	1	0.051 4	2	0.140 0	1

3.2 协调度分析

为了便捷地对协调度变化趋势进行分析，将数据做成了折线，如图 1 所示。从整体上来看，云南省 2009—2018 年的协调度呈现逐步上升趋势，虽然 2011 年的协调度最低，仅为 0.59，处于勉强协调状态。在随后的几年，云南省绿色发展协调度持续上升，2018 年达到 10 年间的最高值，此时协调度为 0.84。2009—2013 年协调度相对较低，基本都在 0.6 左右，而且呈现出起伏，增长幅度也较为缓慢，但在 2014—2018 年每年都有显著提升。图 1 曲线趋势表明，云南省在过去的 10 年间，绿色经济增长、资源环境承载力、政府支持系统都朝着更为协调的方向发展，其协调度总体上呈现出更为协调的状态。

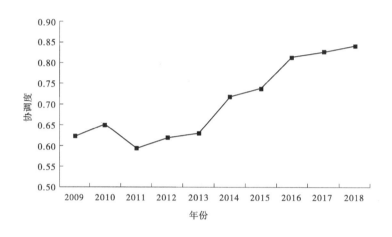

图 1 云南省 2009—2018 年协调度指数

4 结语与展望

从 2009—2018 年云南省绿色发展水平评价结果上看，云南省绿色发展水平自 2014 年以来逐年上升，2018 年达到最好，绿色发展水平处于一个不断提升的阶段。随着时间推移，经济的绿色增长、资源环境的承载力、政府支持这三个系统也正不断地向前发展，协调度呈现出更为协调的状态，预计云南省绿色发展水平上升趋势还将持续。

云南省作为具有战略性地位的省份，其绿色 GDP 的增长为我国增强绿色低碳发展动力提供了强有力的支撑。随着《中华人民共和国长江保护法》的实施，云南省会更加注重经济、社会、资源、环境的全面协调发展，实现习近平总书记期望的"努力成为生态文明建设排头兵"战略定位，围绕"一个筑牢""三个全面"（筑牢西南生态安全屏障、全面改善环境质量、全面推动绿色低碳发展、全面提高资源利用效率），在"十四五"生态文明建设中，与绿色、高质量发展理念精准对接，谱写好"中国梦"云南篇章。

参考文献

[1] 胡鞍钢. 绿色发展是中国的必选之路 [J]. 环境经济，2004（2）：31-33.

[2] 杨多贵，高飞鹏. "绿色"发展道路的理论解析 [J]. 科学管理研究，2006（5）：20-23.

[3] 夏光. "绿色经济"新解 [J]. 环境保护，2010（7）：8-10.

[4] 薛珑. 绿色经济发展测度体系的构建 [J]. 统计与决策，2012（18）：21-24.

[5] 朱金鹤，叶雨辰. 新常态背景下新疆绿色经济发展水平测度及空间格局分析 [J]. 生态经济，2018，34（3）：84-89，146.

[6] 刘定惠，杨永春．区域经济-旅游-生态环境耦合协调度研究——以安徽省为例 [J]．长江流域资源与环境，2011，20（7）：892-896.

[7] 生延超，钟志平．旅游产业与区域经济的耦合协调度研究——以湖南省为例 [J]．旅游学刊，2009，24（8）：23-29.

黄河流域水资源综合治理市场化运作探讨

潘淑改 刘钢钢 李 雯

（水利部小浪底水利枢纽管理中心，河南郑州 450000）

摘 要：市场化运作在黄河流域综合治理中具有广阔的应用前景。本文分析了黄河流域综合治理市场化背景、市场化运作需重点关注的问题以及面临的挑战，并提出了应对措施，对推进黄河流域综合治理具有一定的借鉴作用。

关键词：黄河；水资源；治理；市场化

1 引言

黄河流域综合治理具有突出的公益性，市场化运作可以刺激投资主体积极参与流域综合治理。习近平总书记关于"使市场在资源配置中起决定性作用和更好发挥政府作用"的重要论述[1]，以及"十六字"治水思路[2]，为更好地推进黄河流域综合治理指明了道路和方向。

2 黄河流域综合治理市场化背景

流域综合治理理念进入我国前期，政府部门之间职能交叉重叠，流域综合治理目标和措施比较单一。党的十八大以后，随着政府机构改革和市场化改革的不断深入，运用市场化运作刺激多元化投资主体实施流域综合治理的条件成熟。

一是市场化运作适应发展要求。党的十八大以来，让市场在所有能够发挥作用的领域都充分发挥作用，推动资源配置实现效益最大化和效率最优化。推进流域综合治理市场化改革，放宽公共产品和公共服务市场准入，创新流域治理项目投资回报机制，引进多元化投资主体，有利于加快流域基础设施建设，加强资源的保护和合理利用，提高资源环境承载发展能力[3]。

二是市场化运作已具备社会基础。2017 年，国家发展和改革委员会、水利部、国家林业局联合印发《永定河综合治理与生态修复总体方案》，流域综合治理市场化改革，首次被明确写入国家级层面规划方案。2018 年，京津冀晋四省（市）政府联合中国交通建设集团有限公司共同发起设立了永定河流域投资有限公司，标志着政府、社会资本等各方对运用市场化方式实施流域综合治理，达成了一致行动的共识。

3 市场化运作关注的三个关系

流域综合治理市场化改革，可以更好地满足公众对流域水安全、水环境、水景观、水文化等提出的多层次、多元化、优质化需求。需要重点关注三个方面的关系：

一是正确处理政府和市场的关系。政府和市场在水利投资内生增长机制的构建中发挥着不同的作用，其关键在于充分发挥市场在资源配置中的决定性作用和更好发挥政府作用，推动市场和政府更好结合。市场在水利行业的各种资源配置中处于主体地位，政府制定好水利发展规划和专项规划，制定各个领域的政策和标准，构建社会资本准入退出机制。政府通过整合流域内经济社会资源，吸引社会资本以市场化方式实施流域综合治理，形成政府引导、社会力量参与的流域综合治理公共服务新

作者简介：潘淑改（1985—），女，工程师，主要从事水电站发电运行技术管理工作。

格局[4]。

二是正确处理"管"和"治"的关系。"管"的重点是目标（内容），"治"则强调过程和方法。黄河流域"管"的主体是政府，强调对流域自上而下的管控。"治"则强调多元主体，如政府、企业和社会其他主体等，强调多元主体之间的协商与合作。黄河流域综合治理市场化运作，可以促进政府完善流域治理体系，提高治理能力。

三是正确处理保护和开发的关系。黄河流域综合治理市场化运作，发挥政府投资撬动作用，激发民间投资活力，形成市场主导的投资内生增长机制，深层次开发流域内各种资源的潜在价值，拓宽水利投融资渠道，吸引社会资本参与流域资源的开发、整合和配置。提高流域资源的利用和治理保护双重效应，实现在保护中开发、开发中治理。

4 流域综合治理市场化运作面临的三个问题

流域综合治理市场化运作牵涉面广，是一个复杂过程，当前面临三个突出问题。

4.1 流域综合治理规划要求高

流域综合治理规划是实现空间资源合理配置和动态引导控制的重要依据，由于规划涉及多学科、多专业以及多个利益群体，在专业性、综合性和实用性上对流域综合治理规划提出了较高的要求[5]，需要保持规划的整体性、一致性、协调性和时效性。

4.2 黄河流域综合治理规划落地难

市场化方式推进流域综合治理，需要打破一些部门、行业及地区固有的利益格局。在治理过程中涉及流域空间内自然、经济、社会资源的整合是最大难题。

4.3 市场化运作获得的支持力度不足

习近平在河南主持召开黄河流域生态保护和高质量发展座谈会时强调，共同抓好大保护，协同推进大治理，让黄河成为造福人民的幸福河。沿黄各地都在尝试推进综合治理市场化改革，创新公共产品供给方式，更多更好地发挥市场和社会的作用，加快推进流域综合治理。由于缺少必要的综合治理专项资金，在某种程度上影响了流域综合治理的整体性和协调性。

5 应对措施

2020年8月，中共中央政治局审议通过了《黄河流域生态保护和高质量发展规划纲要》，明确提出了黄河流域生态保护和高质量发展的目标任务和分工负责措施，要求流域内各地落实责任、细化方案、抓好落实。黄河流域综合治理市场化改革，可以借助市场对流域各类资源潜在价值发掘和实现的引导作用，创新流域综合治理公共产品和公共服务模式。

5.1 发挥政府引导作用

创新黄河流域综合治理市场化运作模式，发挥政府在整合资源的调控和引导作用，可以利用市场提高水利公共产品供给效率和质量，促进更加高效地完成政府规划实施的黄河流域综合治理任务和目标。

5.2 保护核心资源市场价值

黄河流域综合治理市场化运作，在治理过程中，将涉及的各类资源资产的价值挖掘与治理项目的规划、建设和管理有机结合，找准具备增值潜力的资源载体，找对符合市场化改革方向的运作模式。

5.3 统筹整合黄河流域综合治理资金

黄河流域综合治理是一项复杂的系统工程，在借助市场力量的前提下，更好地发挥政府作用，顶层设计探索部门内部、行业之间涉流域治理项目资金的统筹整合使用，设立流域综合治理专项资金申报项目渠道，引导各地主动推进流域综合治理市场化改革，更好地发挥试点和探索的示范、突破、带动作用。

参考文献

［1］习近平．决胜全面建成小康社会 夺取新时代中国特色社会主义伟大胜利［N］．新华网，2017-10-27．

［2］习近平．在黄河流域生态保护和高质量发展座谈会上的讲话［J］．求是，2019（20）：4-11．

［3］胡凡．新型城镇化背景下地方政府投融资机制创新研究［J］．商业经济研究，15（6）：47-49．

［4］刘戎．社会资本视角的流域水资源治理研究［D］．南京：河海大学，2007．

［5］吴强，刘汗．现阶段流域综合治理市场化改革重点难点问题分析［J］．水利发展研究，2020（5）：1-3，26．

岸基超高频雷达测流系统在高洪测报中的应用

香天元 吴 琼 牟 芸

（长江水利委员会水文局，湖北武汉 430010）

摘 要： 国内现有的岸基超高频雷达测流系统具有连续在线监测、测验成果稳定、安全性能好、维护简单方便等特点。但由于行业规范的限制，大多数岸基超高频雷达测流系统还停留在比测试验上，尚未用于国家重要水文站的基本水文资料收集，尤其是大江大河水文站。但通过水文站高洪测验中的数据比测，在选择适宜的水文模型，分析得到合理的代表流速并选取合适的表面流速反演流量技术方法的基础上，表明岸基超高频雷达测流系统用于相应流量报汛成果较为可靠、性能较为稳定，取得了上级部门在高洪测报中应用的投产批复，有较好的实践应用价值。

关键词： 岸基超高频雷达；流量反演；误差分析；应用效果

1 引言

防汛是水文的天职，而高洪测验是水文监测的重点，更是难点，一直以来受到水文测站的高度重视。当前，以雷达和视频为主流的非接触式测验方法快速发展，为改善和提高水文基础测站高洪测报能力提供了有效的途径[1]。

美国地质调查局（USGS）专门成立了水文二十一委员会（HYDRO 21），确定了雷达技术最有希望应用于水深、水位高程及水面流速的远程测量[2]。2000 年，国外学者首次利用非接触式雷达系统成功测得了河流表面流速数据，并计算得到河流流量。当前，我国水文行业正处于一个由传统向现代过渡的阶段[3-8]，在参考和借鉴国外非接触式雷达测流应用研究的基础上，国内对侧扫雷达测流的应用也开展了较多研究工作，如在长江、黄河、图们江及南京秦淮河上均开展了实地监测和探测试验，来验证雷达测流方案的可行性和适用性[9-10]。

然而，目前国内侧扫雷达测流系统的应用大多还停留在比测试验上，尚未有在国家水文站，尤其是大江大河上正式投产、参与整编归档的案例。这可能是因为测验人员对侧扫雷达测流系统原理、性能、流速比测、表面流速反演流量的技术方法研究不够透彻，数据分析处理水平滞后于测验技术现代化水平。面对严峻的防汛抗旱压力，水文部门对在大江大河上使用新仪器设备开展水文监测的态度是相对比较谨慎的。

综上，本文利用岸基超高频雷达测流系统在 X 水文站与常规缆道流速仪测流开展比测试验工作，重点研究代表流速的选择和雷达测得的表面流速反演流量的技术方法，并开展相应的误差分析，探索侧扫雷达测流在水文站高洪测报中的可行性及适用途径，对提高水文现代化水平和支撑现代经济社会体系高质量发展具有十分重要的意义。

2 基本概况

2.1 X 水文站基本情况

X 水文站地处湖北省仙桃市龙华山六码头，位于东经 113°28′，北纬 30°23′，集水面积 142 056

作者简介：香天元（1979—），男，副高，长期从事水文监测、站网规划、资料整编、成果质量、洪水影响评价、新仪器设备开发等方向的技术与管理工作。

km²，距汉江河口距离约 157 km，是控制汉江下游经东荆河分流后设立的一类精度站、国家重要水文站。现有监测项目有水位、水温、流量、悬移质泥沙、床沙、降水等，为国家长期积累基础信息，为长江流域防洪调度提供水文情报预报，为汉江区域提供水资源监测信息和考核评价依据等。

基本水尺断面位于仙桃市龙华山六码头下游约 25 m，测验断面上距兴隆水利枢纽 111 km。上游右岸约 82 km 处为汉江分流入东荆河口，下游右岸 6 km 处为杜家台分洪闸。测验河段上下游有弯道控制，顺直段长约 1 km，基本水尺断面设在顺直段下部。河槽形态呈不规则的 W 形，右岸为深槽左岸中低水有浅滩，中高水主槽宽为 300~350 m，全变幅内均无岔流串沟及死水；中高水峰顶附近及杜家台分洪期右岸边有回流。河床为乱石夹沙组成，冲淤变化较大，且无规律。两岸堤防均有砌石护岸。主流低水偏右，中水逐渐左移，高水时基本居中。

全年采用缆道流速仪法测流，按连时序法布置测次。水位流量关系受洪水涨落、变动回水、不经常性冲淤的影响，长江干流高水期对该站水位流量关系有明显的顶托影响；低水期，水位流量关系受河槽控制呈临时单一关系。仙桃站历史最低水位 22.33 m，调查最高水位 36.24 m；历史最小流量 165 m³/s，实测最大流量 14 600 m³/s。

仙桃站水位级划分详见表 1。

表 1　仙桃站水位级划分

高水期水位/m	中水期水位/m	低水期水位/m	枯水期水位/m
≥27.00	27.00~25.50	25.50~24.60	≤24.60

2.2　岸基超高频雷达测流系统简介

雷达测流系统技术基本原理主要是利用多普勒效应和 Bragg 散射理论。

多普勒效应是利用接收回波与发射波的时间差来测定距离，利用电波传播的多普勒效应来测量目标的运动速度，并利用目标回波在各天线通道上幅度或相位的差异来判别其方向，从而得到矢量速度，进而推算出流量。

Bragg 散射理论主要是指当雷达电磁波与其波长一半的水波作用时，同一波列不同位置的后向回波在相位上差异值为 2π 或 2π 的整数倍，因而产生增强型 Bragg 后向散射，见图 1。

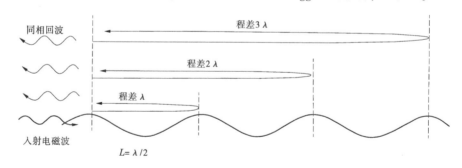

图 1　Bragg 后向散射基本原理

当水波具有相速度和水平移动速度时，将产生多普勒频移。在一定时间范围内，实际波浪可以近似地认为是由无数随机的正弦波动叠加而成的。当雷达发射的电磁波与波长正好等于雷达工作波长一半、朝向和背离雷达波束方向的二列正弦波作用时，两者发生增强型后向散射。朝向雷达波动的波浪会产生一个正的多普勒频移，背离雷达波动的波浪会产生一个负的多普勒频移。多普勒频移的大小由波动相速度 v_{p} 决定。由于重力的影响，一定波长的波浪的相速度是一定的。在深水条件下（水深大于波浪波长 L 的 $1/2$），波浪相速度 v_{p} 满足以下定义：

$$v_{\mathrm{p}} = \sqrt{\frac{gl}{2\pi}} \tag{1}$$

由相速度 v_{p} 产生的多普勒频移为

$$f_{\mathrm{B}} = \frac{2v_{\mathrm{p}}}{\lambda} = \frac{2}{\lambda}\sqrt{\frac{g\lambda}{4\pi}} = \sqrt{\frac{g}{\lambda\pi}} \approx 0.102\sqrt{f_0} \qquad (2)$$

其中，雷达频率 f_0 以 MHz 为单位，多普勒频率 f_{B} 以 Hz 为单位。这个频偏就是所谓的 Bragg 频移。朝向雷达波动的波浪将产生正的频移，背离雷达波动的波浪将产生负的频移。

在无表面流的情况下，Bragg 峰的位置正好位于式（2）描述的频率位置。

当水体表面存在表面流时，上述一阶散射回波所对应的波浪行进速度 v_{s} 便是河流径向速度 v_{cr} 加上无河流时的波浪相速度 v_{p}，即

$$v_{\mathrm{s}} = v_{\mathrm{cr}} + v_{\mathrm{p}} \qquad (3)$$

此时，雷达一阶散射回波的幅度不变，而雷达回波的频移为

$$\Delta f = \frac{2v_{\mathrm{s}}}{\lambda} = 2\frac{v_{\mathrm{cr}} + v_{\mathrm{p}}}{\lambda} = \frac{2v_{\mathrm{cr}}}{\lambda} + f_{\mathrm{B}} \qquad (4)$$

通过判断一阶 Bragg 峰位置偏离标准 Bragg 峰的程度，计算出波浪的径向流速。

根据上述原理，武汉大学研制的岸基超高频雷达测流系统雷达波长为 0.88 m，频率为 340 MHz，利用水波具有相速度和水平移动速度时，会对入射的雷达波产生多普勒频移的原理来探测河流表面动力学参数，以非接触的方式获得大范围的河流表面流的流速、流向。在河道等宽的顺直河道，可使用单站式系统实现流量探测；在河道不等宽、非顺直河道及其他流场复杂的河段，可使用双站式系统实现流量探测，示意图见图 2。

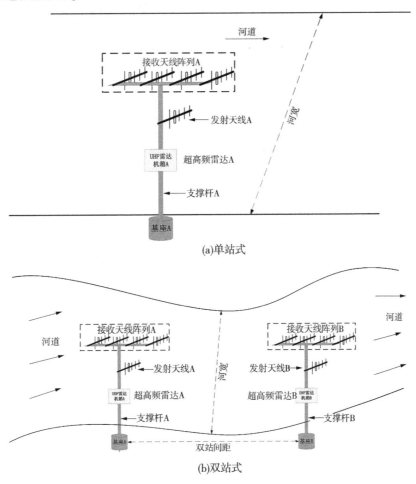

(a)单站式

(b)双站式

图 2　流量探测系统的野外站示意图

2.3 仪器安装

根据 X 水文站测验河段特性，岸基超高频雷达测流系统采用双站式，安装布设如图 3 所示。A 站和 B 站均安装于河岸右侧的堤顶上，雷达监测区域处于一个 U 形的弯道内，且靠近雷达的一边为深水区，远离雷达的一边为浅水区。

(a)

(b)

图 3　水文站岸基超高频雷达测流系统布设位置图

3 流速比测

3.1 数据选用

对雷达测流系统测流进行比测研究，首先必须验证其测得的表面流速分布是否与流速仪实测相一致。由于本次比测缺乏必要支持，只能结合仙桃站的日常生产来开展比测工作，本站断面最大水深不超过 10 m，垂线流速呈指数分布，在一般水情下，0.2 相对水深位置的流速与水面流速大小大致接近，且如果流速仪过于接近水面位置，可能会对雷达测速产生影响，因此将雷达测速与流速仪 0.2 相对水深位置的流速进行相关性分析，判断其测得的表面流场是否合理。

表面流速比测 A 站共有 15 次，双站共有 10 次，高、中、低水位级比测测次均在 3 次及以上，具体见表 2。

表 2　表面流速比测分析统计表

序号	时间	水位/m	雷达	水位级	序号	时间	水位/m	雷达	水位级
1	5 月 6 日 14：00	25.19	A 站	低水	9	7 月 22 日 09：00	26.98	A 站、双站	中水
2	5 月 9 日 15：00	25.67	A 站	中水	10	7 月 26 日 11：00	26.59	A 站、双站	中水
3	5 月 11 日 09：00	26.08	A 站	中水	11	7 月 27 日 15：00	26.48	A 站、双站	中水
4	5 月 12 日 09：00	25.90	A 站	中水	12	8 月 19 日 18：00	25.75	A 站、双站	中水
5	5 月 18 日 10：00	25.72	A 站	中水	13	8 月 21 日 09：00	25.40	A 站、双站	低水
6	7 月 7 日 17：00	27.80	A 站、双站	高水	14	8 月 27 日 09：00	24.88	A 站、双站	低水
7	7 月 9 日 20：00	28.68	A 站、双站	高水	15	9 月 17 日 09：00	23.70	A 站、双站	低水
8	7 月 16 日 09：00	27.55	A 站、双站	高水					

3.2 相关性及误差分析

根据实际流速仪测速的平均时间，查找与该平均时间最接近的整点所对应的雷达测速数据进行比较。根据本站断面起点距，对雷达表面流速进行线性插补，得到与本站测速垂线起点距对应的雷达表面流速，再与该起点距下的流速仪流速进行表面流速横向分布相关性分析。

虽然前期已经将雷达斜距做水平投影后加 27 m 换算成与实际的大断面起点距相对应的距离，但由于雷达测距定位的原因，在表面流速横向分布相关性比较中，发现雷达测速与流速仪测速分布存在一定的水平位移差，因此对雷达测速数据水平移动不同距离后，再与流速仪实测流速统计相关系数，得到相关系数最大的最佳吻合位置，详见图 4。

如图 4 所示，从单站的整体相关系数分布来看，雷达斜距水平投影后加 19 m 后转化成的起点距吻合较高，即雷达测速数据整体向右岸偏移 8 m 后，与流速仪测速相关系数为 0.91~0.97。

从双站的整体相关系数分布来看，雷达斜距加 27 m 后转化成的起点距吻合度较高，这也与实际情况较为符合，相关系数为 0.91~0.99。据此，对雷达双站合成表面流速与流速仪流速相比，相对误差的绝对值在 10% 以内的占 22.22%，10%~20% 的占 42.22%，20%~50% 的占 30.00%，超过 50% 占 5.56%，详见图 5。

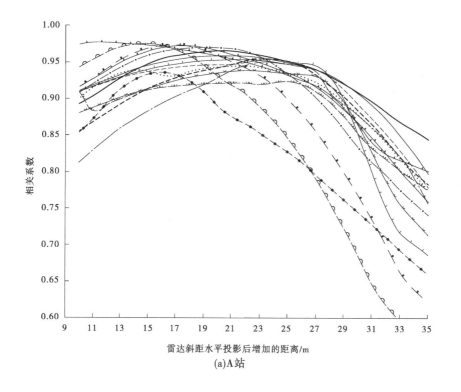

(a)A站

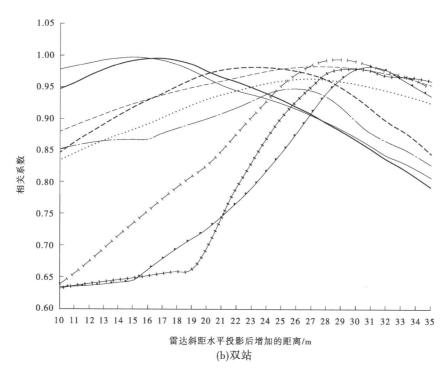

(b)双站

图 4 雷达测速数据水平移动不同距离后的相关系数分布

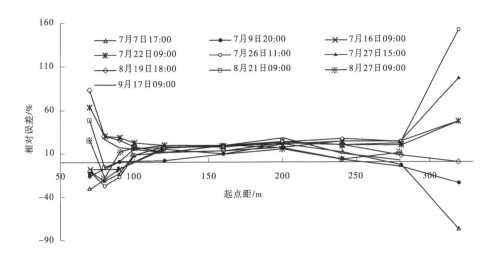

图5 雷达测速数据与流速仪测速数据误差分布

4 流量反演方法

据了解，目前侧扫雷达测得河流表面流速后反演流量的主要方法包括流速面积法、指标流速法、类浮标法及水动力学模型等四种方法，本文对上述前三种较为常规的方法进行分析。

4.1 流速面积法

岸基超高频雷达测流系统软件利用流速面积法进行断面流量的计算，主要步骤为：将雷达测流生成的各垂线表面流速按照指数分布，计算得到各垂线平均流速；根据测站自记水位计，查得相应水位；借用仙桃站2018年汛前实测大断面，以本断面测速垂线为界。将过水断面划分为若干部分，计算部分面积、部分平均流速，得到部分流量 $q_i = v_i A_i$，累加得到断面流量 $Q = \sum_{i=1}^{n} q_i$。其中，针对某些异常值，软件采用中值滤波法处理。

在指数模型下，其指数关系满足以下关系：

$$\frac{v}{v_*} = \alpha \left(\frac{y}{y'}\right)^m \tag{5}$$

对 y 积分得垂线流速与表面流速关系如下：

$$\frac{V}{v_0} = \frac{\left[(h+y')^{(m+1)} - y'^{(m+1)}\right]}{(m+1)h^{(m+1)}} = \frac{1}{(m+1)}\left(\frac{y'}{h}\right)^{m+1}\left[\left(\frac{h}{y'}+1\right)^{m+1} - 1\right] \tag{6}$$

经分析，A站雷达系统流量与本站实测流量相关系数为0.961，相对误差为−17.5%～8.5%，系统误差为−2.68%，随机不确定度为12.6%。

双站合成雷达系统流量与本站实测流量相关系数为0.973，见图6。相对误差为−10.9%～7.9%，系统误差为1.83%，随机不确定度为10.7%。

4.2 指标流速法

将流速仪测流的断面平均流速与雷达测流各位置表面流速进行比较分析，找出与流速仪测流的断面平均流速相关关系最好的若干条雷达表面流速的垂线位置，将多条垂线测得的雷达表面流速加权作为指标流速（ $v_{index} = \sum_{i=1}^{n} \alpha v_i$，$\alpha$ 为权重系数），建立与流速仪测流断面平均流速的相关关系［ $v_m = f(v_{index})$ ］。

利用试错法，根据经验，综合考虑横向分布代表性较好的若干条垂线（如主泓选择3条左右的垂线，两岸各选1条），在Excel表中，按一定步长微调权重系数，观察各垂线对相关系数的贡献，

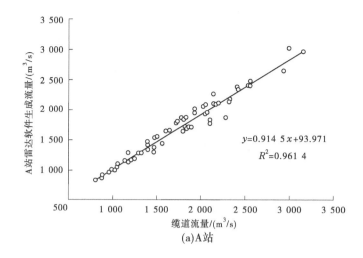

(a)A站

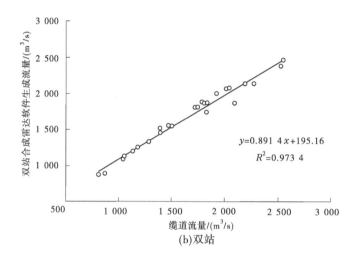

(b)双站

图6 雷达系统流量与实测流量相关图

找到与流速仪测流断面平均流速相关系数最高的垂线位置及其权重系数。具体结果如下：

$$v_{A站加权} = 0.45v_{40} + 0.02v_{70} + 0.02v_{110} + 0.45v_{160} + 0.03v_{200} + 0.02v_{250} \tag{7}$$

$$v_{双站加权} = 0.02v_{60} + 0.19v_{110} + 0.60v_{160} + 0.18v_{200} + 0.01v_{270} \tag{8}$$

建立指标流速与流速仪实测断面平均流速的相关关系：指标流速与流速仪实测断面平均流速相关关系曲线公式采用抛物线拟合，选取点群中心高、中、低三个节点，微调节点，动态观察曲线走向及误差变化，选取误差最小与实测点配合最佳关系式：

$$\bar{v}_{A站流速仪} = 0.061\ 2v_{A站加权}^2 + 1.005\ 6v_{A站加权} + 0.128\ 4 \tag{9}$$

$$\bar{v}_{流速仪} = 0.272\ 4v_{双站加权}^2 - 0.090\ 2v_{双站加权} + 0.529\ 2 \tag{10}$$

根据两者的相关关系，计算出雷达测流的断面平均流速 $\bar{v}_{雷达}$，将其与流速仪法计算得到的断面平均流速进行误差分析，见图7。A 站相对误差为 $-18.8\% \sim 12.6\%$，系统误差为 -0.25%，随机不确定度为 10.5%；双站相对误差为 $-5.71\% \sim 6.01\%$，系统误差为 -0.08%，随机不确定度为 5.7%。

4.3 类浮标法

本次主要采用均匀浮标法的计算方法，把雷达测得的表面流速当作浮标流速，部分平均虚流速、部分面积、部分虚流量、断面虚流量的计算方法与流速仪法测流的计算方法相同。

对同一时间雷达表面流速计算得到的虚流量与本站实测流量建立相关关系，得到：

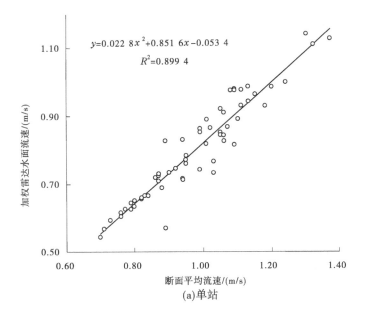

$y=0.022\,8x^2+0.851\,6x-0.053\,4$

$R^2=0.899\,4$

(a)单站

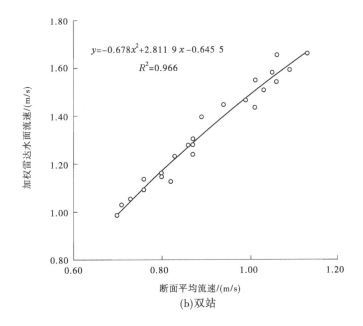

$y=-0.678x^2+2.811\,9x-0.645\,5$

$R^2=0.966$

(b)双站

图7 加权雷达水面流速与断面平均流速相关图

$$Q_{实测} = 0.947\,9Q_{虚-A站} - 56.767\,8 \tag{11}$$

$$Q_{实测} = 0.942\,3Q_{虚-双站} - 158.22 \tag{12}$$

根据雷达计算虚流量与本站实测流量的相关关系［式（11）、式（12）］，计算出雷达断面流量，与实测流量进行误差统计分析，见图8。得到以下结果：A站，相对误差为-24.9%~13.9%，系统误差为0.52%，随机不确定度为13.9%；双站合成，相对误差为-10.4%~9.6%，系统误差为0.16%，随机不确定度为10.0%。

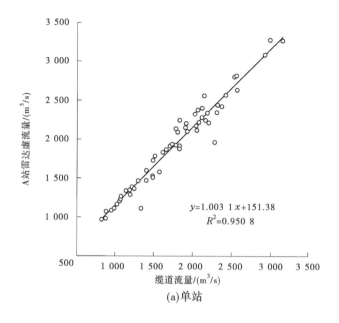

(a)单站

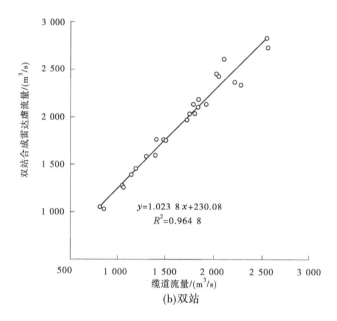

(b)双站

图 8　雷达计算虚流量与实测流量相关图

5　高洪测报应用效果评价

5.1　相应流量报汛误差分析

通过上述三种方法分析（见表 3），可以发现：①双站合成的精度均高于单站（A 站），这是由于双站矢量合成的表面流速相比单站更加稳定、精确；②指标流速法精度最高；③参照《水文资料整编规范》（SL 247—2012）水位流量关系定线精度指标，一类站单一曲线法系统误差在 ±1% 以内，随机不确定度在 8% 以内，采用水面浮标法测流定线随机不确定度可增大 2%～4%。除采用 A 站浮标法推流随机不确定度超过 12% 外，其他均满足精度要求。

表3　三种流量反演方法误差分析结果

序号	比测分析方法		与断面平均流速/断面平均流量相关关系	系统误差/%	随机不确定度/%
1	流速面积法	A站		−2.68	12.6
		双站		1.83	10.7
2	指标流速法	A站	$\overline{v}_{A站流速仪} = 0.061\,2v^2_{A站加权} + 1.005\,6v_{A站加权} + 0.128\,4$	−0.25	10.5
		双站	$\overline{v}_{流速仪} = 0.272\,4v^2_{双站加权} - 0.090\,2v_{双站加权} + 0.529\,2$	−0.08	5.7
3	类浮标法	A站	$Q_{实测} = 0.947\,9Q_{虚-A站} - 56.767\,8$	0.52	13.9
		双站	$Q_{实测} = 0.942\,3Q_{虚-双站} - 158.22$	0.16	10.0

从流量反演的误差分析可以看出，在采用代表流速分析后，无论是指标流速法还是类浮标法，系统误差均可控制在1%以内，且随机不确定度也可控制在14%以内。目前，长江水利委员会水文局水位流量关系呈单一线的测站，相应流量报汛误差要求在5%以内，水位流量关系呈单值化的测站，相应流量报汛误差要求一般在10%以内；水位流量关系不稳定的测站，相应流量报汛误差通常根据可能达到的精度确定，在10%~30%范围内不等。

而X水文站属于水位流量关系不稳定的测站，从上述分析可以看出，采用代表流速进行流量反演计算后的成果，直接应用于高洪测报相应流量报汛效果是较为理想的，在防洪实践中有较高的实用价值。

5.2　用于高洪测验的可行性评价

岸基超高频雷达测流系统安装在河岸上，不需要进行涉水测验，与测船、缆道等传统涉水测验方法相比，不受水流情况的影响，在流速大、多漂浮物等特殊水流情况下仍能实现连续稳定的流量在线监测，可适用于非漫滩情况下的水流流量测验，具有连续在线监测、测验成果稳定、安全性能好、维护简单方便等特点，在高洪测验中可广泛使用。

6　结论与展望

6.1　结论

（1）通过对岸基超高频雷达测流系统比测研究分析，参照《水文资料整编规范》（SL 247—2012），认为采用岸基超高频雷达测流系统进行测流，收集到的流量基本资料进行处理后，采用适宜的流量反演方法可得到较好的推流精度，可作为高洪测报的重要手段之一。2018年12月，经长江水利委员会水文局审查研究后批准投产，同意使用该雷达测流系统进行高洪流量测验与相应流量报汛，并尝试将其作为流量测验基本手段进一步试验研究。

（2）侧扫雷达系统安装简单，易于维护，比测中稳定性良好，具有较好的重复性和精确性。

（3）本次岸基超高频雷达测流系统尚缺乏更加系统全面的资料依据，资料代表性不足，有待继续收集。现有测验精度尚不能满足基本水文资料收集的需要，有待进一步比测与研究。

6.2　展望

通过比测试验与示范应用可以看出，侧扫雷达测流系统实现了全天候、全自动、连续性的河流流量监测，且其安装于岸边，方便技术人员日常维护，是非接触式法中应用较为成功的仪器之一，可作为常规测流技术的补充或替代。该项技术为我国水文站高洪测报乃至基本水文资料的收集提供了新思路，有助于水文测站技术水平的现代化提升。

由于测量原理上的较大差异，雷达测流系统"面"流速等概念超越了《河流流量测验规范》相关规定的理论基础，亟待提出更为科学合理的比测思路与方法。根据《水利部办公厅关于印发水文现代化建设技术装备有关要求的通知》，新仪器设备投产前可与ADCP进行比测，因此建议将雷达与

ADCP 进行比测，设置雷达在 ADCP 该段测流时间内持续工作，提取 ADCP 的点流速进行流速比测。

此外，由于雷达系统暂时无法获取实时大断面，因此需要对断面冲淤随时间、季节、水位级、流量级、洪水过程变化引起的流量误差分布，进一步累积资料样本，给出更好的解决方案。

参考文献

[1] 香天元，熊珊珊.论水文监测信息生产现代化体系的构建 [J].人民长江，2015，46（3）：65-69.

[2] 陆伟佳，时霞.浅谈雷达测流技术在美国的发展 [J].水利水文自动化，2006（4）：43-45.

[3] 陈守荣，香天元，赵昕.长江水文测验方式方法技术创新实践与探讨 [J].中国水利，2010（5）：45-47.

[4] 香天元，梅军亚.效率优先：近期水文监测技术发展方向探讨 [J].人民长江，2018，49（5）：26-30.

[5] 王俊.长江水文测验方式方法技术创新的探索与实践 [J].水文，2011，31（S1）：1-3.

[6] 周凌芸，潘仁红.非接触式雷达测流技术在阳朔水文站的应用 [J].广西水利水电，2014（2）：56-59.

[7] 黄剑，刘铁林，王贞荣，等.非接触式雷达测流系统在吉安地区中小河流的应用研究 [J].珠江水运，2018（18）：53-54.

[8] 王文华.雷达测流仪比测分析 [J].人民黄河，2016，38（5）：6-9.

[9] 陈荣，郑永伟.双轨式雷达波自动测流系统流量系数率定分析 [J].人民长江，2018，49（S2）：62-65，102.

[10] 李庆平，秦文安，毛启红.非接触式流量在线监测技术在山区性河流的应用研究 [J].湖北民族学院学报，2013，31（3）.

水库防洪调度风险估计研究进展

唐凤珍[1,2]　王远见[1,2]

（1. 黄河水利委员会黄河水利科学研究院，河南郑州　450003；
2. 水利部黄河下游河道与河口治理重点实验室，河南郑州　450003）

摘　要： 来水过程、工程特性和运行管理方式等不确定性因素复杂多变又相互影响，使得水库防洪调度风险估计成为一个复杂的非线性问题。本文对当前水库防洪调度风险估计基本概念、风险因子识别与概率分布、风险估计常用方法及应用研究进行了总结。目前，水库防洪调度风险估计方法依旧存在风险因子的概率分布函数难以准确给出、计算维度较高、确定性问题转化成随机性问题较难等不同缺陷，如何平衡风险估计结果的精确度和计算量之间的矛盾仍有待研究。

关键词： 水库调度；防洪调度风险；风险因子识别；风险估计方法

1　研究背景

洪涝灾害是我国最主要的自然灾害之一，我国洪涝灾害具有发生频繁、时间集中、区域分布明显和损失重大等特点[1]。基于我国洪灾导致的巨大经济损失和生命损失，专家学者们对防洪进行了大量的研究，目前主要的防洪措施分为工程措施和非工程措施。截至 2017 年，我国已修建了 98 795 座水库，在防洪保护区上游兴建水库调节径流，利用水库防洪库容来调蓄洪水以削减洪峰流量，达到防洪减灾的目的。据国家统计局数据，在大量水库兴建以来，我国洪涝灾害出现的频率明显降低，仅水灾受灾面积从 1998 年的 2 229.2 万 hm^2 降低至 2017 年的 541.8 万 hm^2。由此可见，水库在洪水调节、减少洪涝灾害方面作用显著。然而，水库修建也存在增加耕地淹没、造成移民负担及因降低卵砾石排出而堵塞港口等弊端，因此专家学者们将研究的重点转移到水库防洪调度优化上。在水库防洪调度过程中存在的水文、水力和运行管理等不确定性因素也影响着水库防洪调度的效果，由此"风险"这一概念被引入到水库防洪调度中。来水过程、工程特性和运行管理方式的不同，给水库防洪调度所带来的风险也不同，并且这些不确定性因素复杂多变又相互影响，使得水库防洪调度风险大小的估计成为一个复杂的非线性问题。

2　防洪调度风险估计的基本概念

水库防洪调度过程中存在水文不确定性，在 20 世纪 60 年代末便已经有了水库泄洪可靠度分析的概念，风险估计也是在可靠度理论上逐渐发展起来的，Ottopfafstetter[2] 于 1967 年论述溢洪道设计洪水的经济问题时首先将风险的概念引入水库泄洪安全设计中。风险广义上是指某一主体在特定的时空环境下发生不利事件的概率以及所造成的损失程度，其基本要素主要包括不利事件、不利事件发生的概率、不利事件所导致的损失[3]。水库防洪调度风险是指水库受某一或多个因素的影响未完成预定的防洪调度任务的可能性大小，常用的水库防洪调度风险定义主要分为两类：

（1）水库防洪调度风险为水库系统未完成预定防洪调度目标的概率，即

$$R = P\{s(t) \in U\} = 1 - P\{s(t) \in S\} \tag{1}$$

基金项目： 国家自然科学基金项目（42041004）。

作者简介： 唐凤珍（1994—），女，助理工程师，主要从事水库调度研究工作。

式中：R 为水库防洪调度风险；P 为未完成预定防洪调度目标的概率；$s(t)$ 为水库系统的防洪调度结果；U 为水库系统未完成预定防洪调度目标的集合；S 为水库系统完成预定防洪调度目标的集合。

（2）水库防洪调度风险为水库未完成预定防洪调度目标的概率及未完成防洪调度任务所造成的损失，即

$$R = f(P, L) \tag{2}$$

式中：L 为未完成防洪调度目标所造成的损失大小。

水库防洪调度风险估计是对水库防洪调度过程中由于不确定性因素的存在导致风险的大小进行定性或定量估计的过程。水库的防洪调度目标通常为保护坝体安全和保护下游防洪保护区不受淹没，因此水库是否完成预定防洪调度目标，可以用"坝前最高水位是否超过防洪高水位"或者"最大下泄流量是否超过安全泄量"来衡量：

$$R = P\{s(t) \in U\} = 1 - P\{s(t) \in S\} = 1 - \int_{q<q_{安}} \int_{z<z_{高}} f(z, q)\mathrm{d}z\mathrm{d}q \tag{3}$$

式中：$f(z, q)$ 为坝前最高水位和最大下泄流量的联合分布概率密度函数；$q_{安}$ 为下游河道控制断面安全泄量；$z_{高}$ 为防洪高水位。

目前，国外的专家学者对水库防洪调度风险估计的研究主要集中于分析水文、水力及工程结构等不确定性因素带来的风险[4-5]，但是对风险大小的表达各不相同。Hogan 将风险损失函数应用于风险估计，把可靠性作为决策变量进行处理，以定量计算目标偏离期望值带来的风险损失；Simonovic[6] 为了研究水库调度过程中水文可靠性与惩罚函数之间的权衡问题，将可靠性、回弹性和脆弱性作为风险准则来确定水库的多目标权重；Colorni 等[7] 将可靠性水平作为变量来定义风险损失函数，利用可靠性方法建立了水库运行管理模型，从而改善水库运行管理系统；Vogel[8] 在考虑主观人为因素影响的基础上，建立水库防洪与兴利的效用函数，制订最佳的水库防洪调度方案，提高水库运行过程中的风险管理水平。

3 防洪调度风险因子识别与概率分布

风险识别是水库防洪调度风险估计的前提，目前主要的风险识别方法有德尔菲法、故障树分析法等，刘光富[9] 将德尔菲法与层次分析法相结合用于项目的风险估计中，德尔菲法与调查法和矩阵分析法类似，主要借助于专家的知识、经验和判断对水库防洪调度风险进行定性分析；李建平等[10] 采用故障树分析法对影响工程质量的风险因素进行识别。汛期水库的调度方案首先由水库管理运行单位提出，经主管单位审查后，上报拥有决策权的防汛指挥部门。水库管理运行单位按防汛指挥部门的决策命令进行泄洪闸门的操作，并及时通报有关部门。水库防洪调度决策程序见图 1。因此，水库防洪调度中的风险因子主要分为洪水发生过程本身的不确定性和洪水调度过程中的误差因素。

洪水发生过程本身的不确定性主要在于洪水来水过程的随机性，洪水调度过程中的误差因素主要包括水位库容关系曲线的不确定性、泄流能力曲线的不确定性和调度滞时的不确定性：①洪水来水过程的随机性。每年汛期洪水过程是否会发生和洪水等级高低（洪峰流量和洪量的大小）的出现是一个概率问题，因此洪水发生过程具有不确定性。不同流域具有不同降雨时空分布和产汇流特征，实际发生的洪水过程形状多样，包括主峰出现位置、上涨阶段历时、洪量集中程度均有所不同[11]，进一步增加了洪水发生过程不确定性对水库防洪调度的影响。②水位库容关系曲线的不确定性。水位库容关系的不确定性一方面来源于规划设计过程中地形图勘测过程中的误差和采用不同库容计算模型产生的误差。另一方面，水库淤积、上游洪水和生态破坏引起的库岸坍塌也会改变水库库容的大小，由于人力物力的限制，水库测量数据又无法实时更新。③泄流能力曲线的不确定性。不同水库实际泄流能力与公式计算的理论值并非完全一致，这种理论值与实际值之间的偏差就是水库泄流能力的不确定性，主要来源于测量与施工误差、水力学分析模型的选择及模型参数设定的不确定性、泄流设备的可靠性等。④实施防洪调度操作前至少需要经过洪水预报、调度方案拟订和上级主管部门批准方案三个

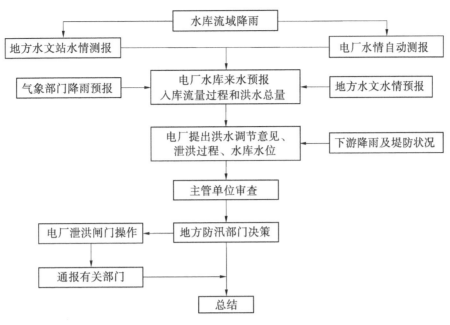

图 1　水库防洪调度决策程序

步骤，这些过程中会出现实施调度方案时间的延误，导致库水位升高，造成防洪调度风险，这种时间延误长短的不确定性用实施调度方案的滞时来综合描述反映，即所谓的"调度滞时"。造成水库防洪调度滞时的原因主要包括操作指令传递慢、决策会商不及时、设备操作可靠性差和操作人员的水平低等。

　　水库防洪调度风险大小与风险因子的分布概型密切相关。目前，由于误差导致的不确定性因素通常采用客观概率分布估计法对样本进行分析检验来确定概率分布，进而与洪水过程随机性一同采用随机模拟的方法来进行防洪调度风险估计。孙颖等[12]经过统计分析证明库容函数符合正态分布，实际库容 V 与测量库容 V_c 之间的误差引入误差项系数 ε 表示；储祥元[13]证明了正态分布是水力泄流能力的最佳概率分布模型，引入误差项系数 ξ 来计算水库实际泄流能力；调度滞时因缺乏实验数据和统计数据计算其概率分布，则采用三角分布函数形式进行主观估计。

4　水库防洪调度风险估计方法及应用

　　水库防洪调度风险估计方法众多，包括概率与数理统计分析法、模拟分析法、马尔柯夫过程分析法和模糊数学分析法。王本德[14]将标准风险评估方法引入水库洪水标准的风险分析，但也存在样本容量不足会导致风险评估误差的缺点；Dubler 等[15]提出以设计洪水的大坝风险度为基础的计算方法；Olsen 等[16]建立了非平稳状态下极端事件的风险模型，传统的水库防洪调度风险估计方法存在单因素情况下的误差累积和多因素情况下的正态性假定等局限性；刘艳丽等[17]采用 Monte Carlo 随机模拟方法建立了水库防洪调度风险估计模型；黄强等[18]从理论上对定量风险分析法中的概率与数理统计分析法、模拟分析法、马尔柯夫过程分析法和模糊数学分析法的优势与弊端进行了探讨，并且结合实例进行了分析和对比。

　　目前，多因素组合影响下的水库防洪调度风险估计应用广泛。李大鸣等[19]采用 Copula 函数构建洪峰与洪量的两变量联合分布，生成洪水过程线对桃林口水库进行防洪风险分析，为未来合理利用洪水资源和探索汛限水位动态化管理提供一定的参考；丁大发等[20]将洪水预报误差、调度滞时看作是独立的随机变量来综合考虑，采用蒙特卡罗模拟法进行水库运行中常遇洪水风险和大坝安全风险估计；焦瑞峰[21]认为防洪调度过程中主要的风险因子包括典型洪水选择、洪水预报误差和防洪调度滞时，然后确定主要风险因素的估计方法，并且给出了相应的模拟公式和模拟程序；韩红霞[22]提出考虑洪水预报误差、防洪调度滞时和洪水起调水位等因素的防洪预报调度方式，分别计算选择汛限水位的风险率、洪水预报调度方式的风险率和大坝安全最大风险率的大小；孙颖等[12] 综合考虑影响漫坝的洪水、风浪、库容和泄水能力等不确定性因素，建立东武仕水库大坝漫坝风险模型，计算水库在现行防洪调度方案之下大坝漫坝风险及安全可靠度。

5　存在的问题

目前，防洪调度风险估计方法依旧存在精确度较低的问题。采用概率密度分布函数进行风险估计最为准确直观，但是实际的水库工程情况十分复杂，造成水库未完成防洪调度目标的因素众多且关系复杂，其风险因子的概率分布函数难以准确给出，并且洪水等级的大小、水位库容关系曲线和泄流能力曲线的改变程度、调度滞时的长短等都具有随机性，难以用一个简单的公式来全面地描述其规律。与传统统计理论假定所有分布参数固定所不同，贝叶斯方法设定这些参数是随机变量，在很小的样本之下依旧可以准确估计风险大小，并且因其直观性而应用广泛，但是在某些情况下的应用中仍然存在局限性，后验分布在高维计算上十分困难，难以执行完整的贝叶斯步骤，尤其是在整个参数空间求和或者求积分，贝叶斯统计方法难以实现。蒙特卡罗方法回避了风险估计中的维数灾难问题，即使是非线性或者随机变量非正态的问题，只要模拟足够多的次数，同样可以得到一个较为精确的风险概率。蒙特卡罗法对复杂问题具有很强的适应性，多重积分计算、非线性方程组求解和微分方程求解等高难度数学计算问题[23] 也得以较好地解决，但是并非所有确定性问题都能转化成随机性问题，并且需要较多的计算步数。因此，如何平衡风险估计结果的精确度和计算量之间的矛盾仍有待研究。

6　总结与展望

（1）根据水库防洪调度目标给出了水库防洪调度风险的基本概念，识别水库防洪调度中的风险因子并给出概率分布，包括洪水来水过程的随机性、水位库容关系曲线的不确定性、泄流能力曲线的不确定性和调度滞时的不确定性。对常用的防洪调度风险估计方法的研究现状进行了总结与分析。

（2）目前水库防洪调度风险估计方法依旧存在风险因子的概率分布函数难以准确给出、计算维度较高、确定性问题转化成随机性问题较难等不同缺陷，如何平衡风险估计结果的精确度和计算量之间的矛盾仍有待研究。

参考文献

［1］谷洪波，顾剑. 我国重大洪涝灾害的特征、分布及形成机理研究 ［J］. 山西农业大学学报（社会科学版），2012，11（11）：1164-1169.

［2］王锐琛，王维第. 中国水利发电工程·工程水文卷 ［M］. 北京：中国水利水电出版社，2000.

［3］王本德，周惠成. 水库汛限水位动态控制理论与方法及其应用 ［M］. 北京：中国水利水电出版社，1996.

［4］Lee Han-Lin, Mays Larry W. Hydraulic uncertainties in flood levee capacity ［J］. Journal of Hydraulic Engineering, 1986, 112（10）：928-934.

［5］Levin O. Optimal control of a storage reservoir during a flood season ［J］. Automatic, 1969, 5（1）：27-34.

［6］Simonovic S P. Risk in sustainable water resources management. Sustainability of Water Resources under Increasing Uncertainty ［J］. IAHS Publ, 1997, （240）：3-17.

［7］Colorni A, Fronza G. Reservoir management via reliability programming ［J］. Water Resources Research, 1976, 12（1）：85-88.

［8］Vogel R M. Reliability indices for water supply system ［J］. Water Resources Plan Manage, 1987, 113（4）：563-579.

［9］刘光富，陈晓莉. 基于德尔菲法与层次分析法的项目风险评估 ［J］. 项目管理技术，2008（1）：23-26.

［10］李建平，余建星. 模糊故障树分析方法在工程质量风险分析中的应用 ［J］. 水利水电技术，2008（2）：45-48.

［11］赵经华，吕满英，王长新. 洪水过程不确定性对泄洪风险影响的分析 ［J］. 新疆农业大学学报，2005（2）：81-84.

［12］孙颖，黄文杰. 漫坝风险分析在水库运行管理中的应用［J］. 水利学报，2005（10）：1153-1157.

［13］储祥元. 水力不确定模型研究［J］. 水利学报，1992（5）：33-38.

［14］王本德，徐玉英. 水库洪水标准的风险分析［J］. 水文，2001，21（6）：8-10.

［15］Dubler J R, Grigg N S. Dam Safety Policy for Spillway Design Floods［J］. Journal of Professional Issues in Engineering Education and Practice, 1996, 122（4）：163-169.

［16］Olsen J R, Lambert J H, Haimes Y Y, et al. Risk of Extreme Events Under Nonstationary Conditions［J］. Risk Analysis, 1998, 18（4）：497-510.

［17］刘艳丽，周惠成，张建云. 不确定性分析方法在水库防洪风险分析中的应用研究［J］. 水力发电学报，2010，29（6）：47-53.

［18］黄强，苗隆德，王增发. 水库调度中的风险分析及决策方法［J］. 西安理工大学学报，1999（4）：6-10.

［19］李大鸣，顾利军，高正廉，等. 基于Copula函数的桃林口水库防洪风险分析［J］. 水利水电技术，2017，48（3）：158-164，170.

［20］丁大发，吴泽宁，贺顺德，等. 基于汛限水位选择的水库防洪调度风险分析［J］. 水利水电技术，2005（3）：58-61.

［21］焦瑞峰. 水库防洪调度多目标风险分析模型及应用研究［D］. 郑州：郑州大学，2004.

［22］韩红霞. 基于水库防洪预报调度方式的风险分析［D］. 大连：大连理工大学，2010.

［23］朱新玲. 马尔科夫链−蒙特卡罗方法研究综述［J］. 统计与决策，2009（21）：151-153.

复式河槽输沙效率研究进展

邢国栋[1]　　姚仕明[1]　　陈　栋[1]　　赵占超[2]

（1. 长江水利委员会长江科学院，湖北武汉　430010；

2. 黄河水利委员会黄河水利科学研究院，河南郑州　450003）

摘　要：冲积河流多由滩槽分布明显的复式河道组成，复式河槽输沙效率多年来是河流研究的重要课题之一，关系到河道演变与整治。通过分析输沙水量和排沙比的概念，利用排沙比和输沙水量表征输沙效率，对目前有关复式河槽输沙效率的计算方法和影响因素的研究及存在的问题进行系统梳理，发现输沙效率的计算方法主要包括排沙比和输沙水量的计算，主要因素有水沙组合、河道形态、大型水库的修建和运行方式。然而，针对少沙河流水库下游的边界条件和水沙条件的改变，限制了我们对少沙河流复式河槽输沙效率的认识。因此，在以往研究成果的基础上，需继续开展新水沙条件下少沙河流复式河槽输沙效率研究，为进一步深入研究复式河槽的河道演变规律与治理提供基础。

关键词：复式河槽；输沙效率；输沙能力；影响因素

1　研究背景

关于河道输沙效率的研究是河床演变学的重要内容，主要体现在两个方面：一方面，对于多沙河流，随着人口和经济增长，工农业用水量迅速增加，河道的输沙用水量逐渐减小，造成水沙不平衡，导致滩槽淤积，河道萎缩，降低了主槽的平滩流量，河道"小水大灾"的现象时有发生，严重影响了河道防洪安全以及沿河居民区和种植区的生命财产安全。因此，研究如何提高复式河道输沙效率，对减少河道淤积、降低下游河道防洪压力、节约水资源等问题具有重要的现实意义。另一方面，在河道上修建水库，水库下游河段的径流过程和输沙能力发生变化，水库下游河床出现再造，水库拦沙后，清水下泄导致河床下切，引发崩岸，危害两岸河堤以及涉水建筑物的安全，对下游河道的防洪、航运及生态安全产生严重影响。要防止坝下游河床出现过度冲刷，需要对河道适当的冲刷效率进行研究，以往学者对于复式河槽输沙效率的研究已取得了大量成果，但考虑到复式河槽形态及边界条件的复杂性，其平滩流量的输沙效率变化特性难以掌握，尤其是修建水库之后，水沙条件发生变化，仍有诸多问题需要进一步研究，因此本文系统梳理了复式河道输沙效率的计算方法和影响因素的研究成果，指出了以往研究存在的问题，为下一步的研究工作提供参考。

2　复式河道输沙效率的计算方法

当前研究中主要通过河道排沙比或河道输沙水量来计算输沙效率。许炯心[1]、费祥俊等[2]认为排沙比是指河道出口断面输沙量与进口来沙量的比值。关于输沙水量的概念主要有三种观点：第一种认为输沙水量是指输送单位质量泥沙需要的水量[3-4]；第二种认为输沙水量是指输送一定数量的泥沙

基金项目：长江中下游河道保护与治理研究创新团队（CKSF2021530/HL）；中国长江三峡集团有限公司科研项目（0704167）。

作者简介：邢国栋（1996—），男，硕士研究生，研究方向为水力学及河流动力学。

通讯作者：姚仕明（1974—），男，教授级高级工程师，主要从事河道治理与河流泥沙研究。

所需要的水量[5-6]；第三种认为输沙水量是指输送单位质量的泥沙所需要浑水中的净水量[7-8]。

2.1 复式河道排沙比公式的研究现状

许炯心[9] 根据 1950—1985 年黄河下游河道 274 场洪水资料，分析了三门峡—利津站排沙比与下游河道三黑小站（三门峡站、黑石关站与小董站的总称）平均含沙量的关系，利用线性回归建立排沙比与含沙量的关系式：

$$SDR = 8.1266C_{mean}^{-0.9594} \tag{1}$$

式中：SDR 为河段排沙比；C_{mean} 为平均含沙量，kg/m³。

费祥俊等[2] 根据黄河下游历场洪水资料，利用输沙率关系式确定排沙比公式结构，建立黄河下游艾山以下各河段排沙比与来沙系数的关系式：

$$\eta_{三一利} = 0.108\left(\frac{S}{Q}\right)_{进}^{-0.53} \tag{2}$$

式中：$\eta_{三一利}$ 为三门峡—利津站的排沙比；S 为平均含沙量，kg/m³；Q 为平均流量，m³/s。

吴保生等[10] 进一步考虑水量的沿程变化，根据 1950—2002 年黄河下游洪水资料，利用输沙率关系式确定排沙比公式结构，建立全年和汛期花园口至利津的排沙比公式。

全年排沙比公式：

$$SDR_{h-l} = 0.198(-\xi)^{-0.35}\left(\frac{W_{lj}}{W_{hyk}}\right)^{0.7} \tag{3}$$

汛期排沙比公式：

$$SDR_{h-l} = 0.204(-\xi)^{-0.35}\left(\frac{W_{lj}}{W_{hyk}}\right)^{0.7} \tag{4}$$

式中：SDR_{h-l} 为花园口至利津站的排沙比；ξ 为花园口站平均来沙系数，kg·s/m⁶；W_{lj} 为利津站水量，亿 m³；W_{hyk} 为花园口站水量，亿 m³。

在此基础上，程亦菲等[11] 根据黄河下游游荡段 1971—2016 年实测水沙数据，考虑断面形态的影响，建立花园口至高村的排沙比公式：

$$SDR = 1.362\xi^{-0.067}\left(\frac{W_{高村}}{W_{花园口}}\right)^{0.513} - 0.055\ln\zeta - 0.713 \tag{5}$$

式中：SDR 为花园口至高村站的排沙比；ξ 为平均来沙系数，kg·s/m⁶；$W_{高村}$ 为高村站水量，亿 m³；$W_{花园口}$ 为花园口站水量，亿 m³；ζ 为断面形态参数。

梁志勇等[12] 以 1960—1999 年黄河下游 422 场洪水资料，分析了流量、含沙量、洪峰流量变幅、洪水沿程衰减系数、洪水历时等影响洪水冲淤的各种水沙因素，建立了以三黑小站水沙条件为表达式的不同河段排沙比与综合水沙系数的关系。

$$\lambda_s = d^\varphi + e \tag{6}$$

$$\varphi = \left(\frac{Q}{S^{\alpha\gamma-1}}\right)^n\left(\frac{Q_{max}}{Q}\right)^a\left(\frac{Q_{出}}{Q}\right)^b(1+\ln T)^c$$

式中：λ_s 为排沙比；φ 为综合水沙系数，m⁶/(kg·s)；d、e 为参数。

张艳艳等[13] 将来沙系数、洪水历时、洪水峰型系数、水量沿程变化等影响因素以多项式拟合与逐步回归的方法进行显著性检验，确定其主要影响因素，再结合 1950—1986 年黄河下游河道 277 场洪水资料，利用输沙率关系式确定置信区间为 95% 的排沙比公式，并指出该公式的不确定性主要是由水量的沿程变化引起的。

$$SDR = 0.1\left(\frac{Q_上}{S_上}\right)^{0.56}\left(\frac{W}{W_上}\right)^{1.004} \tag{7}$$

式中：SDR 为河段排沙比；$Q_上$ 为上站流量，m³/s；$S_上$ 为上站含沙量，kg/m³；W 为水量，亿 m³；$W_上$

为上站水量，亿 m^3。

申冠卿等[14]通过黄河下游概化矩形波的洪水过程，在不考虑区间引水的情况下，引入峰变系数 η（利津站与小浪底 + 黑石关 + 武陟三站洪峰比值），建立河道输沙比与不同洪水历时、峰变系数以及输沙参数的关系。

$$\frac{W'}{W} = \eta^n \left[\frac{2\left(\frac{1}{\eta} - 1\right)}{n + 1} + \frac{2}{(n + 1)T_1} + 1 - \frac{1}{T_1} \right] \tag{8}$$

式中：η 为两站的洪峰比值；n 为与输沙能力有关的参数；T_1 为时间，d。

各排沙比公式考虑的影响因子如表 1 所示。

表 1 河道排沙比影响因子

研究者	影响因子						
	平均流量	平均含沙量	来沙系数	水量沿程变化	洪峰流量变幅	洪水历时	断面形态
许炯心[9]		BB					
费祥俊等[2]			CC				
吴保生等[10]			CC	DD			
程亦菲等[11]			CC	DD			GG
梁志勇等[12]	AA	BB			EE	FF	
张艳艳等[13]	AA	BB	CC	DD	EE	FF	
申冠卿等[14]	AA	BB	CC		EE	FF	

通过以上分析，现有的排沙比公式大多都是利用输沙率关系式确定其公式结构，然后通过实测资料进行线性回归确定参数的方法建立起来的。式（1）与式（2）只单独考虑了排沙比与含沙量和来沙系数的关系。虽然式（4）和式（3）与式（2）的推导方式相同，但在式（2）基础上进一步考虑了河道水量沿程变化的影响。式（5）则在式（4）的基础上考虑了断面形态对排沙比的影响。式（6）考虑的影响因子虽然全面，但式（7）则进一步将众多影响因子进行了显著性检验，认为来沙系数和沿程水量变化是主要影响因素。式（8）则在排沙比公式中考虑了洪水历时的影响。在以往的研究中，排沙比公式是根据场次洪水并考虑不同影响因子建立起来的，由于各公式对于影响因子的考虑缺乏一致性的认识，公式在实际应用中存在一定局限，难以充分反映实际情况，在今后的研究中应进一步对影响因子进行分析，选择能够反映真实情况的影响因子进行归纳推导，在新的边界及水沙条件下，提高公式的适应性。

2.2 复式河道输沙水量公式的研究现状

齐璞等[15]根据输沙水量的概念，提出了输沙水量与断面平均含沙量的关系：

$$输沙水量 = \left(1 - \frac{S}{\gamma_s}\right) \tag{9}$$

式中：S 为断面含沙量，kg/m^3；γ_s 为泥沙容重，t/m^3。

岳德军等[3]利用 1960—1989 年三门峡、黑石关、武陟的含沙量与利津站输沙水量的关系，推导了利津站的汛期、非汛期输沙水量与小浪底 + 黑石关 + 武陟三站含沙量、来沙量的关系。

汛期输沙水量：

$$\lg\eta_{lj} = 1.849 - S_{skw}/150 \qquad (10)$$
$$\Delta W_s/W_{skw} = 0.723 - 21.52/S_{skw}$$

非汛期输沙水量：

$$\lg\eta_{lj} = 2.586 - 0.002\,7W_{skw} \qquad (11)$$
$$\Delta W_s = -1.737 + 0.004\,96\eta_{lj}$$

式中：η_{lj} 为利津站输沙水量，m^3/t；S_{skw} 为三黑武含沙量，kg/m^3；W_{skw} 为三黑武来沙量，亿 t；ΔW_s 为冲淤量，亿 t。

严军等[16] 认为输沙水量是净水量中用于泥沙输移的水量，利用输沙率关系式，分析了输沙水量与输沙量的关系，进而推求了黄河下游河道在冲淤平衡状态下单位输沙水量的实用公式：

$$q = 148W_a^{-0.5} \qquad (12)$$

式中：q 为单位输沙水量，亿 t；W_a 为输沙量，亿 t。

在此基础上分析汛期平均流量、平均含沙量及来沙系数对下游河道输沙水量和单位输沙水量的影响，建立了可用于计算小浪底水库不同运行方式时下游河道的输沙水量公式[17]。

汛期各站输沙水量：

$$W' = 0.1Q - 15.34 \qquad (13)$$
$$W' = -39.45\ln S + 336.01 \qquad (14)$$
$$W' = -70.66\ln(S/Q) - 75.88 \qquad (15)$$

汛期各站单位输沙水量：

$$q' = -12.15\ln Q + 121.19 \qquad (16)$$
$$q' = k \cdot S^m \qquad (17)$$
$$q' = -6.64\ln(S/Q) + 4.44 \qquad (18)$$

式中：W' 为输沙水量，m^3/t；q' 为单位输沙水量，m^3/t；Q 为流量，m^3/s；S 为含沙量，kg/m^3。

申冠卿等[18] 根据黄河下游花园口站 1950 年以来的历年水沙资料，分析汛期和洪水期输沙水量与来沙量和河道冲淤量的关系，并建立相关的关系式。

汛期输沙水量：

$$W = 22W_s - 42.3Y_s + 86.8 \qquad (19)$$

洪峰期输沙水量：

$$W = \frac{1\,000W_s}{0.23e^{2.15(Y_s/W_s)}Q^{2/3}} \qquad (20)$$

式中：W 为输沙水量，m^3/t；Y_s 为来沙量，亿 t；W_s 为冲淤量，亿 t。

输沙水量计算公式的推导多趋于汛期且推导方法大致分为两类：一类为理论推导的经验公式；另一类为水库实际应用的实用公式。以往研究中输沙水量的计算公式多根据水沙条件建立，对于断面形态对输沙效率的影响考虑较少。

3 复式河道输沙效率的影响因素

3.1 水沙条件对输沙效率的影响

3.1.1 流量对输沙效率的影响

复式河槽随着流量的增大存在漫滩现象。热烈兹拿柯夫[19]、吉祖稳等[20] 通过复式河槽模型试验研究发现水流漫滩后，流速发生横向流动，断面流速在平滩流量时最大。

石伟等[21] 根据黄河下游河道（花园口、高村、艾山、利津）等站日平均流量资料，通过分析各站的日平均流量和输沙效率的关系，指出：输沙效率随着各站日平均流量的增大先增大后减小。视输沙效率最大的日平均流量为有效输沙流量，而有效输沙流量为造床流量。韩其为[22]认为黄河下游河道造床流量可以反映河道输沙能力。许炯心[1]根据黄河下游 1950—1985 年间 274 次洪水以及李学春等[23]通过黄河内蒙古河段 1958—2013 年间 94 场洪水，以排沙比表征输沙效率，分析流量对排沙比的影响过程中，指出排沙比在平滩流量时最大。

还有一些学者从流量波动性的角度从发，研究波动的洪水过程对输沙效率的影响。王兆印等[24]在研究河道运动的过程中，发现水流移床力随着流量波动强度的增大而增大。严军等[25]通过引入波动比（洪水流量标准差与洪水平均流量之比）和波动综合指标（流量标准差和周期的乘积）对输沙水量进行探讨，根据模型试验研究表明：输沙水量受波动比的增大先减小后增大，单位输沙水量随着波动综合指标的增大先减小后增大。段圆圆等[26]则从流量与含沙量的相关性出发，认为当流量与含沙量呈正相关时，波动的水沙过程所需的输沙水量比恒定的水沙过程更小，输沙效率更高。

3.1.2 含沙量对输沙效率的影响

复式河槽在水流漫滩的过程中，输沙过程也发生了变化。Ackers[27]、Tang 和 Knight[28]等通过模型试验发现输沙率在平滩流量下最大，之后随漫滩程度的增加而逐渐降低。Atabay 等[29]认为增加滩地糙率将会增大推移质输移的复杂程度，并且断面含沙量随着流量的增大而增大，当流量大于平滩流量后，断面含沙量开始降低，即在平滩流量时断面含沙量最大[30-31]。庞炳东[32]认为这是由水流漫滩后，滩槽之间的水沙发生混合、碰撞进行动量交换，导致能量损失造成的。

岳德军等[3]根据利津站 1960—1989 年水沙资料，对汛期输沙水量、洪峰输沙水量进行了研究，认为汛期输沙水量和洪峰输沙水量均随着含沙量的增大而减小。申冠卿等[33]进一步研究黄河下游单位输沙水量与洪水期平均含沙量的关系，指出当高效输沙洪水流量按照平滩流量确定时，利津站单位输沙水量随含沙量增大而减小。李小平等[34]则通过研究黄河下游高效输沙洪水过程，分析了输沙水量和排沙比与含沙量的关系，指出在相同含沙量的流量级下，输沙水量随着排沙比的增大而减小并趋于稳定；当排沙比相同时，含沙量越大的洪水输沙水量越小。

3.1.3 来沙系数对输沙效率的影响

姚文艺等[35]通过模型试验分析了河道"集中淤槽"与"滩槽并淤"萎缩模式，指出无论何种萎缩模式，河道的排沙比总是随来沙系数增大而减小的，并且无论来沙系数如何变化，在洪峰流量接近平滩流量时排沙比达到最大。冯宗等[36]则在探求临界来沙系数的过程中，认为当排沙比为 1 时，不能体现主槽和滩地的冲淤状态，故应该将临界来沙系数进行滩槽的区分。

复式河槽因其独特的断面形态，当水流漫滩后，水沙过程发生改变，影响河道的输沙过程。根据以上泥沙输移规律和已有的研究分析结果可知，平滩流量时输沙效率最大。

3.2 河道边界条件对输沙效率的影响

河道形态和水沙运动过程存在一定的相互作用，断面形状影响着水流特性，水流特性对泥沙的输送又产生影响。吉祖稳等[20]针对过流能力将宽窄相间复式河槽与顺直复式河槽进行了对比试验，指出在同一水深下，宽窄相间的复式河槽的过流能力小于顺直复式河槽。孙东坡等[37]则引入断面形态与输沙效率综合系数，根据黄河下游水沙资料分析断面形态与输沙能力的关系，认为当河道达到造床流量时，综合系数最大，且该流量级下的河道断面具有最佳的输沙效果。程亦菲等[11]分析了场次洪水排沙比与水沙因子和断面形态的关系，指出断面形态的影响权重小于来沙系数和水量比的综合因子，大于来沙系数。申红彬等[38]总结了河道边界条件对输沙效率的影响，认为水沙过程和河道边界存在一定的相互作用，这种相互作用在空间和时间上影响河道沿程输沙。

影响河道输沙效率的因素主要有河道的水沙条件和边界条件，两者之间的相互作用决定了河道输沙过程。天然洪水过程往往是波动的，水沙过程的改变引起河道形态的调整，以往研究中，对于波动水沙过程对河道形态调整的影响研究较少，研究者们还需进一步探索波动水沙过程对河道形态调整的耦合关系。

3.3 水库运行对下游河道输沙效率的影响

3.3.1 高效输沙洪水

胡春宏等[39] 通过分析 1950—2010 年黄河下游共发生的 53 次漫滩洪水，认为黄河下游最有利的洪水过程是洪水漫滩参数在 1.4~1.5，来沙系数小于 0.028 kg·s/m^6，主槽平滩流量为 4 000 m^3/s。如果运用小浪底水库进行水沙调控，应控制下泄洪峰流量为 5 600~6 000 m^3/s，来沙系数小于 0.028 kg·s/m^6。姚文艺等[40] 提出黄河下游高效输沙洪水过程：对于漫滩洪水，洪峰流量应大于平滩流量的 1.5 倍且大于洪水平均流量的 1.2 倍，同时洪水涨水期水量不小于洪水总水量的 50%，洪峰与沙峰同步运行，洪水历时大于 7 d，来沙系数控制在 0.015 kg·s/m^6；对于不漫滩洪水，主槽流量为平滩流量，且洪水过程接近矩形波形式，峰前水量占洪水总水量的 25% 以上，洪水历时大于 7 d，来沙系数控制在 0.012 kg·s/m^6。

3.3.2 高含沙水流

关于利用水库制造高含沙水流减小下游河道淤积，以往学者取得大量研究成果[41-43]。主要的观点是：通过小浪底水库塑造高含沙水流并利用窄深河槽提高输沙能力，将高含沙水流输送入海，可以解决下游河道淤积问题。费祥俊[44] 还进一步分析了高含沙水流输沙潜力，认为高含沙水流因其存在大量的造床物质，水流挟沙力主要对横断面进行调整，使淤积断面变得窄深，有利于提高河道的输沙能力。江恩慧等[45] 则认为高含沙水流与下游河道形态有一定的不适应性，因此会对下游河道的防洪产生威胁。丰青等[46] 通过研究黄河下游高含沙洪水，认为高含沙水流远距离输送需要足够的含沙量和动力。张原锋等[47] 则提出黄河下游高含沙水流的调控指标：对于漫滩高含沙水流，洪水总量应大于 40 亿 m^3，洪峰流量大于平滩流量的 1.5 倍，来沙系数在 0.04~0.012 kg·s/m^6；对于不漫滩高含沙水流，应控制在主槽内流动。

3.3.3 洪水历时

申冠卿等[33] 通过分析小浪底、黑石关、武陟三站的洪水过程与利津站的差异性，研究河道输沙比与不同洪水历时、峰变系数以及输沙参数的关系，指出：当峰变系数和输沙参数确定时，增加洪峰历时有利于提高输沙比。梁志勇等[12] 在研究黄河下游洪水历时对河道冲淤的影响过程中，引入冲淤效率的概念，认为洪水持续时间越长，河床逐步粗化，含沙量逐渐降低，冲刷效率降低，排沙比增大速度减缓。

3.3.4 水库下游河道的冲刷

天然河道输沙效率多是由场次洪水决定的，在河道边界条件不变的情况下，通过修建水库改善下游河道的水沙条件，改变下游河道输沙能力，调整河道输沙效率，可减少河道淤积抬高。关于水库下游的冲刷问题，很多学者对水库下游实测水沙资料进行了分析[48-52]，认为影响坝下游河道冲刷的主要因素有流量、含沙量、泥沙粒径、洪水历时、坝下游的分汇流情况以及河床边界条件等。申冠卿等[53] 通过分析 2000—2017 年小浪底水库下游河道的水沙资料，指出河床粗化导致了下游河道的冲刷效率随着累积冲淤量的增加而快速降低。董炳江等[54] 通过研究 2000—2016 年三峡水库的出库洪水资料，指出水库下游河道冲刷加剧是由较大汛期洪峰和延长洪水历时以及洪峰期间含沙量较低造成的。应强[55] 认为水库具有削峰填谷的作用，因此下游河道洪水过程较天然过程更加均匀，并通过公式推导指出调节后的流量过程输沙能力有所降低。

水库对洪水过程的调控主要体现在改变原有的水沙条件和洪水历时。对于多沙河流，通过水库产生有利的水沙条件和适宜的洪水历时可以提高多沙河流的输沙效率来防止河道的淤积抬升。但利用水库调水调沙后续动力不足是目前存在的主要问题。对于少沙河流，由于坝下游河道来沙量的减小，导致河床冲刷加剧，引起河床冲刷下切，需要维持适当的输沙效率减缓冲刷，在目前的研究中，对于少沙河流输沙效率的研究成果还较少，在未来工作中需要继续探究适宜的洪水过程和水沙条件来降低少沙河流水库下游河道输沙能力，达到减缓水库下游河道持续冲刷的目的。

4　总结和展望

关于复式河道输沙效率问题，主要通过改变河道水沙条件和边界条件来改变河道输沙能力，从而控制河道输沙效率。通过系统梳理复式河槽的泥沙输移规律以及天然河道输沙效率的研究成果，发现复式河槽因其滩槽分布的复式断面，断面形态与水沙过程存在一定的相互作用，这种相互作用伴随着输沙过程变化影响着输沙效率，在平滩流量时，河道的输沙效率达到最大；适当增加流量波动性，有助于提高河道输沙效率；通过水库调整下游河道水沙条件，改变水沙过程，塑造有利的水沙条件和洪水历时，有利于减缓水库下游河道的淤积抬升。

但是鉴于复式河道输沙效率问题本身的复杂性，以往研究仍存在一些不足，为了更加全面地认识复式河道输沙效率问题，在未来的研究中应该考虑以下问题：关于黄河下游河道输沙效率的研究相对较多，对于长江以及其他少沙河流输沙效率的研究相对较少，其平滩流量下的输沙效率尚未取得一致性的认识；尤其水库修建以后，水沙条件改变，水库下游河道输沙率和输沙量急剧下降，水流实际挟沙力发生变化，新水沙条件下，多沙及少沙河流的水流实际挟沙力变化特性需继续探索；长江这类少沙河流，对于复式河槽输沙能力变化的研究还应考虑河床冲刷对河道比降的影响以及植被和护岸工程实施后河道边界条件改变的影响；复式河槽的模型试验大多对泥沙输移机制和输沙率变化进行了研究，同时应加强探究平滩流量输沙效率的模型试验研究。

参考文献

[1] 许炯心. 黄河下游洪水的泥沙输移特征 [J]. 水科学进展，2002 (5)：562-568.

[2] 费祥俊，傅旭东，张仁. 黄河下游河道排沙比、淤积率与输沙特性研究 [J]. 人民黄河，2009, 31 (11)：6-8, 11, 132.

[3] 岳德军，侯素珍，赵业安，等. 黄河下游输沙水量研究 [J]. 人民黄河，1996 (8)：32-33, 40, 62.

[4] 钱意颖. 黄河干流水沙变化与河床演变 [J]. 人民黄河，1994 (2)：23-27.

[5] 高季章，王浩，等. 黄河治理开发与南水北调工程 [J]. 中国水利水电科学研究院学报，1999 (1)：27-34.

[6] 黄金池，刘树坤. 黄河下游输沙用水量的研究 [J]. 中国水利水电科学研究院学报，2000 (1)：43-49.

[7] 石伟，王光谦. 黄河下游最小输沙用水总量的初步估算 [J]. 泥沙研究，2003 (2)：60-64.

[8] 费祥俊. 高含沙水流长距离输沙机理与应用 [J]. 泥沙研究，1998 (3)：55-61.

[9] 许炯心. 黄河下游洪水的输沙效率及其与水沙组合和河床形态的关系 [J]. 泥沙研究，2009 (4)：45-50.

[10] 吴保生，张原锋. 黄河下游输沙量的沿程变化规律和计算方法 [J]. 泥沙研究，2007 (1)：30-35.

[11] 程亦菲，夏军强，周美蓉，等. 黄河下游游荡段排沙比对水沙条件与断面形态的响应 [J]. 地理学报，2021, 76 (1)：127-138.

[12] 梁志勇，刘继祥，张厚军. 黄河下游河道洪水冲淤与水沙搭配关系 [J]. 水力发电学报，2005 (2)：52-55.

[13] 张艳艳，吴保生，傅旭东. 黄河下游河道场次洪水输沙特性分析 [J]. 水力发电学报，2012, 31 (3)：70-76.

[14] 申冠卿，刘晓燕，张原锋，等. 黄河下游洪水历时变化对河道输沙的影响 [J]. 水力发电学报，2013, 32 (3)：139-142.

[15] 齐璞，李世滢，刘月兰，等. 黄河水沙变化与下游河道减淤措施 [M]. 郑州：黄河水利出版社，1997.

［16］严军，申红彬，王俊，等．用泥沙输移公式推求黄河下游河道输沙水量［J］．人民黄河，2009，31（2）：25-26.

［17］严军，胡春宏．黄河下游河道输沙水量的计算方法及应用［J］．泥沙研究，2004（4）：25-32.

［18］申冠卿，姜乃迁，李勇，等．黄河下游河道输沙水量及计算方法研究［J］．水科学进展，2006（3）：407-413.

［19］热烈兹拿柯夫．河流水文测验方法在水力学上的论证（中译本）［M］．北京：水利出版社，1956.

［20］吉祖稳，胡春宏．顺直型与宽窄型复式河道水沙分布规律的比较［J］．泥沙研究，1998（2）：3-5.

［21］石伟，王光谦，邵学军．流量变化对黄河下游河道演变影响［J］．水利学报，2003（5）：74-77，83.

［22］韩其为．第一造床流量及输沙能力的理论分析——"黄河调水调沙的根据、效益与巨大潜力"之三［J］．人民黄河，2009，31（1）：1-4，7，120.

［23］李学春，杨峰，李瑞．黄河内蒙古段不同流量过程输沙效率分析［J］．人民黄河，2015，37（11）：8-10.

［24］王兆印，吴永胜，刘芳．水流移床力及河道运动力学的初步探讨［J］．水利学报，2002（3）：6-11.

［25］严军，刘蛟，梁标．流量波动对黄河下游输沙效率的影响［J］．水力发电学报，2013，32（5）：103-108.

［26］段圆圆，周祖昊，刘蛟，等．流量与含沙量相关性对输沙效率影响的研究［J］．水利水电技术，2012，43（12）：64-66，73.

［27］Ackers P. Gerald Lacey memorial lecture canal and river regime in theory and practice：1929—92. Proceedings of the Institution of Civil Engineers Water［J］．Maritime & Energy，1992，96（6）：167-178.

［28］Xiao nan Tang，Donald W Knight. Sediment Transport in River Models with Overbank Flows［J］．Journal of Hydraulic Engineering，2006，132（1）.

［29］Atabay S，Knight D W，Seckin G．Effects of overbank flow on fluvial sediment transport rates［J］．Water Management，2005，158（WM1）：25-34.

［30］丁君松，王树东．漫滩水流的水流结构及其悬沙运动［J］．泥沙研究，1989（1）：82-87.

［31］Donald W KNIGHT. Sediment Transport in Rivers with Overbank Flow［J］．四川大学学报（工程科学版），2005（S1）：16-29.

［32］庞炳东．河流洪水流场中的能量分布［J］．水利学报，1997（5）：37-42.

［33］申冠卿，张原锋，张敏．黄河下游高效输沙洪水调控指标研究［J］．人民黄河，2019，41（9）：50-54.

［34］李小平，李勇，曲少军．黄河下游洪水冲淤特性及高效输沙研究［J］．人民黄河，2010，32（12）：71-73，248.

［35］姚文艺，严忠民，李勇．黄河下游河道萎缩过程中输沙能力的调整［J］．水利水电科技进展，2006（3）：10-14.

［36］冯宗，孙赞盈，彭红，等．来沙系数对河道冲淤的影响研究［J］．人民黄河，2019，41（3）：44-48.

［37］孙东坡，刘明潇，张晓雷，等．冲积性河流河床冲淤调整对洪水泥沙过程的响应——以黄河游荡型河段为例［J］．水科学进展，2014，25（5）：668-676.

［38］申红彬，吴保生，吴华莉．黄河下游河道边界条件影响输沙效率研究述评［J］．水科学进展，2019，30（3）：445-456.

［39］胡春宏，张治昊．黄河下游漫滩洪水造床机理与水沙调控指标研究［J］．中国科学：技术科学，2015，45（10）：1043-1051.

［40］姚文艺，李勇．维持黄河下游排洪输沙基本功能的关键技术研究［J］．中国水利，2007（1）：29-33.

［41］费祥俊．黄河小浪底水库运用与下游河道防洪减淤问题［J］．水利水电技术，1999（3）：1-5.

［42］齐璞，李文学，张原峰．黄河下游节水减淤的高含沙输沙方式商榷［J］．人民黄河，1996（2）：15-18，62.

［43］齐璞．利用窄深河槽输沙入海调水调沙减淤分析［J］．人民黄河，1988（6）：7-13.

［44］费祥俊．黄河下游河道高含沙水流的输沙能力分析［J］．人民黄河，1996（2）：9-14，61.

［45］江恩慧，张红武，赵连军，等．高含沙洪水造床规律及河相关系研究［J］．人民黄河，1999（1）：14-16，48.

［46］丰青，李勇，李小平．黄河下游高含沙水流输沙的可能性与制约因素［J］．人民黄河，2019，41（3）：49-52.

［47］张原锋，申冠卿．黄河下游高含沙洪水河床形态及调控指标［J］．泥沙研究，2017，42（5）：25-30.

［48］钱宁，河床演变学［M］．北京：科学出版社，1987.

［49］韩其为. 论均衡输沙与河床演变的平衡趋向［J］. 泥沙研究, 2011 (4)：1-14.

［50］王兆印, 黄金池, 苏德惠. 河道冲刷和清水水流河床冲刷率［J］. 泥沙研究, 1998 (1)：3-13.

［51］姚仕明, 卢金友. 三峡水库蓄水运用前后坝下游水沙输移特性研究［J］. 水力发电学报, 2011, 30 (3)：117-123.

［52］许全喜. 三峡水库蓄水以来水库淤积和坝下冲刷研究［J］. 人民长江, 2012, 43 (7)：1-6.

［53］申冠卿, 张原锋, 张敏. 小浪底水库运用后黄河下游河道洪水与泥沙输移特性［J］. 泥沙研究, 2020, 45 (6)：59-66.

［54］董炳江, 许全喜, 袁晶, 等. 近年来三峡水库坝下游河道强烈冲刷机理分析［J］. 泥沙研究, 2019, 44 (5)：42-47.

［55］应强. 枢纽调节下水流输沙能力变化的初探［C］//中国海洋学会海洋工程分会. 第十四届中国海洋 (岸) 工程学术讨论会论文集 (下册). 北京：海洋出版社, 2009.

水肥一体化对土壤和作物水氮利用影响研究进展

袁念念　刘凤丽　李亚龙　熊玉江　付浩龙　徐保坤

（长江科学院农业水利研究所，湖北武汉　430010）

摘　要：水肥一体化改变了土壤水肥施用方式，对土壤水氮含量和作物对水氮利用产生较大影响。本文主要总结了当前水肥一体化技术在国内的研究进展，包括水肥一体化措施对土壤水分含量、水分分布特征、土壤氮素积聚效应、氮素淋洗以及作物对水氮吸收利用的影响，提出了当前水肥一体化尚需在水氮运筹制度、设备防堵、终端智能控制等方面开展进一步的研究，以期为水肥一体化技术的推广和今后研究方向提供借鉴和参考。

关键词：水肥一体化；水分分布；氮素积聚；氮素淋洗；水氮利用

1　引言

水肥一体化是当前提高灌溉水利用率、降低农田施肥量常用的灌溉方法。国外在水肥一体化技术方面的研究、推广及应用较早较成熟，早在20世纪60年代末，以色列便开始开展水肥一体化技术的研究，如今以色列90%以上的农业实现了水肥一体化技术，且为欧洲提供40%的水果和蔬菜，拥有"欧洲果篮"的称号。美国、澳大利亚、新西兰等水肥一体化技术应用也较早[1]，目前美国的灌溉农业大约有25%的玉米、60%的马铃薯和32.8%的果树采用水肥一体化技术种植[2]。随着气候变暖和水资源供需矛盾的日益严重，日本、意大利等发达国家和印度、中国等发展中国家也开始重视节水灌溉[3]。中国从20世纪70年代开始引入水肥一体化灌溉技术，并不断开始在国内推广，但是由于我国农田总灌溉面积大，实行水肥一体化的农田虽多，但占比仍偏低。我国幅员辽阔，自然条件尤其水资源量南北差异大，不同地理条件对水肥一体化应用推广的要求也不同。如在水资源较为短缺的河北、山西、内蒙古等地，滴灌、喷灌等水肥一体化灌溉措施广泛应用于水果及玉米、小麦等的种植中[4-6]；而在水资源较为丰富的江西、广州、海南等地，水肥一体化则被广泛应用于菜园、果园、茶园[7]。随着网络科技的发展，水肥一体化智能灌溉控制技术在重庆、青海等地区已得到了推广，通过集成田间传感器的感知、信息传输以及软件系统内部的作物蒸散发（ET）模型、作物生长耦合模型、水肥运移模型，逐步实现对作物水肥的精确控制，实现智慧灌溉[8-9]。南方的果园和茶园一般有一定坡度（<45°），且施肥量一般高于国家标准施肥量175%以上，加上这些地区水资源丰富，雨水充足，降雨和灌溉后往往产生较大的坡面流，没有吸收的水分、养分及农药随排水进入汇流系统，排入果园周边的塘堰、沟渠、河道，产生的面源污染不可计量，水肥一体化若能逐步代替传统的灌溉，能极大程度降低面源污染负荷[10]。

水肥一体化灌施措施改变了传统的施肥方式，其"以肥调水，以水促肥"的核心内容是现代农业科学领域的重要研究对象。因为改变了土壤水气条件、氮素运移边界条件、初始条件，会对土壤中氮素的运移转化、累积和流失产生一定影响，厘清水肥一体化措施对水分分布、运移和氮素含量、分布及流失的影响，有助于在我国大范围推广实施水肥一体化，从而节约水资源，预防农田面源污染。

基金项目：国家重点研发计划"净水洁土技术集成与应用"（2018YFC040760204）；宁夏回族自治区自然科学基础项目"基于高光谱遥感反演的枸杞光合参数和水分模型研究"（202AAC03461）。

作者简介：袁念念（1985—），女，高级工程师，主要从事灌区节水减排技术研究。

本文总结了水肥一体化措施对土壤中水分运移和氮素积聚效应、淋失规律及对作物水氮利用的影响，一方面可完善水肥一体化灌溉理论，另一方面也可为节水减排措施的推广提供决策依据。

2 水肥一体化技术

水肥一体化技术顾名思义就是将水和肥混合后，以小流量、均匀地补充给作物根系土壤，使附近的土壤保持适宜的水分和养分含量，从而使土壤水肥能被作物最大程度地吸收利用[11]，同时能促进根系生长发育，加快根系对水分和养分的吸收利用[3, 12]。水肥一体化技术能够减少扩散和质流的阻力，给作物创造稳定的根层环境，实现水肥互作[13]。同时，水肥一体化可以控制灌水量和灌溉频率，根据土壤养分含量、作物的生理生长特点和需水需肥规律，调控施肥模式，使根系周边土壤水分和养分始终保持最佳状态，从而提高水肥利用率[14]。这种定时定量供给作物水分和养分且有效维持土壤环境的灌施技术具有节水节肥、增产增收、省工省时、提高水肥利用率、便于自动化管理等优点[15]。

一般可实现水肥一体化的灌溉方式有滴灌、渗灌、微喷灌等。与传统的灌溉施肥方式相比，水肥一体化灌溉施肥更集中、更直接，不仅节水，灌施效率也较高，但其自身存在一定局限性。如微喷灌技术通过低压管道系统并借助微喷头或微喷带向土壤和植物表面喷洒灌溉液的局部灌溉设施，可以同时减少滴灌施肥系统的蒸发损失和堵塞概率，但易受风影响，蒸发损失大，同时由于喷灌范围不集中，易造成周边杂草丛生和发生病虫害[16]。渗灌直接将水肥供给作物根部，但由于渗灌系统等设备一般埋在作物根部附近的土壤中，易造成滴头堵塞，维护管理难度大，设备使用寿命较短；滴灌则前期投入较大，多年连续使用才能回本，但除投资高外，滴灌设备系统由于安装在作物根部附近土壤表面，开关控制简单且经过过滤后一般堵塞较少，管理维护相对容易，因此现阶段一般应用较广。经过多年的研究和示范，我国水肥一体化技术现已形成各类呈系列的技术模式，按设备可划分为移动式微灌水肥一体化模式、全自动智能水肥一体化模式、小型简易自助式水肥一体化模式等；按区域可划分为干旱半干旱区膜下滴灌、丘陵山区重力滴灌、平原微喷等水肥一体化模式，这三种是目前我国应用最广的水肥一体化模式[17]。

3 水肥一体化对田间水分的影响研究

3.1 滴灌和喷灌对土壤水分运移深度的影响

滴灌和微喷灌对一定深度土层含水量影响明显，并能减少深层渗漏量，提高灌溉水利用效率。Ayars[18]、Phene[19] 等认为滴灌可以有效提高根系活性和吸收能力，减少根际水分深层渗透，从而最大限度地提高水分利用率。Cote 等[20] 通过 HYDRUS-2D 模型模拟得出滴灌可以提高中渗透能力和低渗透能力土壤的植物水分利用率，在高渗透能力土壤中，水分和养分从灌水器快速向下移动，在灌溉周期开始时，改变高渗透性粗质土壤的施肥策略来施用养分，可以在灌水器附近或上方维持更多的养分，从而使它们不易受浸出损失的影响。滴灌水肥一体化和微喷水肥一体化有利于保持土壤 1 m 以上土体含水量[21]；滴灌灌水量对灌后 2~6 d 内土壤 60 cm 深度的平均含水量影响较大，6~10 d 后，灌水量对土壤含水量的消退影响不明显[22]。在沙质壤土中，随着距滴头径向距离的增大，水分含量逐渐减少，在垂直方向上，随着土层深度的增加呈先减少后增大的趋势[23]。水肥一体化连续少量灌溉使土壤平均含水量保持在较低水平，在降雨时容纳入渗水能力更高，从而降低水分深层渗漏量和地表径流损失水量，显著提高降雨利用率并降低灌溉水量[24]。大田种植中，与沟灌和水平畦田灌溉相比，喷灌条件下深层渗漏量最小，沟灌的深层渗漏量最大[25]。

3.2 滴灌和喷灌对土壤水分分布均匀性的影响

滴灌和喷灌对土壤含水量分布均匀性也有显著影响。干旱半干旱地区，喷灌条件下灌水对表层至 45 cm 深度的土壤含水率均匀系数影响明显，且均匀系数随深度增加而增加，但超过 45 cm 后，均匀系数随深度基本无变化，水分在土壤中的分布较在地表中的分布均匀[16]。微喷水肥一体化条件下夏玉米田土壤含水率总体呈现随施氮量增加而减小、随灌水量增加先减小后增大的趋势，0~40 cm 土层土壤水分尤为明显，且土壤水分分布均匀性较好[26]。由于灌水精准度高，微喷灌、滴灌的灌水方式能够降低冬小麦-夏玉米生育期 0~160 cm 土体的耗水总量，减少棵间蒸发总量、日棵间蒸发量及 E/ET 值[27]，提高水分有效利用效率。

4 水肥一体化对土壤氮积聚和淋失的影响研究

4.1 水肥一体化对硝氮及氨氮的累积和运移的影响

硝氮和氨氮是土壤中两种可被植物直接吸收利用的速效氮，其含量波动较大，与施肥、降雨和灌溉关系密切。硝氮属于阴离子，主要存在于土壤溶液中，可随水到处移动，是作物最易吸收利用的氮素形态，同时也容易随水淋失。氨氮则属于阳离子，能吸附在土壤表面，相对稳定。水肥一体化改变了土壤水分和氮素含量，直接影响了硝氮和氨氮的运移转化[28]。水肥一体化灌溉施肥方式将肥料集中施在作物根部，增加了根系密集区域的氮素累积，减弱了硝氮深层淋溶风险[29-31]，与传统灌溉处理相比，长期采用滴灌有利于改善保护地土壤有机氮的品质[32]。但当植物来不及完全吸收，作物根部周围局部氮素含量过高时，氮素就会以硝氮和氨氮的形式发生运移和流失，且条件允许时氨氮会发生硝化作用转化成硝氮。硝氮积聚是水肥一体化土壤肥力退化的重要表现形式和主要特征之一[33]，土壤长期施肥量大且集中往往会导致土壤硝酸盐的积聚[34]，温室大棚蔬菜栽培条件下土壤硝酸盐积聚，灌水后很容易发生淋失，不仅造成地表水、地下水污染及土壤质量下降，同时导致蔬菜、果实硝酸盐含量升高、品质下降等问题[35-37]。滴灌、微喷灌降低 0~160 cm 土壤中硝态氮的累积，但是差异不显著[27]。精细的室内土柱实验结果表明，滴灌施肥条件下，"肥随水走"现象明显，水氮交互作用，灌后土壤湿润体范围稳定后（灌后 48 h 左右），湿润区中硝态氮的高值区都接近水分含量最高的湿润体中心，速效氮随着距滴水点距离的增大而逐渐减小，铵态氮极易被土壤胶体吸附，基本分布于湿润区上部[38]。在灌水施肥结束后的 1 周时间内，土壤湿润体中硝氮和氨氮在靠近灌水施肥点处的含量较高，由灌水点向外，随着距离的增大，其含量逐渐减小，在土壤湿润体的边缘，即湿润锋处，氮素的含量最低[39-40]。以小滴头流量进行滴灌施肥，水分以垂直运移为主；硝氮可同步到达土壤湿润锋处，其移动规律与水分运动相似；硝氮的垂直运移比径向移动更显著，且在土箱底部大量累积；滴灌施肥浓度增大，硝氮在整个土层的含量增加，在较深土层的累积量增加；氨氮几乎只在 0~5 cm 表层土壤中聚集，垂直迁移困难；氨氮在土壤中移动受质地影响较大，滴灌施肥浓度增大对促进氨氮向下迁移无明显作用[41]。随滴头流量增大，硝氮和氨氮在土壤中的径向运移距离增大，0~25 cm 土层滴头径向 25 cm 范围土壤硝氮浓度增大，0~2.5 cm 土层滴头径向 15 cm 范围氨氮平均浓度增大。随灌水施肥量增大，0~15 cm 土层滴头径向 15 cm 范围硝氮浓度增大，20~30 cm 土层滴头径向 30 cm 范围硝氮浓度减小，竖向湿润锋附近有明显硝氮累积现象，氨氮在土壤中的径向和竖向运移距离增大，0~25 cm 土层滴头径向 25 cm 范围氨氮平均浓度增大[42]。

4.2 喷灌对土壤硝态氮分布影响研究

喷灌与地面灌溉相比，土壤硝态氮含量峰值出现在较浅的土层，土壤硝态氮主要分布在 0~40 cm 土层内，在 100 cm 以下的土层中硝态氮未发生深层渗漏[43]；微喷条件下，冬小麦和夏玉米土壤养分主要分布在 0~40 cm 土层内，100~140 cm 土层硝态氮含量降低了 92%[44]。少量多次微喷灌使氮肥主要集中于 0~80 cm 土层[45]，减少 120~200 cm 土层土壤硝态氮含量，降低地下水污染风险[46]。喷灌施肥灌溉条件下，施肥量是影响氮素淋失的主要因素[47]。

5 水肥一体化对作物氮吸收利用的影响研究

5.1 水肥一体化对作物干物质累积的影响

作物吸氮量与氮施用量呈非线性关系，施肥量多并不代表作物对氮素的吸收利用率高[48]。水肥一体化能改变施肥频次和施肥量，对作物生理生长和氮素累积、干物质累积会产生影响。滴灌施肥可以有效调控作物对氮素的吸收，提高氮素利用率，对促进作物干物质积累和产量的提高有积极的影响，较常规栽培处理能显著增加作物的干物质和氮素积累量，提高干物质和氮素的积累速率，使作物的干物质和氮素积累高峰提前，如烤烟可提前 5.46 d[49]。研究表明，水肥一体化（含滴灌水肥一体化和微喷水肥一体化）能促进小麦进行光合作用，有利于增加作物株高、叶面积指数和干物质积累量，有利于冬小麦和夏玉米地上部分器官的氮素积累，能提高作物产量和水氮利用率[50]。微喷通过少量多次施肥将氮肥施用时间推后，延缓小麦花后叶片衰老，且能在关键时期补充作物肥料，实现高产高效[45,51-53]。微喷带水肥一体化可分别提高冬小麦和夏玉米的产量 7.9% 和 17.1%[44]。其增产原理是增加微喷次数后，增加了小麦花后物质生产和花后物质分配比例，促进了籽粒灌浆，提高了千粒重[53,55]。小麦全生育期内微喷灌溉 4 次，拔节期单株茎蘖数最高，少量多次水氮处理能增加单株茎蘖数和干物质积累[54]。微喷补灌提高冬小麦的千粒重主要是通过提高弱势粒的千粒重来实现的，喷灌使冬小麦强势粒、弱势粒的起始生长势增强，达到最大灌浆速率的时间提前，最大灌浆速率和平均灌浆速率均增加[55-56]。滴灌水肥一体化将氮肥后移至玉米吐丝期，定时调控玉米源库特性，显著扩大了籽粒库容，增强了叶片的光合能力，提高了籽粒的灌浆速率，增产效果明显[57]。玉米穗长、穗粗及秃尖随着施肥量的增加呈现不规律变化趋势，不同生育期地上部分单株干物质累积量随着施肥量的增加呈增长趋势，干物质累积速率呈先增加后降低的趋势[58]。适量的氮肥会提高玉米的叶绿素含量，提高光合效率，稳定光合反应中心电子传递系统，从而提高电子传递效率来促进能量的高效分配，其中以滴灌施氮量在 412.5 kg/hm^2 时效果最佳[59]。在水氮一体化条件下，番茄的生长受到水分、氮素及施氮频率影响，随着水分和氮素用量以及施氮频率的降低，番茄叶面积减小、地上部干物质含量降低，6 d 一次的施氮频率进行灌溉施肥可获得高产，提高番茄水分利用效率和养分吸收[60]。

5.2 水肥一体化对果实氮、磷累积影响

精准水肥一体化处理中辣椒果实的总氮、总磷含量显著提高，辣椒果实中氮、磷积累量增幅提高，有效提高了辣椒果实对氮素和磷素的吸收利用[61]。水肥一体化技术能显著提高辣椒植株的根系活力、根长、侧根数、根体积和根表面积，提高全株干物质积累量和果实干物质积累量；显著提高干物质在果实中的分配比例；提前干物质到达平衡点的时间[62]。水肥一体化滴灌技术可以明显促进黄瓜植株的生长，黄瓜株高、茎粗、叶片数和总叶面积分别比对照增加 16.67%、12.5%、16.64% 和 25.82%；黄瓜产量比对照增加 17.12%，果实中的 VC、可溶性蛋白和可溶性糖含量分别比对照增加 22.44%、7.82% 和 9.06%，硝酸盐含量降低[63]。水肥一体化模式下，氮磷钾适宜用量配比为 1∶0.40∶1.53 时黄瓜产量最高，品质较好[64]。滴灌施肥减量 30%~40% 能显著提高樱桃番茄的产量、品质和肥料利用率，且施用铵硝比为 1∶3 的氮肥有利于降低樱桃番茄硝酸盐含量，提高总糖、糖酸比等[65]。

当施肥总量相同，滴灌布设方式及施肥时段均会影响土壤湿润体中硝态氮和铵氮含量的峰值大小与出现位置。灌水前期施肥，硝氮和铵氮主要分布在土壤湿润体的边缘区域；灌水后期施肥，硝氮和铵氮主要分布在土壤湿润体的中心区域。滴灌布设方式（指一管一行或一管多行）如合理，则能使速效氮的高值区与作物根区重合，从而促进根系吸收[40]。

6 存在的问题及进一步研究的方向

综上可知，水肥一体化技术目前主要存在以下几方面的问题：

一是水盐调控不合理容易引起盐分积累，降低农产品品质，需进一步研究水氮运筹制度，提出适宜的水肥一体化灌溉制度。当前水肥一体化精细化灌溉施肥技术长期使用的话，会引起硝氮等在灌水集中的根区富集，达到一定周期后，将会引起农产品中硝氮累积。可考虑设计管道时合理预留孔位，2~3 年更换一次滴头位置，或根据作物对氮的需求更换滴头位置，减轻这种氮富集效应。

二是当前水肥一体化灌溉设备尤其是首部枢纽、输水管道、滴头等对水质要求极高，一般的水源都需要进行二次过滤才能使用。首部枢纽处过滤设备成本高，而低成本的设备过滤效果差，两次冲洗间隔周期短，这是在实际使用中难以避免的一大问题，在后续的设备研发中，需要不断加强这方面的

研究，提高设备性价比。其次也需进一步研究防堵输水管道和防堵滴头[67]，提高设备使用寿命。

三是需要不断加强水肥一体化控制终端即信息化系统的集成与建设，进一步提高设备自动化和智能化。随着灌区信息化建设的不断推进，水肥一体化灌溉使用范围逐渐扩大，需进一步提高水肥一体化设备的智能化程度，研发"傻瓜式"操作程序，便于管理人员学习和使用。

参考文献

[1] 李咏梅，任军，刘慧涛，等．以色列"水肥一体化"技术简介与启示 [J]．吉林农业科学，2014，39（3）：91-93.

[2] 夏敬源．抢抓机遇乘势而上大力示范推广水肥一体化技术 [J]．中国农技推广，2012（2）：4-7.

[3] RAM A J，SUHAS P W，KANWAR L S，et al. Fertigation in vegetable crops for higher productivity and resource use efficiency [J]．Indian Journal of Fertilizer，2011，7（3）：22-37.

[4] 周加森，马阳，吴敏，等．不同水肥措施下的冬小麦水氮利用和生物效应研究 [J]．灌溉排水学报，2019，38（9）：36-41.

[5] 张丽霞，杨永辉，尹钧，等．水肥一体化对小麦干物质和氮素积累转运及产量的影响 [J]．农业机械学报，2021，52（2）：275-282，319.

[6] 沈东萍，张国强，王克如，等．水肥一体化施磷对滴灌高产春玉米产量及肥料利用率的影响 [J/OL]．玉米科学：1-11 [2021-04-20]．http：//kns. cnki. net/kcms/detail/22. 1201. S. 20210409. 1737. 021. html.

[7] 刘思汝，石伟琦，马海洋，等．果树水肥一体化高效利用技术研究进展 [J]．果树学报，2019，36（3）：366-384.

[8] 韩云，张红梅，宋月鹏，等．国内外果园水肥一体化设备研究进展及发展趋势 [J]．中国农机化学报，2020，41（8）：191-195.

[9] 曹毅．基于物联网水肥控制系统的设施葡萄灌溉施肥模式研究 [D]．大庆：黑龙江八一农垦大学，2020.

[10] 马小焕．柑桔水肥一体化研究进展 [J]．现代园艺，2019（9）：51-52.

[11] 张承林，邓兰生．水肥一体化技术 [M]．北京：中国农业出版社，2012.

[12] BAR-YOSEF B. Advances in fertigation [J]．Advances in Agronomy，1999，65：1-77.

[13] SURESHKUMAR P，GEETHA P，KUTTYM，et al. Fertigation-the key component of precision farming [J]．Journal of Tropical Agriculture，2017，54（2）：103.

[14] AGRAWAL N，AGRAWAL S. Effect of different levels of drip irrigation on the growth and yield of pomegranate under Chhattisgarh region [J]．Orissa Journal of Horticulture，2007，35（1）：38-46.

[15] GOLDBERG D，GOMAT B，RIMON D. Drip irrigation principles，design and agricultural practices [M]．Science Publication，1976.

[16] 饶敏杰．喷灌均匀性对干旱区土壤水氮分布及小麦产量影响的试验研究 [D]．北京：中国农业科学院，2011.

[17] 叶振威．南方水稻水肥一体化高效利用制度试验研究 [D]．扬州：扬州大学，2019.

[18] Ayars J E，Christen E W，Soppe R W，et al. The resource potential of in-situ shallow ground water use in irrigated agriculture：a review [J]．Irrigation Science，2005，24（3）：147-160.

[19] Phene C J，Detar W R，Clark D A. Real-time irrigation scheduling of cotton with an automated pan evaporation system [J]．Applied Engineering in Agriculture，1992，8（6）：787-793.

[20] COTE C M，BRISTOW K L，CHARLESWORTH P B，et al. Analysis of soil wetting and solute transport in subsurface trickle irrigation [J]．Irrigation Science，2003，22（3/4）：143-156.

[21] 王丽．灌水施氮方式对临汾盆地土壤水氮分布与作物吸收利用的影响 [D]．临汾：山西师范大学，2017.

[22] 王柏，孙艳玲，于艳梅．玉米滴灌水肥一体化条件下土壤水分迁移规律试验研究 [J]．水利科学与寒区工程，2019，2（6）：21-26.

[23] 黄耀华，王侃，杨剑虹．滴灌施肥条件下土壤水分和速效氮迁移分布规律 [J]．水土保持学报，2014，28（5）：87-94.

[24] 黄仲冬，齐学斌，樊向阳．灌溉方式对土壤水分与灌水量影响的模拟研究 [J]．干旱地区农业研究，2014，

（4）：91-95.

[25] Home P G, Panda P K, Kar S. Effect of method and scheduling of irrigation on water and nitrogen use efficiencies of Okra（Abelmoschus esculentus）[J]. Agric Water Manage, 2002, 55：159-170.

[26] 吴祥运. 水氮运筹对微喷灌夏玉米生长和水氮利用效率的影响 [D]. 泰安：山东农业大学, 2020.

[27] 宜丽宏. 不同水氮模式对冬小麦–夏玉米农田水分耗散特征的影响 [D]. 太原：山西师范大学, 2018.

[28] 李生秀, 等. 中国旱地土壤植物氮素 [M]. 北京：科学出版社, 2008.

[29] Mailhol J C, Ruelle P, Nemeth I. Effect of fertilization practices on nitrogen leaching under irrigation [J]. Irrigation Science, 2001, 20：139-147.

[30] Asadi M E, Clemente R S, Gupta A D, et al. Impacts of fertigation via sprinkler irrigation on nitrate leaching and corn yield in an acid-sulphate soil in Thailand [J]. Agric Water Manage, 2002, 52：197-213.

[31] 孙卓玲. 河北葡萄主产区水肥一体化技术研究 [D]. 保定：河北农业大学, 2014.06.

[32] 姬景红, 张玉龙. 长期不同灌溉对保护地土壤供氮能力的影响 [J]. 土壤通报, 2010, 41（4）：867-871.

[33] 范庆锋, 张玉龙, 张玉玲, 等. 不同灌溉方式下设施土壤硝态氮的积累特征及其环境影响 [J]. 农业环境科学学报, 2017, 36（11）：2281-2286.

[34] 古巧珍, 杨学云, 孙本华, 等. 日光温室蔬菜地土壤主要养分含量及其累积特征分析 [J]. 西北农林科技大学学报（自然科学版）, 2008, 36（3）：129-134.

[35] 汤丽玲, 陈清, 张宏彦, 等. 不同水氮处理对菠菜硝酸盐累积和土体硝态氮淋洗的影响 [J]. 农业环境保护, 2001, 20（5）：326-328.

[36] 于红梅, 李子忠, 龚元石. 不同水氮管理对蔬菜地硝态氮淋洗的影响 [J]. 中国农业科学, 2005, 38（9）：1849-1855.

[37] 许福涛. 海门市大棚设施栽培土壤盐分累积特征的研究 [J]. 土壤, 2007, 39（5）：829-831.

[38] 麻玮青. 玉米滴灌施肥时段对土壤中速效氮分布迁移的影响研究 [D]. 杨凌：西北农林科技大学, 2018.

[39] 王旭洋, 范兴科. 水肥一体化滴灌条件下氮素在土壤中的时空分布特征 [J]. 节水灌溉, 2016（6）：55-58.

[40] 王旭洋. 滴灌条件下施肥时段对土壤中速效氮时空分布的影响研究 [D]. 杨凌：中国科学院大学, 2016.

[41] 黄耀华, 王侃, 杨剑虹. 滴灌施肥条件下土壤水分和速效氮迁移分布规律 [J]. 水土保持学报, 2014, 28（5）：87-94.

[42] 王虎. 滴灌施肥条件下水分、养分在土壤中分布规律的研究 [D]. 杨凌：西北农林科技大学, 2006.

[43] 孙泽强, 康跃虎, 刘海军, 等. 喷灌冬小麦农田土壤水分分布特征及水量平衡 [J]. 干旱地区农业研究, 2006, 24（1）：100-107.

[44] 白珊珊, 万书勤, 康跃虎, 等. 微喷带施肥灌溉对小麦玉米产量和水肥利用的影响 [J]. 节水灌溉, 2019（3）：1-7.

[45] 李金鹏, 王志敏, 张琪, 等. 微喷灌和氮肥用量对冬小麦籽粒灌浆和氮素吸收利用的影响 [J]. 华北农学报, 2016, 31（增刊）：1-10.

[46] 林祥. 微喷补灌水肥一体化调控冬小麦水氮高效利用的生理生态机制 [D]. 泰安：山东农业大学, 2020.

[47] Asadi M E, Clemente R S, Gupta A D, et al. Impacts of fertigation via sprinkler irrigation on nitrate leaching and corn yield in an acid-sulphate soil in Thailand [J]. Agric Water Manage, 2002, 52：197-213.

[48] 黄吴进, 邓利梅, 夏建国, 等. 温室滴灌施肥条件下土壤硝态氮的运移及分布特征 [J]. 灌溉排水学报, 2017, 36（12）：42-48.

[49] 席奇亮. 基于水肥一体化技术的烤烟增产提质效应分析 [D]. 保定：河北农业大学, 2018.

[50] 王丽. 灌水施氮方式对临汾盆地土壤水氮分布与作物吸收利用的影响 [D]. 临汾：山西师范大学, 2017.

[51] 刘彩彩, 张孟妮, 武雪萍, 等. 微喷水肥一体化氮肥后移对夏玉米氮素吸收及籽粒产量品质的影响 [J]. 中国土壤与肥料, 2019（6）：108-113.

[52] 刘见, 宁东峰, 秦安振, 等. 氮肥减量后移对喷灌玉米产量和水氮利用效率的影响 [J]. 灌溉排水学报, 2020, 39（3）：42-49.

[53] 张英华, 张琪, 徐学欣, 等. 适宜微喷灌灌水频率及氮肥量提高冬小麦产量和水分利用效率 [J]. 农业工程学报, 2016, 32（5）：88-95.

[54] 张孟妮. 微喷水肥一体化对土壤酶活性及水氮利用效率的影响 [D]. 临汾：山西师范大学, 2018.

［55］姚素梅，康跃虎，吕国华，等．喷灌与地面灌溉条件下冬小麦籽粒灌浆过程特性分析［J］．农业工程学报，2011，27（7）：13-17．

［56］何昕楠．微喷补灌水肥一体化对冬小麦水分和氮素利用效率的影响［D］．泰安：山东农业大学，2019．

［57］王佳慧，高震，曲令华，等．氮肥后移对滴灌夏玉米源库特性及产量形成的影响［J］．中国农业大学学报，2017，22（8）：1-8．

［58］陈萍，迟海峰，王娟．滴灌水肥一体化模式下不同施肥量对玉米生长性状及产量的影响［J］．农业科学研究，2017，38（4）：31-34．

［59］徐灿，孙建波，宋建辰，等．滴灌水肥一体化不同施氮量对玉米叶绿素含量和荧光特性的影响［J］．江苏农业科学，2018，46（10）：54-58．

［60］王超．水肥一体化对番茄生理及水氮利用效率的影响［D］．北京：中国农业科学院，2019．

［61］李杏，李仁杰，汤婕，等．不同水肥模式下设施辣椒与土壤中氮和磷分布及其环境与经济效益［J］．南京农业大学学报，2018，41（1）：105-112．

［62］孟亮．水肥一体化技术对设施辣椒产量形成和养分吸收与分配规律的影响［D］．兰州：甘肃农业大学，2017．

［63］张红梅，金海军，丁小涛，等．水肥一体化对大棚土壤生态及黄瓜生长、产量和品质的影响［J］．上海农业学报，2019，35（1）：1-6．

［64］王顼，吴春涛，李丹丹，等．水肥一体化模式下日光温室黄瓜氮磷钾优化施肥方案的研究［J］．园艺学报，2018，45（4）：764-774．

［65］唐琳．水肥一体化对樱桃番茄产质量及肥料利用率的影响研究［D］．南宁：广西大学，2013．

［66］梁飞．协同视域下水肥一体化技术发展中存在的问题思考及对策［J］．肥料与健康，2021，48（1）：1-5．

［67］江景涛，杨然兵，鲍余峰，等．水肥一体化技术的研究进展与发展趋势［J］．农机化研究，2021，5：1-9．

生态水利工程与水资源保护探讨

崔 欣

（黄河河口管理局利津黄河河务局，山东利津 257400）

摘 要：水是人类生存不可缺少的资源，同时淡水资源也是世界上珍稀的自然资源，水资源作为良性环境保护体系的基本组成，属于富有战略意义的资源，也是保障社会大环境和谐稳定发展的重要因素。水资源质量水平关乎国家文明程度，同时也影响着社会的健康发展水平。相关部门对水资源保护工作的关注度不断提升，但是面对的现实却是水资源污染严重，大部分针对水资源展开的保护举措也并没有发挥其应有的功效。基于此，本文对生态水利工程与水资源保护的有效对策进行了分析。

关键词：生态水利工程；水资源；环境保护；质量；提升

1 生态水利工程与水资源保护

1.1 生态水利工程

生态水利工程是以水利工程学为基础发展起来的新学科，研究的核心内容是水利工程建设中，在考虑人类需求及水资源合理利用的同时，兼顾可持续发展和生态健康，借助生态学的理论和方法，实现社会效益、经济效益和生态效益的统筹。生态水利工程是对传统水利工程的优化，在具备水利工程全部功能的同时，能够很好地满足生态环境保护的要求。生态水利工程大致包含了 4 个方面的内容：

（1）在生态水利工程建设中，需要考虑对生态环境和生态系统的影响，将工程融入生态系统中，形成不可分割的整体。

（2）传统水利工程建设会对生态环境造成严重的负面影响和破坏，因此在生态水利工程建设中，应充分考虑对生态环境可能产生的影响。

（3）完成生态水利工程的施工建设，并且将其正式投入使用后，需要依照所处区域的生态规律做好水资源的调节与控制工作，避免强制破坏区域生态规律情况。而要实现这一目标，要求生态水利工程在运行中将地方原本的生态规律以及水资源调配方式考虑在内。

（4）在选择生态水利工程建设地址时，需要将生态系统影响放在首位，尽量选择对生态系统影响较小的地方，减少工程建设和运行环节带来的环境污染和生态破坏。

1.2 水资源保护

水资源保护是生态环境保护的一个重要组成部分，也是国家环境保护工程的核心内容。其目的不仅包括了满足人们的正常饮水和生活用水需求，还包含了水资源利用率的提高以及自然水环境保护等。在新的发展环境下，水资源保护的主要手段就是生态水利工程的修建，两者存在非常密切的联系。

2 生态水利工程在水资源保护利用方面的作用

2.1 降低水土流失率

随着建筑行业的快速发展，部分人铤而走险，肆意砍伐森林，严重破坏自然生态的稳定性，引发

作者简介：崔欣（1989—），女，经济师，主要从事水资源配置与经济高质量发展的研究。

水土流失。若长期不能解决水土流失问题，会对我国生态环境安全、饮水安全、粮食安全等造成非常大的威胁。在建设生态水利工程的过程中，人们要采用高效的修复技术，减缓和控制水土流失，尽可能降低水资源浪费，提高水资源系统的稳定性。

2.2 提高水资源的纯净度

生态水利工程建设需要重视环境治理，通过多个渠道来提高水资源的纯净度。简单来说，水资源纯净度的提高与其特有的自我净化能力密切相关。需要注意的是，水中污染物的自然降解可以改善水质，为水中植物的生长提供养分。水中污染物的降解需要消耗氧气，所以生态水利工程建设需要增设流速带，为水体的自我净化提供充足的氧气。

2.3 保护水资源内部的物种多样性

生态水利工程以保护自然生态为重点内容，相关工作人员在勘察地质条件、设计施工方案、正式施工过程中要全面具体地了解河流内部的不同物种，确保生态水利工程项目不会对河流内部的物种造成伤害。一是勘察地质条件。工作人员在施工前先对该区域的各项情况进行勘察和评估，在保持生态安全的基础上进行生态水利工程建设。二是设计方案。确定好施工地点及施工面积后，要设计符合生态发展及社会发展要求的施工方案。三是施工。生态水利工程主要基于空间异质性原理进行施工，即沼泽、河流、森林三者在施工中所体现的空间异质性越高，水资源系统稳定性越高，生活在系统内部的多种生物自然能够安全成长，物种日益丰富。

3 生态水利工程建设原则

在进行生态水利工程建设时，应按照以下三个原则进行：第一，保护与恢复多样性河流。在不同的地区，河流的形态和土壤状态以及植被覆盖率等都有着很大差异，生态水利工程可以根据天然河流所存在的特点进行建设，这样可以保障河流原有的多样性和独特性。第二，河流可以进行自我恢复。生态水利工程对河流会造成一定程度的影响，同时生态水利工程考虑最多的就是河流所具备的自净能力，这样可以降低河流治理的费用，维持河流生态环境持续健康发展。第三，全面维护水域生态系统。河流并不是单独存在的个体，它与周边的地形、地貌和河流里的生物是一个整体，因此在建设水利工程时需要考虑河流和周边环境，这样才能够建设高质量的生态水利工程。

4 生态水利工程及水资源保护策略

4.1 加大生态水利投入，保障环保工程顺利建设

政府部门作为水资源开发、治理保护、管理的主导者，为了保障水资源实现可持续高效发展目标，政府部门一定要提升公共财政支持力度，保障长效投入保障机制高效建立起来，为水资源的开发利用保护提供全方位的支撑。政府部门在实现水利工程建设发展的同时，还需要积极吸收借鉴多元化投资主体的方式，引导激励更多的社会资本积极参与到水利工程建设中，这种多元化的投资主体机制的建立，为和谐的市场投资环境的营造创造了条件，同时还保障了生态水利工程建设资金的充足性，政府公共财政压力也不至于过大。

4.2 借鉴整体性水域生态发展模式

保障水域生态整体性生态水利工程建设高效发展，必须保障整体性水域生态发展模式高效应用，实现生态体系自我调节能力的高效提升，在完成水利工程建设的同时，一定要格外关注与邻近水域间的高效衔接，在高效满足水域流动性的前提下，强化提升生物活跃度，这样一来，生态体系本身的分解能力、净化能力也得以高效提升。此外，还必须明确强调生态水利工程建设标准的统一，规避造成邻近区域水质和生态环境破坏的情况，稳步提升水利工程建设区域生态体系相互作用效率。

4.3 水资源开发过程强调水土资源生态性的保持

在开发水资源时，必须有针对性地做好水资源保护工作，在强化水利工程建设的同时，借助多样化的方法，例如树木种植提升固土效果，在此基础上提升水土保持效率。此外，水利工程建设环节，

广大施工企业一定要结合施工场地水文地质实际情况进行针对性的分析，在全方位把握好水利工程建设区域地下水分布特征的前提下，使得水文地质灾害发生率大大降低，促进施工现场水质、土质优化水平高效提升，真正为生态水利工程建设的高效和谐发展提供有力支撑。

4.4 堤线去人工化

要想保障河流形态的多样化和生物物种的层次化，就需要结合底线与地形。在生态水利工程建设中，应始终坚持环境保护，并结合工程的经济性维护河流，保持河流自身所具备的净化能力，在选择堤线形状和布置时，要维护河流初始形态，避免对河流流域和生物多样性造成影响，从而破坏生态系统的稳定。选择堤型时，需要考虑生态工程自身的稳定性和安全性，注重生态系统的修复，尽量就地取材，以减少人工痕迹，保持堤线堤防结构原生态。

4.5 培养综合型技能人才，提高水资源保护的管理水平

无论是在设计方面、施工方面、工程管理方面，还是在建设后期运营阶段的维护方面，都需要配备专业能力强、综合素质高的工作人员和完善的管理制度，为生态水利工程的设计、施工、使用提供保障。一方面，政府部门可对有关政策进行优化，提高执法能力。生态水利工程管理人员需要根据工程自身情况、水资源现况、地区特点等制定合理的管理制度，采取精细化管理模式，对建设过程中的各个环节进行全面监督和严格管理，确保生态水利工程开展的有效性。另一方面，要加强对各个岗位人员的培训力度，培养其形成生态环境保护意识，了解水资源及生态平衡的重要意义，并通过理论知识教育、实践操作训练、模拟考核等方式不断提高专业能力，为生态水利工程建设质量奠定坚实基础。

5 结语

近年来，人们的生存环境持续恶化，能源紧缺问题越发凸显，各种灾害频繁发生，使生态环境保护成为我国发展过程中的重要任务，水资源保护作为生态环境保护的一个重要组成部分，更是受到了社会各界的广泛关注。生态水利工程在水资源保护和综合利用方面有着不容忽视的作用，并且已经被广泛应用到实践中，在营造良好生态环境、推动区域经济持续发展方面有积极意义。

参考文献

[1] 郭嘉宝. 生态水利工程在水资源保护与综合利用中的实践 [J]. 中国资源综合利用, 2020, 38 (6)：77-79.

[2] 芮伟宏. 生态水利工程与水资源保护探讨 [J]. 居舍, 2020 (1)：178.

[3] 伍伟章. 生态水利工程在水资源保护与利用方面的作用 [J]. 河南水利与南水北调, 2019, 48 (8)：21-22.

[4] 罗威远. 生态水利工程与水资源保护探讨 [J]. 建材与装饰, 2019 (19)：293-294.

[5] 刘旋. 生态水利工程在水资源保护中存在的不足与措施 [J]. 河南水利与南水北调, 2019, 48 (6)：30-31.

黄河甘宁省界断面百年一遇设计洪水推求研究

刘宁青[1]　曹知真[2]

(1. 黄河水利委员会宁蒙水文水资源局，内蒙古包头　014030；
2. 黄河水利委员会包头水文站，内蒙古包头　014000)

摘　要： 黄河甘宁省界断面即下河沿水文站是黄河进入宁夏的水沙控制站，也是青铜峡水库的入库站和沙坡头水利枢纽的出库站，在黄河流域水量调度及水资源开发和利用方面具有重要的地位。本文根据沙坡头水利枢纽建成前，下河沿水文站 1965—2004 年度连续的实测水文资料，采用数理统计的方法，计算机拟合 P-Ⅲ型理论频率曲线，推求 100 年一遇设计洪水，可为下游中卫、吴忠城市防洪、水利工程建设、河道整治等提供参考。

关键词： 黄河甘宁省界；下河沿；100 年一遇；设计洪水

1　甘宁省界断面概况

黄河甘（甘肃省）宁（宁夏回族自治区）省界断面即下河沿水文站测验断面（以下统称下河沿站）。下河沿站 1951 年设立，位于东经 102°50′、北纬 37°27′ 的宁夏回族自治区中卫县长乐乡下河沿村，集水面积 254 142 km²，距河口 2 983 km。

下河沿站是黄河进入宁夏的水沙控制站，在黄河流域水量调度及水资源开发和利用方面具有重要的地位。随着黄河上游梯级水库的建设，下河沿站作为青铜峡水库的入库站和沙坡头水利枢纽的出库站，其地位和作用越来越重要。

下河沿站测验河段基本顺直，河床由砂卵石组成，断面冲淤变化不大，水位与流量关系比较稳定。左、右岸分别有美利渠和复兴渠，当水位达到 1 234.50 m 和 1 235.70 m 以上时，河渠合流。

下河沿站径流量主要来自兰州以上，沙量主要来自兰州以下祖厉河。由于受上游水库调节，来水已无明显洪峰过程，具有峰低、量大、历时长等特点。

2　设计标准及依据

本文根据下河沿站实测资料进行 100 年一遇洪水设计推求。设计时不考虑历史及调查洪水，只利用该站实测流量资料进行分析计算[1]。该站自 1965 年由水位站改为水文站至 2004 年沙坡头水利枢纽建成前共有 40 年连续的实测流量资料系列，由于该站是黄河上重要的水文站，测验及资料整编质量符合规范标准，可作为设计洪水的资料基础依据。

本文内容为设计标准（$P = 1\%$）对应的洪峰流量，最大 1 d、3 d、7 d、15 d 洪水总量及洪水过程的推求[2]。

3　设计洪水的分析计算

根据下河沿站 1965—2004 年度实测水文资料，采用计算机拟合 P-Ⅲ型理论频率曲线，根据拟合好的 P-Ⅲ型频率曲线推求设计值[3]。

作者简介：刘宁青（1987—），女，工程师，主要从事水文水资源工作。

3.1 设计洪峰流量频率计算

用 1965—2004 年最大洪峰流量求得的参数为 $Q = 2\,740\ \text{m}^3/\text{s}$、$C_v = 0.40$、$C_s/C_v = 2.07$，理论频率曲线与经验点据配合不好。根据点据分布情况和各参数的均方误差调整参数为 $Q = 2\,800\ \text{m}^3/\text{s}$、$C_v = 0.43$、$C_s/C_v = 3$ 时，曲线与点据配合良好，见图 1，可作为该站最大洪峰流量的理论频率曲线，相应于不同设计频率的洪峰流量见表 1，由此推求的下河沿站 100 年一遇设计洪峰流量为 $Q_{1\%} = 6\,660\ \text{m}^3/\text{s}$。

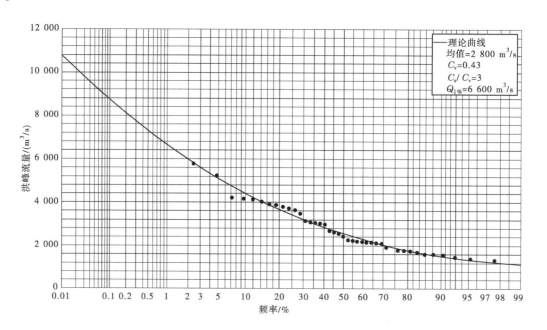

图 1　下河沿站最大洪峰流量频率曲线图（1965—2004 年）

表 1　下河沿站洪峰流量理论频率曲线适线法配线成果

设计频率 P/%	0.1	1	2	5	10	20	50	90	99
设计洪峰流量/（m^3/s）	8 750	6 660	6 010	5 120	4 410	3 670	2 550	1 520	1 130

3.2 各时段设计最大洪水总量频率计算

分别用 1965—2004 年最大 1 d、3 d、7 d、15 d 洪水总量进行频率分析，求得各时段的经验参数（见表 2），各频率曲线上部低频部位均显平直，有的曲线中部偏低，与经验点据配合均不够理想。

表 2　下河沿站各时段洪水总量频率分析参数

下河沿站各计算时段	经验统计参数			调整后参数		
	均值/亿 m^3	C_v	C_s/C_v	均值/亿 m^3	C_v	C_s/C_v
最大 1 d 洪量/亿 m^3	2.236	0.45	1.72	2.250	0.48	2.5
最大 3 d 洪量/亿 m^3	6.375	0.49	1.59	6.375	0.51	2.5
最大 7 d 洪量/亿 m^3	14.09	0.52	1.50	14.30	0.53	2.5
最大 15 d 洪量/亿 m^3	28.29	0.53	1.54	28.29	0.55	2.5

根据点据分布情况和各参数的均方误差适当调整参数后的理论频率曲线见图 2~图 5，曲线与点据配合较好，趋势较为合理，均可作为该站最大洪水总量的理论频率曲线，相应于不同设计频率的洪

水总量见表3，相应于100年一遇的最大1 d、3 d、7 d、15 d设计洪量分别为5.651亿 m³、16.77亿 m³、38.75亿 m³、78.96亿 m³。

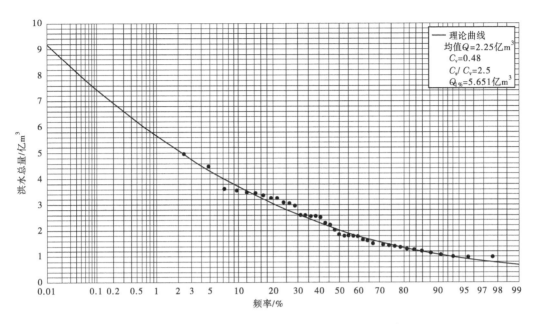

图2　下河沿站最大1 d洪量频率曲线图（1965—2004年）

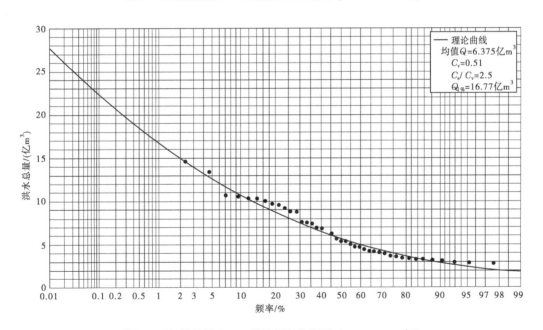

图3　下河沿站最大3 d洪量频率曲线图（1965—2004年）

表3　下河沿站不同时段设计洪水总量成果

设计频率 $P/\%$	0.1	1	2	5	10	20	50	90	99
最大1 d洪量/亿 m³	7.450	5.651	5.086	4.313	3.698	3.041	2.039	1.077	0.685
最大3 d洪量/亿 m³	22.37	16.77	15.01	12.62	10.73	8.724	5.703	2.897	1.826
最大7 d洪量/亿 m³	52.12	38.75	34.58	28.91	24.44	19.72	12.68	6.277	3.945
最大15 d洪量/亿 m³	107.0	78.96	70.24	58.40	49.10	39.32	24.84	12.00	7.533

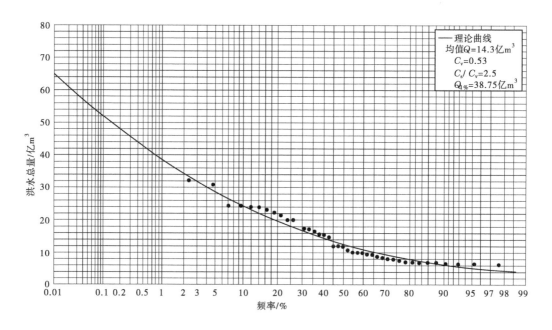

图 4　下河沿站最大 7 d 洪量频率曲线图（1965—2004 年）

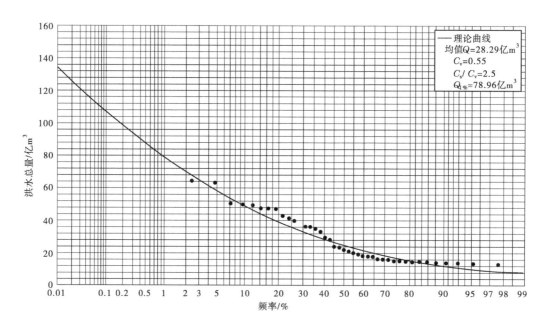

图 5　下河沿站最大 15 d 洪量频率曲线图（1965—2004 年）

4　频率计算成果的合理性分析

由表 2、表 3 可知，各时段洪量的均值 W_t 及不同频率的设计值 $W_{t,P}$ 随历时的增加而增大。

不同时段最大洪水总量频率曲线对照见图 6。由图 6 可见，各条曲线的外延部分无交叉现象，且间距变化较为合理。

各时段平均流量与洪水总量对照见表 4。洪峰流量最大，各时段的平均流量随洪水历时的增加而减小。

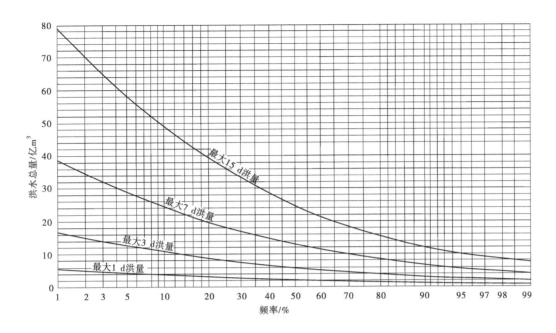

图 6　下河沿站不同时段设计洪量频率曲线对照图

表 4　下河沿站设计洪水总量与各时段平均流量对照

项目	洪峰流量	1 d	3 d	7 d	15 d
洪水总量/亿 m³		5.651	16.77	38.75	78.96
平均流量/（m³/s）	6 660	6 540	6 470	6 410	6 090

C_v 值的一般规律是随历时的增加而减小，但由于该站受上游水库及长河段河槽调蓄作用，洪水变化缓慢，历时较长，故其 C_v 值随历时的增加而增大，这也是合理的。

5　设计洪水过程推求

本文分析根据典型洪水过程线用同频率放大法推求 100 年一遇设计洪水过程。

5.1　典型洪水过程的选择

因为黄河上游降水具有历时长、强度小、面积大等特点，所以其所形成的洪水峰低、量大、持续时间长，多为矮胖型[4]。经过对下河沿站实测洪水过程的分析，发现 1981 年 9 月的洪水过程具有黄河上游洪水过程的一般特征，故选作典型洪水过程，其洪峰流量及各时段洪量见表 5。

表 5　下河沿水文站设计与典型洪水过程线峰量

项目	洪峰流量/（m³/s）	洪水总量/亿 m³			
		1 d	3 d	7 d	15 d
典型洪水过程	5 780	4.959	14.55	32.17	64.22
起讫时间	16 日 13 时	16 日 8 时至 17 日 8 时	16 日 0 时至 19 日 0 时	15 日 8 时至 22 日 8 时	12 日 0 时至 27 日 0 时
设计洪水过程	6 660	5.651	16.77	38.75	78.96
放大倍比	1.152	1.140	1.159	1.247	1.254

5.2 计算各时段放大倍比

所选典型洪水的洪峰及各控制时段的洪量，分别按不同的倍比进行放大，使放大后的洪峰及控制时段内的洪量均为同一设计频率的数值。放大倍比推求如下：

$$K_0 = Q_P/Q_m = 6\ 660/5\ 780 = 1.152$$
$$K_1 = W_{t, p}/W_{t, m} = 5.651/4.959 = 1.140$$
$$K_{3-1} = (16.77 - 5.651)/(14.55 - 4.959) = 1.159$$
$$K_{7-3} = (38.75 - 16.77)/(32.17 - 14.55) = 1.247$$
$$K_{15-7} = (78.96 - 38.75)/(64.22 - 32.17) = 1.254$$

5.3 按推求的放大倍比对典型洪水过程进行放大

典型洪水过程经过放大、修匀计算等过程，放大前后逐时流量过程线对照见图 7，各时段洪量对照见表 6。

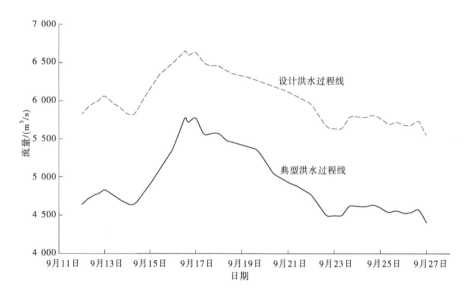

图 7 下河沿站 100 年一遇设计洪水过程线

表 6 下河沿站 100 年一遇洪水过程线洪量

项目	最大 1 d 洪量	最大 3 d 洪量	最大 7 d 洪量	最大 15 d 洪量
原设计洪量/亿 m³	5.651	16.77	38.75	78.96
修匀后洪量/亿 m³	5.687	16.81	38.28	78.44
相对误差/%	0.6	0.2	-1.2	-0.7

可以看出，放大修匀后的流量过程线与典型洪水过程线对应较好，各时段的洪量与设计洪量的最大误差为-1.2%，均不超过 3%，说明经放大修匀以后的洪水过程可作为下河沿站 100 年一遇设计洪水过程。

6 结语

根据上文可知，黄河甘（肃）宁（夏）省界断面即下河沿站 100 年一遇设计洪水过程是合理的，对开展测验设施改造及上下游水库工程建设具有指导意义，可为下游中卫、吴忠城市防洪、水利工程建设、河道整治等提供参考依据[5]。

参考文献

［1］刘琪，席占生．北方平原地区设计洪水计算方法的研究［J］．电力勘测设计，1998（2）：39-43.

［2］扬州水利学校．水文水利计算［M］．北京：水利电力出版社，1979.

［3］赵卫民，王庆斋，刘晓伟，等．黄河流域典型水文分区产流研究［M］．郑州：黄河水利出版社，2006.

［4］韩曼华，王玉珍．黄河上游洪水特性［J］．人民黄河，1990（6）：31-36.

［5］支俊峰，陈静．黄河流域中上游近40年洪水灾害特点分析［M］//水利部黄河水利委员会水文局．黄河水文科技成果与论文选集（三）．郑州：黄河水利出版社，1996：389-392.

2019年宁蒙河道洪水特点及冲淤变化分析

郑艳爽[1] 丰青[1] 张晓华[1] 尚红霞[1] 李凯[2]

(1. 黄河水利委员会黄河水利科学研究院，河南郑州 450003；
2. 江苏省宿迁市水利局，江苏宿迁 223800)

摘 要： 本文以实测资料分析为主要研究手段，以宁蒙河道实测水沙资料为基础，系统分析了2019年黄河上游宁蒙河道洪水的水沙特点、河道冲淤情况。结果表明，2019年汛期黄河上游洪水具有"水量大、沙量小、持续时间长"的特点。洪水对宁蒙河道产生了明显的冲刷作用，宁蒙河道洪水期总共冲刷0.702亿t，该场洪水对宁蒙河道过流能力的恢复有显著作用。

关键词： 水沙量；河道冲淤；洪水；宁蒙河道

1 宁蒙河道概况

黄河宁蒙河道位于宁夏回族自治区和内蒙古自治区境内，是黄河上游的下段。宁蒙河道自宁夏中卫县南长滩入境，至内蒙古准格尔旗马栅乡出境，全长1 203.8 km[1]，约占黄河总长的1/5。黄河宁夏河段河流偏东转偏北流向，跨北纬37°17′~39°23′。内蒙古河段地处黄河流域最北端，介于东经106°10′~112°50′，北纬37°35′~41°50′。受两岸地形控制，形成峡谷河段与宽河段相间出现的格局。南长滩至下河沿、石嘴山至乌达公路桥及蒲滩拐至马栅乡为峡谷型河道，其余河段河面宽阔。宁蒙河道在龙羊峡水库建成前，河道基本上呈微淤状态[2-3]，龙羊峡、刘家峡水库建成运用后，改变了天然洪水的来水过程，尤其是龙羊峡水库建成后，显著地改变了年内径流分配状况，加之工农业用水不断增加，使得宁蒙河段主槽淤积萎缩越来越严重，河道过流能力明显降低，使该河段防洪防凌安全形势严峻[4-5]。

2 宁蒙河道洪水特点

2019年汛期，受持续降雨影响，黄河上游出现多次洪水，在宁蒙河道也形成明显的洪水过程。从2019年汛期宁蒙河道各水文站流量过程可以看到（见图1），根据来水过程，下河沿水文站汛期洪水过程为6月10日至9月19日，历时共102 d。根据洪水要素资料统计，2019年宁蒙河道各水文站最大洪峰流量为2 740~3 570 m³/s。宁蒙河道洪水期各水文站日均流量范围为1 746~2 260 m³/s（见表1），由于洪水持续历时较长，因此洪量相对较大，宁蒙河道进口控制站下河沿站达到199.2亿m³。2019年干流各水文站沙量相对较小，宁夏河段进口控制站下河沿站沙量为0.296亿t，内蒙古河段进口控制站石嘴山的沙量为0.467亿t，经过长河段调整之后，宁蒙河道出口控制站头道拐站沙量为0.906亿t，2019年宁蒙河道洪水洪量大、沙量小，所以整个洪水期含沙量较低，各站洪水期平均含沙量仅为1.3~5.6 kg/m³。

资助项目： 国家重点研发计划资助项目（2017YFC0404402）；中央级公益性科研院所基本科研业务费专项资金资助项目（HKY-JBYW-2020-14，HKY-JBYW-2018-11，HKY-JBYW-2019-07）。

作者简介： 郑艳爽（1980—），女，高级工程师，主要从事流域水沙变化、河道河床演变及河流泥沙动力学研究。

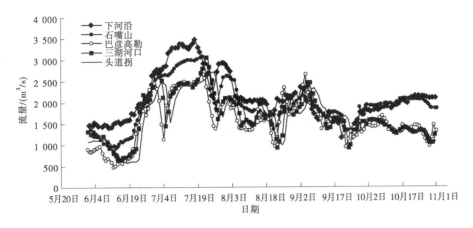

图 1　宁蒙河道 2019 年各水文站流量过程

表 1　宁蒙河道 2019 年汛期洪水特征值

水文站	洪量/亿 m³	沙量/亿 t	平均流量 / (m³/s)	平均含沙量 / (kg/m³)	最大洪峰流量 / (m³/s)
下河沿	199.2	0.296	2 260	1.5	3 570
青铜峡	167.0	0.351	1 895	2.1	2 960
石嘴山	183.3	0.467	2 080	2.5	3 080
巴彦高勒	153.9	0.205	1 746	1.3	2 770
三湖河口	163.0	0.476	1 849	2.9	3 200
头道拐	161.1	0.906	1 828	5.6	2 740

进一步分析 2019 年宁蒙河道汛期洪水情况，将汛期洪水分为三场洪水过程，下河沿水文站第一场洪水过程为 6 月 10 日至 7 月 24 日，历时 45 d；第二场洪水过程为 7 月 25 日至 8 月 18 日，历时 25 d；第三场洪水过程为 8 月 19 日至 9 月 19 日，历时 32 d。详细分析各场次洪水的水沙特征参数，其中第一场洪水宁蒙河道各站最大洪峰流量范围为 2 690~3 570 m³/s，平均流量范围为 1 827~2 531 m³/s，进入宁夏和内蒙古河段的洪量分别为 98.4 亿 m³ 和 88.5 亿 m³，沙量分别为 0.159 亿 t 和 0.226 亿 t，平均含沙量为 1.6~5.5 kg/m³。第二场洪水宁蒙河道各站最大洪峰流量范围为 2 180~3 150 m³/s，平均流量范围在 1 611~2 280 m³/s，进入宁夏和内蒙古河段的洪量分别为 49.3 亿 m³ 和 43.7 亿 m³，沙量分别为 0.089 亿 t 和 0.115 亿 t，平均含沙量为 1.0~5.6 kg/m³。第三场洪水宁蒙河道各站最大洪峰流量范围为 2 330~2 750 m³/s，平均流量范围为 1 660~1 865 m³/s，进入宁夏和内蒙古河段的洪量分别为 51.6 亿 m³ 和 51.2 亿 m³，沙量分别为 0.048 亿 t 和 0.126 亿 t，平均含沙量为 0.9~5.9 kg/m³。

3　宁蒙河道洪水期冲淤变化特点

根据沙量平衡法计算，采用报汛资料，冲淤量计算过程中仅考虑干流来沙及引水引沙（引沙按上下水文站平均含沙量）影响，未考虑支流及区间来沙、水库排沙、风沙影响，计算得到宁蒙河道 2019 年洪水期冲淤情况。由计算结果可知，洪水期宁蒙河道整体上呈冲刷状态，共冲刷 0.702 亿 t（见图 2、表 2）。从冲淤分布上来看，宁夏和内蒙古河道都处于冲刷状态，但更集中在内蒙古河道。宁夏河段冲刷量为 0.218 亿 t，从分布上看，下河沿—青铜峡、青铜峡—石嘴山河段冲刷量相差不大，冲刷量分别为 0.102 亿 t 和 0.116 亿 t；内蒙古河段冲刷量为 0.484 亿 t，主要集中在巴彦高勒以下河段，巴彦高勒—三湖河口河段、三湖河口—头道拐河段分别冲刷 0.271 亿 t 和 0.430 亿 t，石嘴山—巴彦高勒河段呈淤积状态，淤积量为 0.271 亿 t。

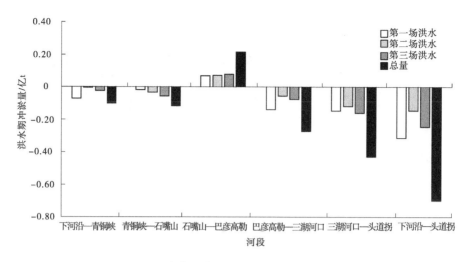

图 2　宁蒙河道 2019 年洪水期冲淤量分布

表 2　汛期宁蒙河道各河段输沙率法冲淤量

河段	冲淤量/亿 t			
	第一场洪水	第二场洪水	第三场洪水	总量
下河沿—青铜峡	-0.073	-0.003	-0.026	-0.102
青铜峡—石嘴山	-0.021	-0.036	-0.059	-0.116
石嘴山—巴彦高勒	0.069	0.070	0.078	0.217
巴彦高勒—三湖河口	-0.139	-0.056	-0.076	-0.271
三湖河口—头道拐	-0.149	-0.120	-0.161	-0.430
下河沿—石嘴山	-0.094	-0.039	-0.085	-0.218
石嘴山—头道拐	-0.219	-0.107	-0.159	-0.484
下河沿—头道拐	-0.313	-0.146	-0.244	-0.702

注：未考虑支流及区间来沙、水库排沙、风沙影响，引沙按上下水文站平均含沙量匡算。

进一步详细分析各场洪水的冲淤情况，第一场洪水宁蒙河道呈冲刷状态，冲刷量为 0.313 亿 t，三场洪水中冲刷量最大。其中宁夏河段呈微冲状态，冲刷量为 0.094 亿 t，下河沿—青铜峡和青铜峡—石嘴山河段冲刷量为 0.073 亿 t、0.021 亿 t。该场洪水内蒙古河段冲刷量较大，冲刷量为 0.219 亿 t。冲刷分布主要集中在三湖河口以下河段，巴彦高勒—三湖河口、三湖河口—头道拐两个河段冲刷量分别为 0.139 亿 t、0.149 亿 t，而石嘴山—巴彦高勒河段呈微淤状态，淤积量为 0.069 亿 t。第二场洪水宁蒙河道也呈冲刷状态，冲刷量为 0.146 亿 t，三场洪水中冲刷量最小，从冲淤分布上来看，该场洪水宁夏和内蒙古河段都处于冲刷状态，但冲刷更集中在内蒙古河段。其中宁夏河段冲刷 0.039 亿 t，冲刷主要集中在青铜峡—石嘴山河段，冲刷量为 0.036 亿 t，下河沿—青铜峡河段微冲 0.003 亿 t。内蒙古河段冲刷 0.107 亿 t，冲刷主要集中在巴彦高勒以下河段，巴彦高勒—三湖河口、三湖河口—头道拐河段冲刷量分别为 0.056 亿 t 和 0.120 亿 t。石嘴山—巴彦高勒河段，呈淤积状态，淤积量为 0.070 亿 t。第三场洪水宁蒙河道也呈冲刷状态，冲刷量为 0.244 亿 t。其中宁夏河段呈微冲状态，冲刷量为 0.085 亿 t，下河沿—青铜峡河段和青铜峡—石嘴山河段分别冲刷 0.026 亿 t、0.059 亿 t。本场洪水内蒙古河段冲刷量较大，冲刷量为 0.159 亿 t，冲刷集中在巴彦高勒以下河段，巴彦高勒—三湖河口、三湖河口—头道拐两个河段冲刷量分别为 0.076 亿 t 和 0.161 亿 t。石嘴山—巴彦高勒河段呈淤积状态，淤积量为 0.078 亿 t。

4 过洪能力分析

采用 2019 年报汛资料，对防洪关键河段内蒙古河段典型水文站洪水期水位流量关系分析表明，2019 年洪水后与洪水前相比，巴彦高勒水文站同流量 2 000 m³/s 水位下降 0.20 m，三湖河口水文站同流量 2 000 m³/s 水位变化不大，包头水文站同流量 2 000 m³/s 水位下降 0.10 m。同流量水位的下降，表明河道发生冲刷，使河道过流能力得到有效恢复。

5 结论建议

（1）2019 年宁蒙河道进口下河沿站洪水期水量 199.2 亿 m³，而沙量仅 0.296 亿 t，含沙量较低，各站含沙量仅 1.3~5.6 kg/m³。

（2）宁蒙河道 2019 年洪水期冲刷明显，整个宁蒙河道冲刷量为 0.702 亿 t，冲刷主要集中在巴彦高勒—头道拐河段，洪水过后，河道冲刷，典型水文站同流量水位明显降低，有利于宁蒙河道过流能力的恢复。

（3）宁蒙河道缺乏系统的河道淤积观测资料，建议开展宁蒙河道洪水期间河道淤积测验断面测量工作，为分析宁蒙河道冲淤演变提供基础数据支撑。

参考文献

［1］张晓华，姚文艺，郑艳爽，等. 黄河宁蒙河道输沙特性与河床演变［M］. 郑州：黄河水利出版社，2014.
［2］秦毅，张晓芳，王风龙，等. 黄河内蒙古河段冲淤演变及其影响因素［J］. 地理学报，2011（3）：324-330.
［3］侯素珍. 黄河内蒙古河段近期演变规律分析［J］. 人民黄河，1996，18（9）：43-44.
［4］尚红霞，郑艳爽，张晓华. 水库运用对宁蒙河道水沙条件的影响［J］. 人民黄河，2008，30（12）：28-30.
［5］范小黎，师长兴，周园园，等. 黄河宁蒙段洪水过程变化特点［J］. 资源科学，2012，34（1）：65-73.

内蒙古十大孔兑近期输沙量估算及变化特点分析

郑艳爽　张晓丽　丰　青　张晓华　马东方

（黄河水利委员会黄河水利科学研究院，河南郑州　450003）

摘　要：本文以现有孔兑实测水沙资料为基础，采用孔兑输沙模数相关性分析方法，对缺少资料、无资料孔兑的年输沙量进行了插补，得到十大孔兑 1960—2018 年年输沙量，进一步探讨了近期十大孔兑输沙量变化特点。研究表明：2000 年以后十大孔兑年最大输沙量及年均输沙量均明显减少；其中近期 2000—2009 年、2010—2018 年两个时段年输沙量分别为 728 万 t、278 万 t，与长时期相比，分别减少 60.2% 和 84.8%，这一变化对内蒙古河道减缓淤积十分有利。

关键词：输沙量；变化特点；十大孔兑；内蒙古河道

1　引言

十大孔兑（孔兑为蒙语，即山洪沟）位于黄河上游内蒙古河段南岸，为季节性多沙支流，发源于植被稀少的砒砂岩区，坡面植被少，侵蚀模数高，水土流失严重，发生暴雨洪水时，极易形成短历时、高洪峰、高含沙量的洪水过程，使孔兑泥沙在入黄口形成沙坝淤堵黄河[1]，造成其所在干流河段上游水位长时间壅高，加大了洪水风险，导致黄河防洪防凌形势严峻。黄河十大孔兑以高含沙水流形式输入干流的粗泥沙对三湖河口—头道拐河段冲淤具有很大影响，十大孔兑输送到黄河的粗颗粒泥沙，绝大部分淤积在河道中，导致河床淤积抬高，减少十大孔兑来沙以减缓河道淤积是黄河上游流域治理的重要战略组成[2]，因此定量分析十大孔兑来沙量对黄河上游宁蒙河道淤积的影响十分必要，但是十大孔兑中只有毛不拉孔兑、西柳沟、罕台川三条孔兑设有水文站，测有实测水沙资料，其他孔兑未设水文站，许多学者采用不同方法利用已有实测资料的三条孔兑资料给出十大孔兑年输沙量。支俊峰[3] 采用多年平均输沙模数图量算法及面积比拟法估算了 1955—1989 年十大孔兑的输沙量；赵业安等[4] 采用孔兑输沙模数相关性对无资料的孔兑输沙量进行了插补，得到 1960—2005 年十大孔兑输沙量。林秀芝等[5] 以三大孔兑实测资料为基础，采用相关性分析与频率曲线分析相结合的方法，依次插补缺资料与无资料的孔兑输沙量，得到 1951—2010 年十大孔兑年输沙量。并且计算成果与其他已有研究成果进行对比，相差不大，推算值基本可信。本次十大孔兑输沙量推算借鉴已有的研究方法，将资料系列延长到 2018 年，推算得到 1960—2018 年十大孔兑年输沙量。

2　流域概况

内蒙古十大孔兑位于黄河干流三湖河口—头道拐水文站区间右岸，发源于鄂尔多斯台地，流经库布齐沙漠，横穿下游冲积性平原后汇入黄河。从西向东依次为毛不拉孔兑、卜尔嘎斯太沟、黑赖沟、西柳沟、罕台川、壕庆河、哈什拉川、母花沟、东柳沟、呼斯太河，是内蒙古河段的主要产沙支流。

该区域属于典型的大陆性气候，冬季严寒而漫长，夏季炎热而短暂，温差极大。全年干旱少雨，

基金项目：国家重点研发计划资助项目（2017YFC0404402）；中央级公益性科研院所基本科研业务费专项资金资助项目（HKY-JBYW-2020-14，HKY-JBYW-2018-11，HKY-JBYW-2019-07）。

作者简介：郑艳爽（1980—），女，高级工程师，主要从事流域水沙变化、河道河床演变及河流泥沙动力学研究。

降水主要以暴雨形式出现，主要集中在 7 月、8 月，降水量占全年的 50%~60%。该区域在冬春两季常有沙暴出现，年平均大风日数为 24 d，瞬间最大风速可达 28 m/s[6]，相当于 10 级大风。冬春两季剧烈的风沙活动和夏秋高强度的暴雨事件所致的季节性风水交替作用，是本区自然气候的显著特点[7]。十大孔兑区域地貌类型极其复杂，地势南高北低，上游为砒砂岩丘陵沟壑区，海拔在 1 300~1 500 m，该区地表仅覆盖有极薄的风沙残积土，颗粒较粗，$d>0.05$ mm 的粗沙占 60% 左右。下伏地层有大部分为砒砂岩，结构松散，极易风化。中游库布齐沙漠横贯东西，海拔在 1 200~1 400 m，罕台川以西多为流动沙丘，以东则以半固定沙丘为主。季风季节，大量风沙堆积在河床及两岸，是高含沙洪水重要的沙漠粗沙物质储备区。下游为冲洪积扇区，海拔 1 000 m 左右，地势平坦，河槽宽浅，土地肥沃，易于泥沙淤积，属于黄河冲积平原，也是内蒙古自治区重要的粮食产区之一。

3 输沙量估算研究方法

十大孔兑中毛不拉孔兑、西柳沟从 20 世纪 60 年代有观测资料，罕台川从 80 年代开始有观测资料，其他孔兑均无观测资料。由于十大孔兑所处的地理位置不同，因此依据不同地貌和降雨情况分片分别推算无实测资料孔兑的输沙量，具体推算方法如下[5]。

3.1 卜尔嘎斯太沟和黑赖沟输沙量的推算

卜尔嘎斯太沟和黑赖沟位于毛不拉孔兑和西柳沟之间，两孔兑相距较近，且位置居中，因此采用毛不拉孔兑和西柳沟相应各年的平均输沙模数推算两孔兑逐年的输沙量。

3.2 罕台川 1979 年以前年输沙量的推算

罕台川 1979 年以前年输沙量的推算采用距罕台川最近的西柳沟站的实测资料，建立西柳沟与罕台川 1980—2010 年实测年输沙量关系，分析可知，罕台川与西柳沟存在如下的回归关系：

当 $W_{s西}>30$ 万 t 时 $\qquad W_{s罕}=0.25 \times W_{s西}^{1.09}$ (1)

当 $W_{s西} \leq 30$ 万 t 时 $\qquad W_{s罕}=2.57 \times W_{s西}^{0.43}$ (2)

式中：$W_{s西}$ 为西柳沟年输沙量，万 t；$W_{s罕}$ 为罕台川年输沙量，万 t。

3.3 罕台川以东各孔兑年输沙量推算

由于罕台川以东各孔兑流域植被和地质条件等比较相近，因此一般年份直接采用罕台川输沙模数和各孔兑流域面积推求其余孔兑的年输沙量；对于丰沙年，根据已有实测孔兑暴雨和产沙的对比分析，较大暴雨产沙一般都发生在局部地区，且各孔兑在丰沙年的关联度并不十分密切，考虑到所有的孔兑同时发生大面积强暴雨和同时产生较大的暴雨产沙的可能性很小，所以对罕台川来沙非常大的个别年份（1961 年、1981 年、1989 年等），在推算其他孔兑的产沙时，输沙模数采用支俊峰等[8] 的调查资料中与罕台川输沙模数的比例进行适当折减，比例如表 1 所示。

表 1 罕台川以东孔兑与罕台川的输沙模数比例

孔兑名称	罕台川	壕庆河	哈什拉川	木哈尔河	东柳沟	呼斯太河
各孔兑与罕台川输沙模数比例	1	0.68	0.69	0.67	0.62	0.79

4 输沙量计算结果分析

采用以上研究方法分别对缺少实测资料的卜尔嘎斯太沟、黑赖沟、壕庆河、哈什拉川、木哈尔河、东柳沟、呼斯太河七大孔兑逐年输沙量进行推算，计算出各孔兑长时期（1960—2018 年）逐年输沙量，进而计算出十大孔兑逐年及不同时期输沙量。从十大孔兑逐年输沙量的过程可以看到（见图 1），十大孔兑年输沙量逐年差别较大，如 1989 年十大孔兑沙量达到 20 295 万 t，而有的年份基本不来沙，总体来看，十大孔兑年输沙量各年虽有起伏，但总的趋势是减少的，尤其是 2010 年之后减少尤为显著。

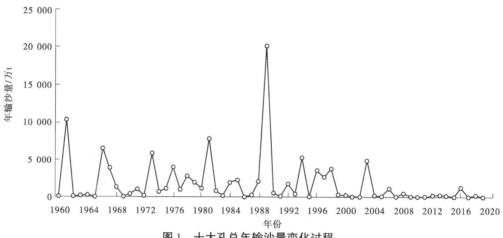

图 1　十大孔兑年输沙量变化过程

整体来看，1960—2018 年十大孔兑年输沙量大于 5 000 万 t 的年份总共有 6 年，分别是 1961 年、1966 年、1973 年、1981 年、1989 年和 1994 年，年输沙量分别为 10 460 万 t、6 634 万 t、5 867 万 t、7 879 万 t、20 295 万 t、5 279 万 t；来沙量在 3 000 万~4 000 万 t 的年份有 5 年，分别是 1967 年、1976 年、1996 年、1998 年和 2003 年，年输沙量分别为 3 844 万 t、3 959 万 t、3 514 万 t、3 788 万 t 和 4 894 万 t；来沙量在 2 000 万~3 000 万 t 的年份有 4 年，分别是 1978 年、1985 年、1988 年和 1997 年，年输沙量分别为 2 776 万 t、2 304 万 t、2 134 万 t 和 2 603 万 t；其他年份年输沙量相对较少。

从不同时段年最大输沙量看，十大孔兑在 1960—1969 年最大年输沙量为 10 460 万 t（1961 年），1970—1979 年最大年输沙量为 5 867 万 t（1973 年），1980—1989 年最大年输沙量为 20 295 万 t（1989 年），1990—1999 年最大年输沙量为 5 279 万 t（1994 年），2000—2009 年最大年输沙量为 4 894 万 t（2003 年），2010—2018 年最大年输沙量为 1 370 万 t（2016 年），可见十大孔兑 2000 年以后年最大输沙量显著减少。

为详细分析不同时期十大孔兑的输沙量变化特点，将长时期资料按不同年代划分成六个时段，即 1960—1969 年、1970—1979 年、1980—1989 年、1990—1999 年、2000—2009 年、2010—2018 年。十大孔兑 1960—2018 年年均沙量为 1 828 万 t（见表 2），时段分布主要集中在 1960—1969 年和 1980—1989 年，两个时段年均输沙量分别为 2 318 万 t、3 712 万 t，与长时期相比分别增加 26.8% 和 103.1%，1980—1989 年年均输沙量最大；1970—1979 年、1990—1999 年两个时段年均输沙量与长时期年均输沙量基本相当，两个时段年均输沙量分别为 1 907 万 t、1 868 万 t；到 2000 年以后，十大孔兑年均输沙量明显减少，2000—2009 年、2010—2018 年两个时段输沙量分别为 728 万 t、278 万 t，与长时期相比，两个时段年均输沙量分别减少 60.2% 和 84.8%。由此可见，十大孔兑来沙近期呈明显锐减形势，其原因一方面与孔兑流域的降水减少有关，尤其是孔兑暴雨的强度与频次的减少；另一方面与孔兑流域开展的水土保持工程的实施密切相关[9]。十大孔兑来沙量减少对内蒙古河道减淤是有利的。

表 2　十大孔兑不同时段输沙量

项目	时段/年						
	1960—1969	1970—1979	1980—1989	1990—1999	2000—2009	2010—2018	1960—2018
年均输沙量/万 t	2 318	1 907	3 712	1 868	728	278	1 828
与长时期比较增减幅度/%	26.8	4.3	103.1	2.2	−60.2	−84.8	

5 结论

（1）十大孔兑 1960—2018 年多年平均输沙量为 1 828 万 t。其中，20 世纪 60 年代平均输沙量为 2 318 万 t；70 年代减少到 1 907 万 t；80 年代年均输沙量最大，为 3 712 万 t；90 年代以后有所减少，为 1 868 万 t；到 2000 年之后进一步减少，2000—2009 年减少到 728 万 t，2010—2018 年进一步减少到 278 万 t。近期十大孔兑年输沙量减少，与长时期相比减少 84.8%，这对内蒙古河道减淤是十分有利的。

（2）由于十大孔兑流域观测资料十分匮乏，已设有水文站的孔兑实测资料系列也参差不齐，其余七大孔兑未设水文站，因此精确计算十大孔兑输沙量极其困难。本次研究成果可为河道水沙变化研究及河道治理提供初步参考，未来可以从孔兑产沙机制方面进一步研究和探讨。

参考文献

[1] 王平，侯素珍，张原锋. 黄河上游孔兑高含沙洪水特点与冲淤特性 [J]. 泥沙研究，2013 (1)：67-73.
[2] 许炯心. "十大孔兑" 侵蚀产沙与风水两相作用及高含沙水流的关系 [J]. 泥沙研究，2013 (6)：28.
[3] 支俊峰. 兰州—河口镇未计算区及内蒙古十大孔兑区水沙变化 [C] //汪岗，范昭. 黄河水沙变化研究（第一卷）. 郑州：黄河水利出版社，2002：453-459.
[4] 赵业安，曾茂林，熊贵枢，等. 黄河干流水库调水调沙关键技术研究与龙羊峡、刘家峡水库运用方式调整研究 [R]. 郑州：黄河水利科学研究院，2008.
[5] 林秀芝，郭彦，侯素珍. 内蒙古十大孔兑输沙量估算 [J]. 泥沙研究，2014 (2)：15-20.
[6] 杨根生. 黄河石嘴山—河口镇段河道淤积泥沙来源分析及治理对策 [M]. 北京：海洋出版社，2002.
[7] 王之君，拓万全，王昱，等. 黄河上游 "十大孔兑" 高含沙洪水灾害过程与输沙特性 [J]. 灾害学，2019，34 (3)：93-96.
[8] 支俊峰，时明立. "89.7.21" 十大孔兑区洪水泥沙淤堵黄河分析 [C] //汪岗，范昭. 黄河水沙变化研究（第一卷）. 郑州：黄河水利出版社，2002：460-471.
[9] 管亚兵，杨胜天，周旭，等. 黄河十大孔兑流域林草植被覆盖度的遥感估算及其动态研究 [J]. 北京师范大学学报（自然科学版），2016，52 (4)：458-465.

新形势下长江流域水资源配置格局优化研究

雷 静 汪 伟

（流域水安全保障湖北省重点实验室，长江勘测规划设计研究有限责任公司，湖北武汉 430010）

摘 要：长江流域是我国水资源配置的核心水源地，是"四横三纵"水资源配置格局的主要水源区。随着长江经济带、长三角一体化、京津冀协同发展、成渝双城经济圈等国家战略的深入推进，长江流域水资源开发利用面临着新的形势和要求。针对流域内和流域外的需水要求变化，本文重新审视了流域的水资源配置格局和存在的短板问题，提出以重大引调水工程和区域水资源配置工程为手段，健全高效科学的流域水资源配置格局，强化城市群供水网络建设，打造长江流域节约高效、配置合理、风险可控的高标准韧性水资源供给体系，支撑国家水网建设。

关键词：长江流域；水资源配置格局；新形势；供水安全

1 长江流域现状水资源配置格局

1.1 水资源与社会经济匹配状况

长江流域 1956—2016 年多年平均年水资源总量为 9 871.2 亿 m^3，占全国水资源总量的 34.9%；人均占有水资源量为 2 163 m^3；单位国土面积水资源量为 55.3 万 m^3/km^2，约为全国平均值的 2 倍；耕地亩均占有水资源量为 2 169 m^3。受季风气候影响，长江流域水资源量的年际年内变化较大，且出现连续丰水年或连续枯水年的情况。

长江流域水资源总量相对丰沛，流域水资源与人口、耕地、经济发展匹配状况总体较好。其中，下游地区人口分布更为密集，属地区生产总值高而当地水资源相对紧缺的地区，对过境水的开发利用程度较高；上游地区人口密度较低，属土地资源多而水资源一般的地区。成都平原、江汉平原、洞庭湖区、鄱阳湖区、江淮地区和太湖地区是我国重要的粮、棉、油生产基地，也是用水集中区，多数地区需要通过水利工程调蓄天然水资源满足用水需要。

1.2 现状供水用水格局

长江流域目前已基本建成以大中型骨干水库、引水、提水、调水工程为主体的水资源配置体系，供水安全保障程度全面提高，并通过跨流域调水工程润泽华夏大地。流域已建成大、中、小型水库 5.19 万座，总库容 4 141 亿 m^3，引水工程 36.8 万处，通过调蓄和配置水资源，城乡供水安全保障能力不断提升，农田水利工程基础不断夯实[1]。

2020 年，长江流域总供用水量为 1 957.56 亿 m^3，其中地表水源供水量 1 891.01 亿 m^3、地下水源供水量 40.27 亿 m^3、其他水源供水量 26.68 亿 m^3，分别占总供水量的 96.6%、2.1% 和 1.3%；农业用水量 981.77 亿 m^3、工业用水量 599.83 亿 m^3、生活用水量 330.26 亿 m^3、人工生态与环境补水量 45.7 亿 m^3，分别占总用水量的 50.2%、30.6%、16.9% 和 2.3%[2]。

1.3 主要问题

1.3.1 局部水资源短缺问题仍然存在

长江流域水资源总量虽较丰沛，但时空分布不均，流域水工程调节能力存在短板，局部地区供用

基金项目：国家重点研发计划课题"长江水资源节约高效利用与水旱灾害集合管理对策"。

作者简介：雷静（1977—），女，高级工程师，主要从事水资源配置调度工作。

水矛盾较为突出，特枯年份供需矛盾尤为突出。流域水工程调节能力不足，现状供水以引提水和中小型水库为主。现状总调节库容1 500亿m³，仅占年径流量的15%，上游和汉江调控能力较强，两湖水系调控能力较弱。随着南水北调中线一期工程建成，黔中水利枢纽、滇中引水工程、鄂北水资源配置工程等区域重大水资源配置工程的建设，黔中、滇中、鄂北岗地、唐白河等传统干旱区域水资源短缺问题将逐步得到缓解，四川盆地腹地、湘南湘中的衡邵丘陵区、赣南的吉泰盆地等局部区域水资源短缺问题仍较为突出。随着江湖关系变化，洞庭湖四口水系分流减少、断流时间延长，汛末洞庭湖、鄱阳湖湖水提前入江，两湖地区季节性缺水问题日益严重。南水北调中线一期工程建成后，汉江流域成为长江流域内水资源开发利用率最高的水系，需要补充水资源提高流域水资源水环境承载能力。

1.3.2 用水效率有待提高

虽然长江水资源利用效率有了很大提高，但与我国平均及先进地区相比，长江流域用水效率还有待提高。2019年，长江流域万元GDP用水量为57.7 m³（当年价，下同），略低于全国平均水平（60.8 m³）；万元工业增加值用水量为61.7 m³，是全国平均水平（38.4 m³）的1.6倍；耕地实际灌溉亩均用水量416 m³，高于全国平均水平（368 m³）；人均城镇、农村居民生活日用水量分别为155 L、96 L，均高于全国平均水平（139 L、89 L）。

1.3.3 引调水工程整体布局有待统筹优化

长江流域是我国水资源配置的核心水源地，是"四横三纵"水资源配置格局的主要水源区。调出长江流域引调水工程和流域内部水资源配置工程在流域层面的统筹布局有待进一步优化。如岷江（含大渡河）、汉江等流域均存在向外流域调水和本流域水资源配置的协调优化问题。

1.3.4 城乡供水系统抗风险能力差

现状长江流域已经初步建成了基于供需平衡的水资源配置网络，初步解决了城乡饮水"有没有"的问题。但大部分城市城乡供水水源单一，高度依赖大江大河等过境河流，供水系统韧性不足，应急备用水源建设滞后。随着经济社会发展，受到排污、航运等因素影响，河道型水源的水污染风险呈增加趋势。

2 未来水资源供需形势

2.1 面临的新形势和新要求

2.1.1 流域内国家战略需求

按长江流域水资源综合规划成果，至2030年，长江流域对本流域总供水量2 348亿m³。但从近5~10年的流域实际用水数据分析，目前长江流域的总用水量已经逐渐趋稳，未来用水需求将不会发生较大的增长，但需水的空间分布将发生较大的调整。

进入21世纪以来，长江流域在国家战略布局中的地位越来越重要。长江经济带、长三角一体化发展等国家战略相继实施，成渝双城经济圈、长江中游城市群等重点城市群/区域战略的逐步推进，流域内的社会经济发展对水安全保障提出了更高的要求，流域水资源系统的荷载压力不断增加。成渝城市群、长江中游城市群、长三角城市群、滇中城市群等地区将成为未来用水需求增加的主要区域。

2.1.2 流域内用水需求结构变化

2011年以来，长江流域供用水总量基本稳定在2 000亿m³左右水平，但长江流域用水结构发生了明显的变化，农业用水比重显著减小，城镇用水特别是生活用水显著增加，河道外生态用水量也逐步增加，工业用水量趋于稳定甚至略有下降，总体上城市用水量仍呈增长趋势，未来将维持这种趋势[3]。从时间分配上，枯水期的需水量和保障程度要求更高。

2.1.3 生态文明建设新要求

随着长江大保护的深入推进，特别是我国第一部流域法律《中华人民共和国长江保护法》2021年开始实施，长江流域坚持生态优先、保护优先的原则，把保护和修复长江流域生态环境放在压倒性位置，改善生态环境的用水需求将进一步增长。

2.1.4 城乡供水安全保障要求提高

随着人民对美好生活的向往，高质量饮水需求也越来越大。从以前"有水喝"，到希望"喝好水"，人们对优质安全饮水的需求日益增加，源头水、水库水等优质水源的稀缺性将逐渐彰显。

2.1.5 跨流域调水需求增加

随着京津冀协同发展、黄河流域生态保护和高质量发展等国家级区域重大战略的深入推进，长江进一步大规模、大范围、长距离向外流域调水工程的需求越来越多，这将对水源所在支流或干流河段资源环境承载能力带来巨大压力，水资源配置的各种矛盾也将逐渐加剧。

2.2 未来水资源供需形势分析

长江流域各水系中，岷江（都江堰以上）、太湖、汉江、滁河、巢湖、沱江等流域水资源开发利用率较高，超过30%。其中，岷江（都江堰以上）、汉江等流域调出水量较多，存在流域内用水与跨流域调水之间的矛盾[4]；随着成渝双城经济圈的推动，四川盆地腹地未来的水资源供需矛盾将更加突出，资源型缺水和工程型缺水并存；太湖、滁河、巢湖、唐白河等流域本地水资源量较少，但流域人口众多、社会经济及工农业生产发达，用水需求较大，需通过流域外调入水量或过境水量来满足流域内用水需求；受江湖关系持续变化影响，两湖地区季节性缺水问题日益严重[5]。流域内通天河、金沙江、雅砻江、大渡河、嘉陵江、清江等河段水资源开发利用率较低，具有向其他区域/流域调水的潜力，可作为流域内的储备水源地[6]。

3 长江流域水资源配置格局优化研究

在新形势要求下，特别是国家水网建设背景下，长江流域水资源配置格局需要在现状基础上进一步优化调整。

3.1 流域统筹，进一步优化重大引调水工程布局

在优先保障流域内重大战略实施和长江大保护对水资源需求的基础上，协调好流域内外关系，科学合理拟订南水北调等跨流域调水方案与规模；聚焦流域重大战略实施，系统谋划一批流域内引调水工程，逐步完善供水基础设施网络；以三峡、丹江口的巨大调节能力作为全国和流域水资源配置的核心枢纽，实现长江流域水资源统一配置调度；研究西南河流作为长江流域等我国腹地河流的后备接续水源[7]。

3.2 重点保障城市供水安全

以问题和短板为导向，以"提标准"为主要抓手，从加强水源建设和储备、提升供水品质、提高工程保障能力等方面完善城市供水安全保障体系。针对未来流域内城市/城市群需水大幅增加并占据更重要地位的趋势，针对流域内的滇中城市群、黔中城市群、成渝城市群、长江中游城市群、长三角城市群，通过滇中引水、乌江引水、引大济岷、皖水东送等重大水资源配置工程，构建多源互济、区域联动的城市供水网，充分利用优质水源，拓展第二水源，提升重点城市水资源供给品质，构建抗风险能力强的韧性城市供水系统。

3.3 优水优用，充分发挥已建水库电站综合利用效益

贯彻"以人民为中心"发展理念，对标全面建设社会主义现代化强国的目标要求和满足人民群众"喝好水"的迫切愿望，充分挖掘流域内已建水库电站的综合效益，以利用"河流源头水、优质水库水"为主建设高品质供水网络，在条件合适的区域置换出用于发电、灌溉的优质水源供给城市，充分挖掘优质水源的价值和稀缺性，提高水资源的集约高效利用水平。

此外，长江流域一些单纯具有防洪和发电任务的库容较大、水质较好的水库，如大渡河上的双江口水库、雅砻江上的两河口水库、乌江上的东风水库、汉江上的潘口水库、清江上的隔河岩水库等，水库调节性能较好，水质优良，且水库流域内人类活动少，具备城乡供水的潜力，可作为流域内的战略储备水源。

3.4 重视水资源开发利用的累积影响

长江流域是全国跨流域引调水工程的主要水源地，其调出水量占全国跨一级区调出水量的75%。这些引调水工程对长江流域的天然水文情势产生了较大影响[8-11]。需要严格控制流域水资源开发利用强度和各主要控制断面水资源开发利用率，合理确定各河段的可调水量，科学论证调水规模。同时，更加重视跨流域引调水等水资源开发利用活动对流域整体的累积影响。长江大通以下干流区域是上海市及苏南地区的优质供水水源地，也是引江济淮、南水北调东线等跨流域调水工程的水源地，而此区域受全长江流域水资源开发利用对流域水资源情势的累积影响，需要尤其关注[9]。

3.5 强化流域水资源统一调度

长江流域水库、涵闸、引调水工程数量巨大，构成了复杂的水利工程系统。要立足于流域整体概念，强化流域的水资源统一调度，建立水资源统一调度平台，统筹水利工程的供水、灌溉、防洪、生态等多功能目标，兼顾上下游、左右岸、各部门、流域内外的用水需求，实现水资源的精准智慧调控，有效应对干旱、咸潮入侵、突发水污染等事件，保障水资源供给。

4 结语

长江是中华民族的母亲河，是我国的经济重心所在、活力所在，是我国重要的生态屏障、水资源配置的战略水源地、实施能源战略的主要基地、连接东中西部的黄金水道、重要的粮食生产基地。在新形势要求下，特别是建设国家水网背景下，需要以全新视角重新审视长江流域的水资源配置格局，针对流域内和流域外的需水要求变化，以重大引调水工程和区域水资源配置工程为手段，健全高效科学的水资源配置格局，强化城市群供水网络建设，打造长江流域节约高效、配置合理、风险可控的高标准韧性水资源供给体系，支撑国家水网建设。

参考文献

[1] 水利部长江水利委员会. 长江流域综合规划（2012—2030年）[R]. 2015.

[2] 水利部长江水利委员会. 长江流域及西南诸河水资源公报（2020）[R]. 2021.

[3] 陈进, 刘志明. 近20年长江水资源利用现状分析 [J]. 长江科学院院报, 2018, 35（1）: 1-4.

[4] 常福宣, 陈进, 张洲英. 汉江中下游水资源风险分析与对策研究 [J]. 长江科学院院报, 2013, 30（7）: 11-15.

[5] 卢金友, 朱勇辉. 三峡水库下游江湖演变与治理若干问题探讨 [J]. 长江科学院院报, 2014, 31（2）: 98-107.

[6] 侍克斌, 岳春芳, 何春梅, 等. 西部南水西调前期研究——疆外跨流域调水可行性初探 [J]. 新疆农业大学学报, 2012, 35（1）: 1-6.

[7] 王欣, 侍克斌, 岳春芳, 等. 新疆跨区域调水可行性前期研究——怒江调水入疆可行性初探 [J]. 水资源与水工程学报, 2016, 27（3）: 138-142.

[8] 方娟娟, 李义天, 孙昭华, 等. 长江大通站径流量变化特征分析 [J]. 水电能源科学, 2011, 29（5）: 9-12.

[9] 刘伟苹. 长江大通至河口段沿江引水变化特征及其对河口的影响分析 [D]. 上海: 华东师范大学, 2016.

[10] 汤秋鸿, 黄忠伟, 刘星才, 等. 人类用水活动对大尺度陆地水循环的影响 [J]. 地球科学进展, 2015, 30（10）: 1091-1099.

[11] 雷静. 人类活动影响下长江流域水资源演变趋势及对策 [J]. 人民长江, 2014, 45（7）: 7-10.

汉口站 2020 年汛期水位流量关系分析

何康洁 邓鹏鑫 王 栋 刘 昕

（长江水利委员会水文局，湖北武汉 430010）

摘 要： 根据长江中下游干流控制站汉口站近年实测断面和流量等资料，分析了该站测验断面年际的冲淤变化规律，结合 2020 年汛期降雨及下游河道情况，分析该站 2020 年汛期水位流量关系的变化成因。分析结果表明：2020 年长江中下游流域前期降水偏丰，上游水库群消落库容来水叠加使得汉口站起涨水位较高；区间支流来水量增大且降雨集中，导致下游区间各支流来水快速增加造成对干流顶托；同时河段比降较 1998 年小，洪水下泄缓慢，水位流量关系线维持左偏状态。

关键词： 水位流量关系曲线；冲淤变化；水文分析；汉口站

1 基本情况

汉口水文站位于汉江汇入口下游约 1.4 km，集水面积为 148.8 万 km²，是长江中游干流重要控制站，也是国家基本水文站。

武汉关海关水尺最早设于 1865 年，1922 年开始测流。1944 年 10 月至 1945 年 12 月曾一度中断。基本水尺历年固定于长江左岸的武汉关航道局工程处专用码头。测流断面中华人民共和国成立前位于武汉关下游 400 m 处，中华人民共和国成立后移至基本水尺下游 3.7 km 的下太古，1990 年 9 月因兴建武汉长江二桥，测流断面下迁 1.7 km，距基本水尺断面约 5.4 km[1-2]。基本水尺上游 1.3 km 有汉江从左岸入汇[3]，上游约 3.1 km 处有武汉长江大桥，再上游有东荆河、金水和陆水分别从左右岸入汇。测流断面下游 3.8 km 左岸有府澴河入汇。

本站测验河段大致顺直，河流主槽偏右，横断面呈复式河床，左浅右深。左岸河床冲淤变化较大，右岸河床基本稳定。整个断面汛期一般为涨冲落淤[4]。水位流量关系主要受下游支流及鄱阳湖来水顶托和洪水涨落影响，较为复杂，历年流量资料整编采用连时序法推流[5]。

2 2020 年汉口站水位流量关系分析

根据汉口站 2003—2018 年实测大断面资料，分析其断面冲淤变化情况，见表 1、图 1。2003—2018 年冲淤交替，河槽主要形态未发生明显改变，水位 15 m 以上断面基本保持不变，15 m 以下时断面冲淤高度差一般在 5 m 左右，最大时相差 8.6 m。2016 年河槽大部分发生轻微淤积，河床上抬，右侧冲刷出明显凹槽，2017 年时河槽中部轻微冲刷，右侧凹槽淤积变小，至 2018 年凹槽已不明显。汉口站断面面积较为稳定，整体变化幅度不大。

表 1 汉口站同水位下断面面积变化统计

水位/m	2003 年面积/m²	与 2003 年相比面积变化百分比/%					
		2010 年	2014 年	2015 年	2016 年	2017 年	2018 年
10	5 722	16.70	13.72	11.48	16.24	26.28	8.64
15	13 528	−1.73	0.17	0.78	1.91	3.79	−1.11
20	21 511	−1.85	−0.66	−0.50	0.27	1.34	−2.12
25	29 850	−0.99	−0.16	−0.10	0.72	1.43	−0.96
30	39 867	−1.06	−0.43	−0.46	0.24	0.72	−1.17

作者简介：何康洁（1996—），女，助理工程师，主要从事工程水文分析计算及水资源研究工作。

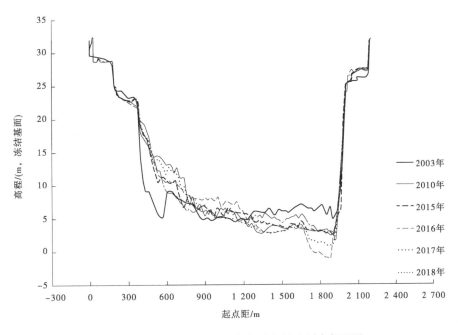

图1　汉口站 2003—2018 年部分年份实测大断面图

　　根据汉口站 2020 年截至 7 月 26 日的实测流量资料和历史大水年资料，点绘了该站大水年连时序水位流量关系（见图 2），并将汉口站实测流量考虑下游顶托和涨落率等因素进行改正。2020 年汉口站连时序水位流量关系线与 1998 年洪水相比，2020 年洪水在水位 26 m 以上时关系线偏左，同流量下水位偏高，2020 年 7 月 3—6 日水位流量关系出现跳涨，水位升高 1.23 m，流量增加 1 800 m³/s，此后水位、流量按原有增长幅度继续增加。7 月 9—26 日，水位维持在 27.94～28.73 m，流量在53 300～60 200 m³/s 间摆动。高水涨落整体变幅与 2016 年大水年的变化范围相似，且均在 1954 年大水年的变化范围内，水位流量关系未发生明显变化。

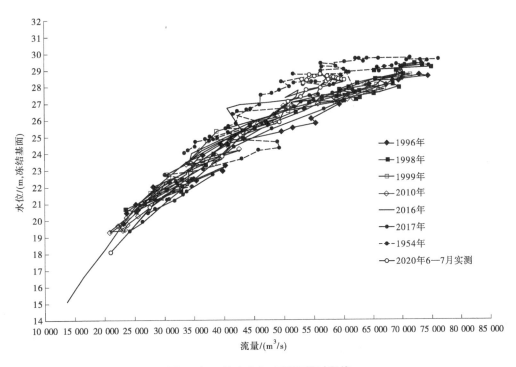

图2　汉口站大水年实测流量过程线

点绘 2014—2020 年实测点据，2020 年 6—7 月水位流量关系线与近年点据拟合度较好，在 45 000 m³/s 流量以上关系线略偏高，见图 3。

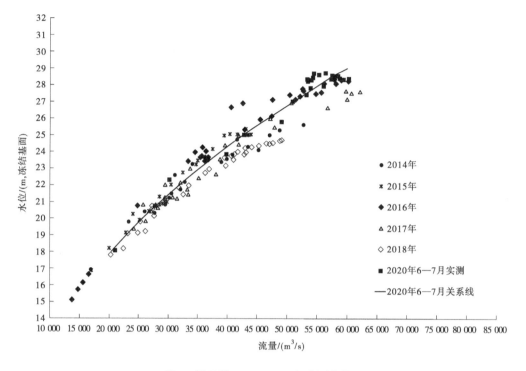

图 3　汉口站 2014—2020 年实测点据

汉口、黄石港、九江站实测水位变化和汉口—九江区间来水量、降雨量过程线见图 4、图 5。7 月 3—6 日，汉口水位与下游黄石港水位差基本维持在 3.5 m 左右，与下游九江水位差基本维持在 7.0 m 左右。同时期，湖口流量保持较低水平，且持续减少约 1 200 m³，九江流量增加约 10 000 m³/s。武汉地区及下游鄂东北区间干支流降水主要集中在 7 月 2—7 日，6 天内降水占 6 月 10 日至 7 月 26 日总降水量的 40%。7 月 3—6 日，汉口—九江区间，鄂东北府澴河、举水、巴河三条支流流量增加约 4 700 m³/s，蕲水西河驿流量增加约 1 500 m³/s，倒水李家集水位 4—6 日上涨约 0.8 m，浠水白莲河水库 5 日、6 日出库水量骤增。

3　影响因素分析

影响汉口站水位流量关系的因素较为复杂，2020 年长江中下游流域前期降水较常年偏丰，加上长江上游水库群消落库容来水叠加，2020 年中下游起涨水位较高。2020 年 7 月 3—6 日，水位流量关系线发生跳涨，比较同时段下游九江站水位，该时段内两者水位差基本保持不变。区间府澴河、倒水、举水、巴河等支流来水量增大，浠水白莲河水库开闸放水量较多，但下游湖口流量却略有减小。降雨基本集中在 2—7 日，导致汉口站下游区间各支流来水快速增加，造成东北诸河来水对长江干流顶托，且干流下游也有轻微顶托现象，汉口站与下游黄石港、九江两站水位差基本保持不变甚至略有减小，河段比降较 1998 年小，洪水宣泄不畅，水位被迫抬升。7 月 6 日后，汉口—黄家港及汉口—九江水位差继续缩小，洪水下泄缓慢，导致水位一直处于较高位置，关系线维持左偏状态。

与 2020 年情况相似，2016 年 7 月 1—2 日间连时序水位流量关系线出现大幅跳涨（见图 2）。6 月 30 日至 7 月 6 日武汉及鄂东北分区降雨量占 6 月 22 日至 7 月 15 日总降雨量的 76.6%，雨量十分集中。汉口站与黄石港、九江水位差均维持在 3.5 m、7 m 左右，区间支流来水陡增，且持续时间较长，加上下游洪水宣泄不畅，导致 2016 年水位流量关系线出现跳涨左偏。同样在 7 月 7 日后，汉口—黄家港及汉口—九江水位差继续缩小，洪水下泄缓慢，关系线维持左偏状态。

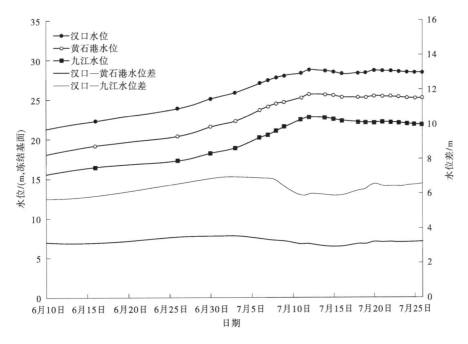

图 4 2020 年汉口、黄石港、九江水位变化过程线

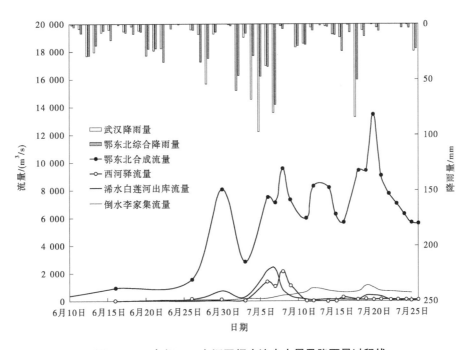

图 5 2020 年汉口—九江区间支流来水量及降雨量过程线

对比 1998 年洪水，6 月 25 日水位明显上涨后，仅 7 月 20—22 日 3 d 发生强降雨，汉口—九江区间支流仅蕲水西河驿站流量在 6 月 27 日、7 月 22 日、7 月 23 日 3 d 达到 1 000~2 700 m³/s 范围，其他时间各支流来水量基本小于 500 m³/s，绝大多数时间流量小于 100 m³/s，见图 6、图 7。与 2016 年和 2020 年相比，区间来水量大大减少，基本未造成对上游汉口站的顶托。6 月 25 日至 9 月 1 日期间，汉口—九江水位差增大趋势明显，水位差增加 2.28 m，汉口—黄石港水位差增加 0.59 m，受下游顶托影响不大，洪水下泄顺畅，因此 1998 年连时序水位流量关系线未出现明显跳涨或左偏问题。

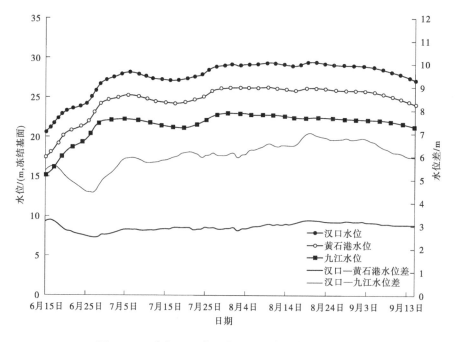

图 6　1998 年汉口、黄石港、九江水位变化过程线

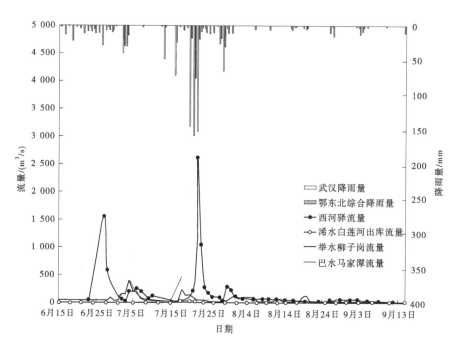

图 7　1998 年汉口—九江区间支流来水量及降雨量过程线

4　结论

通过以上分析，可以得出以下结论：

（1）汉口站上游约 1.3 km 处有汉江从左岸入汇，再上游有东荆河、金水和陆水入汇；其下游约 9.2 km 左岸有府澴河入汇，再下游左岸有倒、举、巴、浠、圻等水，武湖及张渡湖入汇，右岸有梁子湖、富水等来汇，下游约 284 km 有鄱阳湖水系于湖口入汇，下游支流来水对本站水位流量关系有一定顶托的影响。汉口站各年综合线随洪水特性及其地区组成不同而上下摆动，变幅较大。经分析主要是不同水情条件的作用，年际间随洪水特性不同而上下摆动，中高水无趋势性变化，低水部分由于

河道冲刷等作用发生下移。

（2）2020年长江中下游流域前期降水较常年偏丰，加上上游水库群消落库容来水叠加，2020年长江中下游起涨水位较高。区间支流来水量增大，水库开闸放水量较多，且降雨集中，导致汉口站下游区间各支流来水快速增加，造成东北诸河来水对长江干流顶托，同时河段比降较1998年小，洪水宣泄不畅，水位被迫抬升。后期洪水下泄缓慢，导致水位一直处于较高位置，水位流量关系线维持左偏状态。

参考文献

[1] 沈力行，梁玉华，阳立群. 汉口站水位流量关系分析［J］. 水利水电快报，1999，20（18）：10-13.

[2] 施修端，负湛海，朱汉林. 长江中游汉口站大水年水位流量关系变化分析［J］. 水利水电快报，2000，21（10）：17-19.

[3] 周海燕，梅亚军. 汉江下游防洪对策初探［J］. 人民长江，2011，13（42）：27-30.

[4] 董程，冯民权. 长江流域洪水汛情分布与水位-流量特征关系分析［J/OL］. 西安理工大学学报，2020-09-28.

[5] 孙昭华，周歆玥，范杰玮，等. 考虑回水影响的河道水位流量关系确定方法［J］. 水科学进展，2021，32（2）：259-270.

河套灌区土壤盐碱化发展过程及其驱动机制

王军涛[1,2,3]　常布辉[1,2,3]　李强坤[1,2,3]

（1. 黄河水利委员会黄河水利科学研究院，河南郑州　450003；

2. 河南省黄河流域生态环境保护与修复重点实验室，河南郑州　450003；

3. 河南省农村水环境治理工程技术研究中心，河南郑州　450003）

摘　要：黄河流域灌区土壤次生盐碱化问题普遍存在，受区域土壤质地、气象蒸发、灌排条件等因素影响，形成条件及轻重程度各异。河套灌区作为重要的粮食主产区，土壤盐碱化问题影响粮食安全及水资源安全。本文分析了中华人民共和国成立以来河套灌区土壤盐碱化发展过程，研究了灌区盐碱地的类型及分布，从气象、引退水、作物种植、灌溉、地下水、工程、黄河径流等方面定性分析了影响河套灌区土壤盐碱化发展的主要因素，并提出了不同因素对盐碱地发展的定量贡献率，可为盐碱地改良治理提供基础支撑。

关键词：河套灌区；土壤盐碱化；发展过程；驱动机制

1　背景

2019 年，黄河流域生态保护和高质量发展成为国家重要的发展战略。黄河流域是我国重要的经济地带，黄淮海平原、汾渭平原、河套灌区是农产品主产区，粮食和肉类产量占全国 1/3 左右。黄河以占全国 2%的水资源总量，灌溉了全国 15%的耕地，养活了全国 12%的人口。引黄灌溉是黄河流域 40 年来粮食增产的主要途径，流域（含供水区）万亩以上的灌区 747 处，其中大型灌区 84 处，中型灌区 663 处，占总有效灌溉面积的 78%。

黄河流域灌区土壤次生盐碱化问题普遍存在，受区域土壤质地、气象蒸发、灌排条件等因素影响，形成条件及轻重程度各异。宁蒙灌区属"先天不足，后天失调"，现状合计盐碱地面积约 650 万亩，是主要分布区，新增灌溉面积多为盐碱地。中游灌区在 20 世纪 80 年代以前，重灌轻排，分布较多，井渠结合调控后，经灌排工程和地下水位控制等，土壤盐碱化有了较大改善，只在局部存在。下游灌区在 20 世纪 60 年代时"大引、大蓄、大灌"的模式，造成土壤盐碱化泛滥，引黄灌区停灌，1965 年复灌之后，逐步得到有效控制，目前除黄河三角洲地区因地下水位高、海水入侵等盐碱化较为严重外，其他地方只有零星分布。

河套灌区作为我国最大的一首制自流引黄灌溉区和全国三个特大型灌区之一，是阻止乌兰布和沙漠向东推进的重要地带，是保障国家粮食安全和西北生态安全的重要屏障。灌区设计灌溉面积 1 100 万亩，1998 年有效灌溉面积 861 万亩，灌区经过 20 多年的发展，灌溉面积增长较快。根据黄河水利科学研究院核查成果，2019 年种植面积 1 143.90 万亩（包括林草地），农作物种植面积 997.4 万亩（不包括林草地）。灌区已经成为我国重要的粮食主产区，然而灌区内盐碱地广泛分布，一方面影响粮食产量，另一方面形成了洗盐压碱的秋浇模式也浪费大量的水资源。开展河套灌区土壤盐碱化问题研究，理清其驱动机制，对开展科学的治理工作具有重要意义。

基金项目：黄科院科技发展基金项目（黄科发 202108），黄河水利科学研究院中央级公益性科研院所基本科研业务费专项资金资助项目（HKY-JBYW-2019-06）。

作者简介：王军涛（1980—），男，高级工程师，主要从事节约用水和农村水利研究工作。

2 河套灌区土壤盐碱化发展

河套灌区自秦汉时代即开始挖渠，经不断发展，至清代末期建成八大干渠，中华民国时期向东延伸至乌拉山前的三湖河地区。灌区降水少，蒸发量大，地下水的运动属于蒸垂入渗蒸发型，灌溉水中含盐量约为 0.5 g/L，这些因素决定了河套灌区土壤次生盐碱化程度较严重。河套灌区土壤盐碱化的演变是一个动态过程，中华人民共和国成立以后大体经历了"快速发展—相对加重—平稳发展—逐步控制"四个变化阶段，见图 1。

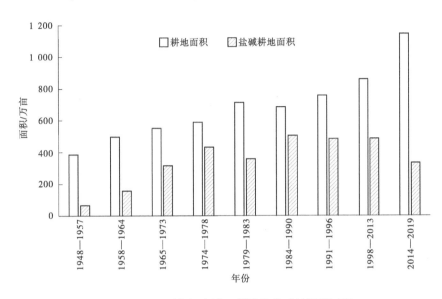

图 1　不同时期河套灌区耕地及盐碱地发展过程

2.1 盐碱化面积快速发展阶段

自清代后期到中华人民共和国成立前为掠夺式的开发阶段，使大片肥沃土地形成了次生盐碱化。中华人民共和国成立后至三盛公水利枢纽建成以前，灌区耕地面积由中华人民共和国成立初期的 19.3 万 hm^2 扩大到 40 万 hm^2，其中轻度盐碱化面积增至 33.3 万 hm^2，中度盐碱化面积发展到 5.3 万 hm^2，盐碱化面积发展很快，但程度较轻。

2.2 盐碱化相对加重阶段

20 世纪 60 年代初至 80 年代初，由于灌溉管理体系不完善，灌溉水量不合理增大，排水干沟堵塞。河套灌区进入大引大灌和有灌无排阶段，加之渠道渗漏及农业措施粗放，造成地下水位上升，土壤盐碱化面积和盐碱化程度都迅速发展，耕地中的中度、重度盐碱化面积扩展到 10.7 万 hm^2，部分耕地因盐碱化加重而弃荒。

2.3 盐碱化平稳发展阶段

20 世纪 80 年代中后期，河套灌区灌排体系得到加强，灌区进入了有灌有排阶段，支沟以上骨干工程基本配套，但盐碱化问题仍然十分严重，灌区仍处于严重积盐状况。1987—1997 年间灌区年均积盐量 167.5 万 t，累计积盐量达 1 842.83 万 t，农田平均积盐 32.10 t/hm^2。实际灌溉面积从 20 世纪 50 年代的 388 万亩增加到 21 世纪初期的 861 万亩，平均每年递增 8.3 万亩。盐碱地面积也由 66 万亩增加到 484 万亩，平均每年递增 7.3 万亩。

2.4 盐碱地逐步控制阶段

21 世纪以来，随着灌区配套工程的完工、灌排体系的完善、灌溉用水管理的加强，区域地下水位得到初步控制，盐碱化问题初步得到控制，根据巴彦淖尔市水科所 2016—2018 年的现场取样勘查，河套灌区盐碱化耕地总面积 333.37 万亩，其中轻度盐碱土面积 242 万亩，占总数的 72.6%。

3 河套灌区盐碱地类型和分布

河套灌区盐碱化耕地按盐碱成分可划分为硫酸盐盐化土、氯化物盐化土、苏打盐化土、钠质碱化类盐化土等几种类型，且几种类型多以复合型形态交叉并存，详见表 1。

表 1 河套灌区不同类型盐碱地面积占比

盐碱地类型	硫酸盐盐化土	氯化物盐化土	苏打盐化土	钠质碱化类盐化土
当地俗称	蓬松盐土、毛拉碱、扑腾碱	潮湿盐化土、黑油碱	马尿碱、水碱、明碱	白僵滩、光板地
所占比例/%	50	29.10	11.20	9.70

河套灌区各灌域、各旗县区均有盐碱耕地分布，总体情况是，东部较重、西部轻，北部重、南部轻。从局部地形看，在洼地边缘和局部高起部位，地表水分蒸发相对较强烈，水分容易散失，盐分易积聚，常形成斑状盐碱化土壤。

盐碱化地块分布在总排干两岸、干渠和海子周围，在交接洼地积盐较重，坡地积盐较轻，呈现大处在洼、小处在高的斑状分布。在灌区范围内，盐碱地面积最大的是五原县，占盐碱地总面积的25.41%；最小的是乌拉特后旗，仅占总面积的 1.24%。具体分布见表 2。

表 2 河套灌区各旗县区盐碱化耕地面积汇总

旗县区	盐碱地面积/万亩	比例/%
五原县	123.0	25.41
乌拉特前旗	82.8	17.11
杭锦后旗	79.9	16.51
临河区	72.0	14.88
乌拉特中旗	66.3	13.70
磴口县	54.0	11.16
乌拉特后旗	6.0	1.24

4 河套灌区盐碱地演变驱动机制分析

4.1 驱动因子定性分析

河套灌区土地盐碱化问题是自然因素、经济因素和社会因素相互作用、相互影响的结果，其变化影响因素众多、成因复杂，根据河套灌区特点，选择盐碱地变化的驱动因素，如表 3 所示。

表 3 盐碱地变化驱动影响指标

属性	指标名称
气象因素	降水、平均气温、平均气压、平均风速、蒸发量、平均相对湿度、日照时数
引退水因素	引水量、排水量、引盐量、排盐量、陆地蒸发量、地下水利用量
作物种植和灌溉因素	耕地面积、灌溉面积、小麦种植比例、玉米种植比例、葵花种植比例、毛灌溉定额、ET_0
地下水因素	地下水埋深、地下水矿化度
工程因素	节水面积比例
径流条件	黄河流量

本研究利用 1990—2017 年间各影响因子逐年平均数据进行分析，运用主成分分析方法，分析引起盐碱地变化的显著影响因子，并通过各显著影响因子间的关系，以筛选出盐碱地变化的主要影响因子。

首先对数据进行标准化处理，然后采用 SPSS 软件对标准化后的数据进行分析，得到主成分的特征值和方差贡献率，选取 6 个因子为主成分，累计贡献率为 89.717%，用以代替上述 21 项指标来描述灌区盐碱地变化驱动因素。随后计算了各因子的载荷矩阵（见表 4），其反映了各主成分与变量之间相关系数的矩阵，相关系数的数值越大，该变量对主成分的贡献度就越大。可以看出，第一主成分同玉米种植比例、葵花种植比例、平均地下水埋深及节水面积比例存在很强的相关关系，F1 可定义为人类活动影响因子。第二主成分主要与气象因素中降水、平均相对湿度、ET_0 和引盐量存在较强的相关关系，气象因子所占比重较大，F2 定义为气象因子。第三主成分主要与毛灌溉定额存在较强的关系，这表明田间灌水量对盐碱地的发展起到关键性作用。第四、第五和第六主成分中，除第四主成分同个别气象要素存在较弱相关性外，并没有明确的影响。

表 4　因子载荷矩阵

影响因子	成分					
	F1	F2	F3	F4	F5	F6
降水	−0.389	−0.721	−0.252	0.019	−0.120	0.308
平均气温	0.362	0.399	−0.562	0.385	0.193	0.445
平均气压	0.304	−0.419	−0.233	0.634	0.325	−0.299
平均风速	−0.651	0.085	0.450	−0.454	−0.055	0.251
平均相对湿度	−0.279	−0.661	−0.180	−0.232	0.443	0.259
日照时数	0.192	0.336	0.376	0.508	−0.479	−0.178
ET_0	0.034	0.883	0.169	0.156	−0.209	0.119
引水量	0.423	0.331	0.739	0.039	0.260	0.229
毛灌溉定额	−0.172	0.306	0.820	0.009	0.392	0.131
退水量	0.739	−0.385	0.431	−0.163	−0.048	0.203
引退水比	−0.651	0.535	−0.297	0.134	−0.048	−0.065
引盐量	0.392	0.759	−0.276	−0.070	0.135	0.010
排盐量	−0.545	−0.405	0.095	0.433	−0.350	0.293
引排盐比例	0.520	0.660	−0.095	−0.351	0.229	−0.242
小麦种植比例	−0.532	0.306	0.577	0.416	−0.080	0.188
玉米种植比例	0.920	−0.231	−0.087	0.076	−0.246	0.065
葵花种植比例	0.833	0.128	−0.153	−0.290	−0.172	0.141
节水面积比例	0.921	−0.211	0.071	−0.053	−0.253	0.056
平均地下水埋深	0.864	−0.245	0.158	−0.193	−0.201	0.149
地下水矿化度	0.440	−0.469	0.293	0.472	0.237	−0.233
引水口处黄河流量	0.476	−0.207	0.532	0.240	0.273	0.032

　　结合以上结果，主要针对第一、二、三主成分得分和综合得分进行分析。图 2 给出了人类活动（主成分 F1）得分、气象主因素（主成分 F2）得分、毛灌溉定额（主成分 F3）得分及综合得分的变化趋势。可以看出，人类活动的影响增长剧烈，得分逐年增加趋势明显，说明人类活动的影响对于灌区盐碱地的发展所占比重逐年增加。而气象因素、毛灌溉定额的影响年际间变化不大，且呈现负增长。综合得分是各项影响指标的综合反映，总体上综合得分呈增加趋势，这是人类活动及气象因素综合影响下的彼此平衡的结果。综上所述，人类活动条件下的作物种植类型、地下水埋深及节水改造面积等是盐碱地发展的主要驱动因子。

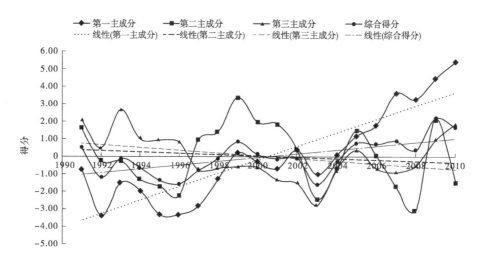

图 2　各主成分及综合得分趋势

4.2　驱动因子定量分析

　　本研究定量计算了各个影响因素对河套灌区盐碱地面积变化过程的贡献率。因子的贡献率能反映因子在某一时期的增量所引起因变量的增量占因变量总体变化的比重，通过分析各因子对盐碱地面积的贡献率，可以定量地分析各因子变化过程对河套灌区盐碱地面积变化的影响程度。

　　河套灌区盐碱地的变化是多种因素综合影响的结果，用函数表示其关系为

$$S = f(C_1, C_2, C_3, \cdots, C_n) \tag{1}$$

式中：S 为盐碱地面积；C_i 为与盐碱地面积相关的第 i 种因素，$i = 1, 2, \cdots, n$。

　　对式（1）两边取对数，然后利用 SPSS 软件进行多元线性回归可以得到各因子的弹性系数，各类因素变化过程对盐碱地面积变化的贡献率可按下式计算：

$$\alpha_i = \beta_i \times \frac{\Delta C_i}{C_i} \bigg/ \frac{\Delta S}{S} \tag{2}$$

式中：α_i 为第 i 项因素对于盐碱地变化的贡献率；β_i 为第 i 项因素的弹性系数；ΔC_i 为第 i 项因素的变化过程；ΔS 为盐碱地面积变化过程。

　　经过显著性检验，气象因子中，气温和风速达到显著水平；而与人类活动相关的因子中，耕地面积比例、节水灌溉面积比例、玉米种植比例和葵花种植比例等达到显著水平。利用多重线性回归和广义最小二乘法可以得到各项因子的弹性系数。将影响因子的弹性系数和变化率，代入式（2），可以得到各影响因子变化过程对作物盐碱地面积变化的贡献率，结果见表 5。

表 5 各影响因子对于盐碱地面积变化的贡献率

影响因素	影响因子	弹性系数	变化率/%	贡献率/%
气象因素	平均降水量	0.597	56.71	-4.232
	平均风速	0.678	44.29	-3.754
	平均气温	0.755	-87.18	8.228
	平均相对湿度	-0.828	22.07	2.284
	平均日照时数	-0.205	45.74	1.172
种植结构和灌溉因素	ET_0	-0.361	118.2	5.334
	毛灌溉定额	3.527	-27.81	12.261
	小麦种植比例	0.24	443.2	-13.296
	葵花种植比例	0.368	452.11	-20.797
	节水面积比例	0.829	261.85	-27.134
地下水因素	平均地下水埋深	0.44	671.36	-36.925
	地下水矿化度	0.568	-185.7	13.185
引排水因素	引水量	0.666	332.35	-27.668
	退水量	0.756	438.8	-41.467
	退引水比例	0.524	-142.5	9.334
	引盐量	-0.783	149.37	14.62
	排盐量	0.445 8	-136.74	7.62
	排引盐比例	0.941	-135.21	15.904
正因素				89.942
负因素				-175.273
合计				-85.331
其他因素				-14.669
总影响				100

注：各影响因子变化过程对盐碱地面积的贡献率为正，则说明该影响因子在研究时段内的变化过程促使盐碱地面积上升，贡献率为负表示该影响因子在研究时段内的变化过程促使盐碱地面积下降。其他因素为除去研究因素外没有参与分析的其他因素的影响。

结果表明，在研究时段内自然因素影响（包含气象因素和地下水因素）中的地下水矿化度、平均气温、平均相对湿度、日照时数等参数变化过程对盐碱地面积变化的贡献率为正数，说明这些影响因素的增加过程会促使盐碱地面积增加；而平均地下水埋深、平均降水量、平均风速等参数变化过程对盐碱地面积变化的贡献率为负数，说明这些影响因素的增加过程会促使盐碱地面积减小。这些影响因素中，贡献率最大的是平均地下水埋深，为-36.925%，说明其导致盐碱地面积变化的驱动力较大；贡献率最小的是日照时数，为-1.172%。

综合来看，本研究所选的 18 种影响因素变化过程对盐碱地面积变化贡献率为-85.331%，说明研究期限内这些影响因素变化过程导致河套灌区盐碱地面积减小，这与前面的分析相对应。排引盐比例、引盐量、地下水矿化度、毛灌溉定额等因素是盐碱地面积增加的主要驱动因素，而节水措施、地下水埋深增大、耐旱作物种植面积所占比重的增加及加大引退水是盐碱地面积得以控制的主要驱动因素。

5 结论与展望

（1）河套灌区土壤盐碱化的演变是一个动态过程，中华人民共和国成立后大体经历了"快速发展—相对加重—平稳发展—逐步控制"四个变化阶段，目前随着灌区配套工程的完工、灌排体系的完善、灌溉用水管理的加强，灌区盐碱化耕地总面积 333.37 万亩，其中轻度盐碱土面积 242 万亩，占总数的 72.6%。

（2）河套灌区盐碱化耕地东部较重、西部轻，北部重、南部轻，其中五原县、乌拉特前旗分布最多。按盐碱成分可划分为硫酸盐盐化土、氯化物盐化土、苏打盐化土、钠质碱化类盐化土等几种类型，且几种类型多以复合型形态交叉并存，其中硫酸盐盐化土分布最广，约占 50%。

（3）人类活动开展的一系列工程与非工程措施对灌区土壤盐碱化变化影响较大（综合贡献率 89.029%），其中节水面积（节水措施）的增加、葵花种植面积的增加以及排水量的增加是盐碱地的主要抑制因素，而灌溉定额的增加是盐碱地面积增加的主要促进因素；气象因素的驱动力较小（综合贡献率 3.698%），其中降水、气压、气温、日照时数及 ET_0 在研究时段内的变化抑制盐碱地面积的增加；风速和相对湿度的变化对盐碱地面积增加有一定的促进作用。

（4）由于黄河流域灌区面积广阔，其生态环境系统极其繁杂，内部自然与人为因素错综复杂，对灌区生态环境演变规律及其驱动机制的研究还处在初级阶段，今后应开展更加全面细致的排查分析，对于本研究未涉及的灌区生态环境问题要深入研究其机制和内在的联系。

参考文献

[1] 李元征，冯智志，李立，等. 基于 GIS 的黄河流域陆地生态系统生态敏感性评价 [J]. 环境科学与技术，2021，44（4）：219-225.

[2] 张金萍，肖宏林. 黄河流域灌区农业用水研究发展历程与展望 [J]. 灌溉排水学报，2020，39（10）：9-17.

[3] 王彩虹，张文博，高子舒. 巴彦淖尔市盐碱地改良技术的研究进展 [J]. 农业技术与装备，2021（3）：49-51.

[4] 付同刚，蒋莞艳，刘鹏，等. 内蒙古河套灌区盐碱地治理中农户参与意识及其影响因素 [J]. 中国生态农业学报（中英文），2021，29（4）：625-632.

[5] 马贵仁，王丽萍，屈忠义，等. 构建河套灌区大规模盐碱地改良效果评估指标体系 [J]. 灌溉排水学报，2020，39（8）：72-84.

[6] 江杰，王胜. 我国盐碱地成因及改良利用现状 [J]. 安徽农业科学，2020，48（13）：85-87.

[7] 张晓丽. 河套地区灌溉制度调整对盐碱土壤理化性质和微生物区系的影响 [D]. 北京：中国农业科学院，2020.

[8] 李玉义，逄焕成，张志忠，等. 内蒙古河套平原盐碱化土壤改良分区特点与对策 [J]. 中国农业资源与区划，2020，41（5）：115-121.

[9] 窦旭，史海滨，苗庆丰，等. 盐渍化灌区土壤水盐时空变异特征分析及地下水埋深对盐分的影响 [J]. 水土保持学报，2019，33（3）：246-253.

[10] 赵然杭，杜欣澄，韩军，等. 引黄灌溉对黄河下游盐碱地土壤水盐含量的影响研究 [J]. 中国农村水利水电，2019（4）：47-52，57.

[11] 刘美含，史海滨，李仙岳，等. 河套灌区玉米农田蒸散动态变化及其影响因子的通径分析 [J]. 排灌机械工程学报，2018，36（11）：1081-1086.

[12] 张义强，王瑞萍，白巧燕. 内蒙古河套灌区土壤盐碱化发展变化及治理效果研究 [J]. 灌溉排水学报，2018，37（S1）：118-122.

[13] 齐智娟. 河套灌区盐碱地玉米膜下滴灌土壤水盐热运移规律及模拟研究 [D]. 北京：中国科学院教育部水土保持与生态环境研究中心，2016.

[14] 郭姝姝，阮本清，管孝艳，等. 内蒙古河套灌区近30年盐碱化时空演变及驱动因素分析 [J]. 中国农村水利水电，2016（9）：159-162，167.

[15] 邹超煜，白岗栓. 河套灌区土壤盐渍化成因及防治 [J]. 人民黄河，2015，37（9）：143-148.

[16] 胡敏. 河套灌区盐渍化土壤节水改良技术及土壤水盐运移规律研究 [D]. 呼和浩特：内蒙古农业大学，2015.

流域防洪系统联合调度发展历程

李洁玉　王远见

（黄河水利委员会黄河水利科学研究院，河南郑州　450003）

摘　要：本文从单库、河库联合、水库群联合、流域多工程体系联合优化调度几方面系统阐述了防洪调度模型的发展过程；重点分析了常规调度、传统优化调度、现代智能优化调度等调度理论方法；展望了防洪系统联合调度的研究方向及应用前景。

关键词：水库群；实时防洪调度；优化模型；调度理论

社会经济的发展使人类对流域防洪减灾的需求日益增加，流域防洪工程规模逐步扩大，防洪工程体系逐步完善。由于水库群实时防洪调度在防洪减灾中发挥着重要作用，相关理论和技术方法受到了国内外学者的高度重视。防洪优化调度模型的建立和模型求解算法是流域实时防洪调度的核心内容，模型复杂度随需要解决问题的复杂度增加而增加，对高效求解算法的需求也随之增大。本文从调度模型及调度理论方法两方面系统回顾了流域防洪系统联合调度发展历程。

1　实时防洪调度模型

实时防洪调度模型体现在调度对象的整体性和调度目标的综合性两方面。调度对象的整体性指随着防洪工程体系的扩大，实时防洪调度模型从单库优化调度模型发展到了河库联合优化调度模型、水库群联合调度模型及流域多工程体系联合调度模型，调度模型的复杂性不断提升。调度目标的综合性指从单目标防洪优化调度发展为多目标优化调度。

1.1　单库优化调度模型

单库防洪优化调度模型一般通过考虑水库来水及水库蓄水状态等因素确定泄流方案。最大削峰准则、最小成灾历时准则、分洪水量最小准则、洪灾损失最小准则等是防洪调度中常用的目标函数。最大削峰准则是使最大出库流量最小或下游防洪点洪峰流量最小，是单库调度中应用最广泛的目标函数；最小成灾历时准则是利用水库的防洪库容使防洪点的连续成灾历时最短。Hsu 等以最大削峰准则和最优期末库容为目标建立了多目标优化调度模型，在有效削减下游防洪点洪峰的同时，可满足期末蓄水要求[1]。Qi 等以水库上游水位最低和水库下泄流量最小为目标建立优化模型，并提出一种基于偏好的多目标分解进化算法[2]。

1.2　河库联合优化调度模型

河库联合优化调度模型是考虑水库来水、水库蓄水状态、水库下游河道区间来水、洪水在河道中的演进等，利用防洪库容对区间来水进行补偿调节。在单库优化调度目标函数的基础上，考虑下游区间来水，即可构成河库联合优化调度模型[3]。Unver 和 Mays 考虑防洪点安全、洪涝损失、水库安全等因素，建立了河流-水库系统的防洪优化调度模型[4]。Om 等建立了一种多目标模拟优化模型，考虑了调度期下泄流量最大、防洪点超额水量最小、水库削峰率最大等多个目标，实现了水库-河流系统在洪水过程中的动态调度与决策[5]。

基金项目：国家自然科学基金项目（42041004）。

作者简介：李洁玉（1993—），女，工程师，主要从事水沙调控研究工作。

1.3 水库群联合优化调度模型

水库群结构包括串联系统、并联系统和混联系统三种，水库群联合优化调度是利用水库之间的空间补偿特性进行补偿或错峰调节，从预泄和拦蓄两方面调整水库泄流以避免或减少超额水量，以保证水库和下游公共防洪点的安全[6-8]。叶季平以发电量最大、最高水位最小、最大下泄流量最小、弃水量最小等为目标建立了混联水库群的多目标优化调度模型，并研究了求解方法[9]。Niewiadomska 等考虑不同决策单元的个体目标及全局目标的冲突性，探讨了并联水库群实时防洪调度决策问题[10]。Wang 等综合考虑水库上下游防洪安全及未来水资源的利用，建立了水库群多目标优化模型[11]。

1.4 流域多工程体系联合优化调度模型

水库、河道和蓄滞洪区等防洪工程联合调度是降低洪涝灾害的有效方式。蓄滞洪区主要分布在大江大河中下游平原地区，在我国防洪减灾中起着举足轻重的作用。当特大洪水发生，水库、河道、堤防等无法满足防洪需求时，为保障流域内重点保护区的安全，通常需要牺牲蓄滞洪区的局部利益。目前，对复杂河网洪水演进、流域水库群防洪联合调度、蓄滞洪区分洪调度的研究已逐步成熟，为水利工程如何在流域防洪减灾中相互配合、协调运用提供了技术支撑[12-13]。

2 实时防洪调度理论方法

随着模型复杂程度的不断提高，实时防洪调度经历了常规调度、传统优化调度、现代智能优化调度的发展历程。

2.1 常规调度方法

常规调度方法是最早的水库调度方法，主要通过调度图和调度规则两种形式指导水库调度运行，不需要经过复杂计算。

调度图是以时间为横坐标、水库水位为纵坐标形成的二维图形。通常以水库的安全性、可靠性、经济性为原则，根据历史径流统计特性编制出一组最优的调度线以指导水库长期运行。水库的调度规则表示为"If…Then…"格式，即根据相应的条件如水库水位、入库流量等，确定泄流过程。常规调度图和调度规则是根据历史资料统计归纳形成的，简单易行，但很难适应复杂的实际情况。实际上，很多优化算法[14-15] 已被广泛应用于调度图的优化；一些数学优化技术也被应用于调度规则提取，基本思想是通过优化模型生成大量防洪调度样本，再通过人工神经网络[16] 等机器学习方法从样本中提取调度规则，由于考虑了洪水预报等因素，形成了更加符合实际运行的调度规则。

此外，水库群调度图和调度规则研究取得了显著进展。混合整数线性规划[17]、逐次逼近优化算法[18] 等都被应用于水库群调度图的优化，并且取得了较好的效益。水库群调度规则的相关研究产生了诸如库容分配方法、相机补偿方法、蓄放水次序法等方法，在实际应用中发挥着重要作用。

2.2 传统优化调度方法

自 20 世纪 50 年代以来，计算机技术和数学规划理论的兴起为复杂水资源系统分析开辟了新的途径[19]。

线性规划（LP）可用于解决简单的水库优化调度问题，其目标函数和约束条件都是线性的，可得到全局最优解[20]。水库防洪调度采用线性规划方法求解时，需要将非线性的目标函数和约束条件进行线性化处理或做近似假设，在实际应用中可能得不到精确的优化调度结果。

非线性规划（NLP）能有效地处理线性规划不能处理的非线性目标函数和约束条件，包括二次规划、几何规划等特殊情况[21]。相对于线性规划有更高的时间和空间复杂度，在水资源系统中应用并不广泛。

动态规划（DP）是对多阶段决策过程进行优化的过程，目标函数和约束条件不受线性、非线性等限制，可获得全局最优解，在水库发电和供水调度中应用较多[22-24]。随着水库数目增多，系统规模增大，动态规划的时间和空间复杂度呈指数增长，面临着严重的"维数灾"问题。

动态规划的改进算法可以从以下方面减轻"维数灾"问题：①降低空间维。动态规划逐次逼近法（DPSA）是把多个决策变量转化为单个决策变量，可降低单次寻优的决策变量数目，从降低空间维的角度提高计算效率[25]。②降低阶段数。逐步优化算法（POA）通过固定其他时段，单独优化一个时段来减少计算时段数，从而减少计算工作量，提高效率[26]。③降低离散状态数。增量动态规划（IDP）通过构建廊道减小状态的搜索空间[27]，离散微分动态规划（DDDP）通过减少离散状态数从而减少计算工作量[28]。

大系统分解协调理论是一种解决水库群优化调度"维数灾"问题的典型方法，其基本思想是将大系统分解为若干相对独立又相互关联的子系统，并通过协调器处理各子系统的关联作用，通过上下级之间的协调，获得整个大系统的最优解，结构灵活，求解效率高[29]。Jia 等建立了水库群与蓄滞洪区联合调度的多目标递阶分解协调模型，依据大系统分解协调原理，降低了问题的复杂度[30]。李安强等以溪洛渡、向家坝和三峡三库为研究对象，基于大系统分解协调理论，研究了三座水库如何优化配合做防洪联合调度[31]。

2.3　现代智能优化调度方法

随着计算机技术的飞速发展，智能算法被普遍运用于联合优化调度领域，为解决"维数灾"问题提供了新的途径，智能算法通过将组合计算的复杂性转化为迭代的复杂性从而解决了"维数灾"问题，具有计算效率高、便于实现等优点。根据算法类型，智能算法可分为进化算法、群智能算法、基于物理规律的优化算法等；根据搜寻类型，可分为局部搜索算法、全局搜索算法、混合搜索算法。

进化算法是由进化思想发展而来的，通过不断地选择、交叉、变异等步骤来保留较优后代解，淘汰较差的后代解，典型算法有遗传算法（GA）[32-33]、差分进化算法（DE）[34]等。群智能算法是通过模仿动物种群的移动和捕食等行为来进行寻优，蚁群算法（ACO）[35]和粒子群算法（PSO）[36]是其中的代表性算法，其改进算法在水库群优化调度中有很高的应用价值。基于物理规律的优化算法主要包括模拟退火算法（SA）[37]、拟态物理学优化算法（APO）[38]，在水库调度中应用较少。

3　结语

目前流域防洪系统联合调度领域的理论方法研究已取得丰硕成果，具有广阔的发展应用前景，主要包括：

（1）随着系统规模的扩大，"维数灾"问题依然突出，大规模的联合调度往往牵一发而动全身，群决策会商需要关注纷繁复杂的信息，增大了决策会商难度。防洪决策高时效的要求与复杂调度模型的求解之间矛盾依然突出，是未来防洪调度领域需要重点解决的问题。

（2）传统水库群联合调度难以充分反映实时调度中水文补偿及库容补偿时空变化的特征。实时调度中，暴雨洪水时空分布以及水库防洪能力均不断变化，在某特定时刻，并非所有水库都具有较高的防洪能力和相互补偿作用。如何根据洪水发展过程中的水雨工情信息，建立充分反映水库补偿作用的动态模型，是今后防洪联合调度的发展方向。

参考文献

[1] Hsu N, Wei C. A multipurpose reservoir real-time operation model for flood control during typhoon invasion [J]. Journal of Hydrology, 2007, 336 (3-4)：282-293.

[2] Qi Y, Yu J, Li X, et al. Reservoir flood control operation using multi-objective evolutionary algorithm with decomposition and preferences [J]. Applied Soft Computing, 2017, 50：21-33.

[3] 陈森林，李丹，陶湘明，等. 水库防洪补偿调节线性规划模型及应用 [J]. 水科学进展，2017 (4)：507-514.

[4] Unver O I, Mays L W. Model for real-time optimal flood control operation of a reservoir system [J]. Water Resources Management, 1990, 4 (1)：21-46.

[5] Om Prakash K, et al. Adaptive multi-objective simulation-optimization framework for dynamic flood control operation in a river-reservoir system [J]. Hydrology Research, 2015, 46 (6)：893-911.

［6］艾学山，陈森林，万飚，等．水库群洪水补偿调度的通用模型研究［J］．武汉大学学报（工学版），2002（3）：17-19.

［7］钟平安，谢小燕，唐林．基于超额水量分配的水库群补偿调度模型［J］．水利学报，2010（12）：1446-1450.

［8］钟平安，李兴学，张初旺，等．并联水库群防洪联合调度库容分配模型研究与应用［J］．长江科学院院报，2003（6）：51-54.

［9］叶季平．混联水库群防洪调度管理理论与方法研究［D］．北京：华北电力大学，2010.

［10］Niewiadomska Szynkiewicz E，Malinowski K，Karbowski A．Predictive methods for real-time control of flood operation of a multireservoir system：methodology and comparative study［J］．Water Resources Research，1996，32（9）：2885-2895.

［11］Wang F，Valeriano O C S，Sun X．Near real-time optimization of multi-reservoir during flood season in the Fengman Basin of China［J］．Water Resources Management，2013，27（12）：4315-4335.

［12］林毅．河道、滞洪区洪水演进数值模拟与风险评估的研究［D］．天津：天津大学，2007.

［13］卢程伟．流域水库群蓄滞洪区综合防洪调度研究与应用［D］．武汉：华中科技大学，2019.

［14］Chen L，McPhee J，Yeh W W G．A diversified multiobjective GA for optimizing reservoir rule curves［J］．Advances in Water Resources，2007，30（5）：1082-1093.

［15］杨子俊．基于智能优化算法的水库发电调度图研究［D］．北京：华北电力大学，2010.

［16］Yang S，Yang D，Chen J，et al．Real-time reservoir operation using recurrent neural networks and inflow forecast from a distributed hydrological model［J］．Journal of Hydrology，2019，579：124229.

［17］Tu M，Hsu N，Yeh W W G．Optimization of reservoir management and operation with hedging rules［J］．Journal of Water Resources Planning and Management，2003，129（2）：86-97.

［18］程春田，杨凤英，武新宇，等．基于模拟逐次逼近算法的梯级水电站群优化调度图研究［J］．水力发电学报，2010，29（6）：71-77.

［19］William W-G Yeh．Reservoir management and operations models：a state-of-the-art review［J］．Water Resources Research，1985，21（12）：1797-1818.

［20］Shim K，Fontane D G，Labadie J W．Spatial decision support system for integrated river basin flood control［J］．Journal of Water Resources Planning and Management，2002，128（3）：190-201.

［21］王健．水火电系统中长期非线性调度模型及方法研究［D］．大连：大连理工大学，2018.

［22］Lewis A Rossman．Reliability-constrained dynamic programing and randomized release rules in reservoir management［J］．Water Resources Research，1977：247-255.

［23］李文家，许自达．三门峡、陆浑、故县三水库联合防御黄河下游洪水最优调度模型探讨［J］．人民黄河，1990（4）：21-26.

［24］周茜．并行动态规划算法及其在水库（群）优化调度中的应用［D］．北京：华北电力大学，2014.

［25］Opan M．Irrigation-energy management using a DPSA-based optimization model in the Ceyhan Basin of Turkey［J］．Journal of Hydrology，2010，385（1-4）：353-360.

［26］Cheng C，Wu H，Wu X，et al．Power generation scheduling for integrated large and small hydropower plant systems in southwest China［J］．Journal of Water Resources Planning & Management，2017，143（8）：4017021-4017027.

［27］任钟淳．用增量动态规划法进行联合水资源系统分析［J］．水利学报，1994（9）：32-41.

［28］冯仲恺，廖胜利，牛文静，等．梯级水电站群中长期优化调度的正交离散微分动态规划方法［J］．中国电机工程学报，2015（18）：4635-4644.

［29］Cohen G，Zhu D L．Decomposition coordination methods in large scale optimization problems：the non-differentiable case and the use of augmented lagrangians［J］．Advances in large scale systems，1983（1）：203-266.

［30］Jia B，Zhong P，Wan X，et al．Decomposition-coordination model of reservoir group and flood storage basin for real-time flood control operation［J］．Hydrology Research，2015，46（1）：11.

［31］李安强，张建云，仲志余，等．长江流域上游控制性水库群联合防洪调度研究［J］．水利学报，2013（1）：59-66.

［32］Chen C，Yuan Y，Yuan X．An improved NSGA-III algorithm for reservoir flood control operation［J］．Water Resources Management，2017，31（3）：1-15.

［33］王少波，解建仓，孔珂．自适应遗传算法在水库优化调度中的应用［J］．水利学报，2006，37（4）：480-485.

［34］Jia B，Simonovic S P，Zhong P，et al. A multi-objective best compromise decision model for real-time flood mitigation operations of multi-reservoir system［J］．Water Resources Management，2016，30（10）：3363-3387.

［35］刘玒玒，汪妮，解建仓，等．水库群供水优化调度的改进蚁群算法应用研究［J］．水力发电学报，2015，34（2）：31-36.

［36］向波，纪昌明，罗庆松．免疫粒子群算法及其在水库优化调度中的应用［J］．河海大学学报（自然科学版），2008（2）：198-202.

［37］邵琳，王丽萍，黄海涛，等．梯级水电站调度图优化的混合模拟退火遗传算法［J］．人民长江，2010，41（3）：34-37.

［38］Xie L，Zeng J，Formato R A. Convergence analysis and performance of the extended artificial physics optimization algorithm［J］．Applied Mathematics and Computation，2011，218（8）：4000-4011.

气候变化和人类活动对黄土高原径流变化的贡献分析

倪用鑫[1,2]　吕锡芝[1]　余钟波[2]　马　力[1]　张秋芬[1]　王建伟[1]

(1. 河南省黄河流域生态环境保护与修复重点实验室，河南郑州　450003；

2. 河海大学，江苏南京　210098)

摘　要：径流变化反映了气候和人类活动的综合影响，然而目前黄土高原径流演变的归因尚不明晰。本研究基于 Budyko 假设构建解析径流变化归因的模型，评估径流对各环境因素变化的敏感性系数，定量揭示各因素对径流变化的贡献。结果表明，1960—2018 年，黄土高原径流显著下降，且在 1986 年发生突变，突变后径流减少了 17.22 mm（26.97%）。就径流变化的敏感性而言，径流对人类活动导致的下垫面变化最敏感，对潜在蒸散发量的变化最不敏感。结合各因素的径流变化贡献量推算出气候变化和人类活动的贡献率分别为 25.32% 和 73.81%，人类活动引起的下垫面变化是径流变化的主要原因。研究结果可为流域径流演变归因和水资源管理规划提供理论支撑。

关键词：径流变化；贡献分析；Budyko 假设；黄土高原

气候变化和人类活动对水文过程的影响是全球水文学研究的热点问题[1]。气候变化和人类活动对水文过程的影响十分敏感，气候变化导致了全球极端降雨等降雨模式的变化，人类活动变化则改变了流域水文过程的时空模式，两者的共同作用导致了严重的环境退化和水危机[2]。近年来，黄土高原径流量锐减，可利用水量持续下降，进一步加剧了流域水资源短缺的形势，已广泛引起政府决策部门和公众的关注。

径流的变化有降水的影响，有气候变暖的影响，也有植被恢复、取用水等人类活动的影响。黄土高原水文过程复杂，加上多种人类活动的复合效应，使得径流变化对气候变化和人类活动解析难以准确分离[3-4]。量化气候变化和人类活动对径流量的影响，可以更好地揭示径流变化的主导因素，对于水资源管理者和决策者来说有着重要的参考价值。

基于此，本研究选择具有明显的物理意义且计算过程相对简单[5-8] 的 Budyko 框架构建解析径流变化归因的模型，分析了水循环要素的变化趋势，同时基于 Budyko 假设的傅抱璞公式分析径流对各驱动因素变化的敏感性，量化评估各环境因素对径流变化的贡献。本研究结果可为流域水资源评估和管理提供理论支撑。

1　资料与方法

1.1　研究区域

黄土高原位于中国西北部，地跨山西、宁夏、甘肃、陕西、河南等 7 省 289 个县市，区域总面积 62.4 万 km²。包含以黄土丘陵沟壑、黄土高塬沟壑为主的五个不同地貌类型区，地势西北高、东南低，海拔 85～5 210 m。具有温带大陆性气候特征，平均气温 6～14 ℃。多年平均降水量 460 mm 左右，主要集中在 6—9 月。黄土高原地处我国半湿润气候与干旱半干旱气候的过渡带，对气候变化和

基金项目：中国博士后科学基金项目（2020T130235；2019M662502）；河南省自然科学基金项目（202300410541）；河南省青年人才托举工程（2020HYTP026）。

作者简介：倪用鑫（1987—），男，在读博士，研究方向为水文水资源及水土保持。

人类活动非常敏感，生态环境脆弱，水土流失严重。为改善黄土高原生态环境，提高区域的植被条件，1999 年以来黄土高原实施了大规模的退耕还林还草、梯田和淤地坝建设等流域治理工程，取得了良好的社会效益和生态效益。

1.2　数据来源

黄土高原 1960—2018 年的水文数据来源于《中华人民共和国水文年鉴》的黄河流域水文资料，包括贵德和花园口水文站的年径流数据。流域周边 101 个气象站点的气象数据来源于中国气象数据网（http：//data. cma. cn），包括日平均气压、降水、蒸散发、平均相对湿度、日照时数、平均温度、最高温度、最低温度和平均风速等，潜在蒸散发量由 Penman-Monteith 公式计算。90 m 分辨率的 DEM 数据来源于地理空间数据云（www. giscloud. cn），用于表示地形分布特征和提取流域边界。

1.3　研究方法

1.3.1　趋势分析

Mann-Kendall（简称 MK）检验是水文气象系列常用的趋势分析和突变检测方法[9]。系列变量的 MK 统计值计算过程参考以下公式：

$$S = \sum_{i=1}^{n-1} \sum_{j=i+1}^{n} \mathrm{sgn}(x_j - x_i) \tag{1}$$

$$\mathrm{sgn}(x) = \begin{cases} 1 & x_j - x_i > 0 \\ 0 & x_j - x_i = 0 \\ -1 & x_j - x_i < 0 \end{cases} \tag{2}$$

$$\mathrm{Var}(S) = \frac{n(n-1)(2n+5)}{18} \tag{3}$$

$$Z = \begin{cases} \dfrac{S-1}{\sqrt{\mathrm{Var}(S)}} & S > 0 \\ 0 & S = 0 \\ \dfrac{S+1}{\sqrt{\mathrm{Var}(S)}} & S < 0 \end{cases} \tag{4}$$

式中：x_i 和 x_j 为第 i 年和第 j 年时间序列的实测值；n 为数据系列的总长度；Z 为趋势显著性检验值，其正负表示系列存在增加或减少趋势，如果 Z 的绝对值大于 α 显著性水平值 $Z_{1-\alpha/2}$，则表明系列在 $1-\alpha/2$ 置信区间趋势显著。

1.3.2　突变检验

非参检验的 MK 突变点分析中统计值为 S_k，表达式及计算过程为

$$S_k = \sum_{i=1}^{k} \sum_{j=1}^{i-1} \alpha_{ij} \quad (k = 2, 3, 4, \cdots, n) \tag{5}$$

$$\alpha_{ij} = \begin{cases} 1 & x_i > x_j \\ 0 & x_i \leq x_j \end{cases} \quad (1 \leq j \leq i) \tag{6}$$

$$E(S_k) = \frac{k(k-1)}{4} \tag{7}$$

$$\mathrm{Var}(S_k) = \frac{k(k-1)(2k+5)}{72} \tag{8}$$

$$UF = \frac{S_k - E(S_k)}{\sqrt{\mathrm{Var}(S_k)}} \quad (k = 1, 2, 3, \cdots, n) \tag{9}$$

UF 正负表示系列变量的上升和下降趋势。利用同样方法计算出逆时间序列的统计值 UB。如果 UF 和 UB 在显著性水平之间存在交点，则该点即为突变点。突变点将系列变量分为基准期和变化期，

采用滑动 t 检验方法验证两个子系列样本平均值是否存在显著性差异。

1.3.3　径流变化的归因分析方法

Budyko 假设以一种简单但具有物理意义的方程形式，描述了流域气候、水文和下垫面之间的相互作用。Budyko 理论最初由 Budyko（1974）提出[10]，认为在长时间尺度上实际蒸散发量主要由水分条件和能量之间的平衡关系决定，函数形式为 $E/P = f(E_0/P)$。经过学者们的不断完善，已发展为多种形式[11-13]，其中，傅抱璞公式是一种普遍使用的计算流域实际蒸散发的方法[14]。表达式如下：

$$\frac{E}{P} = 1 + \frac{E_0}{P} - \left[1 + \left(\frac{E_0}{P} \right)^{\omega} \right]^{\frac{1}{\omega}} \tag{10}$$

式中：E、E_0、P 分别为年平均实际蒸散发量、年平均潜在蒸散发量和年平均降水量；ω 为流域特征参数，与流域的地形地貌、土地利用类型、植被等因素相关。

根据敏感性系数定义和多年平均的水量平衡方程（$P = Q + E$），对 Fu 公式求偏导，可得到 Q 对 P、E_0 和 n 的敏感性系数计算公式，如下：

$$\frac{\partial Q}{\partial P} = \left[1 + \left(\frac{E_0}{P} \right)^{\omega} \right]^{\left(\frac{1}{\omega} - 1 \right)} \tag{11}$$

$$\frac{\partial Q}{\partial E_0} = \left[1 + \left(\frac{P}{E_0} \right)^{\omega} \right]^{\left(\frac{1}{\omega} - 1 \right)} - 1 \tag{12}$$

$$\frac{\partial Q}{\partial \omega} = \left[P^{\omega} + E_0^{\omega} \right]^{\frac{1}{\omega}} \cdot \left[\left(-\frac{1}{\omega^2} \right) \cdot \ln(P^{\omega} + E_0^{\omega}) + \frac{1}{\omega} \cdot \frac{1}{P^{\omega} + E_0} \cdot (\ln P \cdot P^{\omega} + \ln E_0 \cdot E_0^{\omega}) \right] \tag{13}$$

式中：ω 由最小二乘法求得。

基于敏感性系数反映的水文学原理，气候变化和人类活动对流域径流影响量及其贡献率可由下式计算而得：

$$\Delta Q_X = \frac{\partial Q}{\partial X} \Delta X \tag{14}$$

$$\Delta Q = \Delta Q_P + \Delta Q_{E_0} + \Delta Q_n \tag{15}$$

$$\eta_P = \frac{\Delta Q_X}{\Delta Q} \times 100\% \tag{16}$$

1.3.4　归因分析结果验证

双累计曲线是分析水文气象要素一致性和演变趋势的一种简单直观的方法，通过双累计曲线可以分辨出流域降水和人类活动对流域径流的影响。在一定的流域和有限的时间尺度上，假设不受人类活动影响时，降水量与径流量的双累计曲线应该是一条直线；流域受人类活动影响导致下垫面发生变化时，降水量与径流量的双累计曲线会发生转折，由此可以确定流域开始受人类活动影响的时间以及影响量。因此，在研究中采用这种方法来验证结果。双累计曲线方程如下：

$$Y(t) = f(X(t)) \tag{17}$$

$$X(t) = \sum_{i=1}^{t} x_i, \quad Y(t) = \sum_{i=1}^{t} y_i \tag{18}$$

式中：x_i 为第 i 年的年降水量；y_i 是第 i 年的年径流量。

2　结果与分析

2.1　趋势分析与突变检验

1960—2018 年黄土高原径流量呈现减小趋势（-0.46 mm/a），降水量呈减小趋势（-0.08 mm/a），蒸散发量呈增加趋势（0.38 mm/a），见图 1。在全球气候变暖的背景下，降水量减少表明气候存在暖干化的趋势，加上蒸散发消耗的加剧，直接导致了流域径流量的减少。径流系列的 MK 趋势分析统计值为-3.98，径流系列统计值均通过了 99%的显著性检验，说明径流变化趋势显著，降水和蒸散发变化趋势不显著。

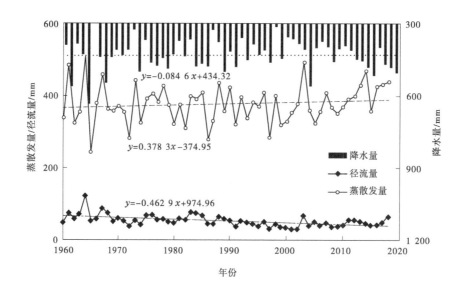

图 1 黄土高原水文要素变化线性趋势

MK 突变检验结果表明径流系列在 1986 年发生突变，突变点的滑动 t 检验值为 4.88，超过 0.001 显著性水平，说明径流在 1986 年突变显著。径流量突变的年份与流域内库容最大的水电站龙羊峡水电站下闸蓄水的时间相吻合，表明径流量从此开始受人类活动影响。突变点将径流系列分为基准期（1960—1985 年）和变化期（1986—2018 年），与基准期相比，变化期多年平均径流量减少了 17.22 mm，减少了 26.97%，见图 2。

2.2 敏感性分析

根据各阶段的平均降水、径流、潜在蒸散发代入式（10）进行最小二乘法计算，得到各阶段的下垫面参数 n（见表 1），结合式（11）~式（13）可求得黄土高原径流变化对降水、潜在蒸散发和下垫面参数的敏感性系数分别为 0.29、-0.07 和-66.86。结果表明，黄土高原降水量每增加 1 mm 将导致径流增加 0.29 mm，潜在蒸散发量每增加 1 mm 将导致径流减少 0.07 mm，下垫面参数每增加 1个单位将导致径流减少 66.86 mm。就敏感性系数而言，黄土高原径流对下垫面参数的变化最敏感，对潜在蒸散发量的变化最不敏感。

表 1 不同阶段水循环要素特征值及变化量

时段	Q/mm	P/mm	E_0/mm	ω
1960—1985 年	63.85	440.82	996.96	2.298
1986—2018 年	46.64	424.66	992.38	2.488
变化量 Δ	-17.21	-16.16	-4.58	0.190

2.3 归因分析

结合径流对各变量变化的敏感性系数，以及相应的两阶段的变化量，代入式（14），可分别计算出各因素变化导致的径流变化量。黄土高原降水、潜在蒸散发和下垫面参数引起的径流变化量为-4.69 mm、0.33 mm 和-12.71 mm，Budyko 框架模拟的径流变化总量为 17.07 mm，与实测的径流变化量 17.22 mm 的误差仅为-0.15 mm（0.87%），表明 Budyko 假设应用于黄土高原模拟径流的阶段变

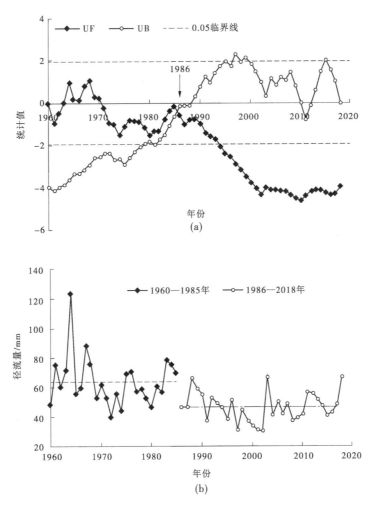

图 2 径流突变检验及变化前后对比

化结果与实测值基本一致。

径流变化归因分析结合式（16），可求得气候变化和下垫面变化对径流变化的贡献率（见表 2）分别为 25.32% 和 73.81%，其中降水变化的贡献率为 27.24%，潜在蒸散发量变化的贡献率仅为 -1.92%。由此可知，降水变化和下垫面特征变化为径流变化的主导因素。

表 2 径流演变各影响因素贡献率

项目	ΔQ	$\Delta Q_{气候}$			$\Delta Q_{下垫面}$	误差
		ΔQ_P	ΔQ_{E_0}	小计		
影响量/mm	-17.22	-4.69	0.33	-4.36	-12.71	-0.15
贡献率/%	100	27.24	-1.92	25.32	73.81	0.87

2.4 结果验证

对黄土高原的降水和径流系列数据进行双累计曲线分析，结果如图 3 所示，降水-径流关系在 1986 年前拟合关系良好，决定性系数 R^2 为 0.997 3，可以认为流域径流过程处于天然状态，受人类影响较小。累计降水和累计径流的关系在 1986 年发生明显的变化，表明在 1986 年后径流开始受人类活动影响，偏离量说明了降水和人类活动的影响量。

根据拟合的 1960—1985 年降水-径流关系线，结合变化期 1986—2018 年的降水，可计算出不受

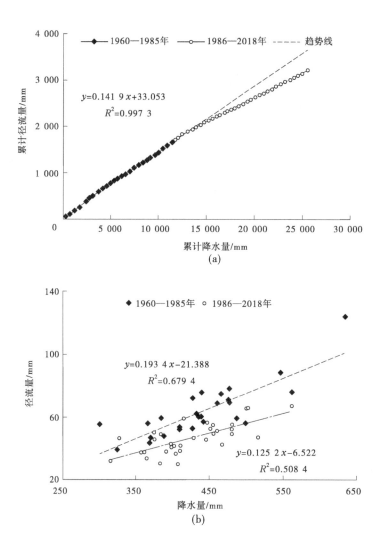

图 3　黄土高原双累计曲线及降水-径流关系图

人类活动影响时 1986—2018 年的模拟径流结果，即仅考虑降水变化时的径流量为 60.74 mm，降水变化导致的径流变化量为 3.11 mm，结合实测的两阶段径流变化量 17.22 mm，可推算出人类活动的影响量为 14.11 mm，降水和人类活动的贡献率分别为 18.05% 和 81.95%（见表 3），与基于 Budyko 假设计算的影响量和贡献率基本一致，说明本研究的结果是可信的。

表 3　降雨-径流关系模拟径流

阶段	降水/mm	径流深/mm			降水因素		下垫面因素	
		理论	实测	变化量	影响量/mm	贡献率/%	影响量/mm	贡献率/%
1960—1985 年	440.82	63.85	63.85	—	3.11	18.05	14.11	81.95
1986—2018 年	424.66	60.74	46.63	17.22				

3　结语

本研究以黄土高原为研究区，基于 Budyko 假设的傅抱璞公式，分别对研究区径流变化中气候变化和人类活动的影响进行归因分析，主要结论如下：

（1）黄土高原1960—2018年径流呈显著的减小趋势，且在1986年发生突变，突变前后径流变化了17.22 mm（26.97%）。

（2）径流变化对降水、潜在蒸散发和下垫面参数的敏感性系数分别为0.29、-0.07和-66.86。结果表明，黄土高原降水量每增加1 mm将导致径流量增加0.29 mm，潜在蒸散发量每增加1 mm将导致径流量减少0.07 mm，下垫面参数每增加1个单位将导致径流减少66.86 mm。就敏感性系数而言，黄土高原径流对下垫面参数的变化最敏感，对潜在蒸散发量的变化最不敏感。

（3）气候变化和下垫面变化对径流变化的贡献率分别为25.32%和73.81%，人类活动引起的下垫面变化是径流变化的主要驱动因素。

参考文献

[1] 夏军，马协一，邹磊，等．气候变化和人类活动对汉江上游径流变化影响的定量研究［J］．南水北调与水利科技，2017（1）：1-6.

[2] 塞弗．气候及土地利用变化对水文过程影响的模拟研究［D］．南京：河海大学，2016.

[3] 张建云，王国庆．河川径流变化及归因定量识别［M］．北京：科学出版社，2014.

[4] 王国庆，张建云，刘九夫，等．中国不同气候区河川径流对气候变化的敏感性［J］．水科学进展，2011，22（3）：307-314.

[5] 赵娜娜，王贺年，于一雷，等．基于Budyko假设的若尔盖流域径流变化归因分析［J］．南水北调与水利科技，2018，16（6）：21-26.

[6] 杨大文，张树磊，徐翔宇．基于水热耦合平衡方程的黄河流域径流变化归因分析［J］．中国科学：技术科学，2015，45（10）：1024-1034.

[7] 张树磊，杨大文，杨汉波，等．1960—2010年中国主要流域径流量减小原因探讨分析［J］．水科学进展，2015，26（5）：605-613.

[8] 张成凤，刘翠善，王国庆，等．基于Budyko假设的黄河源区径流变化归因识别［J］．中国农村水利水电，2020（9）：90-94.

[9] 马进国，郑艳爽，张晓华，等．宁夏清水河流域水沙变化特点分析［J］．水利水运工程学报，2020（4）：57-63.

[10] Budyko M I. Climate and Life［M］. Academic Press，1974.

[11] 孙福宝．基于Budyko水热耦合平衡假设的流域蒸散发研究［D］．北京：清华大学，2007.

[12] 杨汉波．流域水热耦合平衡方程推导及其应用［D］．北京：清华大学，2008.

[13] 孙福宝，杨大文，刘志雨，等．基于Budyko假设的黄河流域水热耦合平衡规律研究［J］．水利学报，2007，38（4）：27-35.

[14] 傅抱璞．论陆面蒸发的计算［J］．大气科学，1981（1）：23-31.

基于 ArcGIS 的内流区子流域划分研究
——以苏干湖流域为例

关铜垒[1,2]　刘佳嘉[2]　周祖昊[2]　李　霞[2]　刘水清[2]

（1. 黑龙江大学水利电力学院，黑龙江哈尔滨　150080；
2. 中国水利水电科学研究院流域水循环模拟与调控国家重点实验室，北京　100038）

摘　要： 封闭的内流区水系众多且流域出口位于内流区内部。传统子流域划分方法要求流域是开放式的，即流域出口位于流域边界上，无法正确对封闭内流区流域进行子流域划分，一方面会划分出错误的流域范围，另一方面会得到错误的子流域上下游汇流关系。为了解决这个问题，本文提出一种改进方法，使得传统方法能够对封闭内流区进行子流域划分，并以苏干湖流域内流区为例，基于 ArcGIS 操作详细介绍了方法流程。结果表明，通过对 DEM 数据进行预处理，可直接使用传统子流域划分方法进行封闭内流区子流域划分，并得到比较正确的划分结果，为内流区流域的分布式水文模型构建提供技术支撑。

关键词： 内流区；子流域划分；ArcGIS；虚拟流域出口

1　引言

近年来，分布式水文模型已经成为水文研究的重要工具[1]。以子流域作为基本计算单元是分布式水文模型最常用的空间离散化方法之一，其最大好处在于能够保持各子流域间的水文过程相对独立且清晰，减少计算单元数量，提高模型计算效率[2]。因此，合理的子流域划分是构建分布式水文模型的重要工作[3]。

现有的子流域划分方法都默认流域内的河流为外流河，即流域出口位于流域边界上，且能够经一系列栅格流向其他水系或外海。在 GIS 中体现在流域内所有栅格都能够流向 DEM 范围外。然而，对于封闭的内流区而言，区域内河流多中途消失或注入内陆湖泊，四周被高山环绕，没有外部出口，采用现有子流域划分方法进行划分时，会将流域内填平，并从流域边界流出 DEM 范围，导致提取到错误的模拟河网，从而划分出错误的子流域，得到错误的子流域上下游关系。

针对上述问题，本文对传统子流域划分方法加以改进，提出一种针对封闭内流区的子流域划分方法，可有效解决传统子流域划分方法在内流区进行子流域划分时出现的问题，为内流区的分布式水文模拟提供技术支撑。

2　研究区概况

苏干湖水系由大、小哈尔腾河及南北两山诸沟道组成。由于祁连山脉的党河南山与阿尔金山形成一条天然屏障，将苏干湖区与河西走廊分割开，致使苏干湖区形成一个相对独立的区域水系。流域介于北纬 38°10′~39°15′、东经 93°30′~96°40′，面积约 0.88 万 km²。从河源至哈尔腾出山口，河水由东南向西北蜿蜒穿流于崇山峻岭之中，河水沿程逐渐增加，河川径流以地表径流形式为主。河流出山

基金项目： 国家重点研发计划资助项目（2016YFC0402405）；国家自然科学基金资助项目（51679257）。
作者简介： 关铜垒（1995—），男，硕士研究生，研究方向为水文学及水资源。

后开始进入沙漠戈壁，地表径流渗入地下形成潜流，在当中泉一带有小哈尔腾河以潜流形式汇入，至大、小苏干湖东部的盐沼以涌泉形式出露，汇集补给大、小苏干湖（见图1）。

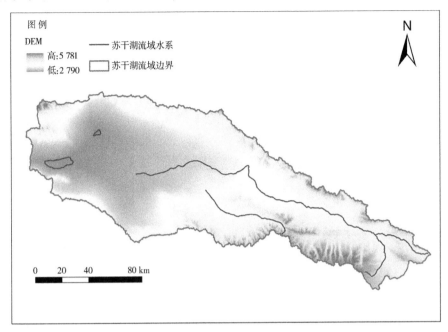

图1　苏干湖流域 DEM 及实际水系

3　子流域划分方法

3.1　设置虚拟流域出口以及修正 DEM

传统的子流域划分方法一般以栅格汇流累计量最大栅格作为流域出口，该流域出口需要位于流域边界处。然而对于封闭内流区而言，河流多断流或注入内陆湖泊，流域出口一般在流域内，河流无法流出流域，因此需要在流域内设置虚拟流域出口，即将流域内某个 DEM 栅格值设置为无数据（nodata 标记），从而使得虚拟出口位于流域外，以满足传统子流域划分方法要求的流域内栅格需要流出 DEM 范围外的要求。设置虚拟流域出口时，需要对流域内相对独立的分区分别设置虚拟流域出口。

本研究区内不存在独立分区，且最终都汇流至大苏干湖处，因此选择以大苏干湖作为虚拟流域出口。具体步骤如下：

（1）在大苏干湖范围内高程最低点绘制虚拟流域出口点，并利用 ArcGIS 软件的"Point to Raster"工具将点矢量图层转换为栅格图层（VirtualOutlet）。

（2）采用 ArcGIS 软件的"Raster Calculator"工具，通过"Con（IsNull（VirtualOutlet），1）"命令操作，设置流域掩码图层（mask），该图层在虚拟流域出口所在栅格的数值为 nodata，非出口栅格数值为1。

（3）采用 ArcGIS 软件"Con"工具，以上述步骤中掩码图层作为提取条件，对苏干湖流域原始 DEM 进行修正，最终得到修正后苏干湖流域 DEM 图层（DEM1）。该图层同原始 DEM 图层的区别在于，虚拟流域出口所在栅格数值为 nodata，在图层上显示为白色，其余栅格数值一样。

处理后的 DEM 图层如图2所示，如箭头所指，作为流域虚拟出口的大苏干湖中心处栅格为 nodata 值。

3.2　绘制虚拟河网连接至虚拟流域出口

引入实际河网矢量图，采用河道烧录法[4-5]对 DEM 高程进行修正，以保证提取的模拟河网与实际相符。但由于虚拟流域出口并未与实际河网相连，如此，在进行填洼操作时，会将烧录后的实际河网位置的 DEM 高程重新填平，使得实际河网修正无法起作用。因此，需要通过绘制虚拟河网，将实

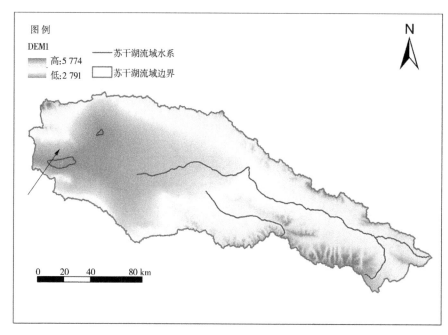

图 2　处理后的苏干湖流域 DEM

际河网延长至虚拟出口,确保在填洼过程中相应位置 DEM 高程不被填平。具体步骤如下:

(1)延长小哈尔腾河使其连接至大哈尔腾河,然后延长大哈尔腾河,使其最终连至大苏干湖虚拟流域出口处。

(2)针对不存在实际河网的大、小苏干湖区域,人工绘制虚拟河网,使小苏干湖最终连至大苏干湖虚拟流域出口处。

(3)将上述绘制的虚拟河网和实际河网合并为一个线状矢量图层,然后利用 ArcGIS 软件"Polyline to Raster"工具将线状矢量图层转化为栅格图层,最终得到修正后的参考河网图层(modifyRiver)。

经处理后的参考河网图层如图 3 所示。

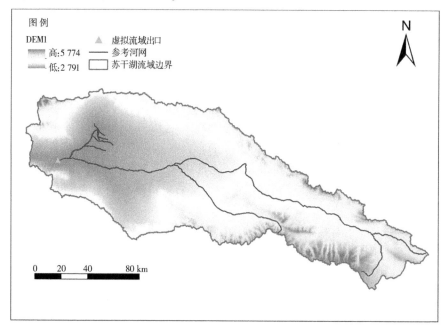

图 3　苏干湖流域虚拟流域出口及参考河网

3.3　设置流域边界墙及修正 DEM

通过增加流域内外边界栅格的高程,增强流域边界栅格分水岭作用。一是强制内流区河流不流出流域外边界；二是用于显式区分流域内部相对独立的区域。该步骤可同河网烧录一起完成。具体步骤如下：

（1）利用 ArcGIS 软件的"Polyline to Raster"工具将苏干湖流域边界线状矢量图层转化为栅格图层（wall），表示需要提高高程值的位置。

（2）利用 ArcGIS 软件的"Raster Calculator"工具计算得到修正的苏干湖流域 DEM（burnDEM），该 DEM 图层中边界所在栅格高程增加，河网所在栅格高程降低，具体命令如下：

Con（IsNull（"modifyRiver"），Con（IsNull（"wall"），"DEM1"，"DEM1"+500），"DEM1"−500）

最终处理后的苏干湖流域 DEM 见图 4。

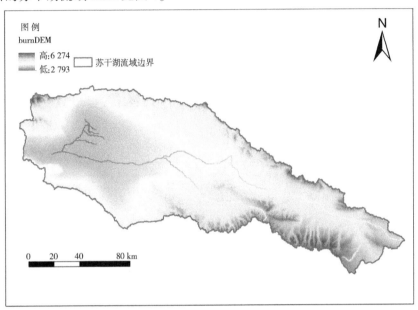

图 4　最终处理后的苏干湖流域 DEM

3.4　模拟河网提取及子流域划分

以 3.3 节制取的 burnDEM，采用传统子流域划分方法进行子流域划分，即采用 ArcGIS 软件对处理后的 burnDEM 进行栅格填注、栅格流向计算、栅格汇流累积量计算、模拟河网提取、子流域划分等操作，得到苏干湖流域子流域划分结果。其中，模拟河网提取结果如图 5 所示，子流域划分结果如图 6 所示。

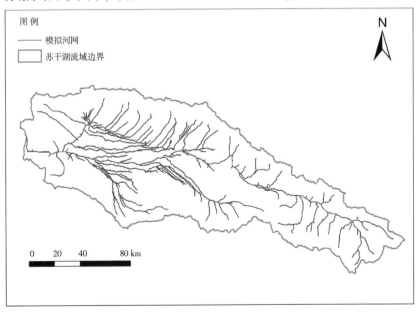

图 5　模拟河网提取结果

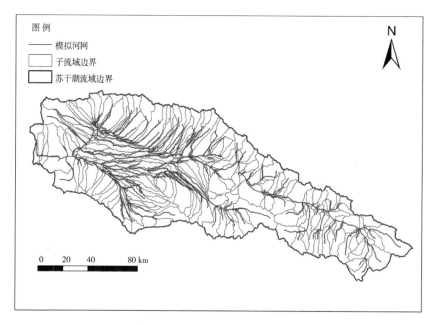

图 6　子流域划分结果

4　讨论

为对比本文提出的子流域划分方法与传统子流域划分方法之间的区别，另采用 ArcSWAT 水文软件对苏干湖流域进行子流域划分，使用相同的阈值提取模拟河网，图 7 和图 8 是采用 ArcSWAT 软件计算得到的模拟河网和子流域。通过对比图 5 和图 7 可知，在非湖泊区域，ArcSWAT 水文软件提取的模拟河网和本文提取的模拟河网一致，但在湖泊区域周围，ArcSWAT 水文软件提取的模拟河流最终从苏干湖流域正西方向流出流域而非流入大苏干湖，使得流域出口位于流域正西方向边界处，这与苏干湖流域内河流最终流入内陆湖大苏干湖的水系特征完全不符，因此得到的河流上下游关系也是错误的。通过对比图 6 和图 8 可知，ArcSWAT 提取的流域正西和东南处提取的流域边界与研究区边界不重叠，部分区域未进行子流域划分，而本方法提取的流域范围和外部输入边界基本一致。

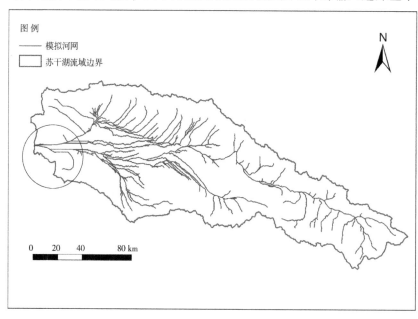

图 7　ArcSWAT 软件模拟河网提取结果

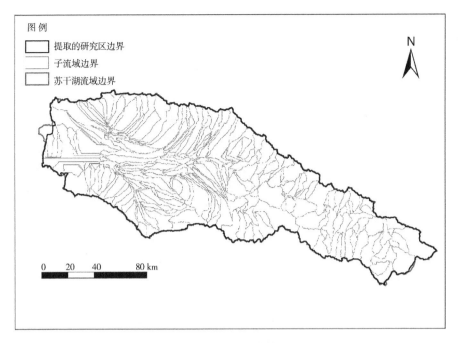

图 8　ArcSWAT 软件子流域划分结果

5　结论

本文基于 ArcGIS 软件，采用改进的子流域划分方法对苏干湖流域进行子流域划分，通过设置虚拟流域出口、绘制虚拟河网、设置流域边界墙等操作，有效地解决了传统子流域划分方法在内流区流域进行子流域划分时强迫流域内河流外流的弊端，并成功对苏干湖流域内流区进行了子流域划分，为内流区流域构建分布式水文模型提供了技术支撑。

参考文献

［1］芮孝芳，黄国如．分布式水文模型的现状与未来［J］．水利水电科技进展，2004（2）：55-58．

［2］王中根，刘昌明，左其亭，等．基于 DEM 的分布式水文模型构建方法［J］．地理科学进展，2002（5）：430-439．

［3］张峰，廖卫红，雷晓辉，等．分布式水文模型子流域划分方法［J］．南水北调与水利科技，2011，9（3）：101-105．

［4］黄玲，黄金良．基于地表校正和河道烧录方法的河网提取［J］．地球信息科学学报，2012，14（2）：171-178．

［5］刘佳嘉，周祖昊，贾仰文，等．河道烧录算法提取出断裂河网的必要条件探究［J］．水利水电技术，2015，46（9）：21-22，36．

基于文献计量的流域生态健康评估研究现状分析

赵　微[1]　王雨春[1]　胡明明[1]　苏禹铭[2]

(1. 中国水利水电科学研究院，北京　100038；
2. 武汉大学，湖北武汉　430000)

摘　要：为了探索流域生态健康研究的发展现状，对 Web of Science 中 1987—2020 年关于流域生态健康评估的研究论文，从成长趋势、机构与地区分布、作者发文质量、研究热点方面进行分析。研究结果表明：2020 年与 1987 年相比，流域生态健康领域的发文数量增长了 104.5 倍，平均每篇文献的引用达 32.18 次，该领域的研究发展迅速；中国在该研究领域内科研重视程度不断提升，每年单独发文数量呈现递增趋势，在 2018 年后超过美国。其中，中国科学院和北京师范大学是最具生产力的机构。根据 CiteSpace 中关键词频次分析结果，应用最广泛的流域生态健康评价指标为水质指标、生物指标、生境指标、社会经济指标。另外，根据关键词突现强度分析，在 2017 年前后，生态系统服务这个关键词突现强度变大并持续到 2020 年，表明在之前的基础上，生态系统服务功能指标被研究者广泛应用。

关键词：生态系统健康；流域；文献计量法；CiteSpace；评价方法

　　流域丰富的水资源养育了全人类，是农业文明和工业发展的关键资源[1]。然而，随着人口的增长和经济的发展，环境和资源已经成为高度紧张的[2]。生态系统健康与生态、经济和人类健康密切相关，引起了广泛的科学关注，并迅速发展，涉及广泛的跨学科领域。随着国外理论的引入，我国河流生态系统的研究得到了迅速发展[3]。因此，流域生态健康评价的研究也引起了广大研究者的关注，成为当前和未来的重要研究课题。然而，如何整合多学科知识，促进生态健康的时空动态发展，是当代生态学研究面临的难题。

　　文献计量学是一种较为成熟的文献分析方法，用于揭示流域生态健康学科的知识结构，明确学科的发展脉络。许多学者使用文献计量学方法来分析和总结该领域的学术信息。例如，Costanza 等[4]以 Web of Science 数据库为数据源，采用文献计量学方法研究国际生态系统服务研究领域的作者结构体系和合作关系。Sun 等[5]采用文献计量学方法对国内外文献进行梳理，总结河流健康的内涵及影响因素分析。薛雯等[6]分析了中国知网近 20 年发表的学术期刊论文和博士、硕士学位论文的最新数据来源，回顾了河流健康研究的发展。本文运用文献计量学方法分析了流域生态健康研究领域的发展现状，从国家、研究机构、关键词和高产作者等层面介绍了主要研究力量的相关信息，讨论了该领域的研究热点和前沿。这将有助于掌握流域生态健康研究的最新进展，为流域生态健康的后续研究提供文献参考[7-8]。

1　数据来源及研究方法

1.1　数据来源

　　本研究利用美国科学信息研究所（ISI）的 SCIE 数据库中关于流域生态健康评价的出版物建立了

基金项目：国家重点研发计划项目（2017YFC0404703）；国家自然科学基金项目（92047204；V2040211）；中国长江三峡集团项目（201903144）。

作者简介：赵微（1996—），女，硕士研究生，研究方向为流域生态健康评价。

文献计量的数据库[9]。以 Web of science 为数据源检索英文文献，输入主题 = "drainage * basin * health * " or "drainage * area * health * " or "watershed * health * " or "river * health * " or "steam * health * " or "estuary * health * " or "river mouth * health * " or "stream outlet * health * " or "outfall * health * " or "wetland * health * " or "marsh * health * " or "swamp * health * " or "lake * health * " or "reservoir * health * " or ("drainage * basin * " or "drainage * area * " or "watershed * " or "river * " or "steam * " or "estuary * " or "river mouth * " or "stream outlet * " or "outfall * " or "wetland * " or "marsh * " or "swamp * " or "lake * " or "reservoir * ") and ("ecol * health * " or "ecosys * health * ") and "evaluat * " or "apprais * " or "estimat * " or "assess * "。时间 = "1987 年到 2020 年"，经筛选后有 1 864 条数据用于本研究的文献计量分析。

1.2 研究方法

（1）WOS 中检索文献的相关数据，用 Excel 中数据透视分析功能进行成长趋势分析。

（2）进行国家机构分析时，根据所检索到的作者隶属的信息，如地址和通讯作者，筛选出出版文章数量前 10 位的国家和机构，经过统计生成文章所属的地理和机构分布数据，每个国家或机构总发文量为 TP，其中由一个国家或者机构独立完成的文章定义为独立完成的文章（SP），不同国家和机构完成的文章称为国际性合作文章（CP），通过 Excel 中的 MATCH 函数和筛选功能，对机构信息进行除重处理，并使用 COUNTA 函数统计非单元格个数，对该列进行筛选，筛选出数值为 1 的所有机构，表示由该机构独立完成的文章（SP），则：

$$CP = TP - SP$$

（3）作者发文质量采用权重分析法，以 2019 年中科院分区为依据，统计出发文数量排名前 10 位的作者和各个文章所对应的期刊，根据各个期刊的分区情况，统计出一区期刊、二区期刊、三区期刊、四区期刊的数量，则有以下公式：

$$AU-index_i = (0.5 \times a + 0.3 \times b + 0.2 \times c) \div TP_i$$

式中：$AU\text{-}index_i$ 为作者 i 的发文质量；a 为一区期刊的文章数量；b 为二区期刊的文章数量；c 为三区期刊、四区期刊的文章数量。

（4）利用 CiteSpace 信息可视化软件对关键词和研究热点进行分析[10-11]。目前，该方法已广泛应用于各学科。利用 CiteSpace 软件对文献信息进行分析，通过对高频关键词的分析，总结出国际上的研究热点。

2 结果与分析

2.1 成长趋势分析

图 1 展示了 1987—2020 年流域生态健康评价研究的发展趋势。结果表明，流域生态健康评价的文献年产量呈现快速增长趋势。从 1987 年的 2 篇到 2020 年的 209 篇，增长了 104.5 倍。每篇文章的作者数（AU/P）、平均每年每篇文章的篇幅数（PG/P）、文章引用的参考文献数（NR/P）均明显增长。此外，流域生态健康评价研究平均每篇文献的引用达 32.18 次。综上所述，趋势分析表明随着科学生产力的提高和合作趋势的扩大，该研究领域发展迅速，关注度不断提高。

2.2 地域和机构分布研究

文献的地域分布通过作者所属机构的地址确定[12]。图 2 是发文数量前 10 位的国家统计，统计结果可以体现各个国家在近 30 年内的科研影响力和国家之间的合作能力。整体上，美国和中国发文量最多，占比 53%。其中美国以 586 篇的发文量居首，中国发文量 406 篇位居第二。图 3 是对单独发文国家的统计，中国学者在 WOS 上发文比例在 2018 年已经超过美国学者的发文比例，说明流域生态健康问题受到国家的重视，同时也表明我国在该研究领域内的科研水平在不断进步。

表 1 是对发表文章数量前 10 位的机构的统计分析，中国科学院以 147 篇论文最高，其次是北京师范大学，发文 127 篇。在合作的机构中（CP），美国俄勒冈州立大学机构发表论文的平均引用次数

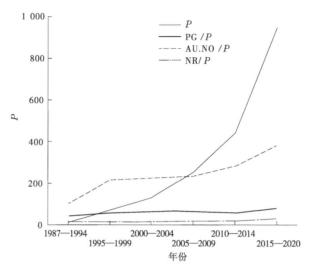

图 1　1987—2020 年文献产出的成长趋势分析

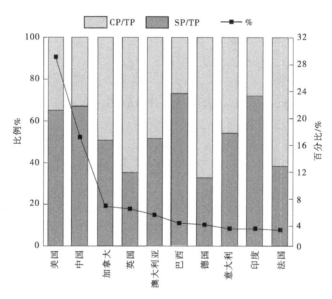

图 2　前 10 位最具生产力国家的 SP 和 CP 所占百分比

高达 29 次，是机构中引用次数最多的。机构之间的协作要比国家之间的协作更为普遍，从引用指数可以看出，单独的机构引用指数远小于机构之间协作的引用指数，表明机构之间的协作可以提高文章的影响力。

2.3　作者发文分析

在 1 864 篇文章中，总共统计了 8 516 位作者，表 2 是关于排名前 10 位的通讯作者发文质量的统计，从表中可以看出，韩国的忠南大学 An，Kwang-Guk 是发文数量最多的，总共发表了 28 篇文章，An[13] 主要采用基于物理化学、生境、水生生物指标的指标体系法对韩国 72 条河流相关的河口、流经城市的部分、水库进行评估。伊朗塔比阿特莫达勒斯大学的 Sadeghi，SH 是发文质量最高的作者，采用的评价方法是基于压力-状态-响应模型的社会-自然-经济的指标体系法[14]。在国内，北京师范大学的杨志峰院士发文质量最高，通过选取生态系统结构指数、生态系统服务功能指数和生物能质指数，分别对白洋淀[15]、辽河[16]、巢湖[17]、黄河[18] 和长江[19] 三角洲进行了评价。

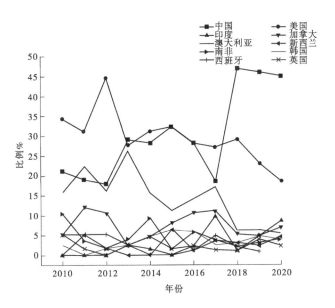

图3 各国单独发文比例

表1 前10位机构相关分析

机构	总发文量	%	单独机构				合作机构			
			SP	TC	SP/TP	TC/SP	CP	CP/TP	TC	TC/CP
中国科学院	147	8.98	0	0	0.00	0	147	100.00	1034	7.03
北京师范大学	127	7.76	0	0	0.00	0	127	100.00	1254	9.87
格里菲斯大学	56	3.42	3	66	5.36	22	53	94.64	561	10.58
美国俄勒冈州立大学	52	3.18	1	155	1.92	155	51	98.08	684	13.41
美国国家环境保护局	48	2.93	5	220	10.42	44	43	89.58	928	21.58
韩国忠南大学	44	2.69	0	0	0.00	0	44	100.00	367	8.34
武汉大学	42	2.57	0	0	0.00	0	42	100.00	228	5.43
中国科学院大学	32	1.95	0	0	0.00	0	32	100.00	196	6.13
法国环境与农业科技研究所	29	1.77	0	0	0.00	0	29	100.00	610	21.03
清华大学	27	1.65	2	1	7.41	0.5	25	92.59	411	16.44

表2 作者发文质量分析

通讯作者	AU-index$_i$	机构
An, Kg	0.225	忠南大学
Xu, FL	0.27	清华大学
Yang, ZF	0.282	北京师范大学
Liu, JL	0.242 857	北京师范大学
Nejadhashemi, AP	0.285 714	美国密歇根州立大学
Sadeghi, SH	0.35	伊朗塔比阿特莫达勒斯大学
Maheshwari, BL	0.26	澳大利亚悉尼大学
Brierley, G	0.214 286	奥克兰大学
Burger, J	0.25	罗克斯大学
Hallett, CS	0.25	莫道克大学

2.4 研究趋势分析

2.4.1 评价指标

关键词共现分析中利用中心性来寻找和衡量关键词的重要程度[20]。表3为对流域生态健康评价文章的关键词分析结果，中心性高的关键词包括模型（model）、水质（water quality）、响应（response）、河流健康（river health）、管理（management）、大型无脊椎动物（macroinvertebrate）等。这些中心性高的关键词是知识图谱中核心的节点，也是连接其他关键词的中心枢纽。与它们连接的有完整性（integrity）、指标（indicator）、保护（conservation）、富营养化（eutrophication）、生物评估（bioassessment）、土地利用（land use）、影响（impact）、生物多样性（biodiversity）、指示物（indicator）等，它们的中心性相对较低，是次要的联系节点，但是在可视化的图谱中有着重要的作用，贯穿着整个生态系统健康的评估。

表 3　1990—2020 年流域生态健康评价研究论文前 12 位高频关键词

关键词	频次	中心性	关键词	频次	中心性
水质	255	0.08	生物完整性	125	0.04
河流	207	0.06	生物多样性	124	0.05
土地利用	167	0.03	影响	119	0.04
河流健康	162	0.06	大型无脊椎动物	105	0.03
管理	152	0.05	模型	96	0.1
群落	149	0.04	响应	43	0.06

2.4.2 研究趋势分析

关键词的突现强度是在特定时间段内通过关键词频次的变化将频次高的词探测出来，关键词突现分析在某种程度上可以反映领域内某研究方向的热度，即研究前沿或研究热点[21]。表4是关键词突现分析的结果，2017—2020 年，生态系统服务（ecosystem service）表现出很强的突现性，表明这期间生态系统服务功能出现频率猛增，是目前生态系统健康评价中的研究前沿热点。与此同时，碳（carbon）、政策（policy）、生物完整性（biotic integrity）和大型无脊椎动物（macroinvertebrate）也是突现强度比较高的关键词。说明生态系统健康评价是包含生态系统的结构、服务功能和社会经济的指标体系的评价。

表 4　关键词突现分析

关键词	突现强度	开始年份	结束年份
生态系统健康	26.235 9	1995	2004
生态系统服务	20.221	2017	2020
碳	6.588 3	2005	2009
政策	5.762 6	2013	2015
生物完整性	5.624 8	2009	2020
生物完整性指数	3.023	2004	2007
生物能质	2.530 1	2004	2006
大型无脊椎动物	1.958 5	2015	2020
美国环境保护署	1.372 5	1997	1997
决策支持系统	1.365 6	2000	2000
多样性	1.259 7	1997	1998

3 未来研究展望

（1）生态系统健康概念目前并没有一个统一的定义，不同背景的研究者根据研究尺度的不同提出各自的见解。目前，流域生态健康主要体现在两个方面：一方面，生态系统在自身结构上保持健康可持续的状态，具有一定的适应性；另一方面，流域与人类社会的关系良好，即流域生态系统可以发挥对人类的生态服务功能，人类在享受流域生态系统带来的服务时，不对流域系统自身造成危害。如何去统一、全面、科学地给出流域生态系统健康的概念，是未来需要努力的一个方向。

（2）评价指标的选取需要有代表性。如生态系统面积的增加和减少代表该系统相关服务的收益和损失；生物完整性往往是检验生态系统健康的标志之一；外来入侵物种可能严重破坏生态系统并造成经济损失；生态生产力（植物在水中的生长趋势是什么，植物生长量的变化）可能标志着整个生态系统状况的重要变化。元素氮和磷是植物的关键养分，过量使用会导致富营养化问题，碳储存是讨论全球变暖的关键因素。

（3）数据要具备典型性和连续性，要从空间和时间尺度上反映研究区域的真实情况。在空间尺度上，可以采用遥感技术和GIS作为技术支撑。在时间尺度上，应尽量获取长时间尺度的数据，避免流域生态系统的状态滞后性的影响，更好地实施流域健康的管理。

（4）生态系统健康评价内容应着重体现生态系统服务功能。2017—2020年，生态系统服务功能受到更多的关注，人类作为最活跃的生态因子，在享受生态系统带来服务的同时，又通过交互活动影响着生态系统。生态系统和人类社会相辅相成，通过对生态系统服务功能的评估会对人类社会的发展起到指导作用，从而实现流域和社会双赢的目标。

4 结论

（1）流域生态健康研究相关文章的统计分析结果都呈现增长趋势，包括每年的文章发表数量、每篇文章的平均作者数、每年平均每篇文章引用的参考文献数、相关研究的被引用次数。趋势的增长表明，随着科学生产力的提高和合作趋势扩大，该研究的热度不断提高。

（2）国际众多学者广泛关注流域生态健康评价相关研究（近几十年来）。其中，研究最多的是美国和中国，从发文数量来看，中国相关研究的增长趋势明显，从2018年开始发文数量已高于美国。其中，中国科学院和北京师范大学是最具生产力的机构。

（3）关键词频次分析结果表明，应用最多的流域生态健康评价指标包括水质指标、生物指标、生境指标、社会经济指标。这些指标构成的社会-自然-经济评价体系被广泛使用。另外，根据关键词突现强度分析，在2017年前后，生态系统服务这个关键词突现强度变大并持续到2020年，表明在之前的基础上，生态系统服务功能指标被研究者广泛应用。

参考文献

［1］宁朝山，李绍东. 黄河流域生态保护与经济发展协同度动态评价［J］. 人民黄河，2020（12）：1-6.

［2］Schuler M S, Cañedo-Argüelles M, Hintz W D, et al. Regulations are needed to protect freshwater ecosystems from salinization. Philos. Trans. R. Soc. B 2018, 374, 20180019.

［3］刘恒，涂敏. 对国外河流健康问题的初步认识［J］. 中国水利，2005（4）：19-22.

［4］Costanza R , Kubiszewski I . The authorship structure of " ecosystem services" as a transdisciplinary field of scholarship［J］. Ecosystem Services, 2012, 1 (1): 16-25.

［5］Sun Ranhao, WEI Linyuan, Zhang Haiping, et al. Research status and prospects of river ecosystem health: based on bibliometrics［J］. Acta ecologica sinica, 2020, 40 (10): 3526-3536.

［6］薛雯，朱敏，肖迪，等. 基于文献计量法的河流健康研究进展［J］. 现代农业科技，2019（20）：169-171，175.

［7］张康生. 我国环境科学类主要核心期刊发展现状与文献计量分析［J］. 中国科技期刊研究，2008，19（2）：

223-226.

［8］赵婉忻 . 基于 CiteSpace 的我国群体智能科学研究图谱构建与分析［J］. 价值工程，2019，38（5）：79-83.

［9］Mitsch W J, Jørgensen S E. Ecological engineering and ecosystem restoration［M］. John Wiley & Sons, 2003.

［10］Zitt M, Bassecoulard E. Development of a method for detection and trend analysis of research fronts built by lexical or cocitation analysis［J］. Scientometrics, 1994, 30（1）.

［11］陈悦，陈超美，刘则渊，等 . CiteSpace 知识图谱的方法论功能［J］. 科学学研究，2015，33（2）：242-253.

［12］阎水玉，王祥荣 . 流域生态学与太湖流域防洪、治污及可持续发展［J］. 湖泊科学，2001（1）：1-8.

［13］Kim J J, Atique U, An K G. Long-term ecological health assessment of a restored urban stream based on chemical water quality, physical habitat conditions and biological integrity［J］. Water, 2019, 11（1）: 114.

［14］Zeinab Hazbavi, Seyed Hamidreza Sadeghi, Mehdi Gholamalifard, et al. Watershed health assessment using the pressure-state-response（PSR）framework［J］. Land Degradation & Development, 2020, 31（1）.

［15］徐菲，赵彦伟，杨志峰，等 . 白洋淀生态系统健康评价［J］. 生态学报，2013，33（21）：6904-6912.

［16］Fei Xu, Yanwei Zhao, Zhifeng Yang, et al. Multi-scale evaluation of river health in Liao River Basin, China［J］. Frontiers of Environmental Science & Engineering in China, 2011, 5（2）: 227-235.

［17］Xu F, Yang Z F, Chen B, et al. Ecosystem health assessment of Baiyangdian Lake based on thermodynamic indicators［J］. Procedia Environmental Sciences, 2012, 13: 2402-2413.

［18］Jin Y, Yang W, Sun T, et al. Effects of seashore reclamation activities on the health of wetland ecosystems: a case study in the Yellow River Delta, China［J］. Ocean & Coastal Management, 2016, 123: 44-52.

［19］Su M R, Yang Z F, Liu G Y, et al. Ecosystem Health Assessment and Regulation for Urban Ecosystems: A Case Study of the Yangtze River Delta Urban Cluster, China［J］. Journal of Environmental Informatics, 2011, 18（2）.

［20］Xiao Ming, Chen Jiayong, Li Guojun. Visual analysis of scientific knowledge map based on CiteSpace［J］. Library and information service, 2011, 55（6）: 91-95.

［21］Lan Ying, Xiao Shibo, Yang Yumei. Modern information science and technology［J］. 2019, 3（7）: 8-10, 13.

水沙动态调控对库区水动力过程的影响

杨　飞[1,2]　王远见[1,2]　江恩慧[1,2]

(1. 黄河水利委员会黄河水利科学研究院，河南郑州　450003；
2. 水利部黄河下游河道与河口治理重点实验室，河南郑州　450003)

摘　要：泥沙动态调控主要通过坝前水位和入流流量影响库区的水动力条件。通过分析得出，水沙动态调整过程中，库区水位下降会导致水面比降出现局部增大、流速局部加大、水流流态出现局部缓流向急流转变，库区的溯源冲刷出现多级跌坎。以小浪底水库为例，跌坎发育情况与库区泥沙淤积量、坝前水位、流量相关，库区淤积量越大，跌坎数量越多；库区边界条件不变的情况下，水流动力越强，跌坎数量越多；坝前水位越低，跌坎数量越多。

关键词：跌坎；溯源冲刷；水流流态；泥沙动态调控

1　前言

　　水沙调控是解决黄河水沙关系调节的关键手段。我国很早就对水库泥沙调度展开研究。目前，水沙调控研究在宏观层面已经确立了相应的理论框架和技术体系。2010 年以来黄河水沙情势剧变，直接影响黄河水沙调控体系布局[1]。江恩慧[2] 从水沙调控的系统理论、水库高效泥沙机制、水沙调控的效应出发，研究了黄河水沙调控模式与技术。在库区泥沙输移机制等具体问题上，仍存在较多不足。

　　库区水动力条件变化对水沙的直接影响就是水流流态调整和跌坎溯源冲刷的演化。溯源冲刷是库区淤积泥沙在水沙调控作用下的重要冲刷方式。溯源冲刷是发生在坝前水位较大幅度速降，导致坝前水深或三角洲顶点以上一段水深远小于平衡水深甚至低于淤积面而产生的自下而上的冲刷[3-4]。溯源冲刷过程中，水流流速较大，河床变形剧烈，具有较强的紊动动能，出现局部跌水，且跌水位置会逆水流向上游快速后退[5]。溯源冲刷河床快速调整，冲刷历时短、效率高，是水库最有效的一种排沙方式，已在国内外一些水库得到运用[3]。目前，实际水库的溯源冲刷规律研究深度远远不够，机制层面的成果较少。不同学者对三门峡水库河床纵剖面变化特点、溯源冲刷发展规律及影响因素等进行了探讨，得出三门峡水库汛期溯源冲刷输沙率与流量和库区河床比降关系密切，溯源冲刷发展范围与流量存在正相关关系。本文主要以小浪底水库为例，针对水位调整过程中的水动力条件进行分析，确定库区溯源冲刷中多级跌坎的存在，进而分析了多级跌坎发展与库区淤积量、坝前水位和流量的影响。

2　库区水动力过程变化分析

　　泥沙动态调控主要通过坝前水位影响着库区的水动力条件。回水末端以上库段水面比降较大，回水末端以下库段水面比降较小。回水末端的位置随着库区水位的调整而向上下游移动。在回水末端移动范围（回水变动区）内，比降变化明显，水库水位降低，纵比降明显加大，大小取决于床面纵比

基金项目：国家自然科学基金项目（42041004）；河南省杰出青年基金项目（202300410540）；国家重点研发计划项目（2018YFC0407402）。

作者简介：杨飞（1985—），男，博士，从事水沙数值模拟计算研究工作。

通讯作者：江恩慧（1963—），女，教授级高工，博士，博士生导师。

降。回水末端移动范围外，比降随水位变化不大。通过模拟计算得到小浪底水库 2019 年 7 月 1 日与 7 月 14 日的库区水位和纵比降对比，如图 1 所示，两者进口流量分别为 2 329 m³/s、2 114 m³/s，坝前水位分别为 235.16 m、215.51 m，对应回水末端距坝里程分别约为 47.8 km、8.1 km。两个时期相比，回水变动范围内（8.1~47.8 km）的纵比降变化非常大，从 10⁻⁵ 调整为 10⁻³，回水变动范围以外区域仅有小幅度调整。回水末端以上库段不受坝前水位影响，纵比降较大，下游库区纵比降接近于零。

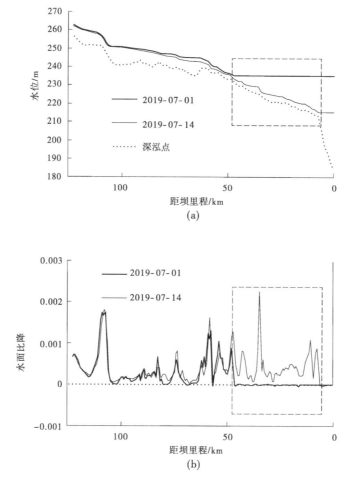

图 1　小浪底库区 2019 年 7 月 1 日和 7 月 14 日的水面和纵比降变化

库区水位下降过程中，坝前水位对库尾段壅水作用减弱，回水末端移动范围内的水流逐渐呈现均匀水流特点，流速大小只与局部的河床性质、流量、断面形态关联。如图 2 所示，2019 年 7 月 1 日小浪底库区断面平均水流流速整体上呈现上大下小的趋势，回水末端以上的库段，流速基本在 2~3 m/s 范围内波动，回水末端以下的库段，沿程流速降低至 1 m/s 以下，距坝 24 km 以内，流速小于 0.3 m/s。水位降低后，除距坝 8 km 以内流速小于 0.3 m/s 外，流速整体增加至 2~3 m/s。

3　库区多级跌坎溯源冲刷

在水库开始蓄水的过程中，淤积三角洲顶坡段（三角洲洲面）处于壅水输沙流态，顺直河段淤积平缓，在弯道附近受边界的影响出现流速沿程大小不一的情况，流速大的地方淤积量少，流速小的地方淤积量多，这就造成三角洲洲面地形高低起伏。当库水位降下来以后，接近三角洲顶点时淤积三角洲前坡段出现较大的跌坎，同时跌坎伴随着冲刷自下而上向上游发展，出现水位差，形成多处跌坎，随着水流作用的调整，这种跌坎持续时间不长，很快消失，达到一个相对平衡比降。这种现象由

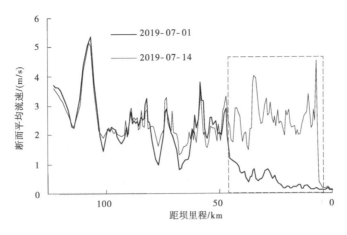

图 2　小浪底库区 2019 年 7 月 1 日和 7 月 14 日的水流流速变化

于持续时间短、位置多变、交通不便，很难观测到；模型试验上常观测到这种现象，如小浪底水库模型试验、万家寨水库模型试验等。如万家寨水库降水冲刷模型试验，是在 2015 年汛前地形基础上，释放流量 1 000 m³/s、含沙量 4 kg/m³，持续 45 d 的水沙过程。降水冲刷试验初始水位 932 m，试验开始后水位控制在 929 m 附近，处于泄空状态。试验开始跌坎在 WD1 断面附近，随着试验的开展，跌坎自下而上向上游发展，同时上游 WD14、WD22、WD34、WD36、WD42、WD46 等多处出现跌坎，如图 3 所示。项目组对 2021 年小浪底水库降低水位运用过程中三角洲洲面上的溯源冲刷过程进行了观测。7 月 3 日 14：06 在距坝 34 km（HH20 断面上游）处发现了跌坎，如图 4 所示，此时入库流量约 265 m³/s。这是项目组首次在野外观测到三角洲洲面上的跌坎发育。

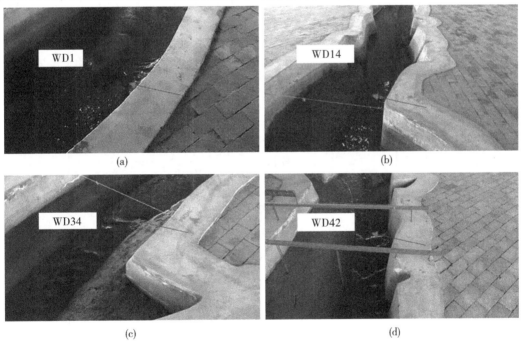

图 3　万家寨水库降水冲刷试验中的多级跌坎观测

4　泥沙动态调控对库区水动力的影响规律

水流流速变化达到一定程度，就涉及水流流态的改变。在库区沿程地形存在跌坎的局部形成跌水，水流流态从缓流流态变为缓流—急流—缓流交替的水流流态。在淤积三角洲前缘的跌坎处形成的跌水，对冲淤影响最为明显，可以产生较强的溯源冲刷。一般情况下，跌水的上下游均为缓流流态，

2021/7/3 14:06 入库流量约265 HH20断面上游 距坝约34km

图 4 小浪底库区三角洲洲面上观测到的跌坎溯源冲刷（多级跌坎原型观测）

跌坎局部为急流流态。以 Fr 为参数，跌坎处急流的 Fr 均大于 1。小浪底水库模拟计算过程中，同样能够模拟得到三角洲滩面多级跌坎溯源冲刷的现象，以 2019 年汛期小浪底水库运用过程为例，模型计算得到跌坎数量动态调整过程，统计如表 1 所示。2019 年汛期小浪底库区的跌坎数量存在动态变化，水位较高时数量少，坝前水位降低后跌坎数量增加。

表 1 2019 年汛期小浪底库区跌坎

日期	坝前水位/m	回水末端距坝/km	跌坎编号	跌坎上下断面位置/km	Fr	流态
5 月 12 日	257.37	85.04	跌坎 1	119.80	1.02	急流
				118.55	0.56	缓流
7 月 9 日	226.9	31.06	跌坎 1	119.80	1.01	急流
				118.55	0.59	缓流
			跌坎 2	106.76	1.01	急流
				106.14	0.64	缓流
7 月 29 日	210.86	6.21	跌坎 1	120.42	1.01	急流
				119.18	0.50	缓流
			跌坎 2	58.97	1.27	急流
				58.35	0.45	缓流
			跌坎 3	47.79	1.10	急流
				47.17	0.61	缓流
			跌坎 4	35.38	1.04	急流
				32.90	0.60	缓流
			跌坎 5	6.21	1.06	急流
				5.59	0.70	缓流
10 月 7 日	246.62	66.42	跌坎 1	119.80	1.01	急流
				118.55	0.59	缓流
			跌坎 2	108.62	1.01	急流
				106.14	0.62	缓流

依据 2002—2004 年、2008 年、2013 年、2018—2020 年等 8 年小浪底水库的实测初始地形，设置不同的坝前水位和来流流量，可以计算得出库区内跌坎的发育情况。这里选择来流流量取值范围为 500~6 500 m³/s 四个流量级，坝前水位取值范围为 204~260 m，取值间隔 2 m，结合地形与水流的 Fr 判定跌坎个数，严格来说，应以 Fr 从大于 1 到小于 1 为跌坎判定条件，考虑到采用大断面地形资料对数值计算空间分辨率、曼宁阻力系数选取对水流计算敏感，这里采用曼宁阻力系数为 0.02、跌坎判定条件为 Fr 是否超过 0.5，对获得跌坎数量进行统计。溯源冲刷跌坎数量与水位流量之间存在明显的相关关系。泥沙动态调控对库区水动力条件的影响规律可以总结如下：

（1）库区淤积量越大，跌坎数量越多。各年对应淤积量和跌坎数量的关系如图 5、图 6 所示。库区淤积量大小对跌坎数量影响明显，2004 年之前，淤积量少，蓄水过程中，库区整体水深较大，水流流速很小，对沿程弯道等边界条件的调整幅度不大，泥沙落淤位置在空间上分布相对均匀。由于小浪底水库的累积淤积，库区地形发生持续变化，2018—2020 年不同流量级下的跌坎数量较 2002—2004 年有明显增加，尤其是大流量级。

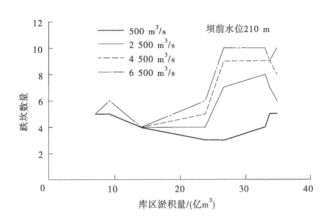

图 5　跌坎数量与库区淤积量和流量之间的关系

（2）库区边界条件不变的情况下，水流动力越强，跌坎数量越多。对于 2018—2020 年，流量越大，水流强度越大，跌坎数量越多。非汛期水流流量多不超过 2 500 m³/s 流量级，塑造的地形特点是小于 2 500 m³/s 流量级时跌坎数量少，高于 4 500 m³/s 流量级时跌坎数量多，有利于汛期洪水期形成多级跌坎形式的溯源冲刷。

（3）坝前水位越低，跌坎数量越多。随着坝前水位的降低，壅水作用逐渐消失，改变了库区水流性质，自下而上跌坎逐渐消失。高水位时，三角洲的前坡段沿程水深明显加大，水流挟沙能力明显下降，是泥沙落淤的主要部位。泥沙动态调控过程中，水位下降低于三角洲前缘高程，形成跌水水流并出现溯源冲刷，挟沙力会局部显著提升。不同于沿程冲刷，跌坎处水流急缓流流态的交替变化，消耗大部分水流动能直接用于床面泥沙侵蚀，冲刷侵蚀效率高，低水位时库区发育着多级跌坎，有利于淤积体的溯源冲刷。

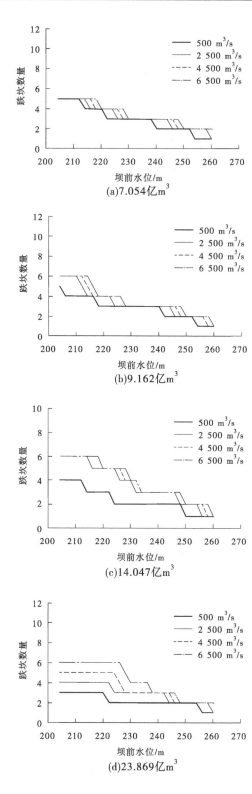

图 6　跌坎数量与坝前水位和流量之间的关系

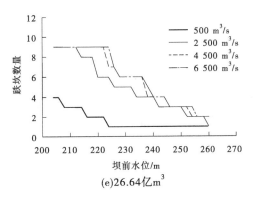

(e)26.64亿m³

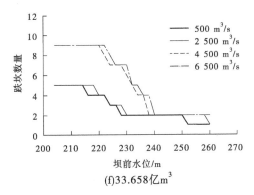

(f)33.658亿m³

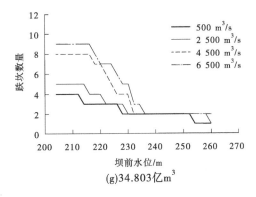

(g)34.803亿m³

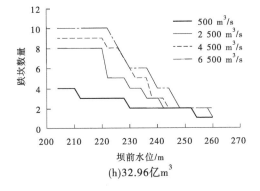

(h)32.96亿m³

续图 6

5 结语

本文通过分析得出，水沙动态调整过程中，库区水位下降会导致水面比降局部增大、流速局部加大，水流流态出现局部缓流向急流转变，库区的溯源冲刷出现多级跌坎。以小浪底水库为例，跌坎发育情况与库区泥沙淤积量、坝前水位、流量密切相关，库区淤积量越大，跌坎数量越多；库区边界条件不变的情况下，水流动力越强，跌坎数量越多；坝前水位越低，跌坎数量越多。

参考文献

［1］胡春宏．黄河流域水沙变化机理与趋势预测［J］．中国环境管理，2018（1）：97-98.

［2］江恩慧．黄河泥沙研究重大科技进展及趋势［J］．水利与建筑工程学报，2020，18（1）：1-8.

［3］Morris G，Fan J．Reservoir sedimentation handbook［M］．Mc Graw-Hill Book Co.，USA，1998.

［4］韩其为．水库淤积［M］．北京：科学出版社，2003.

［5］张俊华，李涛，马怀宝．小浪底水库调水调沙研究新进展［J］．泥沙研究，2016（2）：68-75.

基于 InSAR 的焦作矿区地表沉降时序分析

曲逸穹[1]　许琳娟[2]　都伟冰[1]　马丹丹[1]　高　鑫[1]　郑岩超[1]

（1. 河南理工大学测绘与国土信息工程学院，河南焦作　454003；
2. 黄河水利委员会黄河水利科学研究院，河南郑州　450003）

摘　要：城市周边采矿区地表沉降影响着城市未来的发展建设，为了解焦作资源开采后期地表形变情况及地质环境整治，利用小基线集合（SBAS）InSAR 技术对修武县全县和焦作市东北地区地表沉降开展时序分析。结果表明，重点沉降区多位于资源采空区，其中地表抬升速率最大为 28 mm/a，地表沉降速率最大为 58 mm/a，沉降最严重区域累计沉降量达到 70 mm。研究结果可为矿区开采后的地表形变规律提供参考，也可为该地区沉降灾害防治及地质环境保护提供依据。

关键词：InSAR；地表沉降；时序分析；矿区；Sentinel-1

1　引言

地面沉降又称地面下沉，它是在人类工程经济活动的影响下，地下松散地层固结压缩导致地壳表面高程降低的一种工程地质现象[1]，是一种缓慢性灾害，会导致不可逆的永久性资源环境损失[2]，因此沉降监测变得格外重要。传统地表沉降监测以水准测量为主，但其成本高、时间长、范围有限，无法快速满足大范围的地表形变监测要求[3]。随着城市建设的快速发展，不断扩大的落点范围和监控网络布局问题，导致测量难度增加：平点覆盖差距大，测量周期长，浪费人力和物力，施工现场分级动态监控难以选择，一次性投入大量资金，网点布设有限，使得 GPS 测量点容易损坏且难以维护[4]。

SBAS InSAR 作为新型测量技术，以其高精度、高时效、广范围的工作特点，对大面积的地表沉降监测十分有效[5]，在矿区监测方面应用广泛[6]。该技术使用一定数量的 SAR 影像来获取可靠的地面沉降信息，在国内外的研究中均取得了很好的成果[7]，使其成为目前主流的地表沉降监测技术手段。

本文以焦作市修武县为研究区，进行了为期一年的地表形变监测，通过 Sentinel-1 数据进行 SBAS InSAR 处理的同时，针对重点沉降区周边地区进行了 GPS 高程水准测量，并对比验证了形变精度的准确性。研究发现，位于采矿区附近地面沉降最为明显，为今后矿区开采后的地表形变规律提供参考，也为该地区沉降灾害防治及地质环境保护提供依据。

2　数据与原理

2.1　SABS InSAR 技术原理

首先选取其中一幅影像为主影像进行配准后，在组合的差分干涉对中选取符合时空基线阈值的干

基金项目：国家自然科学基金项目（41975036，42075132，41601364，42041006）；智慧中原地理信息技术协同创新中心项目（2020C002）；2021 新疆维吾尔自治区优秀博士后资助；2021 教育部产学合作协同育人项目"基于 PIE 的遥感信息智能提取课程群建设"。

作者简介：曲逸穹（1998—），男，硕士研究生，研究方向为合成孔径雷达干涉测量。

通讯作者：都伟冰（1985—），男，副教授，主要从事遥感灾害监测研究。

涉对，假设得到 M 幅差分干涉图[8]，则

$$\frac{N+1}{2} \leqslant M \leqslant \frac{N(N+1)}{2} \tag{1}$$

假设 t_0 为初始时刻，则任意时刻 $t_i(i=1,2,3,\cdots,N)$ 相对于 t_0 的差分相位 $\varphi(t_i)$ 作为未知参数，数据处理得到的差分干涉相位 $\delta\varphi(t_k)(i=1,2,3,\cdots,N)$ 作为观测量，假设不考虑失相干、高程误差及大气误差等因素，则第 $i(i=1,2,3,\cdots,N)$ 幅差分干涉图中像元 (r,x) 的相位值为[9]

$$\delta\varphi_i(r,x) = \varphi(t_A,r,x) - \varphi(t_B,r,x) \approx \frac{4\pi}{\lambda}[d(t_A,r,x) - d(t_B,r,x)] \tag{2}$$

式中：λ 为波长；$d(t_A,r,x)$ 和 $d(t_B,r,x)$ 分别为像元在时间 t_A 和 t_B 沿雷达视线方向的形变。

假设 $d(t_A,r,x)=0$，则时间序列上的相位值为：

$$\varphi(t,r,x) = \frac{4\pi}{\lambda}d(t_i,r,x) \tag{3}$$

为了获取具有物理意义的沉降序列，将式（3）中相位表示为两个获取时间之间的平均相位速度和时间的乘积：

$$v_j = \frac{\varphi_j - \varphi_{j-1}}{t_j - t_{j-1}} \tag{4}$$

第 j 幅干涉图的相位值可以写作 $\sum_{k=t_{A,j}+1}^{t_{B,j}}(t_k-t_{k-1})v_k = \delta\varphi_j$，即各时段在主从影像时间间隔的积分[10]。写成矩阵形式为

$$Bv = \delta\varphi \tag{5}$$

其中，B 是一个 $M\times N$ 的矩阵，之后采用 SVD（奇异值分解）方法可得到最小范数解，最后对各个时间段内的速度积分就可得到各个时间的形变量[11]。

2.2 数据处理

Sentinel-1 卫星是欧洲极地轨道对地观测卫星，搭载 C 波段 SAR，具有重访周期短、单景影像覆盖范围高的优势，双星座卫星的 Sentinel-1 重复周期可缩短至 6 d。本文选取 20170319~20180805 共 19 景，IW（干涉宽幅）SLC 影像（见表 1）。

表 1　影像数据

序号	获取时间	序号	获取时间	序号	获取时间	序号	获取时间
1	20170319	6	20170717	11	20171208	16	20180501
2	20170412	7	20170810	12	20180101	17	20180606
3	20170506	8	20170903	13	20180206	18	20180712
4	20170530	9	20171009	14	20180302	19	20180805
5	20170623	10	20171102	15	20180407		

为确保干涉处理能获取好的结果，以 20170319 为主影像，对其余的 18 景 SLC 图像都进行了精确的配准，之后采用时间基线阈值 550 d，垂直基线设置为 45% 的临界基线进行干涉对处理，形成 135 对短基线集组合。将 135 个干涉像对进行干涉处理后，与 SRTM DEM 模拟的地形相位做差分处理，去除参考椭球面相位和地形相位，得到初始的差分干涉图。在经过一系列处理后，得到各连接像对斜距下的强度图、去平后相位图、滤波相位图、相干系数图及解缠结果，之后需要通过两次反演过程，第一次反演主要根据线性模型高相干点处建立形变速率及高程误差改正方程，然后解算出干涉像对平

均形变速率和高程改正值。第二次反演是通过 Goldstein 滤波方法消除大气效应引起的相位，得到最终的时序形变量，并将得到的平均形变速率图及时序形变量进行地理编码，转换到地理坐标系下，获取工作区的地面沉降结果。

3 结果与讨论

3.1 总体沉降趋势

利用 SBAS 方法对研究区进行解译，得到 2017—2018 年的地面沉降速率，并根据工作区地面沉降情况，统计得到该区域地表形变面积分布状况（见图 1）。

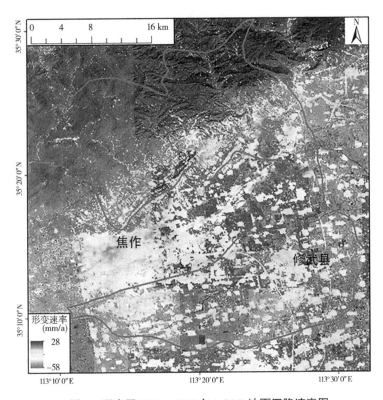

图 1 研究区 2017—2018 年 InSAR 地面沉降速率图

以 10 mm/a 为分界，沉降速率大于 50 mm/a 的面积为 0.05 km², 占总面积的 0.02%；沉降速率 40~50 mm/a 的面积为 0.39 km², 占总面积的 0.19%；沉降速率 30~40 mm/a 的面积为 0.8 km², 占解译面积的 0.4%；沉降速率 20~30 mm/a 的面积为 2.22 km², 占解译面积的 1.11%；沉降速率 10~20 mm/a 的面积为 14.47 km², 占解译面积的 7.22%；沉降速率 0~10 mm/a 的面积为 181.06 km², 占解译面积的 90.38%；沉降速率小于 0 mm/a 的面积占解译面积的 0.67%。其中，地表抬升速率大于 10 mm/a 的面积为 17.95 km², 主要沉降区位于焦作市东北部和修武县东北部。

3.2 采空区沉降分析

焦作市因采煤造成的地面塌陷沉降主要分布在马村区和修武县煤矿分布密集地区。各矿区塌陷沉降情况见图 2，主要沉降区域包括方庄新井 a0，所解译的最大沉降速率 58 mm/a；九里山煤矿 a1，最大沉降速率 46 mm/a；演马煤矿 a2，最大沉降速率 43 mm/a；中马煤矿 a3，最大沉降速率 30 mm/a；古汉山煤矿 a4，最大沉降速率 45 mm/a。

其中，沉降速率大于 40 mm/a 的面积为 0.51 km², 占沉降面积的 1.74%；沉降速率 30~40 mm/a 的面积为 1.02 km², 占沉降面积的 3.51%；沉降速率 20~30 mm/a 的面积为 2.65 km², 占沉降面积的 9.08%；沉降速率 10~20 mm/a 的面积为 8.29 km², 占沉降面积的 28.41%；沉降速率 0~10 mm/a 的面积为 16.70 km², 占沉降面积的 57.27%。

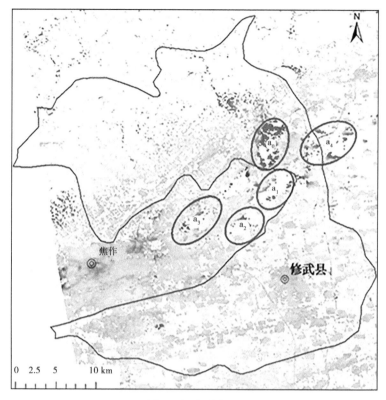

图 2　沉降采空区

3.3　精度验证

　　方庄新井的沉降最为明显，从 2017 年 5 月到 2018 年 8 月，最大累计沉降量为 70 mm，根据沉降区周边水准点坐标划定沉降区剖面图，做精度评定（见图 3）。

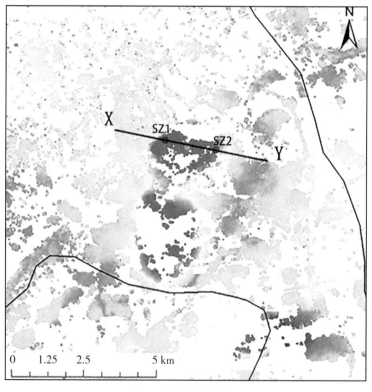

图 3　方庄新井沉降区

由图4可知，2017—2018年该区域的SBAS InSAR地表沉降趋势与同年水准测量高程数据累计变化量一致性较高，误差在厘米级，证实了小基线集合InSAR在形变观测中的精确性。

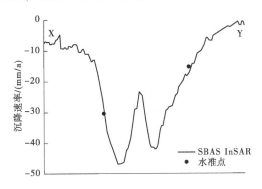

图4 沉降区XY剖面图

4 结论

本文利用Sentinel-1A数据，基于SBAS InSAR技术对研究区地表沉降进行了时序监测分析，发现重点沉降区位于焦作市和修武县东北部的矿区附近，由于资源开发引起的地表沉降，符合采空区地表形变规律，沉降最为明显的地区位于方庄新井，最大沉降速率为58 mm/a，累计最大形变量为−70 mm。结合水准点高程数据，评估了SBAS InSAR对于地表沉降监测的可靠性，为矿区开采地表形变规律提供参考，也为该地区沉降灾害防治以及地质环境保护提供依据。

参考文献

[1] 孙振泽，张庆祥. 地质灾害——观测·预防·营救[M]. 北京：地质出版社，2011.

[2] 关金环，高明亮，宫辉力. 首都国际机场区域差异性沉降原因探讨[J]. 测绘科学，2021，46（9）：67-75.

[3] 姜德才，张继贤，张永红，等. 百年煤城地表沉降融合PS/SBAS InSAR监测——以徐州市为例[J]. 测绘通报，2017，（1）：58-64.

[4] HU B, YANG B, ZHANG X, et al. Time-Series Displacement of Land Subsidence in Fuzhou Downtown, Monitored by SBAS-InSAR Technique[J]. Journal of Sensors, 2019：1-12.

[5] 冉培廉，李少达，杨晓霞，等. 基于SBAS-InSAR技术的西安市地面沉降监测[J]. 河南理工大学学报（自然科学版），2021，40（3）：66-74.

[6] 肖亮，贺跃光，邢学敏，等. Sentinel-1和SBAS-InSAR分析钻井水溶岩盐矿山时序沉降[J]. 遥感学报，2019，23（3）：501-513.

[7] 丁刘建，陶秋香，高腾飞，等. SBAS InSAR技术在矿区地面沉降监测中的应用[J]. 中国科技论文，2019，14（3）：320-325.

[8] 甄艾妮. 基于SBAS-InSAR技术的北京市地面沉降分析[D]. 北京：中国地质大学，2017.

[9] TAO Q, GAO T, HU L, et al. Optimal selection and application analysis of multi-temporal differential interferogram series in StaMPS-based SBAS InSAR[J]. European Journal of Remote Sensing, 2018, 51（1）：1070-1086.

[10] 刘国祥，陈强，罗小军，等. InSAR原理与应用[M]. 北京：科学出版社，2019.

[11] 陆好健. 基于SBAS-InSAR技术的红河断裂带南段地壳形变特征研究[D]. 昆明：云南师范大学，2019.

西天山冰川表面高程变化 InSAR 监测与特征分析

高　鑫[1]　许琳娟[3]　都伟冰[1,2]　张合兵[1]　郑岩超[1]　马丹丹[1]　曲逸穹[1]

（1. 河南理工大学测绘与国土信息工程学院，河南焦作　454000；

2. 中国科学院新疆生态与地理研究所，新疆乌鲁木齐　830011；

3. 黄河水利委员会黄河水利科学研究院，河南郑州　450003）

摘　要： 冰川是冰冻圈的重要组成部分之一，由于极端天气导致冰川在过去的几十年内发生普遍的缩减现象，西天山冰川对于我国西北部干旱地区供水等方面，都有着重大意义。在基于遥感技术中，本文使用 2020 年 Sentinel-1A 卫星数据，以 SRTM3DEM 作为数据处理的参考 DEM，利用合成孔径雷达（interferometric synthetic aperture radar，InSAR）技术并结合开源软件 GMTSAR 获得该研究区域冰川的表面高程变化量，研究发现该区域表面高程平均下降（4.48 ± 1.75）m，年平均减薄值为（-0.22 ± 0.08）m/a，整体厚度在减薄，并与其他典型监测冰川进行比较，证明实验结果对于西天山表面高程变化的研究具有一定的参考价值。

关键词： InSAR；表面高程变化；冰川；合成孔径雷达技术；Sentinel-1A

1　引言

冰川一般是在高寒地区的条件下，由于气候条件不断形成的，是冰冻圈的重要组成部分之一[1]。20 世纪中叶以来，极端天气导致中国冰川区域普遍发生缩减现象，导致对西部干旱地区的生态环境及人民生活造成很大困扰。西天山冰川对我国西部干旱地区各方面的发展具有重大意义[2]。

近年来，随着航天技术及遥感技术的快速发展，越来越多的高分辨率的遥感影像得到应用，由于 Sentinel-1A 数据的开源性、高性能及全面性等特性，被学者广泛应用于地表 DEM 的获取、地表形变监测等领域[3]。蒋宗立等[4]利用 InSAR 方法获取阿玛尼卿山区冰川 2000—2013 年来的高程变化为（8.73 ± 3.70）m；Hui 等[5]使用 TanDEM-X 与 SRTM DEM 进行差分获得结果为（0.02 ± 0.064）m/a。本文尝试采用开源软件 GMTSAR 对 Sentinel-1A 数据采用重复轨道干涉测量法获取被冰雪大量覆盖的托木尔峰地区及周边地区的高程变化量，对所得结果进行精度评定。

2　研究区概况和数据来源

2.1　研究区概况

20 世纪中叶以来，全球变暖的加剧，引起中国冰川区域发生衰退现象，对当地人民的生活、生态环境及经济造成了极大的影响。托木尔峰位于阿克苏地区温宿县境内的中国与吉尔吉斯斯坦国境线附近，属天山山脉中天山区，是山系横亘新疆 2 500 多 km 的天山山脉的最高峰，海拔 7 443.8 m。保护区地处西北地区，气候干燥，昼夜温差大，年内降雨分配不均匀。自然保护区作为天山最大的冰川

基金项目： 国家自然科学基金项目（41975036，42075132，41601364，42041006）；智慧中原地理信息技术协同创新中心项目（2020C002）；2021 新疆维吾尔自治区优秀博士后资助；2021 教育部产学合作协同育人项目"基于 PIE 的遥感信息智能提取课程群建设"。

作者简介： 高鑫（1997—），男，硕士研究生，研究方向为冰川遥感。

通讯作者： 都伟冰（1985—），男，副教授，主要从事遥感灾害监测研究。

作用中心及众多内陆河水系的发源地，是新疆重要的水资源补给，研究该区域冰川表面高程变化对生态研究具有重大的意义。西天山冰川位置范围见图1。

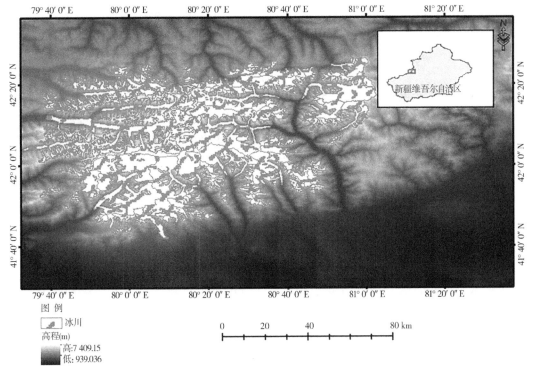

图例
冰川
高程(m)
高:7 409.15
低:939.036

图1　西天山冰川位置范围

2.2　数据来源

本文选取的 SAR 影像实验数据是 Sentinel-1A 影像数据。Sentinel-1A 卫星于 2014 年 4 月发射，为欧洲委员会和欧洲航天局针对哥白尼全球对地观测项目研制的首颗卫星，具有全天时、全天候的雷达成像系统，有四种工作模式，单极化、双极化不同的极化方式，多入射角、大幅宽的特点。

实验数据来自平台（https：//asf. alaska. edu/）2020 年 12 月 Sentinel-1A 干涉宽幅模式 IW（interferometrie wide），极化方式为 VV，空间分辨率为 5 m×20 m。数据获取日期为 2020 年 12 月 7 日和 2020 年 12 月 19 日。数据参数如表 1 所示。

表 1　图像具体参数表

参数	信息
工作模式	宽幅干涉
重访周期	12 d
升降轨	升轨
空间分辨率	5 m（距离向）×20 m（方位向）
极化方式	VV
覆盖范围	250 km

SRTM 是美国航天局、地理空间情报局联合德国和意大利的空间机构于 2000 年 2 月 11 日开始的雷达地形测绘任务，共进行了 11 d 总计 222 h 23 min 的数据采集工作，获取北纬 60°至南纬 60°之间总面积超过 1. 19 亿 km² 的雷达影像数据，覆盖地球 80%以上的陆地表面[6]。本次实验选择的参考 DEM 数据是 SRTM3DEM，其分辨率为 90 m，通过在 GMTSAR（https：//topex. ucsd. edu/gmtsar/dem-gen/）官网获取得到。

3　InSAR 提取冰川高程变化

基于 InSAR 技术是以同地区的两张 SAR 图像为基准，通过获取影像的相位差，获取干涉图像产品，相位解缠过后，从干涉条纹获取高程数据的信息。InSAR 生成的干涉相位 Ψ 中包含地形相位 φ_{top} 、参考椭球面相位 φ_{ref} 、形变相位 φ_{def} 、大气相位 φ_{atm} 和噪声相位 φ_{noi} ，具体公式如下：

$$\Psi = \varphi_{top} + \varphi_{ref} + \varphi_{def} + \varphi_{atm} + \varphi_{noi} \tag{1}$$

首先进行原始 SAR 数据和轨道信息的预处理，通过采用特有的格式，创建 ASCII 参数文件和原始数据文件，然后在公共的近距范围内对准原始雷达回波，估算原始数据的多普勒质心。

聚焦每个图像，创建主副影像 SLC，为了避免由于大幅度的表面形貌造成的较小尺度像素偏移，选择使用精确轨道信息来计算对准参考图像所需要的范围 ρ 、方位角 α 、航天器轨道半径、基线长 $B_{(a)}$ 和基线方向 $\alpha_{(a)}$ ，从每个图像提取许多小块，并进行交叉相关，确定扭曲重复图像来匹配第二个图像所需要的 6 个仿射参数，SLC 图像每个像素中的复数 $C_{(X)}$ 可以写成振幅 $A_{(X)}$ 和相位 $\varphi_{(X)}$ 。具体计算公式如下：

$$C_{(X)} = A_{(X)} e^{i\varphi(x)} \tag{2}$$

式中：$x = (\rho, \alpha)$ 为距离 ρ 和方位角 α 组成的位置向量。

由于主影像和辅影像的轨迹非常平滑，因此在距离 dr 和方位 $d\alpha$ 坐标中的差异由以下公式描述：

$$dr = c_0 + c_1 r_m + c_2 a_m \tag{3}$$

$$d\alpha = c_3 + c_4 r_m + c_5 a_m \tag{4}$$

式中：r_m 和 a_m 为主影像的距离和方位坐标，通过获取 6 个仿射参数来去除参考椭球面相位 φ_{ref} 。

通过干涉处理获得研究区对应地形信息的干涉相位图，采用滤波系数 0.12 的 Glodstein 滤波器进行滤波处理，去除了干涉测量的噪声相位 φ_{noi} 。

基于统计费用网络流算法进行相位解缠，展开剩余相位，选择了相干性 0.12 进行掩膜处理。最终得到的由于冰川高程变化引起的剩余地形相位可直接转换为高度变化图。

4　结果与分析

2000—2020 年西天山表面高程变化如图 2 所示，表面高程变化平均下降（4.48±1.75）m，即整体冰川厚度在减薄，年变化率为（-0.22±0.08）m/a。冰川表面高程变化分布不均，如图 3 所示，经计算研究区区域冰川高程变化统计分析可知，冰川表面高程变化呈现正态分布规律，高程变化区域差值在（-2.0 m，2.0 m）内的值约占全部值域的 77.48%，差值在（-4 m，4 m）内的约占全部值域的 84.35%。研究区大多为山地，一定时间内高程变化较小，所以大部分点位的高程变化均小于 4 m，本文的研究结果很好地反映这一现象。

4.1　与其他典型监测冰川比较

为了验证获取的高程变化值的精度，将其与其他区域典型监测冰川进行比较，结果如表 2 所示。

表 2　典型监测冰川比较

冰川名称	位置	时间段	年均变化/（m/a）
本研究	40.1°~43.5°N，78.5°~82.5°E	2000—2020 年	-0.22±0.08
青冰滩 72 号冰川	41°45′N、79°54′E	1964—2008 年	-0.22±0.14
河源 1 号冰川	43°06′N、86°49′E	1981—2006 年	-0.40~-0.72
哈密庙尔沟冰川	43°03′N、94°19′E	1981—2005 年	-0.21

由表 2 可知，本次实验得到西天山表面高程平均下降（4.48±1.75）m，年平均增厚值为（-0.22±0.08）m/a，即整体厚度在减薄，这一结果与王璞玉等[7] 青冰滩 72 号冰川和李忠勤等[8]

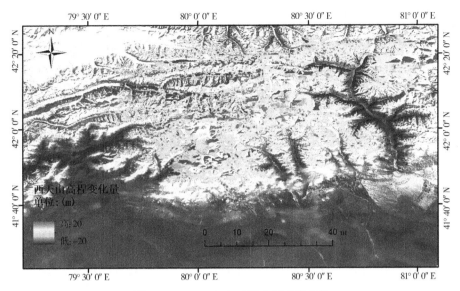

图 2　2000—2020 年冰川表面高程变化

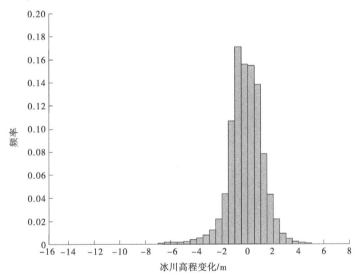

图 3　研究区冰川高程变化统计直方图

哈密庙尔沟冰川年均减薄值（-0.22±0.14）m/a、-0.21 m/a 结论基本符合。数据选择时期在冰川的结冰期，导致跟李忠勤等[9] 研究乌鲁木齐河源 1 号冰川年均减薄-0.40～-0.72 m 相比相对较小。总的来说，对于西天山表面高程变化研究具有一定的参考价值。

5　结论

冰川高程变化的检测可以有效地反映山地冰川的储存量及区域气候变化，进而为研究冰川物质平衡、冰川物质灾害等提供参考，这对于区域的水资源评估、生态环境建设及可持续发展有着重要意义。

本文基于 InSAR 用 GMTSAR 提取西天山地区冰川表面高程变化的研究，结果表明：2000—2020年西天山冰川表面高程平均下降了（4.48±1.75）m，即整体冰川厚度在减薄，年变化率为（-0.22±0.08）m/a，冰川表面高程变化呈现正态分布规律，高程变化区域差值在（-2.0 m，2.0 m）内的值约占全部值域的 77.48%，差值在（-4 m，4 m）内的约占全部值域的 84.35%。通过分析 DEM 变化值，研究该地区的高程变化规律，然后与其他区域典型监测冰川进行比较，在误差允许的范围内验证得出的高程变化规律的准确性，证明了采用 GMTSAR 软件研究 DEM 变化的可行性，也说明了西天山冰川厚度呈现融退趋势，整体处于物质亏损状态。

参考文献

［1］Immerzeel W W, Beek L P H v, Bierkens M F P. Climate Change Will Affect the Asian Water Towers ［J］. Science, 2010, 328（5984）：1382-1385.

［2］王宗太, 苏宏超. 世界和中国的冰川分布及其水资源意义 ［J］. 冰川冻土, 2003,（5）：498-503.

［3］Zemp M, Huss M, Thibert E, et al. Global glacier mass changes and their contributions to sea-level rise from 1961 to 2016 ［J］. Nature：International weekly journal of science, 2019, 568（3）：382-386.

［4］蒋宗立, 刘时银, 郭万钦. 2000—2013 年黄河源区阿尼玛卿山冰川区数字高程模型及表面高程变化数据集 ［J］. 中国科学数据（中英文网络版）, 2018, 3（4）：28-35.

［5］Hui L, Gang L, Lan C, et al. A decreasing glacier mass balance gradient from the edge of the Upper Tarim Basin to the Karakoram during 2000—2014 ［J］. Scientific reports, 2017, 7（1）.

［6］Berthier E, Arnaud Y, Vincent C, et al. Biases of SRTM in high-mountain areas：Implications for the monitoring of glacier volume changes ［J］. John Wiley & Sons, Ltd, 2006, 33（8）.

［7］王璞玉, 李忠勤, 曹敏, 等. 近 45 年来托木尔峰青冰滩 72 号冰川变化特征 ［J］. 地理科学, 2010, 30（6）：962-967.

［8］李忠勤, 王飞腾, 朱国才, 等. 天山庙尔沟平顶冰川的基本特征和过去 24 年间的厚度变化 ［J］. 冰川冻土, 2007,（1）：61-65.

［9］李忠勤, 沈永平, 王飞腾, 等. 冰川消融对气候变化的响应——以乌鲁木齐河源 1 号冰川为例 ［J］. 冰川冻土, 2007,（3）：333-342.

水文测报在防汛抗旱工作中的应用

蒋公社　　蒋润民

（黄河口水文水资源勘测局，山东东营　257091）

摘　要：水文工作作为我国现阶段重要的社会基础工作，在我国社会建设中具有重要的作用。水文测报是水文工作中的一项主要工作内容，主要是根据水文监测得到的具体数据，在防汛抗旱方面具有重要的作用，能够为防汛抗旱工作提供更加科学的数据支持，从而提高工作时效性，更好地保障社会群众生命财产安全。本文对水文测报在防汛抗旱工作中的应用进行了深入的研究与分析，并提出了一些合理的意见和措施，旨在进一步促进我国防汛抗旱工作质量提升，更好地发挥水文测报的实际作用。

关键词：水文测报；防汛工作；抗旱工作；应用方式；优化策略

在现代化信息技术高速发展的背景下，信息技术、网络技术、大数据技术及云计算等在水文领域中的应用，全面促进了水文测报准确性的提升，通过互联网平台的建设，当前我国水文测报系统已经初步建立完善的网络，水文信息能够及时、准确地更新，这对于各级防汛抗旱工作具有重要的意义，能够为防汛抗旱工作提供更多及时、准确且全面的数据支持，从而帮助调整指挥工作，优化当前的防汛抗旱工作方案，对于防灾减灾工作具有重要的意义，能够为我国人民群众生命财产安全提供更加有效的保障。

1　水文测报在防汛抗旱工作中的作用

水文测报工作的具体内容主要有：获得水文要素各类资料，建立和调整水文站网；准确、及时、完整、经济地观测水文要素和整理水文资料并使得到的各项资料能在同一基础上进行比较和分析，研究水文测验的方法，制定出统一的技术标准；全面、更精确地观测各水文要素的变化规律，研制水文测验的各种测验仪器、设备；按统一的技术标准在各类测站上进行水位观测，流量测验，泥沙测验和水质、水温、冰情、降水量、蒸发量、土壤含水量、地下水位等观测，以获得实测资料等[1]。由此可以看出，水文测报工作内容较为复杂，且与防汛抗旱工作有着紧密的联系，能够有效支持防汛抗旱工作开展，主要体现在以下几个方面。

1.1　水文测报能够为防汛工作提供依据

我国不同地区的汛期有所不同，当汛期来临前及整个汛期过程，需要指挥部门制定科学的防汛决策，其中水文测报所得到的数据具有重要的作用，水文测报中大量的数据能够为防汛减灾工作决策制定提供科学的指导。例如，在 2019 年台风"利奇马"防治中，台风"利奇马"对我国东部沿海城市造成了很大的威胁，台风过境途中受到高压的影响，我国东部沿海部分城市的降水量在 24 h 内超过 220 mm，严重影响了市民的居住和出行安全。首先，防汛部门为了保障广大人民的生命财产安全，首先调取了当地水文系统的水文测报数据，并根据数据制订了临时应急预案，数据显示未来 24 h 内降雨量还会持续增加，因此做出了快速转移群众到安全地带的防汛救援决策，并根据不同地区的水文测报数据，以此打开各大水库的泄洪闸，从而避免水库出现崩塌的灾害。其次，在防汛部门与台风"利奇马"战斗的过程中，水文测报发挥出了关键性的作用，水文测报为防汛部门决策制定提供了河

作者简介：蒋公社（1969—），男，工程师，主要从事水文测验工作。

道洪水流量、水库容量峰值等数据，从而使防汛部门所制定的决策更加科学。再次，我国水文系统的信息化建设水平较高，水文测报信息能够快速在受灾地区的不同部门传递，各省市的水利厅、各市级水利局、各市级应急指挥中心以及各区域的防汛抗旱指挥部都能够第一时间接收到水文测报信息，从而形成多个部门同时联动的抢险应急方案，在很大程度上提高了防汛处置应对速度，从而降低了台风"利奇马"对我国东部大部分省市造成的损失，有效保障了群众的生命财产安全[2]。

此外，防汛测报对于防汛抗旱工程建设也具有重要的指导意义，防汛抗旱工程建设能够根据水文测报的历史数据对河流堤坝的蓄洪能力、分流能力等进行调整，使其能够具有更强的实用性，为防汛抗旱工作创造良好的基础设施环境。

1.2　水文测报能够为抗旱工作提供依据

近些年来我国不同地区干旱灾情时有发生，对社会生产造成了很大的影响，尤其是对于农业生产而言，会导致农作物大面积死亡，从而造成严重的经济损失。国家加强了水利工程建设，建设了诸如南水北调大型水资源调配工程，同时全国各地的水利工程基础设施水平也得到了很大的提升，在水土保持、抵抗灾情、环境治理以及生态恢复方面发挥了重要的作用[3]。在水利工程建设中，水文测报具有重要的作用，水文测报中对于某一地区的水流量、降水量、蒸发量等检测，能够更为准确地预测干旱灾情的发生，从而为干旱灾情应对部门提供决策依据。能够有效地提高水资源利用率，优化水资源配置，从而能够推动水文测报服务体系建设，结合水文测报的真实数据，能够较为准确地预测旱情的发生。例如，当水文测报显示某一地区的降水量减少、水流量降低、蒸发量提高，结合近期的天气数据，则可以判断近期发生旱情的概率较大，从而提前做好应对措施，加强水资源存储量，提前为农作物准备充足的灌溉水资源，能够有效降低旱情对于社会生产的影响，发挥出水文测报的实际作用。通过加强对重点区域的水源检测、地下水检测、水体环境监测等工作，提高水文测报数据的准确性、时效性和全面性，能够为旱情救灾抢险以及应对旱情的水利工程建设提供更多的数据支持。

2　当前我国水文测报在防汛抗旱工作应用中存在问题分析

虽然近些年来水文测报在我国防汛抗旱应用中取得了很好的效果，但是从全国整体情况来看，水文测报的应用依然存在着一些不容忽视的问题，主要体现在以下几个方面。

2.1　水文测报检测数据不够全面

水文测报主要是针对水文环境的检测，而水文环境是出现洪涝灾害和干旱灾害的主要因素，所以水文测报在防汛抗旱工作中发挥了重要的作用。但是根据当前水文测报的数据显示来看，水文测报所监测的数据不够全面，一方面是水文数据不够全面，在一定地区内重点设置几个重点关注区域，对于其他区域的观测内容较少，从而导致其他地区的水文数据没有得到准确收集；另一方面是区域数据不够全面，我国不同地区的水文测报工作开展力度不一，所以部分省市的水文数据较为缺乏，尚未形成统一标准，对于分析我国自然灾情造成了不利影响。

2.2　水文测报缺乏统一信息传递平台

水文测报信息在抢险救援活动中具有重要的作用，能够为指挥工作提供科学的数据支持，从而指导防汛抗旱工作更好地开展，在我国现代社会保障体系建设中具有重要的作用。水文信息能够在一定程度上反映出该区域内的水文变化情况，从而根据该情况制定科学的指导工作，并不断完善防汛抗旱指挥工作模式，提高指挥工作的实效性，使指挥工作能够建立在客观、真实数据的基础上，所以需要建立完善的信息传递平台，在出现旱情、洪涝灾害时，能够迅速做出应对，提高抢险救援工作实效性，使其能够全面地反映出自然灾害情况，从而促进防汛抗旱工作效果提升，发挥出信息传递平台的优势。

2.3　防汛抗旱工作利用水文信息不足

水文信息能够体现出一定区域内的基本水文情况，从而为防汛抗旱工作提供更加全面科学的指导。水文信息对于防汛抗旱工作具有重要的指导作用，能够更为直观地展现出不同地区的水文基本情况，需要得到防汛抗旱工作部门的重视，积极主动地利用水文信息开展防汛抗旱工作，才能够提高防汛抗旱工作的质量，发挥出防汛抗旱工作的实效性。为此，在防汛抗旱工作中，需要加强对水文信息的利用，建设完善的水文信息利用模式，通过多措并举的方式，开发出水文信息的利用价值，将水文信息效果最大化发挥，从而能够促进防汛抗旱工作效果提高，为人民群众提供更加全面的安全保障。

3 水文测报在防汛抗旱工作应用中提升策略分析

根据上文的分析能够看出，水文测报在防汛抗旱中具有重要的作用，能够为防汛抗旱工作开展提供全面准确的数据支持，针对当前水文测报工作以及防汛抗旱工作中存在的问题，需要从多个角度进行优化，从而促进水文测报在防汛抗旱工作中的应用效果提升。

3.1 加强水文测报的有效策略

（1）加强水文测报信息收集全面性。水文测报中的信息和数据是工作核心，所以必须确保水文测报信息数据全面性，能够真实地反映出固定区域内的实时水文情况，所以需要建设更多的水文测报工作站，在一定区域内建设成为一个完善的水文测报信息收集网络，从而能够有效地提高信息数据收集的全面性，在洪涝、干旱灾害来临前及救援过程中提供更加科学的指导，以水文测报信息为防汛抗旱工作决策制订提供更加全面的数据和信息支持。

（2）建设统一高效的信息传递平台。为了解决水文测报信息在防汛抗旱工作中传递不及时的问题，需要建立多级水文测报信息传递平台，建立省级、市级、区级水文测报信息统一传递平台，完成在一定范围内的水文测报信息整合，使其能够在统一的平台中传播，并逐步建立多省市和全国统一的水文测报信息传递平台，从而能够有效提高水文测报信息传递速率，进一步提升水文测报信息在防汛抗旱工作中的应用效果。

3.2 加强水文测报在防汛抗旱工作中的有效策略

（1）防汛抗旱工作事关我国人民群众的基本生命财产安全，所以必须采用科学的方法，为人民群众创造良好的保障环境，降低洪涝、干旱等对我国社会经济发展的影响。水文测报能够推动防汛抗旱工作升级，所以需要加强水文测报在防汛抗旱工作中的应用。

（2）做好汛期前应用工作。近些年来，国家对水文测报工作提出了更高的标准和要求，全国各地的水文测报工作质量有了明显的提升，这对于防汛抗旱工作具有良好的促进和支持作用。防汛抗旱不能局限于眼前，而是需要着眼于未来，所以需要加强水文测报在汛期前的应用。首先，需要提前做好汛期前各项准备工作的部署，借助水文测报数据调整部署策略，制定多种不同的应急预案，并根据水文测报数据加强重点环节部署。其次，需要落实水文测报职责，建立明确的责任制度，使各项工作能够层层落实推进，为防汛抗旱提供严密的组织保障。再次，需要提高水文测报在汛期前应用的技术水平，借助大数据技术、云计算技术等对水文测报数据进行分析，从而提高汛期前防汛抗旱工作的针对性，以便于相关部门在汛期前准备工作更加充足[5]。

（3）做好汛期水文测报应用工作。水文测报工作要求信息准确、灵活、及时和快速，才能够确保水文测报工作在汛期发挥出实际作用。因此，在汛期，首先需要保证水文测报工作质量，加强对工作人员的管理，保证水文信息的采集、传输、分析、处理和预报等多个环节能够高效开展，水文测报信息不能出现漏报、错报等现象。其次，根据水文测报信息需要制订应急管理预案，结合水文测报对于洪涝、干旱灾情的预测具体情况，及时调整应急应对方案，从而提高应急应对方案的效果，在汛期为群众提供更好的防汛抗旱保护。

（4）加强水文测报基础工作。基础工作是防汛抗旱中容易忽视的部分，也是最容易出现问题的部分，例如防汛抗旱演习工作没有及时开展，演习工作不仅能够展现出防汛抗旱队伍的工作能力，还能够对防汛抗旱队伍进行锻炼，所以需要根据水文测报信息，对未来可能发生的灾情制定防汛抗旱演练计划，确保工作人员能够得到良好的锻炼，在演习中提高防汛抗旱工作专业能力。此外，其他各项防汛抗旱的基础设施建设，都需要以水文测报信息为根据进行调整，从而能够全面提高防汛抗旱工作质量，做好充足的应对准备工作，避免在实际的防汛抗旱工作中出现问题[6]。

4　结语

本文全面阐述了水文测报在防汛抗旱工作中的应用方式和应用价值，并分析了当前水文测报工作和防汛抗旱工作中存在的问题，针对这些问题提出了多项优化策略，希望能够对我国防汛抗旱工作质量提高起到一定的借鉴和帮助作用，为广大人民群众提供更加全面的安全防护，从而促进我国社会更好地建设与发展。

参考文献

［1］陈伟．浅析水文情报预报技术在防汛抗旱工作中的应用价值［J］．低碳世界，2019，9（7）：68-69.

［2］谭伟．浅析水文情报预报在防汛抗旱工作中的作用［J］．产城（上半月），2020（2）：1.

［3］孙振玉，孙红美，孙凯．水文测报在防汛抗旱工作中的应用［J］．山东水利，2020（3）：32.

［4］翟思贝．水文勘测在防汛抗旱中的作用探析［J］．科技风，2019，404（36）：195.

［5］翟朋云．水利工程与水文预报在防汛抗旱中的作用［J］．河南水利与南水北调，2019，48（7）：14-15.

［6］邢晓萍．水文站水情测报对上下游防汛的作用及影响［J］．百科论坛电子杂志，2019（22）：480.

沁河下游超标准洪水应对思路与措施

李东阳　王　刚

（河南黄河勘测规划设计研究院有限公司，河南郑州　450003）

摘　要： 沁河是黄河出小浪底水库后左岸的最大一条支流，沁河下游的防洪安全事关沁河自身防洪安全，也事关黄河中下游防洪安全。自河口村水库建成后，沁河下游防洪能力最大提升至100年一遇洪水标准。为有效应对沁河下游洪水领域的"黑天鹅"和"灰犀牛"事件，结合沁河下游实际情况，根据沁河下游左右岸之间保护对象不同、防守重点不同，分析沁河下游超标准洪水条件下，确定"丹河口以下确保北岸大堤不决口，丹河口以上确保南岸堤防不决口"的具体应对措施。

关键词： 沁河下游；超标洪水；应对措施

沁河位于山西省的东南部和河南省的西北部，发源于山西省沁源县太岳山南麓的二朗神沟，流经山西省穿太行山于河南省济源市的五龙口山谷进入下游平原，于河南省武陟县的方陵村汇入黄河，河道全长485 km。沁河五龙口—沁河入黄为沁河下游，河道长90 km。

自五龙口出山后，河道展宽，河床多为细砂和粉质土。下游为冲积平原，河道比降小，平均比降为0.47‰。该河段有较大支流丹河汇入，丹河口以下已成为地上河，高出两岸2~4 m，为防洪的重要河段。沁河下游的支流主要有由左岸汇入的白涧河、丹河、仙神河、安全河、逍遥石河等。

1　沁河洪水

沁河是黄河三门峡至花园口区间洪水主要来源之一，沁河下游防洪与黄河防洪息息相关，历史上"黄沁并溢"，危害相当严重[1]。沁河洪水由暴雨形成，年最大洪峰多发生在7月、8月，洪峰出现时间最早为7月上旬，最迟到10月中旬。一次洪水历时均在5 d之内，洪峰陡涨陡落，呈单峰型或双峰型，洪量集中。以1982年五龙口站实测洪水为例，五龙口站洪峰流量4 240 m³/s，五龙口站最大1 d洪量为1.86亿 m³、最大3 d洪量为3.61亿 m³，分别占最大5 d洪量的42.6%和82.6%。

从洪水组成情况分析，沁河流域洪水来源多以五龙口以上来水为主。根据武陟站1954年、1956年、1966年、1982年4场较大洪水的洪峰流量统计，五龙口站洪峰流量平均占武陟站的61.8%，山路平站洪峰流量平均占武陟站的20.6%，五龙口、山路平至武陟区间洪峰流量平均占武陟站的17.6%。最大3 d洪量组成由1954年、1956年、1957年、1958年、1964年、1966年、1968年、1971年、1982年9场洪水统计，五龙口站平均占武陟站的74.0%，山路平站平均占武陟站的17.3%，五龙口、山路平至武陟区间平均占武陟站的8.6%。

五龙口以上洪水主要来源于润城至五龙口区间，从历年各站最大3 d洪量统计分析，润城至五龙口区间洪量约占五龙口平均为60%以上，最大可达89%（1971年）。

从洪水遭遇情况分析，发生较大洪水时，沁河五龙口以上与山路平以上洪水遭遇机会较多。据武陟站1954年、1956年、1966年、1968年、1982年5场洪水统计，有4场洪水五龙口以上来水与山路平以上来水遭遇。

作者简介： 李东阳（1983—），男，高级工程师，主要从事水利工程勘察设计工作。

2　沁河下游防洪工程体系

2.1　堤防工程

目前，沁河下游共有堤防长度 161.626 km，右岸 85.341 km，左岸 76.285 km[2]。左岸丹河口以下堤防防洪标准为 100 年一遇，堤防级别为 1 级；丹河口以上为 25 年一遇，堤防级别为 4 级；右岸为 50 年一遇，堤防级别为 2 级。丹河口以上左岸堤防顶宽 4~5 m，堤顶高出设计防洪水位 1.3 m，丹河口以下左岸堤防顶宽 10~15 m，堤顶高出设计防洪水位 2~3 m；沁河右岸堤防顶宽 5~10 m，堤顶高出设计防洪水位 1.8 m。

2.2　滞洪区

2.2.1　沁北自然滞洪区

沁北自然滞洪区位于沁河与丹河汇流夹角地带，北依太行山，南临沁河，东为丹河，东西长约 20 km，南北宽 1.5~3.0 km，面积为 41.2 km²，是安全河、逍遥石河入沁口处天然洼地，入沁口宽度分别为 5 010 m 及 1 891 m。当五龙口水文站发生 2 500 m³/s 以上洪水时，通过两个缺口漫溢滞洪；大河落水时，漫溢洪水一部分从漫溢口退入沁河，另一部分从滞洪区下端北金村泄入沁河。滞洪区涉及沁阳市城关、西万、西向、紫陵 4 个镇（办事处），33 个自然村，居住人口 5.2 万人，耕地 4.09 万亩[3]。

2.2.2　沁南临时滞洪区

沁南临时滞洪区位于黄河北岸武陟县境，京广铁桥上游 14 km 处，系黄河和沁河堤防夹角地带。该区含北郭、大虹桥、西陶、大封 4 个乡（镇），南为黄河大堤，东北为沁河堤防，西为涝河，呈四面包围之势，地势低洼，1951 年曾被开辟为黄沁河滞洪区。当黄河来洪水时，铁桥以上壅水严重，若遇伊洛河并涨，严重威胁黄沁河北堤安全时，在石荆沁河堤或解封黄河堤开堤分滞洪水，保障防洪安全。1958 年以后，黄河未再安排其分洪任务，该区只承担沁河的分洪任务，按照黄河防总 1969 年第 007 号文批复的分洪方案，要求"当沁河流量小董站超过 4 000 m³/s 或水位超过保证水位（低于北堤堤顶 2.0m），黄河顶托下泄困难，或北堤确有危险时，在确保北堤安全的原则下，可以在五车口处分洪，分洪措施以人工扒口为主，辅以爆破，作两手准备"。

3　沁河下游超标准洪水应对总体思路

沁河下游防洪标准为防御武陟站 4 000 m³/s 的洪水标准。由于沁河左右岸防洪重要性不同，加上沁北自然溢洪区和沁南临时滞洪区的特殊性，沁河下游不同河段防洪保证的优先序不同。

丹河口以下沁河左岸堤防设防标准为 100 年一遇，堤防级别为 1 级，根据沁河下游洪水风险图成果，其防洪保护区涉及 81 个乡镇（街道办），约 199.83 万人，防洪的重要性要大于沁河右岸堤防（设防标准为 50 年一遇，堤防级别为 2 级）[4]。丹河口以上的沁河左岸堤防级别为 4 级，且不连续，沁北形成自然漫溢的区域，现状河道条件下，超过 2 500 m³/s 流量，丹河口以上沁北区域将发生自然漫溢。武陟沁南黄沁夹角区位于沁河下游右岸，系黄河、沁河堤防汇流夹角地带，当沁河发生超标准洪水时，为保证左堤的防洪安全，考虑在武陟沁南黄沁夹角区五车口处破口，武陟沁南黄沁夹角区将承担临时分洪削峰的作用。

当沁河下游发生超标准洪水时，丹河口以下左岸堤防和五车口以上右岸堤防是防御重点。沁河下游超标准洪水防御总体思路和原则如下：

（1）以人为本，采取一切必要措施，全力保障人民群众的生命财产安全。

（2）沁河作为黄河的重要一级支流，其防御应服从黄河干流的防洪调度。

（3）局部服从整体，统一指挥，确保重点，必要时启用武陟沁南黄沁夹角区，全力固守丹河口以下沁河左岸堤防和五车口以上沁河右岸堤防，确保重点防洪目标安全。

4 沁河下游超标准洪水应对措施

防御超标准洪水要在挖掘预测预报支撑作用前提下，充分利用排、蓄、分、抗等措施。首先在重点河段加高加固堤防，尽量利用河道超排洪水，确保重要保护目标防洪安全；视情况及时运用滞洪区、应急分洪区分滞洪水；必要时在不影响水库自身防洪安全前提下，利用上游水库应急拦蓄洪水，为人员转移及抗洪抢险创造时机。

4.1 100年一遇洪水的防洪措施

武陟站100年一遇洪峰流量为4 000 m³/s，在此洪水条件下，沁北自然滞洪区最大滞洪量0.32亿 m³，可削峰310 m³/s，沁河下游各堤防段不做处理，堤防各个段落加强人防，见图1。

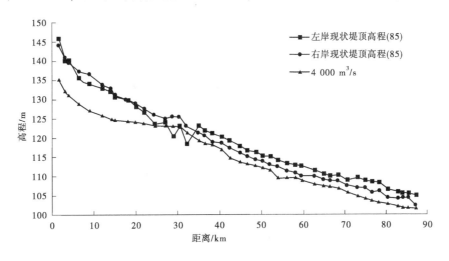

图1 100年一遇洪水位及左右岸堤顶高程

4.2 100～500年一遇洪水的防洪措施

武陟站200年一遇洪峰流量为5 060 m³/s，武陟站发生4 000～5 060 m³/s洪水时，沁北自然滞洪区最大滞洪量0.53亿 m³，可削峰460 m³/s，为保证入黄洪水不超过4 000 m³/s，沁南滞洪区弃守，并相机破堤，将最大洪峰流量削减至4 000 m³/s，见图2。同时，转移安置沁北自然滞洪区和沁南滞洪区相关群众。

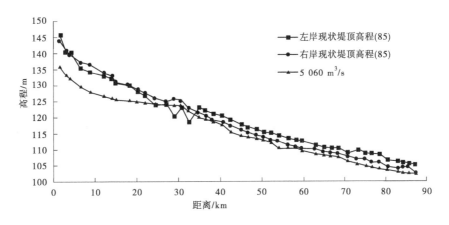

图2 200年一遇洪水位及左右岸堤顶高程

100～200年一遇时超4 000 m³/s洪量不超0.1亿 m³，也可视黄河干流洪水情况考虑五车口以下不破口，利用堤防超高使洪水全部进入黄河干流。

武陟站 500 年一遇洪峰流量 5 820 m³/s，武陟站发生 5 060~5 820 m³/s 洪水时，沁北自然滞洪区最大滞洪量 0.71 亿 m³，可削峰 490 m³/s，为保证入黄洪水不超过 4 000 m³/s，沁南滞洪区弃守，并相机破堤，将最大洪峰流量削减至 4 000 m³/s，见图 3。同时，转移安置沁北自然滞洪区和沁南滞洪区相关群众。

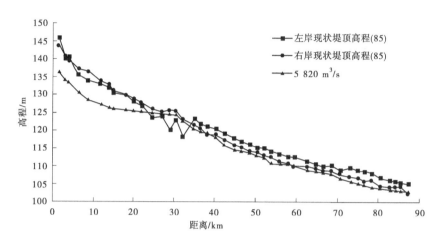

图 3　500 年一遇洪水位及左右岸堤顶高程

4.3　500~1 000 年一遇洪水的防洪措施

武陟站流量 5 820~8 500 m³/s，沁北自然滞洪区最大滞洪量 1.38 亿 m³，可削峰 850 m³/s，堤防局部段落抢修子堤。为保证入黄洪水不超过 4 000 m³/s，沁南滞洪区弃守，并相机破堤，将最大洪峰流量削减至 4 000 m³/s，见图 4。同时，转移安置沁北自然滞洪区和沁南滞洪区相关群众。

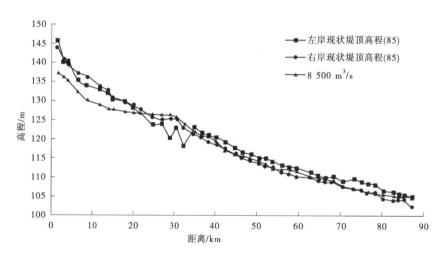

图 4　1 000 年一遇洪水位及左右岸堤顶高程

5　结语

根据历史洪水淹没成果分析，沁河下游一旦在五龙口以下左岸溃口决堤，焦作市和新乡市保护区内大部分区域受淹，且损失最为严重，因此沁河下游的防洪重点应是丹河口以下的左岸，其次为沁河下游右岸，最后为丹河口以上的左岸，由于丹河口以上左岸人口最少，工商业规模最小，因此在应对超标准洪水中，应充分利用该区域泄洪、滞洪，从而将洪水损失降至最小。

参考文献

［1］水利部黄河水利委员会．黄河流域综合规划［M］．郑州：黄河水利出版社，2013：202-203.

［2］水利部黄河水利委员会．黄河流域防洪规划［M］．郑州：黄河水利出版社，2008：98-99.

［3］温小国．沁河水利辑要［M］．郑州：黄河水利出版社，2001.

［4］黄河勘测规划设计有限公司．沁河丹河口—沁河口河段左岸防洪保护区洪水风险图成果报告［R］．2015.

黄河宁蒙河段河道入黄风积沙量分析

李东阳[1]　程　锐[2]

(1. 河南黄河勘测规划设计研究院有限公司，河南郑州　450003；
2. 中国水利学会，北京　100053)

摘　要：研究确定从宁蒙河段两岸进入河道的风沙量对研究宁蒙河段河道冲淤演变规律乃至制定河道治理措施具有重要意义，但长期以来缺少观测资料，也少有研究，已有研究成果在入黄风积沙量大小乃至入黄风积沙量的形式等方面还存争议。本文在对宁蒙河段以往入黄风沙研究总结的基础上，重新定义了宁蒙河段入黄风积沙；提出了间接估算入黄风积沙量大小的方法。综合两种方法的结果，提出了20世纪90年代以来的宁蒙河段入黄风积沙量及变化，20世纪90年代以来宁蒙河段入黄风积沙量呈减少趋势，从20世纪90年代的2 100万 t 左右减少到目前的 1 100万 t 左右，平均在 1 600万 t 左右。

关键词：宁蒙河段；入黄风积沙量；沙量平衡法；滩地淤积剥离法

1　前言

黄河上游风蚀区域主要集中在青海黄河左岸的共和沙区和宁夏沙坡头至内蒙古头道拐河段两岸，面积约8万 km^2，占黄河风沙侵蚀面积的60%以上，风沙是黄河上游入黄泥沙的一大来源。黄河上游下河沿至头道拐河段（称为宁蒙河段），河道长 990 km，流经腾格里沙漠、毛乌素沙地（河东沙地）、乌兰布和沙漠、库布齐沙漠边缘，是典型的沙漠堆积性河道。沿河两岸的入黄风沙是影响宁蒙河段河道冲淤演变的重要因子[1-6]，研究确定宁蒙河段入黄风沙量可为宁蒙河段治理乃至重大水利工程论证提供基础支撑。

对宁蒙河段入黄风积沙量的研究，以往学者多通过数理统计、矿物元素示踪、遥感技术、风蚀模型等进行估算，研究的成果有较大的差异，大的到四五千万吨[7]，如中国科学院兰州沙漠研究所黄土高原考察队估算得到黄河沙坡头—河曲段年均风沙入黄量约为 5 320万 t；小的到几百万吨[8]；产生差异的原因主要是计算方法、计算范围和计算时段等方面不一致。在这些研究成果中，存在分析的入黄风积沙量包括进入支流的风积沙量，而进入支流的这部分风积沙量，实际上一般被作为支流来沙量纳入了分析；也存在分析的入黄风积沙量包括河岸坍塌量，河岸坍塌量往往是河流摆动，靠岸冲刷造成的，这部分沙量对河道而言，多将其作为河道的冲淤变化。鉴于此，笔者尝试界定宁蒙河段入黄风积沙量：在风力作用条件下，从宁蒙河段干流下河沿至头道拐河段两岸直接进入河道范围内的风沙量。同时，也利用宁蒙河段实测水沙、河道断面等资料，尝试对宁蒙河段入黄风积沙量大小进行估算，估算结果不失为一种参考。

2　数据与方法

2.1　资料分析与处理应用

2.1.1　宁蒙河段干流水沙资料

宁蒙河段干流沿程布设有下河沿、青铜峡、石嘴山、巴彦高勒、三湖河口、头道拐等多个水文站

作者简介：李东阳（1983—），男，高级工程师，主要从事水利工程勘察设计工作。

（见图1），建站时间早（见表1），泥沙资料系列长，监测资料（包括支流及引退水口口门监测资料）均经权威部门整编刊印，直接采用刊印成果。

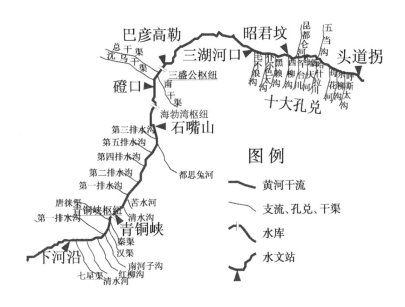

图1　宁蒙河段主要水系、引退水渠、水文站等示意图

表1　宁蒙河段干流水文测站基本情况

水文站	流域面积/km²	设站时间	备注
下河沿	254 142	1951 年 5 月	
青铜峡	275 010	1939 年 5 月	
石嘴山	309 146	1942 年 9 月	
磴口	312 849	1944 年 4 月	1991 年停测
巴彦高勒	314 000	1972 年 10 月	
三湖河口	347 909	1950 年 8 月	
昭君坟	355 931	1954 年 6 月	1996 年停测
头道拐	367 898	1952 年 1 月	

2.1.2　宁蒙河段支流水沙资料

宁蒙河段支流较多（见图1），20 世纪 80 年代以前资料条件较差，部分支流没有泥沙监测资料（见表2），如内蒙古十大孔兑中除毛不浪孔兑、西柳沟、罕台川外的孔兑没有泥沙监测资料。通过已有相邻、相似的支流泥沙资料，采用水文比拟法、相关分析法等推求没有泥沙监测资料或监测资料不完整的支流来沙量。

2.1.3　宁蒙河段灌区引退水沙资料

灌区引水口大多设有监测站点，仅较少引水口没有资料（见表3），没有监测资料的通过对引水口门调查及灌区资料分析推算引水引沙量。宁蒙河段灌区退水口分散，监测资料不足，宁夏灌区的几个大排水沟有监测资料。通过分析已有退水口的水沙资料，由水量平衡推算退水量，结合典型退水口门的水沙关系估算无监测资料退水口的退沙量。

表 2　宁蒙河段主要入黄支流测站基本情况

河段	名称	水文站	流域面积/km²	设站时间
宁夏	清水河	泉眼山	14 480	1953 年 8 月
	红柳沟	沙鸣洲	1 064	1958 年 7 月
	清水沟	新华桥（三）	5 216	1956 年 5 月
	苦水河	郭家桥（三）	4 290	1954 年 10 月
	都思兔河		8321	
内蒙古	毛不浪孔兑	图格日勒	1 036	1981 年 6 月
	布尔斯太沟		545	
	黑赖沟		944	
	西柳沟	龙头拐	1 157	1960 年 4 月
	罕台川	红塔沟	826	1984 年 7 月
	壕庆河		213	
	哈什拉川		1 089	
	母花河		407	
	东柳沟		451	
	呼斯太河		406	
	五当沟	东园	779	1952 年 7 月
	昆都仑河	塔尔湾	2 282	1954 年 5 月

表 3　宁蒙河段灌区主要引水渠测站基本情况

河段	名称	建成时间	水文站	设站时间
宁夏	羚羊寿渠	清康熙		
	跃进渠	1958 年	胜金关	1963 年 1 月
	七星渠	公元前 92 年	申滩	1978 年 1 月
	东干渠	1975 年	东干渠	1975 年 9 月
	唐徕渠	公元前 102 年	青铜峡	1960 年 4 月
	汉渠	公元前 119 年	青铜峡	1945 年 5 月
	秦渠	公元前 214 年	青铜峡	1945 年 5 月
内蒙古	沈乌干渠	1961 年	巴彦高勒	1971 年 4 月
	南岸总干渠	1961 年	巴彦高勒	1962 年 6 月
	北岸总干渠	1961 年	巴彦高勒（二）	1961 年 5 月

2.1.4 宁蒙河段河道冲淤量资料

宁夏下河沿至石嘴山河段分别在1993年、1999年、2001年、2009年、2011年、2012年进行了6次较为完整的大断面测量；内蒙古巴彦高勒至头道拐河段分别在1962年、1982年、1991年、2000年、2004年、2008年、2012年进行了7次大断面测量，其中2004年和2008年测验断面少，分别测量了58个和87个，与该河段常规布设断面113个有较大差距，这两个测次的断面不能全面反映内蒙古河段的河道冲淤变化，除此之外，其他测次的断面测量较为全面。通过对断面资料分析处理，划分滩、槽，利用断面法[9]分别进行不同时期河道冲淤量计算，得到断面法河道冲淤量，包括滩地淤积量和主槽冲淤量。

2.2 计算方法

2.2.1 沙量平衡法

根据沙量平衡原理，即所有进入河道的沙量之和等于从河道出去的沙量之和加上河道冲淤量。进入宁蒙河段的沙源较为复杂，包括干流进口沙量、区间支流来沙量、区间灌区退水沟退沙量以及区间入黄风积沙量；从河道出去的沙量包括河段干流出口沙量、区间灌区引水渠引沙量；河道冲淤量采用断面法冲淤量。据此，按照沙量平衡原理，进行入黄风积沙量计算公式推导，如下：

沙量平衡公式

$$W_{s进} + W_{s支} + W_{s退} + W_{s风} = W_{s出} + W_{s引} + \Delta W_s \tag{1}$$

$$\Delta W_s = \Delta W_{s断面法} \tag{2}$$

由式（1）可得

$$W_{s风} = W_{s出} + W_{s引} + \Delta W_s - (W_{s进} + W_{s支} + W_{s退}) \tag{3}$$

把式（2）代入式（3）可得

$$W_{s风} = \Delta W_{s断面法} - (W_{s进} + W_{s支} + W_{s退} - W_{s出} - W_{s引}) \tag{4}$$

式中：$W_{s进}$为某河段进口沙量，亿t；$W_{s支}$为某河段支流来沙量，亿t；$W_{s退}$为某河段灌区退水沟退沙量，亿t；$W_{s风}$为某河段入黄风积沙量，亿t；$W_{s出}$为某河段出口沙量，亿t；$W_{s引}$为某河段灌区引水渠引沙量，亿t；$\Delta W_{s断面法}$为某河段断面法冲淤量，亿t。

在以上因子中，干流进口沙量、出口沙量，支流沙量，以及灌区引沙量和退沙量计算都是以实测泥沙监测整编资料为基础，河道冲淤量是以河道实际测量断面资料计算结果为基础，均有较高的可信度。

2.2.2 滩地淤积剥离法

根据宁蒙河段水沙和河道冲淤特点，滩地淤积主要源自漫滩洪水淤积和两岸入黄风积沙沉积（见图2），因此在滩地淤积量中剥离洪水期滩地淤积量，剩余的淤积量即为滩地入黄风积沙量，称之为"滩地淤积剥离法"。按照这样的方式进行宁蒙河段入黄风积沙量估算。

公式推导如下：

$$\Delta W_{s风滩地} = \Delta W_{s断面法滩地} - \Delta W_{s漫滩洪水滩地} \tag{5}$$

$$K_{滩} = S_{滩地面积} / S_{河道面积} \tag{6}$$

由式（5）与式（6）可得

$$W_{s风} = W_{s风滩地} \times 1/K_{滩} \tag{7}$$

式中：$W_{s风}$为河道内入黄风积沙量；$\Delta W_{s风滩地}$为滩地淤积的入黄风积沙量；$\Delta W_{s断面法滩地}$为断面法滩地淤积量，亿t；$\Delta W_{s漫滩洪水滩地}$为漫滩洪水期间滩地淤积量，亿t；$S_{河道面积}$为河道面积（包含滩地、河槽面积），m^2；$S_{滩地面积}$为滩地面积，m^2；$K_{滩}$为滩地面积占河道面积比例。

3 计算结果与讨论

按照上述方法对各项计算因子涉及资料进行系统分析和处理，考虑到宁夏河段断面资料始于1993年，没有更早时期的断面资料，以及20世纪80年代及以前部分支流和引退水渠的泥沙监测资

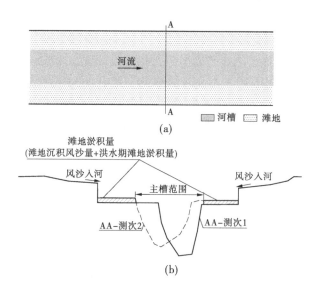

图 2　滩地淤积剥离分析

料缺失，从资料可靠、减少误差及兼顾整个宁蒙河段入黄风积沙量分析需求，选择 20 世纪 90 年代以来的时段作为入黄风积沙量的计算时段。整理分析计算结果如下。

3.1　沙量平衡法结果

根据沙量平衡法入黄风积沙量的计算公式和选取的计算时段，在对各项因子资料分析应用的基础上，计算得到各项因子的沙量和入黄风积沙量，见表 4。

表 4　宁蒙河段沙量平衡法计算年均入黄风积沙量　　　　　　　　　　　　　单位/万 t

序号	项目	1993—2012 年	1991—2012 年			合计
		下河沿—石嘴山	石嘴山—巴彦高勒	巴彦高勒—头道拐	石嘴山—头道拐	
①	$W_{s进}$	6 006	7 340	5 888	7 340	—
②	$W_{s支}$	4 519	0	1 593	1 593	
③	$W_{s退}$	134	0	404	404	
④	$W_{s引}$	2 894	1 696	0	1 696	
⑤	$W_{s出}$	7 470	5 888	4 052	4 052	
⑥	$W_{s进}+W_{s支}+W_{s退}-W_{s出}-W_{s引}$	295	−244	3 833	3 589	
⑦	$\Delta W_{s断面法}$	892	162	4 515	4 678	—
⑧	$W_{s风}$	597	406	682	1 088	1 685

注：表中⑥=①+②+③-④-⑤；⑧=⑦-⑥。

1993—2012 年下河沿至石嘴山河段，进口下河沿沙量 6 006 万 t，区间支流沙量 4 519 万 t，灌区引沙量 2 894 万 t，退水沟退沙量 134 万 t，出口石嘴山沙量 7 470 万 t，实测断面法淤积量 892 万 t，按照沙量平衡法原理推导的公式（4），计算得到 1993—2012 年下河沿至石嘴山河段入黄风积沙量为 597 万 t。

1991—2012 年石嘴山至巴彦高勒河段，进口石嘴山沙量 7 340 万 t，区间支流不来沙，灌区引沙量 1 696 万 t，无退水沟退沙，出口巴彦高勒沙量 5 888 万 t，实测断面法淤积量 162 万 t，按照沙量平衡法原理推导的公式（4），计算得到 1991—2012 年石嘴山至巴彦高勒河段入黄风积沙量为 406 万 t；1991—2012 年巴彦高勒至头道拐河段，进口巴彦高勒沙量 5 888 万 t，区间支流沙量 1 593 万 t，基本没有引水引沙（引水主要集中在巴彦高勒断面以上的三盛公闸前），退水沟退沙量 404 万 t，出口头道拐沙量 4 052 万 t，实测断面法淤积量 4 515 万 t，按照沙量平衡法原理推导的公式（4），计算得到 1991—2012 年巴彦高勒至头道拐河段入黄风积沙量为 682 万 t。

综上分析，沙量平衡法计算 20 世纪 90 年代以来整个宁蒙河段的入黄风积沙量，包括下河沿至石嘴山河段、石嘴山至巴彦高勒河段、巴彦高勒至头道拐河段在内，合计约为 1 685 万 t。

3.2 滩地淤积剥离法结果

同样选择 20 世纪 90 年代以来断面资料条件相对较好、较全面的时期进行滩地淤积剥离法入黄风积沙量计算，其中石嘴山至巴彦高勒河段多为峡谷型河段，无明显滩槽，采用上下游河段计算的单位河长入黄风积沙量均值进行计算。其他河段按照滩地淤积剥离法计算原理和公式，根据断面法滩、槽冲淤量成果，计算各河段不同时期入黄风积沙量，见表 5 和表 6。

表 5　20 世纪 90 年代滩地淤积剥离法计算年均风积沙量

序号	项目	1993—2001 年	1991—2000 年				合计
		下河沿—石嘴山	石嘴山—巴彦高勒	巴彦高勒—三湖河口	三湖河口—头道拐	石嘴山—头道拐	
①	河段长度/km	318	141	221	311	672	990
②	$K_{滩}$	0.5	—	0.5	0.5	—	—
③	$\Delta W_{s断面法滩地}$/万 t	280	—	170	500		
④	$\Delta W_{s漫滩洪水滩地}$/万 t	0		0	0		
⑤	$\Delta W_{s风滩地}$/万 t	280	—	170	500		
⑥	$W_{s风}$/万 t	560	232	340	1 000	1 572	2 132
⑦	单位河长风积沙量/（万 t/km）	1.76	1.65	1.54	—	—	

注：表中⑤=③-④；⑥=⑤÷②；⑦=⑥÷①；下同。

表 6　2000 年以来滩地淤积剥离法计算年均风积沙量

序号	项目	2001—2012 年	2000—2012 年				合计
		下河沿—石嘴山	石嘴山—巴彦高勒	巴彦高勒—三湖河口	三湖河口—头道拐	石嘴山—头道拐	
①	河段长度/km	318	141	221	311	672	990
②	$K_{滩}$	0.5	—	0.5	0.5	—	—
③	$\Delta W_{s断面法滩地}$/万 t	856	—	254	665		
④	$\Delta W_{s漫滩洪水滩地}$/万 t	586		176	547		
⑤	$\Delta W_{s风滩地}$/万 t	270		78	118		
⑥	$W_{s风}$/万 t	540	169	156	236	561	1 101
⑦	单位河长风积沙量/（万 t/km）	1.70	1.20	0.71	—	—	

20 世纪 90 年代，宁蒙河段基本没有发生大面积洪水漫滩，因此认为滩地淤积量就是入黄风积沙量沉积所致。该时期下河沿至石嘴山河段年均滩地淤积量为 280 万 t，没有洪水漫滩淤积，则滩地淤积的入黄风积沙量为 280 万 t，考虑滩地面积所占比例，按公式（7）计算得到河道内入黄风积沙量为 560 万 t。同样方式，计算得到巴彦高勒至三湖河口河段入黄风积沙量为 340 万 t，三湖河口至头道拐河段入黄风积沙量为 1 000 万 t，石嘴山至巴彦高勒河段采用上下游河段计算的单位河长入黄风积沙量均值计算得到入黄风积沙量为 232 万 t。该时段，整个宁蒙河段年均入黄风积沙量为 2 132 万 t。

2000 年以来，宁蒙河段除 2012 年大洪水漫滩滩地淤积外，其他时间基本没有洪水上滩淤积，因此首先扣除 2012 年洪水漫滩淤积量，2012 年洪水期滩地淤积量 1.512 亿 t，时段平均 1 308 万 t，其中下河沿至石嘴山河段滩地淤积量 586 万 t，巴彦高勒至头道拐河段滩地淤积量 723 万 t。在滩地淤积量中扣除 2012 年洪水期滩地淤积量后，得到宁蒙河段滩地淤积的入黄风积沙量，考虑滩地面积所占比例，按公式（7）计算得到河道内下河沿至石嘴山河段、巴彦高勒至三湖河口河段、三湖河口至头道拐河段的入黄风积沙量分别为 540 万 t、156 万 t、236 万 t，石嘴山至巴彦高勒河段采用上下游河段计算的单位河长入黄风积沙量均值计算得到入黄风积沙量为 169 万。该时段，整个宁蒙河段年均入黄风积沙量为 1 101 万 t。

综上分析，滩地淤积剥离法计算 20 世纪 90 年代以来整个宁蒙河段的入黄风积沙量约为 1 570 万 t。

3.3 合理性分析

从沙量平衡法、滩地淤积剥离法计算结果看，两种方法计算结果较为接近。20 世纪 90 年代以来，宁蒙河段的入黄风积沙量在 1 600 万 t 左右，该成果与近期宁蒙河段的入黄风积沙量研究成果[11-13]也较为接近，见表 7。综合来看，近期宁蒙河段入黄风积沙量受宁蒙河段两岸风蚀区域的风速减弱、植被改善以及沿河堤防工程建设等因素影响[4]，呈减少趋势，从 20 世纪 90 年代的 2 100 万 t 左右减少到目前的 1 100 万 t 左右，平均在 1 600 万 t 左右。

表 7　宁蒙河段以往入黄风积沙量研究成果

代表成果	研究河段范围	研究时段	年均风积沙量/万 t	采用方法
杨根生[7]	沙坡头至河曲段干流	20 世纪 80 年代以前	5 321	数理统计法
方学敏[12]	宁蒙河段干流	20 世纪 60—80 年代	2 190	沙量平衡法
杜鹤强[11]	宁蒙河段干流	1986—2013 年	1 700	数学模型法
北京大学[13]	宁蒙河段干流	1981—2014 年	1 599	数学模型法
本次研究	宁蒙河段干流	1991—2012 年	1 685	沙量平衡法
	宁蒙河段干流	1991—2012 年	1 570	滩地淤积剥离法

4　结论

宁蒙河段入黄风积沙量研究十分复杂，不少学者通过实地观测、数学模型模拟等手段对入黄风沙进行过研究。由于受到资料条件、研究手段和方法及理论认识等方面的限制，宁蒙河段入黄风积沙量的研究成果和认识差异较大。本文结合宁蒙河段实测水沙、断面资料等，利用沙量平衡法、滩地淤积剥离法对宁蒙河段入黄风积沙量进行了计算，两种方法计算结果接近，与其他方法计算结果也相差不大。从计算结果看，20 世纪 90 年代以来宁蒙河段入黄风积沙量呈减少趋势，从 20 世纪 90 年代的 2 100 万 t 左右减少到目前的 1 100 万 t 左右，平均在 1 600 万 t 左右。

参考文献

［1］Bullard J E, Livingstone I. Interaction between aeolian and fluvial systems in dryland environments ［J］. Area, 2002, 34（1）: 8-16.

［2］Bourke M C, Pickup G. Fluvial form variability in arid central Australia ［C］ // Miller A J, Gupta A. Varieties of fluvial form. Chichester: Wiley, 1999: 249-271.

［3］Jacobberger P A. Mapping abandoned river channels in Mali through directional filtering of Thematic Mapper data ［J］. Remote Sensing of the Environment, 1988, 26（2）: 161-170.

［4］Jones L S, Blakey R C. Eolian-fluvial interaction in the Page Sandstone（Middle Jurassic）in south-central Utah, USA-A case study of erg-margin processes ［J］. Sedimentary Geology, 1997, 109（1/2）: 181-198.

［5］Knighton A D, Nanson, G C. Waterholes and their significance in the anastomosing channel system of Cooper Creek, Australia ［J］. Geomorphology, 1994, 9（4）: 311-324.

［6］Mc Intosh R J. Floodplain geomorphology and human occupation of the upper inland delta of the Niger ［J］. Geographical Journal, 1983, 149（2）: 182-201.

［7］杨根生, 拓万全, 戴丰年, 等. 风沙对黄河内蒙古河段河道泥沙淤积的影响 ［J］. 中国沙漠, 2003, 23（2）: 152-159.

［8］何京丽, 郭建英, 邢恩德, 等. 黄河乌兰布和沙漠段沿岸风沙流结构与沙丘移动规律 ［J］. 农业工程学报, 2012（9）: 71-77.

［9］舒彩文, 谈广鸣. 河道冲淤量计算方法研究进展 ［J］. 泥沙研究, 2009（8）: 68-73.

［10］中国科学院兰州沙漠所黄土高原考察队. 黄河沙坡头—河曲河段风成沙入黄沙量的估算 ［J］. 人民黄河, 1988（1）: 14-20.

［11］杜鹤强, 薛娴, 王涛, 等. 1986—2013年黄河宁蒙河段风蚀模数与风沙入河量估算 ［J］. 农业工程学报, 2013, 29（14）: 210-219.

［12］方学敏. 黄河干流宁蒙河段风沙入黄沙量计算 ［J］. 人民黄河, 1993（4）: 1-4.

［13］北京大学环境科学与工程学院. 黄河上游风沙特征与入河研究 ［R］. 北京: 北京大学, 2016.

深埋大跨度地下洞室锚索预应力损失原因分析

翟利军[1,2] 仝 亮[1,2]

（1. 黄河勘测规划设计研究院有限公司，河南郑州 450003；

2. 水利部黄河流域水治理与水安全重点实验室（筹），河南郑州 450003）

摘 要：某深埋大跨度地下洞室在开挖支护施工过程中，锚索张拉锁定后出现较大的预应力损失，超过了规范允许范围。本文根据锚索张拉施工过程及测力计监测过程对预应力损失原因进行了全面的分析，提出了改进措施，同时对锚索预应力损失对围岩稳定的影响进行了有限元分析，有效指导了下一步施工，保证了洞室整体稳定和工程顺利实施。

关键词：地下洞室；锚索；预应力损失；原因分析；围岩稳定

1 前言

本工程为深埋大跨度复杂地下洞室群，主洞室埋深近 700 m，跨度 49 m。围岩岩性为花岗岩，节理发育程度一般，围岩以块状结构为主，围岩基本稳定，微风化—新鲜岩体，围岩类别以 II 类为主，局部 III 类。实验厅支护措施采用系统锚索、系统锚杆和喷层支护，具体参数为：①系统锚索：吨位 200 t，$L=25$ m、30 m，间隔布置 4.5 m×6 m。②锚杆：砂浆锚杆和张拉锚杆间隔布置，其中普通砂浆锚杆 ϕ 32，$L=6$ m，张拉锚杆 ϕ 32，15 t，$L=9$ m，综合间排距 1.5 m×1.5 m。③喷 C30 混凝土 20 cm。④挂钢筋网：ϕ 8@20×20 cm。锚索施工过程中，测力计读数与张拉数据差别较大，测力计读数反映应力损失超过规范允许范围。

2 锚索预应力损失

锚索预应力损失是由综合原因引起的，从类似工程经验分析，预应力损失主要可能由如下原因引起：

（1）锚索内锚固段灌浆不密实，锚固力不够，张拉过程中内锚段松弛；

（2）钢绞线本身强度不够；

（3）锚墩强度不够，在张拉过程中锚墩有变形；

（4）锚墩承载垫板与锚束孔的中心轴线没有完全垂直，造成张拉过程中钢绞线偏心，甚至有"碰壁"现象；

（5）压力表精度不够或量程过大，造成测值显示精度低，误差大；

（6）工作锚或夹片有问题，造成锁不紧，锚索滑动；

（7）锚索测力计本身有问题，不能正确反映加载力。

3 预应力损失原因分析

本工程施工单位在锚索施工时，液压千斤顶和监测单位锚索测力计进行了联合率定。从联合率定结果来看，液压千斤顶和锚索测力计测值基本一致，可排除锚索测力计仪器本身问题，锚索测力计测值可信。其中，3 套锚索测力计观测成果如表1~表3所示。

作者简介：翟利军（1979—），男，高级工程师，硕士，主要从事水工结构设计工作。

表 1　锚索测力计 PR-6 观测成果

序号	状态	PR-6	备注
1	自由状态/kN	0	
2	15%张拉后/kN	249.79	
3	25%张拉后/kN	468.29	
4	50%张拉后/kN	963.01	
5	85%张拉后/kN	1 593.94	
6	卸载锁定前/kN	1 584.87	85%张拉后 0.5 h 读数
7	卸载锁定后/kN	1 167.35	
8	应力损失/kN（和最大张拉力比较）	417.52	
9	损失比例/%	26.19	
10	应力损失/kN（和设计吨位比）	532.65	
11	损失比例/%	31.33	
12	二次张拉后/kN	1 725.73	
13	卸载锁定前/kN	1 688.69	二次张拉后 0.5 h 读数
14	卸载锁定后/kN	1 229.06	
15	应力损失/kN（和最大张拉力比较）	496.67	
16	损失比例/%	28.78	
17	应力损失/kN（和设计吨位比）	470.94	
18	损失比例/%	27.7	

表 2　锚索测力计 PR-2 观测成果

序号	状态	PR-2	备注
1	自由状态/kN	0	
2	15%张拉后读数/kN	131.28	
3	25%张拉后读数/kN	353.68	
4	50%张拉后读数/kN	779.76	
5	85%张拉后读数/kN	1 520.07	
6	0.5 h 后读数/kN	1 473.45	
7	卸载锁定前读数/kN	1 471.05	
8	卸载锁定后读数/kN	1 047.92	
9	应力损失/kN（和锁定前张拉力比较）	423.13	
10	损失比例/%	27.84	
11	应力损失/kN（和设计吨位比）	652.08	
12	损失比例/%	38.36	

表 3　锚索测力计 PR-7 观测成果

序号	状态	PR-7	备注
1	自由状态/kN	0	
2	15%张拉后读数/kN	131.08	
3	25%张拉后读数/kN	349.11	
4	50%张拉后读数/kN	852.28	
5	90%张拉后读数/kN	1 837.25	
6	0.5 h 后读数/kN	1 793.79	
7	卸载锁定前读数/kN	1 793.79	
8	卸载锁定后读数/kN	1 401.13	
9	应力损失/kN（和锁定前张拉力比较）	436.12	
10	损失比例/%	23.74	
11	应力损失/kN（和设计吨位比）	298.87	
12	损失比例/%	17.58	

从锚索测力计情况来看，锚索在逐级张拉过程中荷载均能加载上去，这基本可排除内锚段松弛的原因；液压千斤顶和锚索测力计联合率定结果基本一致，这证明锚索测力计仪器本身没有问题。

（1）锚索锁定前的预应力损失（锁定前锚索测力计测值小于千斤顶测值）。

比较 PR-2 与 PR-6 锁定前的观测值，锚索测力计 PR-6 一次张拉到 85%设计值时测值为 159 t，比设计值 170 t 小了约 11 t，二次补偿张拉后加载到 85%设计值时测值为 172.5 t，设计吨位为 170 t，两者差别不大，说明补偿张拉明显减小了锁定前的预应力损失。

PR-2 锚索测力计张拉加载到 85%设计值时测值仅为 152 t，45 min 后测值由 152 t 减小到 147 t，减小了约 5 t。可见锚索钢绞线、锚墩、内锚固段仍在调整。此时千斤顶出力值按千斤顶率定曲线虽然达到了设计吨位，但由于锁定前钢绞线的松弛、锚墩的变形等因素影响，造成实际锚索测力计测值 152 t 小于设计值（170 t）。

PR-7 锚索测力计在安装之前，进行联合率定，从联合率定结果来看，液压千斤顶和锚索测力计测值基本一致。锚索测力计在安装过程中对钢锚墩限位槽和工作锚具进行了清洗，避免了锚索测力计的不平整度，在预紧过程中，调整了锚索测力计的偏心。千斤顶压力表采用了量程 60 MPa，最小读数 1 MPa 的压力表，锚索在钻孔、编索、注浆、钢锚墩的安装等工艺进行了更新。PR-7 在张拉到 90%（180 t）时，测力计读数为 183 t，锚索测力计读数和压力表数值基本一致，锁定后损失 23.74%。此次对锚索施工和测力计安装等工艺进行了细化，并在设计 170 t 的基础上又超张拉 10 t，锁定后锚索测力计测值为 140 t，与设计吨位 170 t 相比损失了 17.58%。这次技术上的改进起到了一定的效果，建议施工工艺进一步改进。

（2）锚索锁定过程中的预应力损失。

从 PR-6、PR-2、PR-7 观测成果表可以看出，锚索锁定过程中的预应力损失率较大，锁定前张拉力比较预应力损失率为 28.78%、27.84%、23.74%。

锚索张拉至设计吨位后立即进行卸荷锁定，由于预应力损失的瞬时性，锁定时其主要影响因素来自于锚索中的组件影响。

锚索测力计的锁定是靠钢绞线与锚具间的相互作用力来维持的，因此锁定瞬间，锚具、夹片与钢绞线之间难免产生微小的滑动，同时在卸荷的冲击瞬间，锚具夹片也会在一定程度上被拉动，以上情况均会引起钢绞线回缩并最终导致预应力的损失。

（3）因为本工程为钢锚墩，基本不存在锚墩本身变形问题，不过在锚墩找平过程中，在洞室顶拱喷锚面浇有混凝土垫层，在张拉时垫层可能存在强度不够，垫层找平难以保证锚墩垂直度。

（4）锚墩承载垫板与锚束孔的中心轴线可能不完全垂直，在张拉过程中钢绞线有可能存在"碰壁"现象；复测后建议加楔形垫板纠偏，具体如图1、图2所示。

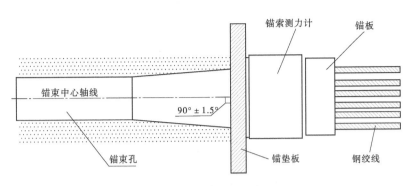

图 1　正常锚索张拉示意图

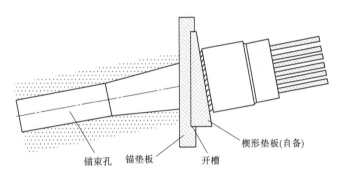

图 2　偏斜孔纠偏处理措施图

（5）工作锚和夹片的强度需复核是否满足要求，可能存在千斤顶卸荷后夹片夹不紧，锚索滑动的现象。

4　锚索预应力损失对围岩稳定影响分析

从工程现场所监测到的实际情况来看，实验大厅顶拱围岩在支护过程中，布置的预应力锚索均出现了不同程度的预应力损失现象，损失的程度接近30%。从工程安全的角度来讲，锚索出现预应力损失后是否会对洞室顶拱的围岩稳定产生不利的影响，是目前工程建设所面临的问题。因此，为了分析锚索预应力损失对顶拱围岩稳定的影响程度，从数值计算的角度对实验大厅开挖施工的全过程进行了仿真模拟，并考虑了预应力不损失和损失30%两种工况，通过两种工况下围岩的变形特征对比来判断预应力损失对于围岩稳定的影响。

计算中开挖模型的典型剖面如图3所示（围岩未显示），其中不同颜色区域对应不同阶段开挖的岩体，区域中编号对应现场开挖的顺序。与现场施工过程中及时支护相对应的，数值计算中每一步开挖后马上布置锚索（杆），并将模型计算至平衡状态，然后模拟下一步开挖。

为了监测围岩在开挖过程中的变形特征，计算模型中在顶拱中心布置了一个位移监测点（令其为1#监测点），对应于现场布置的BX-10多点位移计位于洞壁的测点。另外，考虑到开挖过程中水池边墙顶部（高程-430.7 m）变形较大，围岩稳定性较差，因此在水池边墙顶部环向布置4个监测点，令其为2#~5#监测点。上述各监测点在模型中的位置如图4所示。

基于上述模型对开挖全过程进行仿真模拟，以各测点的位移反映围岩的变形特征，并重点分析锚索预应力损失对于围岩变形稳定性的影响。图5反映了在预应力达到设计值和损失30%两种工况下，

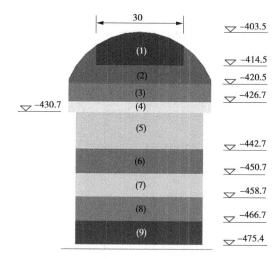

图 3 实验大厅开挖模型典型剖面 （单位：m）

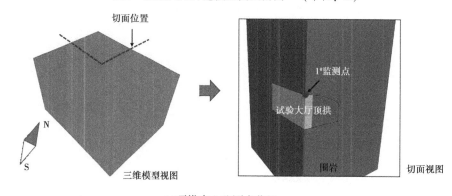

(a)顶拱中心监测点位置

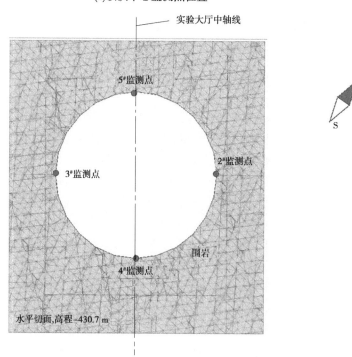

(b)水池高边墙顶部监测点位置

图 4 计算模型中监测点位置示意图

数值模型中各监测点随开挖过程的变化曲线。需要特别注意的是，各图中实际上均有两条曲线，只是两者几乎完全重合。由此可见，在当前的预应力设计标准条件下，预应力损失 30% 对于实验大厅顶拱围岩的变形影响较小。其原因主要是，基于目前的设计开挖方案，围岩处于稳定状态，没有发生不良变形。

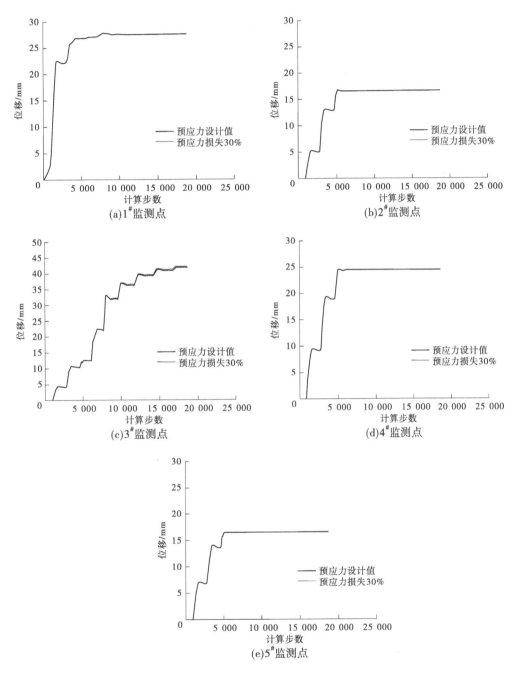

图 5 开挖全过程各监测点位移变化曲线

5 结论及建议

（1）液压千斤顶和测力计做过联合率定，由于锚索测力计精度较高，建议在张拉过程中以测力计指示吨位为准。

（2）当前加载压力表量程大、精度低，建议更换高精度压力表。压力表的最小读数与精度对现场荷载计算准确度有很大影响，更换精密压力表能够更准确地确定现场实际荷载。

（3）千斤顶锁定后逐级卸载，而不是一次卸荷。

（4）卸荷后不要急于切掉多余钢绞线，以便进行补偿张拉。

（5）进一步加强锚索孔孔口管和法兰加工精度及钢锚墩找平垫层混凝土施工，保证锚索孔中心轴线垂直。

（6）更换其他厂家的锚具、夹片，以便进一步分析千斤顶卸荷时的锚具预应力损失原因。

（7）在当前的预应力设计标准条件下，预应力损失 30%对于实验大厅顶拱围岩变形影响较小，基于目前的开挖方案，实验大厅顶拱围岩处于稳定状态，没有发生不良变形。

大坡度长斜井围岩淋水治理措施研究

仝　亮　翟利军

（黄河勘测规划设计研究院有限公司，河南郑州　450003）

摘　要：本工程斜井长度长、坡度大，没有自流排水条件，施工过程中多处出现淋水区，围岩裂隙水渗漏水量大，超过了勘察预测水量，对后续施工造成很大影响。本文对淋水治理措施进行了研究，制定了切实可行的施工方案，对实施过程中出现的特殊情况的处理进行了总结。淋水治理后，效果达到预期，保证了后续施工的顺利进行和交通通畅。

关键词：大坡度；长斜井；围岩淋水；治理；灌浆

1　工程概况

本工程斜井宽度为 5.7 m，高度为 5.6 m，坡度为 42.5%（角度 23.02°），长度为 1 265 m。斜井采用城门洞形，主要承担混凝土材料运输和地下主洞室群开挖支护施工任务，斜井开挖方法为手风钻钻孔，扒渣机装渣，绞车提升双箕斗四轨运输，支护工作紧随工作面进行。

斜井因长度长，地下埋深大，没有自流排水条件，在施工进入 Ⅱ 类围岩段先后出现多段淋水区，水量较大，严重影响了施工进度，给后期施工造成很大影响，为降低经济成本，提高工作效率，需要对淋水部位进行治理。

2　工程地质与水文地质

斜井围岩为中粒花岗岩，节理裂隙分布较密集，主要呈 4 组方向分布。

（1）175°~180°∠65°~70°，节理面平直光滑，闭合，无填充，节理面间距 1.5~2 m。

（2）190°~220°∠75°，节理面平直光滑，闭合或微张，少量钙质、泥质充填，延伸长度 2~3 m，节理面间距 50~54 cm。

（3）15°~20°∠10°~15°，节理面平直光滑，闭合，少量泥质充填，节理面间距 15~20 cm。

（4）260°~280°∠75°~80°，节理面平直光滑，闭合，无填充，节理间距 25~40 cm。

围岩以块状结构为主，局部有次块状结构，围岩较稳定，整体为 Ⅱ 类围岩。岩石层面与斜井轴线相交。主要淋水段总出水量约为 35 m³/h，出水情况为较大面积线状、雨帘状渗流水，局部多处股状涌水。

3　总体方案

根据现场情况，井壁出水主要分为较大面积线状、雨淋状淋水和局部股状涌水，整理措施分别考虑，总体方案如下：

基金项目："十三五"国家重点研发项目（2018YFC1508703）。

作者简介：仝亮（1979—），男，高级工程师，主要从事技术管理，质量环境和职业健康安全体系管理等工作。

（1）井壁与围岩爆破松动圈注浆充填。

（2）注浆孔布置要深，浅孔相结合，梅花形布孔（集中含水层及漏水点），使浆液扩散半径在有效的可控范围内。

（3）壁后注浆压力不易过大（静水压力的 1~1.5 倍）即可。

（4）经过注浆封堵加固，使井筒形成整体帷幕（井壁、围岩松动圈、裂隙、导水通道）。

（5）井壁注浆治理后无集中漏水点，避免井壁受到破坏。

4　大面积淋水段治理措施

经现场调查，淋水段的特征是岩石破碎，淋水段长，支护方式为喷混凝土井壁及裸露岩体。裂隙较发育，水量大。通过前期注浆治理，无明显效果。为了彻底根治，应从注浆工艺、注浆参数、注浆材料等方面加以改进。

井壁注浆压力不易过大，注浆材料由粗到细（水溶液注浆材料）。对微裂隙的治理及参数，应先做压水试验，然后对堵水进行实施。

4.1　钻孔布置

斜井井筒先前的淋水处理主要布孔较浅，治标不治本，达不到根治的目的。洞室的边墙及顶拱和底板的出水处理为避免治标不治本的情况，在集中大出水点周边集中布孔，在分散出水区域系统布孔。钻孔注浆加固，由浅到深、由弱到强，尽量使井壁不受到破坏及开裂，最终深孔根治。

泄水钻孔为大孔径，预埋管 ϕ 108 mm，长度为 2.5~3 m，注浆固管后，复钻孔径 ϕ 90 mm，孔深 6~10 m，排间距 5~10 m，上仰角度 30°~40°，外偏角度 20°~30°，以井壁拱顶中心为起点，向两侧布孔。

注浆钻孔为小孔径，预埋管 ϕ 42 mm，长度为 1 m，注浆固管后，复钻孔径 ϕ 30 mm，孔深 1~5 m，孔间距为 2~3 m，排间距 3~4 m，一孔分 2~3 次复钻、复注。

4.2　注浆材料

本次注浆材料以 P·O42.5 普通硅酸盐水泥-水玻璃为主，化学浆为辅。

水泥：选用新鲜 P·O42.5 普通硅酸盐水泥。

水玻璃：选用模数 M = 2.4~3.1，波美度 40 Be'。

化学浆：在微裂隙、破碎带可注性较差的情况下，改为注入化学浆液封堵微裂隙、破碎岩体，起到防渗作用。

4.3　注浆压力

采用低压注浆，视井壁承压条件具体确定，以高于注浆部位静水压力 1~1.5 倍为基本要求。

4.4　结束标准

当注浆孔孔口注浆压力达到注浆终压后，稳定 3~5 min，即可结束本次注浆。

4.5　封堵后验收标准

在地下水处理完成后，残留出水量不得超过该段处理前出水量的 10%，无线状滴水且滴水不成片。

5　局部涌水点治理措施

局部涌水点的特征是区域分散且水源难以发现，支护方式为喷混凝土井壁及裸露岩体，裂隙较发育。

5.1 钻孔布置

根据零星渗涌水点的特点，结合现场实际情况，先钻泄水孔，找到主要出水位置，再在泄水孔周边布置注浆孔，加固和封堵主要出水点周边裂隙，最后将泄水孔注浆封堵。泄水孔和注浆孔先钻孔径42 mm、孔深1 m，并安装孔口管，再使用孔径30 mm钻头扫孔，孔深根据实际出水情况确定，孔深不大于5 m。

5.2 注浆材料

零星渗漏水点注浆采用双液注浆，在微裂隙、破碎带可注性较差的情况下，改为注入化学浆液封堵微裂隙、破碎岩体，起到防渗作用。

双液浆的配制方法，先把水玻璃调剂成需要的浓度，存放在水玻璃桶内，注浆时用双液注浆泵，根据不同情况调配两液的体积比 $S:C$（水玻璃-水泥浆）为0.3∶1、0.6∶1、1∶1等。

注浆压力、结束标准和验收标准同大面积淋水段。

6 施工特殊情况处理

在淋水治理施工过程中，钻孔和灌浆工序均遇到不同程度的特殊情况，根据技术要求并结合现场实际，特殊情况处理方法如下。

6.1 钻孔垮孔处理

受施工交通影响，底板左右通道不定时上下车辆，为保证施工安全，底板部分钻孔未进行预埋管处理，导致部分钻孔垮孔。本阶段试验采用了大流量冲洗法对该部分孔进行扫孔，将垮塌物更多地冲洗出来，再进行灌浆。

6.2 小涌水孔灌浆处理

小涌水孔采用纯压式灌浆法，并提高灌浆压力（设计压力+涌水压力），灌浆结束后保持灌浆压力不少于30 min，之后进行闭浆待凝，待凝时间不少于8 h。水量大于10 L/min、小于20 L/min的钻孔灌浆采用本方法。

6.3 灌浆中断处理

灌浆工作必须连续进行，若因故中断，必须马上处理，尽早恢复灌浆。底板钻孔灌浆施工过程中，由于交通原因被迫中断时间超过30 min，对部分钻孔进行了扫孔复灌。复灌时使用开灌比级的水泥浆进行灌注，注入率为中断前的90%及以上，采用了中断前水泥浆的比级继续灌注。

6.4 冒浆、漏浆处理

灌浆过程中出现多处冒浆、漏浆现象，多为沿岩层表面细小裂隙漏出，遇大水量、大压力孔漏浆时，局部沿细缝呈喷射状漏出。针对这种情况，施工过程中进行了嵌缝及表面封堵处理。灌浆采用降低压力、调整水灰比至浓浆等方法处理后仍漏浆较严重，施工过程中及时采用了棉花、木条等材料进行嵌缝处理，并用水泥浓浆加化学浆液进行表面封堵，待凝24 h后再进行灌注，最终正常结束施工。

6.5 串浆处理

灌浆过程中发生串浆时，如串浆孔具备灌浆条件，可进行并联灌浆，但并联灌浆孔不宜多于3个。

7 结论与建议

（1）斜井围岩通过本次淋水段处理后经测量，淋水段处理后总水量降低至5.65 m³/h，为处理前渗水量35 m³/h的16%，效果能满足后续喷混凝土、交通运输等施工要求。

（2）钻孔间排距2.0 m×2.0 m，孔深 $L=1\sim5$ m，钻孔尽量与主裂隙面或岩体结构面斜交，钻孔与岩面夹角不小于 30°，根据实际情况进行局部加密。

（3）根据系统孔出水情况，将出水量较大的系统孔进行扩孔并加深，且在较大出水量排水孔周边可适当增设深孔作为排水孔。预留排水孔目的在于确保其他系统孔的灌注质量而形成防渗圈，后期排水孔采用深孔灌浆的参数进行处理。

（4）一序孔采用普通硅酸盐水泥灌注，二序孔采用超细水泥灌注，同时应按照灌前压水成果来选择灌浆材料，即灌前压水试验，试验透水率大于 5 Lu，则使用普通水泥进行灌注；若透水率小于 5 Lu（含 5 Lu），则直接采用超细水泥进行灌注。

（5）施工时按照"环间不分序、环内分两序"的方式进行，同时按照"先施工无水孔，再施工有水孔，最后施工排水孔"的原则进行。施工顺序易从低高程洞段向高高程洞段推进。

新时期中小河流系统治理对策研究

张　向　李军华　董其华　张向萍　许琳娟

（黄河水利委员会黄河水利科学研究院 水利部黄河下游河道与河口治理重点实验室
黄河水利委员会黄河流域生态保护和高质量发展研究中心，河南郑州　450003）

摘　要： 相较于主要江河，我国中小河流治理总体滞后，水灾害频发、水环境恶化、水生态受损、水文化缺失是当前中小河流治理的主要短板。为贯彻落实习近平总书记十六字治水思路，强化中小河流系统治理和生态文明建设，围绕建设造福人民幸福河的目标要求，本文总结了国内中小河流治理现状与不足，系统分析了国外河流先进治理经验，从机制体制、规划设计、资金投入、科技支撑、技术标准等方面，研究提出了全力推进新时期中小河流系统治理的对策体系。研究成果可为全国中小河流系统治理提供理论指导和战略保障。

关键词： 中小河流；防洪；水环境；水生态；水文化；对策

1　引言

我国流域面积在 200～3 000 km² 的中小河流有 10 000 余条，其中承担防洪治理任务的有 6 800 多条，相对于主要江河，中小河流长度更长，串联的城市、乡村、产业和人口更多，人民群众与中小河流的依存度也更高。目前，大江大河防洪体系建设日趋完善，但中小河流治理水平总体滞后，多数河流防洪标准较低，中小河流洪水灾害造成的死亡人口在一般年份中占水灾死亡人数的 2/3 以上，是我国水利工程补短板的重点领域之一[1]。

中小河流治理作为一项重要的民生水利任务，近 10 年来，国家不断加大对中小河流以防洪为主的治理投入，取得了显著成效，但依旧存在不同程度的功能单一化、治理片段化和河道渠道化等问题，综合考虑生态、环境、亲水、景观和水文化的系统性治理不够。进入新时期，中小河流治理目标不仅要保障防洪安全，还面临着一系列新形势、新使命，一是贯彻新时期治水思路和生态文明建设思想的重要阵地；二是贯彻"两山"理念，建设美丽中国促进高质量发展的重要途径；三是满足人民日益增长的美好生活需求的重要水利载体。

为深入贯彻习近平总书记十六字治水思路，强化中小河流系统治理和生态文明建设，把中小河流建成造福人民的幸福河，本文在总结国内中小河流治理现状和国外先进治理经验的基础上，从机制体制、规划设计、资金投入、科技支撑、技术标准等方面，研究提出了防洪保安全、宜居水环境、健康水生态、先进水文化四位一体的新时期中小河流系统治理对策体系，全面夯实中小河流治理的宏观战略理论基础。研究成果可为全国中小河流系统治理提供理论指导和战略保障。

基金项目： 国家自然科学基金重大项目（42041006），水利部水利重大科技问题研究项目（2019SLZX0210），黄河水利科学研究院基本科研业务费专项资金资助项目（HKY-JBYW-2020-26，HKY-JBYW-2020-15）。

作者简介： 张向（1991—），男，工程师，主要从事中小河流系统治理研究。

通讯作者： 李军华（1979—），男，教授级高级工程师，主要从事河道整治研究。

2 我国中小河流治理现状

2.1 防洪治理现状

2.1.1 缺乏统筹谋划和综合治理，抗洪能力不足

我国中小河流基本上由省、市、县、乡各级河务机构分段管理，缺乏对全流域的统一认识和全面规划。在治理中往往局限于满足重点河段的基本防洪要求，上下游、左右岸、干支流防洪及多目标需求未系统整合，造成上下游工程标准不统一，存在问题无法得到彻底解决，治理的广度和深度都有待加强。部分河流缺乏系统规划和科学治理，导致防洪标准低、质量差等问题，在极端强降雨或长历时降雨的影响下，极易引起严重的洪水灾害，威胁人民群众的生命财产安全。

2.1.2 重建轻管问题突出，防洪矛盾日益加剧

长期以来，水利工程领域重建轻管问题突出，一些中小河流治理项目完工后，未建立有效可行的长期运管机制，未能严格落实建后管护责任主体、管护方式、管理经费。河道监管的松懈致使河道范围内违章搭建、种植、垃圾废物肆意倾倒等现象屡禁不止，河道严重萎缩，进一步加剧了防洪矛盾。

2.1.3 投入严重不足，治理效果难以保障

个别地区对中小河流治理工作重视程度不够，在有关政策落地见效、组织领导分工、压实工作责任、主动沟通协调等方面存在明显不足，缺乏科学有效的实施方案和工作计划，项目建设进度滞后。加之我国中小河流数量巨大，治理任务繁重，国家财政对中小河流治理资金投入无法实现全覆盖，需要地方资金配套。在实际项目建设过程中，由于地区经济发展水平差异和财政经费不足，配套资金往往很难落实到位，同时缺乏投融资机制和渠道，导致治理资金严重不足，很难达到系统治理的效果。

2.2 水环境治理现状

2.2.1 跨域协同治理面临困难

我国江河众多，"小河小溪分两县，大江大河分两省"是中小河流流域划分与行政区划错位的真实写照。中小河流水环境问题需要上下游、左右岸跨区域协同联动治理，而目前治理主体往往是地方政府，跨域治理涉及两个及以上地域的利益，导致治理矛盾更为复杂。一旦不同地域协调不畅，治理进程将止步不前。如何协调流域管理与区域行政管理之间的矛盾，是中小河流跨域协同治理面临的重大挑战。

2.2.2 缺乏公众参与，治理主体单一

以往经验表明，中小河流治理主体单一，多由各级政府主导，企业和公众参与、重视程度不足，水环境治理的社会性、共享性特点未能较好实现。同时水环境治理缺乏系统、合理的结构性安排，下级政府主要依循上级政府的政治逻辑，企业依循市场逻辑，社会公众缺乏参与积极性，导致各治理主体之间协同乏力，治理过程呈现碎片化。

2.3 水生态保护与修复现状

2.3.1 生态治理理念淡薄，生态保护和修复系统性不足

目前，生态治理理念尚未深入人心，不论政府还是企业在面临不具有经济利益的情况下并不能做到生态优先。更重要的是，大部分人对生态文明建设的认识仍旧停留在单纯保护和禁止发展的阶段，认为生态保护与经济发展是相悖的，忽视了生态是一种可以转化为资产的资源，从观念上严重限制了生态价值的实现。

对于山水林田湖草作为生命共同体的内在机制和规律认识不够，整体保护、系统修复与综合治理的理念、目标与要求存在较大差距[2]。部分生态工程建设目标、建设内容和治理措施相对单一，一些建设项目还存在拼盘、拼凑问题，以及忽视水资源、土壤、光热、原生物种等自然禀赋的现象，区

域生态系统服务功能整体提升成效不明显[2]。

2.3.2 多元化投入机制尚未健全

中小河流水生态保护与修复具有明显的公益性、外部性等特点，受盈利能力偏低、项目风险偏高等因素的影响，加之市场化投入机制、生态保护补偿机制仍不够完善，缺乏激励社会资本投入治理的有效政策和措施，生态产品价值实现缺乏有效途径[2]。目前，工程建设仍以政府投入为主，投资渠道较为单一，资金投入整体不足。

2.3.3 科技支撑能力不足

中小河流水生态治理标准体系建设、新技术推广、科研成果转化等方面相对欠缺，理论研究与工程实践存在一定程度的脱节现象，关键技术和措施的系统性和长效性不足[2]。中小河流水生态科技服务体系不健全，生态保护和修复产业仍处于培育阶段；支撑水生态治理的调查、监测、评价、监管等能力不足，部门间信息共享机制尚未建立。

2.4 水文化建设现状

随着《水文化建设规划纲要（2011—2020年）》的发布，明确了河道治理过程中要体现水文化元素，促使河流水文化建设进入了快车道，彰显历史河道的文化价值成为地方文化生活的重要组成。一些经济发达地区和重点旅游城市在重要河道的治理过程中十分重视文化元素的体现，并取得明显成效。目前，大江大河水文化建设、提升投入力度持续增加，形式日趋丰富多样，但中小河流水文化建设仍存在一些突出困难和问题。相关水利遗产挖掘、规划编制、保护与利用、管理与宣传等环节的政策制度尚不健全，大多存在空白，如缺乏统一的保护利用发展规划；缺乏相关配套政策制度等，难以实现法制化、规范化管理[3]。在遗产保护、文化价值发掘等方面严重滞后，目前只停留在水利风景区建设层面，水利文博设施、水利遗产专项保护工作处在起步阶段。治理过程中水文化表现形式单一也造成综合效益不能充分发挥。

3 国外河流治理对策

国外河流系统治理的研究实践起步较早。20世纪中叶以来，西方发达国家意识到大规模的河流整治工程破坏了生物多样性，带来人居环境质量恶化等系列问题，河流生态治理相关理论研究和实践应运而生，并针对不同需求层次，分阶段提出了相应治理目标。德国Seifert在1938年首次提出"近自然治理"的概念[4]，20世纪50年代德国正式创立"近自然河道治理工程学"，提出河道整治要符合植物化和生命化的原理[5]。美国生态学家H. T. Odum于1962年首先使用"生态工程"（Ecological Engineering），提出了基于生态学应用的生态工程学，旨在促进生态学与工程学相结合[5]。20世纪80年代以来，日、韩等发达国家也逐渐认识到河流综合治理与生态建设的紧迫性和必要性[6-7]。与欧美、日、韩等发达国家相比，我国中小河流治理起步较晚，尚处于初级阶段。国外一些著名河流历经几代人的治理后，在机制体制、规划设计、资金投入、法制建设、技术标准、科技支撑等方面积累了宝贵经验，为我国的中小河流系统治理提供了良好的借鉴。

3.1 深化体制机制改革

3.1.1 建立流域内高效合作体制机制

莱茵河作为国际河流，经过50余年的治理才初步达到治理目标。1950年，荷兰联合流域各国成立了"保护莱茵河国际委员会（ICPR）"，并先后签署《莱茵河保护公约》《莱茵河行动计划》《莱茵河2020计划》等一系列行动计划，经过70多年发展，已成为全球流域治理政府间高效合作的典范。ICPR由多国政府和非政府组织共同成立专门工作组监督和协调工作计划实施，从最初为流域内各国政府和组织提供咨询与建议逐渐发展成为流域有关国家部长参加的国际协调组织，下设防洪、生态、水质、可持续发展规划等技术和协调组，将防洪治理、环保和经济发展融为一体[8]。英国泰晤士河在治理过程中进行了有效体制改革，将流域内 200 多个分散管理单位合并成隶属于环境部的权力性机构泰晤士河水务管理局，对防洪、污染控制、渔业、灌溉等进行统筹规划与管理，显著提高了治理效率。经过百余年的综合治理，泰晤士河已经成为国际上治理成效最显著的河流之一[9]。由此看来，建立流域内高效合作体制机制是河流综合治理的必要条件，强有力的综合决策和协调手段可有效提高治理效率。

3.1.2 强化公众参与机制

韩国清溪川在治理过程中建立了以政府为主导的公众参与制度。各级民意代表和环境、文化、交通、历史等领域专家组成市民委员会，并通过政策说明、现场参观、问卷调查等方式收集和反馈公众意见，召开听证会并提供咨询服务，同时专家咨询系统负责对政府主导的规划计划实行监督和批评[7]。日本的一些河流在治理中，社区和不同阶层的志愿者也积极参与到河流保护项目中，公众对水环境保护的积极参与使得琵琶湖污染得到有效控制，成为著名的旅游胜地[10]。德国则通过颁布《环境信息法》赋予公众参与权和监督权，列出详细途径、方法和程序供公众参考[10]。在中小河流治理过程中，社会公众积极参与决策和执行，大幅度提升了规划的完整性、决策的科学性和政治合法性。

3.2 转变规划设计思路

在欧洲工业化进程中，莱茵河沿岸各国采取了大量的工程措施，如筑坝、河道疏浚及裁弯取直、截断小支流等，过多的人为作用破坏了河流自然发展规律，加之废弃物任意排放，导致流域水土污染严重，生态环境快速退化，生物多样性受损严重。莱茵河流域治理开始探索河流的动态和一体化治理，注重工程和非工程措施的结合，进行源头控制、分散治理。观念上的转变引导治理措施和治理目标的改变，更加注重维护、恢复河流的自然特性，且更注重其生态恢复，从而为各种生物提供了生存环境[11]。

1990 年，日本借鉴德国"近自然河川"思路，提出了"多自然河川"工法，在恢复河道原有生物生境的同时兼顾自然景观的保护与创建[12]。隅田川治理采用这一理念，在提高污水收集率的同时，通过清淤和调水控制污染，川内的鱼类种群和数量逐渐增多，生态系统也逐渐恢复至健康状态。在大部分河流采用这一模式治理后，日本又提出了"多自然河川"模式，更多地开始思考河流治理中人与自然的平衡关系，以此来制定治理目标，强调与当地的生活、历史、文化相结合，更加注重河流生境保护与生态系统的管理[12]。韩国清溪川河流改造以生态学和循环经济理论为指导，考虑河流所属区位特点和经济社会状况，不同河段采取不同的设计理念，合理布置市区住宅和基础设施，在改善生态环境的同时也为市民提供了适宜的生活环境。同时通过建设特色人文景观来保护和传承历史文化，恢复和重塑部分历史遗迹，提升了城区建设水平，带动了沿河经济的发展[13]。

3.3 拓宽资金筹集渠道

中小河流全流域治理通常需要较大投入。1858 年以来，泰晤士河治理费用累计超过 380 亿英镑，资金主要来源于水费、上市公司股票、市场集资、融资和旅游娱乐业等[14]。经过约 150 年的治理，河流水质已基本恢复至 17 世纪原貌，河道生境明显改善，仅 1987 年，泰晤士河水务管理局通过私有化经营总盈利高达 2.11 亿英镑，不仅推动了泰晤士河的治理，更促进了城市环境提升与旅游业的发展[9]。德国通过向排污者征收污水处理费和生态保护税、出售处理过的循环水等方式用于莱茵河污水处理工程的建设和加大研发与管理领域的投入[10]。日本隅田川治理项目则聚集了国家政府、地方政府以及民间三方的共同投资[14]。

3.4 完善法制建设和技术标准体系

立法是治理和保护水环境、控制并消除水污染、保障水资源合理利用的有力措施。英、美、日、德等国家通过制定和完善水污染控制法，严格控制各种污染源向水体排放，根据本国的国情分别规定各种条款，如排放许可证或取水许可证制度、征收污染税制度、违反条例的处理办法等[15]。英国在1876年制定了世界上第一部水环境保护法规《河流污染防治法》，并在20世纪60年代以来出台一系列法律法规和治污标准，同时修订《水资源法》，统一管理水资源、水处理和防洪等工作[14]。1975年德国制定并颁布《洗涤剂和清洁剂法规》，通过设定允许的最大磷酸盐含量，禁止生产使用含磷洗涤剂，避免了氮磷等的过量使用，有效遏制了莱茵河的富营养化趋势；1976年制定《污水收费法》征收污水费和生态保护税，用于污水处理工程的建设[10]。日本则先后颁布《河川法》《水污染控制法》《污染防治条例》《小型企业污染防治条例》等。

美国按用途和污染程度将河流划分为不同类型，并规定了景观用水、养殖、公共给水及工农业用水的水质标准，如威拉米特河河口以上附近为产卵鱼的洄游段和栖息地，规定溶解氧最低为5 mg/L；鲑鱼养殖和产卵区，溶解氧不小于7 mg/L等[15]；地质调查局（USGS）和陆军工程兵团（USACE）通过对河流生态现状进行充分的野外调查，提出了河流生态修复的评价标准，为评价项目实施效果，不断改进修复手段提供了有力的参考[16]。日本则制定了保护人体健康和生活环境两类水质标准[17]。

3.5 强化科技支撑力度

在泰晤士河的治理中，强有力的科技支撑扮演了重要角色。伦敦当局运用系统工程学的理论与方法制定出科学的水质标准和治理目标；利用数学模型进行研究分析，明确了水污染治理重点；在选择治理技术、确定水环境容量、分配排放量等方面都要通过科学研究提出解决方案[9]。在塔姆河的治理中，英国通过建设防灾气象预报系统对洪水进行监控预报；利用洪水模拟和洪水风险管理等技术措施编制各类灾害风险图并提供疏散通道和避难场所等信息[16]。英、美等国通过国家洪水保险计划尽可能降低生命财产损失[16]。

4 新时期中小河流治理对策

通过总结国内中小河流治理现状不足，系统分析国外先进治理经验，结合我国实际，从机制体制、规划设计、资金投入、科技支撑、技术标准等方面，提出了全力推进中小河流系统治理对策体系。

4.1 防洪治理对策

4.1.1 创新管理体制，加强系统治理

可参照莱茵河治理的ICPR模式，打破部门和地域之间的分割状况，以水利部门为主导，设立全流域跨部门综合治理管理机构，对流域治理进行统一管理、组织协调、综合决策、系统规划、全域推进、分阶段实施，赋予流域综合治理管理机构更大的权力，有力推进项目的实施。

新时期下，应改变以往"治堤"为主的理念，坚持以"治河"为主，坚持防灾减灾、岸固河畅、自然生态、安全经济、长效管护的治理原则。以流域为单元，树立系统治理理念，转变规划思路，突出治理的整体性、综合性、协调性，调整完善治理思路。针对不同地区和类型的河流，分类提出治理的指导意见，妥善处理上下游、干支流、左右岸关系，科学制订整治方案，优化设计方案，把生态治理理念贯穿到治理过程中的各个环节，对中小河流系统治理工程进行全面规划和布局，强化整体推进，重点解决河道行洪通畅，提高流域综合防灾减灾能力，保障人民生命财产和经济社会发展的防洪安全。

4.1.2 健全建后管护长效机制

按照"先建机制、后建工程"的原则，结合全面推行河长制，加强监管。明确管护主体和责任，落实管护机构、人员和经费，做好防洪工程措施日常管理，根据相关规定对河道内危害防洪工程安全

的活动进行处罚；在建设中同步划定中小河流河道管理范围，做好水利工程管理与保护范围划界确权工作。同时，积极应用信息化手段，实行"互联网+河长制"管理，并探索社会化、专业化的管护模式，建立完善河道管护绩效考核机制。

4.1.3 高度重视，提高意识，拓宽投资渠道

各级政府要高度重视，提高意识，发挥地方政府的主体责任，建立工作责任制，积极与相关部门（行业）如市政规划、自然资源、风景区、生态环境等多部门协调，稳步推进中小河流治理。鼓励经营性项目进行市场融资，积极吸引社会资金参与治理，加大宣传力度，通过财政、金融、税收、价格等政策广开投资渠道，对有开发价值的河段进行综合开发、利用，引导和调动社会力量积极投身于中小河流治理工作中，遵循"谁投资，谁治理，谁受益"的原则，建立完善多元化、多层次、多渠道的投资体系，增加河道治理资金来源，盘活中小河流治理资金。

4.2 水环境治理对策

4.2.1 提高治理的行政层级，厘清责任归属

首先，提高治理的行政层级，实现对流域的全覆盖，促进流域内各级政府协商合作共赢。对于横跨两区域的中小河流，由上一级政府协调主持治理，建立跨流域联防联治机制，开展流域内突发事件的应急联动演练，加强各治理主体的整合。如在上级政府协调下，浙江宁海、天台、三门三地政府采取共同行动，解决了交界河道的污染难题。其次，建立环境断面考核机制，厘清责任归属。根据区域交界处的断面水环境质量考核相应行政区域的治理效果，厘清责任归属并制定相应的奖惩政策，以此促进流域内各治理主体的协调配合。如河北和江苏、河南和山东等地就建立了依据断面水质考核扣缴或奖励生态基金机制。

4.2.2 强化公众参与，促进全民共治共享

参照韩国清溪川的治理模式，引导鼓励企业、社会组织和普通公众等社会各界力量参与水环境治理，构建群策群力、共建共享的社会行动体系，发挥多元治理主体的水环境治理优势。政府搭建多方参与平台，通过协商见面会让专家与社会公众进行对话，听取社会各方的利益诉求。企业可通过PPP等融资手段投资基础设施建设；普通民众通过移动互联网等现代技术手段参与并监督政策、规划、方案的制定与执行。如杭州推出的"五水共治"移动网络应用系统，让每个市民都成为治理的决策者，通过线上线下双向互动，实现共同监督，共同治理。

4.3 水生态保护与修复对策

4.3.1 明确生态治理理念，加强系统保护与修复

牢固树立和践行"绿水青山就是金山银山"理念，秉承自然修复为主的理念，充分尊重河流生态演化与生态系统的自然演替规律，充分发挥河流的自我修复能力，避免人类的过多干预。中小河流生态保护与修复以整个流域为着眼点，整合和协调生态、防洪、游憩、设施等功能，从河道形态恢复、生境与栖息地营造、生物多样性恢复、休闲游憩场地营造等多个维度进行综合考虑。

4.3.2 探索建立多元化投入机制

坚持"两手发力"新时期治水思路，除中央财政资金支持外，各级政府要深化水生态保护和修复领域改革，释放政策红利，拓宽投融资渠道，创新多元化投入和建管模式，积极引入金融资金、社会资金参与中小河流治理；加强对中小河流的科学治理，通过生态设计、生态认证等方式增强商业价值，对有开发价值的河段实行租赁管理机制。

4.3.3 强化科技支撑，推进综合施策

加强中小河流生态保护和修复领域科技创新，开展生态保护修复基础研究、技术攻关、装备研制、标准规范建设，推进服务于生态保护和修复的重点实验室、生态定位观测研究站、科研示范基地

等科研平台建设,如日本专门成立了自然共生研究中心,对河流物理环境与生物之间的关系进行深入研究,为指导河流整治与修复提供了理论指导。构建监测监管信息化平台,完善各部门信息共享机制。因地制宜、实事求是,科学配置保护和修复、自然和人工、生物和工程等措施,推进一体化生态保护和修复。

4.4 水文化建设与提升对策

4.4.1 坚持顶层设计,落实规划引领

河流治理过程中的文化建设是一项系统工程,不仅关系河流自身功能的发挥,还涉及区域自然、社会、生态健康发展。因此,要立足于国家政治、社会、文化建设大局,与国家和水利改革发展大局相适应,科学规划、统筹安排,加强水利规划和工程设计中文化元素的融入,提升水利工程的文化内涵和文化品位。

4.4.2 统筹发展要求,确保重点突出

水文化建设区分轻重缓急,有序加以推进。从实际出发,找准重要河流、重点河段、关键环节与薄弱部位,如对保护区内村镇密集、人口较多的河流河段优先开展水文化建设。

4.4.3 突出本土特色,发挥综合效益

充分考虑流域特点,因地制宜、因时制宜,将地方传统文化、古迹名胜等具有符号价值的各类资源与河流治理相结合,比如史迹展示、景观小品布置、园林营造等来展现地域文化。同时将文化建设、河道治理、环境塑造、景观打造等有机结合,提高中小河流治理的整体效益。

5 结语

中小河流治理进度总体滞后于大江大河,水灾害频发、水环境恶化、水生态受损、水文化缺失等问题日益突出。新时期中小河流治理应紧密围绕建设造福人民幸福河的目标要求,积极践行生态治理理念,遵循"以人为本、人水和谐,统筹兼顾、系统治理"的原则,统筹协调流域整体与局部、防洪与生态、河流治理与流域治理、建设与管护四大关系,按照"整体性规划、全流域推进、整河流治理、分阶段实施"的思路,稳步推进中小河流面向新老水问题的系统治理,为把我国建设成为富强民主文明和谐美丽的社会主义现代化强国提供水利支撑。

参考文献

[1] 赵永平,李丽辉. 十年提高中小河流防洪能力 [N]. 人民日报,2010-09-13(002).

[2] 国家发展改革委 自然资源部关于印发《全国重要生态系统保护和修复重大工程总体规划(2021—2035年)》的通知. 发改农经〔2020〕837号.

[3] 袁建军. 加快推进水利遗产保护利用传承发展的思考与建议 [J]. 水利发展研究,2021,21(4):18-22.

[4] 张长滨,范欣. 国内外近自然河道生态修复初探 [J]. 森林工程,2013,29(6):40-43.

[5] Odum H T. Ecological engineering and self-organization [C] //Mitsch W J, Jorgensen S E. Ecological Engineering:An Introduction to Ecotechnology. Wiley,New York. 1989:79-101.

[6] NAKAMURA K, TOCKNER K. River and Wetland Restoration in Japan [C]. proceedings of the 3rd European Conference on River Restoration,2004.

[7] 李允熙. 韩国首尔市清溪川复兴改造工程的经验借鉴 [J]. 中国行政管理,2012(3):96-100.

[8] 杨桂山,于秀波. 国外流域综合管理的实践经验 [J]. 中国水利,2005(10):59-61.

[9] 史虹. 泰晤士河流域与太湖流域水污染治理比较分析 [J]. 水资源保护,2009,25(5):90-97.

[10] 虞孝感,Josef Nipper,燕乃玲. 从国际治湖经验探讨太湖富营养化的治理 [J]. 地理学报,2007(9):899-906.

[11] 郑人瑞,杨宗喜,杜晓敏. 莱茵河流域综合治理经验与启示 [N]. 中国矿业报,2018-06-20(001).

［12］朱伟，杨平，龚淼．日本"多自然河川"治理及其对我国河道整治的启示［J］．水资源保护，2015, 31（1）：22-29.

［13］王军，王淑燕，李海燕，等．韩国清溪川的生态化整治对中国河道治理的启示［J］．中国发展，2009, 9（3）：15-18.

［14］汤茵琪，任心欣．城市河流系统性治理的经验及启示［C］//中国城市规划学会、杭州市人民政府．共享与品质——2018 中国城市规划年会论文集（08 城市生态规划）．中国城市规划学会，杭州市人民政府：中国城市规划学会，2018：11.

［15］陈思模．国外一些河流和流域水污染防治与管理的主要经验［J］．水利科技，1999, 2：6-9.

［16］渠性燕，夏春晨，王建刚，等．国内外中小河流治理模式的启示意义［J］．山西水利科技，2015, 3：121-123, 128.

［17］高娟，李贵宝，华珞，等．日本水环境标准及其对我国的启示［J］．中国水利，2005（11）：41-43.

浅谈河道清淤及淤泥处理技术

连 祎 李 杰 贾海涛

（黄河勘测规划设计研究院有限公司，河南郑州 450003）

摘 要：随着城市化的不断发展，河道淤积现象比较普遍，河道原有的生态性和防洪能力有所减弱，河道清淤成为现在日益重要的举措。本文主要对当前常用的河道清淤和淤泥处理技术进行分析，并对清淤行业今后的发展进行了展望，从而为我国河道清淤与淤泥处理提供一定的借鉴。

关键词：河道清淤；清淤设备；淤泥处理

1 引言

近年来，随着政府对生态环境的重视，河道治理取得了明显的成效，但是随着城市化的不断发展，后续管理不足和资金限制，很多河道出现了较为普遍的淤积问题，导致了河道防洪能力有所降低，同时由于淤泥污染，生态性下降，达不到预期效果，很多河道的淤泥越来越多得的要求清理，以恢复生态环境。河道清淤成为现在日益重要的举措，可以有效地解决底泥污染、改善河湖水质和提高河道防洪能力等。

2 河道清淤技术比较

我国河道淤积现象越来越普遍，原有的生态性和防灾减灾的能力有所减弱。近几年，国家加强了河道治理力度，其中清淤工程作为主要措施被广泛实施，常规清淤方式一般有干式清淤、半干式清淤和湿式机械清淤三种。

2.1 干式清淤

干式清淤法将河道进行分段并修筑围堰，之后利用水泵将围堰范围内的河道积水排干后再进行清淤施工，清淤常根据施工现场场地条件采用长臂式挖掘机开挖或人工开挖的方式沿河道两岸进行清淤。干式清淤法的优点是清淤彻底，易于控制清淤深度，容易应对清淤对象中含有大型、复杂垃圾的情况，质量易于保证而且对于设备、技术要求不高，产生的淤泥含水率低，易于后续处理，污泥浓度高运输成本低，因而工程成本相对较低。缺点是由于需要围堰排水，对两岸护坡安全有一定的影响，另外施工也会对两岸已建工程设施造成严重的损坏，对周边环境造成二次污染。同时，施工也需要对河道进行局部断流与疏导，增加了临时围堰施工的成本，并且很多河道只能在非汛期进行施工，施工过程易受天气影响，也不适合不宜断流的河道施工。由此可见，干式清淤法较为适合两岸具有一定空间且便于断流施工的小型河道清淤。

2.2 半干式清淤

半干式清淤法采用高压水枪喷出一股密实的高速水柱，切割、粉碎土体，使之湿化、崩解，形成泥浆和泥块的混合物，对河底淤泥进行冲刷破坏，再采用泥浆泵将泥浆抽吸排至淤泥集中处理区。半干式清淤的优点在于清淤彻底，操作简便，便于穿过桥梁和其他河道障碍物，使用管道输送泥浆也可避免运输途中的二次污染，减少对河道两侧居民的干扰。缺点是高压水枪、泥浆泵、加压泵等设备耗电量大，人工费用高。同时，施工也需要对河道进行局部断流，因此不适合不宜断流的河道施工。由

通讯作者：贾海涛（1990—），男，工程师，研究方向为水利工程施工组织设计。

此可见，半干式清淤法较为适合便于断流施工的小型河道清淤，对于两岸的操作空间也有一定要求。

2.3 湿式机械清淤

湿式机械清淤法无须进行围堰排水，在带水环境下采用挖泥机械进行清淤施工。根据工作装置、底盘和结构形式的不同，可将典型的湿式机械分为以下几类。

2.3.1 绞吸式挖泥船清淤

绞吸式挖泥船开挖与淤泥输送一气呵成，配套设备少、工序简单、生产效率高、成本低，是清淤工程中应用最广泛的船型。绞吸式挖泥船由浮体、绞刀、上吸管、下吸管泵、动力等组成。它利用装在船前的前缘绞刀的旋转运动，对河床底泥进行切割和搅动，并进行泥水混合，形成泥浆，通过船上离心泵产生的吸入真空，使泥浆沿着吸泥管进入泥泵吸入端，经全封闭管道输送（排距超出挖泥船额定排距后，中途串接接力泵船加压输送）至堆场中。

绞吸式清淤适用于泥层厚度大的中大型河道清淤，是一个挖、运、吹一体化施工的过程，采用全封闭管道输泥，不会产生泥浆散落或泄漏；在清淤过程中不会对河道通航产生影响，施工不受天气影响，同时疏浚物料的挖掘与输送能一次性连续完成，不需要泥驳等配合，施工成本相对较低。

普通绞吸式清淤由于采用螺旋切片绞刀进行开放式开挖，容易造成底泥中污染物的扩散，同时也会出现较为严重的回淤现象。根据已有工程经验，底泥清除率一般在 70%左右，另外吹底泥浆浓度偏低，导致泥浆体积增加，会增大底泥堆场占地面积。

2.3.2 抓斗挖泥船清淤

抓斗挖泥船是河道疏浚工程常用的一种船舶，适用于开挖泥层厚度大、施工区域内障碍物多的中小型河道，多用于扩大河道行洪断面的清淤工程。抓斗式挖泥船灵活机动，不受河道内垃圾、石块等障碍物影响，适合开挖较硬土方或夹带较多杂质垃圾的土方；且施工工艺简单，设备容易组织，工程投资较省，施工过程不受天气影响。但抓斗式挖泥船对极软弱的底泥敏感度差，开挖中容易产生掏挖河床下部较硬的地层土方，从而泄漏大量表层底泥，容易造成表层浮泥经搅动后又重新回到水体之中。抓斗式清淤的底泥清除率只能达到 30%左右，加上抓斗式清淤易产生浮泥遗漏，强烈扰动底泥，在以水质改善为目标的清淤工程中往往无法达到原有目的。

2.3.3 射流冲淤船清淤

射流冲淤船是将安装在船身上的高压水枪伸入水下喷水扰土，并借助推进器高速旋转所形成的水流推力和河道水流流速，将冲起的泥沙形成异重流流到下游，也有部分在高压水枪喷口处安装有吸泥口，可将泥沙从船首吸入并从船尾喷出。这种疏浚方式不需要排泥管和排泥场，成本低、见效快，但是由于未彻底排除泥沙可能会导致二次污染，在以水质改善为目标的清淤工程中往往无法使用。

2.3.4 射流泵挖泥船清淤

射流泵挖泥船也称冲吸式挖泥船，喷水冲洗系统是其主要生产设备，由离心式水泵、离心式泥浆泵、射流式泥浆泵、高压水管及射水喷头等组成，其工作原理介于绞吸式挖泥船和射流冲淤船之间，它依靠离心式水泵从船外吸入清水并加压，通过高压水管输送到射水喷头射出破土，并在射流泵吸口处形成高浓度泥浆，射流式泥浆泵将泥浆吸入，并通过吸泥管输送到船上的离心式泥泵中，增压后通过排泥管输送到排泥场。

泵吸式清淤的装备相对简单，可以配备小中型的船只和设备，适合进入小型河道施工。一般情况下容易将大量河水吸出，造成后续泥浆处理工作量增加，并且我国河道内垃圾成分复杂、大小不一，容易造成吸泥口堵塞的情况发生。

3 淤泥处理方案

清淤工程中淤泥的产生无法避免，淤泥从本质上来讲属于工程废弃物，按照固体废弃物处理的减量化、无害化、资源化原则，应尽可能对淤泥考虑资源化利用。

3.1 无污染性淤泥的资源化利用

清淤的淤泥可部分进行资源化利用，不仅可以解决其出路问题，而且还可产生一定的经济效益。对于淤积物的综合利用主要包括对多余土方合理利用，如填筑路基、制造建筑材料等。

3.1.1 填筑路基

开挖的中、重粉质壤土可以作为高速公路和普通公路的路基材料，不仅经济合理，而且不用为了开挖土方而占压耕地。

3.1.2 制造建筑材料

利用多余土方制砖是一种变废为宝的处理方法，不但减少了因堆放而侵占耕地，同时缓解了砖瓦厂土源紧张和对农田的取土破坏，社会效益显著。

3.1.3 利用淤沙堆填近岸景观带

堆填区景观带的设计是在满足天然河道冲淤演变的同时，又能体现工程综合治理的生态理念。基本思路是分析生态环境存在问题，结合河道的现状特点，可以淤填出高滩区建设滨水带，恢复滩区的植物群落，尽量恢复丰富的自然生境，给自然以和谐多样的环境空间。

3.2 钝化处理方式的应用

该技术应用的范围多集中在含过多重金属的淤泥，通过对重金属活性状态分析，适时引入化学材料，使金属活性得以减少，以此实现污染性降低的目标。通常淤泥与化学材料反应后，也可使重金属浸出性降低，有利于减少重金属的危害。当钝化完成后，可对重金属浸出量采取一定的检测方式，若其低于相关标准便可进行处理。当前为实现资源二次利用目标，很多施工单位多将处理后的重金属作为填土材料。此外，清淤工程中还需做好淤泥堆场设置工作，其涉及的技术内容主要集中在表层处理、堆场周转使用及复耕技术等方面，旨在使堆场淤泥处理后仍可用于其他方面，如植物种植等。

4 清淤发展方向

随着对生态环境保护的重视，为了减少在清淤过程中产生的二次污染和清淤产生的大量淤泥堆场占地，清淤技术和淤泥处置技术有了新的发展。

4.1 新型清淤技术

4.1.1 环保绞吸式挖泥船清淤

环保绞吸式挖泥清淤是目前较为环保的清淤方式，适用于工程量较大的大、中、小型河道、湖泊和水库，多用于河道、湖泊和水库的环保清淤工程。环保绞吸式挖泥清淤是利用环保绞吸式清淤船进行清淤。环保绞吸式挖泥清淤船配备专用的环保绞刀头，清淤过程中，利用环保绞刀头实施封闭式低扰动清淤，开挖后的淤泥通过挖泥船上的大功率泥浆泵吸入并进入输泥管道，经全封闭管道输送至指定卸泥区。

环保绞吸式挖泥清淤船配备专用的环保绞刀头，具有防止污染淤泥泄漏和扩散的功能，可以疏浚薄的污染底泥且对底泥扰动小，避免了污染淤泥的扩散和逃淤现象，底泥清除率可达到 95% 以上；清淤浓度高，一次可挖泥厚度为 20~110 cm。同时，环保绞吸式挖泥船具有高精度定位技术和现场监控系统，通过模拟动画，可直观地观察清淤设备的挖掘轨迹；高程控制通过挖深指示仪和回声测深仪，精确定位绞刀深度，挖掘精度高。

4.1.2 气动泵挖泥船清淤

气动泵挖泥船是通过气动泵进行吸泥和输泥的新型疏浚设备，主要作业装备是气动泵，气动泵下放至水底后，进泥管口陷入淤泥时，淤泥在水的静压和泵缸的真空负压下，被压（吸）入泵缸，泵缸充满泥浆后，进泥口阀门利用自重，自动关闭，然后压缩空气由进排气阀门进入泵缸，像活塞一样将泥浆推出出泥管阀门，压入排泥管道，之后由管道输送到排泥场中。

气动泵挖泥船具有操作简单、作业无污染、排料浓度高等特点，在清淤过程中对土体扰动小，不易产生二次污染，是一种比较先进的环保型水下清淤机械，在环保要求比较高的河道治理工程中是一种理想的清淤设备。

4.2 淤泥处置技术

4.2.1 高浓度原位环保清淤

由于目前常用的清淤方法清出的淤泥浓度为 15%~20%，水分子的体积要远大于土颗粒的体积，清淤泥浆的体积为颗粒的 4~5 倍。这些泥浆往往需要较大的堆场进行放置，很多清淤工程因为堆场场地的问题而受到严重制约。高浓度原位环保清淤可以使用污泥脱水设备（也就是通常所说的卧螺离心机），能够降低清淤过程中泥浆的含水率，这种设备以其占地小、操作简单、自动化、移动方便、脱水效果好等特点，被广泛应用于泥浆脱水。经过处理淤泥可以正式外运，清水回流河道，将淤泥直接变成可以用于填土的材料使用。因此，为了节省占地和降低整个清淤和淤泥处理的成本，高浓度原位环保清淤技术已经成为未来的发展趋势。

4.2.2 堆场快速排水清淤

目前，大多数内河清淤的淤泥都在堆场中堆放。淤泥堆场经过地基处理，堆放点配有污泥脱水设备，脱水后可用于建设、景观、农田利用的土地。而这一地基处理过程就是淤泥固结排水的过程。淤泥黏粒含量高，透水性差，在自重作用下的固结时间长，自重固结后的强度低。淤泥的快速排水固结问题成为一个亟待解决的问题。如何解决排水系统的淤堵问题成为淤泥快速排水的关键。堆场淤泥快速排水技术是在淤泥内铺设多层多排水平排水通道，其层间距、排间距都为 60~80 cm，以形成高密度泥下排水网络。将该网络与地面密封的水平排水管密封连接，再与射流排水装置连接后抽气抽水，可加快淤泥的排水速度。

5 结语

随着城市化的发展和人们对环境要求的日益提高，河道清淤工作日益重要，具有明显的生态效益和防洪效益。清淤工程实施后，河道的水质有了改善，生态环境得到保障，防洪能力也得以提升，目前我国河道清淤的需求巨大，还需不断地提高清淤技术，以更好地适应社会发展。

参考文献

［1］包建平，朱伟，闵佳华 . 中小河道治理中的清淤及淤泥处理技术［J］. 水资源保护，2015，31（1）：56-58.

［2］韩峰 . 我国水利疏浚清淤的发展现状与展望［J］. 工程技术研究，2017（7）：240-241.

［3］牛文泽 . 水利疏浚现状、存在问题及对策分析［J］. 水利技术监督，2012（3）：43-45.

［4］王梦思，王婧 . 浅谈河湖生态清淤疏浚施工技术［J］. 中国水运，2020（2）：94-95.

［5］王晓东，孙承福 . 城市河道生态清淤技术探讨［J］. 中国水能及电气化，2017（4）：68-70.

对农村水系水环境现状的思考与建议

连 祎 贾海涛

（黄河勘测规划设计研究院有限公司，河南郑州 450000）

摘 要：农村水系水环境是农村发展和人居环境改善的关键要素，与农村经济社会发展及农民生活相互依存、息息相关，在乡村振兴战略中发挥着重要的作用。但目前农村河湖水系水环境污染问题形势较为严峻，本文对农村水系水环境污染状况进行了分析，找出了破坏农村水系水环境的两大类原因——水系水污染和水系淤塞萎缩，针对存在的问题提出了相应的防治对策。

关键词：农村水系水环境；水污染；淤积阻塞；防治对策

1 引言

农村水系是指位于农村地区的河流、湖泊、塘坝等水体组成的水网系统，承担着行洪、排涝、灌溉、供水、养殖及景观等功能，是农村水环境的重要载体。目前，大部分农村河湖水系尚未开展系统整治，水环境污染形势依旧严峻，治理目标和治理措施相对较单一，农村水系水环境日益呈现出综合功能弱化、水质退化的趋势，给农村经济可持续发展和人民群众生活带来了极大的影响，成为制约农村经济社会发展的瓶颈因素，也是实现乡村振兴战略的巨大挑战。

2 农村水系水环境污染现状

随着经济发展，规划区农业生产的工业化和农民群众生活的城市化进程迅速，村民环境保护意识薄弱，生活生产垃圾和污水乱排、乱倒，农药化肥等污染物通过农田排水、地表径流等方式进入地表水体或下渗入地下水，缺乏相应的污水处理设施，造成区域污染日益加剧，并且现有农村水系淤积堵塞，部分河湖甚至萎缩，有的河流被阻断或填埋，河流之间的水力联系被割断，这也严重影响了当地的水系生态环境，使得水系的自净能力大大降低，水环境问题形势严峻。

3 农村水系水环境存在的主要问题

农村水系水环境主要存在以下突出问题：一是河湖水污染严重。农村污水处理率严重不足，生活污水、规模化养殖和中小型企业排放的废水及农业面源污染等大多直接排入水体，影响农村河湖水生态环境。二是河湖淤积堵塞。河流之间的水力联系减少，大大降低了水系的自净能力，这导致了水环境问题的进一步恶化。

3.1 水系水污染严重

3.1.1 村镇污水处理率较低

由于经济条件限制及环境保护意识的缺乏，农村地区大都以明渠或暗管收集污水，污水收集设施简陋，不能实现雨污分流，汇集的污水成分复杂，使得生活污水的收集处理难度加大。未经处理的生活污水随意排放，导致沟渠、池塘的水质发黑变臭，蚊虫滋生，影响农村人居环境及威胁居民的身体健康，同时会造成饮用水水源污染以及湖泊、水库的富营养化。此外，农村绝大部分河流沿线畜禽养殖以中小规模养殖场（户）为主，大部分无污水处理设施，河道两侧有未经处理的粪便及养殖污水

通讯作者：连祎（1990—），女，工程师，主要从事水利工程造价工作。

流入河道的痕迹。

3.1.2 入河排污（水）口

部分生活、养殖污水排污口未登记或备案，主要为农村生活、农业面源污染主要排放通道。此外，绝大部分入河排污口不满足规范化设置要求，监测缺少标准采样断面，采样困难，易危及人身安全。

3.1.3 农业面源污染影响较大

流域内农业种植以小规模家庭种植为主，集约化程度低，土地利用强度大。大量农田沿干流两侧分布，农业生产中化肥、农药的使用量大且有效利用率低，氮磷及未降解农药等污染物质随农田径流汇入河道，对河道水环境影响较大，污染河流水质。

3.2 水系淤塞萎缩现象较为普遍

3.2.1 人为占用河槽

随着人口的不断增长和工业、交通事业的发展，有些河道由于近几年降雨量减少，河道干涸，加上管理不善，出现在河道内人为设障、任意垦殖河滩或占用河槽等现象。由于农村河道多穿行于乡镇、村庄之间，河槽内多建有民房等建筑和高渠堤、高路基等，并且临河村庄群众垃圾倾倒岸坡，不仅堵塞河道，还严重影响河道水质及周边生态环境，还有部分桥梁、涵闸，受当时条件限制，建设标准低，年久失修，毁坏严重，已废弃不用，成为横亘在河道上的阻水建筑物。这些障碍有的缩小了河道断面，有的增大了糙率，减小了流速，阻碍了水流畅泄，严重的将导致河道淤积堵塞。

3.2.2 土质边坡易受冲刷

现状大多数河道为土质边坡，未进行防护处理，特别是在河道的弯道段，凹岸岸坡易受到水流冲刷，随之而来的则是岸坡大体积崩塌，而凸岸岸坡更容易淤积。再加上部分河流局部崩岸严重，崩塌物大量堆积河道，加重了河道的淤积，水系的自净能力大大降低。

4 农村水系水环境污染的防治对策

4.1 针对农村水系水污染

针对农村水系水污染问题，可采取的防污防控措施包括污水收集处理、入河排污口整治以及农业面源污染治理。

4.1.1 污水收集处理

污废水的收集和处理分为集中和分散两种方案，每种方案的优缺点对比需考虑设计管道的管径及坡度等参数能满足远期污水及初期雨水收集后的要求，处理站的规模需考虑一定的富裕量用于处理初期雨水，且应考虑远期污水进入后扩建的可能性。

4.1.1.1 分散处理方案

采用分散处理方案沿河不需布置截污管道，主要考虑在沿线每户居民院内或院外较近地方布置中华罐，将污水处理至一级 B 后作为生活杂用水回用；在养老院等社区内布置一体化污水处理站，将污水处理至一级 A 或一级 B 后作为社区杂用水或中水回用。

4.1.1.2 集中处理方案

采用集中处理方案的支沟需在两岸或单侧布置截污管道，将居民生活污废水收集后转运至设计污水处理站集中处理。污水处理站的布置间距及位置需考虑支沟沿线污水量大小、重力流排水可利用地形情况及现状和规划可利用地块情况等因素。

另外，对于畜禽养殖污染，可采取如下措施：①在有条件的大型养殖场（区）推广生态型标准化畜禽养殖模式。②建立养殖废弃物综合处置体系。在畜禽养殖密集区，实行畜禽粪便污水分户收集、集中处理利用，推行农牧结合循环利用模式，建立畜禽养殖废弃物综合利用的收集、转化、应用三级网络社会化运营机制，探索政府和社会资本合作模式。

4.1.2 入河排污口整治

加强入河排污口管理，是落实最严格水资源管理制度、严格水功能区纳污红线管理的重要内容。入河排污口整治措施主要为：

（1）推进入河排污口专项整治行动，进一步落实最严格水资源管理制度和"两减六治三提升"专项行动治理水环境的要求。制订现有入河排污口的整治方案，提高入河排污口设置的科学性和规范化，有序推进入河排污口的全过程监督管理。

（2）开展污染治理及生态修复，加强规模养殖场粪污处理设施运转检查，确保河道周边无粪便堆放，无养殖污水不达标偷排现象，提升河流生态建设水平。

4.1.3 农业面源污染治理

在农村面源污染中，以农村生活污水和农田径流废水尤为突出。生活污水可通过上述污水收集系统进行收集处理，农田径流废水需要从不同方面进行综合整治。

农田径流废水是雨水或灌溉水流过农田表面后排出的水流，是农业污水的主要来源。大量农田沿干流两侧分布，农业生产中化肥、农药的使用量大且有效利用低，氮磷及未降解农药等污染物质随农田径流汇入河道，对河道水环境影响较大，污染河流水质。因此，必须加强农田径流污染的治理。

治理农田径流污染主要有以下控制途径：

（1）推进农业清洁生产。推广农艺节水保墒技术和通滴灌机械示范，实施保护性耕作。政府应加快制定地方农膜使用标准，制定农膜使用和回收的优惠政策，推广使用高标准农膜，开展残留农膜回收试点。优化农业生态环境，利用现有沟、渠、塘等，配置水生植物群落、格栅和透水坝，建设生态沟渠、污水净化塘、地表径流集蓄池等设施，净化农田排水及地表径流。

（2）控制种植业化肥农药使用。开展化肥使用量零增长行动，实行测土配方施肥，推广精准施肥技术和机具，推进化肥使用减量化。政府应加大有机肥产业发展的支持力度，鼓励使用农家肥、商品有机肥，逐步增加农田有机肥使用量。开展农药使用量零增长行动，推广低毒、低残留农药使用补助试点，开展农作物病虫害绿色防控和统防统治，实施农药减量工程，推广精准施药及减量控害技术，减少农药使用量。

（3）种植业结构优化调整。在加强粮食产能建设的同时，大力调整种植结构，提高经济、高效作物比重，发展多元复合经营、农业新产业新业态，增加单位土地产出。利用区位优势，大力推广有机稻米等种植。

4.2 针对水系萎缩的防治对策

农村水系萎缩可采取的措施包括河道清障、清淤疏浚、岸坡整治等，逐步退还河湖水域生态空间，恢复河流水系自然面貌，增强水系水环境的自净能力。

4.2.1 河道清障与清淤疏浚

因人为原因导致的河道淤积萎缩，当地政府应按照相关标准和有关要求，加强河道管理，严格执行河道管理法规或条例，积极开展"清四乱"整治活动，对于"乱占、乱采、乱堆、乱建"的违规行为做出相应的处理，对水系进行清障，拆除违法违规建筑。

对于底泥污染严重或底泥堆积的河道，应在底泥调查的基础上，根据底泥污染物特征、淤积范围和淤积深度等，结合周边条件与环保要求，因地制宜选择清淤技术和施工设备。同时，应合理处置清淤底泥，无重金属污染、氮磷含量丰富的淤泥可在洼地堆放后作为农用土利用；淤泥经干化、固化处理后，满足相关作业要求的，可作为公园、绿地、市政建设用地或制作陶粒、砖、水泥等建筑材料。当淤泥中某些特殊污染物（重金属、高分子难降解有机物）难以去除，不宜进行资源化利用时，应采取措施降低毒性后进行安全填埋，并做好填埋场的防渗处理。

4.2.2 岸坡整治

岸坡整治的目的是稳定河道，防止冲刷。传统的护岸整治多采用土坡，冲刷严重。近年来，河道的护岸整治逐渐开始转为兼顾安全与生态的岸坡防护技术。生态护岸除满足防洪工程安全外，同时兼顾了环境美化、促进生物多样性、提高水体自净能力、提升环境美学价值的功能。因此，各河道根据情况选择岸坡形式，尽可能以生态护岸护坡为主，尽量保持岸坡原生态。护岸形式既要保证堤岸防冲稳定安全，又要采用多样的生态护岸，可根据河道岸坡坡度、水流特点、岸坡土质等因素，选取适宜的生态护岸结构形式，主要包括自然材料类、土工袋类、格网网箱类、多孔透水混凝土构件及组合护岸结构等，同时可因地制宜选择合适的植物与生物，通过植被、鱼类及微生物群落生态修复技术等措施，加强生态系统自然恢复能力，打造柔性水系，改善农村河湖的生态环境，增强水系的自净能力。

5 结语

农村水系水环境受水污染、河道淤积阻塞的影响，部分河道水体水质已经严重恶化。通过引排水配套设施建设与改造、截污纳管、河道清淤整治堵塞等措施有效控制农村水环境污染，将提升河湖水环境质量，逐步恢复水系生态健康。改善农村水系水环境后，能充分发挥生产养殖、旅游休闲等功能，吸引更多的优质资源，促进农村产业结构调整和绿色产业发展，进一步提高农业综合生产能力和竞争力，助推农村产业兴旺，拓宽农民增收渠道，促进农民增收致富。

参考文献

[1] 陈姝含，王娜，陈健. 对于农村生态水环境治理的思考与对策分析 [J]. 2021 (2019-5)：10-12.
[2] 殷春霞，许复初. 农村区域水环境污染模式及防治对策 [J]. 节水灌溉，2009 (3)：33-34，37.
[3] 俊敏. 农村水环境问题探讨及建议 [J]. 现代经济探讨，2016 (2)：78-81，86.
[4] 张登宇，黄豫. 我国农村水环境污染现状及治理对策 [J]. 环境与发展，2019，31 (7)：29-29，31.
[5] 叶子涵，朱志平. 农村水环境污染及其治理："单赢"之困与"共赢"之法 [J]. 农村经济，2019 (8)：96-102.
[6] 缪建雄，祁正志. 临泽县农村水系综合整治的思路与对策 [J]. 农业科技与信息，2021 (7)：12-13，16.

水流冲击河岸与河岸阻抗水流的博弈关系

许琳娟[1]　李军华[1]　张　向[1]　赵万杰[2]　陈　萌[3]

（1. 黄河水利科学研究院 水利部黄河下游河道与河口治理重点实验室，河南郑州　450003；

2. 河海大学，江苏南京　210098；

3. 华北水利水电大学，河南郑州　450045）

摘　要： 水流冲刷河岸、河岸阻抗水流冲刷，两者以泥沙为纽带，在河床演变中塑造了河道形态。结合以往研究，本文分别从水流冲刷河岸的水动力条件和河岸阻抗水流冲刷这两个方面出发，指出水流冲刷河岸的水动力条件除纵向水流（与流量大小、顶冲角有关）的作用外，主要与近岸水流的紊动涡有关；河岸阻抗水流冲刷的内在条件主要与河岸土体物质组成、土体自身物理力学特性有关，进而揭示了水流与河岸这两者间的博弈关系。

关键词： 河床演变；博弈关系；水流冲刷；河岸阻抗

1　引言

在水流的持续冲刷作用下，河岸形态的变化是河岸边界土体抵抗水流冲刷的直接反映。河床形态变化包括河床的冲刷降低或淤积抬高、岸滩的冲刷扩宽和淤积缩窄，以及在水流冲刷和河岸边界共同作用之下河道凹岸发生的淘刷、岸滩崩塌、畸形河湾等。影响冲积河道河岸冲刷的因素较多，从力学角度来分析，可分为以下几类：一是促使河岸冲刷的作用力，即近岸水流的冲刷力；二是阻止河岸冲刷的阻力，即河岸土体的抗冲力；三是河岸崩塌时涉及的土体抗剪强度，如有效内摩擦角、有效黏聚力[1] 等。通过分析近岸水流冲刷河岸的水动力条件，以及河岸阻抗水流冲刷的条件，揭示水流冲刷河岸与河岸阻抗水流冲刷这两者之间的博弈关系。

2　水流冲刷河岸的水动力条件

2.1　纵向水流的冲刷

近岸纵向水流的冲刷力，是引起河岸冲刷的主要作用力。在边壁粗糙的情况下，对于矩形断面来说，切应力分布较为均匀，岸壁最大切应力一般出现在岸壁中心部位；对于梯形断面来说，切应力分布较矩形断面更为不均，岸壁接近自由水面处的切应力接近于零，最大切应力的出现位置移向梯角，而梯形越是平坦，岸壁及底床的最大切应力所在位置越向梯角靠近。因此，天然顺直河道河岸的侧向冲刷主要发生在河岸的中下部或河岸坡脚的地方[2]。

长江科学院的岳红艳等[3] 建立了纵向水流对河岸顶冲作用的概化物理力学模式，在满足上游来流恒定，并且动量发生变化的急变流段的两端断面为渐变流等假定的情况下，得出了纵向水流对河岸

基金项目： 国家自然科学基金专项项目（42041006）；中央级公益性科研院所基本科研业务费项目（HKY-JBYW-2018-03，HKY-JBYW-2020-15）。

作者简介： 许琳娟（1984—），女，高级工程师，主要从事河流泥沙运动、河床演变及河道整治方面研究。

通讯作者： 李军华（1979—），男，教授级高级工程师，主要从事河流泥沙运动及河道整治方面研究。

的作用力大小为

$$R' = \sqrt{R_x^2 + R_y^2} = 2(P + \rho Q \alpha v) \sin \frac{\beta}{2}$$

由该公式可知，纵向水流对河岸作用力的大小与流量 Q、纵向水流流速 v 及其顶冲角 β、动水压力 P [$P=f(b, h)$] 有关。纵向水流流速 v、河宽 b、水深 h 及顶冲角 β 越大，水流对河岸的作用力 R' 就越大，水流对河岸土体所做的功就越大，可动河岸土体移动速度即崩塌速度就越大，发生崩岸的强度也就越大。同时，充分体现出纵向水流的顶冲作用（β）与河岸变形（崩岸）的发生有着密切的关系。河海大学的王路军[4] 通过水槽模型试验模拟了四种不同顶冲角（0°、30°、45°、60°）条件下的崩岸情况，也验证了顶冲角越大，冲刷作用就越强，发生的破坏就越严重。

2.2 紊动涡

河岸凹凸不平的边壁会对边壁附近的水流造成扰动，使水流在速度的大小和方向上发生变化。在水流与河道相互作用的过程中，河道边壁上任一微小凸起或泥沙颗粒的扰动都将使水流发生局部急剧的减速，继而出现分离，产生分离漩涡；即使边壁的几何形态是平滑的，也会由于河床物质的不均匀性或同种河床物质在不同部位沉积特性的不同，使河岸边壁存在抗冲强度上的不均匀性，在水流曳拉力作用下，抗冲性较弱部位率先发生淘刷，形成凹陷，促使水流发生分离或形成漩涡。在分离漩涡的生成、脱离以及破碎、衰减周而复始的过程中，来自主流的动能将不断地转变为热能而耗散。

漩涡在近边壁区生成、脱离和破碎的过程中，在强烈的紊动猝发、大尺度涡动的"脱举"和"解体"控制之下，必将对粗糙壁面上的糙元——泥沙颗粒进行毫不留情的"挖掘""脱离""喷射""清扫"，也就是说，涡核在解体的同时形成的负压抽吸、挟持边壁上的泥沙颗粒进入水流。由于旋涡的随机性和强度的不均匀性，形成的两岸边滩不可能完全对称，就是同一岸的边滩，其前凸和后凹的尺寸、形态也不可能一致，进一步导致了漩涡发生的数量、大小和强度的差异。后凹稍有明显的地方，漩涡强度就会进一步增大，对边壁的淘刷随之增加，则边壁后凹下挫的尺寸（包括宽度、深度）亦将随之进一步扩大。如此发展，就有可能使临近几个凸凹相间的边滩逐渐演变，相连形成一个较大的后凹下挫滩坎，形成弯道的雏形，继而出现弯道环流的迹象，加速后凹滩坎的进一步发展，并在该处逐渐演化成一个弯道，促使主流产生弯曲，水流转为弯道环流，使本弯道以下的河道也逐渐向弯曲发展，成为弯曲性河道。

3 河岸阻抗水流冲刷

3.1 土体物理力学性质

影响土体抗冲条件的因素与土体自身物理力学性质和淤积固结条件有关。其中，土体物理力学性质包括颗粒大小、形状及级配、泥沙矿物组成、干密度（干容重）、液塑性、抗剪强度、黏聚力、塑性指标、黏性含量等。淤积固结条件下，黏性土的抗冲能力受淤积历时、温度、淤积环境、淤积层厚度影响较大[5]。而淤积固结条件又会对土体自身物理化学性质有所影响。

以黄河下游河岸土体为例。通过野外钻孔及探坑取样，以及室内土工试验分析，黄河下游白鹤至伊洛河口河段河床土壤 5~6 m 以上范围内主要土层土质为细砂、砂壤土、中砂、粉质壤土以及粉质黏土等，逯村工程部位 4~5 m 以下为砂卵石层，其他部位土层特别是河床深部有粗砂层。根据黏粒含量的多少对土质进行排序，依次为粉质黏土、粉质壤土、砂壤土、细砂、中砂、粗砂。各种土质的物理性质指标如图 1 所示[6]。由图 1 可知，各种土质本身具有不同的物理性质，但各项指标又呈现出一定的规律性。河床土体的干密度、内摩擦角随黏粒含量的减小而增大，而含水率、孔隙比、压缩系数等参数随黏粒含量的减小而减小[7]。

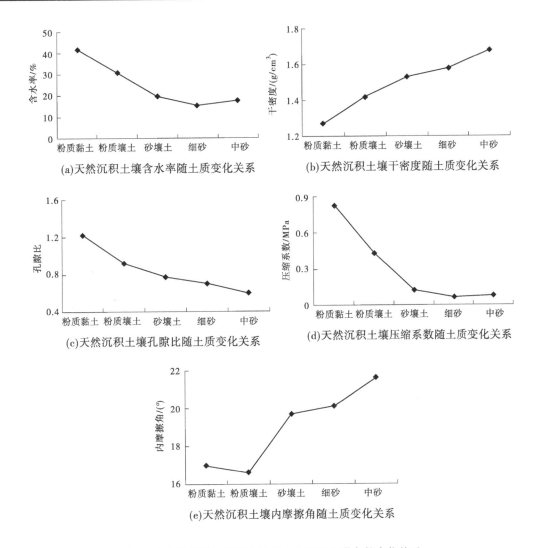

(a)天然沉积土壤含水率随土质变化关系

(b)天然沉积土壤干密度随土质变化关系

(c)天然沉积土壤孔隙比随土质变化关系

(d)天然沉积土壤压缩系数随土质变化关系

(e)天然沉积土壤内摩擦角随土质变化关系

图1　白鹤至伊洛河河口游荡段土体物理力学参数变化关系

3.2　不同河岸阻抗水流冲刷作用

对于冲积性河流，水流直接冲刷河岸，冲蚀水面以下河岸边坡上的泥沙颗粒或团粒，并将它们带走，从而导致河岸后退。对于不同物质组成的河岸土体，在水流冲刷作用下的受力特点与运动形势不同，为抵抗水流冲刷而发生的形态变化也不同。

3.2.1　单一结构的非黏性土河岸

当河岸抗冲力小于水流冲刷力时，河岸土体阻抗形式表现为单个泥沙颗粒的起动，起动时主要受水流作用于岸壁的推力、上举力及有效重力的作用。当河岸坡度大于泥沙颗粒水下休止角时，河岸土体便会发生起动，甚至岸坡崩塌。

3.2.2　单一结构的黏性土河岸

当河岸抗冲力小于水流冲刷力时，河岸土体阻抗形态表现为多颗粒或成团、成片的形式起动，起动时除受到上述3个力作用外，还受到颗粒间黏结力的作用。在一般水流条件下黏性土难以起动。当水流剪切力大于土体内部切应力时，黏性土体将发生起动。

3.2.3　多元结构的混合河岸

当近岸水流冲刷分层结构的河岸时，水流将下部抗冲性弱的沙土层先冲走并逐渐淘刷出一定宽度，上部抗冲性强的黏土层最终将失去支撑而发生绕轴崩塌。对于二元结构的河岸，当下部沙土被水流淘刷出一定宽度时，水流动力轴线（主流线）一般都位于深槽部位，使得近岸深槽具有很强的束流能力；结合在平面上具有一定的弯度和长度，就构成了主流的导流槽（崩塌河岸的一侧俗称"导流岸壁"）。也就是说，上述形成的河岸平面和横断面形态容纳了河道的主流，约束了水流的方向，形成了该河段的河势。该河段坍塌的变化就是河道抵抗水流冲刷的平面变形，变形后的平面形态对本段河道又形成了新的河势条件，并且对下游河段的河势产生影响。这体现了河岸为抵抗水流而发生变形，并且控制水流和河床演变的反作用[8]。

4 水流与河岸间的博弈关系

根据研究可知，河岸边壁的变形主要是近岸水流的直接冲刷以及河岸崩塌引起的；近岸水流切应力是水流施加于河岸的表面土体，促使其起动的主要动力，称其为水流冲刷力；而有效重力和颗粒间的黏结力是泥沙本身固有的，是使泥沙保持静止不动、抵抗水流冲刷的主要阻力，称为河岸土体的抗冲力。当水流冲刷力大于河岸土体的抗冲力时，就可以冲刷河岸边坡上的表层土体，促使河岸边壁发生变形；河岸土体也在以自身条件阻抗水流的冲刷，其结果就是不同物质组成河岸自身形态变化不同。河岸的变形一般以"凹陷—扩展—崩塌"形式出现。在水流的持续冲刷作用下，河岸发生凹陷，由于平轴环流的作用，产生横向输沙不平衡，促使河岸弯曲（畸形河湾）甚至河岸崩塌的发生[7]。

水流冲刷河岸与河岸阻抗水流冲刷这两者间的博弈关系，就是在水流与河岸土体相互作用的过程中，不同物质组成河岸为适应外界条件变化而发生的改变，是河床演变的重要组成部分。在一定水流条件下，对于不同的河岸边界条件，河岸对水流冲刷的阻抗不同。

（1）当河岸为不可冲的刚性约束或类刚性约束硬边界条件时，河岸阻抗作用很大，无论水流大小，河岸相对稳定，不易发生变化。

（2）当河岸为可冲的非均质（软硬夹层）边界条件时，河岸不同土层阻抗作用不同。在一定水流条件下，抗冲性强的黏土层阻抗作用大，黏土层易顶冲水流，水流转而淘刷抗冲性弱、阻抗作用小的沙土层，抗冲性强的上部黏土层因下部沙土层被淘空而形成悬空状态甚至发生崩塌，如畸形河湾或河岸崩塌等现象就是河岸不同土层阻抗作用不同的具体体现。天然情况下河流河岸大都是这种软硬夹层分布的多元结构河岸。

（3）当河岸为可冲的非黏性均质边界条件时，河岸阻抗作用小，在一定水流条件下，河岸很容易发生侵蚀后退，这种河岸在天然条件下很少存在。

5 结论

本文分析了河势演变过程中水流冲刷河岸的水动力条件、河岸阻抗水流冲刷的内在条件及水流冲击河岸与河岸阻抗水流冲击这两者间的博弈关系，水流冲刷河岸的水动力条件除纵向水流（与流量大小、顶冲角有关）的作用外，主要与次生环流以及近岸水流的紊动涡有关；河岸阻抗水流冲刷的内在条件主要与河岸土体物质组成、土体自身物理力学特性有关；根据水流对河岸的冲击淘刷作用、不同河岸阻抗水流冲刷作用这两者间的博弈关系进行分析，详细探讨了不同物质组成河岸土体对水流冲刷的阻抗作用。

参考文献

[1] 王党伟，余明辉，刘晓芳. 冲积河流河岸冲刷展宽的力学机理及模拟 [J]. 武汉大学学报（工学版），2008，（4）：16-21.

[2] 谈广鸣，舒彩文，陈一明，等. 黏性泥沙淤积固结特性 [M]. 北京：中国水利水电出版社，2014：133-134.

［3］岳红艳，余文畴. 长江河道崩岸机理［J］. 人民长江，2002（8）：20-22.

［4］王路军. 长江中下游崩岸机理的大型室内试验研究［D］. 南京：河海大学，2005.

［5］Zreil A，Krishnappan B G，Germaine J T，et al. Erosional and mechanical strengths of deposited cohesive sediments［J］. Journal of Hydraulic of Engineering，1998，124（11）：1076-1085.

［6］赵万杰，许琳娟，董伟军. 黄河下游游荡段原状土物理力学测试［J］. 河南水利与南水北调，2020（3）：76-78.

［7］江恩惠，曹永涛，张林忠，等. 黄河下游游荡性河段河势演变规律及机理研究［M］. 北京：中国水利水电出版社，2006.

［8］余文畴. 长江中下游河道崩岸机理中的河床边界条件［J］. 长江科学院院报，2008，25（1）：8-11.

黄河干流内蒙古河段水沙特性分析

陈　娜　许明一

（黄河勘测规划设计研究院有限公司，河南郑州　450003）

摘　要：对黄河干流内蒙古河段的水文及径流泥沙特性进行分析，通过沙量平衡法对河道冲淤特性进行研究。黄河干流来水来沙异源、水沙量年际变化大；近期表现出水沙量明显减少，水沙量年内分配趋于均匀化，洪峰流量减小，场次洪水减少，汛期大流量历时缩短、小流量历时增加的特性。通过沙量平衡法计算河道冲淤状态，1952 年 11 月至 2012 年 10 月石嘴山至头道拐河段年平均淤积量为 0.428 亿 t，其中汛期淤积量占年淤积量的 69.6%；淤积主要发生在巴彦高勒至头道拐河段，其中又以三湖河口至头道拐河段淤积较多，占内蒙古河段淤积总量的 67.0%，相应的年平均淤积厚度为 0.017 m。

关键词：水沙特性；河道冲淤特性；黄河干流内蒙古河段

1　引言

内蒙古河段地处黄河上游区下段，近几十年来，在气候变化、水库调节及排沙、孔兑淤堵等因素的综合作用下，该河段淤积速率增加，河势不稳，主流摆动增强，防洪形势十分严峻[1]，各学者观点不尽相同[2-3]。黄河由于自身泥沙径流演变的多样性，河槽水流的挟沙能力与上游泥沙并不一定完全相等，河槽的冲淤变化也会有暂时性[4]。这样，在河流演变过程中，河流冲击使其向淤积变形逐渐稳定方向发展，其也可能会处于相对平衡的状态[5]。一些学者基于经验公式对内蒙古不同河段和不同时段的输沙率和输沙量进行研究[6-8]，来水来沙条件变化剧烈[9-10]，河道输沙特性复杂，本文根据水文基本资料，对径流泥沙的水沙特性进行分析，通过沙量平衡法对冲淤特性进行研究。加强黄河上游特别是内蒙古河段的水沙特性研究是非常必要的。

2　研究数据与方法

2.1　研究数据资料

黄河内蒙古段干流石嘴山至蒲滩拐河段共布设 7 个水文站，从上至下依次为石嘴山、磴口、巴彦高勒、渡口（1973 年撤站）、三湖河口、昭君坟、头道拐。其中，石嘴山设站最早，为 1942 年 9 月；巴彦高勒设站最晚，为 1961 年 4 月。内蒙古河段干支流水文测站及资料情况见表 1。

2.2　沙量平衡法

根据进入、输出河段的沙量及区间支流、引退水渠、风积沙量等资料，进行沙量平衡计算。计算公式如下：

$$\Delta W_s = W_{s进} + W_{s支} + W_{s排} + W_{s风} - W_{s出} - W_{s引} \tag{1}$$

式中：ΔW_s 为河段冲淤量，亿 t；$W_{s进}$ 为河段进口沙量，亿 t；$W_{s支}$ 为支流来沙量，亿 t；$W_{s排}$ 为区间排水沟排沙量，亿 t；$W_{s风}$ 为入黄风积沙（20 世纪 50 年代不考虑），亿 t；$W_{s出}$ 为河段出口沙量，亿 t；$W_{s引}$ 为区间引沙量，亿 t。

作者简介：陈娜（1983—），女，高级工程师，主要从事水利工程设计研究。

表1　内蒙古河段干支流水文测站及资料情况一览表

项目	名称	水文站	设站时间	已收集资料起止年份	
				流量	输沙率
水文站	黄河	石嘴山	1942年9月	1950—2012	1951—2012
		磴口	1944年4月	1963—1990（缺1974、1981）	1963—1990（缺1974、1981）
引水渠	沈乌干渠	巴彦高勒	1971年4月	1961—2010	1961—2010
	南岸总干渠	巴彦高勒	1962年6月	1962—2010	1962—2010
	北岸总干渠	巴彦高勒（二）	1961年5月	1961—2010	1961—2010
水文站	黄河	巴彦高勒	1972年10月	1972—2012	1972—2012
排水沟	泄水渠	永济渠	1965年5月	1965—1990	1966—1967
	泄水渠	丰复渠	1968年5月	1970—1990	无
	泄水渠	四闸	1967年5月	1962—1990	1966—1967
	总排干沟	西山嘴	1947年9月	1954—1965	1954—1965
水文站	黄河	三湖河口	1950年8月	1950—2012	1952—2012
入黄支流	毛不浪孔兑	图格日格	1981年6月	1981—2010	1981—2010
水文站	黄河	昭君坟	1954年6月	1954—1995	1954—1995
入黄支流	西柳沟	龙头拐	1960年4月	1960—2010	1960—2010
	昆都仑河	塔尔湾	1954年5月	1961—2010	1961—2010
	罕台川	红塔沟	1984年7月	1984—2010	1984—2010
	五当沟	东园	1952年7月	1952—2010	1952—2010
水文站	黄河	头道拐	1958年4月	1958—2012	1958—2012

3　径流泥沙及冲淤特性

3.1　干流来水来沙及近期水沙特点

3.1.1　干流来水来沙

内蒙古河段的水量主要来自上游吉迈至唐乃亥和循化至兰州区间，该区间汇集了洮河、大通河、湟水等20多条支流，年来水量占石嘴山水文站年径流量的60%以上；沙量主要来自于兰州以上支流、兰州至下河沿区间的支流及本河段的支流。

图1为石嘴山水文站历年实测水沙量过程，石嘴山水文站最大年沙量为1963年的3.77亿t（按运用年，下同），为最小年沙量0.25亿t（2010年）的15.1倍；最大年水量为1966年的491.1亿m³，为最小年水量135.0亿m³（1996年）的3.6倍。

3.1.2　近期水沙特性分析

石嘴山水文站1950年11月至2013年10月多年平均水量、沙量分别为274.4亿m³和1.18亿t，见表2。1986年11月至2013年10月多年平均水量为229.6亿m³，为天然状态的71.7%，汛期水量减少，为天然水量的50.6%；多年平均沙量为0.75亿t，为天然沙量的36.8%，汛期沙量减少尤其突出，仅为天然状态的28.9%。

汛期水沙量分别占年水沙量的63.1%和81.5%。自1986年以来，受上游水库联合调度运用的影响，水沙量在年内的分配发生了较大的变化，汛期的来水来沙量比例不断减小，非汛期的来水来沙量

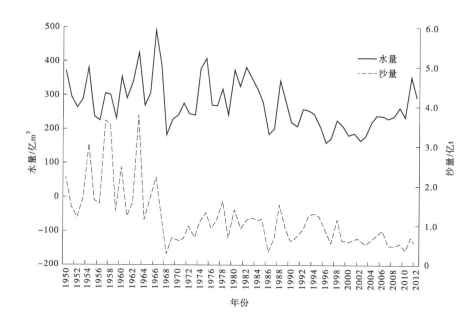

图 1　石嘴山水文站历年实测水沙量过程

比例增加，汛期水沙量分别占年水沙量的 53.9% 和 75.0%，特别是 1987—2013 年沙量集中在 8 月。图 2、图 3 分别为巴彦高勒水文站不同时段的月平均水沙量过程，随着时间的推移，月过程趋于均匀。

表 2　石嘴山水文站不同时段水沙量特征值

时段	水量/亿 m³			沙量/亿 t			含沙量/（kg/m³）		
	非汛期	汛期	年均	非汛期	汛期	年均	非汛期	汛期	年均
1950 年 11 月至 1968 年 10 月	118.1	202.1	320.2	0.38	1.66	2.04	3.2	8.2	6.4
1968 年 11 月至 1986 年 10 月	133.6	162.3	295.9	0.26	0.71	0.97	1.9	4.4	3.3
1986 年 11 月至 2013 年 10 月	127.3	102.3	229.6	0.26	0.48	0.75	2.1	4.7	3.2
1950 年 11 月至 2013 年 10 月	126.5	148.0	274.4	0.29	0.88	1.18	2.3	6.0	4.3

时段	水量比例/%			沙量比例/%		
1950 年 11 月至 1968 年 10 月	36.9	63.1	100	18.5	81.5	100
1968 年 11 月至 1986 年 10 月	45.1	54.9	100	26.5	73.5	100
1986 年 11 月至 2013 年 10 月	55.5	44.5	100	35.5	64.5	100
1950 年 11 月至 2013 年 10 月	46.1	53.9	100	25.0	75.0	100

　　图 4 为石嘴山水文站历年汛期最大日均流量过程。从不同时段分析，历年汛期日均最大流量呈递减的趋势。1950—1968 年汛期最大日均流量的平均值为 3 420 m³/s，最大流量为 5 380 m³/s（1964 年），最小流量为 1956 年的 2 100 m³/s。1969—1986 年最大日均流量的平均值为 3 160 m³/s，较前一时段减小 7.6%；最大流量为 5 660 m³/s（1981 年），最小流量为 1 230 m³/s（1969 年）。1987—2010 年时段平均为 1 700 m³/s，较前一时段减小 44.0%；最大流量为 3 360 m³/s（2012 年），最小流量为 1 130 m³/s（1998 年）。

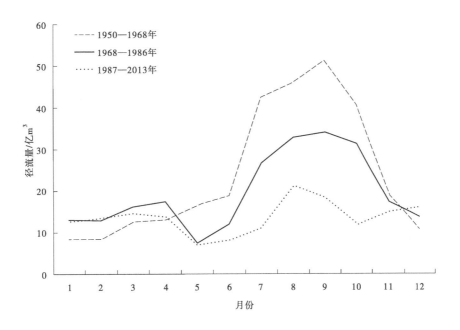

图 2　巴彦高勒站不同时段径流量年内分配

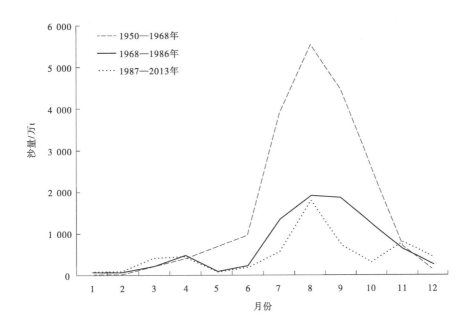

图 3　巴彦高勒站不同时段沙量年内分配

　　表 3 统计了龙羊峡、刘家峡水库运用前后不同时段巴彦高勒水文站汛期不同流量级出现的天数。刘家峡水库运用前的 1953—1968 年，巴彦高勒断面汛期流量大于 3 000 m³/s 出现的天数为 7.5 d；流量大于 2 000 m³/s 出现的天数为 37.5 d，占汛期天数的 30.5%；流量大于 1 000 m³/s 的天数为 96.1 d，占汛期天数的 78.1%；流量小于 1 000 m³/s 出现的天数仅为 26.9 d，占汛期天数的 21.9%。

　　刘家峡水库运用后的 1969—1986 年，巴彦高勒断面流量大于 3 000 m³/s 出现的天数年均为 5.9 d；流量大于 2 000 m³/s 出现的天数减少到 20.9 d，占汛期天数的 17.0%；流量大于 1 000 m³/s 出现的天数为 55.4 d，占汛期天数的 45.1%；流量小于 1 000 m³/s 出现的天数增加到 67.6 d，占汛期天数的 54.9%。

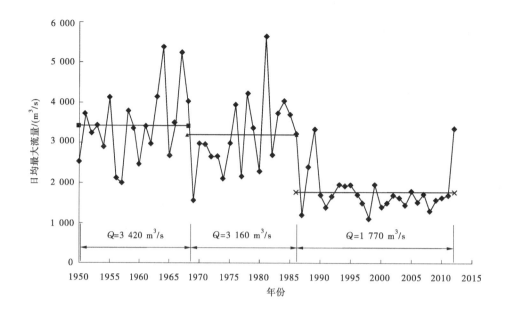

图 4　石嘴山水文站历年最大日均流量过程

表 3　巴彦高勒站汛期不同流量级年均天数、水沙量统计表

项目	时段	<500 m³/s	500~1 000 m³/s	1 000~1 500 m³/s	1 500~2 000 m³/s	2 000~3 000 m³/s	>3 000 m³/s
天数/d	1953—1968 年	3.9	23.1	27.8	30.8	30.0	7.5
	1969—1986 年	27.8	39.8	21.1	13.4	15.0	5.9
	1987—2010 年	67.4	41.6	11.1	1.2	1.7	0
水量/亿 m³	1953—1968 年	1.1	16.0	30.0	46.5	62.2	23.7
	1969—1986 年	6.9	25.4	22.1	20.2	31.6	18.2
	1987—2010 年	15.5	25.3	11.4	1.8	3.4	0
沙量/万 t	1953—1968 年	24	673	2 141	4 100	6 824	2 640
	1969—1986 年	80	640	853	1 137	2 209	1 364
	1987—2010 年	400	1 428	1 176	260	218	0

　　龙羊峡水库运用后的 1987—2010 年，巴彦高勒断面流量大于 2 000 m³/s 出现的天数年均为 1.7 d；流量大于 1 000 m³/s 出现的天数年均仅 14.0 d，占汛期天数的 11.4%；流量小于 1 000 m³/s 出现的天数显著增加，年均达 109.0 d，占汛期天数的 88.6%。特别是流量小于 500 m³/s 的天数大幅度增加，1987 年以后年均达到 67.4 d，远多于 1968 年以前的 3.9 d 及 1969—1986 年的 27.8 d，出现天数占汛期总天数的 54.8%。

　　内蒙古河段不同时段各水文站汛期水沙量见表 4。2012 年汛期石嘴山水文站的来水来沙量分别为 206.0 亿 m³ 和 0.52 亿 t，含沙量为 2.5 kg/m³，与近期 2000 年 7 月至 2012 年 10 月的来水来沙量相比，水量增加 104.6 亿 m³，沙量多 0.16 亿 t，含沙量减少 1.1 kg/m³。

表4 内蒙古河段各水文站汛期来水来沙特征

站名	2000年7月至2012年10月			2012年7月至2012年10月		
	水量/亿 m³	沙量/亿 t	含沙量/（kg/m³）	水量/亿 m³	沙量/亿 t	含沙量/（kg/m³）
石嘴山	101.4	0.36	3.6	206.0	0.52	2.5
巴彦高勒	63.9	0.25	4.0	161.8	0.44	2.7
三湖河口	68.7	0.29	4.3	171.7	0.86	5.0
头道拐	64.6	0.23	3.5	171.9	0.50	2.9

从2012年汛期各水文站沿程水量的变化分析，三湖河口、头道拐较巴彦高勒的水量稍有增加，主要是支流来水所致。从沿程来沙量分析，三湖河口沙量最大，达0.86亿t，据调查2012年汛期支流没有发生较大的洪水，若不考虑区间来沙的情况，巴彦高勒至三湖河口河段冲刷，三湖河口至头道拐河段洪水期间淤积。

3.2 内蒙古河段来水来沙组成

表5为进入内蒙古河段的来水来沙组成，从长时段看，进入内蒙古河段的水量、沙量分别为274.4亿 m³、1.18亿t。其中，来水量主要源自黄河干流，占总水量的99.3%，支流占0.7%。来沙量由三部分组成，干、支流来沙所占比例较大，分别占总来沙量的76.3%和16.7%，入黄风积沙占7.0%。

表5 内蒙古河段水沙组成特征值

水沙来源	水量/亿 m³	占总水量/%	沙量/亿 t	占总沙量/%
干流	274.4	99.3	1.18	76.3
支流	1.8	0.7	0.26	16.7
风积沙	—	—	0.11	7.0
合计	276.2	—	1.56	—

3.3 河道冲淤特性

表6、表7分别为不同时段分河段冲淤量、冲淤厚度。1952年11月至2012年10月石嘴山至头道拐河段年均淤积量为0.428亿t，其中汛期淤积量占年淤积量的69.6%；淤积主要发生在巴彦高勒至头道拐河段，其中又以三湖河口至头道拐河段淤积较多，占内蒙古河段淤积总量的67.0%，相应的年均淤积厚度为0.017 m。

从表6可以看出，第一阶段（1952年11月至1961年10月）内蒙古河段河道淤积为天然状态，河段年均淤积量为0.855亿t，石嘴山至巴彦高勒河段年均冲刷量为0.064亿t；第二阶段（1961年11月至1968年10月）内蒙古河道由于上游盐锅峡水库和三盛公水库投入运行，水库的蓄水拦沙作用增强，巴彦高勒至三湖河口河段年均冲刷量为0.203亿t；第三阶段（1968年11月至1986年10月）内蒙古河道年均淤积量为0.161亿t；第四阶段（1986年11月至2012年10月）内蒙古河道淤积严重，年均淤积量达到0.529亿t。

从表7可以看出，第一阶段巴彦高勒至三湖河口的年均淤积厚度为0.028 m，三湖河口至头道拐河段年均淤积厚度为0.034 m；第二阶段三湖河口至头道拐河段淤积厚度为0.011 m，由于受到水库的调控影响，淤积厚度有所减少；第三阶段由于刘家峡水库运用，巴彦高勒至三湖河口淤积厚度减少0.003 m；第四阶段淤积主要集中在巴彦高勒以下河段，年均淤积厚度为0.014 m，三湖河口至头道拐河段年均淤积厚度为0.021 m。

表6 内蒙古河段不同时段沙量平衡法年均冲淤量 单位：亿 t

时段	石嘴山至巴彦高勒			巴彦高勒至三湖河口		
	非汛期	汛期	年均	非汛期	汛期	年均
1952 年 11 月至 1961 年 10 月	0.052	−0.114	−0.064	0.027	0.322	0.349
1961 年 11 月至 1968 年 10 月	0.183	−0.121	0.062	−0.035	−0.168	−0.203
1968 年 11 月至 1986 年 10 月	0.096	0.006	0.102	0.046	−0.079	−0.033
1986 年 11 月至 2012 年 10 月	0.033	0.032	0.065	0.082	0.054	0.136
1952 年 11 月至 2012 年 10 月	0.074	−0.015	0.059	0.052	0.031	0.082

时段	三湖河口至头道拐			全河段		
	非汛期	汛期	年均	非汛期	汛期	年均
1952 年 11 月至 1961 年 10 月	0.044	0.526	0.570	0.121	0.734	0.855
1961 年 11 月至 1968 年 10 月	−0.054	0.234	0.180	0.094	−0.055	0.039
1968 年 11 月至 1986 年 10 月	−0.032	0.123	0.091	0.111	0.05	0.161
1986 年 11 月至 2010 年 12 月	0.030	0.298	0.328	0.144	0.384	0.529
1952 年 11 月至 2010 年 12 月	0.005	0.282	0.287	0.130	0.298	0.428

表7 内蒙古河段不同时段沙量平衡法年均冲淤厚度 单位：m

时段	巴彦高勒至三湖河口			三湖河口至头道拐		
	非汛期	汛期	年均	非汛期	汛期	年均
1952 年 11 月至 1961 年 10 月	0.002	0.026	0.028	0.003	0.031	0.034
1961 年 11 月至 1968 年 10 月	−0.003	−0.013	−0.016	−0.003	0.014	0.011
1968 年 11 月至 1986 年 10 月	0.004	−0.006	−0.003	−0.002	0.007	0.005
1986 年 11 月至 2012 年 10 月	0.008	0.006	0.014	0.002	0.019	0.021
1952 年 11 月至 2012 年 10 月	0.005	0.003	0.008	0	0.017	0.017

4 结论

对黄河干流内蒙古河段的水文资料进行简单介绍，分析了径流泥沙水沙特性，通过沙量平衡方法对河道冲淤状态进行研究，得出以下主要结论：

（1）黄河干流来水来沙异源，水沙量年际变化大；近期表现出水沙量明显减少，水沙量年内分配趋于均匀化，洪峰流量减小，场次洪水减少，汛期大流量历时缩短、小流量历时增加的特性。

（2）通过沙量平衡法计算河道冲淤状态，1952 年 11 月至 2012 年 10 月石嘴山至头道拐河段年均淤积量为 0.428 亿 t，其中汛期淤积量占年淤积量的 69.6%；淤积主要发生在巴彦高勒至头道拐河段，其中又以三湖河口至头道拐河段淤积较多，占内蒙古河段淤积总量的 67.0%，相应的年均淤积厚度为 0.017 m。

参考文献

［1］姚惠明，秦福兴，沈国昌，等．黄河宁蒙河段凌情特性研究［J］．水科学进展，2007（6）：893-899.

［2］赵文林，程秀文，侯素珍，等．黄河上游宁蒙河道冲淤变化分析［J］．人民黄河，1999（6）：13-16，48.

［3］刘晓燕，侯素珍，常温花．黄河内蒙古河段主槽萎缩原因和对策［J］．水利学报，2009，40（9）：1048-1054．

［4］钱宁，张仁，周志德．河床演变学［M］．北京：科学出版社，1987．

［5］秦毅，张晓芳，王凤龙，等．黄河内蒙古河段冲淤演变及其影响因素［J］．地理学报，2011，66（3）：324-330．

［6］张晓华，尚红霞，郑艳爽，等．黄河干流大型水库修建后上下游再造床过程［M］．郑州：黄河水利出版社，2008．

［7］黄河勘测规划设计有限公司．黄河宁蒙河段主槽淤积萎缩原因及治理措施和效果研究［R］．郑州：黄河勘测规划设计有限公司，2011：39-55．

［8］吴保生，傅旭东，钟德钰，等．黄河内蒙古河段冲淤演变规律及治理措施效果分析［R］．郑州：黄河勘测规划设计有限公司，2013：43-54．

［9］申红彬，吴保生，郑珊，等．黄河内蒙古河段平滩流量与有效输沙流量关系［J］．水科学进展，2013，24（4）：477-482．

［10］姚文艺，冉大川，陈江南．黄河流域近期水沙变化及其趋势预测［J］．水科学进展，2013，24（5）：607-616．

黄河干流内蒙古河段河型分析研究

陈 娜 籍 翔

（黄河勘测规划设计研究院有限公司，河南郑州 450003）

摘 要：通过对内蒙古黄河干流河道的河床组成、平面形态、演变特性及稳定性进行研究，发现：滩地平均粒径在 0.154~0.232 mm，主槽平均粒径在 0.151~0.225 mm；滩地深层、主槽深层不同粒径沙重百分数沿程变化特性与表层基本一致。昭君坟至头道拐河段稳定性最强，属弯曲型，断面深泓多年稳定，比降为 0.08‰~0.10‰，弯曲系数为 1.42；三盛公坝下至三湖河口河段河床综合稳定性较差，属游荡型，横断面深泓较为散乱，变化不定，比降为 0.15‰~0.17‰，弯曲系数为 1.28；三湖河口至昭君坟之间稳定性系数介于两者之间，为游荡型向弯曲型的过渡型河段，河道的深泓、比降介于两者之间。

关键词：河床组成；平面形态；演变特性；稳定性

1 引言

黄河是世界上泥沙最多的河流，内蒙古河段位于黄河上游末段，是黄河流域纬度最高的河段，干流主河道长度为 823 km[1]。近几十年来，受到河源区产流、水利工程等因素的影响，河流水沙过程发生大的变化，对河道的演变起着非常重要的作用，河床进行自动调整[2-3]，河道出现新的变化。随着气候变化的影响以及水利工程、取用水等人类活动的影响，河段淤积速率可能有所增加，导致河势不稳，主流摆动增强，对河道的防洪抗汛等效果有很大影响[4]。目前对于黄河内蒙古河道演变的研究还较少[5-7]，为了揭示黄河内蒙古河段的河型及其演变特征，本文对河床组成、平面形态、河床演变、稳定性进行研究。

2 取样设计及方法

2.1 床沙取样设计

对内蒙古河道的床沙进行了取样测验及土工试验，沿程共布设 9 个取样断面；每一取样断面主槽布设 5 个取样点，滩地布设 2 个取样点；取样点深度为 5.0 m，每 0.5 m 取一沙样。取样断面布设见表 1，横断面取样布置见图 1。

表 1 内蒙古河道床沙测验取样断面位置一览表

断面名称	断面位置
断面 6	三盛公大桥上游约 4 km 处（黄断 5 断面处）
断面 7	巴彦高勒站下游约 43.7 km 处（黄断 10 断面处）
断面 8	巴彦高勒站下游 172.2 km 处（黄断 32 断面处）
断面 9	三湖河口站下游 25.2 km 处（黄断 44 断面处，毛不浪孔兑入口上游）
断面 10	三湖河口站下游约 32.9 km 处（黄断 46 断面处，毛不浪孔兑入口处）
断面 11	昭君坟站下游约 2.5 km 处（黄断 70 断面下游 0.5 km，西柳沟入口处）
断面 12	昭君坟站下游约 54.8 km 处（黄断 87 断面处）
断面 13	头道拐站上游约 44 km 处（黄断 100 断面上游，呼斯太河入口处）
断面 14	头道拐站下游约 3.6 km 处（黄断 110 断面上游）

作者简介：陈娜（1983—），女，高级工程师，主要从事水利工程设计研究。

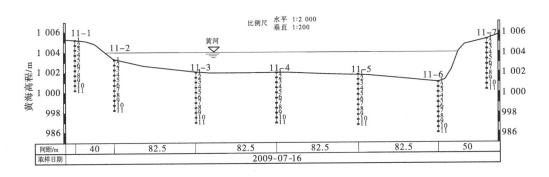

图1　内蒙古河道床沙取样位置典型断面

2.2　河床稳定性分析方法

河床演变与河型关系甚大，而各河型之间存在临界判数的差异，纵向、横向及其综合稳定性系数构成河道的稳定性系数，也是河型临界判数判定的指标。河床的纵向和横向稳定特征如下式：

$$X_* = \frac{1}{i}\left\{\frac{\frac{\gamma_s - \gamma}{\gamma}D_{50}}{H}\right\}^{\frac{1}{3}} \tag{1}$$

$$Y_* = \left(\frac{H}{B}\right)^{\frac{2}{3}} \tag{2}$$

将 X_*、Y_* 组合起来，构成河流的综合稳定性指标 Z_w，即

$$Z_w = \frac{1}{i}\left(\frac{\frac{\gamma_s - \gamma}{\gamma}D_{50}}{H}\right)\left(\frac{H}{B}\right)^{\frac{2}{3}} = \frac{\left(\frac{\gamma_s - \gamma}{\gamma}D_{50}H\right)^{\frac{1}{3}}}{iB^{\frac{2}{3}}} \tag{3}$$

式中：X_* 为纵向稳定性系数；i 为比降；γ_s 为泥沙容重，kg/m^3；γ 为水容重，kg/m^3；D_{50} 为床沙中值粒径，mm；H 为平均水深，m；Y_* 为横向稳定性系数；B 为河宽，m；Z_w 为综合稳定性系数，其中游荡型河道 $Z_w = X_* Y_* < 5$，弯曲型河道 $Z_w = X_* Y_* > 15$。

3　河床组成与演变特性

3.1　床沙组成

内蒙古河道的河床由砂土、沙质壤土、黏性土等组成，河岸土体颗粒松散，抗冲能力较弱。表2、表3分别为内蒙古河段表层、深层不同粒径床沙组成的百分数及平均粒径，无论滩地和主槽床沙组成较粗，其中滩地平均粒径为 0.154~0.232 mm，主槽平均为 0.151~0.225 mm。

图2、图3分别为滩地表层、深层不同粒径床沙占全沙百分数的沿程变化，滩地表层粒径 d = 0.10~0.25 mm 的泥沙所占全沙比例为 47.0%~83.7%，其沿程变化十大孔兑入黄口处，床沙组成较粗，西柳沟以下随着水流对泥沙的沿程分选，比例逐渐减少；粒径 d < 0.025 mm、d = 0.025~0.05 mm 的泥沙，占全沙的比例不足 10%，且沿程变化不大；粒径 d > 0.25 mm 占全沙的比例在 9.1%~32.8%，其沿程变化与粒径 d = 0.10~0.25 mm 的特性相反。

滩地深层不同粒径沙重百分数沿程变化特性与表层基本一致。

表2　内蒙古河段取样断面表层床沙组成　　　　　　　　　　　　　%

河型	位置	距三盛公距离/km	滩地表层/mm					
			$d<0.025$	$d=0.025\sim0.05$	$d=0.05\sim0.10$	$d=0.10\sim0.25$	$d>0.25$	平均粒径
游荡型	黄断5处	16.6	3.9	1.1	9.9	55.5	29.7	0.226
	黄断10处	43.7	0	0	5.9	83.7	10.4	0.190
	黄断32处	172.2	6.42	5.2	11.3	54.6	22.5	0.191
过渡型	毛不浪孔兑上游	246.3	1.2	0.1	15.3	74.3	9.1	0.173
	毛不浪孔兑下游	254.0	0.4	0.3	8.8	73.7	16.9	0.199
弯曲型	西柳沟入口处	350.0	1.2	0.8	7.4	75.8	14.8	0.195
	黄断87处	402.3	1.6	4.5	24.2	62.0	7.7	0.154
	呼斯太河入口	487.6	5.4	6.9	13.6	47.0	27.2	0.204
	黄断110处	535.2	4.2	3.6	11.0	48.5	32.8	0.232

河型	位置	距三盛公距离/km	主槽表层/mm					
			$d<0.025$	$d=0.025\sim0.05$	$d=0.05\sim0.10$	$d=0.10\sim0.25$	$d>0.25$	平均粒径
游荡型	黄断5处	16.6	4.0	1.3	10.5	54.4	29.7	0.225
	黄断10处	43.7	0	0	5.1	84.9	10.0	0.191
	黄断32处	172.2	5.9	4.2	10.8	57.2	22.0	0.193
过渡型	毛不浪孔兑上游	246.3	1.0	0.1	15.2	74.3	9.4	0.175
	毛不浪孔兑下游	254.0	0.7	0.7	10.4	74.2	14.0	0.190
弯曲型	西柳沟入口处	350.0	0.6	0.5	7.9	75.4	15.6	0.197
	黄断87处	402.3	1.7	5.6	25.1	60.2	7.4	0.151
	呼斯太河入口	487.6	3.6	8.1	26.8	43.7	17.8	0.171
	黄断110处	535.2	16.2	39.1	38.2	6.5	0	0.053

表3　内蒙古河段取样断面深层床沙组成　　　　　　　　　　　　　%

河型	位置	距三盛公距离/km	滩地深层/mm					
			$d<0.025$	$d=0.025\sim0.05$	$d=0.05\sim0.10$	$d=0.10\sim0.25$	$d>0.25$	平均粒径
游荡型	黄断5处	16.6	4.1	1.3	9.7	54.5	30.5	0.227
	黄断10处	43.7	0	0	5.1	85.0	9.9	0.191
	黄断32处	172.2	4.1	4.9	12.9	57.1	21.0	0.190
过渡型	毛不浪孔兑上游	246.3	0.8	0.1	15.1	74.6	9.5	0.175
	毛不浪孔兑下游	254.0	0.7	0.7	8.1	73.2	17.3	0.200
弯曲型	西柳沟入口处	350.0	0.9	0.6	7.4	75.0	16.2	0.198
	黄断87处	402.3	1.7	4.7	24.4	61.7	7.6	0.153
	呼斯太河入口	487.6	5.0	6.2	13.1	46.5	29.2	0.213
	黄断110处	535.2	4.2	5.3	12.9	48.3	29.3	0.215

续表3

河型	位置	距三盛公距离/km	主槽深层/mm					平均粒径
			$d<0.025$	$d=0.025\sim0.05$	$d=0.05\sim0.10$	$d=0.10\sim0.25$	$d>0.25$	
游荡型	黄断5处	16.6	4.5	1.4	9.7	53.8	30.6	0.226
	黄断10处	43.7	0	0	5.1	85.0	9.8	0.190
	黄断32处	172.2	4.2	4.3	11.7	57.8	22.1	0.195
过渡型	毛不浪孔兑上游	246.3	0.9	0.1	14.8	74.6	9.7	0.176
	毛不浪孔兑下游	254.0	0.8	0.8	9.0	72.7	16.6	0.197
弯曲型	西柳沟入口处	350.0	0.9	0.6	7.4	75.8	15.3	0.196
	黄断87处	402.3	1.8	5.0	24.0	61.1	8.14	0.154
	呼斯太河入口	487.6	3.8	8.4	27.3	43.9	16.6	0.166
	黄断110处	535.2	18.1	34.2	37.2	10.6	0	0.057

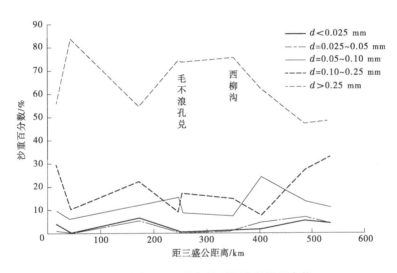

图2 滩地表层不同粒径沙重百分数沿程变化

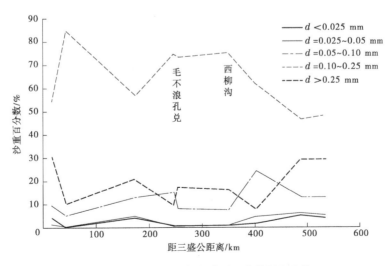

图3 滩地深层不同粒径沙重百分数沿程变化

主槽表层、深层不同粒径沙重百分数沿程变化如图 4、图 5 所示，主槽表层粒径 $d=0.10\sim0.25$ mm 的泥沙所占全沙比例最大，在 43.7%~84.9%，其沿程变化十大孔兑入黄口处，床沙组成较粗，西柳沟以下随着水流对泥沙的沿程分选，比例逐渐减少，至黄断 110 处减少至 6.5%；粒径 $d<0.025$ mm、$d=0.025\sim0.05$ mm 的泥沙，占全沙的比例不足 10%，且沿程变化不大；粒径 $d>0.25$ mm 占全沙的比例在 6.5%~32.8%，其沿程变化与粒径 $d=0.10\sim0.25$ mm 的特性相反。

主槽深层不同粒径沙重百分数沿程变化特性与表层基本一致。

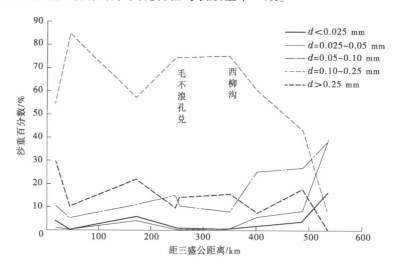

图 4　主槽表层不同粒径沙重百分数沿程变化

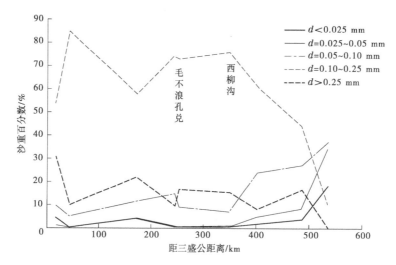

图 5　主槽深层不同粒径沙重百分数沿程变化

从滩地泥沙平均粒径的沿程变化分析，三盛公坝下至毛不浪沟入汇口，沿程变细，由于十大孔兑来沙较粗，毛不浪沟至西柳沟入汇口，粒径变大，黏性小，河势变化剧烈；而后沿程变细，至呼斯太河入汇口粒径又增大。从纵向分析，十大孔兑汇入的河段深层泥沙粒径大于表层；其他河段则表层大于深层，平均粒径的沿程变化见图 6。

主槽泥沙平均粒径的沿程变化与主槽基本一致，其区别为呼斯太沟入黄口以下，滩地平均粒径变细，泥沙平均粒径仅 0.057 mm，平均粒径的沿程变化见图 7。

3.2　纵剖面

表 4 为内蒙古黄河干流不同河段 2012 年实测深泓、水边点及洪痕比降，从计算结果分析，游荡型河道比降较大，为 0.15‰~0.17‰；弯曲型河道比降较小，为 0.08‰~0.10‰；过渡型则位于两者之间。内蒙古河段 2012 年实测深泓、水边点及洪痕沿程变化见图 8，一般情况下，大洪水的比降<水

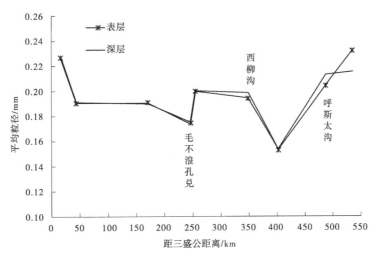

图 6　滩地表层、深层平均粒径沿程变化

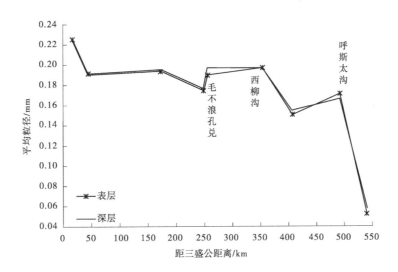

图 7　主槽表层、深层平均粒径沿程变化

边点比降<深泓比降。

表 4　内蒙古黄河干流整治河段 2012 年深泓、水边点及洪痕比降　　　　‰

河段	河型	深泓	水边点	洪痕	平均
巴彦高勒—三湖河口	游荡型	0.15	0.17	0.16	0.16
三湖河口—昭君坟	过渡型	0.14	0.12	0.12	0.12
昭君坟—头道拐	弯曲性	0.08	0.10	0.10	0.10

3.3　河道冲淤

根据 1962—2012 年断面法冲淤量统计，巴彦高勒至头道拐河段年均淤积泥沙 0.254 亿 t；主槽淤积 0.121 亿 t，占全断面淤积量的 47.6%。近期 2000—2012 年年均淤积量为 0.385 亿 t，其中巴彦高勒至三湖河口、三湖河口至昭君坟、昭君坟至头道拐的年均淤积量分别为 0.133 亿 t、0.159 亿 t 和 0.093 亿 t。不同河段的河道断面法冲淤量见表 5。

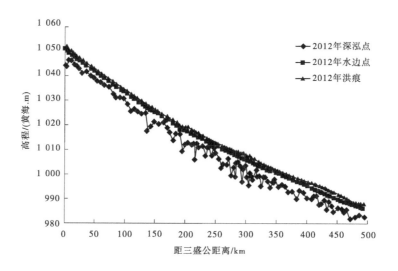

图 8　内蒙古河段三盛公至头道拐 2012 年深泓点、水边点及洪痕沿程变化

表 5　内蒙古巴彦高勒—头道拐河段断面法年平均冲淤量　　　　　单位：亿 t

时段	淤积部位	巴彦高勒—三湖河口	三湖河口—昭君坟	昭君坟—头道拐	巴彦高勒—头道拐
1962—1982 年	主槽	-0.074	-0.084	-0.023	-0.181
	滩地	0.022	0.012	0.138	0.172
	全断面	-0.052	-0.072	0.115	-0.009
1982—1991 年	主槽	0.057	0.119	0.036	0.213
	滩地	0.040	0.064	0.063	0.166
	全断面	0.097	0.183	0.099	0.379
1991—2000 年	主槽	0.103	0.206	0.164	0.473
	滩地	0.017	0.027	0.023	0.067
	全断面	0.120	0.233	0.187	0.540
2000—2012 年	主槽	0.108	0.127	0.059	0.293
	滩地	0.025	0.032	0.035	0.092
	全断面	0.133	0.159	0.093	0.385
1962—2012 年	主槽	0.025	0.055	0.041	0.121
	滩地	0.025	0.029	0.079	0.133
	全断面	0.050	0.084	0.120	0.254

3.4　河床稳定性结果

利用式（3）计算三盛公坝下至头道拐河段的河床综合稳定系数，见表 6。三盛公坝下至三湖河口河段河床综合稳定性较差，属游荡型；昭君坟至头道拐河段稳定性最强，属弯曲型；三湖河口至昭君坟之间稳定性系数介于两者之间，为由游荡型向弯曲型的过渡型河段。

表6 三盛公坝下至头道拐河段河床综合稳定系数计算

河段	流量/（m³/s）	比降/‰	D_{50}/mm	水深/m	河宽/m	Z_*
三盛公坝下—三湖河口	1 740	0.191	0.168	1.84	906	4.5
三湖河口—昭君坟	1 820	0.133	0.170	3.24	502	11.5
昭君坟—头道拐	1 630	0.090	0.129	3.21	491	15.7

通过对内蒙古黄河干流不同河段的河床组成、平面形态、河床演变特性等基本特征分析的基础上，量化了不同河段综合稳定性指标。将河道划分为游荡型（三盛公坝下至三湖河口）、弯曲型（昭君坟至头道拐）、过渡型（三湖河口至昭君坟）河段，各项指标见表7。

表7 内蒙古黄河干流河型分析

河段	河型	河床组成	河道形态		演变特性			稳定系数
			平面形态	弯曲系数	横断面	比降/‰	河道淤积	
巴彦高勒—三湖河口	游荡型	砂壤土和黏土组成	河身顺直，在较长的河段内往往宽窄相间。宽段河床宽浅、沙洲密布、汊道交织	1.28	深泓摆幅较大	0.16	淤积	4.5
昭君坟—头道拐	弯曲型	砂壤土和黏土组成	由一系列正反相间的弯道和介于其间的过渡段衔接而成，河道蜿蜒蛇行，弯道众多	1.42	深泓稳定	0.10	微淤	15.7

4 结论

通过对内蒙古黄河干流不同河段的河床组成、平面形态、河床演变特性及稳定性研究，主要得出以下结论：

（1）滩地平均粒径在0.154~0.232 mm，主槽平均在0.151~0.225 mm；滩地深层、主槽深层不同粒径沙重百分数沿程变化特性与表层基本一致；主槽泥沙平均粒径的沿程变化与主槽基本一致，十大孔兑汇入的河段滩地深层泥沙粒径大于表层。

（2）弯曲型断面深泓多年稳定；游荡型横断面深泓较为散乱，变化不定；过渡型河道的深泓介于两者之间；游荡型河道比降较大，为0.15‰~0.17‰；弯曲型河道比降较小，为0.08%~0.10%，过渡型则位于两者之间。

（3）三盛公坝下至三湖河口河段河床综合稳定性较差，属游荡型，弯曲系数为1.28；昭君坟至头道拐河段稳定性最强，属弯曲型，弯曲系数为1.42；三湖河口至昭君坟之间稳定性系数介于两者之间，为由游荡型向弯曲型的过渡型河段。

参考文献

［1］冉立山，王随继．黄河内蒙古河段河道演变及水力几何形态研究［J］．泥沙研究，2010（4）：61-67.

［2］王彦成，冯学武，王伦平，等．黄河上游干流水库对内蒙古河段的影响［J］．人民黄河，1996（1）：5-10，61.

［3］侯素珍，常温花，王平，等．黄河内蒙古河段河床演变特征分析［J］．泥沙研究，2010（3）：44-50.

［4］陈娜，曹震，崔豪，等．1956—2018年黄河内蒙古河段水沙演变规律分析［J］．人民黄河，2021，43

（11）：46-51.

［5］侯素珍，常温花，王平，等．黄河内蒙古段河道萎缩特征及成因［J］．人民黄河，2007（1）：25-26，29.

［6］侯素珍，王平，常温花，等．黄河内蒙古河段冲淤量评估［J］．人民黄河，2007（4）：21-22，80.

［7］李炳元，葛全胜，郑景云．近 2000 年来内蒙古后套平原黄河河道演变［J］．地理学报，2003（2）：239-246.

智慧水利与数字孪生

沂沭泗直管河流地形成果三维可视化系统开发应用研究

姜健俊[1]　冯　毅[2]　万瑞容[3]

（1. 淮河水利委员会综合事业发展中心，安徽蚌埠　233000；

2. 中水北方勘测设计研究有限责任公司，天津　300000；

3. 淮河流域水资源保护局淮河水资源保护科学研究所，安徽蚌埠　233000）

摘　要： 流域大中型河道地形测绘成果包括数字线画图、数字高程模型、正射影像图及工程信息等海量数据，常规通过纸质载体展示成果，需要打印图幅巨大的图纸及大量表格，信息查询阅读的效率低下，使用管理也十分不便。笔者从事淮河流域基础地形测绘建设管理工作，正积极探索采用信息化技术手段对流域测绘成果进行智慧化管理，以期加强和提高测绘成果的使用管理水平，有关技术研究成果也可为类似项目提供有益的参考。

关键词： 沂沭泗流域；地形；三维可视化；系统开发；应用研究

1　概述

沂沭泗流域是淮河流域内一个相对独立的子流域，主要包括沂、沭、泗（运）三条水系，位于淮河流域东北部，北起沂蒙山，东临黄海，西至黄河右堤，南以废黄河与淮河水系为界，流域面积约 8 万 km²。沂沭泗水系的沂河、祊河、沭河、汤河、分沂入沭水道、新沭河、邳苍分洪道、总干排、老运河、韩庄运河、中运河、伊家河、新沂河等河流总长度约 955 km，由淮委沂沭泗水利管理局直接管理。为了提高沂沭泗直管河流测绘成果的使用效率，增强水利信息化管理水平，笔者主持开展了沂沭泗直管河流地形三维可视化系统开发应用研究工作，基于最新的河流测绘成果，综合利用 GIS、RS、倾斜摄影建模等技术，开发了具有自主知识产权的三维展示及应用平台，构建了沂沭泗直管河道和重要水工建筑物的高精度三维实景模型。

2　三维实景模型建立

2.1　水工建筑物影像数据获取

外业数据采集主要包括水工建筑物倾斜影像、侧面纹理影像和水工建筑物属性数据。本项目采用无人机五镜头倾斜摄影方式获取 41 处水工建筑物倾斜影像数据和水工建筑物侧面纹理，采用 Context Capture 软件和 DP Moderler 软件进行处理，其中 Context Capture 软件处理流程包括倾斜影像数据的整理、相机参数的输入及像片的导入、像控点刺点、空三处理和模型构建等。对江风口分洪闸等 7 处限飞区域的水工建筑物，通过收集设计资料，根据建筑物设计尺寸在三维建模软件中完成白模建模，然

作者简介：姜健俊（1980—），男，高级工程师，主要从事水利工程建设管理工作。

后利用地面拍摄的水工建筑物照片完成三维模型表面纹理贴图，具体见图 1、图 2。

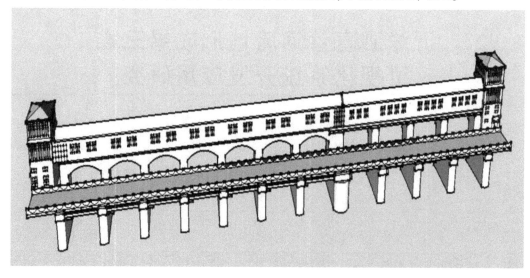

图 1　江风口分洪闸白模

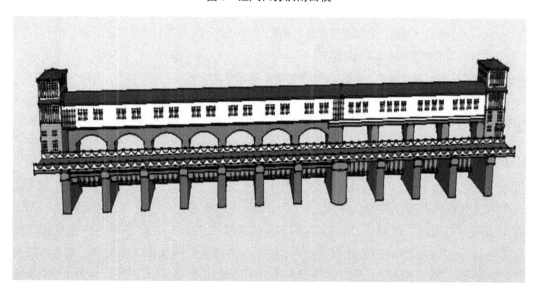

图 2　江风口分洪闸三维模型

2.2　河道及流域三维模型制作

基于沂沭泗直管河流 1∶10 000 DLG、1∶10 000 DEM 和 1∶2 000 河道大断面测量工作成果及 1∶10 000 DOM 数据制作河道三维地形模型，通过匀光匀色软件对存在变形、错位及色差等问题的 DOM 数据进行匀光匀色、增强和镶嵌等处理，使影像颜色自然、色调一致；基于高分辨率卫星影像数据、ASTER GDEM 高程模型数据及河道三维模型制作流域三维模型。将高分辨率影像与 ASTER GDEM 高程模型数据、河道三维模型数据分别发布并为数据服务，叠加显示生成流域三维场景模型。

3　三维可视化系统建设

3.1　平台建设

三维可视化平台建设基于 B/S 架构，遵循"统筹规划、统一标准、共享服务、持续发展"的思想，利用三维地理信息空间数据管理与发布功能，以数字正射影像、数字高程模型、无人机倾斜摄影、三维建模等技术生产的倾斜三维模型及水工建筑物三维模型为数据源，经脱密公众化处理后集成在三维可视化平台中，具有三维浏览漫游、信息查询、空间量测、淹没分析及成果展示等功能应用。

3.1.1 数据资源层

数据资源层利用网络基础设施和硬件基础设施构成一个存储、访问和管理空间与非空间数据的关系数据库服务器，负责存储信息系统的三维场景数据（流域三维场景、河道三维场景）、水工建筑物三维模型（倾斜摄影模型、限飞区域手工水工建筑物三维模型）、河流水系及行政区划空间数据及属性数据等，并向中间服务层提供符合 OGC 标准的空间数据服务，保持了数据的一致性、完整性、统一性，同时高效地实现对二、三维地理数据的维护和更新，对数据进行统一存储，集中管理。

3.1.2 平台服务层

平台服务层包括服务平台和数据库平台，服务层包括数据获取服务、属性信息服务及其他服务等。平台采用可跨平台部署的 GeoServer 发布空间数据（栅格）及其缓存切片服务。三维空间可视化平台采用 NodeJS 发布网络地理信息服务、三维场景发布服务、倾斜模型、三维模型，客户端采用基于 WebGL 的 Cesium 进行数据渲染展示等。采用 GeoJson 灵活存储矢量数据和属性数据，完成空间数据和非空间数据的统一存储与管理。

3.1.3 业务应用层

业务应用层实现信息展示等人机交互功能，为用户提供美观、简洁和全新体验的操作界面。应用层通过客户端浏览器，建立与数据服务、支撑平台、网络三维服务的连接，基于 TCP／IP 网络连接和 HTTP 协议形成 B/S 工作模式，客户端可直接请求数据操作和地理数据服务，浏览器提出请求后，通过中间服务层的数据处理并进行相应的分析，将结果返回到浏览器端。实现对三维地形场景及水工建筑物模型、基础地理数据等的浏览查询、三维漫游、空间量测、统计分析、空间淹没分析、断面量测分析等功能。

3.2 数据库建设

收集整理沂沭泗直管河流 DEM 和 DOM 成果、高分辨率卫星影像数据、沂沭泗水系 30 m×30 m分辨率 ASTER GDEM 格网高程模型数据、水工建筑物三维模型以及水工建筑相关专题信息数据等成果建立数据库。

3.2.1 沂沭泗流域、河道三维场景

DEM 数字采用 Cesium Terrain Builder 进行分层切片处理，生成 0~14 级的 Terrain 格式的规则三角网地形数据。DOM 采用 Geoserver 发布为 WMS 服务，并采用 Geowebcache 进行切片缓存处理，提升加载速度。

3.2.2 水工建筑物三维模型

直管河流水工建筑物实景三维模型数据采用 LOD 分层，存储格式为 3D Tiles，采用 NodeJS 发布，对部分倾斜建模较差的水工建筑物采用 DP-modeler 手工修改数据并重新建模，存储数据格式为 gltf，采用 NodeJS 发布。

3.2.3 空间数据库

矢量数据包括沂沭泗流域内的河流水系、行政区划和水工建筑物分布等信息，附带相应符号信息及属性信息，采用 GeoJson 格式进行存储。属性数据收集的水工建筑物相关的专题信息数据，在摄影测量软件平台下完成数据的整理工作，数据存储格式为 shp 格式，最终将属性数据录入矢量数据中，数据格式见表1。

表 1 水工建筑物基本信息表（Point）

序号	字段名称	Alias	字段类型	长度
1	ID	ID 号		
2	Name	水土建筑物名称	Text	30
3	Level	等级	Integer	8
4	BuildTime	建成时间	Date	
5	DamHeight	主坝顶高程	Double	10
6	DWaterLine	设计洪水位	Double	10
7	CWaterLine	校核洪水位	Double	10
8	FControlLevel	汛限水位	Double	10
9	MaxDischarge	最大泄量	Double	10
10	DesignCheck	设计/校核（年）	Test	10

3.3 平台功能

3.3.1 流域场景展示

基于浏览器在三维地球中快速渲染系统发布的沂沭泗流域及直管河道数字三维场景、水闸及橡胶坝倾斜三维模型，以及流域内河流水系、行政区划等矢量数据，向用户展示丰富的空间信息和属性信息，并且实现对三维场景的放大、缩小、平移、旋转、全流域浏览等基本操作，动态显示视角高度、当前三维地图比例尺、方向信息等，见图 3。

图 3 沂沭泗流域场景展示

3.3.2 水工建筑物三维模型管理

对三维模型进行分类查询和管理，分为水闸、橡胶坝、泵站等模型，按所属河流分为沂河、沭河、韩中骆、新沭河、新沂河、分沂入沭和邳苍分洪道等，用户通过列表进行相应的查询，主要包括搜索定位、属性查询、河道漫游、量算工具、淹没分析及数据维护等。

（1）属性查询。

通过对沿河分布的 51 座水工建筑物按照名称进行模糊匹配搜索，实现在三维场景中快速定位到指定位置，系统用户可以方便地将视角切换到相应区域进行三维模型的浏览查询。

在加载矢量数据及三维模型的同时，对模型赋予相应的属性信息，用户通过点击选择行政区划、河流水系、倾斜摄影模型等数据后，系统弹出相应行政区划、河流水系、倾斜摄影模型的属性信息表格，进行模型属性的查询。

（2）河道漫游。

河道漫游以空中飞行的视角沿不同河道进行固定路径的飞行漫游，漫游过程中可以浏览沿河的三维场景、三维模型及河道周围情况，包括选择飞行路径、开始飞行、暂停、回退等功能，用户可以通过飞行路线更好更快地浏览模型数据，见图4。

图4　河道漫游俯视

（3）地形成果量算。

地形成果量算功能主要包括坐标量算、距离量算、面积量算和断面量算，鼠标实时显示所指位置的经纬度坐标及高程信息；距离和高度通过在地图上量测两点或多点之间的实际距离和高度；在地图上圈选可量测任一多边形的实际面积；基于河道三维数据及不同规格的 DEM 数据，对河道区域内的任意断面进行数据采集，生成不同精度的断面，以便为河道水量或河道水下地形的分析提供参考，见图5。

（4）淹没分析。

按照沂沭泗地区 20 年一遇、50 年一遇和 100 年一遇的洪水标准，将不同的淹没水深在河道区域内的变化以矢量的形式显示出来。在演示的过程中，可以切换不同溃口位置、不同防洪标准下的淹没范围。在展示时，可以借助三维的视角变换或三维飞行功能，从不同方位、不同角度观察洪水的淹没范围。河道淹没分析效果见图6。

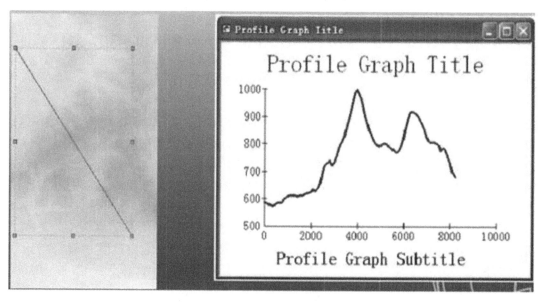

图 5　河道断面测量分析

图 6　河道淹没分析

4　结语

本项目基于沂沭泗直管河流最新的地形测量成果，综合采用 GIS、RS、倾斜摄影建模等技术，开发了沂沭泗直管河道测绘成果三维可视化地理信息平台，达到了通过基础测绘成果的深度开发利用，使流域地形测绘成果更加直观、便捷地为流域管理服务的目标，为沂沭泗直管河道和工程的水利管理工作提供了先进的技术支撑。本项目研究在淮河流域直管河流测绘成果使用管理中属于先例，对类似流域的河湖数字场景模型、水工程孪生模型及智慧河湖系统建设具有较高的参考价值。

基于网格插值的多源降雨数据融合方法及应用

郦 英[1] 邱 超[1] 王培霞[2] 刘福瑶[1]

(1. 浙江省水文管理中心，浙江杭州 310009；
2. 常山县水文站，浙江衢州 330822)

摘 要：本文基于不同空间分辨率、不同时间分辨率、不同预见期的多源降雨实时和预报产品，采用正交网格插值模型，融合成统一格式降雨产品，并实现了与浙江省 Web 版洪水预报系统的集成应用，延长了预见期，提升了预报系统应用的时效性。

关键词：降雨产品；多源融合；网格模型；系统集成

1 引言

降雨产品是洪水预报系统的关键输入变量，高质量的降雨产品可有效提高洪水预报精度，延长洪水预见期[1-3]。目前，洪水预报系统采用的降雨产品来源主要有 3 种：一是布设于陆地表面的雨量观测站网，是目前最能够准确观测地面单点降雨量值的观测方式，时间分辨率为 1 h，站网密度可达 50 km²；二是省级短临数值降雨预报产品，每小时发布 1 次，时间分辨率 1 h，空间网格 5 km，预见期 24 h；三是省级短期数值降雨预报产品，每天发布 3 次，时间分辨率 3 h，空间网格 5 km，预见期 72 h。

目前，将上述不同空间分辨率、不同时间分辨率、不同预见期的多源降雨实时和预报产品，融合成洪水预报需要的统一格式，流域面雨量的计算方法主要包括：

（1）算术平均法，即直接取流域内各观测站降水量的算术平均值作为流域平均降水量，这种方法最简单，但一般仅适用于地形起伏不大、流域内降水分布较均匀、雨量站网密集且分布均匀的情况；否则，结果不可靠，误差大。

（2）泰森多边形法（又称垂直平分法），即在流域雨量站分布图上用直线段连成不相交的三角形网络，做三角形各边的垂直平分线，且于三角形内相交于一点，连接各点而将全流域分成若干个多边形。这样，根据各个观测站的雨量及其所代表的面积用面积加权法求出整个区域的面雨量。这种方法精度高，但工作量大，特别是在部分观测站缺测的情况下，三角形网络的划分必须重新手工制作。

（3）等雨量线法，即在流域内绘制等雨量线，以两条等值线间的面积及两条等值线的雨量平均值而得出面积加权的整个区域的面雨量。这种方法更加烦琐，不便于计算机处理。

综合利用多源降水数据，融合不同降水数据源的优势[4]。但以往的方法主要依赖手工，还需要经过多环节加工处理，很容易出错，并且费事费时，远远不能满足业务工作的需要。因此，为了业务工作的系统化，增强自动化能力，本文基于云数据中心的多源数据融合成果[5-6]，进行面雨量地理空间网格计算方法的开发和研制，并且制作成计算模块，实现与洪水预报系统的集成应用，提高洪水预报精度及计算效率。

基金项目：国家自然科学基金项目（52179011）；浙江省水利科技计划项目（RA2013）。

作者简介：郦英（1970—），女，高级工程师，主要从事水文情报预报研究工作。

2　原理

2.1　数据融合规则

针对 3 种降水数据源，为充分利用各种数据源的优势，采用以下融合原则：

（1）设定融合降水产品时间分辨率 1 h、空间分辨率 5 km。

（2）采用站点数据格点化插值方法。

（3）雨量站实时降水遵循"先空间、后时间"的原则，即以每小时为单元，基于所有雨量站点监测雨量进行差值，形成逐小时流域实时雨量。

（4）省级数值降雨预报产品遵循"先短临、后短期"原则，未来 1~24 h 采用短临数值降雨预报，未来 25~72 h 采用短期数值降雨预报，形成未来 1~72 h 流域预报雨量。

2.2　站点数据格点化插值方法

为了便于计算机自动化处理，本文采用了矩形网格插值法[7]，即将站点雨量资料插值到流域内的矩形网格上，通过计算矩形网格上的平均值而求出面雨量。具体地说，通过拟合已知站点雨量值得到一个多项式，通过多项式求出流域内矩形网格上任意一点的数值。已知大量数据点 (X_i, Y_i, Z_i) 后，如果希望求点 (a, b) 值，可以由已知大量数据利用最小二乘法确定二次多项式：

$$f(x, y) = c_1 + c_2 x + c_3 y + c_4 xy + c_5 x^2 + c_6 y^2 \tag{1}$$

由式（1）求出点 (a, b) 的值。为了利用最小二乘法更好地拟合数据点，这里与通常意义不同的是我们要求靠近 (a, b) 的数据点要比远离 (a, b) 的数据点具有更大的权重系数，即要选取系数 c_i 使之为按距离加权的最小二乘函数 $Q = \sum_{i=1}^{n} \left[(f(x_i, y_i) - z_i) \cdot w \right]^2$ 达到极小，这里 w 是权函数，如取 $w(d^2) = \dfrac{1}{d^2}$，当 (a, b) 接近 (x_i, y_i) 时，它的比值比较大，而当远离时，它的比值比较小，一般取 $w(d^2) = \dfrac{1}{d^2 + C}$，$C$ 为一任意小的数，以免计算溢出。要使 Q 值达到极小值，必使 $\dfrac{\partial Q}{\partial C_i} = 0$，因此可得到如下方程：

$$\begin{cases} \dfrac{\partial Q}{\partial C_1} = \sum_{i=1}^{N} 2(f(x_i, y_i) - z_i) \cdot w = 0 \\[2mm] \dfrac{\partial Q}{\partial C_2} = \sum_{i=1}^{N} 2(f(x_i, y_i) - z_i) \cdot w \cdot x_i = 0 \\[2mm] \dfrac{\partial Q}{\partial C_3} = \sum_{i=1}^{N} 2(f(x_i, y_i) - z_i) \cdot w \cdot y_i = 0 \\[2mm] \dfrac{\partial Q}{\partial C_4} = \sum_{i=1}^{N} 2(f(x_i, y_i) - z_i) \cdot w \cdot x_i \cdot y_i = 0 \\[2mm] \dfrac{\partial Q}{\partial C_5} = \sum_{i=1}^{N} 2(f(x_i, y_i) - z_i) \cdot w \cdot x_i^2 = 0 \\[2mm] \dfrac{\partial Q}{\partial C_6} = \sum_{i=1}^{N} 2(f(x_i, y_i) - z_i) \cdot w \cdot y_i^2 = 0 \end{cases} \tag{2}$$

式（2）可化成如下方程：

$$\begin{cases} C_1\sum_{i=1}^{n}W + C_2\sum_{i=1}^{N}WXi + C_3\sum_{i=1}^{N}WY_i + C_4\sum_{i=1}^{N}WX_iY_i + C_5\sum_{i=1}^{N}WX_i^2 + C_6\sum_{i=1}^{N}WY_i^2 = \sum_{i=1}^{N}WZ_i \\ C_1\sum_{i=1}^{N}WX_i + C_2\sum_{i=1}^{N}WX_i^2 + C_3\sum_{i=1}^{N}WX_iY_i + C_4\sum_{i=1}^{N}WX_i^2Y_i + C_5\sum_{i=1}^{N}WX_i^3 + C_6\sum_{i=1}^{N}WX_iY_i^2 = \sum_{i=1}^{N}WX_iZ_i \\ C_1\sum_{i=1}^{N}WY_i + C_2\sum_{i=1}^{N}WX_iY_i + C_3\sum_{i=1}^{N}WY_i^2 + C_4\sum_{i=1}^{N}WX_iY_i^2 + C_5\sum_{i=1}^{N}WX_i^2Y_i + C_6\sum_{i=1}^{N}WY_i^3 = \sum_{i=1}^{N}WY_iZ_i \\ C_1\sum_{i=1}^{N}WX_iY_i + C_2\sum_{i=1}^{N}WX_i^2Y_i + C_3\sum_{i=1}^{N}WX_iY_i^2 + C_4\sum_{i=1}^{N}WX_i^2Y_i^2 + C_5\sum_{i=1}^{N}WX_i^3Y_i + C_6\sum_{i=1}^{N}WX_iY_i^3 = \sum_{i=1}^{N}WX_iY_iZ_i \\ C_1\sum_{i=1}^{N}WX_i^2 + C_2\sum_{i=1}^{N}WX_i^3 + C_3\sum_{i=1}^{N}WX_i^2Y_i + C_4\sum_{i=1}^{N}WX_i^3Y_i + C_5\sum_{i=1}^{N}WX_i^4 + C_6\sum_{i=1}^{N}WX_i^2Y_i^2 = \sum_{i=1}^{N}WX_i^2Z_i \\ C_1\sum_{i=1}^{N}WY_i^2 + C_2\sum_{i=1}^{N}WX_iY_i + C_3\sum_{i=1}^{N}WY_i^3 + C_4\sum_{i=1}^{N}WX_iY_i^3 + C_5\sum_{i=1}^{N}WX_i^2Y_i^2 + C_6\sum_{i=1}^{N}WY_i^4 = \sum_{i=1}^{N}WY_i^2Z_i \end{cases}$$

$$(3)$$

将式（3）简记为

$$E\cdot C = V \tag{4}$$

式中：E 为对称矩阵，可将之三角化，故可求得 C_j，$j=1$，2，$\cdots$，6，进而得到点（a，b）的值 $f(a, b)$。

2.3　网格识别方法

对于站点数据网格化后，还需要识别出哪些网格点在所关注的流域内，以便对这些均匀分布的网格点数据求算术平均而得到面雨量[8-10]。本文提出了引射线法。

已知给定的多边形区域边界数据点坐标（X_i，Y_i）后，可以求得 X_{min}，X_{max}，Y_{min}，Y_{max}，然后以点 $x_0 = X_{min} - (X_{max} - X_{min})/100$，$y_0 = Y_{min} - (Y_{max} - Y_{min})/100$ 为新的直角坐标原点引射线，根据与多边形的边相交情况而定出网格点位于多边形区域内（外）。具体地，对所布网格中的某一点（x，y），要判断其在闭合多边形区域内（外），可按如下过程进行：

假设新直角坐标系 $X'OY'$ 中 $x' = x - x_0$，$y' = y - y_0$。

（1）如果 $x' \leqslant 0$ 或 $y' \leqslant 0$，则（x，y）在闭合多边形区域外。

（2）如果 $x' > 0$ 且 $y' > 0$，则设多边形区域边界上相邻两点的坐标为（x_i，y_i），在新直角坐标系 $X'OY'$ 中后变为（x_i'，y_i'）和（x_{i+1}'，y_{i+1}'），其中：$x_i' = x_i - x_0$，$y_i' = y_i - y_0$，$x_{i+1}' = x_{i+1} - x_0$，$y_{i+1}' = y_{i+1} - y_0$。

则可得三个角度值为

$$\begin{cases} \alpha_i' = a\tan(y_i'/x_i') \\ \alpha_{i+1}' = a\tan(y_{i+1}'/x_{i+1}') \\ \alpha' = a\tan(y'/x') \end{cases} \tag{5}$$

①当不满足条件，$\alpha_i' \leqslant \alpha' \leqslant \alpha_{i+1}'$ 或 $\alpha_{i+1}' \leqslant \alpha' \leqslant \alpha_i'$ 时，在直角坐标系 $X'OY'$ 中，由原点到（x'，y'）的线段不与闭合多边形区域边界上线段由（x_i'，y_i'）到（x_{i+1}'，y_{i+1}'）的线段相交。

②当满足条件，$\alpha_i' \leqslant \alpha' \leqslant \alpha_{i+1}'$ 或 $\alpha_{i+1}' \leqslant \alpha' \leqslant \alpha_i'$ 时，由（x_i'，y_i'）和（x_{i+1}'，y_{i+1}'）连成的直线可表示为：

当 $x_i' = x_{i+1}'$ 时，$x = x_i'$；当 $y_i' = y_{i+1}'$ 时，$y = y_i'$；一般地，$y = \dfrac{y_i' - y_{i+1}'}{x_i' - x_{i+1}'}x + \dfrac{y_{i+1}'x_i' - y_i'x_{i+1}'}{x_i' - x_{i+1}'}$。由（$x_i'$，$y_i'$）和（$x_{i+1}'$，$y_{i+1}'$）连成的直线与直线 $y = \dfrac{y'}{x'}x$ 的交点（x_{ci}'，y_{ci}'），分别表示为

$$\left(x_i', \ \frac{y'}{x'}x_i'\right), \ \left(y_i'\frac{x'}{y'}, \ y_i'\right), \ \left(\frac{\frac{y_{i+1}'x_i' - y_i'x_{i+1}'}{x_i' - x_{i+1}'}}{\frac{y'}{x'} - \frac{y_i' - y_{i+1}'}{x_i' - x_{i+1}'}}, \ \frac{\frac{y_{i+1}'x_i' - y_i'x_{i+1}'}{x_i' - x_{i+1}'}}{1 - \frac{y_i' - y_{i+1}'}{x_i' - x_{i+1}'}\frac{x'}{y'}}\right) \tag{6}$$

显然，当 $\sqrt{x_{ci}'^2 + y_{ci}'^2} \geqslant \sqrt{x_i'^2 + y_i'^2}$ 时，(x_i', y_i') 和 (x_{i+1}', y_{i+1}') 连成的线段与 (x', y') 和 $(0, 0)$ 连成线段有一个交点；否则，无交点。依此类推，判断点 $(0, 0)$ 和点 (x', y') 连成线段与闭合多边形区域边界上所有边上的线段的相交情况。可推知，当共有奇数个交点时，点 (x', y') 在闭合多边形区域内；当共有偶数个交点时，点 (x', y') 在闭合多边形区域外。由此识别出所有的网格点在闭合多边形区域内（外）。

2.4 网格大小最优化原理

计算观测资料中所有不同两个站点之间的距离，并选出最小的 5 个（这样能保证是直接紧密相邻的两个站点），求出平均值以作为网格距离，这样就解决了网格距离过大或者过小的问题。本计算模块能根据具体给定的区域和雨量站点数据的分布动态调整计算网格大小，实现自动最优化计算。

3 案例分析

3.1 浙江常山县水文站概况

常山县水文站是钱塘江源头第一座国家重要水文站，流域集水面积 2 336 km²，流域内有 84 个雨量站点，详见图 1。将常山站流域按 5 km 为单元进行网格插值面雨量计算，详见图 2。常山站流域内有 4 种降水数据源产品，包括：84 个雨量站点实时监测信息，浙江省气象局 5 km 网格、逐 1 h、预见期 24 h 的短临降雨预报，浙江省气象局 5 km 网格、逐 3 h、预见期 72 h 的短期降水预报，欧洲中心 50 km、逐 3 h、预见期 240 h 的降水预报。

图 1　常山站流域图

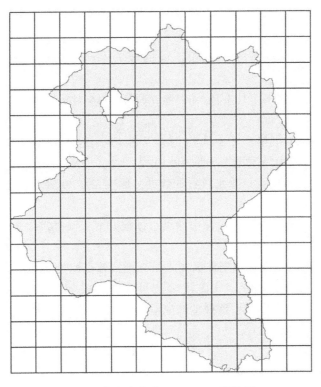

图 2 常山站流域 5 km×5 km 网格图

3.2 计算案例

2021 年 6 月 30 日至 7 月 2 日，钱塘江中上游出现较强降水过程，钱塘江干流控制站常山站发生超过警戒水位洪水，浙江 6 月 30 日 8 时至 7 月 1 日 8 时降水等值面见图 3。

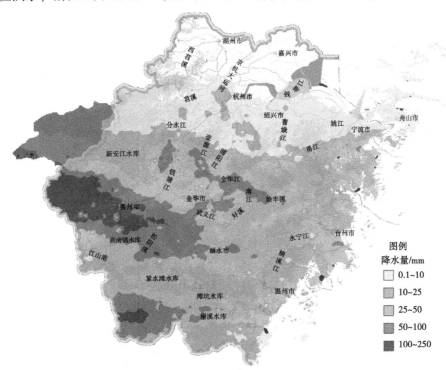

图 3 浙江省 6 月 30 日 8 时至 7 月 1 日 8 时降水等值面

以此降水事件作为降水数据融合计算案例，基于 Web 版洪水预报系统开展流域洪水预报分析计算，预报作业分析过程步骤如下：

（1）获取 84 个雨量站 5 月 30 日 14 时至 6 月 30 日 14 时降水信息，插值成 5 km 网格逐 1 h 降雨过程，统计常山站流域逐小时降水过程。

（2）获取浙江省气象局 5 km 网格 6 月 30 日 14 时至 7 月 1 日 14 时短临降水预报信息，统计常山站流域逐小时降水过程。

（3）获取省气象局 5 km 网格 7 月 1 日 14 时至 7 月 3 日 14 时短期降水预报信息，统计常山站流域逐小时降水过程。

（4）获取欧洲中心 50 km 网格 7 月 3 日 14 时至 7 月 10 日 14 时短期降水预报信息，插值成 5 km 网格逐 1 h 降水过程，统计常山站流域逐小时降水过程。

（5）融合上述步骤（1）～（4）降水过程的数据，形成 5 月 30 日 14 时至 7 月 10 日 14 时常山站流域逐小时降水过程。

（6）作为水文模型的降水输入，调用常山站洪水预报方案，预报常山站 6 月 30 日 14 时至 7 月 3 日 14 时的洪水预报过程。

将降水数据融合模型的降水预报数据作为输入量，预报预见期为 72 h，进行洪水预报，其结果与常规预报模型进行对比，如图 4 所示。实测洪峰流量 5 060 m³/s，融合模型预报结果为洪峰流量 4 730 m³/s，洪峰误差 6.5%；常规模型预报洪峰流量为 4 360 m³/s，洪峰误差 13.8%。相对于常规模型，融合模型的预报精度有明显提升。

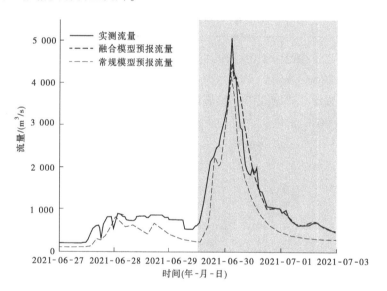

图 4 常山站两种模型洪水预报结果对比

4 主要结论

该方法基于正交网格插值模型，将短临、短期和中长期等 3 种不同空间分辨率、不同时间分辨率、不同预见期的多源降水数据产品融合成统一格式，可根据预报流域分区动态优化空间网格大小，满足不同空间分辨率的预报模型输入需要。该方法针对降水具有计算精度高、空间分区灵活等优点，能够充分反映流域降水时空分布的不均匀性，通过微服务对接的方式实现与浙江省 Web 版洪水预报系统无缝集成应用，进一步提高了流域洪水预报精度，大大延长了洪水的预见期。

参考文献

［1］赵悬涛，刘昌军，文磊，等．国产多源降水融合及其在小流域暴雨山洪预报中的应用［J］．中国农村水利水电，
　　2020（10）：54-59，65.

［2］潘旸，谷军霞，徐宾，等．多源降水数据融合研究及应用进展［J］．气象科技进展，2018，8（1）：143-152.

［3］章四龙．洪水预报系统关键技术研究与实践［M］．北京：中国水利水电出版社，2006.

［4］蔡阳．关于水利信息化资源整合共享的思考［J］．水利信息化，2014，6：1-6.

［5］邱超，王威．基于云计算架构的水文大数据云平台建设［J］．人民长江，2018，49（5）：31-35.

［6］岳延兵，范敏．水文信息孤岛的分析及策略［J］．人民黄河，2011，33（3）：31-33.

［7］吴涵宇，马明，余虹剑．基于GIS的水利数据中心建设研究［J］．测绘与空间地理信息，2017，40（S1）．DOI：10.3969/j.issn.1672-5867.2017.z1.054.

［8］高新波．模糊聚类分析及其应用［M］．西安：西安电子科技大学出版社，2004.

［9］孙靖，程光光，黄小玉．中国地面气象要素格点融合业务产品检验［J］．高原气象，2021（1）．

［10］Wu Yong, Luo Xueliang, Deng Xueli, et al. A Strategy for Merging Objective Estimates of Global Daily Precipitation from Gauge Observations, Satellite Estimates, and Numerical Predictions［J］. Suping NIE, Tongwen. Advances in Atmospheric Sciences, 2016（7）.

基于数字孪生技术的智慧水利应用研究

顿晓晗[1]　王源楠[2]　肖　文[2]　谢　非[2]

（1. 长江信达软件技术（武汉）有限责任公司，湖北武汉　430074；

2. 长江勘测规划设计研究有限责任公司，湖北武汉　430074）

摘　要： 在"水利工程补短板、水利行业强监管"的水利改革发展总基调下，智慧水利建设既是需要补上来的短板，也是强监管的重要手段。本文分析了当前智慧水利发展面临的问题，提出了基于数字孪生技术的智慧水利应用体系构建原则及总体框架，指出了数字孪生技术在水利行业的应用方向，通过融合数字孪生技术，实现多业务、多层级数据的整合共享、智能分析与全面展示，为水利管理工作提供辅助决策支撑。

关键词： 数字孪生；智慧水利；数据挖掘；虚拟映射

1　引言

党的十九大围绕互联网与信息化战略做出了一系列重大安排，要求各个行业结合自身需求，在经济转型、结构优化、转换动能方面，加强互联网、大数据、人工智能与实体经济的深度融合[1]。2019年全国水利工作会议明确了我国水利工作的重心应转移到"水利工程补短板、水利行业强监管"上来，要求各级水管部门按照实际需求尽快补齐信息化短板，在水利信息化建设上提档升级[2-4]。智慧水利是智慧社会的组成部分，对社会经济的支撑作用和地位尤为重要，对促进水利可持续发展有重要意义。

基于水利行业目前存在的短板，以及新一代信息技术的广泛运用，水利信息化向水利智慧化的转变成为趋势。近年来，我国出台了不少文件、指导意见，明确了水利现代化发展中智慧水利的重要性。因此，亟待加强智慧水利相关内涵与应用研究，将数字孪生技术与智慧水利需求相融合，构建覆盖水利十大业务的智慧水利应用体系。

2　智慧水利发展现状

根据不同时期的治水特点及思路，我国水利发展可分为"工程水利"阶段、"资源水利"阶段、"生态水利"阶段及"智慧水利"阶段[5]，当前正是水利信息化朝着智慧水利方向发展的阶段，各省市在水利信息化方面均已有成效，目前较为成熟的信息系统涉及水旱灾害防御、水利工程运行管理、水资源配置、河湖长制等多个业务领域。

我国的水利信息化建设在"七五"时期就已开展，总体来说，水利信息化建设已经取得了初步成效。但目前仍存在着感知采集不全面、基础数据不融合、数据挖掘不深入、业务管理不智能等诸多问题。

（1）感知采集不全面。智慧水利的实现需要借助各类型传感器、大数据、云计算等设备及技术的支持，为水利管理提供持续监测、智能预警、统计分析等智慧应用。随着物联网技术的发展，当前在水资源、水安全、水生态、水环境、水灾害、水工程等方面均已初步建设部分感知采集体系，但是部分地区在农村饮水、灌区自动化、水利工程安全监测等方面仍然存在短板，总体来说，感知采集体

作者简介：顿晓晗（1994—），女，工程师，主要从事水利信息化研究工作。

系建设距离智慧水利要求还有一定差距，存在着监测、传输、控制手段落后，监测种类不全，监测分布不均等问题。

（2）基础数据不融合。目前水利主管单位基础数据、静态数据存在数据量多且电子化程度较低的现象，水利工程管理涵盖了十大业务，业务覆盖面广，工作过程数据繁多，但还有很多与业务管理相关的基础数据尚未实现电子化，如河道划界、岸线规划、采砂规划、供水工程等基础数据。由于水利管理基础数据存储分散、不成体系，导致统计维度单一、分析深度不够、要素关联不足等问题，管理人员无法总体掌握各项水利业务基本情况。

（3）数据挖掘不深入。目前，各水利系统多采用独立开发的形式建设，多业务数据割裂，十大业务数据并未实现融合共享。数据的缺失和整合不充分，直接导致数据的内在联系与关联关系无法建立，难以形成综合性的数据关联服务，难以对数据进行关联分析与价值挖掘，且目前水利模型库与学习算法库还未搭建成型，未实现海量数据的深度挖掘。

（4）业务管理不智能。目前，已建的应用系统多以实时在线监测数据集成展示与业务管理系统为主，多应用协同及辅助决策支撑较困难，如水工程调度智能化程度不高、水资源配置业务协同不够、采砂监管智能化不够等。

3　数字孪生技术

"数字孪生"（digital twin）是一项用数字化的方法构建一个与现实世界一模一样的数字世界的技术，通过这项技术可以实现对物理实体的了解、分析和优化。在数字化发展的今天，可充分利用数字物理模型、传感器协议数据传输、运行历史存储等数据。数字孪生技术是一个通过集成多个学科、多个物理变量、多维度测量、事件概率统计的仿真过程，通过在虚拟空间中建立映射，从而反映相对应的实体装备的全生命周期[6]。

数字孪生应用需要在基础设施的支撑下实现。物理世界中产品、服务或过程数据也会同步至虚拟世界中，虚拟世界中的模型和数据会与过程应用进行交互。向过程应用输入激励和物理世界信息，可以得到包括优化、预测、仿真、监控、分析等功能的输出。

4　基于数字孪生技术的智慧水利应用设计

近年来，随着大数据、云计算、物联网、人工智能等技术的快速发展，各类模型算法的实现及数字化表达技术的广泛应用，数字孪生技术的理论研究和应用领域愈加广泛，应用阶段也由产品设计阶段向产品制造和运行管理等阶段转移。水管理涉及水利十大业务中的监测预警、运行调度、监督管理等业务环节，需要对广泛的管理对象建立模型，辅助实现管理过程中的数据收集、决策支持等，由此看来，数字孪生技术的应用领域与思路和智慧水利顶层设计框架较一致，应用数字孪生技术能够为水利管理提供理论和技术上的支持。

4.1　构建原则

（1）虚实结合。由于水利管理过程中涉及多学科、多对象、多尺度、多过程的物理实体、调度过程、运行环境等要素，要求智慧水利体系具有科学性、系统性、动态性等多特性，需要数字孪生体具备多源异构数据的实时感知和互联能力，能够对人、机、物、环境四大要素进行全面的感知和融合[7]，实现对河湖、水库、水电站、水厂、管网、渠道、闸门、泵站等基础设施的全面数字化建模，形成虚拟对象在信息维度上对实体对象的精准信息进行表达和映射。

（2）应用交互。水利管理要素的数字孪生体不仅用于展示，重要的是应用于实际生产中。将真实的河湖、水利工程等要素的状态和趋势作为边界条件，输入对应的数字模型后，各项物理指标均能在数字孪生体中展示，支持水利管理中的规划设计、建设、运行等方案模拟与发展推演，从而构建虚实融合、双向映射、虚实协同的创新管理体系。

（3）辅助决策。数字孪生的核心是模型和数据，重点是预测预警和智慧决策。借助大数据、人工智能技术，在云计算的支撑下，水利数字孪生体通过数据收集、数据分析、模拟评估、优化分析、预测预警，为水利管理中各业务决策提供科学化和智慧化的应用指导。

4.2 总体框架

基于智慧水利总体设计思路，结合数字孪生关键技术，提出基于数字孪生技术的智慧水利总体架构（见图 1）。

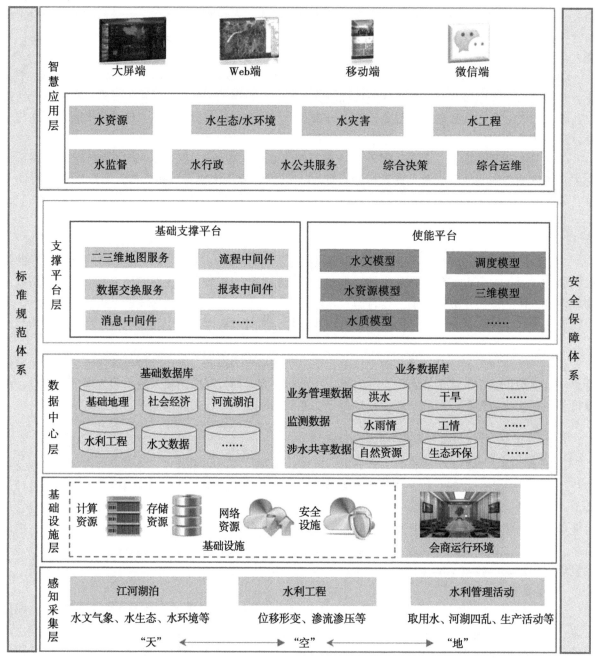

图 1 基于数字孪生技术的智慧水利总体架构

（1）感知采集层。通过对江河湖泊、水利工程、水利管理活动的感知，实时获取所有感知数据，为上层应用及数字孪生体提供输入。

（2）基础设施层。基础设施包括项目需要的计算资源、存储资源、网络资源、安全服务资源及实体运行环境等内容，满足会商、日常工作需要。

（3）数据中心层。进行纵向及横向数据资源整合，纵向整合各级（省、市、县等）水利管理的各项数据资源，横向整合自然资源、生态环境等多领域涉水数据，为辅助决策提供全面数据支撑。

（4）支撑平台层。包括基础支撑平台及使能平台，使能平台即水利模型库和算法库，集空间模型、专题模型和应用模型为一体，整合水利多维业务模型，实现模型孪生。其中洪水业务包括洪水预报模型、洪水演进三维模型、区域洪水联合预报调度模型等；干旱业务包括气象、水文、农情等旱情遥感监测模型、多指标旱情综合评估模型等；水利工程安全运行业务包括工程运行安全评估预警模型、仿真调度模型、安全评估模型等；水工程建设与安全运行监控业务包括水利工程建设 BIM+GIS 数字工程信息模型等；水资源开发利用业务包括水量分配模拟模型、区域取用水大数据分析模型等；城乡供水业务包括农村供水安全预警模型、城镇供水智能调度模型等；节水业务包括用水效率监管模型、灌区优化配水模型等；水土流失业务包括生产建设扰动图斑识别模型、水土流失预测预报模型等；河流湖泊包括水域岸线违法违规现象追溯模型、生产建设项目遥感识别模型等；水利综合监管包括河湖四乱遥感监测、水利行业风险评估预测模型等。

（5）智慧应用层。智慧应用覆盖水资源、水生态、水环境、水灾害、水工程、水监督、水行政、水公共服务、综合决策、综合运维、综合决策等类别。支持水利管理要素的可视化的动态展示，为决策者提供全局最优的决策方案。

4.3　主要应用

（1）实现水利要素虚拟映射。利用虚拟现实技术、仿真工具等方式实现对河湖、水库、水电站、水厂、管网、渠道、闸门、泵站等水利要素的全面数字化建模，建设全要素、全对象、全流程的数字孪生体。

（2）实现海量数据价值挖掘。通过数字孪生技术将目前涉及的水利空间数据、基础数据、业务数据等数字资产管理起来，并通过数字孪生体对数据进行深度挖掘和分析，发现数据之间的联系和规律，为辅助决策提供参考。

（3）实现水利管理可控、可预测。通过对水利管理过程的进程、状态、实时参数等进行监测，结合水利模型库、算法库，实现防汛抗旱、水利工程运行管理、水资源调度管理等水利管理过程全生命周期的高效协同，实现多阶段、多尺度的可视化呈现，能够有效辅助决策。

5　结语

数字孪生作为新兴技术应用，在水利行业应用时还面临模型不成熟、应用模型精度不够等问题，因此在智慧水利顶层设计中需充分融合数字孪生技术，重视数字化模型构建，强调智慧化场景应用，分业务领域纵向进行数字化模型研究，分优先步骤横向进行数字化应用整合，着力推动基于数字孪生的智慧水利应用体系的创新和高质量发展。

参考文献

［1］习近平．决胜全面建成小康社会夺取新时代中国特色社会主义伟大胜利——在中国共产党第十九次全国代表大会上的报告［J］．学理论，2017，773（11）：15-34.

［2］鄂竟平．工程补短板 行业强监管 奋力开创新时代水利事业新局面——在2019年全国水利工作会议上的讲话（摘要）［J］．中国水利，2019（2）：1-11.

［3］中共中央办公厅，国务院办公厅．中办 国办印发《国家信息化发展战略纲要》（全文）［J］．农业工程技术，2016，36（15）：5-12.

［4］中华人民共和国水利部．水利部印发《加快推进新时代水利现代化的指导意见》［J］．工程建设与设计，2018（5）：5.

［5］梁浩．智慧水利内涵及其核心技术分析［J］．工程技术与应用，2020（24）：97-98.

［6］秦晓珠，张兴旺．数字孪生技术在物质文化遗产数字化建设中的应用［J］．情报资料工作，2018（2）：103-111.

［7］石焱文，蔡钟瑶．基于数字孪生技术的水利工程运行管理体系构建［C］//2019（第七届）中国水利信息化技术论坛．2019.

水利部政务外网综合办公系统设计与应用

杨　非[1]　夏　博[2]

（1. 水利部信息中心（水利部水文水资源监测预报中心），北京　100053；

2. 中国软件与技术服务股份有限公司，北京　100081）

摘　要：随着水利信息化、数字化、网络化、智能化的推进，水利部机关工作的办公理念、思路、方式等也发生了重大变化，日常沟通联络、安排部署任务、举办重大会议、因公因私请假、项目合同管理等离不开办公系统，并且呈现出需求愈加多样、时限愈加紧急、流程愈加复杂的鲜明特点，对水利信息化的服务能力和建设水平也提出了更高的要求。当前水利改革发展进入了新发展阶段，为了贯彻新发展理念、构建新发展格局，水利部党组提出了"需求牵引、应用至上、数字赋能、提升能力"的智慧水利建设明确要求。本文按照大系统设计、分系统建设、模块化链接的系统思路，首先分析了办公系统的现状、建设必要性和存在问题，然后结合日常办公的基本需求，提出了水利部政务外网综合办公系统"系统功能全覆盖、工作流程全自动、动态信息全共享、业务管理全协同"的建设目标，最后进行了总结展望。

关键词：智慧水利；水利信息化；综合办公；OA；办公系统；办公自动化

1　引言

1.1　办公系统现状

通过前期调研，水利部京内18家直属单位中仅有几家有自己的办公系统，且各单位办公自动化程度差别较大，主要存在以下现象：

（1）新组建、合并的单位，存在信息化建设跟不上的情况，部分单位没有办公自动化系统。

（2）部分单位的办公系统建设较早，存在技术架构陈旧、功能不完善，不能满足实际办公需要。

（3）已建成的系统普遍存在系统相互独立、数据各自存储的情况，例如：公文流转、项目建设中产生的资料无法自动归档到档案系统，需要重新整理；各类计划申报内容与财务系统没有打通，财务人员无法直接看到相关资料，还需要单独核实等。

1.2　对办公系统的迫切要求

随着各类管理要求逐渐提高、管理制度更加健全，对各项公务的计划性、执行力、过程监管提出了更高的要求。在管理、服务、应对能力等方面，很多单位都面临着新的挑战，如何确保收文及时分发、发文准确严肃、报销合规精准……靠人工处理既耗费大量精力和时间、又难以确保准确，因此很多水利单位普遍对办公系统有迫切要求。

1.3　办公系统建设中的困难

虽然对办公系统有着迫切而较高的要求，但不少单位因为各种问题，并未立即开展办公系统的进一步建设工作。遇到的困难虽各有不同，但主要集中在以下几个方面：①职工太少，不值得单独建立一套办公系统；②职工太多，部门、岗位复杂、业务交叉，建设难度大；③没有预算，无法独立建立一套办公系统；④没有时间，难以持续管理系统建设；⑤没有信息化岗位，系统建成了用不起来；

作者简介：杨非（1982—），男，高级工程师，副处长，主要从事水利信息化工作。

⑥没有信心，不知道系统建成后，是否能持续满足工作变化调整。

2 水利综合办公系统的建设任务

2.1 满足日常办公的基本需求

系统共涉及综合管理、人事、党务、工会、计划、财务、科技等七大类业务，包括首页（含通知公告、活动安排、值班表、待办、会议室预约、规章制度、会议纪要等）、公文、督办、因公出国（境）、差旅、宿舍管理、会议管理、公务接待、项目、合同、培训、档案、人事、报销、资产、党建、工会等17个业务子系统，用于满足主要的日常办公需求，具体见图1。

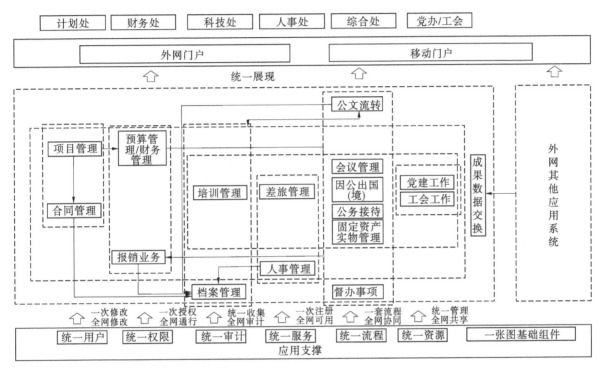

图1 应用架构

由于对工作时效性的要求，各单位对移动办公的需求客观存在，而且前期调研中也确有多家单位提出了移动办公的需求，因此综合办公系统还需要具备基本的移动端功能。

2.2 避免重复建设

通过调研水利部直属在京单位，各单位信息化建设水平差别较大，虽然存在不同的管理制度、业务流程、需求侧重点，但整体上有较多的共性需求，对办公系统也有积极的使用需要。考虑到综合办公存在一定的普适性，同时避免重复建设，有必要建设一套符合水利单位特点、适用于多个单位的综合办公系统。

2.3 解决办公中存在的实际问题

（1）解决人工流程多、效率低、办理过程难以留存的问题。

（2）解决系统分散、业务之间难以衔接的问题。

（3）解决系统间互相独立、数据割裂、一数多源的问题。

3 系统设计

3.1 前期准备

3.1.1 从制度上

结合实际工作需求，针对新时代办公自动化的需求，充分利用云、微服务等新技术的特性，出台新的规章制度，化解以往管理工作中部分工作烦琐、难执行的难题；以提高工作效率和质量为关键，以解决管理中存在的突出问题和薄弱环节为重点，通过事项梳理与问题分析，提出务实高效管用的整改措施，边查边改、边整边改、立整立改，提升内控管理能力和信息化水平。

3.1.2 从业务上

充分考虑多单位、复杂组织结构的合并、分拆，部门岗位职责因业务发展而进行调整，人员流动，跨部门、岗位兼岗，不同角色转换等业务实际需要，要求系统对组织架构可灵活调整。兼顾严肃性和便利性，做好权限管理，实现最小化赋权，方便各级工作人员的正常使用，对人员流动能够赋予和收回响应权限。充分考虑多部门系统中的数据存在关联性、延续性，避免重复录入造成的效率低下、易出错、数据不一致，形成统一的信息口径，以便联查、追溯，以便责任到人。根据各单位工作流程、制式表格的工作差异性，电子签章等需求差异性，CA 证书配发情况的设备差异性，提前收集、整理、分析，提前制订应对策略。

3.1.3 从技术上

针对各单位对数据管理的需求，采用一套通用应用、数据独立存储的模式，避免重复建设的同时，保持各单位数据的独立性。其中，操作系统为麒麟操作系统，应用采用东方通 tongweb 中间件，数据库采用达梦数据库，部署于云平台的容器环境。在水利应用支撑平台规范基础上接入 17 个业务子系统，实现统一门户、统一用户管理、统一权限、统一安全审计、统一资源服务管理、统一流程管理。

3.2 安全设计

外网综合办公安全平台基于电子认证基础设施（CA）、水利安全基础设施及可信时间服务建设，并为外网综合办公系统提供安全审计、访问控制、传输安全、存储安全、数据脱敏、移动安全等服务或方法，安全架构见图 2。

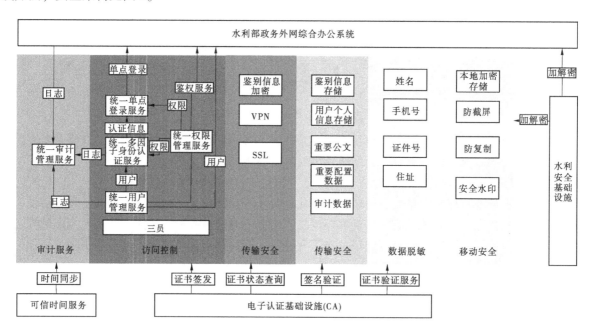

图 2 安全架构

3.2.1 多因子认证

系统基于水利部统一身份认证服务提供的认证框架（见图 3），按照子系统需要的安全级别，插入不同的认证模块，并借此来帮助组织消除分散管理带来的安全隐患，建立完整的安全认证体系。

图 3

3.2.2 密码安全

综合办公系统使用水利部统一门户进行单点登录进入，支持扫码、短信验证、CA 证书等方式登录。

3.2.3 口令传输安全加密

系统与终端间传输的认证信息进行加密处理，加密算法采用国密加密算法组合，大大降低了认证信息被劫持、被破译的风险。

3.2.4 数据传输安全

终端和服务端通信，传输的数据都默认使用安全的 SSL 传输技术。确保用户账号密码、动态密钥、业务数据及公文数据传输的高安全性及稳定性。

3.2.5 数据存储加密

鉴别数据、公文、配置数据、用户身份信息（手机号、证件号、住址）、审计数据等，分别采用不同的国密算法进行加密存储。

3.2.6 数据存储备份

综合办公系统的数据库数据和文件系统数据按照两地三中心方式进行备份。

3.3 移动端设计

目前，综合办公系统部署于水利政务外网，当工作人员需要外出、出差或工作时间外临时处理问题时，存在一定的不便。

另外，水利信息化建设在移动办公方面已经具备一些成果和公共资源可供利用。例如，水利蓝信针对政务外网和互联网之间的通信、移动端 APP 进行了多维度的安全加固处理，在政务外网的安全性与互联网的便捷性之间，取得了较好的平衡性。

综合办公系统基于充分利用已有条件、避免重复建设的思路，内嵌于水利蓝信，利用水利蓝信本身的通道，实现政务外网应用在互联网移动端的正常访问。同时，对功能和操作界面进行优化，使其不仅符合移动端操作习惯，而且符合水利蓝信的操作逻辑。

4 系统建设

4.1 系统架构

根据项目建设进度划分为需求分析、开发实施、系统测试、数据迁移、试运行和运行维护等几个阶段，系统技术架构如图 4 所示。

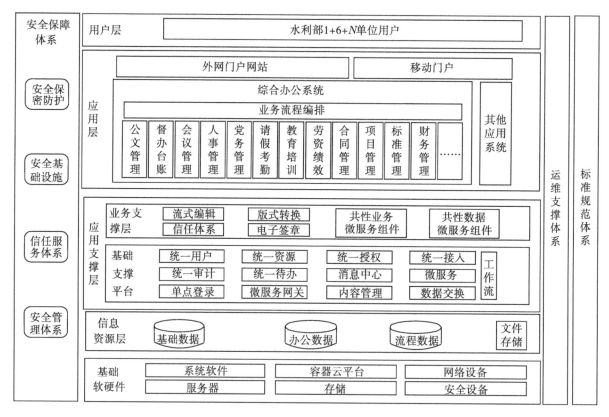

图 4　系统技术架构

4.2　系统特点

4.2.1　系统功能全面覆盖

综合办公系统将综合管理、人事、党务、工会、计划、财务、科技等管理工作纳入其中，实现管理业务全面覆盖在线运行，无纸化办公，业务架构见图 5。

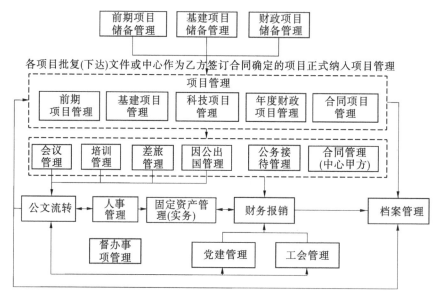

图 5　业务架构

4.2.2　工作流程全自动

综合办公系统将各类事项的计划上报和批复、实际执行和调整、办理结果和提醒等管理工作全流程在线工作，根据用户及其管理权限和业务流程，实现待办事项自动提醒，管理事项适时自动提醒，实现上报、审批、签章的全线上流转。整体流程见图6。

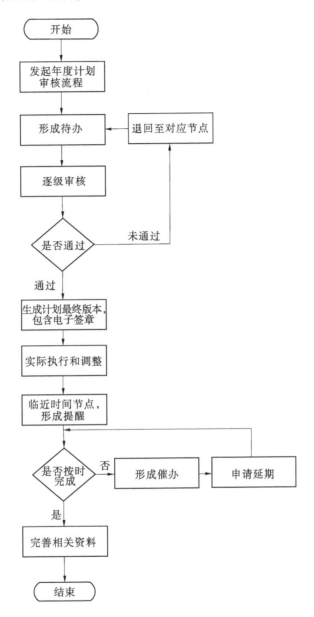

图6　整体流程

4.2.3　动态信息全共享

综合办公系统将人、财、物、事等管理信息全程共享，每个信息在所有管理工作中仅录入一次，并在后续业务、相关系统中自动带入，既避免了重复录入，又为后续业务的办理提供依据，实现全程信息共享。数据架构见图7。

4.2.4　业务管理全协同

综合办公系统通过业务前续和后续关系梳理，系统功能间的衔接和关联，实现跨部门、跨系统的关联业务的协同运行。系统功能关系见图8。

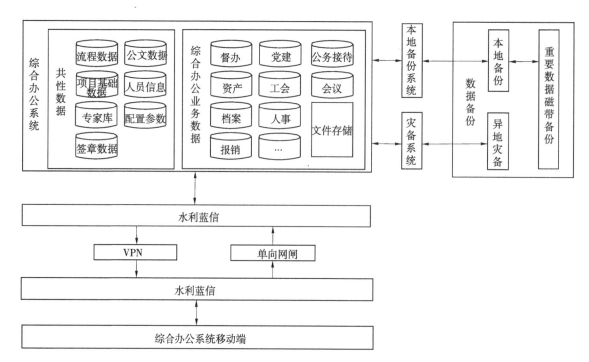

图 7   数据架构图

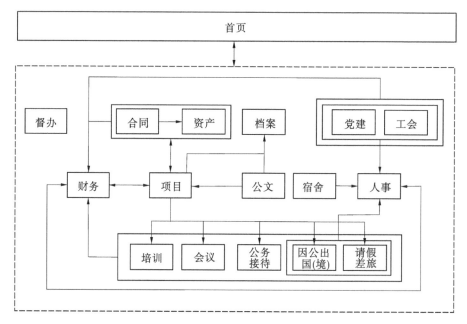

图 8   系统功能关系

4.3 难点

4.3.1 需要观念转变

需要清晰认识到，OA 类的办公系统建设，不是简单地做信息发布、走审批流程，而是通过坚定地执行一数一源，实现数据合理共享、业务全面协同。需要全体参与人员在充分掌握相关背景、知识、技能上，既不能畏首畏尾、遇到困难就打退堂鼓，又要对可能遇到的困难做好思想准备、方案准备、工具准备。

4.3.2 需求差异大

各单位组织结构、工作制度、工作流程、人员年龄结构不同，对系统的期望、侧重点不同，需要从需求整理和系统架构上做好规划设计。

4.3.3 建设难度大

由于防疫要求，对承建单位人员入场、集中办公场所、跨单位沟通交流等方面的管理和协调，都带来了一定挑战。同时，由于各单位的终端环境不同，需要兼容多种终端和浏览器。

4.3.4 时间紧任务重

基于数据共享、业务打通的挑战性，以及各单位对系统建设的积极响应和迫切要求，既要保障系统建设的有序进行，又要尽量满足各单位的使用要求。通过总体规划、分步实施的思路，按照"1+6+N"的步骤，先用 1 个单位为基准上线系统，然后试点推广到 6 个单位，再逐步向其他单位推广。

4.4 推广借鉴意义

综合办公系统是大系统设计、分单位应用，通过一套应用部署，满足多个单位使用，从顶层设计上建立了同类系统的更优建设方案。主要有以下两方面的作用。

4.4.1 降低整体成本

各单位不用单独申请或采购系统部署资源，资源要求可在一定程度上整合、压缩、复用；避免重复建设，减少系统建设中可能涉及的从招标投标到验收的一系列人力、物力、财力成本；降低运维成本，对比各单位分别建设系统，减少了运维人力和时间。

4.4.2 提高管理水平

通过系统使用过程中，对不同单位提出需求的收集、整理、分析，提炼合理共性需求进行系统功能优化，提供给所有单位选用，促进各单位互相学习和借鉴，共同提升管理能力。尤其是对于在某些方面缺少管理手段的单位，更有借鉴意义。

5 经验做法

5.1 持续优化用户体验

随着用户对系统功能的使用越来越深入、对系统的熟悉程度提高、对系统与工作结合越来越紧密，必然会提出更高的要求、更细致的需求、更个性化的使用体验期望，综合办公系统应不断优化，贴近用户，让系统从可用到好用，真正有力支撑实际工作。

5.2 根据业务需要及时调整

各单位、部门的业务是不断变化的，工作流程是不断调整的，规章制度是不断优化的，因此综合办公系统也需要及时进行功能调整，与业务紧密结合，使各种管理手段得以落实。

5.3 及时提升技术水平

随着智慧水利建设工作的不断推进和新技术的成熟，必然能对综合办公系统进行新的赋能，因此需要综合办公系统及时利用新的技术和产品，使管理、办公更加便捷。

5.4 不断提高安全防护能力

安全防护是一个长期的不断进步的过程，系统涉及的产品和技术在不断成熟、完善，安全防护的理念也在不断更新，因此需要随时关注安全资讯，定时进行安全巡检，及时提升防护手段，实时处理安全问题。

6 结论与展望

综合办公系统，通过对 17 项业务的梳理、对 7 个单位的沟通，面向不同单位、不同业务的使用迫切程度，在一套应用的基础上，按需向不同单位提供不同功能；并实现了多因子认证、密传密存、国密算法等安全策略。

随着对综合办公系统的广泛深入使用，以及用户单位的业务变化，系统也将继续不断完善，来贴合用户的实际需要。同时随着数字化的进程和人工智能的发展，综合办公系统也要伴随智慧水利的建设，实现技术升级、体验升级。

参考文献

［1］水利信息产品服务总则：SL/T 798—2020［S］.

［2］水利数据交换规约：SL/T 783—2019［S］.

［3］水利信息数据库表结构及标识符编制规范：SL 478—2010［S］.

［4］人才管理数据库表结构及标识符标准：SL 453—2009［S］.

［5］杨非，钱峰. 水利部门户网站页面设计与应用［J］. 水利信息化，2019（1）：60-64.

［6］杨非，杨柳，姚葳. 互联网+水利政务服务平台研究与应用［C］//中国水利学会 2018 学术年会论文集. 北京：中国水利水电出版社，2018：365-372.

［7］付静，杨非. 智慧水利公共服务研究［J］. 水利信息化，2020（1）：15-20.

［8］付静，姚葳，杨非. 水利行业网站安全管理研究［J］. 水利信息化，2017（3）：24-28.

基于点流速雷达的在线流量监测系统在福建尤溪水文站的示范应用

陈伯云[1]　李亚涛[2]　陈昭仕[3]　汪义东[2]

(1. 水利部南京水利水文自动化研究所，江苏南京　210012；
2. 江苏南水科技有限公司，江苏南京　210012；
3. 福建省水文水资源勘测局尤溪水文站，福建尤溪　365100)

摘　要：科技的发展带动技术的进步，针对水文行业的新需求，要实现水文现代化，对水文监测新技术、新设备的推广应用是目前行业的主要任务。在线雷达波流量监测技术是一项实现流量自动监测的新技术及新设备，该系统具有高度智能化、自动化、全天候工作、不接触水体、环境适用能力强等特点，是应对山区性河流及高洪流量测验安全、有效的一种方法，其精度高于目前许多水文站高洪流量测验的浮标法及比降面积法。该系统采用雷达、高频信号处理、互联网软件等先进技术，实现雷达波流量监测自动化、智能化，采用无线或移动网络，根据采集实时水位及表面流速进行自动在线测流，并将测得的数据计算整理后及时报送中心站。系统仅需比测分析出在线雷达波流速仪水面流速系数，即可应用于水文站流量自动监测。本文以尤溪水文站为例，对基于雷达波在线流量监测的示范应用进行了技术分析与总结。

关键词：在线雷达波流速仪；水面流速系数；比测分析；尤溪水文站

1　引言

由于我国地域辽阔，河湖众多，降水时空分布不均，洪涝灾害不断，特别是山区性河流，洪水陡涨陡落，常伴有泥石流灾害发生。常规的流量测验方法（如精测法、常测法等）难以实施，为减少洪水对国家和人民生命财产造成的损失，要求采用先进的测流方式和仪器，在最短的时间内能够测得准，报得出。点流速雷达波系统具有非接触、安全低损、少维护、无泥沙影响的特点，既可节省人力、物力，又可保障流量监测的在线性与安全性，有利于推动特定水文站和中小河流站点流量监测的现代化建设。

2　点流速雷达的在线流量监测系统介绍

2.1　工作原理

点流速雷达的在线流量监测系统通过雷达波流速仪测量水体表层各垂线的点流速，并根据事先置入的断面形状和实测水位来推算出各部分过水面积，用各部分的点流速与部分面积相乘后求和为断面虚流量，虚流量与水面流速系数的乘积即为断面实测流量。雷达波流速仪根据多普勒效应，计算得到多普勒频移，即

$$f_D = | f_R - f_0 | \tag{1}$$

基金项目：国家重点研发计划专项"江河湖库水文要素在线监测技术与装备项目"；水利部水文司2019年考核督办事项"组织新技术在水文测报中的研发推广项目"。

作者简介：陈伯云（1963—），男，高级工程师，主要从事水文监测与水利信息化的研究工作。

式中：f_D 为多普勒频移；f_R 为接收频率；f_0 为发射频率。

多普勒频移与流速之间的关系表示为

$$f_D = 2f_0 \cdot \frac{v}{c} \cdot \cos\alpha \tag{2}$$

式中：c 为电磁波的传播速度，一般取 3×10^8 m/s；v 为待测量流速；α 为图 1 中雷达波照射方向和水流方向夹角。

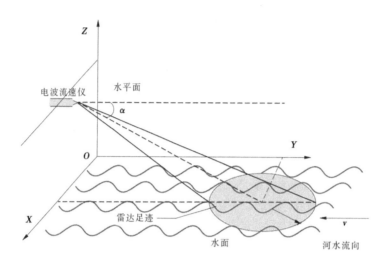

图 1　雷达波流速仪测速原理

由式（2）可以推算得出

$$v = \frac{1}{2} \cdot \frac{f_D}{f_0} \cdot \frac{c}{\cos\alpha} \tag{3}$$

由式（3）可以看出，表面流速测量的准确度取决于多普勒频移计算的准确度。示范系统安装的流速仪对差频信号采样、AD 转换、滤波等处理后，经过傅里叶变换 FFT 与最大值插值拟合算法进行频谱分析，找到频谱包络曲线的主瓣，求得最大频谱对应的频点。然后选出临近最大频谱点几个次最大谱点做插值拟合，求得差频频率，可以大为减小 FFT 的"栅栏效应"带来的测频误差，进而提高系统流速的测量精度。

2.2　点流速雷达波测流主要技术特点

（1）非接触、安全低损、少维护、无泥沙影响。

（2）测速范围：0.30~15 m/s，雷达垂直高度：离水面距离小于 30 m。

（3）雷达流速探头具有水平、垂直角度自动补偿功能。

（4）系统功耗低，一般太阳能供电即可满足测流需要。

（5）安装简单，土建量很少，运行可靠、稳定。

3　点流速雷达的在线流量监测系统设计

3.1　示范站点情况

尤溪水文站位于尤溪大桥上游 90 m 处，东经 118°12′，北纬 26°11′，接近尤溪县主城区出口处，集水面积 4 450 km²，是国家重要水文站，该站测验项目有水位、雨量、流量、水质等，是尤溪河的控制站，属一类重要水文站。

尤溪水文站前身为西洋水文站，其设立于 1951 年 6 月，1990 年因水口水电站建设向上游迁移至现尤溪城区水东村设立尤溪水文站，现主管机关为福建省水文水资源勘测局。

尤溪水文站河段顺直，中高水由于两岸建成防洪堤，左岸为卵石，中间为岩石，右岸为沙卵石；

左岸下游有滩地，水位在 101.52 m 会有死水出现。低水河宽约 70.0 m，中高水为 120~140 m，基本水尺断面上游 350 m 处为尤溪与青印溪汇合口，上游 1.8 km 处有水东电站水库，对本站各级水位均有影响。低水由河槽控制，下游 94 m 处有尤溪大桥，约 400 m 处有弯道及卡口，可作中高水控制。

尤溪站上游建有 2 座大型水库，水位受工程影响严重，采用频率流量进行水位级划分。水位 103.52 m 以上为高水，101.22~103.52 m 为中水，100.82~101.22 m 为低水，100.82 m 以下为枯水。

3.2 示范系统设计

3.2.1 系统结构

点流速雷达波在线监测系统主要由雷达波流速仪、水位计、遥测终端、通信模块、现地监测软件、供电系统、防雷接地系统、辅助设施等部分组成，见图 2。

该示范应用设置 4 个监测点，安装 4 套定点雷达波流速仪。流速仪均安装在大桥上，同时铺设电缆，由数据采集仪采集数据并计算流量。

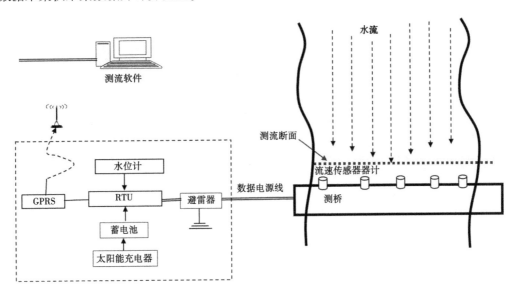

图 2　点流速雷达波在线监测系统示意图

3.2.2 系统实施安装

雷达波流速仪安装在距离测站 94 m 的尤溪大桥迎水侧，使用支架固定在桥墩上，共安装 4 套。4 台雷达波流速传感器同时接入数据采集仪，并同步采集水位数据。测站安装示意图见图 3。

尤溪大桥靠近水文站侧安装一套一体化立杆，机箱、太阳能电池板安装在立杆上。

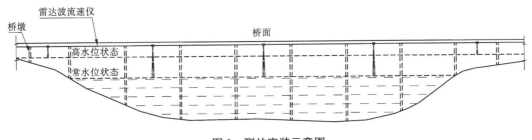

图 3　测站安装示意图

3.2.3 系统辅助设施设计

一体化立杆机箱由立杆、维护平台、设备支架、仪器机箱、电池机箱等组成。

立杆选用壁厚 6 mm 的热镀锌钢管，外径下部分 200 mm、上部分 150 mm，表面喷塑处理。立杆高 5.5 m，上方安装避雷针，避雷针高度为 1.5 m。维护平台选用热镀锌材料型钢制作，表面喷塑处理，为维护人员提供站立平台。设备支架选用热镀锌材料型钢制作，表面喷塑处理，用于安装太阳能板。

4 点流速雷达在线流量监测系统应用分析

河道流量是水文水资源管理中最重要的参数之一，目前国内大多采用接触式测流，安装使用较为复杂，灵活性较差。随着现代科技的进步与发展，先进的科学技术和仪器设备在水文领域得到不断应用。采用非接触式雷达技术，实现对河流表面流速进行连续监测，通过断面表面流速比测率定，建立流量计算模型，实现全天候、连续自动河流流量监测。

该系统能实现流量监测的自动化、智能化，无须进入水体，对于高洪时多漂浮物、大流速、陡涨陡落的山区性河流来说是一种较为理想的测验方式。为了验证基于点流速雷达波在线测流系统适用范围、适用条件、稳定性等性能，在福建尤溪水文站开展了基于点流速雷达波在线测流系统的示范应用，本文主要对尤溪水文站的应用成果进行分析，为行业推广应用提供技术参考。

4.1 比测总体思路

比测主要在 2019 年 8—10 月开展，比测任务主要为：①雷达波水面流速对比分析；②雷达波实测流量与断面流量比测。

表面流速比测采用经过检测率定的手持式雷达波流速仪进行。实测流量比测采用断面缆道流速仪设备测量（或者走航 ADCP 测量），比测工作需尽可能收集不同水位量级的数据。

4.2 比测时机与次数的确定[3]

根据测站实测的水位值，要确定在不同水情下实测垂线平均流速对断面流量的影响，因此不同水情（或者水位等级）都要进行比测，具体要求如下：

（1）中、低水比测：具体根据水位实际情况确定比测时间。

（2）高水（洪水）比测：根据高水（洪水）发生时间安排比测。

每种水情情况，需要各进行 1~2 次过程比测，每个比测过程共需要进行 3~6 次比测，每次比测需要完成不少于 10 组的有效比测数据，最终需要不少于 30 组有效比测数据用于进行率定工作。

4.3 流速及流量比测

4.3.1 表面流速比测

定点雷达波流速与通过率定的手持电波流速仪的表面流速进行比测，施测历时一般要求大于 60 s，并将现场比测数据及时计入数据记录表。

4.3.2 流量比测

（1）缆道流速仪法测流。测量时断面应选取实测断面，每条垂线测量时，应保证一定的测速历时。每次的测速历时应在 100 s 左右，若采用较短测流历时能达到精度要求，测流历时可缩短为 60 s；特殊情况下，60 s 测流历时仍有困难时，可缩短为 30 s。

（2）走航 ADCP 测流。可以采用缆道拖拉 ADCP 三体船进行测流，也可以采用 ADCP 遥控船进行测流，一般要求船速低于流速，ADCP 测流要求两个测回。

（3）用于比测率定的实际测量的数据应不少于 30 组。

4.4 表面点流速数据比测分析

本次比测采用经过率定的手持式电波流速仪（型号 HZ-SVR-35），在尤溪大桥 1~4 号雷达安装位置，以相同俯角施测河道水面流速，与雷达系统同期测速成果进行比测，点流速比测记录见表 1[1]。

点绘定点雷达流速与手持雷达流速相关图，发现两者完全相关，回归系数为 0.993 1，两者相关线斜率接近 1.0，定点雷达流速率定后最大测速误差 0.13 m/s，最大误差比例为−6.60%，分析结果见图 4。

表 1　定点雷达波表面流速比测分析表（断面位置：尤溪大桥；水位单位：m；流速单位：m/s）

起点距/m	水位/m	定点雷达流速/（m/s）	手持雷达流速/（m/s）	误差		起点距/m	水位/m	定点雷达流速/（m/s）	手持雷达流速/（m/s）	误差	
				绝对误差/（m/s）	百分比/%					绝对误差/（m/s）	百分比/%
62	100.62	2.04	2	0.04	2.00	62	100.13	1.32	1.30	0.02	1.54
87	100.62	3.41	3.32	0.09	2.71	87	100.15	2.76	2.69	0.07	2.60
87	100.32	2.73	2.84	-0.11	-3.87	87	101.27	1.33	1.27	0.06	4.72
87	100.30	2.83	2.78	0.05	1.80	87	101.27	2.97	2.94	0.03	1.02
62	100.58	1.52	1.57	-0.05	-3.18	62	101.27	3.46	3.34	0.12	3.59
87	100.58	3.24	3.20	0.04	1.25	87	100.17	1.63	1.71	-0.08	-4.68
87	100.31	2.72	2.82	-0.10	-3.55	87	100.17	2.86	2.93	-0.07	-2.39
62	100.69	2.10	2.06	0.04	1.94	62	99.95	1.36	1.34	0.02	1.49
87	100.69	3.41	3.32	0.09	2.71	87	99.95	2.41	2.36	0.05	2.12
62	100.60	2.11	1.93	0.14	6.60	62	100.47	2.03	2.02	0.01	0.50
87	100.60	3.38	3.33	0.05	1.50	87	100.47	3.34	3.36	-0.02	-0.60
62	100.65	2.00	1.96	0.04	2.04	62	99.99	1.37	1.34	0.03	2.24
87	100.65	3.37	3.35	0.02	0.60	87	99.99	2.55	2.62	-0.07	-2.67
62	100.68	2.01	1.96	0.05	2.55	62	100.03	1.42	1.39	0.03	2.16
87	100.68	3.39	3.32	0.07	2.11	87	100.03	2.62	2.51	0.11	4.38
62	100.66	2.01	1.95	0.06	3.08	62	100.11	1.44	1.38	0.06	4.35
87	100.66	3.35	3.26	0.09	2.76	87	100.11	2.49	2.54	-0.05	-1.97
62	100.94	2.71	2.67	0.04	1.50	62	100.13	1.33	1.35	-0.02	-1.48
87	100.94	3.63	3.58	0.05	1.40	87	100.1	2.70	2.77	-0.07	-2.53
62	100.15	1.30	1.27	0.03	2.36	62	100.06	1.40	1.37	0.03	2.19
87	100.15	2.78	2.69	0.09	3.35	87	100.07	2.62	2.67	-0.05	-1.87
62	100.13	1.31	1.26	0.05	3.97	62	100.06	1.41	1.36	0.05	3.68
87	100.19	2.74	2.78	-0.04	-1.44	87	100.03	2.61	2.54	0.07	2.76

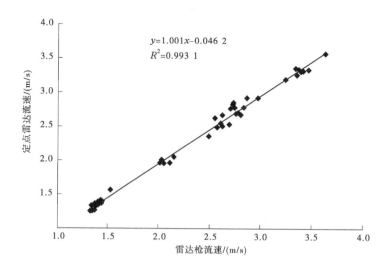

图 4　尤溪定点雷达波表面流速对比分析

4.5　定点雷达波流速仪系数及对比分析

4.5.1　定点雷达波流速仪系数试验

从 2019 年 8 月 20 日开始进行尤溪水文站定点雷达波流速仪系数试验，开始至 10 月 17 日共进行流量比测试验 30 次，水位变幅 102.37~103.72 m，流量变化 27~251 m³/s。定点雷达波流速仪系数试验是运用定点雷达波流速仪和 LS25-1 型旋桨式流速仪的测验成果进行断面流量和雷达波流速仪虚流量的计算，根据所计算出的断面流量和电波流速仪虚流量，进行此次比测试验电波流速仪系数的计算，成果见表 2。

表 2　雷达波流速仪系数试验成果

施测号数	时间	起（时：分）	止（时：分）	断面位置	基本水尺水位/m	断面流量/（m³/s）	雷达波虚流量/（m³/s）	雷达波系数
1	8 月 20 日	09：22	09：46	基	102.87	80.2	94.0	0.85
2	8 月 23 日	17：12	17：32	基	102.83	72.0	83.0	0.87
3	8 月 26 日	15：20	15：48	基	103.17	138.0	157.0	0.88
4	8 月 29 日	16：32	17：00	基	103.47	194.0	234.0	0.83
5	8 月 30 日	10：17	11：00	基	102.37	21.5	27.9	0.77
6	9 月 2 日	10：27	10：55	基	103.25	152.0	176.0	0.86
7	9 月 6 日	16：08	16：32	基	102.85	74.7	99.0	0.75
8	9 月 11 日	09：20	09：46	基	102.83	71.4	86.5	0.83
9	9 月 11 日	10：18	10：42	基	102.83	70.4	87.0	0.81
10	9 月 12 日	10：16	10：44	基	103.17	129.0	153.0	0.84
11	9 月 16 日	10：12	10：32	基	102.83	71.4	81.0	0.88
12	9 月 18 日	15：40	16：02	基	102.78	63.3	76.0	0.83
13	9 月 20 日	09：36	09：56	基	102.78	66.7	80.0	0.83

续表2

施测号数	时间	起（时：分）	止（时：分）	断面位置	基本水尺水位/m	断面流量/（m³/s）	雷达波虚流量/（m³/s）	雷达波系数
14	9月23日	15：48	16：08	基	102.76	63.1	81	0.78
15	9月24日	09：35	10：03	基	103.16	136.0	159	0.86
16	9月25日	09：22	09：54	基	103.12	126.0	145	0.87
17	9月26日	09：34	09：54	基	102.76	61.3	72	0.85
18	9月30日	09：08	09：28	基	102.77	62.4	76	0.82
19	10月8日	09：52	10：24	基	103.41	181.0	223	0.81
20	10月12日	16：02	16：22	基	102.76	63.4	74	0.86
21	10月15日	08：52	09：16	基	102.81	69.4	82.3	0.84
22	10月16日	09：23	09：49	基	102.78	66.5	82	0.81
23	10月22日	14：53	15：14	基	102.64	48.0	57.6	0.83
24	10月30日	08：48	09：09	基	102.69	52.4	61.3	0.85
25	10月30日	09：47	10：07	基	102.68	51.1	60.6	0.84
26	10月31日	09：57	10：22	基	102.66	50.8	60.9	0.83
27	11月1日	10：03	10：27	基	102.76	61.6	72.3	0.85
28	10月4日	14：00	14：22	基	103.72	251.0	298	0.84
29	10月5日	20：03	20：25	基	103.6	226.0	263	0.86
30	10月17日	14：00	14：20	基	102.62	43.7	51.6	0.85

4.5.2 定点雷达波流速仪系数分析

由上述电波流速仪系数试验成果可知，在全部比测试验中，定点雷达波流速仪系数为0.847 8，通过所得到的雷达波流速仪系数和虚流量施测值，就能计算出断面流量。转子流速仪法实测流量与雷达波流速仪实测流量的相关关系线见图5。

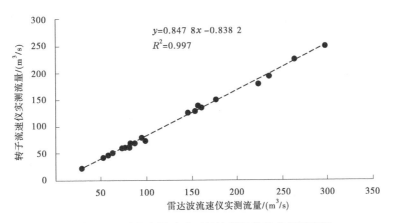

图5　尤溪定点雷达波系统流量相关性分析示意图

以 LS25-1 型旋桨式流速仪断面流量值为真值，进行电波流速仪施测流量误差、标准差及不确定程度的计算，同时进行误差分析（结果见表3）。

表 3　定点雷达波表面流量比测分析

水位 /m	流速仪流量 / (m³/s)	雷达实测流量 / (m³/s)	绝对误差 / (m³/s)	相对误差 /%	水位 /m	流速仪流量 / (m³/s)	雷达实测流量 / (m³/s)	相对误差 / (m³/s)	绝对误差 /%
102.87	80.2	80	0.37	0.30	103.16	136	135	0.85	0.62
102.83	72	71	2.01	1.45	103.12	126	123	2.75	2.18
103.17	138	133	3.30	4.55	102.76	61.3	61	0.10	0.16
103.47	194	199	−2.53	−4.90	102.77	62.4	65	−2.20	−3.53
102.37	21.5	24	−10.30	−2.22	103.41	181	190	−8.55	−4.72
103.25	152	150	1.58	2.40	102.76	63.4	63	0.50	0.79
102.85	74.7	84	−12.65	−9.45	102.81	69.4	70	−0.55	−0.80
102.83	71.4	74	−2.98	−2.12	102.78	66.5	70	−3.20	−4.81
102.83	70.4	74	−5.04	−3.55	102.64	48	49	−0.96	−2.00
103.17	129	130	−0.81	−1.05	102.69	52.4	52	0.30	0.56
102.83	71.4	69	3.57	2.55	102.68	51.1	52	−0.41	−0.80
102.78	63.3	65	−2.05	−1.30	102.66	50.8	52	−0.97	−1.90
102.78	66.7	68	−1.95	−1.30	102.76	61.6	61	0.15	0.24
102.76	63.1	69	−9.11	−5.75	103.72	251	253	−2.30	−0.92
102.62	43.7	44	−0.16	−0.37	103.6	226	224	2.45	1.08

根据本文所进行的雷达流速仪系数比测试验结果可知，尤溪水文站雷达波流速仪系数 0.847 8，而且系统误差为 -0.09%，标准差相对值为 5.32%，不确定度为 8.36%，达到一类精度标准，满足该水文站流量测验工作要求，并可实现在线全自动流量监测[2]。

5　结语

基于点流速雷达在线监测系统通过福建尤溪水文站的示范应用，实现了流量的在线监测，流量监测达到了规范要求的精度，具有安全、高效、自动化程度高，不受漂浮物、泥沙、气象等外界因素干扰的特点，能解决常规水文测验方式无法实现高流速的洪水流量自动测量问题，缩短了流量测验周期，提高了报汛效率。基于点流速雷达在线监测为水文现代化流量全量程、全自动监测的实现提供了一种有效方法，提升了水文监测的能力，能更好地为洪涝灾害防御提供技术支撑。

参考文献

［1］陈伯云，房灵常，张永兵，等. 基于定点雷达波在线流量监测系统研发推广专题报告［R］.

［2］河流流量测验规范：GB 50179—2015［S］.

［3］陈伯云，刘九夫，余达征，等. 组织新技术在水文测报中的研发推广技术总结报告［R］. 2019.

H-ADCP 在线流量监测系统技术研究与应用

陈伯云[1,2]　杜红娟[1,2]　王　刚[3]

(1. 水利部南京水利水文自动化研究所，江苏南京　210012；
2. 水利部水文水资源监控工程技术研究中心，江苏南京　210012；
3. 江苏南水科技有限公司，江苏南京　210012)

摘　要： H-ADCP 在线测流是一种现代化的测流技术，但目前装的多投入应用的少。其根本原因是未能与测站实际情况结合，缺少安装位置、有效测量区间、比测率定等方面的分析研究。本文对 H-ADCP 在线流量监测系统测流原理、测流技术、应用及取得的成果进行了详细阐述，并对 H-ADCP 使用注意事项做了总结分析，为 H-ADCP 的推广应用提供参考。

关键词： H-ADCP；在线流量监测；指标流速；比测率定

1　引言

水文测验是水文工作的基础，流量测验是其中一项重要又复杂的工作。流量是反映水资源和江河、湖泊、水库等水体水量变化的基本数据，也是河流最重要的水文特征[1]；传统的流量测验采用流速面积法，即利用流速仪测量各垂线上测点的流速，根据点流速计算垂线平均流速，然后计算各垂线之间的断面面积，用垂线之间的部分流速与部分面积相乘得到部分流量，各部分流量累加得到断面流量。这种测验方法满足流量测验规范的精度要求，但测流历时长、工作强度大、效率低下。

随着科技的发展，20 世纪 80 年代美国出现了应用声学剖面流速仪测流（ADCP），90 年代引进我国应用。声学剖面流速仪有走航式和固定式两种类型，固定式声学剖面流速仪分为水平式和垂线式。受测流环境的影响，水平式声学剖面流速仪（H-ADCP）安装较多，但在实际应用过程中，由于选型不合理、安装位置不正确、没有经过比测率定等一些使用方法的问题，导致测流精度不理想，没有充分发挥 H-ADCP 的优势，如福建省目前已安装 37 套，2019 年前仅有 6 套投产应用[2]。本文针对 H-ADCP 测流过程中所要注意和处理的技术问题展开探讨，对 H-ADCP 的选型、安装位置、比测率定等进行分析研究，为 H-ADCP 的推广应用提供参考。

2　H-ADCP 测流原理

H-ADCP 是利用声学多普勒原理测量水流速度的仪器[3-6]，国内外诸多学者[7-14] 对其测流技术及应用进行了研究探讨，认为 ADCP 稳定性较好、适用性较强且随机误差小，可以满足水文测验精度的要求。

基金项目： 水利技术示范项目（SF-202006）。

作者简介： 陈伯云（1963—），男，副高级工程师，主要从事水文水环境监测仪器及水利水文信息化（自动化）方面的工作。

通讯作者： 杜红娟（1980—），女，副高级工程师，主要从事水文水资源监测方面的工作。

每台 ADCP 一般有三个声波换能器，每个换能器既是发射器又是接收器。每个换能器发射某一固定频率的声波，然后接收被水体中颗粒物（如泥沙、气泡等漂浮物）散射回来的声波，如图 1 所示。假定水体中颗粒物与水体流速相同，当颗粒物的移动方向接近换能器时，换能器接收到的回波频率比发射频率高；当颗粒物的移动方向背离换能器时，换能器接收到的回波频率比发射频率低，发射频率与回波频率存在差值即声学多普勒频移，发射频率与回波频率之差由下式计算：

$$F_d = 2F_s \frac{V}{C} \tag{1}$$

式中：F_d 为声学多普勒频移，Hz；F_s 为回波频率，Hz；V 为颗粒物沿声束方向的移动速度即水流速度，m/s；C 为声波在水中的传播速度，m/s。

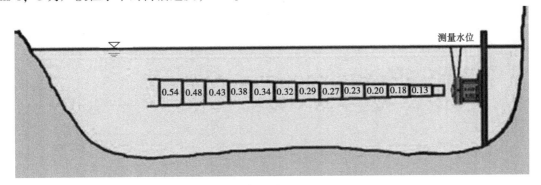

图 1　H-ADCP 在线测流示意图

水平式声学多普勒剖面流速仪主要测量河流断面中某一部分的流速及流速分布，给出单元流速值 $V_{单元}$，并通过计算得出指标流速 $V_{指标} = F(V_{单元})$，分析指标流速与断面平均流速的关系，建立两者之间的相关方程即 $V_{断面} = f(V_{指标})$，进行三项检验，满足检验精度，则指标流速与断面平均流速之间的相关关系成立，根据指标流速计算出断面平均流速，再计算断面流量 $Q = V_{断面} \times A = F(V_{单元}) \times f(Z)$，这一分析过程称为比测率定。

H-ADCP 流量在线监测精度受诸多因素影响，其中安装位置、设备选型和比测率定在测流中起着关键作用。H-ADCP 的安装要具备一定的水深，在设计有效测量范围内，声束既不能达到水面也不能达到河底，要根据河流的特征水位值，选择合适型号的水平式声学多普勒剖面流速仪，经过比测率定分析建立稳定的指标流速与断面平均流速的关系，进而计算断面流量。

从理论上讲，H-ADCP 测流原理与流速仪测流原理是相同的，都是测出测流断面上的点流速，从使用过程来看，ADCP 测流具有以下优势：①测验一次用时短，提高了测量过程的经济效益；②一次可以测量多个点的流速，提高了测量效率和精度；③不与测量范围内的水体接触，不扰动流场，提高了测量精度。

3　H-ADCP 在线流量监测系统技术研究

3.1　系统组成

H-ADCP 流量实时在线监测系统一般由 H-ADCP 流速仪、数据采集仪或工业控制计算机、电源系统、辅助设备、通信设备等组成。

H-ADCP 流量实时在线监测系统采用 H-ADCP 进行断面流速流向的测量，同时使用自带水位计或外接水位计测量实时水位值（建议采用外接水位计，自带水位计为超声波水位计。受水体漂浮物影响，跳动大，不稳定）。通过测量断面上某一层的流速，利用指标流速法得到断面平均流速，再通过实测的水位数据计算出断面面积，最后两者相乘可以得到断面流量数据，再通过通信网络发送监测数据到中心站，从而实现了水文站水位、流量监测和信息传输报送自动化。

3.2　H-ADCP 安装要求

H-ADCP 测量精度受诸多因素影响，其中安装位置正确与否至关重要。H-ADCP 的安装要结合测站断面资料、历史最高水位、历史最低水位和常水位特征值，来确定安装位置。H-ADCP 并不要求一定要测量整个过水层，只要测量到过水层的某一部分，测量的部分最好能包含主槽，就可以通过比测率定分析，计算出流量；不同型号、不同频率的 ADCP 声束扩散角不同、测量范围不同，根据测站断面特征水位、声束扩散角和测量范围，分析 H-ADCP 的有效测验距离对应的水深来确定安装位置。

实际上天然河道断面的实际情况非常复杂，H-ADCP 的安装位置并不容易确定，需要根据测站所测河流的水文特性，并对相关资料做详细分析。安装位置选择的基本原则如下：①尽量位于历史最低水位下一定距离。②两个声学传感器位于同一水平面上，中心轴线要与水流方向基本垂直。③根据测站断面资料、常水位、最低水位，选择合适型号的 H-ADCP，依据 H-ADCP 声束扩散角的扩散范围 α，在大断面图上前后上下移动，使 H-ADCP 声束扩散角尽可能达到河流主槽，并且尽可能远，如图 2 所示。

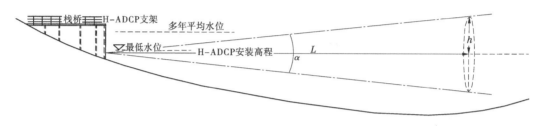

图 2　H-ADCP 安装位置选择示意图

3.3　回波强度的分析

当 H-ADCP 发射声波后，如果没有阻挡或传播介质的改变，测量波束的回波强度会随着测量距离的增加而逐步衰减；当波束遇到障碍物或者打到河底或水面，回波强度会有一个强反射，反映在波束检测上就会有一个明显突变，回波强度突变点之后的测量值就不能参与计算。H-ADCP 主要采用回波强度的变化来判定可测量距离，确定有效测量区间；如果 H-ADCP 安装位置测量距离不满足设计要求，可适当调整其安装高程。

回波强度受水中漂浮物、水体含沙量、水生物等影响。含沙量越大，测量距离越近，大量的生物附着同样会导致仪器回波信号紊乱，数据异常，因此维护保养时必须涂上防螺漆等。水体含沙量和微生物附着并不会影响流速测量，但会减弱回波强度，减小 H-ADCP 的有效测量范围。在微生物高活动区域，应定期清洁 H-ADCP 换能器的表面，以保持仪器的最佳工作性能。若要去除换能器表面生长的生物，使用非金属的刷子小心处理；对于换能器表面的贝类，可以用倒有食醋的毛巾擦拭换能器表面，直至玷污物消除。

3.4　比测率定方法

在实际应用中，有很多测站安装之后没有经过比测率定，直接投入使用，认为 H-ADCP 可以直接测量流量。然而 H-ADCP 是通过测量断面上某一部分流速经过内部数据分析处理得出单元流速，由单元流速计算指标流速，指标流速与断面面积相乘计算出流量[2]，因此使用 H-ADCP 测流必须经过比测率定分析才能投入使用。目前比测率定方法有单元流速法和指标流速法。

单元流速法是用垂线平均流速或走航 ADCP 单元流速与 H-ADCP 单元流速进行相关性分析，建立相关方程，并进行三项检验分析。

指标流速法是用流速仪测速或走航 ADCP 测速计算出来的断面平均流速与 H-ADCP 的指标流速进行相关性分析，建立相关方程，并进行三项检验分析。

4　应用案例分析

本文以"H-ADCP 在线流量监测系统示范推广应用研究"中太浦闸、洪濑 2 个基本站 H-ADCP 的应用为案例进行分析探讨，此 2 个站均为国家基本水文站，并且比测率定采用了单元流速法和指标流速法分别进行分析。

4.1 安装位置的分析

太浦闸、洪濑2个测站所在测验断面上下游河段顺直、断面稳定、冲淤变化小,测验断面均似"U"形,流态稳定,没有岔流、串沟。结合测站的断面形状、水位特征值,在大断面图上前后上下移动 H-ADCP,使 H-ADCP 声束扩散角的扩散范围 α 尽可能达到河流主槽,进而确定安装位置,各站在断面上的安装位置见图3、图4[15]。

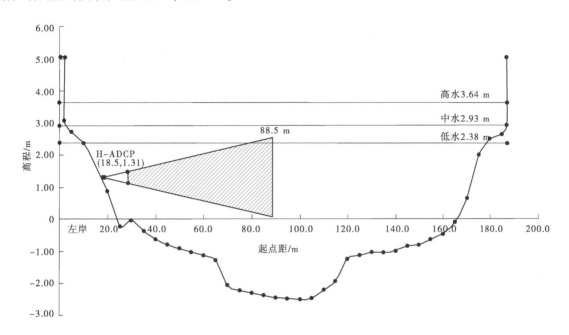

图 3　太浦闸水文站 H-ADCP 安装位置示意图

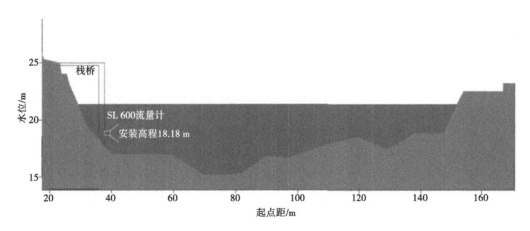

图 4　洪濑水文站 H-ADCP 安装位置示意图

4.2 比测率定分析

太浦闸、洪濑2个水文站比测率定采用了单元流速法和指标流速法两种方法,用缆道携带流速仪或缆道携带走航 ADCP 或船载走航 ADCP 作为比测设备。根据流速仪测出的垂线上点流速计算垂线平均流速,然后计算断面平均流速。根据走航 ADCP 测出的单元流速,计算断面平均流速。通过以上两种分析方法,发现单元流速法比测效果不理想,见图5、图6;指标流速法效果较好,各站点均定出了合格的关系曲线[16],见图7、图8。

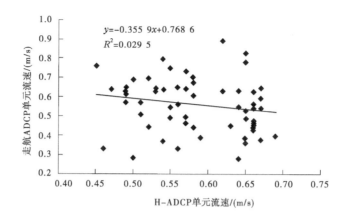

图 5　太浦闸水文站单元流速法比测效果

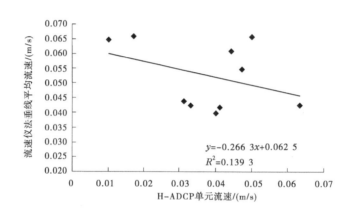

图 6　洪濑水文站单元流速法比测效果

太浦闸水文站 2019 年共比测 37 组，H-ADCP 指标流速和断面平均流速关系曲线拟合关系较好，拟合度 0.993 3，系统偏差 0.37%，随机不确定度 9.2%，三项检验通过，满足水文站一类精度要求。

洪濑水文站共比测 36 组，H-ADCP 指标流速和断面平均流速关系曲线拟合关系较好，拟合度 0.996 7，系统偏差 -0.16%，三项检验通过，满足水文站规范规定的精度要求。

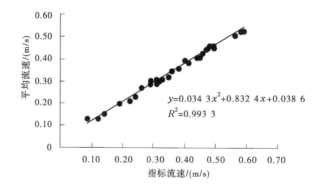

图 7　太浦闸水文站指标流速法比测率定曲线

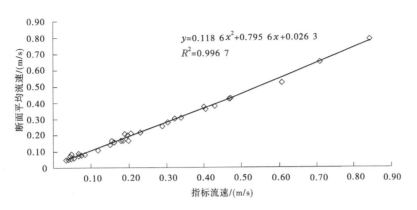

图 8　洪濑水文站指标流速法比测率定曲线

4.3　监测数据分析

太浦闸水文站和洪濑水文站的 H-ADCP 流量实时在线监测系统运行基本稳定，H-ADCP 流量过程线与人工测验流量的过程线基本吻合，见图 9、图 10，流量实时在线监测系统的稳定性满足水文测报要求。

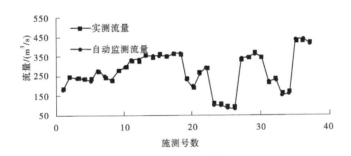

图 9　太浦闸水文站 H-ADCP 测流与人工测验流量过程线对比

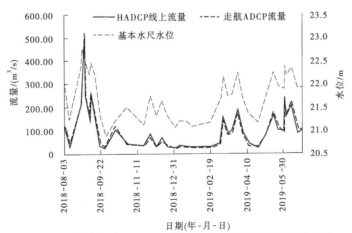

图 10　洪濑水文站 H-ADCP 测流与人工测验流量过程线对比

5　结语

H-ADCP 作为一种自动在线流量监测设备，配合数据采集控制设备、后处理软件，具有时效性强、稳定性高、成本低和管理维护方便等特点，满足行业较多水文测站流量在线监测的要求，可以在水文系统推广应用，能够有效提高水文自动化、现代化水平，进而提高水文基础支撑服务能力。

参考文献

［1］谢悦波 . 水信息技术［M］. 北京：中国水利水电出版社，2009.

［2］马富明 . 水文流量监测新技术设备运用现状与改进方法［J］. 水文，2020（4）：66-71.

［3］黄河宁 . ADCP 河流流量测量原理和方法［R］. 2002.

［4］Huang Hening, Wang Fa-jun. Discharge calculation methods for real-time flow monitoring using horizontal acoustic Doppler current profiler（HADCP）［C］//Proceedings of 2005 Annual Conference, Japan Society of Hydrology and Water Resources, 2005：286-287.

［5］田淳，刘少华 . 声学多普勒测流原理及其应用［M］. 郑州：黄河水利出版社，2003.

［6］王发君，黄河宁 . H-ADCP 流量在线监测指标流速法定线软件"定线通"介绍与应用［J］. 水文，2007（27）：63-65.

［7］刘双林，宋树东 . ADCP 定点测流方法应用［J］. 人民长江，2009，40（20）：79-80.

［8］李雨，袁德忠，周波 . ADCP 在水文测验中的应用及其发展前景［J］. 人民长江，2013（S2）：35-38.

［9］彭晓军，孙全章 . ADCP 在水文测验中的应用分析与发展前景［J］. 科技创新与应用，2015（26）：241-241.

［10］黄毅 . 声学多普勒测流仪原理及应用［J］. 气象水文海洋仪器，2013，30（4）：119-121.

［11］张晓红 . 浅议 ADCP 在中小河流水文测验中的应用［J］. 珠江水运，2016（4）：90-91.

［12］蓝标，曲娟 . 声学多普勒流速剖面仪 ADCP 及其在水文测流中的应用［J］. 气象水文海洋仪器，2011，28（4）：65-68.

［13］孔焱 . 浅议 ADCP 在中小河流水文测验中的应用［J］. 电子制作，2013（22）：33-33.

［14］高延雄，薛冰 . ADCP 测流技术及使用中应注意的几个问题［J］. 中国水利，2013（Z1）：103-104.

［15］陈伯云，房灵常，等 . 基于定点式 ADCP 的在线流量监测系统研发推广专题报告［R］. 2019.

［16］陈伯云，刘九夫，余达征，等 . 组织新技术在水文测报中的研发推广技术总结报告［R］. 2019.

非洲几内亚苏阿皮蒂水电站基于北斗/GNSS 技术的变形自动化监测系统建设方案设计与应用

聂文泽　　杨细源　　黎　杰　　任利江

（中国电建集团贵阳勘测设计研究院有限公司，贵州贵阳　550081）

摘　要： GNSS 自动化监测系统凭借其精度高、全天候、可靠性强、扩展性好及动态实时、网络监控等优点，正在越来越多的工程监测项目中使用。作为一项系统工程，GNSS 自动化监测系统的建设包括监测方案与系统设计、设备采购、土建施工、设备安装与调试及系统试运行等。其中，方案与系统设计是最重要的环节之一。本文基于非洲几内亚苏阿皮蒂水电站 GNSS 自动化监测系统工程，归纳总结了系统设计过程的一般性步骤及经验，为日后类似国际国内项目设计提供宝贵借鉴经验、实践技巧及启示。

关键词： 基于北斗/GNSS 技术；GNSS 自动化监测系统；建设方案设计；苏阿皮蒂水电站工程

1　引言

全球导航卫星系统（global navigation satellite system，GNSS）定位技术具有精度高、全天候、可靠性强、扩展性好、实时动态、网络监控，且能同时获得三维位移信息等优点，已被广泛应用于大坝的高精度外部变形监测领域[1-4]。通过在坝体、厂房、左右岸坝肩及库区边坡等关键部位布设固定连续的 GNSS 监测阵列，并利用一定时段内的观测数据进行坐标解算，求取监测点相对于基准点的位移量以判断大坝及其库区的整体稳定性情况[2]。随着北斗三号最后一颗全球组网卫星成功发射，北斗/GNSS 技术已具备为全球用户提供全天候、全天时、高精度的定位服务。

苏阿皮蒂水电站位于西非几内亚共和国西南部的孔库雷河（Konkoure）中游，为 I 等大（1）型工程，以发电为主。枢纽工程大坝为碾压混凝土重力坝（含左岸挡水坝段、进水口坝段、导流底孔坝段、泄流底孔坝段、溢流坝段以及右岸挡水坝段），坝轴线总长 1 164 m，最大坝高 120 m。苏阿皮蒂水电站工程四台机组于 2021 年 3 月全部投产发电，为监控及评估枢纽区各水工建筑物及两岸边坡运行初期稳定性，确保大坝、厂房安全稳定运行，采用基于北斗/GNSS 技术的变形自形自动化监测系统，全天候、高精度安全监测，为苏阿皮蒂水电站工程提供强有力的监测信息支撑，掌握变形状态及发展趋势。GNSS 自动化监测对象包括大坝坝顶（10 点）、左右岸坝肩边坡（各 7 点）、厂房（2 点）和泄流底孔边墙（2 点），其中监测控制网点的 TN01 同时作为 GNSS 基准站，为 GNSS 监测点提供差分定位信息。各测点具体布置情况见图 1。

基于北斗/GNSS 技术的变形自动化监测系统建设内容主要包括系统施工阶段方案设计（含施工图纸）、设备材料采购、土建施工、设备安装与调试、系统试运行等。本文基于几内亚苏阿皮蒂水电

作者简介：聂文泽（1990—），男，硕士，主要从事变形监测理论与应用技术研究。

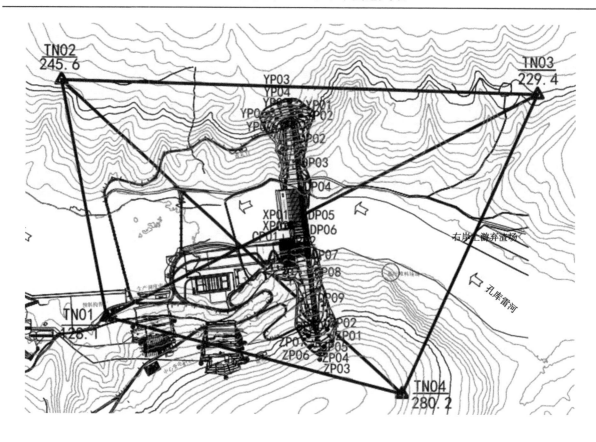

图 1 苏阿皮蒂水电站 GNSS 自动化监测系统测点布置图

站 GNSS 自动化监测系统工程，主要探讨监测方案和系统设计过程，以期为类似工程项目提供借鉴及进一步完善的经验。

2 土建方案设计

2.1 基准站观测墩、观测房及避雷子系统修建设计

GNSS 基准站观测墩与观测房（防盗和保护作用）同时施工，并按《建筑地面工程施工及验收规范》《建筑装饰工程施工及验收规范》等有关规范执行，修建完成后，再进行避雷子系统的施工。基准站观测墩、观测房与避雷子系统的设计要求见表 1。

表 1 基准站观测墩、观测房与避雷子系统的设计要求

土建项	设计要求
观测墩	1. 观测墩与观测房同时进行基础开挖、基础钢筋混凝土浇筑。 2. 观测墩采用外径 165 mm、壁厚 3~4 mm、长度 5 m 的镀锌钢管作为主墩体，钢管内浇筑混凝土，然后顶部安装强制对中基座（倾斜度不得大于 4″）。钢管下部和顶部开线缆孔，作为天线馈线、无线网桥网线的出入线孔。 3. 观测墩与屋面伸缩缝需做防水处理。 4. 观测墩整饰及零星工程

续表1

土建项	设计要求
观测房	1. 观测房基础应开挖至基土，开挖尺寸为 5.0 m×5.0 m（长×宽），观测房建筑平面投影尺寸为 3.0 m×3.0 m（长×宽），观测房位于已开挖基础正中间，在观测房拟修建位置四角开挖一定长宽小基础。 2. 观测房四角制作柱筋并绑扎，完成后采用 C20 混凝土浇筑基础及找平。 3. 观测房采用砖混结构修建，外部尺寸为 3.0 m×3.0 m×3.0 m（长×宽×高），墙体厚度 24 cm，在墙面一侧安装宽度为 90 cm 的防盗门，防盗门的左侧墙面采用 φ 20 钢筋按步距为 30 cm 修建爬梯，爬梯尺寸为 5—33—40—33—5，埋入墙体 15 cm，露出墙外约 18 cm，当墙体修建至 2.05 m 高度时，采用 4 根 φ 18 钢筋制作成截面为 24 cm×24 cm 的圈梁，在圈梁上采用现场浇筑厚度为 15 cm 的楼顶面板，位于爬梯处的楼顶面板预留尺寸为 60 cm×60 cm 的方形爬梯孔，在正方形爬梯孔四边浇筑 5 cm×5 cm 的挡水坎，楼顶面板浇筑时，在观测墩（测点标杆）四周预留约 6 cm 的间隙并在其边缘浇筑 5 cm×5 cm 的挡水坎，在楼顶面处的测点标杆四周焊接挡雨盖，间隙处采用防水材料封闭。观测房修好后，在屋顶楼面四周采用红砖修建厚度为 12 cm、高度约 0.8 m 的防护墙，并在楼顶面四角处埋设 φ 50 的排水管。 4. 观测房土建完工后，应进行内外装饰施工。先对内外墙面及屋顶面找平，找平后采用外墙瓷砖对内外墙面及地面进行装修，最后对墙面、屋顶做防水处理
避雷子系统	1. 基准站避雷子系统包括防直击雷的避雷针、接地网（接地电阻<10 Ω），防感应雷的天线馈线避雷器、电源线感应避雷器以及网络避雷器。 2. 基准站由于远离枢纽工程的防雷接地设施，需单独建立接地网。避雷针建议安装在观测房房顶，并高于 GNSS 天线 1.5 m 以上。 3. 避雷接地网冲击通流容量≥200 kA，抗风强度≥40 m/s

GNSS 基准站观测房、观测墩设计剖面图如图 2 所示。

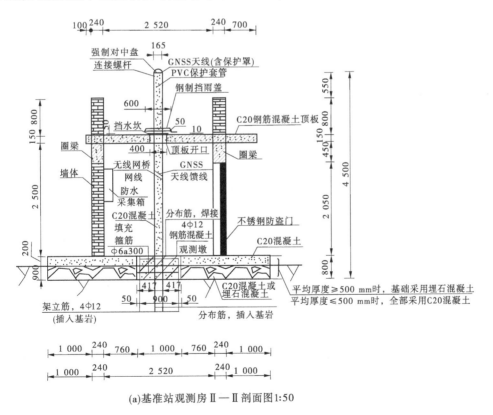

(a)基准站观测房Ⅱ—Ⅱ剖面图1:50

图 2　GNSS 基准站观测房Ⅱ—Ⅱ、Ⅲ—Ⅲ剖面图

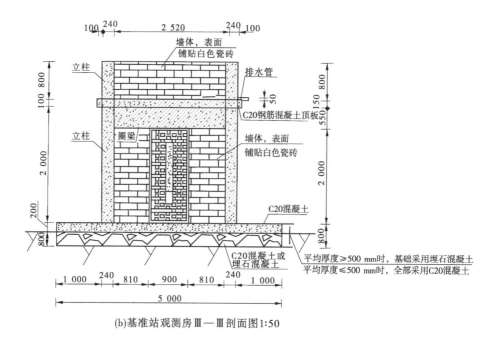

(b)基准站观测房Ⅲ—Ⅲ剖面图1:50

续图2

2.2 监测点观测墩和避雷子系统修建设计

枢纽区外观 28 个 GNSS 监测点分布于大坝坝顶、左右岸坝肩边坡、厂房房顶及泄流底孔边墙，不同部位的观测墩与避雷子系统施工工艺不同，其设计要求见表 2。

大坝坝顶、左右岸坝肩边坡、厂房房顶以及泄流底孔边墙 GNSS 监测点埋设示意图见图 3。

表 2　监测点观测墩与避雷子系统设计要求

土建项	设计
观测墩	1. 观测墩基础处理：坝顶监测点采用底部带有法兰盘的 ϕ 165 mm 镀锌钢管作为主杆，与被测部位接触面打膨胀螺丝固定牢靠。左右岸坝肩边坡监测点需开挖 1.0 m×1.0 m×1.0 m 的基础，若开挖深度不足 1 m，露出地表高度和开挖深度之和要保证达到 1 m，用锚筋和基岩连接成整体，确保基础牢固。厂房房顶及泄流底孔边墙监测点采用底部带有法兰盘的 ϕ 165 mm 镀锌钢管作为主杆，与被测部位接触面打膨胀螺丝固定牢靠。 2. 测点标杆加工：坝顶监测点采用外径 165 mm、壁厚 3~4 mm、长度 1.8 m 的镀锌钢管作为主体墩体（测杆），底部焊接法兰盘。左右岸坝肩边坡监测点采用外径 165 mm、壁厚 3~4 mm、长度 4 m 的镀锌钢管作为主墩体，管内浇筑混凝土，然后于顶部安装强制对中基座（倾斜度≤4″）。在测杆顶部和位于顶部以下 1 m 左右的位置分别打孔，作为天线馈线的入线和出线孔。在底部开弧孔，作为电源电缆和光纤的出线孔。厂房房顶监测点采用外径 165 mm、壁厚 3~4 mm、长度 0.6 m 的镀锌钢管作为主体墩体（测杆），底部焊接法兰盘。泄流底孔边墙监测点采用外径 165 mm、壁厚 3~4 mm、长度 1.8 m 的镀锌钢管作为主体墩体（测杆），底部焊接法兰盘。 3. 观测墩浇筑：坝顶监测点测杆法兰盘和被测部位通过膨胀螺丝固定连接，测杆底部浇筑一个方形基础墩，确保测杆稳固。左右岸坝肩监测点采用 C20 强度混凝土浇筑观测墩，固定好测点标杆且保证垂直美观。厂房房顶及泄流底孔边墙监测点测杆法兰盘和被测部位通过膨胀螺丝固定连接，测杆底部分别浇筑一个方形基础墩，确保测杆稳固

续表 2

土建项	设计
避雷子系统	1. 大坝坝顶及左右岸坝肩边坡靠近坝肩测点可直接接入大坝接地网，无须单独建立接地网。 2. 左右岸坝肩边坡较远测点附近若无接地网可用，可单独建立接地网。 3. 厂房房顶 2 个 GNSS 测点可利用厂房接地网。 4. 泄流底孔边墙 2 个 GNSS 测点利用附近接地网

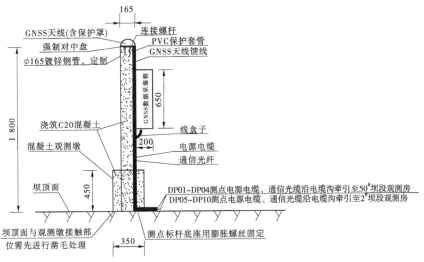

(a)大坝坝顶GNSS测站点埋设示意图(1:20)

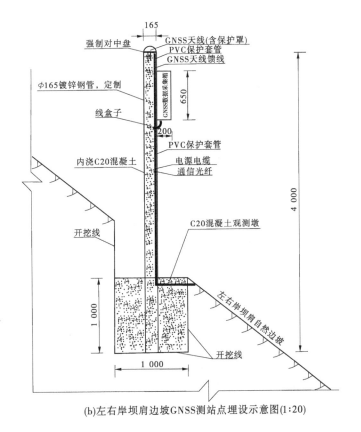

(b)左右岸坝肩边坡GNSS测站点埋设示意图(1:20)

图 3 GNSS 监测点埋设示意图

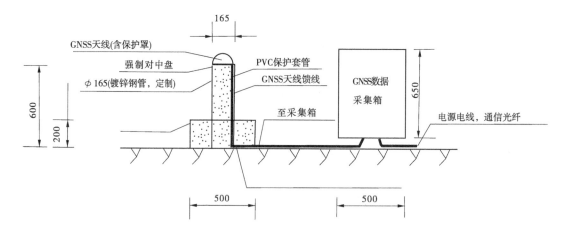

(c)坝后厂房房顶GNSS测站点埋设示意图(1:20)

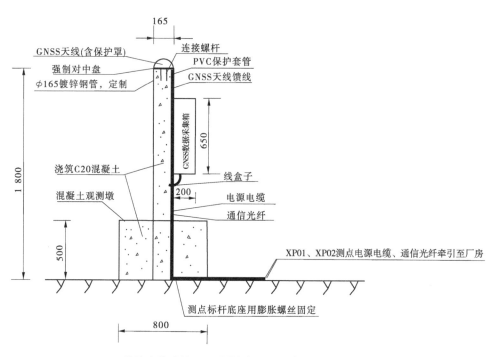

(d)泄流底孔边墙GNSS测站点埋设示意图(1:20)

续图 3

2.3 监测控制网点观测墩修建设计

枢纽区外部变形监测控制网点共 3 个（除 GNSS 基准站外），分布于大坝上游左右岸以及下游右岸。控制网点采用 ϕ315 PVC 管，需先开挖基础至原生土层，PVC 管内部制作钢筋骨架，竖筋插入开挖底面以下至少 30 cm。骨架制作完后，将 PVC 管套入，先后对基础、PVC 管内部浇筑 C20 混凝土，管体顶部安装强制对中盘。控制网点埋设示意图见图 4。

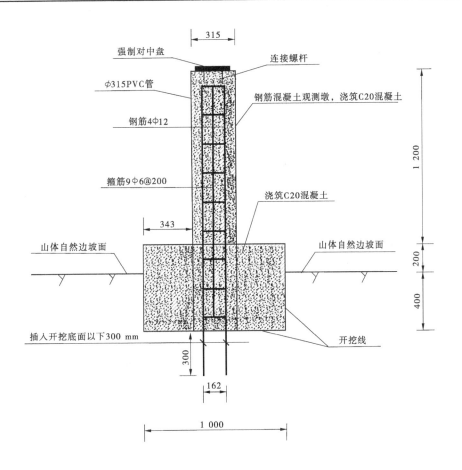

图4　外部变形监测控制网点埋设示意图（1∶15）

3　设备安装与组网调试设计

3.1　设备安装设计

设备安装包括避雷子系统安装、供电子系统安装、通信子系统安装、数据采集箱安装及 GNSS 天线、接收机安装，各部分安装方法或步骤见表3。

表3　设备安装方法或步骤设计

安装项	方法或步骤
避雷子系统	1. 直击雷避雷接地网：避雷针通过法兰盘与镀锌小钢管支撑杆连接，安装好后再进行土建施工，通过扁铁和接地网连接（附近现有接地网的无须单独建立）。 2. 感应雷避雷器：安装天线馈线避雷器、交流电源避雷器、无线网桥网络避雷器
供电子系统	1. 基准站市电供电系统：采用 220 V 市电供电，接入坝后厂房电源接口。 2. 监测点市电供电系统：左岸坝肩边坡、溢流坝段左侧坝顶监测点汇集于 2# 坝段坝顶观测房内（利用现有电源接口）；右岸坝肩边坡、溢流坝段右侧坝顶监测点汇集于 50# 坝段坝顶观测房内（利用现有电源接口）；厂房房顶和泄流底孔两侧边墙监测点利用厂房电源接口

续表3

安装项	方法或步骤
通信子系统	1. 基准站无线网桥方式：无线网桥主机固定于观测房顶，通过网线接入观测房数据采集箱内，基准站房顶无线网桥与 50[#] 坝段坝顶观测房附近无线网桥通视，再通过设置于厂房房顶的无线网桥传输至控制中心。 2. 监测点光缆+无线网桥方式：左/右岸监测点以光缆汇集于左/右坝顶观测房内，再通过无线网桥方式传输至控制中心。厂房房顶及泄流底孔边墙监测点采用光缆牵引至控制中心
数据采集箱	1. 基准站：数据采集箱放置在观测房内，通过膨胀螺丝固定于一面墙壁上，保证美观。 2. 监测点：厂房房顶测点定制为带脚数据采集箱站立于观测墩旁侧；左右岸坝肩边坡、大坝坝顶及泄流底孔边墙数据采集箱则设计为通过抱箍和测点钢管标杆固定牢靠，保证美观
GNSS 天线	在测点标杆（或混凝土观测墩）顶部强制对中盘上预装连接螺丝，然后将 GNSS 天线安装于连接螺丝上。天线和接收机通过馈线建立物理连接，暴露在空气中的线缆需穿软管保护。天线安装完成后，开始安装保护罩装置，与保护罩基座连接牢固
GNSS 接收机	1. 基准站：将接收机固定于采集箱体内背面后，通过天线馈线和 GNSS 天线连接，接收机电源线接入市电插座上，接收机网线和无线网桥连接，通过现场调试，确保和控制中心服务器通信组网成功，原始监测数据实时传输至服务器端。 2. 监测点：将接收机固定于采集箱体内背面后，通过天线馈线和 GNSS 天线连接，接收机电源线接入箱体内预安装的市电电源插座上，接收机网线和光电模块连接，配置 1 个终端盒，通过现场调试，确保和控制中心服务器通信组网成功，原始监测数据实时传输至服务器端

3.2　组网调试设计

监测管理站作为 GNSS 自动化监测系统的控制中心，对监测数据进行存储、处理与分析以及提供数据成果输出等。1 个 GNSS 基准站和 28 个 GNSS 监测点组成枢纽区 GNSS 自动化监测系统，新购 Spider 和 GeoMoS 软件、站点接入许可码，新购 1 台服务器（含显示屏、键盘及鼠标）、机柜、网络交换机以及配套 UPS 系统。保证枢纽区 GNSS 系统不受干扰，独立运行。

对监测管理站外观 GNSS 服务器进行 Spider 和 GeoMoS 软件安装，将 1 个 GNSS 基准站和 28 个 GNSS 监测点在已安装好的数据处理分析软件 Spider 和 GeoMoS 上进行一系列新增测点配置，最终纳入 SQLServer 数据库统一管理。调试时，需与现场对应的 GNSS 基准站和 GNSS 监测点前端设备进行逐一对应配置联合调试，确保组网成功。新增 GNSS 监测点于 Spider 软件上的数据流如图 5 所示。

4　创新点

（1）基于北斗/GNSS 技术的变形自动化监测系统，能够接收北斗 B1、B2、B3 信号，收星数量

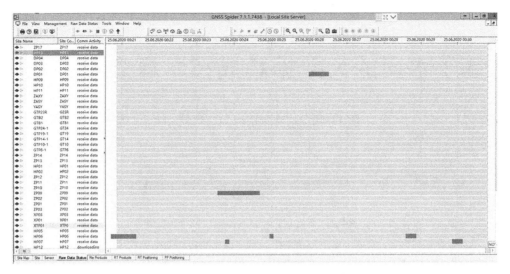

图 5　GNSS 监测点于 Spider 软件上的数据流

更多，以 BDS+GPS+GLONASS 组合的三星系统，定位精度更稳定、更可靠。

（2）相比单一的通信方式，本工程 GNSS 自动化监测系统采用无线网桥+光缆组合方式，施工周期快，最大限度确保系统通信长期稳定，不易被破坏，优化网络结构，保证 29 个 GNSS 测点构成的复杂通信网络稳定运行。

（3）考虑到不同监测部位施工工艺不同、当地社会治安问题、保证监测设施长期稳固、外表美观、获得较好监测预期，对具体部位具体研究、精心设计，本工程 29 个 GNSS 测点、3 个变形监测控制网点采用的测点标杆均为个性化定制，实用性极强。

（4）本工程大坝坝轴线较长，变形监测控制网形设计难度较大，经过现场多次观测条件测试、地质地形踏勘、内业 GNSS 网形优化设计，图 1 中 TN01～TN04 构成的网形能满足本工程要求。

5　结论

本文对非洲几内亚苏阿皮蒂水电站 GNSS 自动化监测系统设计过程进行了完整的讨论、归纳总结，提供了一套全面成熟的系统建设设计方案，包括具体施工技术指标控制，为类似国际国内工程项目提供宝贵经验、实践技巧及启示。

GNSS 自动化监测系统建成，便能开始全天候、高精度监测评估枢纽区建筑物（大坝坝顶、泄流底孔边墙、坝后厂房房顶）及两岸坝肩边坡的稳定性及发展趋势，为苏阿皮蒂水电站安全运行保驾护航。

参考文献

[1] 黄声享，尹晖，蒋征. 变形监测数据处理 [M]. 2 版. 武汉：武汉大学出版社，2010.

[2] 徐绍铨. 隔河岩大坝 GPS 自动化监测系统 [J]. 铁路航测，2001（4）：42-44.

[3] 张小红，李征航，李振洪. 隔河岩大坝外观变形 GPS 自动化监测系统的灵敏度分析 [J]. 测绘通报，2000（11）：10-12.

[4] 龚春龙，熊寻安，张伟，等. 基于 GNSS 实时监测的土石坝表面变形时序分析 [J]. 人民黄河，2017，39（8）：124-128.

基于水网的大数据集成技术探索与实践

李建新[1]　余向勇[2]　王娇怡[1]

(1. 水利部海委信息中心，天津　300170；
2. 生态环境部环境规划院，北京　100012)

摘　要：随着水利信息化的发展，相关信息量呈几何级数增长，越来越迫切需要一个大数据集成技术，以提高数据管理水平。本文针对水利信息化与水网相关的特征，在现有的水资源分区基础上，采用动态分段的河流编码技术建立水网编码系统，并基于此水网进行相关数据的集成，成功应用于海河流域相关项目中，实现了流域水资源与水环境综合管理信息的集成与共享，极大地方便了河流相关属性的大数据分析。

关键词：水网；大数据；集成技术

在"节水优先、空间均衡、系统治理、两手发力"的治水思路指引下，确立了水资源、水生态、水环境和水灾害统筹治理的新思路，山水林田湖草生命共同体。水的管理需要水利现代化做支撑。

随着物联网、云计算、大数据、移动互联网等革命性新兴信息技术不断发展成熟，水利信息化向"智慧水利"发展，而水系形成的"水网"是所有涉水事件共同面对的一个对象，涉水信息与水网息息相关。因此，基于水网的大数据集成技术，是解决涉水信息集成、实现水管理部门信息共享与交流的有效手段。

1　水网体系

水网是由天然的江河湖泊和人工的引水供水连通工程组成的，两者是密不可分的。自然河湖水系形成了全国水网的空间布局基础，蓄引提调连通工程构成了水流时空再调节的人工渠系网络，自然水系和人工渠系共同组成全国水网格局。

我国规划南水北调东线、中线、西线工程沟通长江、淮河、黄河、海河四大流域，构成"四横三纵"的国家水网骨架，形成南北调配、东西互济的水资源配置格局。现在，全国各区域、流域正在进行智慧化水网规划建设。

水网是一个统筹的复合网络系统，具有多种要素：自然水系及自然水系中建设的水库、闸坝、泵站、堤防与蓄滞洪区等，布设水文、水质、生态、水量等多种监测站点，水管理要素中的量、质等。

在水利部门，第一次全国水利普查信息：流域面积 50 km² 及以上河流 45 203 条，常年水面面积 1 km² 及以上湖泊 2 865 个，水库 98 002 座，泵站 424 451 座，水电站 46 758 座，过闸流量 1 m³/s 及以上水闸 268 476 座，河湖取水口 638 908 个，水资源分区（一级区 10 个、二级区划 80 个、三级区 214 个），水功能区（一级水功能区 2 888 个、二级水功能区 2 738 个）等。全国各类水利信息采集点超过 14 万多处，全国河长制湖长制信息 30 多万个。

在生态环境部门，全国水环境共划分了 12 883 个功能区，共涉及监测断面 9 000 余个。全国环境保护重点城市区划 6 494 个水环境功能区、2 810 个代表性监测断面、10 084 个入河排污口、1.5 万多

作者简介：李建新（1970—），男，教授级高级工程师，主要从事水信息化、水资源管理研究。

个主要污染源（其中工业污染源 11 364 个，面源和生活源共 4 008 个）等。

2 基于水网的水信息大数据集成

在实施水管理中，信息是基础，而这些信息绝大部分与水网息息相关，基于水网的信息集成技术也就应运而生。

河网水系是水在陆地上形成的一个最重要的特征，有许多相对独立的集水区域，大到 1 个流域，小到 1 个小水系，在这些河网上依附着一系列相关信息（如水文站、水质站、取水口、排污口、闸坝、堤防等），水管理问题主要是对这些河网水系及其相关信息的管理。

美国的 NHD（the national hydrography dataset），以分析河网上相关属性为主，在 1∶100 000 的地图上划分了 500 万条河段，2 150 个子流域（水文单元），相关的属性有水量站 70 万个、水质站 20 万个、水库 7.5 万座，还有很多饮用水取水口。这有效地反映了集水区、河段、水体及相关要素（水文站、取水口、退水口、排污口、水质站、功能区、水库、闸坝等）之间的关联关系。河网上每种属性的编码犹如人的身份证号码一样，极具稳定性，大大提高了信息管理效率，从而有利于信息共享。

2.1 基于河流动态分段的数据关联技术

2.1.1 基本内容

河流动态分段就是对河流线性特征进行相对位置划分，视河流为路径，分成各区段、弧段，并在河流路径上划分度量关系，如图 1 所示。

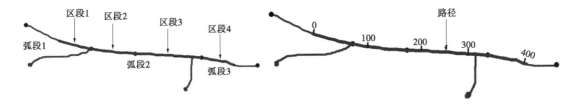

图 1　河流路径度量示意图

河流路径有许多点属性和线属性。

（1）点属性（事件），如水文站、水质站、取水口、排污口等，如图 2 所示。

图 2　点属性

（2）线属性（事件），如水功能区分类（保留区、开发利用区等）和水环境功能区分类（饮用水水源保护区、工业用水区、农业用水区等），如图 3 所示。

图 3　线属性

2.1.2　数据模型

河流动态分段数据模型就是河流路径相关事件信息的关联描述，如图 4 所示。河流弧段是整个模型的基础，河流上的区段是基于河流弧段建立的，河流路径是由一组相接的区段组成的，属性（事件）通过自身的量度值与路径关联，同一河流路径可以关联多类事件。

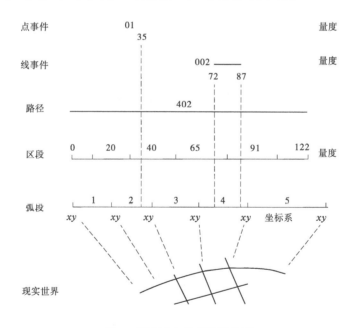

图 4　河流动态分段数据模型

河流动态分段模型在表示河流地理空间信息上具有明显优势，它可以通过弧段—区段—路径的结构关系，很好地描述河流属性要素与河流地理要素之间的复杂关系，用河流路径关联属性信息来灵活表示水网相关动态信息，并获取定位信息，如图 5、图 6 所示。

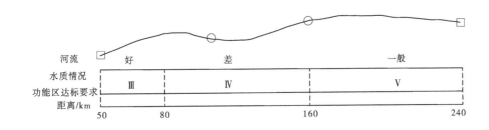

图5 河流路径水质河段

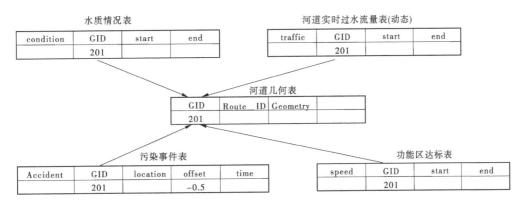

图6 河流路径水质属性数据库链

2.1.3 技术特点

（1）能充分反映河网水系中河流、流向、属性之间的拓扑关系。

（2）对河流河段采用犹如身份证号码一样的识别码，有利于信息化管理系统的稳定。

（3）与河段相关的要素（水文站、水质站、水量站、排污口、水库、闸坝、堤防、功能区、取退水口等）都采用唯一的要素码，能较好地反映河流与要素之间的空间位置关系，便于建立关联的空间数据库和属性数据库。

2.2 基于水网的信息集成规则

基于水网的信息层次结构分为子流域（含集水区）、河流、河段、站点四种对象（见图7），分别属于面、线、点三种类型，河流常以河段表示。现在许多河网分析，大多采用以北美 Pfafstetter 为代表的子流域编码体系，以分析河网水系的拓扑关系为主，如图8所示，有利于河流水文分析和河道管理，但对河网上的关联属分析不够。

图7 基于水网的水信息层次结构

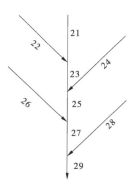

图 8　河网树杈编码方法

基于河流动态分段的数据关联技术，是参考美国地质调查局和美国水资源委员会制定的河流编码规则而制定的。

2.2.1　子流域编码

子流域编码采用分级制度。如美国 NHD 河流编码系统中，在 1∶100 000 的地图上被分成 4 个不同等级的嵌套的水文单元，每一级水文单元由 2 位一组的数字代码表示，共 8 位数字。编码示意如图 9 所示。

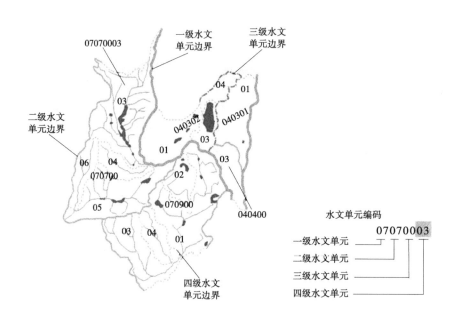

图 9　子流域（水文单元）编码示意图

2.2.2　河流河段编码

在最小等级的子流域里，对河流河段进行编码，河段的定义扩展为具有相同水文特征的地表水体的一部分，可以是 1 段河流，也可以是 1 个湖泊、1 个河流交汇点等。在美国 NHD 河流编码系统中，在第 4 级水文单元区域里为河段设定，从 000001 开始给所有的河段进行编码，如图 10 所示，标记为 1 的河段编码为 01080105 000001。

2.2.3　要素编码

要素编码为河流相关信息，以数字代码表示，如面信息（水库、蓄滞洪区、湖泊）、线信息（功能区、堤防）、点信息（水文站、水量站、水质站、取水口等）等。要素编码：起始点在河流路径量度的百分比+终止点在河流路径量度的百分比，如图 11 所示。

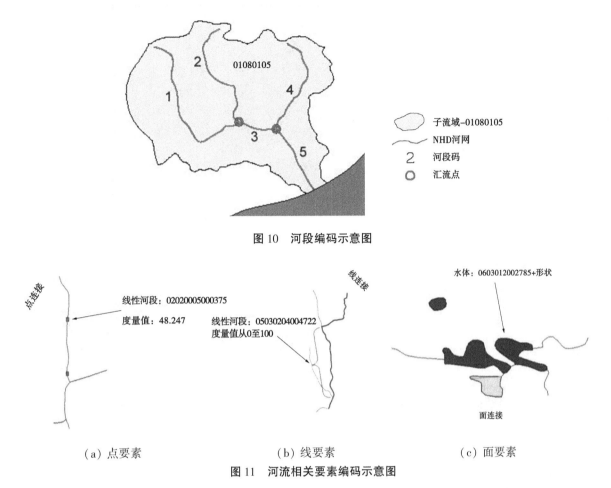

图 10　河段编码示意图

子流域–01080105
NHD河网
2　河段码
汇流点

（a）点要素　　　　　　　　（b）线要素　　　　　　　　（c）面要素

点连接
线性河段：02020005000375
度量值：48.247

线连接
线性河段：05030204004722
度量值从0至100

水体：0603012002785+形状
面连接

图 11　河流相关要素编码示意图

在建立水网及相关要素空间信息时，有两种方式：一种是基于大地坐标的空间位置关系，由于系统误差和人工偶然误差的原因，要素与河流相关位置常发生偏离，如图 12（a）所示，从而影响了分析效果；另一种是基于河流动态分段的数据关联技术，可以把河流相关要素空间位置关系牢牢绑定在水网上，从而便于河流水量水质的有效分析，如图 12（b）所示。

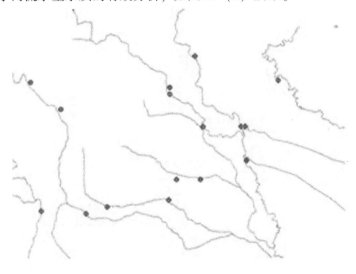

（a）基于大地坐标的水文站

图 12　基于大地坐标和基于河流动态分段相对位置比较示意图

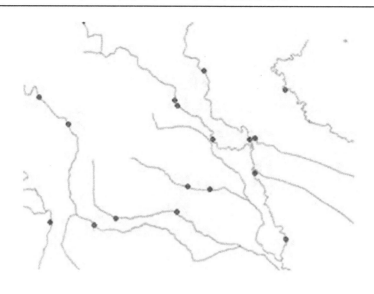

（b）基于河流动态分段的水文站

续图 12

3   基于水网的海河流域大数据集成实践

在全球环境基金资助的 GEF 海河流域水资源水环境综合管理项目中，采用了基于河流动态分段技术建立的基于水网的海河流域编码系统，实现了水利部门和环保部门之间的信息交换与数据集成。

3.1   水网编码规则

3.1.1   编码规则

该系统编码为：流域编码+子流域编码+河段编码+事件码+扩展码，具体如下：

（1）流域编码：1 位，海河流域为 C。

（2）子流域编码：6 位，对应流域水资源三级区。

（3）河段顺序码：6 位。

（4）事件码：12 位，由河段上事件起点、终点两个码段组成，事件为与河流相关的水管理信息，如站点（水文、水质）、功能区等。

（5）扩展码：3 位，根据水管理需要扩展。举例如下：

水利环保部门识别码：1 位，水利为 1，环保为 2。

监测性质识别码：1 位，水文站为 1，水质站为 2，取水口为 3，退水口为 4，排污口为 5，功能区为 6。

岸识别码：1 位，左岸为 1，右岸为 2。

3.1.2   信息编码

与河流相关的所有信息都可以通过该水网编码规则进行编码关联，从而便于实现信息交换。以滦河支流武烈河为例，如图 13 所示。

（1）河段编码。

武烈河：C010100000230。

（2）监测站点信息编码。

滦河支流武烈河监测站点的编码信息如表 1 所示。

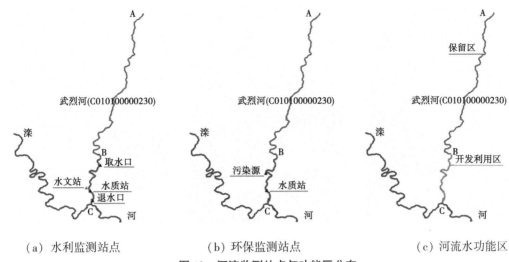

| (a) 水利监测站点 | (b) 环保监测站点 | (c) 河流水功能区 |

图 13 河流监测站点与功能区分布

表 1 武烈河监测站点信息编码

站名①	REACH_ CODE	起点百分比/%	终点百分比/%	测站河段编码
水文站	C010100000230	92	92	C010100000230092000092000112
水利水质站	C010100000230	93	93	C010100000230093000093000121
环保水质站	C010100000230	93	93	C010100000230093000093000221
取水口	C010100000230	81	81	C010100000230081000081000131
退水口	C010100000230	98	98	C010100000230098000098000141
污染源	C010100000230	85	85	C010100000230085000085000251

注：①水文站在河的右岸，水质站、取水口、退水口、污染源在河的左岸。

（3）河流水功能区。

滦河支流武烈河水功能区的编码信息如表 2 所示。

表 2 武烈河水功能区编码

REACH_CODE	功能区代码	水域	长度/km	起点百分比/%	终点百分比/%	水质目标	功能区类型
C010100000230	C010100000230000000072500160	A-B	58	0	72.5	Ⅱ	保留区
C010100000230	C010100000230072500100000160	B-C	22	72.5	100	Ⅲ	开发利用区

3.2 基于水网的海河流域大数据集成应用

3.2.1 集成水网及相关要素

在 GEF 海河流域水资源水环境综合管理项目中，建立了海河流域的水网编码：基于流域内的 15 个三级水资源分区划分了 15 个子流域（水文单元），对海河流域内全部河流细分了 622 个河段，如图 14 所示。基于水网编码系统建立了各要素关联关系，如图 15 所示，并在此基础上，建立了水网与要素的空间位置关系，如图 16 所示。

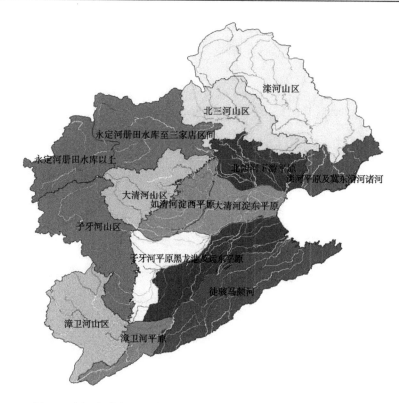

图 14　海河流域水网示意图（15 个水资源三级分区及其 622 河段）

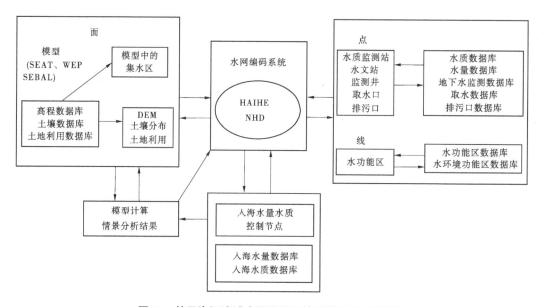

图 15　基于海河流域水网编码系统的数据集成关联图

3.2.2　实现河流路径搜索分析

基于水网的海河流域编码系统，可以通过河流路径搜索分析，可以快速查找关心河段及其相关数据，对于区域降雨产流分析、排污量和水质的沿程变化分析、污染事件的应急预案分析等非常有效。如图 17 所示。图 17（a）粗线条显示搜索河流上游河段，图 17（b）粗线条显示搜索河流下游河段。

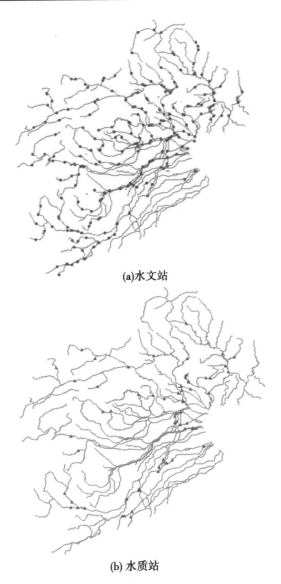

(a)水文站

(b) 水质站

图16　海河流域基于水网的水文、水质监测站点示意图

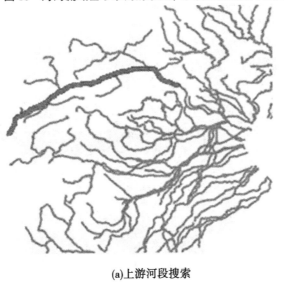

(a)上游河段搜索

图17　河流路径搜索示意图

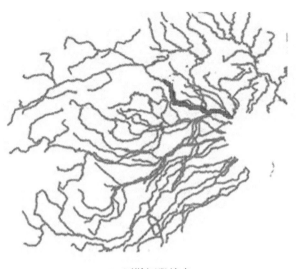

(b) 下游河段搜索

续图 17

3.2.3 搭建跨部门信息共享桥梁

在 GEF 海河流域水资源水环境综合管理项目中，水利部与生态环境部签署了海河流域相关数据的交流共享协议，共享内容主要包括水文、水量、水质、污染源等监测数据资料。

水利部与生态环境部在管理河流水质时，区划的水质标准相同，但在区划范围和水质目标要求上有许多差别，两个部的数据库库表结构不一致。基于水网的海河流域编码系统就为两部的信息交换建立起一座信息共享的桥梁。以安阳淇河为例，如图 18 所示，水功能区和水环境功能区通过动态分段河流上的河流路径编码，实现了信息交换。

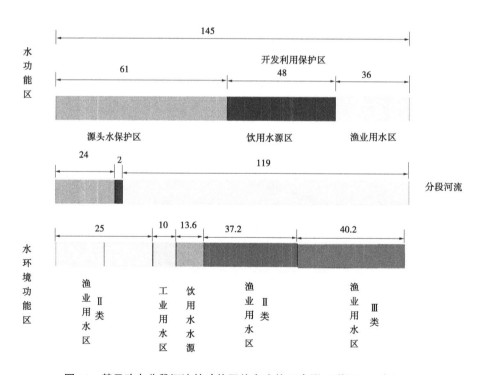

图 18 基于动态分段河流的功能区信息交换示意图（淇河）（单位：km）

4 结语

随着以水资源、水生态、水环境和水灾害为主题的水安全管理的深入，涉水问题的管理也将进入多部门、多层次的深入合作态势，数据管理与共享是一个亟须解决的难题。

当今，物联网、云计算、大数据、移动互联网等革命性新兴信息技术不断发展成熟，水信息化向"智慧水网"发展，涉水信息（监测数据、计算数据、记录数据）呈现出体量大、增长快、多样化的"大数据"特征，而传统的数据管理方式在数据集成深加工方面存在很多困境，尤其是面向河流属性的分析。

水系形成的"水网"是所有涉水事件共同面对的一个对象，涉水信息与水网息息相关。采用动态分段的河流编码技术建立水网编码系统，并基于水网编码系统进行相关数据集成，成功应用于海河流域相关项目中，实现了流域水资源与水环境综合管理信息的集成与共享，极大地方便了河流相关属性的大数据分析。因此，基于水网的大数据集成技术，是解决涉水信息集成、实现水管理部门信息共享与交流的有效手段。

参考文献

[1] 王建华，赵红莉，冶运涛. 智能水网工程：驱动中国水治理现代化的引擎 [J]. 水利学报，2018，49（9）：1148-1157.

[2] 李建新，曹国荣，余向勇. 基于动态分段的河流编码技术在水信息管理中的应用 [J]. 水文，2010，30（4）：72-75.

[3] 王忠静，王光谦，王建华，等. 基于水联网及智慧水利提高水资源效能 [J]. 水利水电技术，2013，44（1）：1-6.

[4] 李建新，曹国荣，余向勇. 国内外河流编码技术评述 [J]. 水利信息化，2010（2）：25-30.

[5] 户作亮. GEF 海河流域水资源与水环境综合管理知识管理系统 [J]. 水利信息化，2010（4）：11-17.

[6] 余向勇，吴舜泽，邦得雷德，等. 基于路径系统的水环境功能区与水功能区综合区划研究——以海河流域为例 [C]//中国环境科学学会学术年会论文集. 北京：中国环境科学出版社，2007：644-647.

[7] 余向勇，吴舜泽，周劲松，等. 海河流域河段编码开发及应用研究 [C]//中国环境科学学会学术年会论文集. 北京：中国环境科学出版社，2007.

一种联合测量校验的农业用水量推求方法

王 菊[1] 韦 诚[1] 汪 晶[1] 张 欣[2] 毕 程[3]

(1. 江苏省水资源服务中心，江苏南京 210029；
2. 南京津码智能科技有限公司，江苏南京 210046；
3. 中国水利水电科学研究院，广东深圳 518034)

摘 要： 我国农业用水占水资源总量的70%以上，正确计算农业用水的数值，对水资源规划及合理调配至关重要。理论上，江苏以沿运灌区为代表的一类灌区从渠首引入的水应该都用于农业灌溉，但实际情况并非如此。为寻找更有效的灌区农业用水量推求方法，我们采用斗渠-田间同步测量比对的方法，得到不同时段实验区农业用水量的计算方法。在此基础上与渠首测流数据建立关联，并根据其他类型灌区的特点，给出了将沿运灌区农业用水量推求方法进行时空分割、分布式"一类灌区"泛化的扩展应用解决方案。

关键词： 沿运灌区；一类灌区；农业用水监测；农业用水计算；用水推算模型

1 引言

随着国家水资源监控能力建设江苏省一期项目建设的实施，全省河道外取水许可量的80%以上以及总用水量的50%以上实现取用水量在线监测。其中，5万亩以上灌区渠首取水实现在线监测，其中监控农业取水许可量90亿m³，监控许可水量占全部颁证许可水量的81.2%，监控取用水量达到全省总用水量的50.1%。但由于灌区的地理位置、用水类型差异较大，不能简单地将渠首监测到的流量算作农业用水。再者各类渠首测流方法与施工安装本身的原因，也造成了测流精度存在不可忽视的差异，需要采取其他手段对来自不同机构的水资源数据进行比对分析，尽量减小农业用水量推求的误差。

目前，江苏省重点中型规模以上的灌区可分为4类，不同类型灌区采用不同监测与水量推求方法。例如，一类灌区有明确的渠首取水口，而且渠首取水口主要用于农业灌溉；二类灌区无明确渠首取水口或者有众多取水口，无法找到渠首取水口并对其进行水量监控；二类灌区和四类灌区采用渠首取水口监测加典型站点监测的方式，典型站点用于推算整个灌区的用水量。

所以，对一类灌区的全部渠首取水口都实施了测流建设工程，可以进行在线监测，但二、三、四类灌区因其情况复杂，如存在取水口不明确，所取水量不完全用于农业灌溉，下游存在生活、生态、工业等非农用水等问题，导致该三种类型的灌区农业用水量难以实现有效监测，只能采用其他方法进行推算。

为此，我们首先对江苏省一类灌区（沿运灌区）的渠道型监测站，以渠首取水口采用的三种测量方法为主要研究对象，以面积比例法为基准，将田间灌溉用水的实测结果按比例放大到整个灌区，对比渠首测站的水量数据，研究其相关性，同时间接印证三种方法的测流精度及其影响因素，为今后优化工程实施方案和测流数据使用提供依据，也给出了将一类灌区的农业用水量推求方法用于其他类型灌区的建议方案。

作者简介： 王菊（1973—），女，教授级高级工程师，主要从事水资源管理及信息化研究工作。

2 实用用水量推求模型研究

2.1 技术路线

本方法以一类灌区"沿运灌区"为例[1-2]，构建农业用水推算模型，在推求灌区代表性典型田块农业用水量的基础上，综合以下步骤展开：

（1）利用田间实测数据进行水量验证。

（2）根据斗口水量实测数据，引入田间水利用系数参数，进行模型优化。

（3）利用灌区渠首水量监测数据，结合渠系水利用系数，形成最终的灌区农业用水量推算模型。

技术路线如图 1 所示。

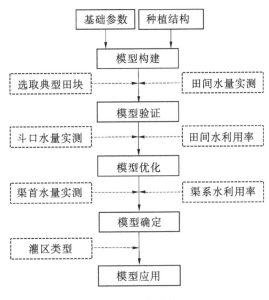

图 1　技术路线

结合灌区用水实际，该模型可为江苏省各类灌区农业用水量推算提供依据。

2.2 模型构建

基于 AquaCrop 模型（由世界粮农组织水土司开发的作物 – 水生产力模型，用于处理粮食安全和评估环境与管理对作物生产的影响）的输入参数包括气象数据、土壤数据、田间管理参数、作物特征参数四大类[3-4]。其中，气象数据包括日最高/最低气温、降水量、年均 CO_2 浓度、太阳辐射量、水汽压等。土壤数据包括土层厚度、土壤质地、土壤容重、田间持水量、饱和含水量、土壤含水量、施肥情况、地表覆膜率和垄高等。作物特征参数包括农时历、种植密度、90%出苗时的覆盖率、冠层增长率、冠层衰亡率、叶面积指数、冠层覆盖率、最大有效根深、作物基准温度、作物最高耐受温度、水分生产率和参考收获指数等。利用相关参数可以得到各田块农业用水量指标模拟结果，列于表 1。

表 1　改进模型的各田块农业用水量指标模拟结果

序号	降水量/ mm	有效降水量/ mm	排水量/ mm	灌溉用水量/ mm	ET/ mm	渗漏量/ mm
1	979.1	467.0	512.1	485.7	573.7	379.0
2	979.1	471.8	507.3	489.6	579.1	382.3
3	979.1	469.7	509.4	465.3	579.7	355.3
4	979.1	467.5	511.7	471.0	573.9	364.5
5	979.1	474.2	504.9	484.3	571.4	387.1

续表 1

序号	降水量/ mm	有效降水量/ mm	排水量/ mm	灌溉用水量/ mm	ET/ mm	渗漏量/ mm
6	979.1	472.3	506.9	499.5	570.8	400.9
7	979.1	474.2	504.9	467.1	576.7	364.6
8	979.1	470.3	508.8	491.1	571.6	389.8
9	979.1	472.4	506.7	500.9	575.9	397.4
10	979.1	474.4	504.8	472.2	575.5	371.1
11	979.1	475.1	504.0	473.9	574.6	374.4
12	979.1	473.2	506.0	490.6	577.7	386.1
13	979.1	474.8	504.3	487.5	576.2	386.1
14	979.1	469.7	509.4	504.3	576.2	397.8
15	979.1	472.6	506.6	477.9	574.4	376.1
16	979.1	470.2	509.0	472.6	581.0	361.8
17	979.1	471.2	507.9	467.3	580.5	358.0
18	979.1	471.7	507.5	481.7	575.7	377.6

根据实测数据和改进模型的各田块农业用水量指标模拟结果,当年的降水量为 979.1 mm。不同田块的有效降水量存在差异,T-1 ~ T-17 的有效降水量变化范围在 467.0~ 475.1 mm,17 个田块平均有效降水量约为 471.8 mm,占总降水量的 47% ~ 49%。说明能被植物有效利用的降水资源不足总降水资源的一半。其中,有效降水量占降水量最高的田块为 T-6,占比最小的田块为 T-16。各田块排水量变化范围在 504.0 ~ 512.1 mm,各田块平均排水量约为 507.3 mm。各田块的排水量小于有效降水量,约占总降水量的 35%,也就是说,降水量中约有 35% 的水资源直接形成了地表径流,没有被植物利用。各田块的灌溉用水量变化差异较大,但 ET 无显著差异。各田块的灌溉用水量的变化范围在 465.3 ~ 504.3 mm,灌溉用水量最大的田块为 T-14,而最小的田块为 T-3。各田块的平均 ET 值为 575.8 mm,占稻田总水资源流入量的 66% ~ 73%。通过水量平衡可知,各田块的深层渗漏量变化范围在 355.3 ~ 400.9 mm,占稻田总水资源流入量的 16% ~ 21%。可以看出,稻田水资源流入量中有 2/3 用于植物的蒸发蒸腾,其余 1/3 以深层渗漏和地表径流的形式流失。观测田块用各水量指标模拟结果的主要统计参数列于表 2。

表 2　观测田块用各水量指标模拟结果的主要统计参数

统计参数	有效降水量/ mm	排水量/ mm	灌溉用水量/ mm	ET/ mm
最大值	475.1	512.1	504.3	581.0
最小值	467.0	504.0	465.3	570.8
极差	8.1	8.1	10.2	10.2
平均值	471.8	507.3	482.4	575.8
标准差	8.1	8.1	11.8	3.1
变异系数	0.026	0.004	0.023	0.005

由表 2 可知，有效降水量、排水量、灌溉用水量和 ET 的最大值分别为 475.1 mm、512.1 mm、504.3 mm 和 581.0 mm，最小值分别为 467.0 mm、504.0 mm、465.3 mm 和 570.8 mm，极差分别为 8.1 mm、8.1 mm、10.2 mm 和 10.2 mm，平均值分别为 447.9 mm、338.2 mm、382.9 mm 和 575.8 mm。从观测田块的各水量指标模拟结果的主要统计参数可知，各统计参数的标准差和变异系数均较小。其中，有效降水量及灌溉用水量的变异系数略大于排水量及 ET。该灌区 17 个田块的平均净灌溉用水量为 321.8 m³/hm²。

3 实用用水量推求模型验证

3.1 田间水位监测验证

本文通过利用液位版智墒来监测水稻田水位和土壤含水量变化，将实时采集的水分数据上传至系统平台，根据预先设定的计划湿润层深度计算得到灌溉期的田间水量变化量[5-6]，再通过该系统集成的小型气象站，可获知田间降雨数据，扣除降雨量的田间水量增量即为灌溉水量，如图 2、图 3 所示。

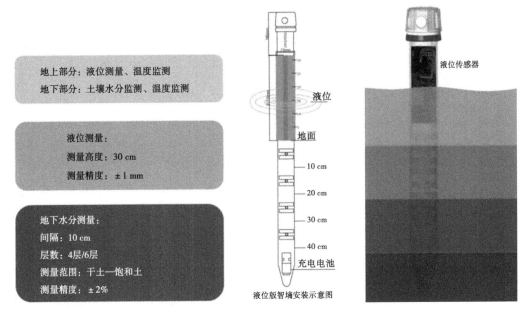

图 2　田间水位监测设备示意图

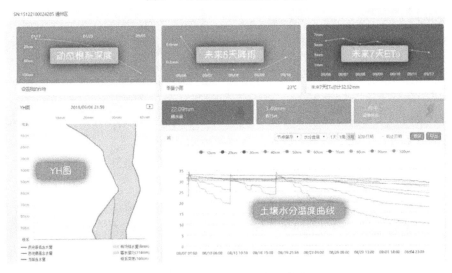

图 3　田间水位系统平台示意图

3.2 斗渠流量监测验证

为了对前文提出的测流精度控制评价指标体系进行应用验证,本章以江苏省内的沿运灌区为试验区,在对昭关闸渠首的几种测流的实际运用情况进行定量对比分析的基础上,根据田间农业用水量监测的方案及要求,在昭关灌区一支渠选定一条斗渠,顶宽 900 mm、底宽 400 mm、高 670 mm,渠道断面为马蹄形,全断面面积为 0.493 m^2。在斗渠两侧设定 17 个试验田块,在地块中安装一体化斗口流量测量设备,通过斗口设备测得的流量来计算出试验田间的用水量。该区域以水稻种植为主,详见图 4、图 5。

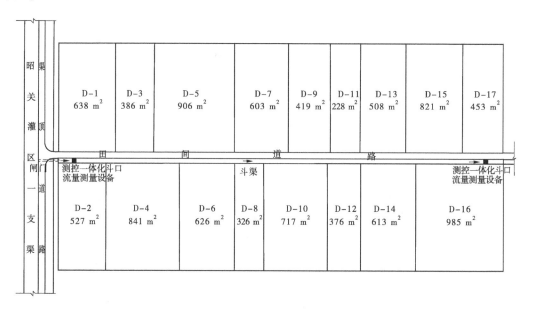

图 4　斗渠平面布置图

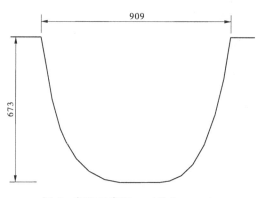

图 5　断面示意图　(单位:mm)

运用本文所提出的实用用水量推求算法模型,提出了沿运灌区用水计算方案,并结合田间用水测量数据和渠首测流数据,验证了试验区时段过水流量推求方法[7-8]。

试验灌区农田总面积为 9 973 m^2,T-1 ~ T-17 号单元田间农业用水量监测结果与斗口农业用水量监测结果存在差异,17 个观测单元的田间总用水量为 3 821.1 m^3。各观测单元田间农业灌溉用水量测量结果列于表 3。监测结果显示,田间农业总用水量小于斗口农业用水总量,两者的差约为 80.6 m^3,平均每个观测单元总用水量减少约 4.7 m^3。

T-1 ~ T-17 号单元田间农业总用水量变化在 108.05~ 465.51 m^3,其中最小的是 T-11 号,该田块的农业总用水量仅为 108.05 m^3,最大的是 T-16 号,该田块的农业总用水量为 465.51 m^3。各单元田块的单位面积用水量差异较小,其变化在 465.3~ 504.3 mm,平均单位面积用水量为 482.4 mm。

其中，单位面积用水最小的田块为 T-3，单位面积用水量为 465.3 mm，而单位面积用水最大的田块为 T-14，单位面积用水量为 504.3 mm，单位面积用水量最大的田块与单位面积用水量最小的田块之差为 38.9 mm，具体结果如表 3 所示。

表 3　各观测单元田间农业用水量监测结果

序号	田块代号	稻田面积/ m²	总用水量/ m³	单位面积用水量/ mm
1	T-1	638	309.88	485.7
2	T-2	527	258.02	489.6
3	T-3	386	179.61	465.3
4	T-4	841	396.11	471.0
5	T-5	906	438.78	484.3
6	T-6	626	312.69	499.5
7	T-7	603	281.66	467.1
8	T-8	326	160.10	491.1
9	T-9	419	209.88	500.9
10	T-10	717	338.57	472.2
11	T-11	228	108.05	473.9
12	T-12	376	184.47	490.6
13	T-13	508	247.65	487.5
14	T-14	613	309.14	504.3
15	T-15	821	392.36	477.9
16	T-16	985	465.51	472.6
17	T-17	453	211.69	467.3
合计	试验区	9 973	4 803.99	481.7

各观测单元的田间单位面积用水量均小于斗口单位面积用水量，其差值在 2.1 ~ 12.9 mm，平均差值在 8.4 mm。

单位面积用水量的监测值与模拟值之间关系图如图 6 所示。

由图 6 所示，单位面积用水量的监测值与模拟值之间呈线性关系，单位面积用水量的监测值越大模拟值也越大，R^2 值为 0.97，K 值为 0.979 5，模拟结果良好[9-10]。

3.3　模型优化

斗口与田间农业用水量间存在水量损失，其比例系数即为田间水利用率，结合该参数，利用斗口监测水量对田间水量推算模型进行优化。

根据比测率定实测水位流量数据计算，得出实测水位流量成果表，如表 4 所示，其中第 1~5 次数据是在水稻插秧季节放水时的测量值，6~9 次数据是在水稻分蘖季放水时的测量值。

将实测水位代入拟合的水位流量关系曲线中，计算各水位下的计算流量，以及实测流量与计算流量的相对误差，由此分析所拟合的水位流量关系曲线的精度，具体结果如表 4 所示。

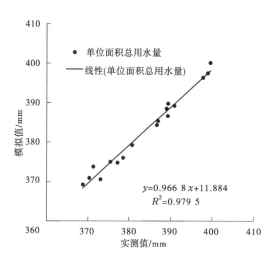

图 6　单位面积用水量的监测值与模拟值之间关系

表 4　实测水位数量结果

测次	水位 1/m	流量 1/(m³/s)	水量 1/m³	水位 2/m	流量 2/(m³/s)	水量 2/m³	水量 1-水量 2/m³	测验方法
1	0.55	0.131 86		0.51	0.109 86			超声波时差法
2	0.55	0.122 26		0.52	0.099 26			超声波时差法
3	0.54	0.110 23	13 683.69	0.50	0.081 75	13 332.11	3 498.80	超声波时差法
4	0.49	0.117 09		0.46	0.097 12			超声波时差法
5	0.49	0.112 47		0.46	0.082 46			超声波时差法
6	0.53	0.120 26		0.45	0.095 26			超声波时差法
7	0.52	0.110 23	5 824.35	0.46	0.096 23	5 863.66	1 300.28	超声波时差法
8	0.53	0.120 09		0.44	0.094 39			超声波时差法
9	0.49	0.111 67		0.43	0.092 47			超声波时差法
合计							3 901.7	超声波时差法

试验灌区农田总面积为 9 973 m²，时间范围为 2020 年水稻灌溉期，根据监测结果，留在田间的总农业用水量为 4 803.99 m³，单位面积用水量为 481.7 mm，具体结果如表 5 所示。

表 5　各观测单元斗口农业用水量测量结果

序号	前端斗口/m³	末端斗口/m²	田间用水量/m³
1	16 848.12	13 345.72	3 502.38
2	7 171.26	5 869.65	1 301.60
合计	试验区		4 803.99

T-1 ~ T-17 号单元田间农业用水量监测结果与斗口农业用水量监测结果存在差异，17 个观测单元的田间总用水量为 4 803.99 m³。各观测单元田间农业灌溉用水量测量结果列于表 3。监测结果显

示，田间农业总用水量小于斗口农业用水总量，两者的差约 80.6 m³，平均每个观测单元总用水量减少约 4.7 m³。

4 联合测试农业用水计算模型

4.1 一类灌区农业用水计算模型

斗口与田间单元单位面积农业用水量最大值分别为 501.6 mm 和 491.5 mm；斗口与田间单元单位面积农业用水量最小值分别为 461.5 mm 和 453.5 mm，斗口与田间单元单位面积农业用水量平均值分别为 482.3 mm 和 472.0 mm。斗口与田间单元单位农业用水量的标准差分别为 11.4 和 10.2，变异系数分别为 0.029 和 0.027。说明斗口与田间单元单位面积农业用水量的分散程度较小，斗口与田间单元单位面积农业用水量的极差分别为 40.1 mm 和 38.0 mm，各观测单元差异不显著。斗口与田间灌溉用水量监测值之间的关系如图 7 所示。

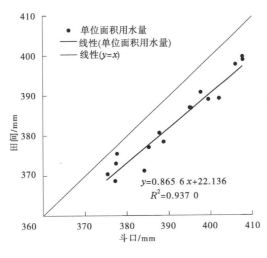

（a）单位面积用水量

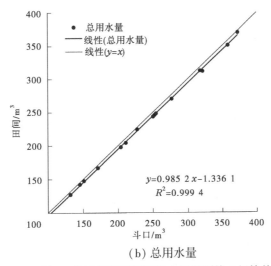

（b）总用水量

图 7　斗口与田间灌溉用水量监测值之间的关系

图 7 中显示了在 $p = 0.05$ 的显著水平下，斗口与田间之间单位面积用水量和总用水量的关系。由图 7（a）可知，斗口与田间单位面积用水量呈线性关系，田间单位面积用水量随斗口单位面积用水量的增加而增加，R^2 值为 0.937 0，拟合关系较好。由图 7（b）可知，斗口与田间总用水量呈线性关系，田间总用水量随斗口总用水量的增加而增加，R^2 值为 0.999 4，拟合关系优于取水口（斗口）

与田间单位面积用水量的关系[11]。基于模型的指定取水口（斗口）农业用水量推算表如表 6 所示。

表 6　基于模型的指定取水口（斗口）农业用水量推算

序号	田块代号	斗口代号	田间模拟水量/m³	渠系数	斗口推算水量/m³
1	T-1	D-1	302.5	0.979	309.0
2	T-2	D-2	251.9	0.974	258.7
3	T-3	D-3	175.3	0.978	179.3
4	T-4	D-4	386.7	0.967	400.0
5	T-5	D-5	428.3	0.978	437.9
6	T-6	D-6	305.2	0.980	311.6
7	T-7	D-7	274.9	0.989	278.0
8	T-8	D-8	156.3	0.968	161.5
9	T-9	D-9	204.8	0.978	209.5
10	T-10	D-10	330.5	0.979	337.8
11	T-11	D-11	105.5	0.974	108.4
12	T-12	D-12	180.1	0.983	183.1
13	T-13	D-13	241.7	0.968	249.7
14	T-14	D-14	301.7	0.980	307.9
15	T-15	D-15	383.0	0.982	390.0
16	T-16	D-16	454.5	0.994	457.1
17	T-17	D-17	206.6	0.987	209.3
合计	试验区		4 689.7	0.979	4 788.6

　　通过田间水量和田间水利用率可得到斗口水量。如表 6 所示，17 个观测田块的渠系数平均值约为 0.979，变化范围相对较小，在 0.97～0.99。由此得到斗口推算水量，其最大值为 457.1 m³，最小值为 108.40 m³。推算结果与实际观测值差值较小，17 个观测田块的斗口推算总水量约为 4 788.6 m³，而实际斗口总水量为 4 803.9 m³，差值为 15.3 m³，误差约为 0.3%，模型优化效果良好。

4.2　其他类性灌区农业用水计算解决方案

　　根据沿运灌区昭关闸渠首单 V-ADCP（美国 TRDI 公司采用宽带专利技术生产的新一代高精度声学多普勒渠道流量计）测试方法，得出昭关灌区 2020 年水稻生育期 5—10 月逐月水量，如表 7 所示。

表 7　昭关灌区渠首水量测量结果

2020 年	5 月	6 月	7 月	8 月	9 月	10 月	生育期合计
水量/万 m³	210.20	1 781.23	2 909.71	4 130.07	3 165.712	168.47	12 365.41

　　昭关灌区 2020 年水稻实灌面积 23.0 万亩，根据前文提出的田间用水推算模型，核算该年度水稻

生育期用水定额，结果如表 8 所示。

表 8　昭关灌区田间水量模型推算结果

2020 年	5 月	6 月	7 月	8 月	9 月	10 月	生育期合计
水量/万 m³	123.47	1 035.25	1 738.84	2 414.85	1 861.76	7 285.70	7 285.70

昭关灌区为一类灌区，渠首所测定取水量均为农业灌溉水量，2020 年水稻生育期间，灌区取水量，即毛灌溉用水量 $Q_毛$ 为 12 365.41 万 m³，实际到达田间水量，即净灌溉用水量 $Q_净$ 为 7 285.70 万 m³，灌溉水利用系数为

$$\eta = \frac{Q_净}{Q_毛} = \frac{7\ 285.70}{12\ 365.41} = 0.589\ 2 \tag{1}$$

昭关灌区当季灌溉水利用系数为 0.589 2，经查《江苏省 2020 年灌溉水有效利用系数测算报告》，该灌区 2020 年度灌溉水有效利用系数为 0.578 4，本项目测试结果误差 1.86%。

江苏省农业灌区中一类灌区：作物种植季取用水量均用于农业灌溉，通过渠首水量监测可准确获得灌区农业取用水量。然而，对于一类以外的其他灌区，因渠首水量监测并非完全用于农业灌溉或不存在唯一明确的渠首，其农业用水量监测存在困难。

二类灌区：利用农业用水推算模型，根据灌区农业种植结构及实灌面积，推算田间用水量，结合灌区灌溉水有效利用系数（来源于上一年度灌溉水有效利用系数测算报告，或利用类似灌区类推），反推该灌区农业取水量。

三类灌区：利用渠首季节性补水泵站取用水量数据，与田间水量推算模型同时间段所推算田间水量结合，核算灌溉水有效利用系数，评估灌区输水硬件与管理水平，再根据农业用水推算模型推求的全生育期田间用水量，计算得出灌区渠首取水量。

四类灌区：可利用农业用水推算模型核算田间实灌用水量，结合灌区灌溉水有效利用系数的方法进行灌区取水量推算。此外，按照灌区现场实际，亦可利用非农用水扣除法进行农业取水量分析，具体可分为空间扣除法和时间扣除法。

（1）空间扣除法。结合规模以上非农取用水监控或支渠典型测站，对监测渠首下游用于生产、生活用水的支渠可控引水量进行扣除。

（2）时间扣除法。对于未设置专门生活及生产水量监测设备以及涉及生态用水的灌区，将灌区取水按时间分为灌溉季与非灌溉季，将非灌溉季各月水量累加后得到该灌区非农业灌溉取水量，则灌溉季总水量与非农取水量间差值即为农业取水量。

5　结语

本文在江苏省科技项目的支持下，以沿运灌区为例，在考虑灌区渠系输水损失的基础上，将田间用水量推算模型与渠首监测水量结果进行比对，并对结果误差进行分析，确认了水量推算模型的可行性与准确性。在此基础上，进一步提出了针对江苏省一类灌区以外的农业用水量推算方法。该方法可以充分利用已有的水资源监测基础设施，将渠首、斗渠测得的流量数据转化为农业用水，对于今后科学规划农业取用水有积极意义。

参考文献

［1］王滇红，蔡守华，张健. 京杭大运河江苏段里运河沿线大中型灌区灌溉用水计量方法探讨［J］. 节水灌溉，2018（12）：92-96，103.

［2］樊旭，徐惠亮，周洁. 京杭运河扬州段沿运灌区用水情况分析及管理建议［J］. 工程建设与管理，2015（2）：24-

26，32.

［3］刘琦，龚道枝，郝卫平，等．利用 AquaCrop 模型模拟旱作覆膜春玉米耗水和产量 ［J］．灌溉排水学报，2015，34
（6）：54-61.

［4］邢会敏，徐新刚，冯海宽，等．基于 AquaCrop 模型的北京地区冬小麦水分利用效率 ［J］．中国农业科学，2016，49
（23）：4507-4519.

［5］王磊，赵自阳，王红瑞，等．基于典型灌区调查的区域农业用水量评估方法研究——以衢江区为例 ［J］．西北大
学学报（自然科学版），2021，51（1）：155-162.

［6］罗旭．田间净灌溉用水量量测方法探讨 ［J］．新疆农垦科技，2020，43（10）：31-32.

［7］温进化，王贺龙，王士武．南方多水源灌区农业灌溉用水量监测及统计研究 ［J］．西北大学学报（自然科学版），
2020，50（5）：755-760，770.

［8］周扣明，胡春杰，张英建，等．基于 ArcGIS 的农田灌溉用水监测系统设计 ［J］．江苏水利，2021（1）：19-21.

［9］吴巍，王高旭，吴永祥，等．农田灌溉用水量客观测算模型数据库研究 ［J］．水利信息化，2021（2）：24-28.

［10］俞嘉庆，韩霄．基于水量平衡法测算灌区单位面积灌溉净用水量 ［J］．浙江农业科学，2020，61（6）：1044-
1045，1053.

［11］李旭东．农田水利工程灌溉用水利用系数测算 ［J］．水利科技与经济，2020，26（12）：91-95.

西北灌区节水与信息化建设现状及思考

丁宏伟[1,3]　周亚平[2,3]　张记忠[4]　谈晓珊[1,2,3]

(1. 江苏南水科技有限公司，江苏南京　210012；
2. 水利部南京水利水文自动化研究所，江苏南京　210012；
3. 水利部水文水资源监控工程技术研究中心，江苏南京　210012；
4. 新疆生产建设兵团第七师水利工程管理服务中心，新疆奎屯　833200)

摘　要： 灌区节水与信息化建设是实现灌区现代化的基础，为了解西北干旱区农业节水与灌区信息化建设现状，于新疆和甘肃河西走廊开展调研、访问，并结合查阅文献等方式对西北灌区节水及信息化建设的发展现状进行分析说明。发现各灌区普遍存在渠系建筑物破旧失修、末级水渠防渗率较低、分水闸门漏水、田间采用大水漫灌及管理不科学等现象；灌区信息化监测很少涉及田间作物，主要集中在渠系水量监测方面，且量测水站点稀少、设备使用效果欠佳、维护成本较高、技术人才稀缺、设备放而不用等现象普遍。因此，本文探索性地提出相应的对策，为灌区节水与信息化建设提供参考思路。

关键词： 西北；节水灌溉；灌区信息化；发展现状；对策

水是生命之源、生产之要、生态之基，是国民经济和社会发展的重要战略资源[1-2]；水资源格局影响着人类的生存发展与文明兴衰[3]。我国水资源总量相对丰富，位居世界第六，但人均水资源占有量不足世界人均水平的1/4，且时空分布不均、旱涝事件频繁、供需矛盾突出，与我国人口、经济、耕地、能源等经济社会要素布局不相匹配[4]，极大地制约着我国区域经济的可持续发展。

近些年，我国出台了各种政策来加强水资源保护；水资源开发利用控制、用水效率控制和水功能区限制纳污的"三条红线"、《国家节水行动方案》、"节水优先、空间均衡、系统治理、两手发力"的新时代治水思路、"以水定城、以水定地、以水定人、以水定产"的发展要求、两届"中国节水论坛"的举行以及近几年各科研院所举办大量与水资源相关的学术会议等在很大程度上开启了我国节水事业的新阶段。灌区信息化是灌区现代化的基础和重要标志，也是落实"藏粮于地、藏粮于技"战略[5]的实际行动。灌区信息化即为利用现代信息技术（信息的采集、传输、存储和处理等）深入挖掘灌区信息数据，为灌区管理部门提供科学的决策依据，提高管理效率与管理水平。通过多年的努力，我国在农业节水方面取得了显著成效，农田灌溉水有效利用系数从"十二五"初（2010年）的0.50增加到"十三五"末（2020年）的0.565；但相比发达国家0.7~0.8的水平，我国节水方面仍然有较大的发展潜力。灌区信息化方面也获得了很快的发展，但相比国外先进国家而言，我国总体还处于起步阶段，加强灌区信息化建设是提高灌区管理水平的重要手段。

新疆与甘肃河西走廊位于我国西北地区，降雨稀少、蒸发强烈、水资源短缺，灌区田块宽阔平坦，是我国节水与现代化灌区建设的重要区域，且该地区已有灌区节水与灌区信息化建设的尝试。因此，本文以甘肃河西走廊及新疆两大盆地的绿洲区为例，通过调研、访问及文献查阅等方式，对西北灌区节水与信息化建设的发展现状进行分析说明，指出发展过程中遇到的各种问题，并探索性地提出

基金项目： 南京水利科学研究院中央级公益性科研院所基本科研业务费专项资金（Y921012）。

作者简介： 丁宏伟（1994—），男，硕士，主要从事灌区生态及水资源信息化监测利用方面的研究。

对策，为我国西北灌区节水与信息化建设的发展提供理论参考。

1 灌区节水现状及存在的问题

节水改造主要为解决灌区渠系、水闸、泵站等配套设施的老化废弃，田间灌溉方式及灌区管理体制不完善等问题，保证农田水利灌溉质量、提高灌区水资源利用效率[6]。灌区水资源利用效率即为农田灌溉水有效利用系数，其影响因素主要为渠系输水效率、田间水吸收效率及综合管理效果。

1.1 输、配水环节漏水严重

新疆与甘肃河西走廊是我国重要的农业种植区，调研发现该区域农田水利设施配套比较齐全，干渠、支渠及斗渠普遍防渗率较高；部分灌区利用井渠联合调度水资源，很大程度上解决了春旱等问题。然而，也普遍存在许多问题，有些 20 世纪 80 年代前修建的渠首引水建筑物与干渠渠道未经安全鉴定和漏水评估但仍在使用；有些机井泵站使用多年而出水减小，施肥罐、过滤器等滴灌系统设备漏水频繁；各级水渠均存在不同程度的破旧失修而造成渗漏损失；分水闸也普遍存在边缘孔缝漏水现象。

1.2 田间灌水方式粗放

从表 1 中调研收集统计的数据来看，新疆大多数地区节水灌溉面积明显多于甘肃河西走廊地区，访问得出最主要的原因是新疆在多年的试验尝试后，在种植结构、灌溉方式、灌水系统质量及农民节水意识均有较大提升，尤其膜下滴灌在棉花种植中的大量推广应用，有效扩大了新疆节水灌溉面积的增加，极大地推动了新疆农业节水的快速发展。

表 1 新疆部分州、市、地区与甘肃河西的节水灌溉面积统计

省、自治区	州、市、地区	节水灌溉面积／万 hm²
新疆	昌吉回族自治州	43.493
	塔城地区	46.949
	伊犁哈萨克自治州	27.726
	喀什地区	29.373
	和田地区	18.657
	阿克苏地区	40.921
	巴音郭楞蒙古自治州	30.34
	哈密市	5.756
甘肃河西	酒泉市	18.914
	张掖市	19.306
	金昌市	5.844
	武威市	18.408

然而，也存在许多不足，例如葡萄等作物灌水方式主要还是大水漫灌，且葡萄地土壤类型主要为戈壁砂石、沙土、沙壤土、砂石土，大水漫灌会造成大量的渗漏损失，而且还会造成田间水土流失、土石比例降低，因而降低土壤肥力；红枣等作物也存在大水漫灌情况，大水漫灌将大量水摊平，增大了水与大气的接触面积，造成大量水分蒸发损失，而且水质不好的地区还会造成严重的土壤板结或土壤盐碱化等次生危害。

新疆大多作物采用滴灌，但是滴灌系统对水质、肥料溶解度、滴灌带及滴灌系统的要求很高，时常因滴灌带生产质量、水质（绿藻、草叶等微小杂质）、肥料及其滋生的微生物累积造成滴灌带流道堵塞爆管。甘肃河西走廊田间灌溉方式较新疆更粗放，许多地区玉米、葵花及西瓜等仍为大水漫灌，节水灌溉的推广应用相对薄弱，农户的节水意识仍需提高。

1.3 综合管理环节

绿洲农业的可持续发展要求与农户根深蒂固的漫灌习惯对水务工作者提出了更高的要求。目前，水资源管理还存在以下不足：在国家的节水政策、农田的灌溉原理及作物的需水规律等多方面的宣传较少，节水思维在群众中尚未普及；有些地方在水权、水价或农户用水计量等方面存在模糊不清，农户节水配合度与水费征收率不高的情况；基层配水人员凭经验调配水，缺乏全局性与科学性。

2 灌区信息化建设现状及存在的问题

灌区信息化是通过计算机、网络技术、电子通信、遥感卫星及各种传感技术构建灌区水资源信息感知、数据传输、数据管理与共享的三维构架，实现灌区管理水平的信息化与高效化（见图 1）；灌区信息化建设旨在完成信息的实时采集、数据的及时分析、决策的快速确定。21 世纪以来，我国灌区信息化建设取得了很大的发展，截至目前已经从试点探索阶段发展到了全面推广阶段[7]。

图 1 灌区信息化拓扑图

我国西北地区，新疆建设兵团在灌区信息化方面做得相对较好。截至 2019 年，兵团水利信息化系统在线率由原先的不足 20% 提高到 90% 以上；监测站点在线率平均达到 90% 以上，准确率达到 85% 以上。信息化建设大大提高了灌区的管理效率，但我国西北灌区信息化发展仍处于初级阶段，离灌区的自动化、智能化仍有较大差距，还存在以下诸多问题。

2.1 资金投入不足，量测水站点稀少

灌区信息化建设资金来源于续建配套及节水改造投资的 3% ~ 10%，由于信息化建设短期内投资回报率低[8]、灌区建设涉及面广、资金需求量大、西北地区经济相对落后等因素，该项工作的资金投入较少。量测水站点稀少，主要集中在水源取水口与个别干、支、斗渠的取水口附近，可对以往配水计量与水费收纳工作中采用经验法和电费折算法起到校核作用，并不能在整体上对灌区水资源调度起到重要作用。

2.2 设备使用效果不佳，运行维护成本较高

目前，我国从事灌区信息化监测设备研发与软件系统开发的企业众多，竞争激烈，但一些企业将尚未成熟的产品应用于项目实践，因产品质量造成数据丢失等问题；一些水利部门考虑到单家企业的产品质量与企业信用的风险，选择多家企业的监测设备和信息系统，但又因为设备监测标准不统一、信息系统不兼容等各种原因造成工作无法顺利进行；而且设备与系统的维护等又需要投入大量资金，因此，给灌区管理部门带来更大的资金压力。

2.3 技术人才稀缺、设备放而不用等问题普遍

西北灌区管理人员通常具有水利、农田水利的专业背景，或有多年基层水利系统工作经验，但是在传感器、自动化监测、信息技术与软件工程等方面接触较少，而从事信息化系统开发的工作人员在农田水利、水文水资源规划等方面没有系统的学习经历，对具体知识也是一知半解，这大大降低了双方合作的密切度与工作效率。灌区管理人员通常限于单一的知识结构，在量测设备发生故障时束手无

策、态度消极，甚至放弃，因此一些地方出现设备放而不用的现象。

3 灌区节水与信息化建设的思考及对策

灌区节水是西北绿洲农业可持续发展的关键，信息化建设是定量评估灌区节水效益的基础。灌区节水为信息化建设提出了更高的要求，灌区信息化建设促使灌区节水工作精细化、数据明朗化、监测自动化，搞好灌区信息化建设在一定程度上奠定了灌区节水的基础。面对灌区节水与信息化建设现状，各级政府和水利部门采取各种措施来解决灌区节水与信息化建设方面的各种不足。

3.1 灌区节水对策

3.1.1 加强灌区输配水基础设施建设与维修改造

受灌区大小、水源含沙量、管道淤堵等因素影响，我国西北地区的灌区输配水方式以明渠为主、管道配合。因此，灌区中输水明渠与输水管网的维修改造、配水闸门及田间灌溉系统设施的维护依然是灌区节水的重点；加强破旧渠段及腐蚀漏水管道的重建与补修、加强土渠衬砌、重视配水闸门与田间灌溉系统的维护可以大大降低渗漏损失，对灌区节水具有重要意义。

3.1.2 优化灌区种植结构与灌溉方式，控制灌水定额

灌区的种植结构、灌溉方式、灌水系统质量、农民的灌水习惯及满意度均会影响农田灌水定额，因此需要优化灌区种植结构与灌溉方式，从客观因素上起到控制灌水定额的目的。例如，像葡萄、红枣等耗水量较大的作物，可以采用其他灌水方式、少灌勤灌或覆膜滴灌等方式来减少漫灌方式的灌水定额；对于一些水资源极其短缺的地区，可以尝试将高耗水作物改换为低耗水作物；对主要种植作物多次开展节水灌溉试验，获取其最优灌水定额。

3.1.3 完善灌区管理制度

提高灌区水资源利用效率，做到节水增收目标，必须完善灌区管理制度，制度可以减少更多人为因素对水资源合理调配的影响。例如，根据农民灌水习惯和用水量制定奖罚制度，水务部门成立灌区分管小组做好节水宣传与水量调配，并将组内人员的工作态度、廉洁自律、灌区量测设备完好运行情况及农户节水意识等纳入水务工作者考核及提拔要求；加强对各灌区配水人员及水务工作者的专业培训，合理、科学调控水资源，做到适时适量灌水，既保证作物健康生长需水，又减少配水过程中的尾水浪费，从而有效节约水资源，保障水资源的合理利用。

3.2 灌区信息化建设对策

3.2.1 加大资金投入用于灌区量测水基础设施建设

在节水优先的新时代治水背景下，农户倍加注重水量测定的精确度及数据的明朗化，为灌区信息化建设提出了更高的要求。面对目前西北灌区信息化建设基本集中在渠系量测水方面，而量测水站点稀少且布置不规范、设备陈旧、使用效果欠佳、维护成本较高等问题；各级政府与水利部门应该加大资金投入，用于灌区量测水基础设施建设，加强农户用水数据的精准化，让农民灌得放心水。

3.2.2 谨慎选择量测设备与运行维护合作企业

选择行业内资历深、实力强、信誉好及服务项目齐全的企业帮助各水管部门统一规划，统一开展设备研发、采购、安装、调试及维修，数据传输、整理、分析及上报等工作，对于不合理的设备进行改善，对该布设而没布设的位置增设站点；并且积极将灌区信息化向智能化过渡，逐步将卫星遥感、无人机遥感、数字图像处理、数字孪生、水资源自动化调配、人工智能等技术用于灌区发展；结合田间土壤水分传感器等了解作物吸收水分与生理生长状况，逐渐迈向灌水调配精准化、自动化、智能化、无人化。

3.2.3 加强复合型人才或团队的培养

灌区信息化是一个集水利、测控、软件及农业等多学科交叉融合型方向，为满足灌区信息化建设的发展要求，各级水利部门应该积极主动培养懂水利、测控、软件及农业等学科的复合型人才，或者将已有各专业的工作人员组成一个团队，赋予他们一项共同的工作，平时在遇到专业知识问题时进行

交流，并将配合度和工作完成效果作为团队和队员的考核指标，避免技术人才稀缺、设备因人为因素放而不用等问题的发生，大大增强抗风险能力。

4 结语

节水是干旱缺水地区农业发展的必然要求，灌区节水可以保障该地区农业的可持续发展；灌区信息化建设是人与水、人与作物沟通的桥梁，人类可以通过各种先进技术手段了解作物的生理生长状态，通过综合分析整个灌区作物需水情况，对农业水资源开展科学调度，达到灌水的适时适量及农田节水增产等目的。通过了解西北灌区节水与信息化建设的现状，我们明确了西北灌区在灌溉配套设施、灌溉方式方法、信息化自动监测、人才配备及水资源管理水平等方面的短板，只有保持实事求是、严格自律、积极进取的态度，辩证接纳众人提出的对策，优化选择合理的对策并将其落到实处，西北灌区的现代化才能更快更好地实现。

参考文献

［1］高福生. 中央水利工作会议传递四大给力信号［J］. 中国三峡，2011（9）：42-43.

［2］姚润丰，林艳兴. 为了我们的生命之源、生产之要、生态之基——权威解读中央一号文件［J］. 实践，2011（3）：8-9.

［3］何三怡，刘冠美. 现代水利五大特征之一——人文水利［J］. 四川水利，2004（2）：5-9.

［4］王浩，张建云，王亦楠，等. 水，如何平衡发展之重［J］. 中国水利，2020（21）：11-19.

［5］沈仁芳，王超，孙波. "藏粮于地、藏粮于技"战略实施中的土壤科学与技术问题［J］. 中国科学院院刊，2018，33（2）：135-144.

［6］计红燕. 某大型灌区规划及节水技术探索［J］. 河南水利与南水北调，2020，49（3）：33-34.

［7］陈芝键. 我国大型灌区信息化建设的现状和存在的问题［J］. 水利技术监督，2008（4）：37-39.

［8］姜明梁，邓忠. 我国灌区信息化建设现状与发展对策［J］. 中国农村水利水电，2019（10）：132-133，138.

区县级智慧水利建设思考

杨 帆[1,2] 金有杰[1,2] 林艳燕[1,2]

（1. 水利部南京水利水文自动化研究所，江苏南京 210012；
2. 江苏南水科技有限公司，江苏南京 210012）

摘 要：在智慧水利成为新阶段水利高质量发展标志的背景下，区县级智慧水利进入发展新时期。区县级智慧水利面向着基层水利多部门独立或协同的业务需求，而资金有限，又存在系统单一孤立、数字化程度低、信息资源利用率不高、地理信息支撑能力不足等基础性问题。针对此矛盾，提出区县级智慧水利建设的要点：按照智慧水利"大系统设计，分系统建设，模块化链接"原则，通过水利数据资源整合与治理、搭建智慧水利基座、建设水利综合信息集成展示平台，实现水利大数据的统一服务、管理、展示、开放与共享，初步建成总体框架，形成区县级智慧水利雏形。

关键词：智慧水利；区县级；数据资源；信息展示平台

1 引言

按照国家信息化战略、新时代水利改革发展的总体要求，《中华人民共和国国民经济和社会发展第十四个五年规划和2035年远景目标纲要》强调：全面落实习近平总书记"十六字"治水思路精神，加快建设数字中国，构建智慧水利体系，以流域为单元提升水情测报和智能调度能力。

李国英部长对如何推动智慧水利建设做出了重要指示，将智慧水利作为新阶段水利高质量发展的标志。通过"数字赋能"，显著提高水利的现代化管理能力和水平，达到"数字化场景、智慧化模拟、精准化决策"。各省市针对智慧水利建设，提出总体规划及顶层设计，以水利信息化带动水利现代化，全面提升水利工作的效率和效能。

张建云等对智慧水利的认识为：信息是智慧水利的基础，要高度重视信息的收集、监测和分析；知识是智慧水利的核心，要应用新的信息技术，加强信息的挖掘、提取和知识的积累；能力提升是智慧水利的目的，要着重提升流域的监测能力、预测预报能力、调度决策能力和运行管理能力。[1]

各区县智慧水利建设进入一个发展新时期，区县级智慧水利建设直接面对着地方基层水利工作的实际需要，面向各部门、各单位的职责和业务需求，需要提前布局，精细谋划，充分利用现代信息技术手段，全面提升区县级水利业务管理水平。

2 现状问题与研究进展

2.1 现状问题

智慧水利建设在区县级层面普遍存在资金分散、资源有限、人才配备不足、信息化基础薄弱等特点，伴随产生水利信息资源整合不够集约，信息化建设缺少统一系统性的规划指导，业务系统建设分散，阻碍业务部门的资源共享、主管部门的决策指挥等问题，与省市平台不能形成贯通，数据、资源、系统可共享性低，存在建设浪费。

作者简介：杨帆（1990—），女，工程师，主要从事水利信息化应用研究工作。

进行新一期的智慧水利建设，存在以下问题：

（1）各系统单一孤立、无法互通、缺乏全局统筹，区县级智慧水利建设急需做好顶层设计，实现全局规划。

（2）水利信息数字化程度低，缺乏统一管理机制，新兴信息技术手段的利用率低，缺少统一的基础信息标准化平台，信息化应用能力提升空间大。从全局来看，数据中心对各业务数据的存量、增量、加工规则、应用情况还缺乏清晰的认识，难以兼顾对局内单位、对各委办局单位、对社会公众的不同维度的数据服务。对全局数据资源的"家底"还需要更深层、更细致的梳理。

（3）数据质量不一、应用共享不深、缺乏监管，已有信息资源的利用率不高，与区县级市信息化建设和资源整合的迫切需求存在供需矛盾。

（4）缺乏区县级市水利一张图，地理信息支撑能力不足。缺少二三维一体化、天空地潜立体化的全息"水空间"模型，对水旱灾害防治、水资源管理、水生态治理等业务决策的信息化支撑能力急需提升。亟待依托数字孪生技术，建立区县级市水利一张图，汇聚地理信息数据，统一坐标系，发布一张地图服务，从而统一提供各个项目的地理信息服务支撑。

（5）大部分地区缺少专业的系统维护人员，建成的信息系统得不到有效的维护和及时的数据更新，满足不了实际使用要求而成为摆设。

（6）与省市级水利信息中心的关联不够。各地重视省市级水利信息中心等顶层设计，而忽略区县级地方基层应用支撑，已建成的信息中心在基层应用中使用效率普遍偏低。

（7）区县级水利部门在智慧水利建设方面的资金有限且分散，难以做到省市信息中心同样的系统的、统一的建设智慧水利框架完整的各个层级。

2.2 研究进展

王荫等提出县市级智慧水利建设的是面向基层水利事业，以具体工程应用、功能服务和工作能力提升为主要目的的平台；其总体架构由客观感知、信息传输、数据管理、平台支撑和功能服务五个层面组成。功能服务层是平台的核心，主要由水利地理信息管理系统、水旱灾害防御决策支持系统、水利工程建设管理系统、水资源管理系统、水环境与水生态管理系统、城乡供水管理系统、农村水利管理系统、水土保持管理系统、水政执法管理系统、水利业务综合办公系统以及掌上水利系统等组成[2]。牛俊奎等为解决内蒙古县域水利信息化建设中数据共享不充分、功能单一、独立运行及重复建设等问题，基于信号采集、大数据、3S及云计算等技术，研究了县域智慧水利系统建设方案构想，对水利工作效率和管理能力的提升、水资源开发与高效利用、各应用平台的整合共享具有较大作用，为智慧水利在各盟市及自治区的推广建设提供研究支撑[3]。徐建等以福建沙县为例，提出"智慧水利"的构建思路及实践经验。智慧水利信息平台设计开发了水利一张图、水资源管理系统、采砂管理系统、水利工程管理系统及水利视频管理系统等5个子系统，整合了已建成的山洪灾害预警系统及河长制管理系统，建设了配套的水利数据中心，并制定了智慧水利标准[4]。

现有研究重在业务系统的建设上，对于智慧水利的基础，数据资源的整合与治理以及智慧水利基座建设方面缺乏系统设计。

3 区县级智慧水利建设的思考

3.1 区县级智慧水利建设的要点

区县级智慧水利建设的思路是：面向区县级智慧水利的特点，区县级智慧水利建设缺乏系统性的框架设计、基础性的数据整合、全局而统一的信息展示、开放共享的资源利用来进行系统设计，做好基础性、支撑性工作。建设的目标为解决现有水利信息化存在的问题，并以高标准夯实智慧水利建设的基础；做好平级单位行业系统整合，与上级平台的对接，对数据资源充分开放共享。建设的要点是：以新技术、新模式、新理念与现代水利深度融合，按照智慧水利"大系统设计，分系统建设，模块化链接"原则，通过水利数据资源整合与治理搭建智慧水利基座（标准体系设计、基础性技术支撑平台、数据共享交换服务平台）、建设水利综合信息集成展示平台，实现水利大数据的统一服务、管理、展示、开放与共享，初步建成区县级智慧水利基座与总体应用框架，形成区县级智慧水利雏形，见图 1。

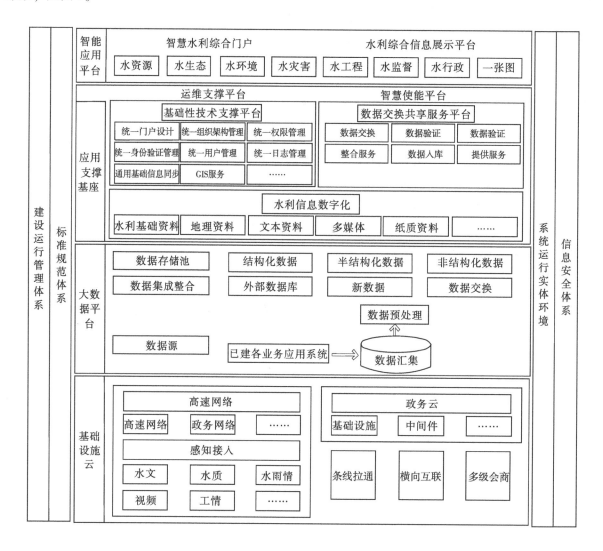

图 1 区县级智慧水利建设总体框架

3.1.1 水利信息资源整合与治理

梳理水利数据资源目录，在统一的数据资源体系下设计并建设区县级市智慧水利综合数据库；开展包括已建系统的数据汇集与交换工作；针对不同系统涉及的基础信息、业务信息、监测数据等开展数据融合与治理工作。实现不同部门、不同系统之间数据信息共享、业务管理以及公共服务的畅通。

3.1.2 搭建智慧水利基座

智慧水利基座作为智慧水利平台的运行支撑，实现大量应用基础组件和公共服务能力，是水利应用的综合集成环境。开展水利信息数字化建设，完善基础信息数字化、标准化加工处理，为平台提供基础数字信息支撑，提供统一组织架构管理、统一用户管理、统一权限管理、统一身份验证管理、统一日志管理等组件式公共功能；建设数据共享交换服务平台，提供统一的数据存储、管理与服务手段。为智慧水利即将搭建的各类智能应用提供基础环境与框架，从而保障应用的稳定可靠和协同运作。

3.1.3 建设水利综合信息展示平台

基于水利数据资源融合管理，构建区县级水利综合信息展示平台。通过"一张图"门户建设，实现异构系统水利监测数据、基础空间信息、水利业务数据、智慧决策信息的及时更新与综合展示；通过一张图管理系统建设，为地图资源管理、地理信息共享、空间信息安全监管等提供信息化服务功能。

3.2 区县级智慧水利建设具体应用

3.2.1 数据库建设

数据库是实现数据共享交换的重要支撑之一。数据库需要按照国家及行业的标准进行建设；通过制定数据存储策略，设计数据管理与备份方案并建立数据分级管理机制，确保其数据安全性、兼容性、实用性、完整性、独立性、可扩展性；梳理整合建设基础数据库、监测数据库、空间数据库、业务管理库、多媒体数据库、共享交换库及知识模型库等，破除信息孤岛问题，实现信息高效共享；提供数据迁移功能及备用国产数据库，为适应和对接国产软件做好基础。

3.2.2 数据汇集与交换

开展数据来源分析工作，根据内容和数据的生命周期进行水利大数据数据源分类，形成"一数一源，一源多用"的核心数据目录。整合汇集已有的水利局内部业务系统各种数据资源，在新建的面向智慧水利的统一数据资源目录下，实现各类系统数据的汇总。对多源异构数据进行整合和集成，包括数据存储、集成、整合、处理等各个过程，形成面向查询与分析的可用数据。根据水利数据业务需要，整合各类河道水闸、水文水资源、水利工程各业务基础数据和外单位的涉水专题数据，为综合业务应用提供数据基础；提供系统间的信息交换和共享，打通内域和外域之间的数据转换。

3.2.3 数据融合与治理

建立数据资源目录，将水利业务管理标准变成可识别、可度量、可评价的执行评判的数据化标准，对主数据、元数据、数据安全、数据质量进行管理。

3.2.4 水利信息数字化

从水安全、水资源、水环境等各类数据的存储与管理要求出发，依据"统一规划、统一标准、统一设计、数据共享"的基本原则，开展水利信息数字化处理工作，为信息化资源统筹管理奠定基础。

3.2.5 基础性技术支撑平台

在协同门户标准、数据融合标准、空间数据标准、应用平台标准、网络安全标准、资源管理标准的体系下开展统一门户设计、统一组织架构管理、统一用户管理、统一权限管理、统一身份验证管理、统一日志管理、通用基础信息同步，为智慧水利建设提供基础性支撑功能及服务。

3.2.6 数据共享交换服务平台

共享交换服务平台位于综合数据库之上，通过服务总线技术对组件服务进行集成，提供统一的应用服务支撑体系，为业务应用系统提供信息资源管理、基础数据访问、数据分析、界面表现等平台资源与水利数据资源服务的支持，可面向各级业务部门提供资源的共享与交换，实现水利数据资源服务。

3.2.7 "一张图"门户建设

水利一张图模块建设为各类涉水业务应用提供一体化共享服务的支撑作用，水利地理信息应用模块是水利地理信息的枢纽，用户可以基于平台提供的各类服务，结合自身的业务应用，使用专业的业务系统。

3.2.8 "一张图"管理系统

提供水利地理信息数据资源库管理，地理信息分析处理基础服务，水利空间信息数据应用服务，地图资源管理服务，水利三维可视化与分析服务。

4 结语

针对区县级智慧水利建设存在的建设资金有限、数据共享不充分、功能单一、独立运行及重复建设等问题，提出区县级智慧水利建设的要点，重在水利数据资源整合与治理、智慧水利基座搭建、水利综合信息集成展示平台搭建三个方面，以此形成区县级智慧水利雏形。

参考文献

［1］张建云，刘九夫，金君良. 关于智慧水利的认识与思考 ［J］. 水利水运工程学报，2019（6）：1-7.

［2］王莳，郑凯，贾真真. 关于县市级智慧水利平台建设的几点认识 ［J］. 山东水利，2021（8）：5-7.

［3］牛俊奎，李振刚，姚佳男. 内蒙古县域智慧水利建设方案构想研究 ［J］. 内蒙古水利，2020（2）：11-13.

［4］徐建，李国忠. 智慧水利信息平台设计与实现——以福建省沙县智慧水利信息平台为例 ［J］. 人民长江，2021（1）：230-234.

ERP 系统在水电工程项目前期管理中的业务标准探索

刘　钊

（国能大渡河流域水电开发有限公司枕沙水电建设管理分公司，四川乐山　614700）

摘　要： 水电工程建设项目前期阶段的管理成效很大程度上决定了项目的综合效益，为在集团化层级管控背景下提升前期项目管控的有效性，通过在 ERP 信息系统建设基础上探索研究前期项目管控标准，可以有力落实各层级对前期项目的管控力度，确保管理质量，研究成果可为同类项目管理提供借鉴。

关键词： 水电工程；前期管理；ERP 系统

1　研究背景

1.1　ERP 系统简介

水电建设项目投资控制贯穿于项目建设的全过程，而项目前期阶段是工程投资和定位控制的源头，它对项目的投资控制起着至关重要的决定性作用，大量工程实践证明前期阶段对项目的投资影响程度在 80% 以上，投资控制的关键环节在设计，尤其是前期设计阶段。投资控制只有从事后性、被动性，实现向事前性、主动性的转变，才能在高起点、高质量的基础上，达到经济性和合理性的有机统一。总之，前期决策阶段工作对水电站建设的经济效益及综合效益至关重要，应充分认识并采取科学方法优化、强化该阶段的管理[1-4]。

当前网络信息技术日新月异，信息技术的快速发展引领了社会生产新变革，尤其是互联网+、智能制造、大数据、云计算、移动互联等新技术和新理念的涌现，各行业信息系统的集中建设、集中运维得到快速发展，提升了各层级管理的快速决策及控制能力[5]。企业资源计划系统（ERP）是实现企业管理制度化、流程化的综合平台。目前，随着信息化技术的不断发展和突破，国内水电行业积极探索智慧企业管理模式，ERP 系统可作为智慧企业建设的基础平台，智慧前期、智慧工程、智慧电厂、智慧检修等模块可有机地整合在 ERP 系统所形成的价值链条上，作为系统信息采集、分析、预警、决策等的自动化、智能化、智慧化手段。基于国家能源集团在全集团范围内全面推广新集团新 ERP 项目的实施，根据集团公司、子分公司、项目实施公司的集团化三层级管控要求，全面梳理并优化前期项目的业务流程，以 ERP 信息系统建设为基础，形成流程化、制度化、标准化、科学化、统一化的前期项目管控标准，可以有力落实各层级对前期项目的管控力度，为国内现有标准下水电项目高标准开工奠定基础。

作者简介： 刘钊（1987—），男，工程师，主要从事水电工程管理工作。

1.2 水电项目前期工作概述

水电工程项目前期工作是从建设项目规划工作开始，经过流域水电规划、预可行性研究、可行性研究，到项目核准申请之间的设计、研究、勘测和管理等各项前期工作，是水电项目管理的重要阶段之一，其所需费用一般为项目前期费。水电工程项目前期工作内容繁多，涉及较为复杂的管理程序，其中需重点管控的项目较多，包括法规政策动向、经济效益指标、工程技术方案、风险预测及措施等。因此，在实际管理中，易出现投资控制难度大、数据杂乱、节点安排混乱、风险预测不及时等管理问题，导致工期拖延，增加工程投资，而 ERP 系统可有效地帮助业主解决这些问题。

2 建立数据标准

数据标准化是统一、集成、集中管理，系统整合资源的基础工作，也是开展 ERP 系统建设的前置工作，该工作要兼顾规范性、广泛适用性和易操作性等原则，通过定义系统内项目分类标准、项目定义原则、WBS 编码原则，统一系统内项目管理的数据标准，为项目管理统计分析、决策支持提供基础数据支撑。

2.1 项目分类

根据层级管理及项目管理的特点，项目分类分为两层：第一层为项目类型；第二层为项目小类，根据企业项目管理需求进行设定。

一体化集中管控系统中，项目分类编码规则为前期、基建、技改、修理分别采用简码 A、B、C、D，涵盖了前期项目的主要方面。

2.2 项目定义

2.2.1 设计原则

在一体化集中管控系统中，项目定义是项目身份的象征，它具有唯一性，从项目立项、项目执行、项目统计到项目结算的整个过程中，项目定义是不变的。项目上所发生的业务和成本，最终都通过项目定义联系在一起，形成项目生命周期的全景视图。

为便于记忆和业务操作及系统查询使用，项目定义的编码一般采用几组具有一定意义的数字或字符，再辅以简短的流水码进行组合。编码不宜过长，一般采用 8~10 位的数字和字母的组合。

2.2.2 编码规则

项目定义的编码规则设置为 3 层 10 位编码，其中 X 标识该位可以为字母也可以为数字；N 标识该位为数字代码。项目编码上未体现的项目属性信息可在项目定义属性字段上进行标示，例如项目小类、投资额度、可研批准文号、调整计划等。

表 1 中：

N 表示该位只能为数字，X 表示该位可以为数字也可以为字母。

项目类型（1 位）：项目类型包括前期（A）、基建（B）、技改（C）、修理（D）、科技（E）、信息化（F）、股权（G）；后续增加的项目类型可补充定义。

公司代码（4 位）：此编码为 ERP 系统中编制的 4 位公司代码。

表 1　项目定义编码规则

项目类型 （1 位）	公司代码 （4 位）				流水码 （5 位）				
X1	X2	X3	X4	X5	N6	N7	N8	N9	N10

如中国神华能源股份有限公司国华电力分公司的公司代码为31AA，公司项目编码第2位至第5位为31AA，举例如表2所示。

表2 公司代码示例

公司代码	单位
3400	神华国能集团有限公司
31AA	中国神华能源股份有限公司国华电力分公司

流水码（5位）：此编码为记录项目产生的顺序编码，以五位字符标识，从00000～99999。

项目编码举例：中国神华能源股份有限公司国华电力分公司第一个基建项目，其编码即为B31AA00001。

2.3 WBS元素

2.3.1 设计原则

项目工作分解结构（WBS）是对项目定义进行的层次细分结构，它把项目工作分解成具有等级层次的细小工作单元。工作分解结构中的每一个构成成为工作分解结构元素，即WBS元素。WBS元素可以执行成本计划和时间计划、分配预算、产生采购和归集成本，是实现项目精益化管理的基础条件。

为体现WBS的层级和统属关系，WBS元素采用在项目定义的基础上，依照层级逐层添加后缀的方式及进行编码。

2.3.2 编码规则

项目工作分解结构元素（WBS元素）的编码规则见表3。

表3 项目工作分解结构元素（WBS元素）的编码规则

项目定义编码										WBS编码													
X1	X2	X3	X4	X5	N6	N7	N8	N9	N10	X11	X12	X13	X14	X15	X16	X17	X18	X19	X20	X21	X22	X23	X24
项目类型	公司代码				流水码					第2层		第3层		第4层		第5层		第6层		第7层		第8层	

3 项目前期管理

3.1 投资管理

3.1.1 业务程序

（1）立项审批。

河流（段）水电规划完成审批后，项目单位可选择符合集团公司发展战略、符合集团公司区域和产业发展定位、不存在重大限制条件、经济指标较好、具有良好竞争能力的项目申请立项开展前期工作。具体由项目单位整理汇总项目立项所需材料，编写项目立项申请报告，报二级单位审核后，由二级单位正式上报集团公司。单项投资额10亿元及以上项目由集团公司战略规划部按照投资管理办法有关规定牵头履行立项审批手续；单项投资额10亿元以下项目由水电中心履行立项审批手续。项目立项审批需在ERP系统外完成。项目前期费纳入集团公司年度投资计划统一管理，通过集团统建项目管理系统及ERP系统完成申报、审批和维护。

（2）投资决策。

项目可研阶段设计优化成果完成审查，可行性研究报告编制完成并通过审查后，项目单位应履行项目投资决策程序。具体由项目单位落实投资条件，整理汇总项目投资决策所需有关材料，按照集团公司有关要求开展技术经济评价工作，编写项目投资决策申请报告，经二级单位审核并决策通过后，由二级单位正式上报集团公司，集团公司按照投资决策流程完成决策并批复。投资决策程序需在 ERP 系统外完成。

3.1.2 系统实现

前期工作计划在项目信息管理系统进行提报。完成相关审批后，通过系统接口将前期项目及前期费计划推送到一体化集中管控系统，生成项目定义、WBS 结构和项目预算。前期工作产生的各类支出，均实时归集到对应的 WBS 元素，并接受该 WBS 元素的预算控制。前期工作相关文档可扫描后上传至一体化集中管控系统进行归档保存。后续如果项目立项成功，由财务将前期费结转至项目；如果项目立项失败，则由财务对前期费用进行费用化账务处理，再将前期项目进行关闭，形成组织过程资产。

3.1.3 风险管控点

根据水电工程建设项目前期管理的特点及同类工程建设项目应用实践经验，对水电工程建设前期项目进行 ERP 线上管理提出以下风险点及控制措施。

（1）项目创建风险。

控制措施：根据前期费用计划进行项目创建，前期费用应符合集团公司项目立项和投资管理有关规定。

（2）前期费用处理风险。

控制措施：根据投资决策是否通过、项目是否核准、项目是否开工，前期费用做费用化处理或结转至基建项目。

（3）预算分配风险。

控制措施：以项目前期费用计划批复金额进行项目预算严控。

3.2 进度管理

3.2.1 业务流程

项目单位是前期项目进度管理的责任主体，负责落实前期项目进度目标；负责按计划具体实施进度管理，全面完成集团公司下达的前期项目总体工作计划与年度节点目标任务。

二级子分公司负责设置前期项目管理机构，负责组织项目单位分解落实集团公司下达的前期项目总体工作计划；审查前期项目总体工作计划和年度节点目标计划；按计划检查、监督、考核所属前期项目单位工作进度。

集团公司电力产业管理部负责前期项目总体工作计划与年度节点目标任务的审批和下达。

项目单位负责将批准后的工作计划录入 ERP 系统并严格执行，定期做好进度检查和完成情况录入，工作计划确需调整的，于系统外完成审批流程后录入系统。

前期项目进度管理视项目投资规模，以及各二级子分公司管理要求，选择执行。

3.2.2 系统实现

项目单位于系统内录入前期项目取得批准的总体工作计划/年度节点计划或调整计划，对计划完成情况及时更新。

3.2.3 风险管控点

根据水电工程建设项目前期管理的特点及同类工程建设项目应用实践经验，对在集团范围内水电工程建设前期项目进行 ERP 线上进度管理，归纳以下风险点及控制措施。

（1）总体工作计划/年度节点计划风险。

控制措施：取得批复后录入前期项目总体工作计划/年度节点计划。

（2）调整总体工作计划/年度节点计划风险。

控制措施：取得批复后调整前期项目总体工作计划/年度节点计划。

（3）总体工作计划/年度节点计划监控风险。

控制措施：严格执行前期项目工作计划，及时录入实际完成情况，确保工作计划按期完成。

3.3 查询及报表管理

ERP 系统中项目管理（project system）覆盖了项目的前期、建设期和运行期，涵盖了项目立项管理、项目概算管理、项目采购管理、项目成本管理、项目结算管理、项目竣工管理的全项目阶段，形成项目管理业务的闭环，但它更关注的是从价值量角度完整地反映出从投资到资产的业务流程和管控过程，而前期项目管理的一项中心业务为报批管理，此类工作可通过建立查询报表的形式供用户查询，为决策层及时发现问题、协调问题、解决问题提供信息和依据。前期项目查询及报表见表4。

表 4 前期项目查询及报表

序号	查询/报表名称	报表说明	输出 Excel	使用范围
1	项目定义概览	查询项目主数据	否	通用
2	显示网络	显示项目标准进度网络	否	通用
3	显示确认网络	显示项目进度确认情况明细	否	通用
4	显示项目文档	查询项目文档详情	否	通用
5	项目文档批量查询报表	批量查询项目文档	是	通用
6	项目初始预算查询	查询项目预算细分状况	否	通用
7	项目成本计划查询	查询项目成本计划	否	通用
8	项目成本明细查询	查询项目成本明细	是	通用
9	项目承诺明细查询	查询项目承诺明细	是	通用
10	项目的采购项目查询	查询项目采购订单明细	是	通用
11	项目的采购需求查询	查询项目采购申请明细	是	通用
12	预算/实际/承诺/报酬计划/分配	项目概算信息以及执行概算占用情况	否	通用

4 管理经验

（1）提高站位，充分认识集团公司 ERP 工作的重要性和工作要求。标准编制小组是将上级工作要求和基层业务需要有机结合起来的枢纽组织，正确领悟并落实集团要求和广泛满足基层需要两者都不可或缺。编制小组成员要深入接受工作培训并加强对集团 ERP 工作相关制度的学习理解，要站在集团的层面看待问题，要着力于基层最基本的业务需求解决问题，坚定不移地确保上级指示得到精准落实。

（2）提高认识，主动作为，以高度的使命感和责任心投入工作。业务标准的制定是一项开拓性工作，在标准发布之前，所有工作是没有系统规范的标准的，功在当代，利在千秋，编制人员的思想认识、责任感及业务素质直接决定编制成果的质量。因此，业务人员要充分认识工作的重要性和历史价值，以高起点、高标准要求自己，时刻以如履薄冰的敬畏之心对待每一项细节工作。

（3）加强沟通，积极调研，广泛收集并认真研究各基层单位意见。集团公司有多家涉及前期项目管理的子分公司及项目公司，各单位有各自的管理特点、优势和需求，为使业务标准充分整合各单位的先进经验并最大限度地满足各单位业务需求，编制小组通过问卷调查、会议讨论、单独沟通等形式与各单位业务部门专家进行沟通，收集经验和意见，并坚持以打破惯性思维的思路在小组内部通过会议、沙龙等认真组织研究打磨，从而持续提升业务标准的质量。

5 结语

国家能源集团新 ERP 系统建设既是提升集团精细化管控、巩固一体化运营优势的关键依靠，也是积极构建世界一流智慧企业，实现向"能源+智慧"新动能转换的必由路径。前期项目管理标准化的要求也在此次统建系统的建设中得以实现，为后续项目管理的规范化、标准化提供支撑，为水电工程建设项目高标准开工、智慧化建设、高效益投产、智能化运营奠定基础。

参考文献

［1］边永强，张瑞峰. 浅谈大型建设项目前期设计优化的思考［J］. 城乡建设，2016（12）：208.

［2］王世鹏，李培寅. 实施 ERP 企业内部控制评价探讨［J］. 财会通讯，2010（5）：98-99.

［3］Lingxiao Yu，Xu Wang，Yuanyuan Lyu，et al. Electrophysiological Evidences for the Rotational Uncertainty Effect in the Hand Mental Rotation：An ERP and ERS/ERD Study［J］. Neuroscience，2020：432.

［4］Sahoko Komatsu，Emi Yamada，Katsuya Ogata，et al. Facial identity influences facial expression recognition：A high-density ERP study［J］. Neuroscience Letters，2020：725.

［5］涂扬举. 智慧工程在大渡河水电建设中的探索与实践［C］//中国大坝工程学会. 水库大坝高质量建设与绿色发展——中国大坝工程学会 2018 学术年会论文集. 北京：中国水利水电出版社，2018.

水利枢纽闸门监控系统网络安全建设思考

李宪栋　尤相增　蔡　路　王宏飞　王　迟　袁彦凯

（黄河水利水电开发集团有限公司，河南济源　459017）

摘　要： 为了提升水利枢纽闸门监控系统网络安全管理水平，应从系统设计、建设和运行环节开展全寿命周期管理。加强物理环境、通信网络、区域边界防护、计算环境、管理中心五个方面的建设管理，从设备、技术和人员多方面加强管理是可行措施。建立科学有效的网络运行管理制度并严格执行是保证枢纽监控系统网络安全的重要措施。

关键词： 监控系统；网络安全；防护

1　引言

智慧水利建设是推动水利行业转型升级的重要途径，在水利行业运用日益广泛。智慧水利是对水利对象的智能感知、多信息的综合应用和优化[1]。水利枢纽的智慧化包括对水工建筑物、闸门等主要设备设施的监测、分析判断和优化的系统建设，一般分为大坝安全监测系统、闸门监控系统、调度自动化系统等。闸门监控系统完成对闸门运行状态信息的采集上送和对调度自动化系统下达闸门变化指令的执行，其安全运行至关重要。近年来，随着智慧水利建设的推进，闸门监控系统逐渐融入智慧水利运用平台，其网络安全也日益受到重视。

监控系统网络安全防护从起初的以"安全分区、网络专用、横向隔离、纵向认证"结构性安全为基础，扩展到了"物理安全、网络安全、主机安全、应用安全和数据安全"五位一体防护的全面等级保护业务安全防护体系，并正在转向建立基于可信计算的主动防御为主的网络安全防护体系[2-5]。基于全寿命周期管理的网络安全管理理念在监控系统网络建设中也越来越得到重视，从监控系统网络设计、建设到运行的全寿命周期管理，以及从设备、技术、人员多方面加强网络安全管理和运行管理成为新的共识[6-7]。本文以小浪底水利枢纽闸门监控系统改造建设中的网络安全建设为例，探讨智慧水利系统中的网络安全建设问题。

2　闸门监控系统网络安全建设内容

小浪底水利枢纽位于黄河中下游，是黄河流域重要的控制性工程。小浪底水利枢纽共设有3条明流洞、3条孔板洞、3条排沙洞和1条溢洪道，明流洞、排沙洞和孔板洞均设有事故闸门和工作闸门。闸门运用是保证枢纽安全运行、实现枢纽功能的重要手段。小浪底水利枢纽闸门监控系统可以提升枢纽运行自动化和智慧化水平。小浪底水利枢纽闸门监控系统运行多年后需要进行更新改造。在更新改造过程中，闸门监控系统网络安全成为建设过程中重点关注的内容。

小浪底水利枢纽闸门监控系统网络安全防护按照《信息安全技术网络安全等级保护基本要求》（GB/T 22239—2019）标准规范设计、建设，主要包括安全物理环境、安全通信网络、安全区域边界防护、安全计算环境、安全管理中心等五个方面，具有防范黑客、病毒、恶意代码等通过各种形式的破坏和攻击，防止内部或外部用户的非法访问、非法操作及非法获取信息，防止操作人员的过失影响

作者简介： 李宪栋（1977—），男，硕士研究生，研究方向为电气控制系统及应用。

或破坏自动化系统正常工作等安全防护功能。对运行维护管理阶段网络安全防护的设计是小浪底水利枢纽闸门监控系统网络安全防护建设的重要内容。

2.1 安全物理环境

安全物理环境主要是指网络主要设备布置空间的安全性。对于小浪底水利枢纽闸门监控系统，主要是指集控机房建设要保证监控系统上位机、服务器、工作站等主要设备正常运行需要并满足网络安全防护要求，按照《信息安全技术网络安全等级保护基本要求》（GB/T 22239—2019）标准规范设计、建设。小浪底水利枢纽闸门监控系统集控机房包括小浪底控制端机房、西霞院工程分控端机房和郑州远控端机房。

2.2 安全通信网络

安全通信网络主要是指连接网络设备的网络实体，包括网络结构和网络载体。连接小浪底集控端、西霞院分控端、郑州远控端及工程现地控制设备的小浪底水利枢纽闸门监控系统通信网络均采用自铺光缆或网线方式连接，网络专用，安全可靠。通信传输线路及网络设备均采用冗余配置设计，在传输线路的两端设置纵向加密装置，保证数据的保密性。小浪底集控端与西霞院分控端通过自建光缆建设 2 条通信传输网络，小浪底集控端与郑州远控端之间通过租用电力 155 Mb/s 通道、运营商专用通道建成 2 条通信传输网络。

2.3 安全区域边界防护

安全区域边界是完成内部应用系统计算环境安全防护和防止敏感信息泄露的重要环节，区域边界的安全控制实现对进入和流出应用环境的信息流的安全检查，既可以保证应用系统中的敏感信息不会泄露出去，同时也可以防止应用系统遭受外界的恶意攻击和破坏。

小浪底水利枢纽闸门监控系统仅与调度自动化系统通信，采用防火墙进行逻辑隔离。与调度自动化系统连接出口串联部署的防火墙可以确保所有跨越边界的访问和所有流入、流出的数据均通过其受控接口进行通信，接受安全检查和处理。防火墙作为边界防护的第一道防线，主要完成网络安全隔离、网络访问控制、保障带宽稳定等任务。

2.4 安全计算环境

计算环境是应用系统的运行环境，包括应用系统正常运行所必需的主机（终端、服务器、网络设备等）、应用系统、数据、存储与备份等，计算环境安全是应用系统安全的根本。计算环境安全通过身份鉴别、访问控制、安全审计、入侵防范、恶意代码防范、可信验证、数据完整性、数据保密性、数据备份恢复及个人信息保护等手段实现，保证计算环境安全借助必要的安全设施实现。

小浪底水利枢纽闸门监控系统主要包括应用服务器、历史数据服务器、通信服务器、操作员工作站、工程师维护工作站、语音报警工作站等硬件设备及运行在这些硬件上的操作系统、数据库、监控系统软件等。小浪底水利枢纽闸门监控系统计算环境安全通过软硬件来保证，包括完成入侵检测、漏洞扫描、主机加固软件、网络和数据库审计、杀毒软件及备份的一体机，以及监控系统网络计算机的访问及登录密码安全管理。

2.5 安全管理中心

安全管理中心是实现网络安全防护中应用和数据安全的重要手段。小浪底水利枢纽闸门监控系统建设安全运维管理区，实现系统管理、审计管理、安全管理、集中管控等。小浪底水利枢纽闸门监控系统设置堡垒机、日志审计等功能及设施，进行日常系统管理、运维管理及安全审计等操作。

堡垒机作为运维审计设备，实现对内部人员在核心设备上的操作进行审计与管控，确保核心设备的安全性及人员行为管控。小浪底水利枢纽闸门监控系统堡垒主机是在核心交换机旁路部署的一套运维审计系统，在系统运维人员和信息系统（网络、主机、数据库、应用等）之间搭建的一个唯一入口和统一界面，针对信息系统中关键软硬件设备运维的行为进行管控及审计。为了区别日志审计与网络（数据库审计）审计，堡垒机主要完成针对运维人员与业务核心的审计以及身份验证保护。堡垒机具备单点登录、集中账户管理、统一身份认证、统一资源授权、细粒度访问控制和操作审计功能。

日志审计通过日志服务器实现，主要包括日志收集、日志归一化处理、原始日志高效存储、日志查询、统计分析和报警管理。日志服务器针对系统内部各设备及服务器进行日志收集分析，从而帮助运维者更好地分析当前系统内部的设备状态，给出整改方案及意见。这需要在系统内部的所有服务器操作系统、应用系统和新增的各种安全系统均开启完整的日志记录功能。日志审计完成对重要的用户行为和重要安全事件审计，并将审计记录实时发送给集中的日志服务器。

3 网络安全运维管理措施

除监控系统网络的硬件和软件配置进行符合标准要求的设计和配置外，运维管理也是保证网络安全的重要环节。小浪底水利枢纽闸门监控系统在建设中对运维安全管理提出了初步的设想和要求，并在系统建设时一并考虑，配备必要的管理手段和工具。

3.1 网络安全设备硬件运行维护

网络安全设备硬件运行维护主要包括设备故障排查、硬件状态检查、网络流量检测、设备工作日志排查和边界设备阻断报告审阅。网络安全设备硬件运行维护应定期进行，一般应每周进行一次，主要检测网络安全系统通信是否通畅，监测网络目标是否在可控范围。

网络设备硬件状态检查主要对设备电源、CPU、内存性能等部件工作状态稳定性及运行温度进行检查。网络流量检测通过网络审计设备对系统中网络流量进行监视，找出网络异常或高危流向，通过网络流量审计对网络中运行设备流量进行跟踪。设备工作日志排查通过日志审计设备对网络安全设备运行日志进行收集分析，对系统日志进行分析评估，找出日志告警设备进行问题排查。边界设备阻断报告审阅通过分析网络安全边界设备（如防火墙）工作日志及报告，查看每周/每月边界设备阻断名单及分析报表，了解系统主要攻击来源及攻击点，调整安全维护工作策略。小浪底水利枢纽闸门监控系统设计了网络监控设备及日志审计功能，有利于高效完成系统运行维护中的网络设备硬件排查工作。

3.2 系统风险评估和脆弱性检测

定期的系统风险评估和脆弱性检测是监控系统网络安全保证的重要手段。系统风险评估通过漏洞扫描设备定期对系统运行安全进行检查评估，以识别系统面临的不断变化的风险和脆弱性，并通过安全加固进行有效的安全措施干预，确保安全目标得以实现。评估内容包括信息系统、资产、威胁、脆弱性等方面。脆弱性评估包括对运行环境下网络、系统、应用、安全保障设备、管理等方面的定期评估。技术脆弱性评估采取核查、扫描、案例验证等方式；管理脆弱性评估采取文档、记录核查进行验证。系统风险评估和脆弱性检测主要包括资产管理、数据安全维护管理和安全合规性等方面。

资产管理包括资产范围、资产发现及资产属性的集中管理，主要手段为资产的导入、导出、新增、编辑、删除、检索等。资产范围管理是为支持不同维度的查询、统计及可视化管理提供数据支撑而对资产进行的业务分类。资产属性管理主要为资产建立产品标识，通过建立产品定义信息库、标准CPE及手动维护方式实现，还包括维护资产所在的组织架构及相应的责任人信息。资产发现是通过及时发现网内资产信息变更来发现隐患。资产发现提供两种自动化发现机制：一是通过端口、IP段扫描及漏洞收集过程自动发现资产；二是自动对产生变化的资产进行记录并进行醒目提醒。自动发现的数据会进入资产备库，通过管理员进行确认操作同步到资产库。

数据安全维护管理包括数据安全设备运行状态检测、备份及恢复策略制定、存储介质管理、备份作业检查等方面。数据安全设备运行状态检测包括对数据安全设备运行环境及电源、温度、CPU、内存等工作指标稳定性的定期检测。备份及恢复策略制定应满足业务标准，备份工作应按策略正确执行。存储介质管理是对数据安全设备与存储介质通信进行定期检测，以便及时发现异常情况。备份作业检查是检测备份文件存储空间是否正常，可对备份文件进行测试，检测文件完整性及正确性。

从业务逻辑上来看，安全合规管理主要由脆弱性检查和脆弱性整改两个流程组成。脆弱性检查主要收集资产的弱点，包括漏洞、不合规基线、弱口令。脆弱性整改主要是资产的责任人对发现的弱点进行整改，整改后使资产不再具有脆弱性风险或脆弱性风险处于较低水平。安全合规管理通过定期检查后生成评估报告。安全合规管理由快速扫描、常规任务、项目管理、资产组、情报获取配置五个部分组成。

小浪底水利枢纽闸门监控系统设计了系统风险评估和脆弱性检测功能，有利于运行维护阶段定期开展此项工作，提升系统网络安全运行水平。

4 结论与展望

枢纽闸门监控系统网络安全应从设计、建设和运行维护环节共同努力来保证。设计中严格遵守国家和行业标准，选择可靠性、安全性高的产品，是提升监控系统网络安全的重要措施。建设中应严格按照设计施工，并保证建设工程质量。对运行维护中的安全管理应提早进行设计，形成完善的管理制度，采取必要的软硬件措施和管理措施，配备必要的功能辅助完成网络安全管理，是提升闸门监控系统网络运行安全水平的必要措施。

参考文献

［1］连彬，魏忠诚，赵继军. 智慧水利关键技术与应用研究综述［J］. 水利信息化，2021，164（5）：6-19.

［2］汤震宇. 国内电力监控网络安全的演进发展和新挑战［J］. 自动化博览，2021，38（1）：18-21.

［3］孟庆东，李满坡，安天瑜，等. 电力监控系统网络安全管理平台设计与实现［J］. 实验技术与管理，2020，37（7）：53-57，62.

［4］高翔. 电力监控系统网络安全主动防御机制［J］. 电力安全技术，2020，22（8）：24-26.

［5］陈伟，宋贤睿，杨宁. 电力监控系统网络安全监测的现状与改进方法［J］. 信息技术与信息化，2020（4）：167-168，172.

［6］李勇. 电力监控系统网络安全防护探讨［J］. 网络安全技术与应用，2020（9）：121-122.

［7］郭丰. 电力监控系统网络安全加固技术探讨［J］. 网络安全技术与应用，2020（11）：132-134.

基于 Web 端的水文资料在线智能整编系统

香天元 牟 芸 张 亭

(长江水利委员会水文局，湖北武汉 430010)

摘 要：水文监测在线智能整编是智慧水利业务数据层的重要环节，为智慧水利提供基础数据资源，具有举足轻重的地位。我局基于 Web 端研发的水文资料在线智能整编系统，实现了水文原始资料预处理与整编、汇编一体化，实时智能整编，关系曲线自动成图、自动查错，全过程在线审查等，对保证水文资料成果质量、提高水文资料时效性具有重要意义。

关键词：水文资料；在线整编；智能化；实时整编

1 引言

水文资料整编是对原始水文资料按科学方法和统一规格进行整理、分析、统计、审查、汇编刊印等工作的总称[1-2]，是水文行业最重要的基础工作之一。它对水文资料进行去伪存真的处理，不断逼近真值，开展测验误差评定，归纳总结出水文要素规律，对资料做合理性检查，进而加深对水文要素时空变化规律的认识[3]。

水文资料整编是水文监测业务过程的重要环节。水文资料整编工作仅靠人工完成，工作烦琐，工作量大，经过反复校核审查才能保证资料准确可靠。自 1987 年，采用 Fortran 77 开发的全国通用整编软件（DOS）在全国范围内应用以来，国内就陆续开展了水文资料计算机整编技术的研究与应用[4]。2004 年，长江委水文局开发了《南方片水文资料整汇编软件》SHDP 1.0 版，是一套功能齐全、操作简易的水文资料整编系统。2007 年，对系统升级改造为水文资料整编软件 SHDP 2.0 版，系统采用广泛应用的 SQL Sever 数据库，升级完成后在全国广泛推广应用，覆盖了全国 29 个省市水文部门。2018 年，长江水文启动水文资料网络整编，实现了整编成果一个库，解决了单机版数据库多版本的问题。但这些程序都属于 C/S 结构，程序开发时针对性强，变更不够灵活，维护与管理的难度较大。每台客户机必须全部安装相应的客户端程序，即水文资料整编软件和相应的数据库，分布功能弱并且兼容性差，针对长江流域点多面广且不具备网络条件的水文站来说，难以迅速部署安装与配置，通用性严重受限，局限性较大。

为此，长江委水文局研发了水文资料在线智能整编系统，该系统采用 B/S 架构，分布性强，扩展简单，维护便利，共享性强，实现了水文资料整编的智能化，在水利部智慧水利先行先试中期评估中，被评选为水利部优秀案例。该系统是水文智能化、网络化发展的必然产物，打通了水文自动采集、人工测验、数据规整、智能识别、实时整编的在线数据链路，提高了水文资料整编的时效性，能够满足水生态文明建设、最严格水资源管理、河湖长制管理等工作对水文整编资料的高时效性要求。

基金项目：长江水利委员会长江科学院开放研究基金项目（KWV2021886/KY）。

作者简介：香天元（1979—），男，副高，长期从事水文检测、站网规划、资料整编、成果质量、洪水影响评价、新仪器设备开发等方面的技术与管理工作。

2 技术架构

水文资料在线整编系统采用 B/S 体系结构搭建，可扩展性强，维护方便，不受平台和软件的限制，随时随地可通过网页对数据进行查看、编辑，满足了信息可见和信息共享的要求，解决了传统业务模式数据存储分散、数据共享程度低、原始数据存储不完备、工作量繁重、生产周期长、整编成果滞后等问题。

系统将水文监测数据生产及管理分解为数据组织模块、在线监测模块、智能实时识别整编模块、数据应用模块四大模块协同工作。以数据组织模块为核心，将各个应用中涉及的数据、业务工作流程联通，从而实现各个业务模块之间的数据共享和逻辑联系，模块及数据架构见图 1。

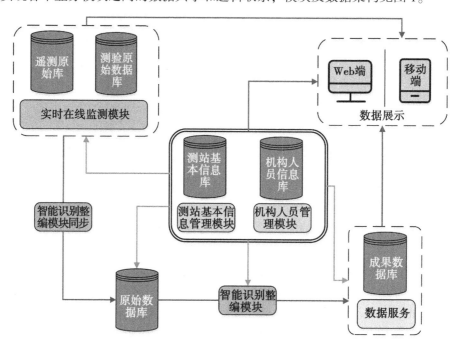

图 1　水文监测在线整编模块及数据架构

水文数据组织实现异构数据的统一管理，以水文对象化组织模式和方法为核心基础，构建水文数据对象化组织结构，建立测站信息库、人员信息库、实测数据表、整编数据表等，将整编对象、人员、监测–整编过程信息化并融合起来，形成更为全面和贯通的在线整编数据源。

水文在线监测将自记数据和人工观测的数据通过接口访问、移动 APP、Web 浏览器录入等方式，实现监测数据实时同步在线。同时，借助移动互联网技术，实现原始测验一校、二校、审核的在线规范化管理。解决了传统水文测验数据生产需要人工介入计算、工作烦琐、重复度高、工作效能不高、规范化管理难度大、实时性差等问题。

原始测验数据在后台预处理，进行智能整合、插补、除错后，存入原始整编数据中。实时智能整编实现后台智能识别、匹配数据、调用相关 API 自动整编。水流沙 API 提供丰富的整编方法，满足各类测站的整编，自建公式整编功能可以拓展更多应用场景。提供绘线软件，在自动化的基础上，可对水位流量关系进行人工调整优化，形成更为便捷的交互模式。

在线数据服务针对多变、多样的社会需求，提供丰富灵活、安全可靠的数据应用接口服务，在线支持不同形式的数据应用。接口服务以标准文件形式提供，可极大地方便各类用户的需求。

3 系统功能

系统能够完成河道、渠道、堰闸或水库水文站的降水、水位、流量、悬移质输沙率、含沙量资料整编，也能够完成潮位资料的整编、河道站或水库站多站流量的合成，并根据规范要求生成各种整编表格，同时具有绘图、自动查错、在线审查、自动打印整编成果等功能。系统各部分的功能、内在逻辑联系详见图2。

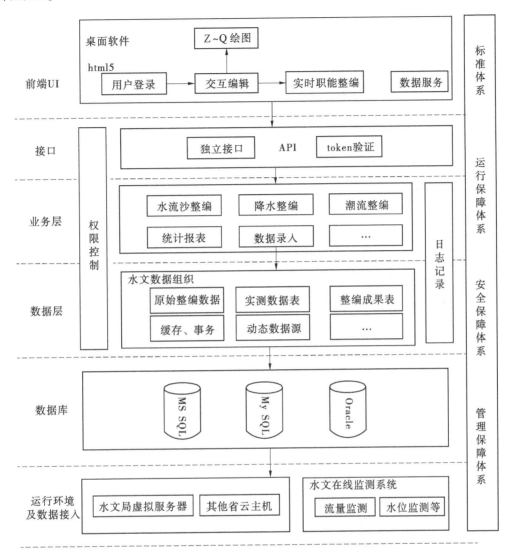

图2 在线整编平台设计

3.1 整编计算

系统整编计算方法齐全，涵盖了目前水文资料整编的所有方法，支持自编公式法。与传统的水文资料整编系统相比，在线整编系统支持水文资料定时或实时整编，水文在线监测数据或者人工观测资料通过预处理、校核后，进入原始整编数据库，新数据会触发调用整编计算模型，对数据进行整编计算，实现水文资料的实时自动整编。

3.2 关系曲线绘制

在线整编技术 $Z \sim Q$ 曲线定线工具，具有绘制连时序法、临时曲线法、校正因素法、落差指数法、单一线法、连实测流量过程线法等曲线功能，以及单断沙关系曲线定线、反推入库洪水的编辑功能，还可作为其他水文要素的关系曲线进行图形编辑或输出的工作平台，能够基本满足水文行业各类整编定线需求。

该功能实时点绘实测流量点，展现实测流量点的分布情况，检验实测点与水位流量关系线的偏离情况[3-5]，对关系线进行实时调整并做三性检验；实现了曲线的管理、连接、编辑修改等功能。还可以对单一线、连时序线开展多年综合线、场次洪水 $Z \sim Q$ 关系曲线对照，快速找出水位流量关系的变化范围，验证单次测验成果的合理性，从而指导水文测验，见图3。

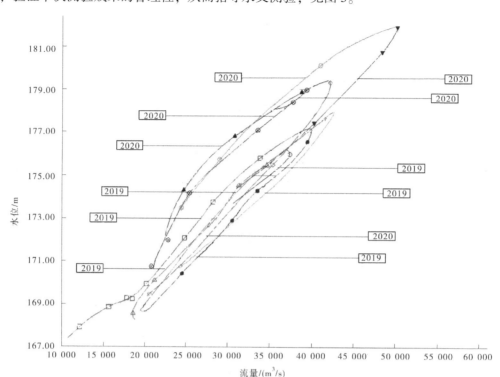

图3　曲线绘制功能中寸滩站相邻年份不同场次洪水 $Z \sim Q$ 关系对照

3.3　整编数据检查

　　数据检查是利用人工经验和知识来调整和完善自动整编成果数据，提高整编成果质量。系统数据检查包括数据对比绘图和自动检查两部分，支持单站多要素数据和多站数据的对比功能。数据对比绘图包括瞬时水流沙过程线图、上下游水位（流量、含沙量）过程线图、水位水面宽分布图等，自动检查内置了上百条检查规则，可一键对整编表格进行检查，比如对实测流量成果表的检查，如图4所示，包括对时间、水位、流量、断面面积、平均流速等的检查。

序号	月日	起时分	止时分	流量	断面面积	平均流速	检查
1	101	09.13.00	09.47.00	7600	7200	1.06	正常
2	116	09.25.00	13.16.00	8910	7990	1.12	正常
3	120	09.15.00	09.51.00	8940	8190	1.09	正常
4	227	09.18.00	09.54.00	8160	8500	0.96	正常
5	304	09.10.00	09.46.00	9110	9130	1.00	正常

图4　实测流量成果表数据检查表

3.4　整编表项输出

　　系统能够根据整编规范要求，按照标准格式查看、导出、打印各项整编表格，能够直观地显示各项整编数据，是水文资料在线审查的基础。按照存档要求，水文资料每年都需要按要素分册归档，系统按照归档要求，提供一键输出、打印水文资料整编成果的功能，免去人工逐页打印、制作封面、目录、工序页，编号等程序，提高了工作效率。

3.5 在线审查

水文资料审查是水文监测业务过程的重要环节。在线审查包括审查列表创建、审查、整编人员确认、评定组评定、评分统计全流程，审查痕迹可追踪，如图5所示。系统建立了各级审查专家库、评定专家库，支持按照审查专家自动或人工分配审查站，审查创建后，通过消息推送提醒审查专家，审查专家可在资料上直接加批注，对错情进行描述，选择扣分依据，自动匹配已创建的近300条评分规则，可自动匹配扣分值。经整编人员及评定组确认后，生成最终的错情清单及评分表。在线审查功能可随时随地对资料进行审查，质量把控前移，及时查清原因、纠正问题，并可在线上方便地总结错情，形成典型的错情案例，供测验、整编人员学习，对问题举一反三，不断提高水文资料成果质量。

图5 在线审查流程

4 系统特点

在线整编系统实现了日清月结、按月整编，大大提高了资料整编的时效性，使水文资料可以快速共享，从而方便增加审查频次，提高成果质量。

4.1 架构合理

系统采用B/S体系结构，具有良好的兼容性和可扩充性，能够容易地实现系统的升级和扩充，系统稳定，安全可靠，满足多样的用户需求。同时，避免了C/S类软件即单机版软件所需的较为复杂的系统安装程序和要求，极大地便利了基层职工使用。

4.2 功能完善

系统涵盖了水文行业技术规范要求的所有整编方法，能够完成河道、渠道、堰闸或水库的水文站的降水、水位、流量、悬移质输沙率、含沙量等的资料整编，具有智能定线及人工交互绘制关系线，生成、查看、导出、打印各种整编表格等功能，功能完备，能够被广泛应用。

4.3 标准规范

整编数据资源需要与各部门进行对接及数据共享，系统使用统一的、按照国家或行业标准规范设计的数据库，保证了数据的唯一性，有利于资料的规范化，按照水文资料整编规范要求开发的整编算法，各项统计、数值修约等更加标准化、规范化。

4.4 实时智能

系统实现了数据的实时上传，数据上传后可按照规则对数据进行自动检查，对于异常数据会发出警告提醒，接收新数据后自动触发整编算法，智能定线，实时整编，减少了从原始数据到整编成果的人为影响因素，可在"日清月结"的基础上，实现按日乃至按时的更加高效的整编计算，进一步提高了水文资料的时效性，能够满足水资源调节、水环境保护等对水文资料时效性的更高要求。

4.5 工具齐全

系统提供整编成果归档打印、图形绘制、智能查错、在线审查等工具，能够实现快速打、印归档整编成果，绘制相关图表、过程线、大断面等，实现本站、上下游站点间的图形对照检查，按照设置的规则自动查错，实现资料的全流程在线审查，并能进行错情分析等。对节省职工时间、提高审查人员素质、保证水文资料成果质量具有重要意义。

5 结语

近年来，随着社会经济的发展，人们对水文资料的时效性要求越来越高，为了满足社会对水文资料的时效性要求和水文职工对水文资料整编软件的各种需求，长江委水文局结合水文资料整编系统 1.0~5.0 的研发经验，研发了水文资料在线智能整编系统，实现了水文资料实时智能整编，契合智慧水文发展趋势，在智慧水利先行先试中期评估中，被评选为水利部优秀案例。系统采用 B/S 架构，兼容性和可扩充性良好，运行稳定，安全可靠，整编计算功能齐全，符合规范标准，实现了水文测验—整编—报汛全流程一体化。2019 年在长江委水文局应用，实现了实时智能整编，在线审查，提高了报汛精度，在 2020 年大洪水中对测次布置、高洪测验、测线转移等进行了合理的指导。

需要指出的是，该系统虽然实现了在线整编与智能化，但其智能化的研究仍然处在初级阶段，需要开发者与用户共同努力，深入研究原理、算法与模型，进一步提升系统的自动化与智能化水平。

参考文献

［1］水利部．水文资料整编规范：SL 247—2012［S］．北京：中国水利水电出版社，2012.

［2］林传真，周忠远．水文测验与查勘［M］．南京：河海大学出版社，1987.

［3］王锦生．关于水文测验误差的几个问题［J］．水文，1985（5）：26-30.

［4］香天元．效率优先：近期水文监测技术发展方向探讨［J］．人民长江，2018（5）：26-30.

［5］赖厚桂，梅军亚．水文资料整编系统研发与应用［M］．武汉：长江出版社，2020.

［6］Hilary K McMillan，Ida K Westerberg，Tobias Krueger Wiley. Hydrological data uncertainty and its implications［J］. Interdisciplinary Reviews：Water，2018-11-19.

基于 BIM+GIS 的水闸综合信息三维可视化管理平台设计

陈　翠[1]　安　觅[1]　董家贤[2]　马钧霆[3]

（1. 江苏南水科技有限公司，江苏南京　210012；

2. 云南省水文水资源局普洱分局，云南普洱　665000；

3. 南京麦堤微林信息科技有限公司，江苏南京　210012）

摘　要：水闸及其设备设施的工作状态优良与否，直接决定着水闸运行的安全和效率，因此水闸运行维护监控管理工作至关重要。平台总体采用 B/S 架构，引入"WebGIS 框架+三维实时图形渲染引擎"的双引擎内核技术架构，实现了水闸三维 BIM 模型的轻量化处理和专题数据的仿真查看与显示，并借助 PC 端强大的渲染性能，实现一系列应用可视化，大大提升了水闸运行维护监控管理的工作效率，具有重大的推广意义。

关键词：水闸；管理平台；BIM；WebGIS；三维可视化

1　引言

随着计算机图形学技术的发展，二维平面模型已经不能满足人们的工作及生活的需求，这种现状促使三维可视化技术萌生并快速发展。三维可视化技术是利用计算机建设物体的空间模型，模型包含物体的外观、尺寸、空间维度等各种复杂信息，能够更加生动形象地将物体展现在人们面前，并具有实时的交互能力[1]。

三维可视化的发展，缩短了现实世界与计算机虚拟世界的差距，不仅使人们更加清楚地认识世界，还为人们改造世界提供了很好的指导[2]。基于三维可视化综合管理平台，将物联网的海量数据信息通过三维立体化的方式进行展示和管理，同时可以对各种信息进行集成，还世界原本的真实，让信息以可视化的方式呈现并得以有效的管理控制。因此，基于物联网的三维可视化数字信息综合管理系统必将对传统数字建设形成革命性的冲击，成为今后数字化建设的主流技术。

本文以水闸站运行维护监控管理工作为依托，基于互联网、计算机、三维渲染技术、BIM 技术、GIS 技术等构建水闸综合性可视化管理平台，对水闸所涉及的各类型数据进行汇总和一体化管控，并在此基础上，对水闸运维管理过程中各项管理业务进行监管、显示、综合维护与分析、共享与交换、形象展示与可视化表达等[3]。

2　水闸三维可视化管理平台设计

2.1　水闸数据分析

分析水闸日常运行、维护、监控、管理的业务需求，平台涉及的数据主要分为四类。

（1）GIS 数据。包括在线影像底图、基础地理数据、DEM 数据、专题图层数据（水闸分布图、

作者简介：陈翠（1989—），女，工程师，主要从事水利水文相关软件平台开发和 GIS 应用开发工作。

监测设备分布图）等。

（2）三维模型数据。水闸建筑、监测设备、水闸周围环境（包括河道、绿化、道路等）的 BIM 模型。将模型轻量化处理，切片供 3D WebGIS 场景使用，同时导出 GLTF 格式或者 FBX 格式或者 OBJ 格式的模型文件供软件平台中 BIM 场景使用。

（3）属性数据。主要是指水闸的坐标信息、位置信息、名称、编号、建造单位信息、管理单位信息、管理人员信息、维护记录等，以及设备的属性信息，包括设备名称、编码、坐标、位置、类型、监测要素、安装时间、生产单位、管理单位、维护记录、图纸、指标等。

（4）监测数据。从数据类型来说，水闸监测数据主要包括水位、流量、雨量以及闸门启闭数据等[4]。从时间上来说，水闸监测数据包括实时数据和历史整编数据。

2.2 水闸功能模块

水闸综合信息可视化管理平台按照功能模块划分，主要分为以下五个模块。其中，BIM 场景构建与管理和水闸监测设备资产管理模块为 BIM 场景模块，其他为 3D GIS 模块。

2.2.1 3D WebGIS 场景的构建与管理

平台能够基于影像底图、基础地理数据、DEM 数据、专题矢量图层数据、BIM 模型等空间数据，建立起区域三维虚拟地理环境场景，并提供 3D GIS 场景管理工具，覆盖视角管理、标记管理、测量管理、场景漫游管理、空间识别等功能。实现水闸空间数据的查询、检索、定位等功能。另外，在 GIS 场景中，也需实现不同图层的显示控制，包括基础地理底图、专题图层、BIM 模型等，以便于多种要素的灵活叠加分析。

2.2.2 BIM 场景构建与管理

支持将水闸 BIM 模型和设备 BIM 模型导入平台中进行流畅的渲染与展示。场景提供模型构件的加载、分类渲染、信息呈现等功能。针对场景操作，提供漫游、测量、巡视、视角切换等基本操作功能。

允许用户通过列表或者鼠标点选的方式查询 BIM 场景中的构件信息，对查询到的构件可支持自动跳转、高亮显示、详情显示。对于设备设施类构件，支持查看三维设备设施模型的拼装与爆炸模型效果。对于建筑类模型，能够支持建筑外廓模型的透明化显示，以呈现并允许用户操作建筑内部摆放的三维装置模型。

2.2.3 水闸监测设备资产管理

统计所有水闸相关的设备设施资产信息并入库，记录每个设备的名称、功能等静态属性信息，检修与维护保养记录等动态属性信息，并提供相关的专题数据统计面板。

2.2.4 水闸在线监测管理

实现水闸各类传感器感知数据的实时接入和历史数据存储与查询、统计分析、报表导出等。

2.2.5 维护管理

实现维护管理业务在线管理，包括维护计划、任务派单、人员组织等。应体现业务的完整性。

2.3 总体技术架构设计

平台总体技术架构划分为现场感知层、数据服务层、技术框架层、业务应用层以及综合展示层，如图 1 所示。

现场感知层用来采集监测要素的数据，并将这些数据存储到平台的数据层。

数据服务层存储平台所有数据，并对外提供数据的访问、检索、发布、计算等服务，对于平台中的所有应用，都存在着各种各样的配置信息、业务数据、系统运行状态等信息，数据服务层对这些数据提供快速查询的底层接口，并保证数据的完整性、可靠性[5]。

技术框架层主要包括平台使用到的应用服务器和中间件技术，在此基础上集成开源 GIS 引擎和 Three. js 引擎，封装为一系列标准化服务接口，形成平台的基础框架。

业务应用层构建于技术框架之上，借助于中间件的接口服务，提供平台各业务模块所需要的服务接口组件。所有业务模块都可以在平台中统一配置管理，从而使用统一的权限配置。

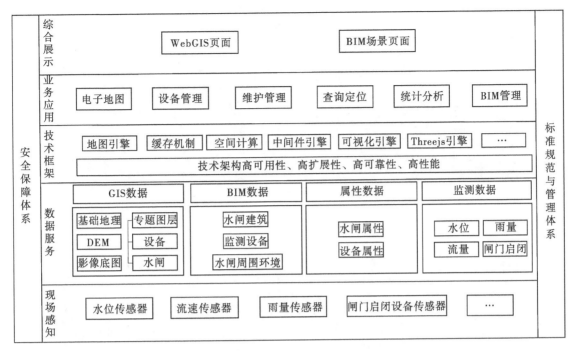

图1 平台总体技术架构

综合展示层是指与用户进行交互操作的界面，主要包括基于开源 WebGIS 技术开发的 GIS 页面和基于开源 WebGL 技术开发的 BIM 页面。两个页面都可以加载水闸三维 BIM 模型，都可以对监测设备模型进行定位和查询，只是 WebGIS 页面更侧重于设备空间位置和监测数据的展示，BIM 场景页面更侧重于水闸和监测设备 BIM 模型的细节及组成构件的全方位展示。

2.4 平台开发工具

本平台基于 springboot+layui+nginx 实现前后台分离的设计，数据库采用 SQL Server 2012，后端采用 Spring Boot 2.1.0 框架，获取前端传递的数据并进行业务逻辑处理和接口封装。前端采用 layui 框架和 HTML5+CSS3 开发用户交互网页，使用 javaScript 和 JQuery 对用户操作进行预处理和响应。其中 WebGIS 页面基于 Cesium 进行开发，Cesium 是一个跨平台、跨浏览器的展示三维地球和地图的 JavaScript 库，支持绘制各种几何图形，支持导入图片和多种 3D 模型，可用于动态数据可视化并提供良好的触摸支持。BIM 场景网页基于 Three.js 引擎开发，Three.js 是基于原生 WebGL 封装运行的三维引擎，支持加载多种格式的三维模型，允许在三维场景下创建动画和移动物体，编辑物体纹理和材质，允许用户全方位查看物体模型、分解和剖切模型。

3 应用案例

该平台应用于江苏省的多个水闸。登录后主界面为 WebGIS 页面，如图 2 所示。左侧是水闸列表，中间是 GIS 场景，用来展示地图和三维 BIM 模型，地图下面是 GIS 工具，包括一些测量、图层控制和重置工具。当视野范围很大时，仅展示二维的水闸分布图层和重点河流图层，当点击左侧列表中的水闸时，就会弹出右侧面板，用以显示水闸的属性信息，同时加载该水闸的 BIM 模型，地图视角也跳转到该水闸。为提高平台运行效率，减小用户浏览器缓存压力，平台设置了自动根据视角范围控制显示的数据类型和移除视野外的 BIM 模型的机制。

点击"水闸列表"中"查看详情"按钮，即可以查看水闸的详情，左侧面板显示水闸详情和水闸包含的所有设备，右侧面板显示水闸的监测设备来报率统计、月监测要素（水位、流量、雨量、闸门启闭）、年监测要素（水位、流量、雨量、闸门启闭）的统计分析情况，如图 3 所示。点击三维模型中的监测设备，还可以查询该设备的最新来报和历史来报等信息。

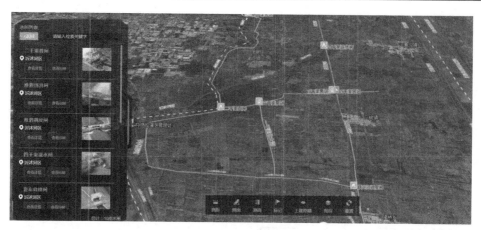

图 2　WebGIS 初始页面

图 3　水闸详细信息与监测数据展示

点击"水闸列表"中"查看 BIM"按钮，可以打开该水闸的 BIM 网页。整个页面都作为 BIM 场景的容器。图 4 所示 BIM 场景中的一些工具，包括测距功能、卷扬机设备定位功能、以"第一人称视角"按照预设路线进行巡检功能、以"第一人称视角"在场景中漫游功能。用户可通过鼠标控制人的朝向，通过鼠标和键盘上的 W（前进）、A（左转）、S（后退）、D（右转）键控制人的行动。

(a)测距功能

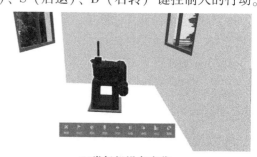

(b)卷扬机设备定位

(c)第一人称视角沿预设路径巡检

(d)第一人称视角漫游

图 4　BIM 场景操作工具

4 结论

本文实现了水闸三维 BIM 模型的双引擎（GIS+BIM）管理模式，其研发和应用实现了水闸良好的结构布置可视化与数据可视化效果，主要得出以下结论：

（1）将水闸三维模型载入基于 WebGIS 引擎的三维地理信息系统，并与地理信息场景三维模型进行叠加显示，制作虚拟环境仿真效果（天空、光照等），并实现基本的 GIS 管理与分析功能（包括测量、标记、漫游、空间检索等）。

（2）将水闸三维模型导入基于 WebGL 的网页端三维引擎中进行可视化管理，实现构件挂接信息查询、设备、内部环境及三维 BIM 场景的管理（包括漫游、测量、可视化管理、构件定位等基本 BIM 功能）。优化管理体验，提升管理性能。

（3）完善设备设施管理、在线监测管理、养护管理等内容。全方位实现监测信息集成与三维可视化，具有极大的应用推广价值。

参考文献

[1] 梁鹏帅，冯冬敬．三维可视化的研究现状和前景［J］．科技情报开发与经济，2009（7）：134-135.

[2] 章鹏，岳建平．几何校正后的三维地形可视化及应用［J］．测绘与空间地理信息，2017（6）：47-48.

[3] 胡夏恺，杨聃，朱悦林，等．基于 BIM+WebGIS 的输电系统结构安全监测可视化平台构建［J］．中国农村水利水电，2020（12）：185-188.

[4] 庄中霞，苏晨茜．广东省排灌泵站闸门联合控制系统初探［J］．广东水利电力职业技术学院学报，2017（4）：38-41.

[5] 刘潇清．服务器虚拟化在电厂信息化建设中的应用研究［D］．北京：华北电力大学，2015.

[6] 高志国．船闸运行养护管理信息系统的研发与应用［J］．河南科技信息技术，2017（3）：37-38.

[7] 慕旭．集成 GIS-BIM 的三维地理场景快速构建方法研究［D］．北京：北京建筑大学，2019.

[8] 朱亮，邓非．基于语义映射的 BIM 与 3D GIS 集成方法研究［J］．测绘地理信息，2016，41（3）：16-19.

关于新时期黄河"智慧水文"建设的思考

刘　卓[1]　彭　飞[2]

（1. 黄河水利委员会山东水文水资源局，山东济南　250100；
2. 黄河水利委员会水文局，河南郑州　450004）

摘　要：随着新时期治水新思路的确立、流域发展战略的提出，黄河水文进入新的发展阶段。本文从黄河水文信息化发展现状及存在问题出发，从开展信息化顶层设计、提高信息采集智能化水平、完善信息化基础设施、搭建智慧化水文大数据平台、构建智慧协同的决策支持体系、建立科学健全的信息化保障体系等方面提出新时期对黄河"智慧水文"建设的思考及建议，旨在为新时期黄河水文高质量发展提供有益参考意见。

关键词：黄河水文；智慧水文；新时期；思考

1　引言

水文工作是做好国家水安全保障的重要支撑，是水利和经济社会发展的基础性事业。近年来，黄委水文局根据工作实际，积极推进智慧水文建设，依托计算机、互联网、地理信息等现代信息技术，在水文信息基础设施、水文水资源信息管理与服务、水文水资源预测预报预警等方面取得了显著成果，为流域水安全保障和经济社会发展提供了高效可靠的水文信息服务。党的十八大以来，围绕解决我国新老水问题、保障国家水安全，以习近平同志为核心的党中央着眼国民经济社会发展和生态文明建设全局，提出"节水优先、空间均衡、系统治理、两手发力"的治水思路，将黄河流域生态保护和高质量发展上升为重大国家战略（摘自《黄河水文发展"十四五"规划》）。新时期治水新思路的确立、流域发展战略的提出，对黄河水文工作提出更高的要求。黄河水文要抓住机遇，创新进取，加快水文现代化建设，通过物联网、智能感知、人工智能、云计算、大数据分析、智慧应用等高新技术手段，进行黄河水文信息化体系架构优化重构，构建黄河水文信息化新格局，打造智慧水文新模式，建立"智能管控、高效处理、全面服务、有效保障、发展持续"的黄河水文信息服务体系，为黄河防汛抗旱和水资源管理决策提供智慧支撑。

2　发展现状

2.1　信息采集

通过大江大河等项目建设，黄委水文局已建成种类比较齐全、地区分布基本合理的水文监测站网体系，初步建成以北斗卫星、水利卫星、计算机网络和移动通信相结合的水情报汛通信网络，基本实现了全流域降水量、水位等水文要素的自动采集、传输、存储，20 min 到报率始终保持在 98% 以上，极大地提高了水文信息采集、汇集的时效，提升了水文监测能力和水平。

2.2　网络传输

当前，黄委水文局已建成了覆盖全流域的三级水文网络，实现了"数据、语音、视频"等信息的传输，建立了黄河水文信息基本交换平台。此外，通过大江大河等项目的建设，配置防火墙、杀毒

作者简介：刘卓（1990—），女，工程师，主要从事水利信息化的研究工作。

软件、漏洞扫描等网络安全设备，搭建虚拟化网络平台，加强了计算机网络的防护等级，提高了资源利用率。

2.3 数据资源存储

目前，黄委水文局已建成了实时水雨情数据库、历史水文数据库、气象数据库等，建设开发了较完善的开放式水文数据库应用系统，实现了全河雨水情信息共享。此外，对核心存储系统进行改造和优化，采用双活存储配置，确保了水文系统和数据的管理安全。

2.4 业务系统应用

近年来，结合黄河水文为防汛抗旱、水资源管理服务的实际工作和业务需要，初步建立了黄河水文综合信息管理平台，研发了黄河水情查询与会商系统、水情可视化支持系统、手机 APP 水情查询系统，为黄河防汛抗旱和水资源管理决策提供了支撑。

3 存在问题

3.1 信息采集智能化水平较低

受黄河水沙特性和惯性思维双重影响，泥沙、水质、流量等水文要素监测仍未完全实现在线监测；新型传感设备、无人机、遥感等新技术未得到充分应用，监测仍以单点信息采集为主，缺乏点、线、面的全面协同感知，难以真正实现水文监测的全覆盖、全要素、全过程、全自动。

3.2 基础设施还不完善

报汛通信网络仍不够先进，5G 应用刚刚起步；现有基础软硬件配置较低，无法为云计算提供支撑；网络安全的防护体系还不完善，应对网络安全突发事件的能力也较为脆弱，不能更好地满足黄河水文业务的发展需求。

3.3 水文信息资源开发利用不够

目前，黄委水文局数据库依项目而建，数据相互封闭，无法实现水文信息资源的有效流动及共用共享，限制了业务应用的交互协同；水文信息自动化、智能化处理水平不高，在线整编仍未实现，水文数据分析及应用不足，尚未构建统一的水文信息综合服务平台。

3.4 决策支持能力不足

水情、气象等各类预报系统相对独立，系统间信息无法共享，智能化水平低，现代预报技术应用薄弱，漫滩洪水、冰凌、泥沙等预报方案还不完善；水质、水生态等业务缺乏信息系统支持；水文业务系统以展示查询、统计分析、流程运转、信息服务等功能为主，大数据、人工智能、虚拟现实等高新信息技术尚未得到充分应用，不能更好地满足流域防洪抗旱、水资源管理等各项工作的需要。

4 对黄河"智慧水文"未来发展的思考

新时期，黄河水文要牢牢抓住黄河流域生态保护和高质量发展这一机遇，从现状和存在问题出发，优先解决水文信息化工作中的短板问题，重点实施，切实做到内补短板，外强服务，充分利用云计算、大数据、物联网、数字孪生、人工智能等先进技术，建立智能感知的水文监测体系、集约完善的基础设施体系、共享规范的数据资源体系、智慧协同的决策支持体系、科学健全的信息化保障体系，全力推进"智慧水文"建设，实现黄河水文业务处理与事务管理的智慧化，更好地为黄河流域生态保护和高质量发展提供决策支持。

4.1 开展信息化顶层设计

以水利部、黄委信息化相关设计思路为指导，从水文信息化的整体视角，对黄河水文信息化发展现状进行科学评估，深入调查分析整体需求，强化水文业务与信息技术深度融合，深化水文信息资源整合与共享，坚持水文业务及水文事务应用协同发展，从水文监测、基础设施、数据资源、决策支持、信息化保障等方面进行黄河"智慧水文"顶层设计，加强黄河"智慧水文"建设的统一规划和科学管理，确保智慧水文的规范建设和安全运行。

4.2 提高信息采集的智能化水平

以支撑水文大数据分析为基本目标，面向黄河现代化水文业务应用建设需求，针对黄河特殊水沙特征，积极探索人工智能、生物技术等在黄河水文测验中的应用；开展高含沙、断面冲淤和冰期条件下流量监测设备、泥沙在线监测分析设备、水质自动在线监测设备的研发及推广；充分利用传感、卫星、无人机、雷达、遥感等不同技术手段来获取水位、流量、降水、水质等涉水观测信息，按照自动化、无人化、立体化的要求，建立智能感知的"天、空、地"一体化智慧水文信息采集新体系，实现各类信息采集的多源互补，提高信息采集的智能化水平，获得更加全面可靠的水文数据，满足支撑防汛抗旱减灾、水资源管理、水生态文明建设等黄河水文业务精细化管理要求。

4.3 完善信息化基础设施

面向黄河水文业务应用需求，结合物联网技术，进一步扩展黄河水文网络覆盖范围；紧跟国家信息化发展形势，对现有的网络核心设备进行智能化升级改造，更好地满足下一代网络的需求；以"纵深防御"为指导，按照网络安全等级保护三级的要求，构建可信、可控、可管的黄河水文信息化安全防护体系，全面提高水文网络防御能力；加大5G等移动互联技术在水文通信中的应用，提高传输速率，降低网络延时；在防汛重点区、偏远地区、公网能力薄弱区域等，强化北斗卫星通信网络建设与应用，扩充完善应急通信系统，形成立体覆盖、无处不在、安全可靠的黄河水文通信网络体系。

4.4 搭建智慧化水文大数据平台

按照"一数一源"的原则，对黄河水文信息资源进行梳理，整合离散孤立的水文数据，建立多源异构数据仓库，制定统一的水文大数据资源目录结构、数据存储结构、数据存储关系等内容，形成统一的黄河水文大数据库；开发黄河流域水文数据库管理系统，完成历史数据、水雨情、气象、水质、地理信息、整编等水文数据的全部分类统一入库，建设统一数据共享服务接口，实现信息资源共享和交互管理；搭建智慧化水文大数据平台，对水文大数据进行分析处理和深度挖掘，形成为监测、预报、水资源、水生态环境以及行业管理等专题提供智慧决策的"水文智库"，使数据处理更加高效，数据分析更加智能，资源调用更加灵活，以满足新时期黄河水文业务和事务发展的需要。

4.5 构建智慧协同的决策支持体系

对现有业务系统进行整合，建设由对内的业务应用门户和对外的公共信息门户组成的黄河水文综合业务统一门户，统一用户管理和身份认证机制，实现系统间信息共享和业务协同；依托水文大数据平台，采用数字孪生技术，建立全流域基础数字化三维模型，构建重点河段高精度数字场景，实现洪水演进、淹没分析等三维仿真模拟；结合人工智能、数据挖掘等，优化完善洪水预测预报系统，建立更精确的洪水预报模型；开发流域水质管理系统，实现水质采样、数据处理、分析评价、实验室综合管理等水质业务全流程的信息化，提高水质业务效率；建立在线整编平台，实现水文资料的在线智能整编及审查，改变原有落后低效的水文资料处理方式；结合预报信息、卫星无人机遥感影像，生产多角度、多层次、多维度、多样化的水文服务产品，推动水文由基础性、单一性服务向产品化、多样化服务转变，为黄河保护治理提供更强有力的水文支撑。

4.6 建立科学健全的信息化保障体系

结合黄河水文信息化建设实际，参照已有相关国际、国内标准，制定全河基础设施、资源管理、业务应用等方面信息化管理制度，实现水文信息化标准管理；按照《水利信息系统运行维护规范》等行业标准，尽快完善运行维护工作机制；建立健全相关政策，争取运行维护经费，保障资金投入；加强人才队伍建设，重视信息化人才培养，形成与黄河智慧水文信息化进程相适应的技术人才队伍。

5 结语

新时期，随着黄河生态保护和高质量发展战略的提出，黄河水文要紧紧围绕"智慧水文"建设目标，以创新为动力，以应用为核心，以安全为保障，加强智能感知、物联网、移动互联、云计算、人工智能、大数据等先进技术应用，提供全方位、高效率、智能化的水文信息服务，增强黄河水文在流域防汛抗旱、水资源管理、水生态文明建设等方面的支撑能力，用"智慧水文"助力"幸福河"建设。

参考文献

［1］查治荣，宋云江，徐保超．"智慧水文"建设发展研究［J］．水资源开发与管理，2018（10）：12-14.

［2］艾萍，于家瑞，马梦梦．智慧水文监测体系中的关键技术简述［J］．水利信息化，2018（1）：36-40.

［3］许弟兵．"智慧水文"构建初探［J］．中国水利，2017（19）：15-18.

［4］任静．陕西省"智慧水文"的设计与研究［J］．地下水，2019（5）：185-187.

基于数字孪生的秦淮河生态调水三维可视化平台研究与设计

毛　思　朱晓冬　赵　峰　马剑波　赵　君　陈　靓

（江苏省秦淮河水利工程管理处，江苏南京　200022）

摘　要： 数据三维可视化被广泛运用于各类城市管控系统中，现有的水利数据仅使用二维平面展示数据，大量水利工程运行管理的内容和繁杂的数据无法有效地展示，文章利用 BIM、GIS 结合数字孪生技术构建仿真的水利工程模型，实现地理空间数据、水雨工情等数据的可视化交互，将数据界面友好地展示给决策者、操作者和公众。

关键词： 数字孪生；水利工程可视化；GIS；BIM

1　引言

近年来，"数字与智慧水利"已成为水利高质量发展的标志，为践行"水利工程补短板，水利行业强监管"的理念，落实水利部大力推进智慧水利，水利工作要求不断围绕新时代治水理念，融合新一代技术，为水利工程建设提供多维、动态、精准的信息服务，使得水利决策支持更加快速、科学、优化。水利信息化建设中存在的条块分割、信息孤岛、智能应用不足、长效机制缺失等问题，通过"智慧水利"的建设，进一步提升水利工程的信息获取、时间掌控和决策管理能力，努力实现水利工程事态感知更加立体准确、治理行动更加科学高效、管理行动更加精细全面，推动水利工作向数字化、网络化、智能化方向转型升级，充分利用大数据、人工智能、数字孪生等新一代信息技术，进一步完善智慧水利实施方案，推进水治理能力现代化，推动智慧水利工程造福于民生。

2　数字孪生简介

2.1　数字孪生的定义

数字孪生的概念源自工业制造领域，通过结合 5G 通信、物联网、云计算、大数据、人工智能等新一代信息技术，数字孪生理论在很多行业领域得到实际落地转化，取得了显著的效果，并逐渐延伸到智慧城市、智慧交通、智慧水利等应用领域。数字孪生是在计算机虚拟的数据世界中生成物理实体的数字克隆体，该数字克隆体能够完整地映射物体在物理世界的各种信息，同时实现对实际设备运行和控制的管理。数字孪生有效利用实体物理模型、传感器更新及运行历史等数据，集成多科学、多物理量、多尺度、多概率的仿真过程，在虚拟空间中完成，实现物理空间与数字空间的交互映射，从而反映相对应的实体装备的全生命周期过程。简单来说，就是针对现实世界中的实体对象，在数字化世界中构建完全一致的对应模型，通过数字化的手段对实体对象进行动态仿真、监测、分析和控制。

数字孪生作为一种近年来的新发展模式，是智慧流域建设的一种新途径，综合运用感知、计算、建模等信息技术，在水利工程中综合集成应用。数字孪生技术是实现水利治理体系、治理能力现代化

作者简介： 毛思（1990—），女，工程师，主要从事水利工程信息化相关工作。

和发展数字经济的重要载体，是未来水利提升长期竞争力，实现可持续发展的新型基础设施，也是一个吸引高端智力资源共同参与、持续迭代更新的创新平台。

2.2 数字孪生的关键特征

2.2.1 多源异构数据融合

数据是数字孪生最核心的要素，数据来源于物理实体、运行系统、传感器等，数据涵盖仿真模型、环境数据、物理对象设计数据、维护数据、运行数据等，贯穿物理对象运转过程的始终。数字孪生体作为数据存储平台，采集各类原始数据后将数据进行融合处理，驱动仿真模型各部分的动态运转，有效反映各业务流程。所以，数据是数字孪生应用的"血液"，没有多元融合数据，数字孪生应用就失去了动力源。

2.2.2 数据驱动精准映射

数字孪生的主体是面向物理实体与行为逻辑建立的数据驱动模型，孪生数据是数据驱动的基础，可以实现物理实体对象和数字世界模型对象之间的映射，包括模型、行为逻辑、业务流程及参数调整所致的状态变化等，在数字世界对物理实体的状态和行为进行全面呈现、精准表达和动态监测。

2.2.3 智能分析辅助决策

数字孪生的映射关系是双向的（见图1）：一方面，基于丰富的历史和实时数据及先进的算法模型，可以高效地在数字世界对物理对象的状态和行为进行反映；另一方面，通过在数字世界中的模拟试验和分析预测，可为实体对象的指令下达、流程体系的进一步优化提供决策依据，大幅提升分析决策效率。

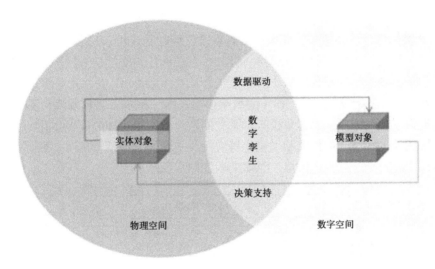

图1 数字孪生的双向映射

2.3 数据可视化决策实现数字孪生

数字孪生侧重点为物理世界的实际对象在数据世界的重现、分析、决策，技术重点在于仿真、建模、分析和辅助决策，而可视化做的就是对物理世界的真实复现和决策支持。数字孪生的关键特征之一是多源异构数据融合，可视化决策系统同样注重多源异构数据的整合和综合应用。多源异构数据融合作为数字孪生和可视化决策的核心内容，数据贯穿于整个工程。在水利工程运行过程中会产生大量的基础数据，包括水情、雨情、工情数据，自控系统的传感器数据，自建的一些业务应用系统数据；可视化决策系统充分汇集整合不同系统、不同格式之间的海量数据，为整个水利工程运行态势综合感知研判提供全面数据支撑。本文将针对秦淮河生态调水这个工程实境进行数字孪生可视化研究与设计。

3 工程概况

江苏省秦淮河水利工程管理处管理秦淮新河水利枢纽和武定门水利枢纽。秦淮新河水利枢纽位于南京市雨花区天后社区秦淮新河入江口处，该枢纽由一座大型节制闸、一座大型抽水站和一座船闸（船闸目前由交通部门管理）组成。秦淮新河水利枢纽工程中泵站和节制闸采用闸站结合的布置方式，泵站沿河道南岸布置，节制闸位于河槽中间，泵站和节制闸之间设置导流墙，用于调整局部水流，改善工程区域流态。武定门水利枢纽与秦淮新河水利枢纽工程共同担负着流域 2 684 km² 内的南京、镇江两市的江宁、溧水、句容及南京郊区的防洪、排涝、灌溉、改善水环境等任务。随着流域经济的发展及城市建设的推进，为南京城区河道提供生态景观用水，改善城市水环境已成为工程的重要任务。

自 2005 年起，管理处实施生态调水项目，利用秦淮新河泵站抽引长江水，在江宁区河定桥处与秦淮河干流汇合，流至武定门枢纽。再从武定门枢纽经南京市外秦淮河，到达三汊河河口闸汇入长江。通过生态补水，秦淮河目前国考、省考断面水质持续优于考核标准。

目前，秦淮河流域、两闸两站、两湖的水质、水文监测数据及监控视频未集成整合到统一平台。已有的数据集成程度较差，数据未得到充分利用。现需要对水利水务设施及其相关设备信息进行数据管理，通过 GIS、BIM、数字孪生技术，实现三维可视化的信息管理方式，还原水利工程真实面貌，使管理工作更加快速、便捷、直观。

4 平台总体架构

本平台采用 B/S 结构进行总体架构设计，以提高系统整体的稳定性、可靠性和负载均衡的能力。系统架构分为物理层、数据接入层、业务逻辑层、计算仿真层和用户交互层五部分，通过相关标准规范体系和安全保障体系实现平台的规范、安全和高效运行。

秦淮河生态调水可视化平台基于 GIS、BIM 的数字孪生技术，解决了当前水利工程二维平面管理模式中存在的信息缺失、反馈滞后、表达呆板等一系列问题，对物理实体的位置、几何、规则等方面进行全要素重建，实现外部环境下的仿真和可视化等应用。平台主要包括物理层、数据接入层、业务逻辑层、计算仿真层和用户交互层五个层级，总体架构如图 2 所示。

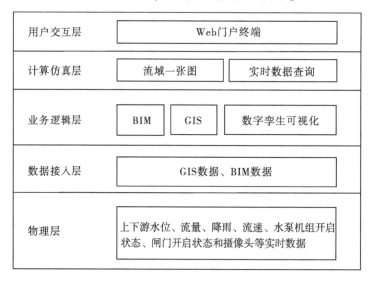

图 2 平台总体架构

（1）物理层。是整个平台的核心能力层，包含大量的实体模型，主要负责数据采集和安全传输。传输的数据主要包括上下游水位、流量、降雨、流速、水文气象、水泵机组开启状态、闸门开启状态和摄像头等实时数据。

（2）数据接入层。主要实现数据融合、处理、存储等功能，同时集成大数据、云计算、虚拟化等技术，为整个孪生平台提供基础数据支撑。包括物理世界相关实体的GIS、BIM等镜像模型数据、实时数据、历史数据和孪生数据，具备大吞吐量和高可用性等处理性能[1]。

（3）业务逻辑层。采用GIS、BIM、三维动画和数字孪生可视化构建现实世界中的实体对象。

（4）计算仿真层。虚实结合的信息展示，物理实对象与采用数字孪生的仿真模型一一对应，包括秦淮河流域一张图、两水利枢纽仿真模型。

（5）用户交互层。通过Web门户终端来提供业务管理，通过Web控件显示交互界面。

5 秦淮河生态调水虚拟地理场景构建/数字孪生技术的可视化表达

5.1 秦淮河流域宏观场景构建

在传统的二维GIS领域，对空间对象的表达都是来源于特定的一组人工抽象的平面与简单的几何相互关系，而这些所谓的抽象要素，通常归结为几何点、线和面要素。采用三维GIS、三维地球的GIS引擎，加载各种符合标准的地图图层、瓦片图、矢量图等，支持3DMax等建模软件导入三维模型，支持通用的GIS计算，支持DEM高程图。通过三维GIS构建秦淮河流域的宏观场景，展示秦淮河流域重要的两源、两出口、两水利枢纽。秦淮河北源句容河、南源溧水河，两河于西北村汇合成秦淮河干流，通过秦淮新河、三汊河两出口流入长江，整体呈现"两源合一，两流入江"的格局，见图3。三维GIS的可视化，将地理数据转换成三维立体的可视化形态，通过将具有地域特征的数据形象地表现在三维地图上，使得用户一目了然地获取地理信息。

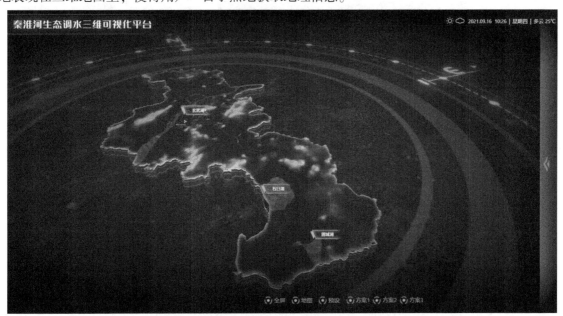

图3 秦淮河流域宏观场景构建

5.2 武定门节制闸、秦淮新河水利枢纽虚拟场景构建

现有的水利数据皆为二维图纸，二维图纸转化为三维图形，需要人工手动设计，通过BIM的可视化设计，构建建筑物的三维模型，在可视化视角下，完成设计、施工等协作交谈。但是BIM的缺陷是缺少空间位置信息，无法进行大范围的建筑群空间信息管理。

GIS作为一种特定的十分重要的空间信息系统，通过计算机软硬件的支持，对整个或部分地球表层（包括大气层）空间中的有关地理分布数据进行采集、储存、管理、处理、分析、显示和描述。

可以有效地管理具有空间属性的各种资源环境信息，对资源环境管理和实践模式进行快速和重复的分析测试。将微观领域的 BIM 信息与宏观领域的 GIS 信息进行融合与交换，使 GIS 从室外走进室内、从地面走进地下、从宏观走进微观，在多个领域得到深层次的应用[2]。

水利工程的虚拟场景搭建和普通的城市建筑物场景搭建不同，需要采用多源异构的方式，在宏观角度需要搭建整体的水利工程运行地形、地貌和水工建筑物等场景要素。而在微观角度，则主要致力于水利工程运行设备如闸门、启闭机、水泵机组等一系列零部件的场景搭建。从微观到宏观的角度分析，水利设施零件本身无法与整个建筑物实体的空间位置信息和几何信息产生任何关联，此处通过融合 GIS 建立宏观的地理环境信息，BIM 建立微观的建筑模型信息，构建出整个数字孪生全要素信息。

将两所水利枢纽的闸门、泵站机组构建设备级数字孪生，通过三维建模，高度还原节制闸、秦淮新河泵站设备的外形、材质、纹理细节等精密显示细节以及复杂的内部结构，实现高精度、超精细的可视化渲染；支持设备组态结构、复杂动作的全数据驱动显示，对设备位置分布、类型、运行环境、运行状态进行真实复现，采用透视模式，既能观测到设备外部的变化，更重要的是能观测到设备内部每一个零部件的工作状态。同时，武定门节制闸、秦淮新河节制闸和秦淮新河泵站开关机的每个环节都包含交互操作和动画演示，根据上下游水位的高度，可以实时模拟两枢纽节制闸闸门和泵站机组开启的过程，具体见图4~图8。

图 4　武定门节制闸外观图

图 5　秦淮新河枢纽外观图

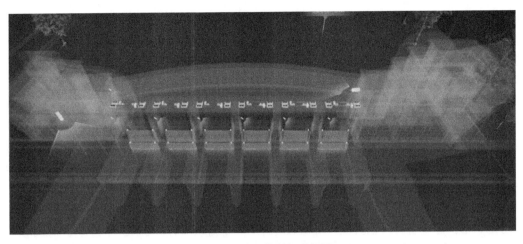

图 6　武定门节制闸透视图

图 7　秦淮新河泵站机组透视图

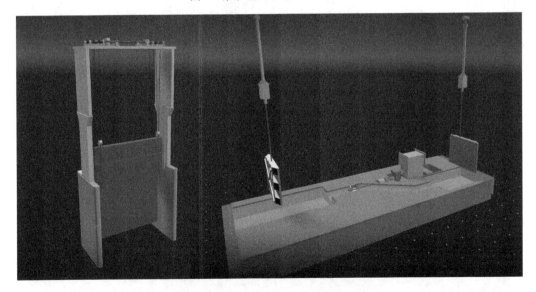

图 8　平板直升闸门、卧式轴流泵模型图

5.3 两座水利枢纽的控制运用方案

根据水利工程管理过程共设置了 3 套控制运用方案,采用虚拟仿真动画展示具体效果。

方案 1:当秦淮河流域发生大范围强降雨,河湖库水位持续上涨,在长江水位低的情况下,开启秦淮新河节制闸和武定门节制闸,使洪水自流排入长江。

方案 2:当秦淮河流域发生大范围强降雨,河湖库水位持续上涨,如遇长江水位高于秦淮河水位时,关闭两闸挡洪,开启秦淮新河泵站,将洪水抽排入长江,减灾效益巨大,被群众亲切称为秦淮守护神。

方案 3:改善城市水环境,这是目前我们运用最多的方案。自 2005 年起,利用秦淮新河泵站抽引长江水,通过武定门节制闸调控进入外秦淮河,经三汊河河口闸入长江,加快秦淮河及周边水体流动,提高自净能力。

虚拟仿真动画可通过沉浸式显示和交互式操作让使用者切身了解到水利工程运行管理的流程,3D 动画栩栩如生,让观看者身临其境,突破教育培训时间和空间的限制,让新进职工或对本工程不熟悉的人员更好地熟悉工程管理现状,见图 9。

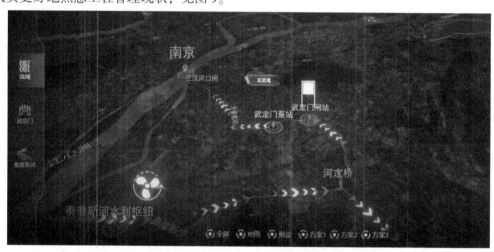

图 9 两座水利枢纽的控制运用方案动画效果图

5.4 水利枢纽运行状态监视

可视化管理平台可与水雨工情采集的自控系统进行集成,实时显示武定门和秦淮新河两枢纽内闸门、泵站等各种机电设备的开启、关闭、水量、功率等当前运行状态。如果设备启停发生变化,在页面的右侧区域会高亮以不同状态的颜色标注以作提示,见图 10。

图 10 秦淮河生态调水可视化平台

本系统通过数字孪生技术 1∶1 复刻了工程的仿真模型，同时在两座枢纽的外观三维场景中内嵌工程视频，随时调取查看水利枢纽的实时监控，将水利枢纽与水利数据做到虚实结合，通过本平台及时掌握工程现场运行情况和即时工情数据。

6　总结和展望

本文借助 GIS、BIM、三维动画等技术，利用数字孪生搭建一套秦淮河生态调水智慧化可视化平台，实现智能感知互动、视觉展示与远控。

下一步，本平台的功能将会从以下几个方面进一步丰富完善：

（1）将数据可视化决策融入到水利工程运行管理中。

（2）平台中接入精细化管理平台、智能巡检系统、水生态实时监测系统，将其作为底层平台，为各类应用提供支撑。

（3）融入水利大数据集合，推进应用大协同，全面感知水利工程各个方面信息。

水利行业要探索数字孪生与水融合发展新路径，利用数字孪生等新技术提升核心能力，对水利工程的整个运行过程进行实时监控、分析、预判，实现水利工程的精细化管理。数字孪生不仅仅是一项技术，更是一种发展新模式、一条转型的新路径、一股推动各行业深刻变革的新动力。"数字孪生流域""数字孪生水网"等将作为智慧水利建设发展路途中一项全新的技术，推动水利技术大步前进。

参考文献

［1］饶小康，马瑞，张力，等 . 基于 GIS+BIM+IoT 数字孪生的堤防工程安全管理平台研究与设计［J］. 中国农村水利水电，2021.

［2］蒋亚东，石焱文 . 数字孪生技术在水利工程运行管理中的应用［J］. 科技通报，2019，35（11）：5-9.

基于模型驱动的智慧化节水系统研究与应用

吴　丹[1,2]　冯兴凯[1,2]　刘启兴[1,2]

（1. 黄河水利委员会黄河水利科学研究院，河南郑州　450000；
2. 河南智慧水利工程技术研究中心，河南郑州　450000）

摘　要：伴随着大数据及信息技术的高速发展，传统节水工作开始向"智慧节水"转型，智慧化节水系统能够实现在线监测水务相关数据、信息检索、综合分析、异常报警、智能节水全过程跟踪等功能，在弥补传统节水系统不足的基础上，还能达到对节水核心业务的高效、精细化管理，有效实现水资源的高效监管。

关键词：智慧节水；节水系统；治水思路；智慧水务；水资源监管

1　引言

水是事关国计民生的基础性自然资源和战略性经济资源，是生态环境的控制性要素，但是水资源短缺、水环境污染等这些灾害性问题在世界范围内广泛存在，已经成为生态文明建设和经济社会可持续发展的瓶颈制约。如何采取有效措施强化水资源保护和监管，一直是相关行业领域不断探讨的热点话题之一。

党的十八大以来，习近平总书记重视水利问题，提出了"节水优先、空间均衡、系统治理、两手发力"的治水思路，具有很强的理论性、指导性、实践性，为我们优化配置水资源战略格局、加强水资源集约安全利用提供了科学指南，为新时期开展节水工作指明了方向。进入新发展阶段，我们要自觉做到在大局下谋划新阶段水利科研工作，不断提高贯彻落实"十六字"治水思路，加快完善重大水利规划体系，进一步完善水利基础设施，强化水资源集约利用，提升涉水事务监管水平。为落实"水利工程补短板，水利行业强监管"的要求，应构建水资源监管体系，健全监管制度，完善监管标准，细化监管措施，改善监管方式，强化监管保障，提高精细化管理水平。着眼实际，这一切都离不开科学技术与现代化系统的支持。

伴随大数据及信息技术的高速发展，传统节水工作不能满足实际应用的要求，逐渐开始向"智慧节水"转型。"智慧节水"即运用数字映射、数字孪生、仿真模拟等方式，将用水计量设备、传感器等硬件设备与网络、移动系统与节水信息系统等信息技术相结合，实现用水数据实时在线监测，从而构建全方位智慧节水管理系统。智慧节水管理系统可以收集并处理大量节水相关的数据信息，并在此基础上辅以技术分析，能够有效满足相关管理部门与取用水单位的监管需求，提供智慧化的决策支持，形成全方位的智能节水体系[1]。

2　智慧节水系统架构设计

2.1　系统概念

目前，我国节水统计由多个部门分散处理，其统计的标准和方法各不相同，导致边界不清晰、统计数据不统一，同时数据共享机制不完善，尚未满足相关研究和使用需求。面对目前的形势，传统节

基金项目：中央级公益性科研院所基本科研业务项目（HKY-JBYW-2019-08）。

作者简介：吴丹（1982—），女，高级工程师，主要从事水利信息化研究。

水方式不能满足水资源管理精细化、信息化的要求，其中主要问题包括：实时用水监测功能不完善，用水控制、定额管理、计划用水及监测监督等功能难以真正落实[2]；用水计量监测覆盖率低，用水数据未实现在线采集、实时监测和互联共享[3]；水资源调度手段不先进，各级调度管理信息化、自动化、智能化程度低，在日常调度工作及用水统计、信息报送等方面工作量大、效率低[4]；侧重硬件建设，缺乏对数据中有利于管理决策关键信息的高阶分析和挖掘功能[5]等。

智慧化节水系统通过多时空一体化的监测体系，结合实地网络传输体系，实现对供水管道及各楼宇供用水过程实时监控、在线监测、实时计量、分析、报警、智能诊断和评估、水平衡管理，对用水异常情况及时提醒维修处理的水务系统。系统改进以往传统节水方式存在的不足之处，达到高效节水的效果。

2.2 系统架构

智慧化节水系统采用智能终端进行远程控制，通过各类型监测设备纳入管控平台进行数据监测。利用先进的人工智能、大数据分析等信息技术手段，将基础的用水测量设备、感应器等各类终端用水计量设备采集的数据进行汇总整理，与节水信息系统等相结合，进行一体化智慧节水系统的构建，具体见图1。

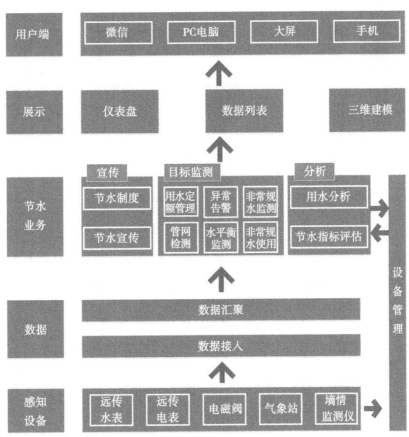

图1　节水管理总体框架

智慧化节水系统自下而上具体划分为感知层、数据层、应用层、展现层。

感知层为终端用水计量表具、感应器、控制器等物联终端设备，主要是收集基础的取水信息；数据层以物联网通信为基础，将采集的基础数据以结构化的形式传输；应用层通过服务器内的节水业务提供功能架构及逻辑算法，实现节水业务应用；展现层为系统展示终端，为用户提供用水的功能展示服务。此外，统一的业务建模及数据访问能根据终端展现设备差异实现不同的 UI 设计，系统充分考虑未来的扩展需求和升级要求，采用的构建方法有很强的可扩展性和开放性，能够良好满足之后系统升级发展的需求。

2.3 系统功能

智慧化节水系统在功能方面，主要通过用水信息查询、实时监测、供用水统计分析、节水指标评估、异常用水报警、用水数据管理等功能，为管理部门与用水单位提供用水管理信息平台，保障其进行用水监督管控。同时，创新应用"3A"节水信息化管理、"3D"用水精细化管理，具体见图2。

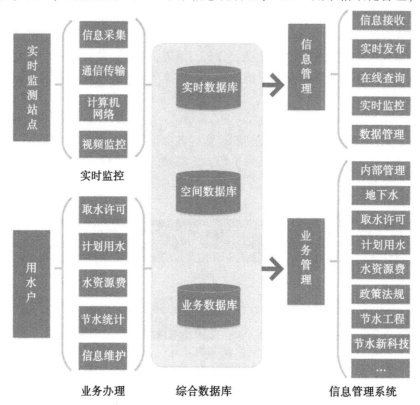

图 2 功能结构架构

"3A"节水信息化管理：基于移动端功能，工作人员可在任何时间（anytime）、任何地点（anywhere）获取有关单位用水数据的任何事情（anything）。结合移动端进行系统开发的这种使用模式能够打破时间和空间的限制，相关管理人员利用移动设备随时随地就可查看用水信息，及时处理用水异常的突发情况，简化工作流程，提高业务效率，提升沟通效率，进而改善用水管理模式。

"3D"用水精细化管理：以三维建模为基础，同时接入 VR 技术进行虚拟场景浏览，实现用水管网 3D 模型轻量化，通过高清晰动态的三维模型绘制，对区域内用水设备的位置信息、用水管网、运行状态进行全方位展示，见图3、图4。可随时查看各管段的用水状态，动态展示基础监测信息、终端设备运行状态、数据采集与推送服务等内容。当遇到异常报警时，能够清晰地发现用水报警的具体地点，便于工作人员进行检查维修。

3 智慧化节水系统应用

智慧化节水系统在实际应用中规范了机关单位的用水定额及其他用水指标，在多个行业单位推广应用，获得水利部节水机关创建考评验收第一名。采用该系统的单位用水量较去年同期大幅度下降，取得了明显的节水效果，打造出更舒适安全的用水环境，建立更加完善的节水规章制度和管理机制。

智慧化节水系统的应用使得用水总量、用水趋势及设备管理情况清晰可查，实时开展绿地需水预报，实现绿地无人值守智能决策自动灌溉。通过倾斜摄影、3Dmax 建模，实现管网信息直观立体可视化展示，实现节水历史数据可追溯、现状数据可展示、未来趋势可预测。

图 3　虚拟场景建设

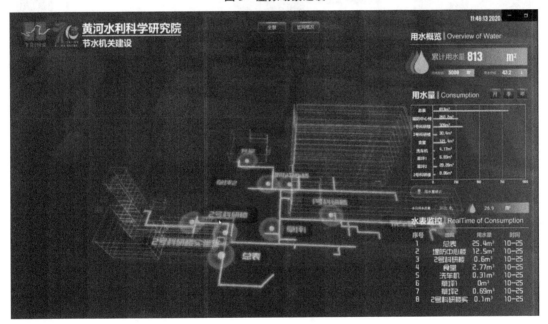

图 4　三维管网模型

3.1　远程管控，用水数据监测

智慧化节水系统整合了供水生产、用水服务、水量管理、水质管理、内部管理等应用需求，可通过智能手机、计算机等智能终端进行远程控制，并通过建立多时空一体化的监测体系，将各类型监测设备纳入管控平台，获取完整原始数据，实现对绿化需水、终端设备应用环境、管理单位等信息的全面管控；实现对供水管道及各楼宇供用水过程实时监控、实时计量；实现管网布局、再生水收集利用、节水效果等内容在终端同步实时显示；开展水量平衡监测，对用水单位管线网络现状实行数字化、模型化管理，并绘制出水量平衡图。依据测定的用水数据，找出水量平衡关系和合理用水方式，进一步挖掘节水潜力。实现不同用水单元用水计划分配功能，并且可按年、月、日生成用水定额分析评价表，准确反馈用水定额执行情况，水量超过阈值进行实时预警[6]，实现在线监测、分析、报警、智能诊断和评估。

3.2 管网监测，实时异常提醒

管网渗漏是节水监管最需要解决的日常问题之一。由于管网在实际监测过程中会涉及大量人力进行排查养护工作，在传统的工作方式中，管网监测更多的是依靠工作人员的经验，这种处理模式不仅管理工作十分烦琐，而且工作效率低，不利于信息的及时更新。智慧化节水系统通过同步获取管网供水总量、用水总量，实时计算管网漏损率，从而准确定位用水管网、设施设备漏损位置。通过智能水表进行涉水数据采集、接收各个监测点发过来的数据，并远程传输给监测中心，实时同步更新漏损信息数据，第一时间将漏点进行修补恢复，提高工作效率，并且设置相应的预警值范围，监测数据超过预警值时，系统自动发送警报。

系统对各个管网的监测实现对用水实时状态的监测，并绘制高清晰动态的三维模型，对区域内用水设备的位置信息、用水管网、运行状态、基础监测信息、终端设备运行状态、数据采集与推送服务等内容进行三维展示，清晰地显示出不同时间范围用水量与节水量的差异。通过设定模型中的预警数值，在用水数据监测中和节水指标结合，以邮件或短信的方式发送异常报警，实时提醒异常用水及管网问题，进行检修，见图5。

图5 设备告警信息

3.3 评估监督，精细节水管理

节水监管的过程涉及大量的用水监测设备、用水信息、实时监测数据，以量化为基础进行智能监管，对数据处理能力的要求高。通过算法的优化和设计相应的数据模型，结合设备参数识别、多源数据综合分析、管网数据动态模拟和用水总量控制预警等数据处理，构建绿地土壤墒情预测模型，分析土壤墒情变化机制，建成智能灌溉系统，实时开展绿地需水预报，实现绿地无人值守智能决策自动灌溉，见图6。开展非常规水及供用水的智能统计，达到用水精量控制的效果[7]。提供以气象墒情等其他功能性监测数据为基础的功能数据趋势，以供用水监测数据为基础，对供水、用水的月、季、年用水趋势和同比、环比统计分析数据，分析区域内用水数据，动态整合计算，以直观丰富的可视化图表、三维模型等工具综合展示用水情况，历史数据比较，了解自动化灌溉效果，以便及时调整灌溉策略。

3.4 节水效益，科学决策依据

节水监管过程中计划用水的一项重要内容是水量的配置调度。在对水压、流量、水质、墒情、水厂、泵站、管网故障、总量控制预警等各种用水信息的实时监控基础上，系统采集的海量水量信息基础数据便于对数据信息进行管理、分析、统计，在此基础上为各级各类用户提供便捷、高效的统计分

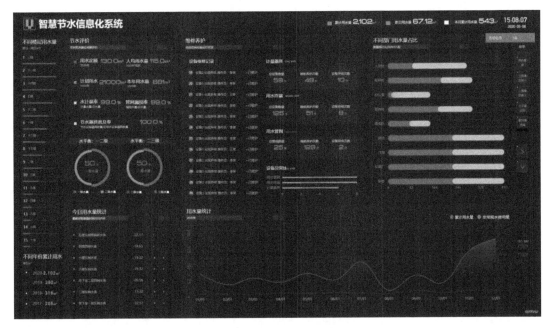

图 6 智慧节水信息化系统大屏

析工具。通过供水管网模型的实时在线模拟，进行水资源的评估、诊断、预报、分配和调控，辅助用水实时调度决策，实现节约用水及科学用水的目的[8]。能够监控感知水质、水量等实时动态数据，工作人员能够实时掌握相关数据信息，了解蓄、供、输、用、排等状况，有效改善由于信息不是实时同步更新或者反应延期滞后带来的溢流弃水等问题，分析判断数据是否具有趋势性的变化。系统有效提高节水管理数据化决策能力，为决策提供数据依据。

3.5 机制驱动，实现无人值守

在农业灌溉中，气象数据为按需灌水和雨水资源利用提供参考[9]，智慧化节水系统中，在绿地典型区域安装智能墒情监测仪和小型气象站，建设土壤墒情及气象参数自动采集传输系统，对收集的基础信息进行处理、备份、存储；利用绿地土壤墒情预测模型，分析土壤墒情变化机制，建成智能灌溉系统，提供灌溉的自动化决策，根据检测到的实际情况数据进行分析、灌溉预报与决策，实现绿地无人值守智能决策灌溉。

4 结语

智慧化节水系统以智能终端设备为基础，提高了节水效率，减少了人为干预。通过构建可感知、可诊断、可控制的全方位智能节水体系，实现水资源配置的智慧化管理，形成全方位、全过程的管理节水体系。基于上述内容，结合 5G 技术、大数据、人工智能等先进信息化手段，本文所采用的智慧化节水系统可为最终实现"水利行业节水机关"奠定扎实的基础。

作为智慧城市的重要组成部分，智慧节水系统只是一个开始，节水单位的用水数据、信息处理技术将为构建智慧水务乃至智慧城市提供重要的技术以及数据支撑。

参考文献

[1] 赵红光，樊贵盛，于泾，等. 基于 BP 神经网络的 Gardner 模型参数预测 [J]. 节水灌溉，2017，5（10）：22-25，30.

[2] 全国节约用水办公室. 补短板严约束健机制 推进水资源节约集约利用 [N]. 中国水利报，2020-01-23（005）.

[3] 张旺，姜斌，刘璐. 进一步加强我国农业节水工作的思考 [J]. 水利发展研究，2020（3）：3-5.

[4] 王海涛. 基于最严格水资源管理约束条件下的宁夏水资源调度管理体系建设的思考 [J]. 工程建设与设计，2020

（8）：107-108.

［5］河北省水利厅办公室. 基于我省水资源税改革背景下的水资源监控能力建设情况的调研［J］. 河北水利，2019
（11）：5-7.

［6］王洪瑞，耿守浩. 节能监管平台在高校用水管理中的应用［J］. 建筑节能，2020（2）：121-125.

［7］石泉. 新疆水利贯彻落实"节水优先、空间均衡、系统治理、两手发力"治水思路的几点思考［J］. 水利发展
研究，2021，21（4）：23-27.

［8］牛岩，雷光宇. 农田灌溉智能计量与水资源信息化管理研究进展［J］. 科技与创新，2020（9）：89-91.

［9］陈阳，陈远生，吕文菲，等. 设备智能化与管理信息化对高校用水的影响——以北京市为例［J］. 资源科学，
2017，39（10）：1956-1963.

大型灌区智慧水管理系统设计与思考

任庆海[1,2]　周亚平[1,2]　赵冠亮[3]

（1. 水利部南京水利水文自动化研究所，江苏南京　210012；

2. 水利部水文水资源监控工程技术研究中心，江苏南京　210012；

3. 宿迁市宿城区船行灌区管理处，江苏宿迁　223800）

摘　要："十四五"规划将加强农业信息化建设，实施智慧农业，推进灌区信息化、智慧化建设，建立健全良性运行管理机制。本文对智慧灌区的定义和基本功能、设计原则、系统架构、建设内容和目标等多方面进行阐述。以宿迁市船行灌区为例，根据灌区现有建设基础和灌区发展需求，统一规划、分步实施，逐步打造大型灌区的立体感知系统、自动控制系统、智慧应用系统和支撑保障系统，并制定灌区智慧水管理系统近期和中远期目标。

关键词：大型灌区；智慧灌区；信息化；管理系统

1　引言

2018年，中央一号文件明确提出实施"大力发展数字农业，实施智慧农业林业水利工程"[1]，推动互联网、大数据、人工智能和实体经济深度融合。智慧水利是智慧社会建设的重要组成部分，是水利信息化建设的更高层次和崭新阶段[2]，是推动社会经济稳定发展，保护人民生命财产安全，促进人水和谐共处的重要支撑保障。

2021年3月，李国英部长提出"坚持科技引领和数字赋能，提高水资源智慧管理水平"[3] 的新要求。因此，水利信息化向智慧水利的转型是大势所趋，智慧灌区、智慧流域、智慧水文等是智慧水利建设的重要组成部分。

大型灌区是保障国家粮食安全的重要基础，是农业和农村经济发展的重要保证[4]，灌区现代化是农业农村现代化的重要组成部分。依据水利部办公厅、国家发展改革委办公厅联合下发的《关于开展"十四五"大型灌区续建配套与现代化改造实施方案编制工作的通知》文件精神，以及《大型灌区续建配套与现代化改造实施方案编制技术指南》要求，并结合宿迁市船行灌区的实际，编制了《江苏省宿迁市船行灌区续建配套与现代化改造实施方案（2021—2025）》（简称《方案》）。

宿迁市船行灌区经过多年建设，目前灌排体系已经形成，基本实现"灌得上、排得出、降得下"的基本要求。《方案》将全面打造"设施完善、节水高效、管理科学、生态健康"的现代化灌区，实现水资源配置合理、灌溉高效节水、工程自动监控、决策智能高效、机制灵活可行、人水和谐共处的总体目标，满足灌区"灌得上、排得畅、降得快"的总体要求，实现"碧水丰田惠民生，三源共济润船行"的灌区现代化愿景。

2　智慧灌区的基本功能

"智慧灌区"是具有智能监测、解译、模拟、预警、决策和调控能力的灌区，能全方位透彻感知

作者简介：任庆海（1975—），男，高级工程师，主要从事水资源和水利信息化的研究与建设工作。

灌区的水情、墒情、工情、作物长势、生态环境等各方面信息[5]，快速、精准、自主调控水源、输配水及排水系统等工程设施及设备，实现水量、水质和生态等多目标的最优化管理。智慧灌区是现有灌区信息化、自动化和数字化的高级形式；它融合了人工智能技术，以期实现更为智能的灌区监测、信息解译、模拟、预警、决策和调控[6]，具备自主学习、分析和优化能力[7]。

智慧灌区主要包括4个基本功能：①能够对不同尺度的灌区要素进行高信息含量的主动观测；②能够从多源数据中准确解译出灌区的水情、墒情、作物（植被）长势、生态、环境、工情等定量特征，自动识别出灌区干旱、涝渍、盐碱、水土流失、生态退化、环境污染等表征；③能够准确描述灌区的水分、盐分、养分、污染物迁移转化以及作物生长和生态系统演化，具备动态自主建模能力和模型进化能力，具有观测数据之外的推理能力；④能够自主、精准制定水资源调度和配置、水旱灾害防治、水环境修复、生物多样性保护等措施，可准确评估各管理行为的效应和效益并具备实时调整的能力[8]。

3 系统设计原则

船行灌区智慧水管理系统建设是以灌区业务管理实际需求为导向、业务应用为核心，提升灌区智慧水管理系统的运行效率，实现集信息采集—实时传输—用水决策—智能控制—效果反馈—经验积累为一体的灌区智能化系统，系统的设计和建设过程遵循以下原则。

3.1 统一规划，统一标准

船行灌区智慧水管理系统建设涉及供水、用水、排水及水生态环境保护等各个过程，各项业务应协调推进、统筹考虑，并与灌区"十四五"规划中数字灌区总体架构和近期目标有效衔接；应根据现实与可能，远近结合、分步实施。系统设计应遵循国家相关信息化标准，按照统一的信息采集、数据整理、数据库建库、系统开发等方面的标准或规范，开展系统建设。

3.2 需求导向、业务协同

立足船行灌区实际，以灌区水资源调度、水旱灾害防御、工程管理运行、水质保护、城乡供水安全等核心业务需求为导向，解决问题，提质增效。合理配置资源、优化整合资源，建立统一的技术支撑系统，开发和建设业务应用系统，降低运维的强度和成本，保障信息安全。

3.3 平台共用、信息共享

充分利用现有灌区信息化系统和已建的水利信息基础设施，推进水利信息化体系和智慧灌区水管理共享业务平台建设。建立健全资源共享机制，实现平台集中与共享利用，促进信息资源的广泛共享。

3.4 实用先进、发挥效益

作为信息化项目的智慧灌区水管理系统，在设计与实施过程中必须处理好实用与先进的关系，在设计方案时尽量选择先进技术，提高投资效益。智慧灌区系统建成后，必须在灌区管理业务工作中充分应用，发挥应有的作用和效益。

3.5 立足当前、引领未来

立足"十四五"，着眼中长期，保证整个系统硬件、系统软件、控制及监测系统应用软件技术上的先进性、可扩展性和可替换性，确保系统建成后能到2035年依然保持技术的先进性。

4 系统架构

4.1 智慧灌区架构

智慧灌区应是经典农田水利学、水文学、水力学、环境学、生态学等专业学科知识与人工智能的结合。智慧灌区的设计与建设应利用人工智能技术来提升灌区管理能力，是现代灌区的全新阶段。智慧灌区主要包括智能感知系统、智能认知系统和智能决策系统,其架构如图1所示。

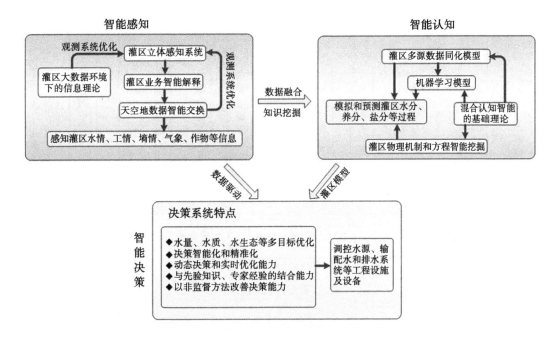

图1 智慧灌区架构

灌区立体感知系统和数据解译系统构成了灌区智能感知系统,使灌区能够快速准确地获取灌区的数字化信息,包括水情信息(沟渠水位、流速、流量、水质,地下水位和水质等)、工情信息[设备和建筑物(闸门、泵站、沟渠等)运行状态等]、农田管理信息(土壤水分、盐分和养分状态等)、作物信息(作物或植被生长状态、生物多样性等)、气象要素等。

灌区智能认知系统以灌区的各类模型(如流域水文模型、田间水管理模型、水动力学模型、作物生长模型等)为基础,通过机器学习模型和混合认知智能的基础理论,对灌区水量、水质、生态等实施精准管理。模型与现实应紧密结合,为弥补经典机制模型的不足,需将机制模型与观测相结合,通过融合观测数据不断调整模型的参数和状态,从而获得参数和状态的最优估计,随着灌区数据的累积,机器学习方法在建模中会起到越来越重要的作用,从而使灌区模型能胜任精准化和智能化管理。

灌区智能感知系统和认知系统的完善分别从数据和基础模型方面为灌区决策系统提供了更好的支撑。灌区的智能感知系统可为智慧灌区的决策提供当前的状态,而智能认知系统可更好评价决策效果。决策系统在与真实环境和虚拟模型的不断交互中获取经验,逐渐形成系统自主制定管理决策的能力。

4.2 智慧灌区功能架构

智慧灌区以业务需求为导向,以物联网技术为支撑,建立以智能感知、智能仿真、智能诊断、智能预警、智能调度、智能处置、智能控制等功能为一体的智能服务系统。构建的功能框架可为信息采集、灌溉调度、水费管理、工程管理、防汛预警等业务领域实现管理服务,在日常状态和应急状态2种情况下实现动态反馈,全面支撑智慧灌区各项业务,如图2所示。

4.3 智慧灌区系统基础支撑系统框架

根据智慧灌区系统定位及需求,智慧灌区系统的支撑体系自下而上可分为立体感知层、自动控制层、网络层、数据资源层、智能应用层等5个层级,系统总体框架如图3所示。

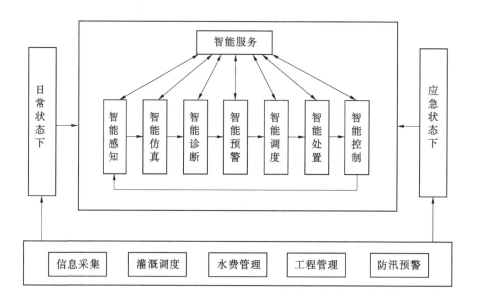

图 2　智慧灌区功能架构

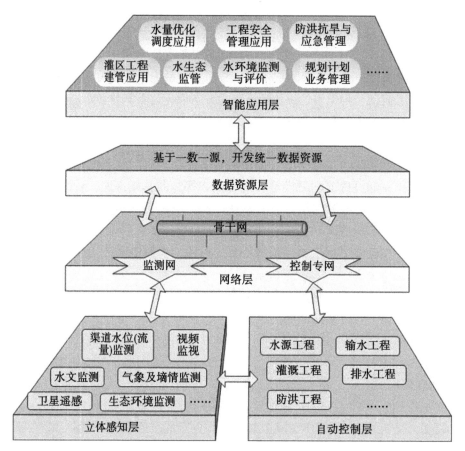

图 3　船行灌区智慧水管理系统总体框架

立体感知层和自动控制层是智慧灌区系统建设的基础层,主要是综合运用渠道水位(流量)监测、灌区水文监测、视频监视、气象及墒情监测、卫星遥感、生态环境监测等全灌区流域多维度的信息感知系统和水源工程、输水工程、灌溉工程、排水工程、防洪工程等自动控制工程,经网络层汇聚到数据资源层,在智能应用层构建了智慧灌区管理调度系统的软硬件资源,实现大范围的数据资源整合。智能应用层依托智慧灌区管理调度系统的框架进行开发和应用功能拓展,主要实现了水量优化调度、工程安全管理、防洪抗旱与应急管理、灌区工程建管、水生态监管、水环境监测评价、规划计划管理等业务应用。

5 系统建设内容与目标

在现有信息化系统基础上，根据建设智慧灌区的要求，基于江苏省水利厅"水利一张图"的基础，建设船行灌区水利一张图，全面布局立体感知系统、自动控制系统、泛在服务系统、数字管理系统、智慧服务系统和支撑保障系统，实现水量、水情、水质智能监控；工程管理、用水调度、灌溉服务数字化；实现"天、空、地"的立体监测系统；形成覆盖船行灌区的多级数字化服务网络系统。

5.1 近期目标

到 2022 年，初步实现船行灌区数字化建设目标。基本实现态势感知、作物需求、工程管理和供用水管理全面数字化，水资源配置调度、水旱灾害防御、关键节点控制等核心业务初步智能化。具体如下：

初步建成全灌区"天、空、地"一体化监测感知能力。初步建成灌区骨干渠系水情、区域遥感农情，以及重要工程安全视频监控的立体实时感知系统，干支渠以上节制闸、分水闸和放水涵实现 100%计量。水资源配置与调度核心业务能力初步实现智能化。构建灌区智慧大脑系统，初步建成大数据融合治理能力，研发灌区供用水全过程模型，实现全灌区天气预测、作物需求预判、来水预测，以及渠系常规和应急调度方案实时交互、动态推演、智能决策。建成灌区智慧业务平台，满足灌区业务需求，提供定制化数字服务。

5.2 中期目标

到 2025 年，全面实现灌区数字化，逐步实现主要业务智能化、核心业务智慧化。完善全灌区水情、工情信息监测立体感知系统；持续加强灌区智慧大脑建设，实现灌区水源的来水预测、干支渠以上模拟仿真和动态推演；补充建设水政监察业务，完善提升其他业务应用系统和数字沙盘功能；提升灌区闸群智能控制改造，实现灌区水资源调度配置由智能决策向智慧智控延伸。

5.3 远期目标

到 2035 年，全面建成船行灌区智慧感知、智慧大脑、智慧应用、智能控制、智慧支撑"五大"智慧体系，初步建成智慧灌区。

6 结语

智慧灌区是农业灌区管理工作的重大举措，是灌区管理与发展道路上的新突破。智慧灌区规划采用统一部署、统一标准、统一要求，按照整个灌区建设规划的要求开展。通过信息化建设充分整合现有系统资源，借助"数字化""网络化""智能化"等手段，实现灌区智慧化管理，为灌区智能决策和管理调度提供软硬件支撑，实现"数据实时采集，信息统一共享，远程自动控制，管理手段智能，灌排决策精准，管理维护方便"的总体目标。

参考文献

[1] 中共中央 国务院关于实施乡村振兴战略的意见［EB/OL］．［2018-01-02］．http：//www.moa.gov.cn /ztzl/yh-wj2018/

[2] 魏晏．智慧水利建设经验交流［J］．中国水运：下半月，2018，18（2）：195-196.

[3] 李国英．深入贯彻新发展理念 推进水资源集约安全利用［N］．人民日报，2021-3-22：10.

[4] 康绍忠．加快推进灌区现代化改造补齐国家粮食安全短板［J］．中国水利，2020（9）：1-5.

[5] 柳平增，孟祥伟，田盼，等．基于物联网的精准农业信息感知系统设计［J］．计算机工程与科学，2012，34

（3）：137-141.

［6］罗朝传，代伟嵩，肖熊，等. 智慧灌区管理系统的设计与实现［J］. 四川水利，2019，40，238（6）：137-141.

［7］戴玮，李益农，章少辉，等. 智慧灌区建设发展思考［J］. 中国水利，2018（7）：48-49.

［8］史良胜，查元源，胡小龙，等. 智慧灌区的架构，理论和方法之初探［J］. 水利学报，2020，51，529（10）：28-38.

数字孪生流域业务支撑平台架构研究及应用

黄瓅瑶[1] 罗 斌[1] 李 琪[1]

（长江设计集团有限公司，湖北武汉 430010）

摘 要： 近年来，水利的高质量发展对水旱灾害防御、水资源管理与调配等体系建设提出了更高的要求，构建数字孪生流域并实现科学的预报、预警、预演、预案措施是智慧水利的发展方向。基于物理世界与虚拟孪生世界的融合交互，数字孪生流域平台的建设有利于实现流域场景的多尺度多时空数字化映射、水利专业模型的智慧化模拟与水利业务的高效精准化决策。文章详细介绍了数字孪生流域业务支撑平台的构架思路，包括设计原则、总体架构、技术路线以及若干关键技术，重点在水利业务孪生方面为流域水利业务管理提供了一种新架构模式，并以流域水工程调度系统建设为例对平台的未来发展方向进行了展望。

关键词： 数字孪生；系统架构；水工程调度

1 引言

随着互联网、大数据、人工智能等技术的快速发展，智能化已经成为行业发展水平的重要指标，迅速融入经济社会和国家治理。2021 年，《中华人民共和国国民经济和社会发展第十四个五年规划和 2035 年远景目标纲要》提出"构建智慧水利体系，以流域为单元提升水情测报和智能调度能力"[1]。水利行业信息化已向数字化转变，要建立物理水利及其影响区域的数字化映射，注重预报、预警、预演、预案"四预"研究。

近年来，数字孪生成为各领域数字化转型的核心技术手段，受到广泛关注。数字孪生流域建设需要以"数字化场景，智慧化模拟，精准化决策"为目标，积极探索数字流域场景中的动态交互、实时融合和仿真模拟，推动构建以防洪调度、水资源管理为基础，多业务相协调的"2+N"发展体系[2]。

2 数字孪生流域建设目标

数字孪生流域建设中，数字化场景要以自然地理、干支流水系、水利工程、经济社会信息为主要内容，对照物理水利及其影响区域，建立全要素数字流域。智慧化模拟需要通过集成耦合多维多时间尺度的高保真数学模型，将物理参数实时映射到数字流域，充分支持"四预"的模拟分析。精准化决策需要构建水利智能业务应用系统，基于防洪调度、水资源管理、水生态过程调整的预演，提前规避风险，制订计划，生成决策建议，为水利工程实时监控、优化调度、水资源优化配置提供先进、快速、准确的决策支持。

因此，数字孪生流域不仅是时空上物理世界的映射，也是业务上的动态映射，需要准确再现流域内各要素历史、实时监测信息，纳入各水利工程运用的模拟与分析，驱动各水利对象按业务需求运行，实现物理流域与数字流域的动态实时信息交互和深度融合，保持两者的同步和孪生。

基金项目： 国家重点研发计划（2021YFC3200305）。

作者简介： 黄瓅瑶（1989—），女，工程师，主要从事水利信息化工作。

虽然目前各地智慧水利建设已取得较大进展，集数字化、可视化于一体的综合管理系统已广泛应用于水利工程管理、水资源管理、河长制管理等多个业务领域，行业管理水平和工作效率得到显著提升[3-5]。但现行系统往往根据实际业务需求定制开发，大多存在模型参数捆绑、业务对象固化、业务流程单一等问题。

本研究拟通过开发数字孪生流域水利业务决策支持平台，针对水利业务涉及的河流、测站、水利工程、模型、决策等各类要素，实现科学分类、概化、扩展及实例化存储管理；针对不同开发语言与成果形式的各类水利模型，实现注册、授权、调用、维护等的一体化管控；针对不同业务场景在应用目标、决策任务、逻辑流程和使用习惯等方面的差异化需求，实现动态构建、智能化映射和自适应运行能力。利用标准化、组件化、配置化、可视化等信息化技术与理念，实现各类水利专业模型的灵活上层应用，支撑各类业务决策流程的快速按需搭建，实现水利业务智慧化模拟与精准化决策目的。

3 数字孪生流域业务决策支持平台架构研究

3.1 系统设计原则

按照"2+N"结构要求，智慧水利建设要先从水旱灾害防御开始，推进建立流域洪水"空天地"一体化监测系统，建设数字孪生流域，在此基础上开展防洪调度演练，为防灾调度指挥提供科学的决策支持。作为水旱灾害防御工作的一个重要环节，水工程防灾联合调度是包含了一整套水利工程、理论体系、计算方法的系统工程。数字孪生流域水利业务决策支持平台的设计原则就是深度运用标准化、组件化、配置化、可视化等信息化技术与理念，基于敏捷搭建技术[6]，结合专业决策人员的工作思路和方法，将专业人员针对水工程调度分析计算工作中的对象边界建模、数据资料录入、计算模型管理、输入输出成果管理进行系统集成，并提供通用性强、可视化、图形化非编程建模界面，根据用户配置自动生成对应的计算应用实例，构建数字化、智能化、可维护的水利业务作业流程。

3.2 系统总体架构

基于上述设计原则，结合业务需求与应用目标，数字孪生流域业务支撑平台总体架构由数据层、模型层、知识层与应用层四部分构成。综合现有研究基础，建设水利业务数据模型平台、数据服务平台、水利专业模型平台和业务搭建映射平台等多个子平台，以分别解决专业应用中的对象及数据管理、数据映射管理、模型实例及参数管理、业务流程管理。系统总体架构如图 1 所示。

数据层由数据池、数据服务平台与水利数据模型平台三部分组成。数据池存储维持系统正常运行所需的数据以及运行产生的数据，并从水利云上实时更新。数据服务平台起桥梁作用，一方面接入各种不同的数据源抽取数据；另一方面为水利数据模型提供标准接口，保证水利数据模型的一致性和稳定性，见图 2。为实现对象的规范管理，水利数据模型平台包括物理对象属性数据、物理对象活动运行数据、物理对象之间的关系数据，负责定义、组织和管理基础数据库中各类水利对象和拓扑关系，通过节点（实体模型对象）及节点之间的逻辑关系，构建物理实体之间的关联关系、指向关系、空间关系等。

模型层由水利专业模型、可视化模型与数字模拟仿真引擎三部分组成。水利专业模型平台是基于水利机制开发的算法集合，负责模型标准化输入输出规则，保证通用性和兼容性，管理包括模型的注册、上传、授权等功能，同时提供模型服务调用历史情况监控。可视化模型是指能完成自然背景、流场动态、水利工程、水利机电设备等水利虚拟现实 VR、水利增强现实 AR 和水利混合现实 MR 渲染的模型和技术，主要用于实时渲染专业模型的计算结果。数字模拟仿真引擎可组合多种水利专业模型并为各专业模型适配输入数据，从而完成特定业务的功能仿真，调用可视化模型将模拟结果渲染，以更贴近真实的方式展示给用户。

知识层包括知识库、智能算法和水利智能引擎，见图 3。常见的知识库包括预案库、知识图谱库、业务规则库、历史场景模式库和专家经验库等。智能算法是一类实现知识抽取、知识融合和知识加工的算法，包括语言识别、图像与视频识别、遥感识别、自然语言处理等智能模型，以及分类、回

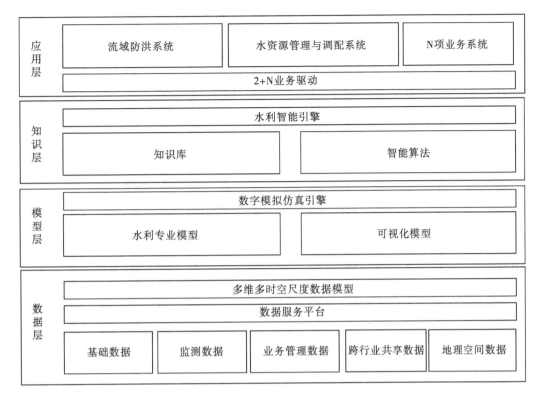

图 1 数字孪生流域业务支持平台总体建设架构

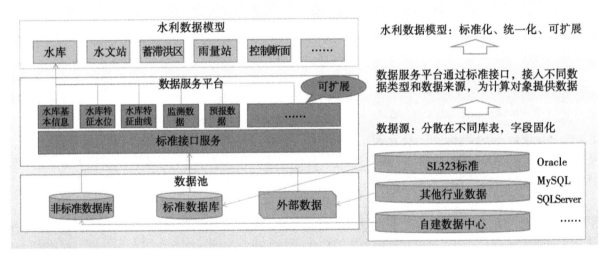

图 2 数字孪生流域业务支持平台数据层架构

归、推荐和搜索等学习算法。水利智能引擎一方面通过调用智能算法库从模型运行结果中抽取知识补充到知识库中；另一方面驱动知识库中的知识对专业模型进行指导。两者形成正反馈效应，知识库中的知识逐渐完善、准确，专业模型受知识库指导，使得结果更加准确、合理。

应用层即水利业务智能映射平台。平台是面向数字孪生多方位、高效率、流程化、组件化的技术支撑，以水利数据模型为数据基础，以模型平台为算法支撑，规范输入输出表达，并以配置系统为工具，通过配置业务、流程、模型、对象和数据快速实现具体业务功能，并通过组合多条业务快速形成具有完整水利专业功能的系统。

3.3 关键技术研究

针对数据层、模型层及应用层的不同业务流特点，分别建设水利业务对象管理、通用水利专业模型管理和水利业务应用管理可视化平台，见图4。

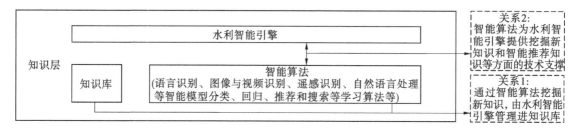

图3 知识层关系

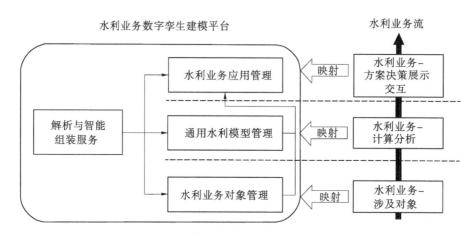

图4 平台业务映射

水利对象管理建立针对复杂流域网络的多层级、多类别对象管理体系,利用水利数据模型,描述业务计算对象,以及对象之间的逻辑与数据关系,研究对象的动态构建技术及实例化存储管理技术,支持动态设计对象类型与属性,并在实例化时自动识别关联。

专业模型管理为上层业务应用提供服务支撑,建设时充分考虑兼容性、适应性和成长性,动态调整与跟进,避免不同业务应用之间的重复建设。基于微服务架构体系,接入模型实例,实现标准化管理和调用各类专业模型,针对不同开发语言、不同类型结果的各类调度模型,从注册、授权、调用、维护等多角度对各类模型实现一体化管控。水利业务普遍存在应用目标、决策任务、逻辑流程和使用习惯等多方面差异化需求。如何实现动态构建、智能化映射和自适应运行技术,是摆脱当前定制开发困境,快速应对各类需求的关键[7]。

业务应用管理需要研究防洪调度、水资源管理与配置、引调水工程调度、风险分析评估等水利业务的内在逻辑,通过直观的图形化编辑载体进行多类型业务流程的按需创建,实现防洪、水资源、生态、应急调度等多类型调度业务计算任务按需构建,并实现业务计算流与前述水利对象、水利模型的自定义关联,最终映射形成数字化业务应用。

4 应用实践

本文提出的数字孪生流域业务决策支持平台架构设计方案中的流程化配置、组件化管理和快速应用搭建技术已在潘大水库预报调度一体化系统、三峡智慧流域综合调度运行管理系统以及长江流域控制性水利工程防灾联合调度系统等多个业务系统中得到良好应用实践。成功运用于流域模拟预报预测、防洪形势分析、工程联合智能优化调度、防洪风险评估、避险转移等场景中,实现了预报、预判、预警、预演和预案全过程。

以水工程防灾联合调度系统为例,当前流域水工程防灾管理业务已由传统的单个工程调度逐步演变成包含水库群、蓄滞洪区、洲滩民垸等的多层级、多尺度、多目标联合调度。面向这类耦合度高、不确定性高、响应时效要求高的决策任务业务系统,采用数字孪生流域业务决策支持平台建设步骤如下:

4.1 创建面向系统中需要动态响应业务需求的各类水利对象

根据业务需求，在水利业务对象管理平台中创建河流、水库、水文站、蓄滞洪区和水闸泵站等水利对象，并存储相关联的水情、雨情等监测或预报数据以及业务数据。按照物理水利中的拓扑关系组织，形成与现实中完整流域映射的虚拟流域拓扑结构（见图5），实现聚焦水利业务的流域概化图展示（见图6）。同时，关联 GIS 数据，结合三维展示平台，实现多尺度数据场景信息化展示（见图7）。

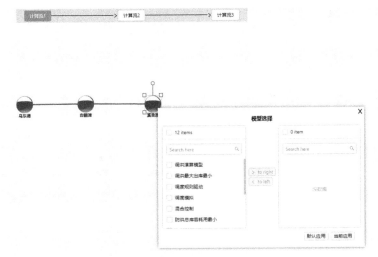

图 5　水利业务对象拓扑构建

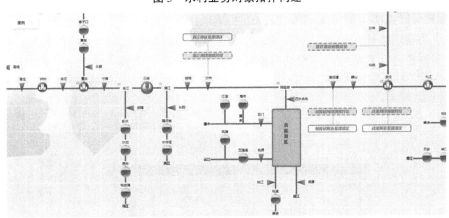

图 6　流域概化图

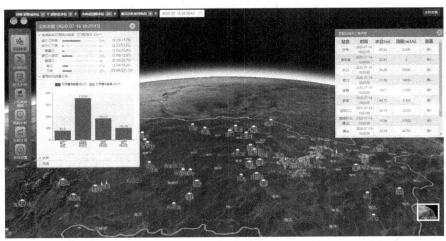

图 7　流域三维 GIS 展示

4.2 开发与管理流域水工程调度模型

面向流域水工程调度业务中的分析计算核心环节，利用水利模型平台统一管理与维护水工程调度规则库、专业模型算法集等技术，见图 8。水利专业模型按照微服务方式独立运行，不耦合任意系统。模型的拆分也有利于敏捷配置，多类型业务可自由组合，防洪、水资源、生态、应急等多类型调度计算任务按需构建。

图 8 水利模型管理平台

4.3 流程化配置与搭建水工程调度业务功能

水利业务应用管理可视化平台（见图 9）可通过直观的图形化编辑载体进行零编码的多类型业务流程创建，并实现业务计算流与前述水利对象、水利模型的自定义关联，最终映射形成不同业务应用功能。

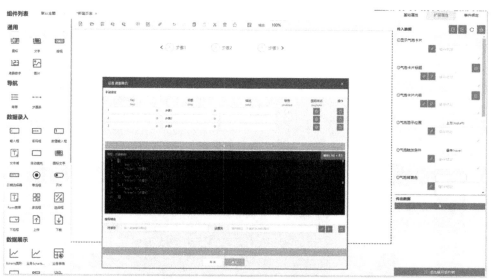

图 9 水利业务应用管理可视化平台

按照水工程联合实时调度的完整业务链条，系统由实时水情、洪水预报、防洪形势分析、工程联合智能调度、防洪风险评估、防洪避险转移、会商分析核心功能体系构成，见图 10~图 13。基于敏捷搭建技术，并配合可视化配置界面，将不同类型的模型进行流程组合，通过相关对象配置、模型配置、参数配置、方案配置等实现复杂水利业务应用的高效开发。后期业务范围变更时，模块功能也可快速灵活调整，充分满足了智慧模拟与精准决策需求。

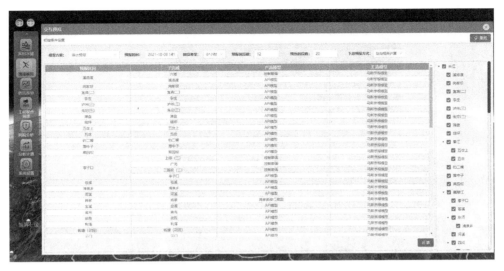

图 10　计算方案制订

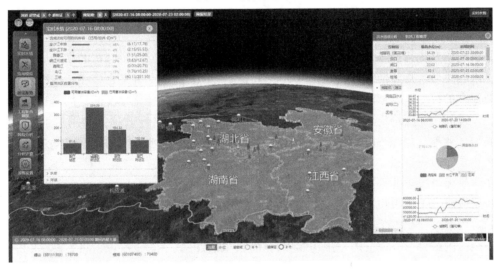

图 11　防洪形势分析

图 12　水库群智能调度

图 13　风险分析评估

5　结语

目前，水利信息化行业整体依然处于数据接收、模型计算、结果展示分析的初步应用阶段。建设数字模型、水利模型、智慧使能深度融合的数字孪生流域业务决策支持平台，相比传统水利信息业务应用系统中存在的模型耦合度高、组件复用性低、开发时间长、智慧化程度低等问题，通过流程化配置、组件化管理和快速应用搭建，可有效提高系统的管理水平和执行效率，为用户提供包含计算对象、专业模型、业务流程在内的一体化解决方案，有助于解决复杂水力网络面向多场景模拟业务的决策构建技术瓶颈，最终打造"标准化、图形化、积木式、零编码"的决策支持平台，为在虚拟环境中构建数字孪生流域决策业务提供技术支撑。

本平台架构研究主要聚焦数字孪生流域中"智慧模拟、精准决策"的实现，缺乏数字化场景技术研究，未来可继续深化本架构，借助 GIS、BIM、IoT、人工智能、虚拟现实等技术，研究几何模型和水利业务模型的融合与互馈，进一步构建更为完善、强大的数字孪生流域，将智慧水利建设推向新高度。

参考文献

［1］中华人民共和国国民经济和社会发展第十四个五年规划和 2035 年远景目标纲要［N］. 人民日报，2021-03-13（001）.

［2］刘辉，方国材. 水利行业信息化现状与发展概述［J］. 水利建设与管理，2021，41（8）：81-84.

［3］高键，张智涌，刘明锦，等. 四川省智慧水利体系构建与关键技术研究［J］. 四川水力发电，2020，39（5）：75-80.

［4］孙大鹏. 丹东市智慧水利信息平台的设计与实现研究［J］. 黑龙江水利科技，2021，49（8）：112-115.

［5］徐卫明，胡应龙，平其俊，等. 江西省智慧水利现状分析及建设思考［J］. 江西水利科技，2019，45（1）：64-67.

［6］李琪，唐海华，黄璨瑶，等. 基于敏捷搭建技术的水利业务应用系统架构研究［J］. 人民长江，2021，52（6）：218-222.

［7］唐海华，罗斌，周超，等. 水利专业应用系统可组态开发模式分析［C］//中国水利学会. 中国水利学会 2016 学术年会论文集（上册），2016.

白鹤滩水电站库区水利工程项目群的
数字化管理系统设计与实现

周碧云　叶　磊　黄　可

(中国电建集团华东勘测设计研究院有限公司，浙江杭州　311122)

摘　要： 施工一体化发展趋势下，工程总承包（EPC）模式已成为工程承包模式的主流，EPC模式较传统模式更为强调工程建设过程中的信息沟通与共享，白鹤滩水电站库区水利工程作为移民专项及EPC项目，项目数量庞大，勘测设计管理复杂度大，相应地在信息汇总和传递上需要花费大量的时间和精力，亟需使用数字化、信息化手段解放人脑的重复劳动。本文阐述了采用计算机技术，结合白鹤滩水电站库区水利工程项目群的设计管理特点，进行数字化管理系统设计与应用，解决设计管理人员的实际问题，提高管理和沟通协作效率。形成的数字化管理系统基于市场上成熟的工程项目管理云平台产品，对设计管理进行了项目信息管理、例报管理、设计进度管理及考勤管理的功能扩展，并进行优化设计及开发实现。

关键词： 水利工程；工程总承包；项目群；设计管理；数字化管理系统

1　引言

随着经济的快速发展，管理水平、科技水平日益提高，大型工程建设领域正在发生翻天覆地的变化。在管理模式上，以设计、采购、施工（engineering procurement construction，简称EPC）一体化承包为主要特征的工程总承包模式，在缩短建设周期、降低项目造价、减少沟通纠纷等方面具有明显的优势，已成为工程承包模式的主流。相对于传统模式，EPC模式能充分发挥设计在工程建设过程中的主导作用，有利于整体方案的不断优化，能有效地克服设计、采购、施工相互制约和脱节的矛盾，有利于各领域各阶段工作的合理深度交叉，进而对质量、进度和投资进行综合控制。由此可见，EPC模式更加强调工程建设过程中沟通的流畅和信息的共享，而工程数字化技术可以帮助满足此类需求，并且也在不断发展。水利水电行业，目前正由水利各大设计院牵头开展一系列勘测设计施工一体化相关的科技项目研究，如"水电工程勘测设计施工一体化系统集成研究"（中国电建成都院）、"水电工程规划设计、工程建设、运行管理一体化HydroBIM综合平台"（中国电建昆明院）、"BIM技术在水电工程数字化移交中的研究及应用"（中国电建北京院）、"基于模型信息的工程项目勘测设计施工一体化系统"（中国电建西北院）等，目前正处于研究、完善过程中。

市场现有的工程项目管理云平台可以辅助项目管理，然而标准化的工程项目管理系统对于现场设代与设计管理的帮助有限，且并非完全适用。如对于白鹤滩水电站库区移民供水工程，包含竹寿水库、红乐水库等中型水库工程以及60余个移民区供水项目，白鹤滩库区水利工程作为移民专项及EPC项目，项目实施期涉及单位多，方案变化多，管理复杂度大。相对国内大型水电工程而言，具有单项投资相对较小、建设周期相对较短等特点。从控制成本及人力资源来看，与以往大型水电工程动辄数十人乃至上百人的设计团队不同，中小型水利项目投资有限，团队人数较少，但"麻雀虽小，

作者简介： 周碧云（1992—），女，助理工程师，主要从事水利水电工程数字化工作。

五脏俱全"，水利工程项目涉及的内容十分繁杂。由于缺乏有效的协同机制与工具，设计人员在信息汇总上报的过程中会耗费巨大的时间和精力，项目管理人员也难以直观、实时地了解设计进度情况与项目总体信息。为解决上述问题，有必要针对水利工程勘测设计项目实际需求进行项目信息化管理，对白鹤滩水电站库区水利工程施工图设计过程中的设计管理、进度管理、报表编制等工作进行数字化系统的研究和实现，解决设计管理人员的实际问题，提高管理和沟通协作效率。

2 水利工程项目群数字化管理系统需求分析

2.1 工程"项目群"管理

项目群的定义可归纳为：能够通过集中协调管理从而实现整体利益目标的若干个相关关联的项目组成的整体。而项目群管理则是在管理一组具有相同目标的项目过程中，把这组项目当作整体进行统一组织、协调，使组织获得比单个项目之和更大收益的一种管理方式。传统的项目群管理手段无法解决组织内部冲突，主要侧重于单个项目的管理，解决单个项目在进度、质量、投资和安全等方面的管理、优化问题。因此，针对工程项目群，要进行全局性、系统性的协同管理，要处理海量的工程信息，就必须在本项目群的管理层面打通各个项目的管理信息，消除这其中的信息孤岛。

因此，系统需基于白鹤滩水电站库区水利工程在施工图设计阶段的实际需求进行设计，面向工程设计人员与设计项目管理人员使用，包含网页端和移动端办公 APP，系统应实现对管理人员的不同授权，满足管理层级和权限的需求，同时，应对项目群管理的需求，项目内的结构应保持一致，便于相关数据的汇集和管理。

2.2 工程数据"可视化"

基于工程"项目群"管理的需求，白鹤滩水电站库区移民供水工程，包含竹寿水库、红乐水库等中型水库工程以及 60 余个移民区供水项目，光是将这些项目列表展开，就已经是很庞大的信息量，还需要在其中检索到所需要的具体信息，无疑是对管理的一大挑战。工程数据"可视化"需求分两个方面：一方面是项目群的宏观信息掌控，包括项目的空间地理位置分布信息，整体进度信息可视化展示；另一方面是单项目工程数据中心的各种数据序列利用常用图表展示。同时，在宏观信息和项目内部具体信息展示时，需要考虑多项目之间的要素组合，也就是需要支持对文档、工程划分、人员等数据对象进行分类搜索、关键词搜索等功能，实现对象的导航或调用等。

2.3 过程数据的收集和管理

对于白鹤滩水电站库区移民供水工程人员少、项目多的特点，使用针对复杂项目的流程化管理，势必是在增加管理人员的负担，该数字化管理系统务必从实际管理出发，通过日常管理与数字化的结合，在完成日常工作的同时，实现各项数据的归集和整理，在取用时，可以一键获得，进而提高管理效率。

白鹤滩水电站库区移民供水工程，是以设计为主导，设计在现场的管理，其核心体现就是现场设代服务，设代日志编写是设代工作的重要环节，是部门了解设代组工作情况的手段之一，也是以后了解工程施工情况的参考资料。区别于工程项目管理，设代的管理主要通过各类文档，设代日志无疑是设计现场服务的主要核心记录文件，也是管理内容的集中体现。

传统设代日志的编写和管理，主要以专业为单位，进行专业内的设代日志闭环后交由现场设代负责人汇总，汇总合稿后再将设代日志发送至项目管理人员，并将日志存档。传统的设代日志的管理方式主要由管理手段决定。设代日志中包含多个类型的内容，如现场设计问题处理、现场会议纪要、设计进度跟踪、设代处收发文等，这些类型的工作内容所需的关注度和流程是不一样的，传统的日志管理方式无法对这些内容分类管理，更无法进行有效跟踪，项目的管理水平往往取决于管理者的投入程度。在人员投入较少但项目众多的情况下，很难保证项目的管理效果，团队人员势必会花很多精力在日志的编写和流转上，而无法将更多精力放在项目管理上。过去设代日志的编写无法将相关文件有效整理，只能实现部分文件的来往记录，大量的工程过程文件没有管理起来。传统方式下的项目管理离不开管理人员的投入，不了解项目过程的人员，从日志中获取所需的信息，需要花费较多的时间。对于多个文档的内容进行关键词搜索，效率也是低下的，文档的编写没有标准化，文档也没有结构化，计算机无法"读懂"设代日志内容，也就无法进行设代日志内容的提取和自动汇集，需要得到某一事件的全部设代日志记录内容，就需要花费很多时间进行后期处理，而这些数据本来就存在于文档中，只是没有较好的获取方式，造成了浪费。

因此，解决好设代日志的管理，是解决工程过程数据收集和管理需求的一个关键，在白鹤滩库区水利工程项目群的数字化管理系统设计中，提出了一种基于数据块管理的水利水电设代日志管理方法，并基于此搭建了系统整体框架，基于数据块管理的数字化系统实现项目间数据结构的相对统一，并通过权限控制以及与 GIS 地图相结合的可视化方式进而同时实现"项目群"和"可视化"的需求，见图 1。

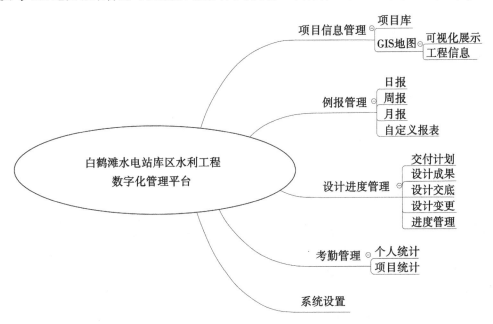

图 1   白鹤滩水电站库区水利工程数字化管理系统功能规划

3   水利工程项目群数字化管理系统关键技术

通过上述需求分析可知，水利工程项目群数字化管理系统关键技术，即解决核心的过程数据收集和管理，再辅以可视化技术及权限等相关数字化技术，实现水利工程项目群数字化管理系统。

3.1   基于数据块管理的水利水电工程设代日志信息化管理方法

不同于单一项目的设代日志编写和汇集，白鹤滩水电站库区移民供水工程本身是一个项目群的管理。人员在不同项目的角色会有所交叉，单一人员编写的日志会涉及多个项目，且本身专业设计人员与项目管理人员没有严格的角色区分，因此管理人员在进行日常管理内容记录的过程中，往往会对不同类型的事件难以区分成项目管理和自己专业。

为解决以上问题，本系统提出一种基于数据块管理的水利水电工程设代日志信息化管理方法，具体为：以事件内容为数据块的管理单元，对事件进行分类，并对数据块打上项目、专业、录入人、录入时间，以及事件类型的标签，从而实现设代日志的数据块分解和管理，将过程文件包括照片、文档等以附件形式挂接于数据块，并共用数据块同一套标签系统，进而实现以设代日志为主题编制的事件数据块的提取与数据内容重组，建立数据块管理的设代日志及项目过程文件管理系统。

3.2   GIS 展现工程概况、数据统计可视化

项目信息管理主要由项目库与 GIS 地图展示两部分组成。由于白鹤滩水电站库区涉及众多中小型水利项目，每个项目具有独立的工程信息、设计信息与进度信息，因此需要独立的项目门户进行数据

归集与管理。每个项目门户对应项目库中的一个项目，用户可以在项目库中维护项目和其子项目的工程基本信息。GIS 地图展示模块以 GIS 地图为载体，可以挂接与展示设计文件资料、工程特性信息、关键设计指标及标记或轨迹信息文件，其工程目录树和工程定位与项目库中的数据保持同步、联动更新。最终形成的 GIS 地图展示模块集成整个白鹤滩水电站库区的水利项目地理位置分布与工程信息，辅助管理者了解各项目概况及库区整体设计概况。

3.3 权限控制实现项目群管理

基于数据块管理的水利水电工程设代日志信息化管理方法为核心，其基本的数据块所用的标签为一套体系，从整个白鹤滩水电站库区水利工程进行标签系统的建设，也就是整个项目群的事件分类，项目标签是一致的，所用专业标签也是一致的，另外所挂的是时间信息、用户信息，用户对应在项目权限上，从用户和项目两个标签，就可以标记其在项目群中所述子项。数据块归集主要通过项目标签、时间标签、事件类型标签进行，其所带的创建用户信息是表示其在用户组织结构中，通过这种关联关系，就可以控制归集后的项目对用户的可见性，同时对于项目群数据的汇集，也只需要项目标签以及其他标签的筛选组合即可实现，因此基于数据块及标签化管理的方式，可轻松实现项目群权限控制和数据一定程度的自动汇集。

其余的例如考勤管理等，常规数字化手段即可实现，本系统进行功能集成。

4 系统总体框架设计

系统技术架构设计如图 2 所示，自下而上共分为四层，即数据资源层、技术支撑层、业务应用层与交互层。

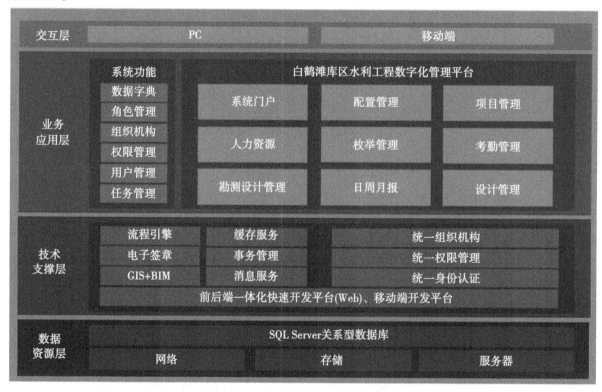

图 2 技术架构

数据资源层提供系统稳定运行的软硬件支撑条件，包括网络、存储、数据库及服务器。

技术支撑层为系统运转的各类技术服务，包括流程引擎、缓存服务、事务管理、消息服务等。系统有统一的组织机构、权限管理与身份认证，并由一体化的快速开发平台及移动端开发平台支持系统的不断更新与提升。

业务应用层主要由系统功能、白鹤滩库区水利工程数字化管理平台组成。系统功能为构成系统整体框架的底层应用管理，包括用户管理、权限管理、组织机构、任务管理等应用；白鹤滩库区水利工程数字化管理平台为项目开展日常管理工作的平台，包含项目日常管理的各大业务板块，如项目管理、枚举管理、考勤管理、日周月报、设计管理等。

交互层是系统与用户之间交互的媒介。用户可以通过各种设备接入系统，包括 PC、移动端。

5 系统功能模块实现

5.1 例报管理系统

以事件为最小单元的数据块管理，首先是要对事件类型进行分类，列举设代事件类型，如主要有"会议及策划、勘测工作、设计变更、招标设计工作、现场查勘、现场验收、存在问题、HSE 管理、提交成果、收发文以及其他一般工作"。对这些类型的主要处理流程进行分类，其中，"会议及策划、勘测工作、设计变更、招标设计工作、现场查勘、现场验收"主要是记录，"存在问题"主要是记录和跟踪，"提交成果、收发文"主要是记录加上文件清单。将这些事件类型按此进行分类。

事件内容即为用户录入的内容，如图 3 所示。

图 3 设代日志事件的填报页面

日报表单的填写在项目群级进行，项目级实现对所在项目日周月报数据的查看和汇总审核功能，项目群级也可以发起自定义时间段报表汇总审核。

项目群级日周月报管理结构如图 4 所示。项目级日周月报管理结构如图 5 所示。

5.2 设计进度管理

设计进度管理实现设计流程管理与设计资料管理两个层面的需求，包含交付计划编制、设计成果提交、设计交底记录、设计变更流程和设计流程进度管理五个模块。由于白鹤滩水电站库区水利项目的设计文件审查步骤多、流程长，且涉及较多的外单位审查，通过设计流程进度管理，可以帮助设计人员了解设计成果审查进展，从而督促报审流程的推进；相关流程过程中的意见都可以保留和追溯，防止流程遗忘。同时，系统通过设计成果与交付计划的进度进行对比分析，形成设计管理流程进度列表并进行超期预警，设计人员可以对当前项目所有设计流程进度情况一目了然，快速评估当前设计进度是否滞后及定位滞后的原因。设计管理流程进度列表如图 6 所示，首页门户设计管理相关图表统计如图 7 所示。

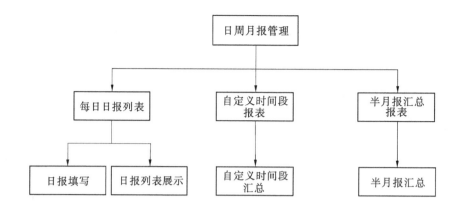

图 4　项目群级日周月报管理结构

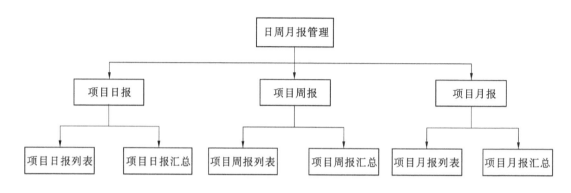

图 5　项目级日周月报管理结构

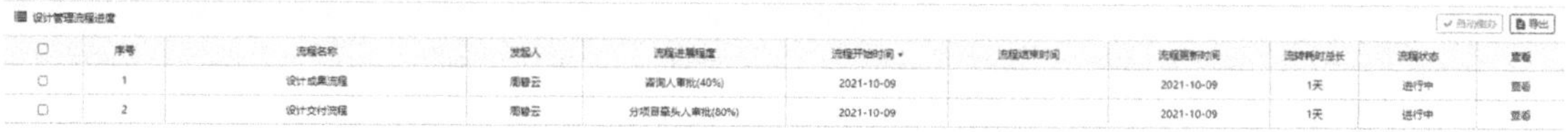

图 6　设计管理流程进度列表示意图

设计成果交付　　　　　　　设计进度图表　　　　　　　设计进度列表

产品阶段　　　　　　　　　0%

图 7　设计管理图表统计示意图

5.3　项目信息管理

项目信息管理包含项目库管理和设计概览（见图 8）两部分，以数据可视化手段集成与展示白鹤滩水电站库区众多中小型水利项目的工程信息、设计信息与进度信息。GIS 地图集成项目库中所有项目的定位与工程信息，实现各项目概况及库区整体设计概况的展示，如图 9 所示。由于不同工程类型具有不同的工程特性，工程信息具体内容应可以自由配置，如水库工程的工程特性包含装机容量、总库容、正常蓄水位、设计洪水位等，而供水工程的工程特性包含供水规模、输水线路总长等。根据工程类型不同，预置相应的工程信息内容，以实现数据的合理化展示，如图 10 所示。

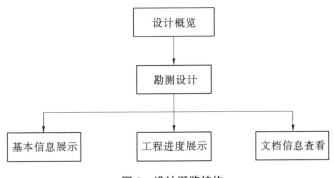

图 8　设计概览结构

图 9　GIS 地图展示界面示意图

	存储字段名	字段显示名称	字段控件	排序	行号	所占列数
列表						
☐	单行输入框1 ∨	工程名称	文本 ∨	1	1	1
☐	单行输入框2 ∨	工程地点	文本 ∨	2	1	1
☐	单行输入框3 ∨	工程类别	文本 ∨	3	1	1
☐	单行输入框4 ∨	装机容量（MW）	文本 ∨	4	2	1
☐	单行输入框5 ∨	总库容（万m3)	文本 ∨	5	2	1
☐	单行输入框6 ∨	坝顶高程（m）	文本 ∨	6	2	1
☐	单行输入框7 ∨	正常蓄水位（m）	文本 ∨	7	3	1
☐	单行输入框8 ∨	设计洪水位（m）	文本 ∨	8	3	1
☐	单行输入框9 ∨	坝型	文本 ∨	9	3	1
☐	单行输入框10 ∨	最大坝高（m）	文本 ∨	10	4	1
☐	日期1 ∨	开工日期	日期 ∨	11	4	1
☐	日期2 ∨	完工日期	日期 ∨	12	4	1
☐	多行输入框1 ∨	工程简介	长文本 ∨	13	5	5

（a）工程信息字段配置示意

图 10　工程信息查看示意

（b）工程信息配置字段展示效果示意

续图 10

5.4 考勤管理

考勤管理面向项目现场设代人员，记录用户出差情况。在白鹤滩水电站库区水利工程项目群中，各项目之间的地理位置较为分散，而设计及设计管理人员往往会参与或负责多个项目，所以每次前往出差的目的地是多样化的，在缺乏适用考勤工具的情况下，库区中各个项目部利用 Excel 表格方式进行考勤记录，同时设代人员又需要向库区汇总考勤情况，这样不仅数据统计会有滞后，还会增加数据填写错误的概率。由于表格设计的局限性，也会对项目及用户层面的各项考勤统计造成较大的困难。考勤管理基于这一实际问题，赋予考勤数据项目信息与出差类型的标签信息，使得每日考勤数据汇总后，除常规项目考勤统计外，可实现自定义时间段内出差总天数统计、连续出差天数统计等多维度统计，见图 11。

图 11 考勤管理界面示意图

6 结语

基于白鹤滩水电站库区水利工程项目群的数字化管理系统立足于辅助勘测设计项目管理与设代工作开展，运用 GIS 技术解决了项目群庞大、项目分散特点下难以可视化统揽全局的问题；运用数据标签化管理极大方便了设代工作中例报的填报与汇总审核以及现场考勤问题，解放了设计人员大量的时间和精力，并为数据的进一步挖掘和应用提供了可能性；运用数据统计可视化手段增强设计成果审查的流程跟踪与进度预警，帮助设计管理人员在复杂流程中保证设计进度的可控性。该系统的设计与应用，加强了数据的有效利用，为项目群形式的水利工程勘测设计信息化管理创新和提升提供了良好借鉴。在大数据时代，基于白鹤滩水电站库区水利工程项目群的数字化管理系统还应在后续进一步实践应用中，充分挖掘可利用的数据，最大化实现数据的价值。

参考文献

[1] 郦建俊，陈光耀．项目管理信息平台开发中设计管理模块开发的研究 [J]．价值工程，2014 (28)：213-215.

[2] 赵羿．昆明某建筑工程设计院项目信息管理系统研究与分析 [D]．昆明：云南大学，2018.

[3] 徐建军，张帅．杨房沟设计施工一体化 BIM 系统的研发和应用 [C] //中国水力发电工程学会．大型水电工程建设总承包论文集．北京：中国电力出版社，2019.

[4] 韩杰．浅析 EPC 总承包模式的项目管理要点 [J]．项目管理技术，2014，12 (1)：20-24.

[5] 牛德东，翟子昊，宋金平．浅析水利工程中 EPC 管理模式的问题及建议 [J]．城市建设理论研究（电子版），2012 (33)：1-3.

[6] 张朝勇，王卓甫．项目群协同管理模型的构建及机理分析 [J]．科技进步与对策，2008 (2)：54-57.

线性工程 GNSS 控制网测量投影面优化研究

周晓波[1]　罗　森[2]　何佳能[1]　杨伟星[1]

(1. 京水利水文自动化研究所，江苏南京　210012；
2. 广东粤海珠三角供水有限公司，广东广州　511400)

摘　要：在长距离输调水工程 GNSS 控制网测量中，应使边长投影后变形最小，满足工程测量规范中规定的测区内边长投影变形不大于 2.5 cm/km 要求。为此，需将 GNSS 工程控制网进行相应变换，使其投影到一个合适的高程面上。可以通过投影变换到椭球面和高斯面，将边长进行比较，从而找到一个最佳工程投影面。实践表明，在南方低海拔地区线性工程中，能匹配到一个最佳的工程投影面，可以满足规范中边长投影变形误差的要求。

关键词：投影面；变形；椭球面；工程面；GNSS 控制网；长距离控制测量

1　引言

长距离调水工程中，隧洞或渠道轴线的控制网测量是整个工程的基础，对几十上百千米长度的线性工程，GNSS 测量是最高效的方式，其测量精度性是工程建设期的关键[1-4]。随着 GNSS 的发展，工程控制测量中越来越多地采用 GNSS 布设，由于 GNSS 控制网的投影面与工程中的投影面存在着一定的差别，造成同一条边长投影后存在一定的变形。因此，对于长距离调水工程来说，选择合理的 GNSS 工程控制网投影面显得至关重要。一般采用变换投影带、移动中央子午线等选择一个合适的工程抵偿面来满足规范中的精度要求[1-8]。

2　GNSS 工程控制网投影变形

2000 国家大地坐标系于 2008 年 7 月 1 日起全面使用。其原点为包括海洋和大气的整个地球的质量中心；2000 国家大地坐标系的 Z 轴由原点指向历元 2000 的地球参考极的方向，该历元的指向由国际时间局给定的历元为 1984 的初始指向推算，定向的时间演化保证相对于地壳不产生残余的全球旋转，X 轴由原点指向格林尼治参考子午线与地球赤道面（历元 2000）的交点，Y 轴与 Z 轴、X 轴构成右手正交坐标系。采用广义相对论意义下的尺度[1,2,6]。

在工程测量中，需要将 GNSS 控制网中的边长投影到相应的工程面上，才能够进行工程施工。一般情况下，需要将所测量的边长通过投影面变换，来改化到合适工程面上实现，这样就存在着一定的投影变形问题。为了解决这样的变形问题，需要选择一个满足规范规定的精度要求的最佳投影抵偿面[10-11]。

2.1　投影变形主要特征

由于国家定义的坐标系与高斯坐标系定义的不一致，边长投影到高斯坐标系上必然存在变形，这

作者简介：周晓波（1984—），男，高级工程师，主要从事水利工程安全监测工作。

就造成了 GNSS 控制网测量中的边长与实际测量的边长存在着一定的变形量。投影变形的特征：高斯投影为正形投影，即等角投影；中央子午线投影后为直线，且为投影的对称轴；中央子午线投影后为直线，且长度不变；除中央子午线外，其余子午线的投影均为凹向中央子午线的曲线，并以中央子午线为对称轴。投影后有长度变形；赤道线投影后为直线，但有长度变形；除赤道外的其余纬线，投影后为凸向赤道的曲线，并以赤道为对称轴；经线与纬线投影后仍然保持正交；所有长度变形的线段，其长度变形比均大于原长度；离中央子午线愈远，长度变形愈大[12,13,16,22]。

2.2 工程中投影变形的处理

2.2.1 归算至大地水准面（见图1）的改正

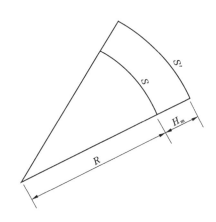

图 1　大地水准面示意图

图 1 中：S' 为平均高程水准面长度；S 为大地水准面长度；R 为地球半径（取 6 371 km）；H_m 为平均高程。由图 1 可得到下面公式：

$$S = S' \frac{R}{R + H_m} \tag{1}$$

将式（1）进行级数展开并略去二项式得如下公式：

$$S = S'\left(1 - \frac{H_m}{R}\right) \tag{2}$$

因此，边长归算到水准面上的公式为

$$S_1 = -S' \frac{H_m}{R} \tag{3}$$

式中：S_1 为 $S-S'$，即测线在大地水准面与平均高程水准面长度之差。

根据式（3）计算每千米长度变形值和不同高度相应变形值，如表 1 所示。

表 1　投影到大地水准面上长度变形值

H_m/m	1	5	10	20	50	100	150	159	160
S_1/mm	−0.2	−0.8	−1.6	−3.1	−7.8	−15.7	−23.5	−25.0	−25.1
S_1/S'	1/6371000	1/1274200	1/637100	1/318550	1/127420	1/63710	1/42473	1/40069	1/39818

由表（1）可知：将平均高程水准面上测量得到的边长投影到大地水准面后距离变形为负值，说明投影后长度缩短了。随着高程的 H_m 增大，变形量 S_1 绝对值也在变大，表 1 中能够满足每千米长度变形量不大于 2.5 cm 的前提下，范围值是高程值 $H_m \in [0, 159]$，高程 H_m 大于 159 m 后变形值 S_1 不满足 2.5 cm/km 的要求。因此，在满足精度要求的情况下，寻找一个最佳高度，将边长投影在其高程面上显得尤为重要[14,17,19,21]。

2.2.2 将大地水准面上距离归化到高斯投影面（见图 2）上

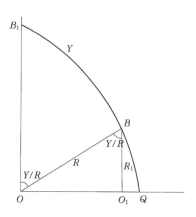

图 2 高斯投影面示意图

将大地水准面上的边长投影到高斯面上的边长两者比值为常数 K，则有下面公式：

$$K = \frac{投影面上长度}{球面上长度} = \frac{\mathrm{d}\sigma}{\mathrm{d}S} \tag{4}$$

又设地球半径为 R，平行于截面的小圆半径为 R_1，则式（4）可以进一步变化为

$$K = \frac{\mathrm{d}\sigma}{\mathrm{d}S} = \frac{R}{R_1} = \frac{1}{\cos \dfrac{Y}{R}} \tag{5}$$

将式（5）用级数展开略去 $\dfrac{Y}{R}$ 四次方及其以后各项得到下面公式：

$$\mathrm{d}\sigma = \mathrm{d}S + \frac{Y^2}{2R^2}\mathrm{d}S \tag{6}$$

由于球面上的距离比起地球半径可以忽略，球面上弧长 Y 可以用 y 来代替。因此，只要知道球面上两点之间的距离 S 及其在球面上离开中央子午线的近似距离 y（一般取两点横坐标的平均值），便可以求出高斯面上的距离 σ，σ 比 S 大，说明球面投影到高斯面上长度变大。

$$S_2 = \sigma - S = \frac{y^2}{2R^2}S \tag{7}$$

边长投影到高斯面上长度变形值如表 2 所示，投影到高斯面上短距离（不大于 22 m）对于 3° 带可以满足工程规范精度，边长 1 km 且距离中央子午线 40 km 内可以满足工程精度需要，随着边长和离开中央子午线的距离变大，投影变形逐渐变大。表 2 中阴影范围以内可以满足工程测量规范中要求 2.5 cm/km 的变形量，表 2 中的阴影范围外不能满足规范要求的精度，在边长一定的情况下，随着与测区内中央子午线的距离变大，变形也增大[1,15,16,18]。

表 2　投影到高斯面上长度变形值

S/m	y/km								
	20	40	60	80	100	150	200	250	300
22	0	0	1	2	3	6	11	17	24
32	0	1	1	3	4	9	16	25	35
50	0	1	2	4	6	14	25	38	55
90	0	2	4	7	11	25	44	69	100
202	1	4	9	16	25	56	100	156	224
317	2	6	14	25	39	88	156	244	351
563	3	11	25	44	69	156	277	433	624
1 268	6	25	56	100	156	351	625	976	1 406
1 500	7	30	67	118	185	416	739	1 155	1 663
2 000	10	39	89	158	246	554	985	1 540	2 217
3 000	15	59	133	237	370	831	1 478	2 310	3 326
4 000	20	79	177	315	493	1 109	1 971	3 080	4 435
5 000	25	99	222	394	616	1 386	2 464	3 850	5 543
5 074	25	100	225	400	625	1 406	2 500	3 906	5 625

2.2.3　在满足精度要求情况下选择测区合适的投影工程面

在一定测量区域内，为了减小或者消除因为投影变形对测区内的影响，需要将平均高程面上测量的距离投影到水准面上（距离缩短），后再投影到高斯面上（距离变长）[1-2]。因此，在满足工程规范要求的情况下，找到一个最佳工程面（抵偿面），使其长度变形满足规范要求。结合式（3）、式（7），令 $S_1+S_2=0$，得

$$H_m = \frac{y^2}{2R} \times \frac{S}{S'} \tag{8}$$

式（8）中 S 与 S' 近似相等，因此式（8）可以简化为

$$H_m = \frac{y^2}{2R} \tag{9}$$

3　工程应用

3.1　本工程最佳工程面计算

某调水工程安全监测 03 标段 GNSS 控制网控制区域为 20 km×5 km，呈带状分布，沿途经过河流城镇等，区域内平均高程为 650 m；测区中央子午线设定为 114°，采用 3° 带，测区经度跨度范围为 113°29′~113°41′，处于低纬度地区，在中央子午线左侧。下面计算 S_1 和 S_2，以实测边长为 1 km 计算，地球半径 R 取值为 6 371 km，则

$$S_1 = -S' \frac{H_m}{R} = -102.0 \, (mm) \tag{10}$$

$$S_2 = \frac{y^2}{2R^2} S = 40.6 \, (mm) \tag{11}$$

$$S_1 + S_2 = -64.1 \, (mm) \tag{12}$$

由以上公式计算的结果并不能满足相关规范中规定 2.5 cm/km 的精度要求。因此，为了满足规

范要求将投影变形控制在规范规定的范围内，需要寻找一个最佳工程投影面。根据式（9）可以得到：

$$H_{\mathrm{m}} = \frac{y^2}{2R} \approx 259\,(\mathrm{m}) \tag{13}$$

可以将实测的高程归化到工程面高程为

$$H_{归化高程} = H - H_{\mathrm{m}} = 650 - 259 = 391\,(\mathrm{m})$$

在此工程面投影上可以相互抵消。

3.2 本工程最佳工程面投影比较分析

本工程中采用 GNSS 测量在 CGCS2000 坐标系下成果，与采用徕卡 TM50 高精度全站仪通过温度、气压等改正后边长成果及投影到工程面上的成果比较分析如表 3 所示。

表 3 全站仪与 GNSS 测量成果比较

终点	起点	全站仪测 391 m 面距离/m	GNSS 测 391 m 面距离/m	差值/mm	边长相对中误差/ppm
GNSS748	TB02	823.294	823.298	−4	4.9
TB01	TB02	815.237	815.239	−2	2.5
GNSS748	TB03	489.043	489.045	−2	4.1
TB01	TB03	592.426	592.430	−4	6.8
TB02	TB03	662.118	662.123	−5	7.6

从表 3 中可以看出：通过计算选择合适的工程投影面，将全站仪测量的边长和 GNSS 测量的边长统一投影到 391 m 高程面上，能够满足规范中规定边长投影变形不大于 2.5 cm/1 km（25 ppm），即 1/40 000 的要求。

4 结论

为提高引水工程 GNSS 水平位移控制测量解算精度，采用常见的解算软件如南方 GNSS、COS-AGPS 等，对工程面投影进行比较分析。用全站仪测量边长，并进行温度、气压、加常数及乘常数改正，再将其投影到最佳工程面上，与 GNSS 测量中投影到同一工程面上进行比较，能够满足测量相关规范中投影长度变形 2.5 cm/km 的要求。本方法可以在百公里级的长距离供线性引水工程控制测量中参考。后续研究可以借助高精度 GNSS 相关软件（Gamit/globk）进行长基线解算。在本文中，由于受到地形及交通影响，没有进行上千千米的超长距离的验证，还需要在后续实践中进一步验证。

参考文献

［1］工程测量规范：GB 50026—2007［S］.

［2］全球定位系统（GPS）测量规范：GB 18314—2009［S］.

［3］精密工程测量规范：GB 15314—94［S］.

［4］城市测量规范：CJJ/T 8—2011［S］.

［5］高成发. GPS 工程控制网投影变形的处理［J］. 测绘工程，1999，8（4）：68-69.

［6］于先文. GPS 数据处理中工程投影面的再选择问题［J］. 测绘工程，2010，11（3）：25-26.

［7］范一中. 抵偿投影面的最佳选取问题［J］. 测绘通报，2000（2）：21-22.

［8］赵芹. 工程测量投影带与投影面的合理选择［J］. 贵州大学学报，2007，24（1）：103-104.

［9］张宏宝. 供水线路工程 GNSS 控制网独立坐标系的建立方法［J］. 甘肃水利水电技术，2018，54（1）：55-56.

［10］康英平．花土沟地区 GPS 网工程测量投影面的选择［J］．测绘与空间地信息，2012，35（2）：177-178.

［11］杨志．基于投影变形大小的投影带和投影面选择［J］．公路工程，2016，41（1）：60-61.

［12］唐基文．地方独立坐标系采用抵偿高程面的任意带高斯投影的分析［J］．测绘与空间地理信息，2012，35（8）：187-188.

［13］赵俊生．关于高斯投影长度变形的探讨［J］．海洋测绘，2007，27（3）：10-11.

［14］宁殿民．控制长度的变形理论与方法研究［J］．测绘科学，2013，38（6）：27-28.

［15］杨伟星．张建生，张堃．引水隧洞中圆弧段纵断面处模板的优化设计与精度分析［J］．南水北调与水利科技，2010，8（2）：35-37.

［16］杨伟星．复数在坐标正反算计算中的应用［J］．西北水电，2015（3）：15-17.

［17］覃辉．《测量学》教材内容的改革与探索［J］．测绘科学，2008，8（6）：229-232.

［18］孔祥元．郭际明，刘宗全．大地测量学基础［M］．武汉：武汉大学出版社，2001.

［19］宁津生．刘经南，陈俊勇．现代大地测量理论与技术［M］．武汉：武汉大学出版社，2006.

［20］程鹏飞，成英燕，等．2000 国家大地坐标系建立的理论与方法［M］．北京：测绘出版社，2014.

［21］党亚民，等．大地坐标系统及其应用［M］.2 版．北京：测绘出版社，2010.

［22］孔祥元，等．控制测量学［M］.2 版．武汉：武汉大学出版社，2003.

珠江水情信息共享平台研究及应用

张文明　贺同坤　丁　镇　卢康明

（水利部珠江水利委员会水文局，广东广州　510611）

摘　要：本文研究开发了珠江水情信息共享平台，介绍了平台总体设计，重点探讨分析了平台所采用的开发关键技术。平台具有良好的可移植性和可扩展性，界面友好，具有较好的用户体验。平台可实现流域雨情、水情、工情、调度运行等信息资源的实时汇集和共享，为珠江流域水库群联合调度提供信息基础。

关键词：珠江；水情信息；共享平台；关键技术

1　引言

多年来，珠江流域采取"堤库结合、以泄为主、泄蓄兼施"的防洪方针，水库及其调度在整个防洪减灾工程体系中起着举足轻重的作用[1]。经过多年来流域防汛抗旱、水量调度等工作的实践，珠江委逐步由单座水库调度向多座水库群联合调度进行探索[2]。目前，支撑珠江流域水库群联合调度业务的监测、预报、调度等信息数据独立分散，流域不同部门、地区及水库管理机构之间信息交流与共享程度不高，甚至存在一定的信息壁垒，尚未建立流域统一的信息共享平台，不仅造成信息资源的浪费，也不利于开展流域水库群联合调度业务[2]。为进一步提升珠江流域水库群联合调度水平，贯彻落实水利部部长李国英"预报、预警、预演、预案"的工作要求，按照"共建、共享、共用"原则，统筹珠江流域水文部门和水库管理单位的水雨情监测信息，利用最新信息化技术研发珠江流域水情信息共享平台（简称"平台"），实现流域雨情、水情、工情、调度运行等信息资源的实时汇集和共享，为珠江流域水库群联合调度提供信息基础。

2　总体设计

2.1　体系结构

平台采用 B/S 体系结构模式，逻辑结构分为三层，分别为信息支撑层、系统应用层和系统总控层（见图1）。信息支撑层为平台提供各类信息支持，包括实时雨水情数据库、气象产品数据库和专用数据库。系统应用层由系统主要功能组成，包括雨情信息、水情信息、预报信息、工情信息、调度信息和系统管理。系统总控层由开发的各类网页组件用户界面组成，提供给用户丰富的人机交互界面，直观反映系统应用层中的各功能模块的内容。

2.2　主要功能组成

平台是一个面向多角色、多用户的信息服务平台，根据不同角色、不同用户需求特点，获得可灵活定制的框架结构和功能模块，主要功能组成包括以下内容。

2.2.1　信息汇集

水文部门已建立了较为完善的报汛信息传输通道，本次重点建立与相关水库或其管理部门（如

基金项目：国家自然科学基金项目（51309263）；广州市珠江科技新星专项（2014J2200067）。

作者简介：张文明（1980—），男，高级工程师，主要从事水文水资源与水利信息化研究。

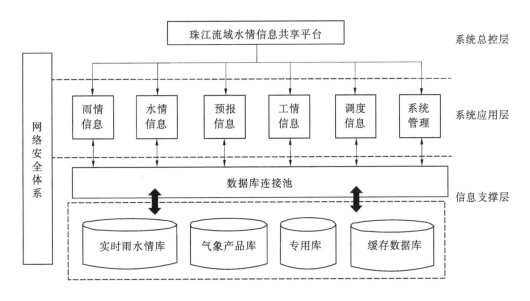

图 1　系统总体结构

集控中心等部门）间的信息交换报送机制，以光纤专用网络作为各类信息传输通道。针对暂不具备专用网络建设的水库或其管理部门，在信息共享平台中开发信息手工填报功能模块进行信息汇集。

2.2.2　雨情信息

雨情信息查询方式包括列表和地图两种，列表查询展示各个测站某时间段内的累计雨量，地图查询是将离散的点雨量信息转换为等值面分布，根据不同等值雨量填充不同色块，更为直观地展现雨量空间分布。雨情信息数据源主要有两种：一种是包括水文部门、水库或其管理部门汇集的实时雨情信息；另一种是各家机构的数值降雨预报信息。

2.2.3　水情信息

水情信息包括河道水文站、水库、潮位站的实时类信息和日均、旬均、月均、多年同期对比、极值等统计类信息，通过数据列表和过程线、柱状图等图表形式进行展示。另外，根据定制开发了主要控制站实时水情、水情超警统计、主要水库实时水情、主要水库蓄水、超汛限水库统计等各类水情报表。

2.2.4　预报信息

预报信息包括根据流域实时雨水情并结合未来降雨数值预报做出的相关水库来水和流域主要控制断面来水预报过程结果，根据预报对象不同提供小时、日、旬、月等时间尺度的预报过程结果，通过数据列表和过程线等图表形式进行展示。

2.2.5　工情信息

工情信息包括水库的特征水位、特征库容、下游安全泄量等水库特征值，水位-库容曲线、水位-泄量曲线、尾水水位流量关系曲线等水库常用特征曲线，水库的设计洪水标准、洪水调度规则、保护目标和范围等基础信息。

2.2.6　调度信息

调度信息包括水库未来发电出库计划、防洪泄洪计划、调度指挥机构下发的调度指令等相关调度信息，实现上下游相关水库的调度信息共享。

2.2.7　系统管理

实现系统后台管理功能，包括系统运行监控、用户管理、角色管理、菜单管理、日志管理等。

3 开发关键技术

3.1 雨量等值面绘制技术

对实时、历史及预报降雨信息进行空间查询和分析需要绘制某时段的雨量等值面。针对气象、水文等部门雨量监测信息时间尺度和空间尺度不匹配的问题，将不同时间尺度、不同空间尺度的气象、水文部门离散雨量站实况监测数据和网格数值降雨预报成果通过数据融合技术，构建统一的网格尺度和时间尺度的降雨实况与降雨预报空间分布，利用等值面绘制技术绘制雨量空间分布图。基于雨量等值线绘制技术，开发了基于 WebGIS 的面雨量分布查询功能模块，还开发了面雨量分布图矢量产品和位图定时制作程序，该程序可定时自动将给定的多个区域降雨实况（包括 1 h、3 h、6 h、8 h 累计、日雨量、旬雨量、月雨量、年雨量）及降雨数值预报生成矢量产品。

3.2 前后端分离开发技术

平台采用前后端分离的开发技术，前端采用 VUE 框架进行开发，后端采用 Spring Boot 框架进行开发。VUE 是一套构建用户界面的渐进式前端框架，与其他大型框架（如 Angular、React、Bootstrap 等）不同的是，它被设计为可以自下向上逐层应用，同时它的核心库只关注视图层（View），不仅易于开发者上手，还便于与第三方库或既有项目整合。

在 Java 众多的开源框架中，Spring 框架发展迅速、应用广泛。"轻量级"的 Spring 框架使用其最基本的 Java Bean 就可以简单完成复杂的工作。Spring 框架虽然功能强大，但是在使用之前需要进行复杂的配置，所以为简化配置过程，Spring Boot 应运而生。Spring Boot 通过 Maven 进行依赖管理，不但可以做到极简配置或者零配置 Spring 应用程序，而且可以集成大量开源框架，实现跨平台、跨语言集合开发。

平台在 Spring Boot 的基础上采用 Spring Cloud 的微服务架构模式，将单一应用程序划分成一组小的服务，每个服务运行在其独立的进程中，服务与服务间采用轻量级的通信机制互相沟通。每个服务都围绕着具体业务进行构建，并且能够独立地部署到生产环境中。相比传统的软件架构模式，微服务架构具有服务独立性、低耦合性、易扩展等优点。

3.3 基于 RESTful 接口技术

前后端通过 RESTful 轻量级接口进行通信交互，RESTful 是一种软件架构设计风格，而不是标准，主要用于客户端和服务器交互，基于这个风格设计的软件可以更简洁，更有层次，更易于实现缓存等机制。核心思想是将事务、业务流程、关系等抽象资源视作静态资源，为每个资源赋予一个唯一的统一资源标识符（URL），并通过 HTTP 协议中的 GET、POST、PUT、DELETE 等四种操作方法，对上述资源进行存取操作。采用 RESTful 架构设计的接口，将有效提高系统响应速度，简化程序设计，增强系统兼容性，提高系统整体性能。

3.4 WebGIS 开发技术

系统地图功能主要基于 Openlayers 的 WebGIS 开发技术实现，主要包括空间数据的检索、查询，地图浏览放大、缩小、漫游等基本功能，还可以进行点线面要素选择、图层叠加分析等功能。相比传统的 GIS 系统，WebGIS 具有三个特点：首先，它实现了基于网络的客户端/服务端系统，不再独立于单机系统，从而实现了大众化服务；其次，它具有良好的可扩展性，除了单纯的地理信息服务，WebGIS 还可以与互联网上的其他信息服务无缝集成，因此可以构建灵活多变的 GIS 应用；最后，它区别于单机版 GIS 软件的最重要的一点就是可以实现跨平台使用，基于 Java 的 WebGIS 可以提供完美的跨平台使用体验。

3.5 基于角色的权限控制管理技术

平台用户涉及多个用户部门，不同用户被授予不同的菜单、模块、数据站点、时间范围、地图区域等控制权限，多用户在同一个平台上进行访问对权限控制管理提出了很高的要求。平台采用一种基于角色的访问控制（Role-Based-Access-Control，简称 RBAC）技术。在基于角色的访问控制模式中，用户不必使用相同的 ID 注册访问权限，而是通过控制角色进行认证访问，用户在访问系统的时候，不再仅仅以用户的形式访问。用户访问系统时，首先获取相应的角色，然后通过角色认证，系统将依据不同的角色来赋予访问者不同的权限。这样，当用户扮演某一角色访问系统时，系统将有能力对用户访问进行强制控制，这大幅度增强了系统权限控制的可靠度和准确度。由于可以通过角色的定义来实现对主体的授权，因此管理者可以有针对性地对角色的权限进行调整，从而增强了系统的安全性。RBAC 模式的原理如图 2 所示。

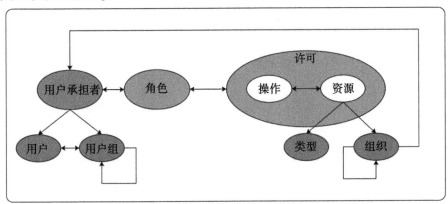

图 2　权限控制原理

4　平台应用

通过建立部分水库光纤专用网络信息传输通道，汇集了流域雨水情、工情等实时监测数据和预测预报、调度管理等业务数据。根据前述的系统总体设计和关键技术，开发了珠江水情信息共享平台。用户只需在 Web 浏览器中输入系统的访问网址，经过授权验证后即可使用本系统提供的功能。系统功能齐全实用，页面美观大方，具有良好的用户体验，在珠江流域水旱灾害防御、水库群联合调度等方面取得了显著的应用效果。

2021 年汛期，平台为珠江流域水旱灾害防御、水库群联合调度提供了可靠的信息支撑。限于篇幅，以下列出系统的几个主要界面。图 3 为根据离散的雨量站日累计雨量生成的日雨量面分布查询界面，采用等值面的形式展示流域雨量分布。图 4 为珠江流域时段雨量点分布查询界面，根据站点雨量数值大小显示不同点状图标。

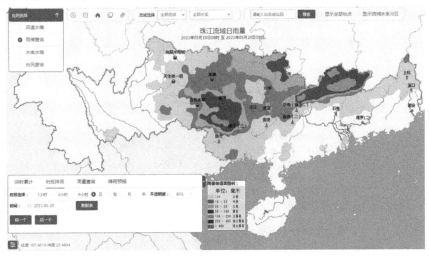

图 3　珠江流域雨量面分布查询

图 5 为水库实时水位流量过程图表查询，展示水库入库流量、出库流量、水位等变化过程。

图 6 为根据用户角色权限进行系统配置的界面，可在界面配置访问的地图图层、数据站点、时间范围、降雨查询区域等控制权限。

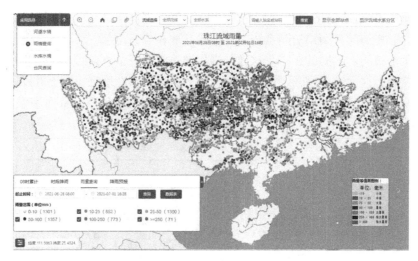

图 4　珠江流域雨量点分布查询

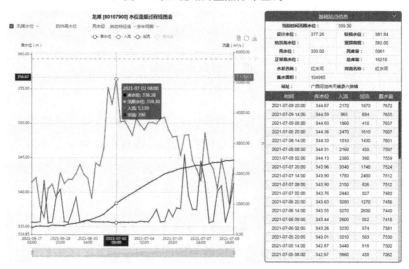

图 5　水库实时水位流量过程图表查询

图 6　用户角色配置

5　结语

采用当前先进的信息化开发技术，开发了珠江水情信息共享平台，实现了信息汇集、雨情信息、水情信息、预报信息、工情信息、调度信息等查询展示，实现了系统后台管理功能。开发过程中主要采用了雨量等值面绘制、前后端分离、基于 RESTful 接口、WebGIS、基于角色的权限控制管理等开发关键技术。该平台具有良好的可移植性和可扩展性，界面友好，具有较好的用户体验，在珠江流域水旱灾害防御、水库群联合调度等方面取得了显著的应用效果，具有很好的应用前景。随着今后平台不断的实际应用，平台需不断进行完善优化，不断提高珠江水情信息共享的信息化支撑水平。

参考文献

［1］何治波，吴珊珊，张文明．珠江流域防汛抗旱减灾体系建设与成就［J］．中国防汛抗旱，2019，29（10）：71-79.

［2］张文明，徐爽．珠江流域统一调度管理及2017年调度实践回顾［J］．中国防汛抗旱，2017，28（4）：23-26.

［3］张文明，王宏，潘文俊，等．珠江水量调度辅助决策系统若干关键技术探讨［J］．人民珠江，2013，1：72-76.

［4］邵健伟，梁忠民，王军，等．基于Spring Boot框架的中长期水文预报系统设计与开发［J］．水电能源科学，2020，38（4）：6-9.

智慧水利工程数据资源整合共享技术研究与实践应用

梁志开 吴 刚 曹 阳

（长江勘测规划设计研究有限责任公司，湖北武汉 430010）

摘 要：随着智慧水利工程的发展，水利工程行业面临的是日益增长的海量工程数据，对水利工程海量数据实现数据资源的整合共享是当今水利信息化领域的研究热点。本文分别详细阐述了水利工程异构数据库开发与数据仓库（ETL）两种数据资源整合共享技术，并以福建省九龙江北溪水闸工程信息管理系统为例，验证了智慧水利工程数据资源整合共享技术的实践应用。本文提出的基于异构数据库和 ETL 技术的智慧水利工程具有较好的可行性、先进性及示范性。

关键词：智慧水利工程；数据整合共享；异构数据库；数据仓库

1 智慧水利工程数据研究现状

随着"数字水利"工程的实施，水利水电工程行业面临的是日益增长的海量工程数据，目前尚没有适用于水利水电工程各子系统统一的异构数据格式标准或者规范，各种行业标准各自为阵，数据之间存在的平台差异、协议差异、语言差异、设备差异、厂家差异、数据结构差异等，将直接导致数据孤岛问题加剧，无法实现数据结构的共享与整合，严重阻碍了水利工程的智慧化发展[1]。智慧水利工程的数据资源无法整合共享会带来以下问题：

（1）在工程建设阶段，数据资源无法整合共享会造成数据接口或数据格式转换工作量巨大。

（2）在工程运维阶段，数据资源无法整合共享会带来信息化系统维护管理困难，并且容易造成数据结构的错乱与误操作。

（3）在工程重建阶段，数据资源无法整合共享会降低信息化系统数据的扩展性，可能存在前后建设数据结构不一致的现象。

为实现智慧水利工程数据资源整合共享，真正实现水利工程智慧化，亟需构建高效便利的数据整合共享机制，以适应日益增长的水利工程海量数据资源。数据整合共享技术是指通过对水利信息化基础设备、资源以及业务应用、环境保证等进行科学合理的统筹规划，实现资源优化利用，使水利工程设计更加可靠和实用。水利工程数据整合共享一般通过两种方式实现，即数据库开发技术与数据仓库（ETL）技术。本文将分别详细阐述水利工程异构数据库的开发与 ETL 两种技术实现智慧水利工程的数据资源整合共享的方案原理，其中基于异构数据库的智慧水利工程采用的异构数据库系统集成了多个相关数据库系统，可以实现数据的共享和透明访问，实现不同数据库之间的数据信息资源、硬件设备资源和人力资源的合并和共享，有效解决了当前水利工程存在的数据孤岛问题，为后续智慧业务应用打下坚实基础。数据库开发的实现方式可在多个数据库中通用，资金投入小，但具有外延性差、应变性差的缺点，当系统需求发生变化时，不能及时满足其需求，且数据整合效率较低，对于大型复杂

作者简介：梁志开（1992—），男，博士研究生，研究方向为水利水电工程信息化研究及应用。

智慧水利项目适用性有限。ETL技术是通过抽取、转换、装载等方式将原系统中的信息加载到目标数据库中，实现系统数据间的整合。ETL技术与数据库开发技术相比具有明显的优势，该技术效率较高，能够对大量数据进行快速检索抽取，同时具有强大的管理功能，支持多种数据转换控件，适用于复杂的智慧水利工程。但ETL技术具有成本较高、实施周期较长的缺点[2]。

本文分别阐述了水利工程异构数据库的开发、ETL技术实现数据整合，最后以福建省九龙江北溪水闸基于异构数据库的工程信息管理系统为例，详细介绍了基于异构数据库的水利工程信息管理系统架构体系及智慧业务应用，实现水利工程向数字化、信息化、智慧化转型。

2 异构数据库构建

2.1 异构数据库实现数据整合特征

异构数据库作为数据支持层，是水利工程信息系统平台的信息源头和基础，通过对水利工程各个子系统数据进行收集、整合与完善，按照统一的数据格式，构建数据管理、调度、运维系统，形成数据资源池，建设实用、可靠、先进、标准、兼容的工程信息管理系统异构数据库，为实现智慧业务应用提供了数据基础。基于异构数据库技术实现数据整合共享的方案所具备的特征主要包括[3]：

（1）可在同种或异种类型数据库中实现数据的整合共享集成。

（2）成本较低，仅需花费少许数据库开发费用。

（3）数据拓展性较差，一旦水利工程的数据应用需求发生变动，需额外支付人工费用来对编码进行修改。

（4）数据处理量较小，因此较难保证系统工作的持续高效性。

2.2 异构数据库构建流程

异构数据库的构建流程包括以下几方面[4-5]：

（1）基础资料收集。采用面向对象的数据模型，构建非冗余的有序管理基础数据。将对象划分为标识和属性，其中对象标识仅表达本体的存在性和唯一性，属性则是该本体的相关特征信息。

（2）数据收集与预处理。实施整合前对已有各类分散数据进行收集与预处理，是后续具体整合工作的基础。根据整合需求，对维持数据源物理集中的需要收集各类数据资料，并对其进行初步分类与预处理，检查数据的时效性、正确性、一致性与完整性，并进行补充完善，以满足数据库设计与采集相关要求。

（3）解耦与对象抽取。对收集与预处理后的数据进行解耦，逐类对象抽取形成整合目标对象，对于多源数据还需形成并集、剔除重复、统一结构、统一编码等处理，形成统一的对象名录及新旧编码照表，并对对象名称及基本信息进行标准化处理，建立对象标识表和基本属性表。

（4）业务属性扩展。根据已建立的标识对象，逐类对象进行业务属性扩展。

（5）空间属性挂接。对象的空间属性一般通过点、线、面三类空间要素来表达，对有空间属性的对象，逐类开展标识与空间要素挂接。已有空间要素数据的对象在挂接时可通过编码或关键字建立关联进行挂接。

（6）对象关系挂接。对象与对象间的关系有依赖、相关和空间关系。对象间可通过关键字等建立相关关系，对象之间的关系需要挂接处理，否则对象间就无法建立关联。空间关系则需通过分析算法计算而得。

（7）数据入库。对上述已处理好的数据进行初始入库。首先制定迁移策略，再使用脚本将处理后的数据导入项目面向对象设计中心数据库。对部分数据需要进行人工补录。

（8）数据校验与质量控制。

（9）元数据采编与资源目录编制。

3 数据仓库（ETL）构建

3.1 ETL 实现数据整合特征

数据仓库（ETL）技术可将各种数据源中的数据资料经过抽取、转换等步骤，最后根据实际需求转载至新的数据库，实现数据整合共享。ETL 技术具备以下几种特征[3]：

（1）工作效率较高，数据转换、抽取速度较快，可同时处理大量数据，并能保证准确性。

（2）能提高处理的数据质量，可自动去除系统中的垃圾数据。

（3）此种技术通过系统中的管理界面对数据的处理方式进行调整。

（4）能够适应多种数据类型以及数据来源，实现不同版本之间的数据抽取。

（5）拥有不同类型的数据处理控件，能够完成难度较高的数据转换。

3.2 ETL 建设流程

智慧水利工程数据仓库的建设主要包括以下几个步骤[6]：

（1）收集和分析业务需求。了解智慧水利工程相关数据信息，收集水利工程相关运行、管理、调度、运维等数据信息。

（2）进行数据模型和数据仓库的物理设计。针对水利工程数据资源的特点，将数据库按照不同类型分别设立水雨情、河流、闸坝、水库、墒情、抽水站部分的相应表以及暴雨加报、雹情、风力闸门启闭、水库开孔等相应的表。

（3）提取、转换和净化数据并加载到数据仓库。通过前端智能感知系统获取相应的数据信息，对采集到的数据进行转换，并将其中的错误数据进行处理，最后加载到数据仓库中。

（4）选择相关连接软件为其他应用提供必要数据，以及对现有数据进行联机分析，而且在使用过程中不断地更新数据仓库。

4 基于异构数据库的数据整合共享体系

本文以福建省九龙江北溪水闸基于异构数据库的工程信息管理系统为例[7]，详细介绍了基于异构数据库的水利工程数据整合共享体系，分别从福建省九龙江北溪水闸异构数据库的组成、基于异构数据库的工程信息管理系统架构阐述基于异构数据库的数据整合共享体系。

4.1 数据格式研究

目前，我国水利行业除水文水情数据有行业通用的标准规范外，其他水利工程子系统均没有通用的数据格式行业标准，本项目主要针对北溪水资源管理汇总的水文水情预报、大坝安全监测、闸门监控、工业电视、广播电视、水质监测、配电监控等系统开展数据格式标准的研究[8]，包括各系统的数据术语、数据内容、数据格式、接口规范等信息系统建设数据要素。

4.1.1 数据术语

调研各类企业标准中出现的水利工程重要术语，并总结各系统中典型数据的术语定义，形成统一的数据术语定义标准。

4.1.2 数据内容

研究各系统信息化系统数据内容，划分数据类别，初步分为标识类、定义类、关系类、表示类、管理类等多种数据内容。

4.1.3 数据格式

研究各系统数据的表、字段标识命名规则，编制数据标识命名标准；研究数据字段类型、精度、长度、是否为空、主键顺序、数值单位及取值范围等数据内容格式，制定数据内容格式标准。

4.1.4 接口规范

研究水利工程各系统数据的接口规范，制定数据结构的扩展规则与接口规范标准。

4.2 异构数据库组成

根据北溪水闸工程信息管理系统建设的需要，本次系统平台异构数据库包括平台数据库、基础数据库、业务数据库、监测数据库、空间数据库及非结构化数据库。通过高效的数据更新机制，整合数据资源，保证数据的完整性和一致性[9-10]。北溪水闸工程信息管理系统异构数据库结构如图1所示。

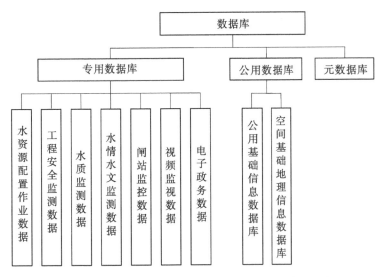

图1 福建省九龙江北溪水闸工程异构数据库结构组成

4.2.1 平台数据库

平台数据库包括人员、组织结构、角色、菜单、通知、邮件、日志等信息。

4.2.2 基础数据库

基础数据库主要管理与水利相关的自然对象、工程及设施，如河流、水系基本信息，闸站、隧洞、测站基本信息等。

4.2.3 业务数据库

业务数据库包含水库管理综合服务、水资源配置计划与综合调度、工程运行管理等，包括工程设施基本信息、特征信息、水资源配置计划与调度、闸站控制与调度、日常巡检、工程运维、精细化管理、千分制考核、综合办公业务等。主要通过数据交换平台从其他业务系统同步。

4.2.4 监测数据库

监测数据库包含水雨情/水质监测信息、安全观测监测信息、测站设备信息等。如降水量信息、沉降、位移信息、传感器基本信息等。数据通过数据交换平台从安全监测自动化系统同步。

4.2.5 空间数据库

空间数据主要内容可分为基础地理空间信息（DEM/DLG）、影像数据信息等，这些数据按照数据的组织形式可以分为属性数据和空间数据。

4.2.6 非结构化数据库

非结构化数据库主要包括公文、法规、制度、规范、图纸、影音、图片等，通过数据交换平台从其他业务系统同步。

5 结论

本文分别详细阐述了水利工程异构数据库开发与数据仓库（ETL）两种数据资源整合共享技术，并以福建省九龙江北溪水闸基于异构数据库的工程信息管理系统为例，验证了基于异构数据库的数据整合共享方案的可行性与先进性，为其他智慧水利工程的数据资源整合共享提供了较好的示范性与启示意义。

参考文献

［1］史凯，罗良．浅谈数据整合技术在水利设计中的运用［J］．城市建设理论研究：电子版，2014（7）．

［2］崔仰彬．水利设计环节中数据整合技术研究［J］．黑龙江科技信息，2014（32）：215-215.

［3］张勇．数据整合技术在水利设计中的重要性［J］．中国新技术新产品，2018，378（20）：28-29.

［4］宋书克，尤相增，薛恩泽，等．小浪底工程多源异构监测数据融合应用［C］// 水库大坝高质量建设与绿色发展——中国大坝工程学会 2018 学术年会．

［5］任钢，曹三顺．水利系统异构数据动态集成的设计和实现［J］．计算机系统应用，2009，18（7）：11-11.

［6］李琼．数据仓库与数据挖掘技术在水利信息化中的应用［J］．前沿，2005（12）：59-61.

［7］方焱郴．九龙江北溪水闸枢纽闸门控制应用技术浅谈［J］．水电厂自动化，2006（B10）：234-236.

［8］曹阳，秦雅岚，卢爱菊．福建省北溪引水工程左干渠综合自动化系统设计［J］．人民长江，2015（22）：62-66.

［9］刘岩，关春宇，邹乃飞．数据库在水利工程信息管理系统中的应用［J］．水利天地，2001（6）：43-44.

［10］缪丹．水利水电工程信息管理系统的应用研究［J］．中国管理信息化，2015，18（16）：84-85.

水利水电工程质量验评电子文件形成及归档系统研发与应用

王立军[1] 米 彪[2] 帅小根[1] 汪卫兵[2] 周 剑[1] 张 帅[2]

(1. 长江勘测规划设计研究有限责任公司，湖北武汉 430010；
2. 雅砻江流域水电开发有限公司，四川成都 610051)

摘 要： 为实现大型水利水电工程质量验评文件及档案电子单轨制管理，研发质量验评电子文件形成及归档系统。该系统包含质量验评电子文件形成、整理、归档、移交等模块，可实现质量验评文件及档案全生命周期电子单轨流转，辅以工作流、Office 版式文件、电子签章、元数据、四性检测、TSIP 包等技术，确保电子文件从形成到归档移交全环节满足"来源可靠、程序规范、要素合规"的要求。该系统应用于两河口水电站工程建设管理中，有效提升了现场质量验评与档案管理水平。

关键词： 电子档案；质量验评；系统研发；水电工程

1 引言

当前，全国水利水电行业内施工现场开展质量评定及验收工作仍普遍依赖于纸质载体记录现场的检验数据与结果，且质量验收评定记录一般要求在现场填写一式多份，使得工程技术人员重复劳动，对数据准确性的关注反而降低，现场施工管理及监理人员的内业工作量巨大。部分工程采用电子方式记录质量验评数据，但实施过程中未考虑电子文件及电子档案的系统合规性，导致实际工作中电子文件最终归档时需打印成纸质文件手补签字，难以实现电子文件到电子档案的全过程电子单轨制管理[1-5]，与国家倡导的 21 世纪工业 4.0 战略极不相称，严重落后于国家关于信息化、网络化办公的总体要求。

针对上述问题，本文设计出一套水利水电工程质量验评电子文件形成及归档系统，系统通过可信技术实现电子文件及电子档案的在线形成、整理、归档、移交，提升了质量验评及其档案管理的及时性、规范性和完整性、准确性，降低专业技术人员的伏案劳动强度，推动水利水电行业项目质量验评革新管理，为同类工程提供借鉴。

2 系统设计

2.1 系统流程

水利水电工程质量验评电子文件形成及归档流程见图 1。

2.1.1 电子文件的形成

工程划分是质量验评开展的基础性工作，用户在质量验评电子文件形成环节在线完成单位、分部、分项、单元工程的自定义配置与挂接。完成单元工程的配置后，根据现场单元工程的实施进度，适时启动单元工程下属验收评定资料的线上填报并提交至相关责任人。用户收到质量验评资料待办

基金项目： 长江勘测规划设计研究有限责任公司自主科研项目（CX2019Z10）。
作者简介： 王立军（1992—），男，工程师，主要从事水利水电工程建设管理工作。

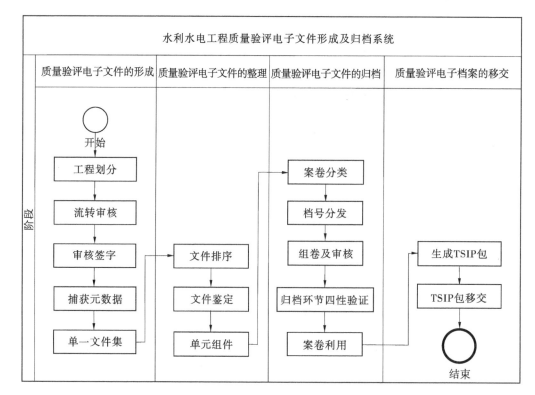

图 1　水利水电工程质量验评电子文件形成及归档流程

时，在线查阅待办文件，确认填报无误后进行在线加盖电子签章，依此方式完成"三检制+监理"质量验评审核工作。系统在用户进行填报流转、审核签字过程中同步捕获文件背景元数据，并实时加密存储于数据库表中。文件审核签字全部完成后且相关元数据捕获完成，系统即生成对应的质量验评单一文件集。

2.1.2　电子文件的整理

在质量验评电子文件整理环节，用户对上一步形成的质量验评单一文件依据归档要求进行排序整理。排序整理后用户对电子文件进行人工在线鉴定，并对每份电子文件进行鉴定成果标注，仅当单元工程下属全部单一文件的鉴定成果标注为"通过"时，用户可进行单元工程文件组件，并将单元工程下属的全部电子文件进行汇总组合及著录信息提取写入。

2.1.3　电子文件的归档

在质量验评电子文件归档环节，系统提供案卷分类导航表，用户可选择档案分类节点后进行下一步工作。用户在归档环节新建案卷后预选已组件的单元工程，系统根据档号分配策略实时生成推荐档号，支持用户修改编辑。在确定案卷档号后，系统将上一步组卷时选择的单元工程进行整合形成电子案卷，并根据案卷内各单元工程的元数据生成部分案卷著录信息，人工配合完成电子组卷著录过程，进一步进行电子案卷的流转审核。电子案卷在经审核通过后，需进行归档环节的四性验证，仅通过归档环节四性验证的电子档案可被归档移交和检索利用。

2.1.4　电子档案的移交

电子案卷在向外部省市县档案馆或外部档案系统移交电子档案时，系统将自动生成电子案卷的TSIP 包，并将 TSIP 包通过合规数据接口传输到外部档案系统的指定服务器。

2.2　关键技术方案

2.2.1　工作流

工作流就是将业务流转过程在计算机应用环境下自动化，使在多个参与者之间按照某种预定义的规则传递文档、信息或任务的过程自动进行[6]。系统采用符合 BPMN 标准的 Activity 流程引擎，以水利水电质量验评业务管理为核心，以单元工程为基础，分别制定单元启动申请流程、评定表填报流程、评定表申请退回流程，满足水利水电工程质量验评三检制及监理验收要求，实现了质量验评电子文件与电子档案的在线流转审核，见图2。

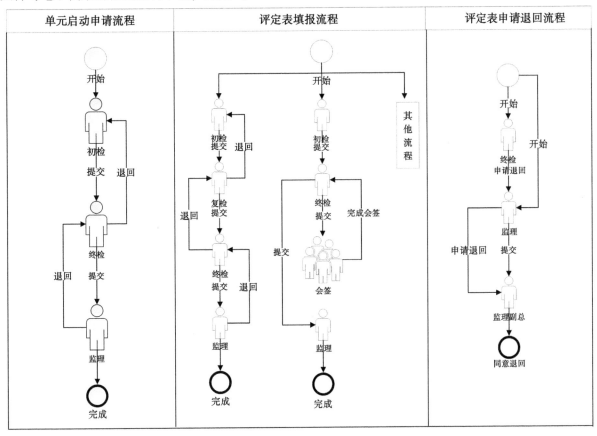

图2　质量验评电子文件流转审核流程

2.2.2　Office 版式文件

系统采用嵌入式 Office 控件技术，保证系统内生成的电子文件符合 Office open xml 协议，加盖电子签章后不会生成新的非标准格式文档。文件中包含的文本信息符合自然阅读顺序，且支持提取数据子集（分割页面、提取文本串、图像）、支持全文检索功能，文件中包括全部字体的字形描述信息或嵌入字体程序信息，包括光栅图像、矢量图形、颜色信息等其他需要呈现的信息，文件固定呈现文件页面、章节、段落、字体、图形、图像、色彩，呈现效果不因软硬件平台和阅读软件变化而变化，符合电子文件归档要求。

2.2.3　电子签章

在电子文件中，利用电子签章替代纸质文件中的手写签名，同时利用电子签章技术保障电子信息的真实性和完整性，以及签名人的不可否认性[7]。基于 B/S 架构开发电子签章管理系统，支持在嵌入式 Office 如 Word、Excel 中连接服务器并加章电子签章；电子签章拥有唯一的序列号；防止电子印章伪造，同时携带哈希校验信息，可防止加盖签章的电子文档被篡改；所有客户端盖章记录保存在 Web 服务器，对签章用户、印章、用户权限等进行统一管理，见图3。

2.2.4　元数据

元数据是描述电子文件背景、内容结构及其整个管理过程的结构化或半结构化的数据，与电子文件的制作形成、运转、处理、储存、传输和利用息息相关，对保证电子文件的真实性、完整性、可靠性有重要的作用，可如实全面反映质量验评单一文件在形成、流转、组件全生命同期过程中的背景信

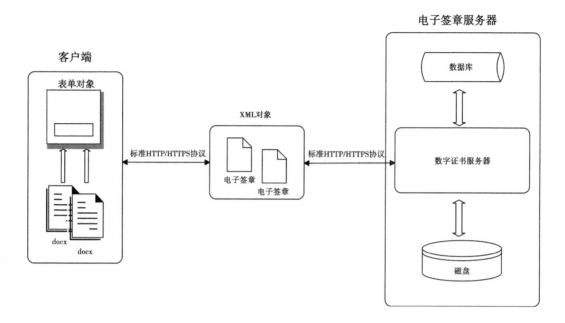

图 3　电子签章技术方案

息、内容结构及其整个管理过程。系统参照《建设电子档案元数据标准》（CJJ/T 187—2012），结合质量验评实际业务，明确了元数据元素。在电子文件形成过程中通过"监听"与"生成"机制，捕获文件实体、业务实体、责任者实体、关系实体四类元数据元素，见表 1。

表 1　元数据采集方案

机制	类别	元数据项	对象取值
监听	数据监听	文件名称	数据表字段
		文件大小	数据表字段
		……	……
	事件监听	文件开始日期	电子文件发起事件
		文件结束日期	电子文件审核完成事件
		……	……
策略表生成	策略表生成	文件层级	固定值
		名称方案	固定值
		……	……

2.2.5　四性检测

　　"四性"是指电子文件的真实性、完整性、可用性和安全性，是电子文件能够成为电子档案的前提。"四性"检测是验证电子档案"四性"满足要求的重要手段，是确保电子档案凭证价值、查考价值和保存价值的重要措施[8]。系统参照《文书类电子档案检测一般要求》（DA/T 70—2018），结合质量验评业务特点，针对"四性"制定验证策略，见表 2。同时，为实现电子文件立档单位的内部业务部门、档案部门及档案馆相关业务系统直接调用"四性"检测接口进行电子文件或电子档案验证，系统提供一套在线调用的接口服务，仅需业务系统将信息包路径、数据库等参数传入，由远端服务器配合用户进行检测并实时返回检测结果及报告。

表 2 四性验证策略

检测接口编号	检测编号	检测项目	检测环节	检测目的	检测对象	检测依据和方法	输入参数
101	GD-1-1	固化信息有效性检测	归档环节	保证电子文件的来源真实	归档电子文件	对归档电子文件中包含的数字摘要、电子签名、电子印章、时间戳等技术措施的固化信息有效性进行验证	Ipurl、数据库
	YJ-1-1	固化信息有效性检测	移交与接收环节	保证电子档案的来源真实	电子档案	对移交电子档案中包含的数字摘要、电子签名、电子印章、时间戳等技术措施的固化信息有效性进行验证	
				...			
409	BC-4-9	载体保管环境安全性检测	长期保存环节	判断载体保管环境是否符合长期保存要求	保管环境	人工对照国家有关规定，判断磁盘、磁带、光盘等各类载体的保管环境是否符合要求	人工检测成果

2.2.6 移交信息包

移交信息包（transfer submission information package，TSIP）是电子档案移交时立档单位向档案馆提交的信息包，约定采用 Archive. XML 作为整个 TSIP 的描述性文件。根据相关规范要求明确 TSIP 结构，包含案卷及其著录信息、质量验评单元工程、单一文件及元数据 XML 等，见图 4。系统向外部档案馆移交数据时，可实时生成满足要求的 TSIP，外部档案系统对 TSIP 进行解析后，根据获取的源数据将案卷及对应各层级的文件进行存档保存。

3 工程应用

3.1 工程概况

两河口水电站为雅砻江中游的龙头梯级水库电站，是雅砻江干流中游规划建设的 7 座梯级电站中装机规模最大的水电站。安装 6 台单机容量为 50 万 kW 的水轮发电机组，总装机容量 300 万 kW，多年平均年发电量为 110 亿 kW·h；概算总投资约 664 亿元。枢纽区在建单位工程约 25 个，各类分部工程逾 200 个，拆分后的分部工程、单元工程数以万计，工程竣工后所形成的质量评定文件占各类建设文件总量的 60%～70%。

3.2 系统的应用

两河口质量验评电子文件形成及归档系统包含电子质量验评与电子归档两个模块。电子质量验评模块借助移动端设备可在线完成质量验评电子文件的填报、流转及审核，电子归档模块可对质量验评模块形成的电子文件进行收集、整编和归档。

系统制定的单元启动申请、评定表填报、评定表申请退回、归档审核工作流可保证质量验评电子文件及电子档案在施工单位、监理单位、建设单位之间在线高效流转。系统用户经授权开通电子签章，通过在线调用电子签章开展文档审核，经过第三方认证的电子签章具有和手写签名同等的法律效应。电子文件及电子档案流转过程中，系统自动捕捉电子文件元数据并进行封装，元数据全面记录了在线质量验评及归档工作的背景信息。系统在电子文件形成、整编、归档环节分别对不同类型的电子

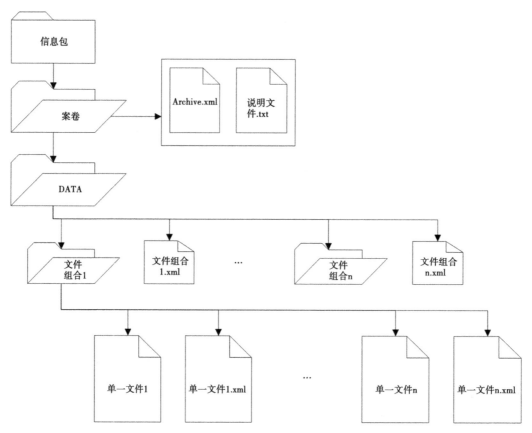

图 4 移交信息包封装结构

文件进行"四性"验证,确保电子文件及电子档案真实、完整、可用、安全。同时,系统可生成移交信息包,通过数据接口可直接向公司档案系统或外部档案系统在线移交。系统应用界面见图 5。

系统的应用提升了两河口单元工程质量验评的及时性、规范性,同时可确保质量验评电子文件在工程结束时在线电子归档。系统已在两河口水电站主体工程大坝标、泄水标、引水标、消能雾化标及机电安装标上线应用,截至 2021 年 9 月 30 日,系统完成工序评定 15 万余项,完成单元工程评定逾 1 万个,在线归档电子案卷逾 250 卷,在保证归档文件形成质量的前提下,大大提升了单元评定及归档工作效率,实现了质量验评文件及档案电子单轨制管理。

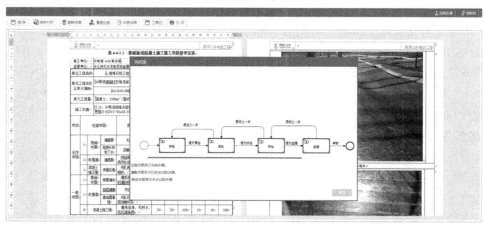

(a)

图 5 系统应用界面

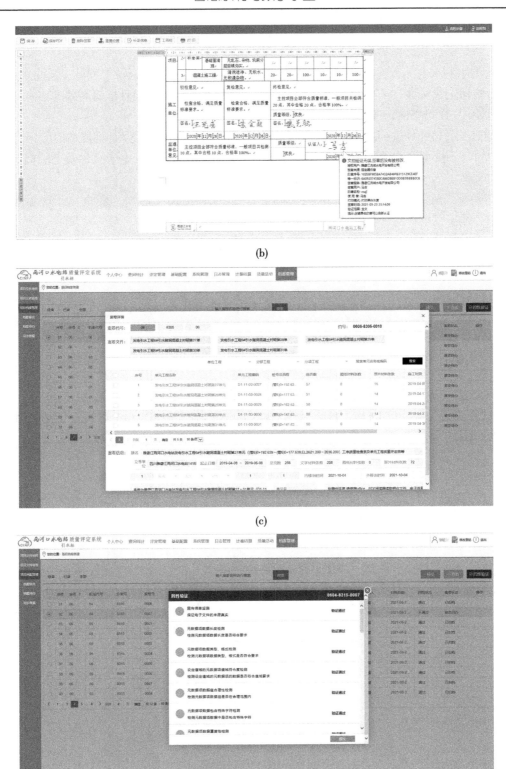

(b)

(c)

(d)

续图 5

4 结语

（1）大型水利水电工程建设周期长，质量验评是项目开展过程中记录工程施工质量的关键环节，形成的质量验评记录文件在工程竣工后将作为档案长期保存，合法合规且准确高效的信息化应用可有效提高质量验评与档案归档工作效率。

（2）通过工作流、Office 版式文件、电子签章、元数据、"四性"验证等技术的应用，电子文件可成为来源可靠、要素齐全的电子凭证，配套程序合规的信息化应用，电子文件及电子档案可逐步替代传统纸质文件。

（3）本系统当前仅针对质量验评业务，但相关技术同样适用于质量、安全、计量等其他建设项目业务，在后续实践中将进一步拓宽应用范畴。

参考文献

[1] 翟海峰，郑世伟，章环境，等．总承包模式下工程建设信息化创新探索与应用［J］．人民长江，2018，49（24）：90-93.

[2] 王洪玉，王小军，魏春雷，等．论工程质量验收结构化评定系统在抽水蓄能电站的信息化应用［C］//中国电力科学研究院．2018 智能电网新技术发展与应用研讨会论文集．中国电力科学研究院：《计算机工程与应用》编辑部，2018：4.

[3] 钟为，唐茂颖，朱忠平，等．地下工程智能化质量验评系统研究与应用［C］//中国大坝工程学会．水库大坝高质量建设与绿色发展——中国大坝工程学会 2018 学术年会论文集．中国大坝工程学会：中国大坝工程学会，2018：8.

[4] 朱安平，王凯，潘福营，等．工程质量验评数字化移动应用设计研究［C］//中国电力科学研究院．2018 智能电网新技术发展与应用研讨会论文集．中国电力科学研究院：《计算机工程与应用》编辑部，2018：3.

[5] 田继荣，张帅，熊保锋，等．基于数字化技术的工程质量管理模式在大型水电工程 EPC 项目中的应用研究［J］．四川水利，2019，40（4）：36-41.

[6] 王可鑫，刘民，刘江宁．一种实现无结构化流程中分支动态合并的方法及装置［P］．山东：CN101963908A，2011-02-02.

[7] 马琳，王艳，杨义，等．关于"电子签章"技术在抽水蓄能电站工程文件单轨制归档中的应用研究［J］．水电与抽水蓄能，2020，6（3）：113-116，120.

[8] 骆建珍，杨安荣，马来娣．电子档案"四性"检测要求及其实现方法［J］．浙江档案，2017（12）：27-30.

中部欠发达地市智慧水利建设思路探索

徐　嫣[1,2]　高月明[1,2]　潘文俊[1,2]　余顺超[1]　郭晓辉[2]　文　涛[1,2]　查士详[2]　黄妍彤[2]

(1. 珠江水利委员会珠江水利科学研究院，广东广州　510611；
2. 广东华南水电高新技术有限公司，广东广州　510611)

摘　要：以水利部智慧水利总体框架为指导，在物联网、大数据、智能视频等新技术带来的时代变革及"智慧水利"建设大背景下，立足管理机构业务需求，提出"中部欠发达地区水利智慧指挥平台"技术架构，以益阳市水利局为研究对象，研究利用高架视频和智能识别感知监测手段为主的智慧指挥平台，强化辖区管理范围内水系的河湖监管、水旱灾害防御等方面的业务管理能力，为其他中部欠发达地区智慧水利建设提供了借鉴思路和可参考的成功案例。

关键词：智慧水利；高架视频；视频 AI；物联网；大数据

1　研究背景

习近平总书记在党的十九大报告中明确提出要建设网络强国[1]、数字中国、智慧社会，党中央对实施网络强国战略做出全面部署，2021 年全国水利工作会议明确提出要加快智慧水利建设。为积极践行水利改革发展总基调和"大力推进智慧水利"要求，水利部于 2020 年率先在沿海发达地区选择十一个基础好、有代表性的流域和区域作为智慧水利先行先试试点，各地相继掀起智慧水利建设热潮。智慧水利是智慧社会的组成部分，是固底板、补短板、锻长板的重要抓手，是推进新时代水利现代化的重要举措，也是水利信息化的发展方向。

2021 年 2 月中央一号文件提出全面推进农村振兴，强调以乡村信息化建设推动农村现代化和高质量发展。由此意味着，智慧水利建设的重点将由沿海发达地区逐步向中部欠发达地区推进。然而，受地理环境和经济条件等客观因素制约，中部地区长期遭受水旱灾害困扰，同时地方财政匮乏，难以支撑智慧水利建设的全面铺开。因此，中部欠发达地市智慧水利建设路径成为一个重要的研究课题。本文以益阳市智慧水利建设为例，深入调研中部欠发达地区水利发展痛点，结合新一代信息化技术，探索性提出中部欠发达地区智慧水利建设思路。

2　研究思路

2.1　中部欠发达地区水利管理现状

湖南省益阳市地处洞庭湖腹地，西南部山区安化（梅城）为全省三大暴雨中心之一，境内河湖密布，湘资沅澧四水和长江"三口"来水迂回切割，是洞庭湖区的"锅底子"和"水袋子"。辖区内流程 5 km 以上的河道干流及主要支流共 284 条，天然湖泊 20 多个，长期遭受水旱灾害的困扰，近年来发生过"7·3 小河口"特大险情、"下塞湖"暗网事件等多起事故，洞庭湖区与资水保护治理和水旱灾害防御任务十分艰巨。

作为中部欠发达地区，益阳市水利信息化投入占比较低，水旱灾害防御及河湖业务监管信息化基

基金项目：2020 年广东省水利科技创新项目（2020-14）。

作者简介：徐嫣（1981—），女，工程师，主要从事水利信息化工作。

础薄弱，大部分业务管理活动仍依赖于传统手段，已建系统多为相对独立的信息系统，缺乏统筹设计和一体化建设，普遍存在软硬件及数据资源利用率不高等现象。

综上所述，如何有效提升水旱灾害防御能力，监控河湖动态状况，打击水域岸线侵占，掌握资江流域重点区、中小型水库运行工况与雨水情变化是益阳市水利系统亟待解决的问题。

2.2 实施路径

本研究通过充分调查，了解中部欠发达地区水利监管现状，从而分析发现其水利业务管理的共性问题，以丰富感知手段和强化智能应用为突破，构建立体感知监测体系，统一接口规范实现数据汇聚，最终建设智慧一体化应用平台。通过平台的不断完善，逐步提升中部欠发达地区的水利数字化、智慧化管理水平。具体实施路径如图 1 所示。

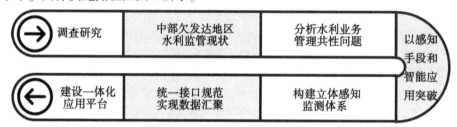

图 1　实施路径

2.3 预期效果

智慧水利一期建成后，将形成完整的水利信息化综合体系，为基层监控、业务管理、决策支持、公共服务等提供全面、可靠、灵活、便捷的信息化支撑和保障。

（1）通过打造两个智慧监测体系，实现对实时数据的全方位智能感知，为水旱灾害防御和河湖监督管理科学决策提供了强有力的支撑。

（2）在人工河湖巡查管理的基础上，辅以高架视频智能监控与分析，能够提高预警防灾减灾水平，及时发现并处理涉河涉湖问题，全方位提升科学决策、精细化管理的能力，保障人民生命财产安全。

（3）能够充分、有效地复用独有资源，增加国有闲置资源的使用率，提升国企为民服务的效率。

3　总体设计

益阳智慧水利平台充分结合水利部"智慧水利建设顶层设计"提出的总体架构，利用物联网、3S 技术、人工智能和大数据等技术手段，构建"1211"系统，架构如图 2 所示，即一个智慧数据中心、两个智慧监测体系、一个智慧一体化平台、一个智慧指挥调度中心，其中两个智慧监测体系分别为智慧高架视频监控体系和智慧水文监测体系。

3.1　两个智慧监测体系

两个智能监测体系涵盖了水雨情、水资源、水环境、水生态、水利工程、河道采砂、水土保持、物资储备等信息的监测监控。

3.1.1　智慧视频监控体系（见图 3）

该体系依托高架视频，区域对市级可预计的砂石开采区、盗采潜在风险区、重点交界处水域岸线（下塞湖、目平湖与淞澧洪道、毛角河等位置）、防汛砂石围、资江流域梯级电站、大中型水闸与水库、中型泵站、重要险工险段、主要水源地等涉水水利工程建筑物开展监管，根据监测内容可分为水土保持监测、河道保洁监测、岸线水域监测、河道采砂监测、防汛物质砂石围监管、重点涉水工程监管等六大监测类型。

3.1.2　智慧水利监测体系（见图 4）

该体系采用新型数据采集传感设备，对重点中型水库、重点河湖区域、梯级电站、主要水源地的水位雨量图像信息、生态流量数据等进行采集和上报。

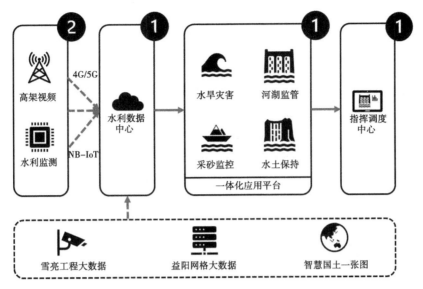

图 2　系统架构

图 3　智慧视频监控体系

图 4　智慧水利监测体系

3.2 一个智慧数据中心

通过元数据库结合数据资源目录的方式实现数据的标准化管理，在综合库的基础上建设数据仓库，为分析、统计、决策等过程提供数据支撑，形成"一朵云、一个库、一张图"，为智慧防汛、智慧河长两个专项和一体化智慧业务应用中的业务应用系统提供数据资源和地图服务支持。数据中心（见图5）利用智慧益阳"网格大数据"成果，建立信息交互数据库，实现多部门跨行业数据融合与共享；运用智慧益阳"雪亮工程大数据"成果，建立视频共享融合数据库；应用智慧益阳"智慧国土一张图"成果，建立空间地理信息系统融合数据库。

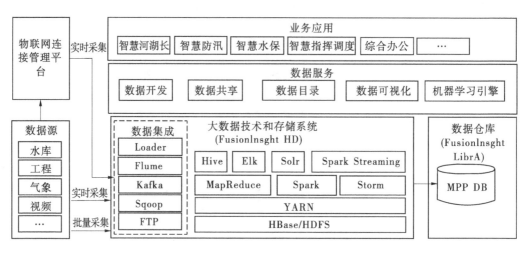

图5 数据中心

3.3 智慧水利一体化平台

智慧水利一体化平台（见图6）重点建设智慧河湖长、智慧防汛、智慧水保、采砂监控、综合办公五大业务板块，精准着力各大业务板块中关键业务的功能设计，具体开发包含高架视频监管系统、智慧水利信息管理系统、智慧河湖长监管系统、综合办公系统、禁采区可采区动态监管系统、中型水库综合管理系统、梯级电站综合管理系统、防汛物资监管系统、水土保持监管与分析系统、水源地动态监管系统、执法与巡查监督系统、河湖长智慧应用微门户、智慧指挥调度系统等智慧专项应用系统，提供大数据洪峰量级预测、洪水演进与淹没分析、梯级电站联合调度等智慧水利业务功能。

图6 一体化平台

3.3.1 智慧河湖长

在江河湖泊方面，利用智能信息感知、大数据挖掘、智能决策等理论技术，建立河湖医院（见图7），形成各位"病例"，结合河湖健康分析、河湖问题回溯，为江河湖泊问题处理开处方。一方面通过巡河巡湖（见图8）管理移动应用，形成视频、图像、轨迹等巡查全过程记录；另一方面结合高架视频河湖巡查，为人工巡查提供辅助。

图7　河湖医院

图8　智能巡河

3.3.2　智慧防汛（见图9）

通过水雨情监测，同时结合高架视频实时看到实景的洪水演进、河段水位识别、大中型水库全景图、视频智能分析等技术手段，实现动态危险度排序、分级短信预警、降雨量特征分析，对汛情进行预警、预报、预测。

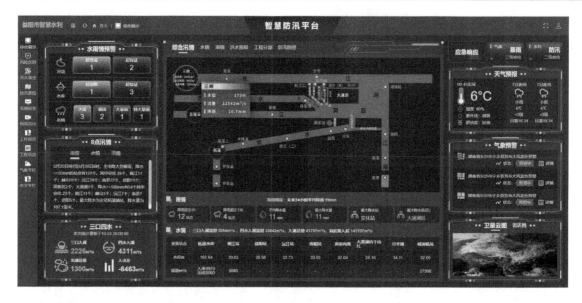

图 9　智慧防汛

3.3.3　采砂监控系统（见图 10）

在河道采砂方面，通过对禁采区和可采区进行实时视频监控、水位雨量图像监测等技术手段，为禁采区和可采区监管部门提供准确、及时、动态的禁采区、可采区情况分析和决策支持服务[2]。通过对采砂区、采砂船的基础信息监管，运用遥感、智能识别、视频分析等手段，实时采集现场视频图像、采砂船移动轨迹、采砂状态等数据，为监管部门提供精准的采区越界、采砂超时分析，有效地解决了河道采砂工作中的监管时效性的难题。

图 10　采砂监控系统

3.3.4　水土保持系统

在水土保持监管方面，通过辖区内水土流失监测站点的建设情况，结合视频图像识别技术，通过绿化率，自动分析出水土保持治理的成效，实现对开发建设项目、水土保持专项治理项目、小流域专项治理项目的有效监管和水土流失的预防监督[3]（见图 11、图 12）。

3.3.5　高架视频监管系统

通过河流视频监控，湖泊视频监控，大中型泵站、船闸、防汛仓库视频监控，中型水库视频监控，水土保持视频监控，巡河船视频监控的建设，将益阳市水利大部分关注地点都纳入监控之中。建

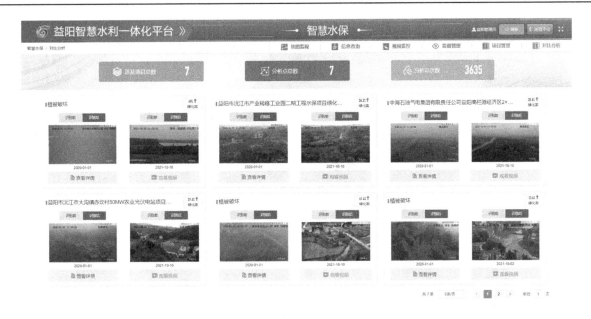

图 11 所有项目绿化率对比分析

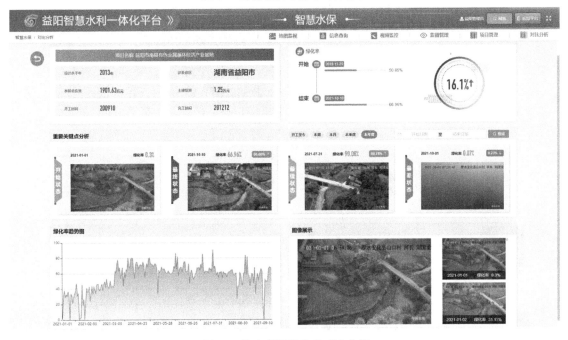

图 12 单个项目绿化率对比分析

设高架视频监管系统,将所有视频监控点的视频纳入统一管理中,方便领导在指挥调度中心直观查看各监控点的实时情况,如图 13、图 14 所示。

3.4 智慧水利指挥调度中心

充分利用已有的信息化基础实施,结合新一代的数据可视化引擎技术,建设智慧水利指挥调度中心,全方位展示市县级河湖、重点水利工程信息,对岸线水域、重点涉水工程、重点河湖段水雨情进行实时监管,同时展现智慧分析成果,提升河湖库资源管理、水行政管理与监督能力,为水利指挥决策协同办公提供了数据支持,实现水利业务智慧一体化。智慧指挥调度中心是益阳市智慧水利的核心成果,它的形成将有力推进水利信息化建设步伐,有效保障水利与国民经济发展相适应,是益阳市智慧城市构建中的重要部分,见图 15。

图 13　综合展示

图 14　高架视频监控点分布

图 15　智慧水利指挥调度中心

4　智慧水利平台探索

　　欠发达地区水利发展必须集中资金，瞄准重点业务主动突围，最大化发挥信息化系统增效减负的优势。益阳智慧水利紧扣河湖监管和水旱灾害两条重点业务主线，拓展采砂监管和水土保持两项当地监管压力较大的特色业务，通过"智能感知、智能仿真、智能诊断"的信息流程，及时发现问题并进行"智能预警、智能调度、智能处置、应急处理"等一系列操作，如图16所示，提高水利日常管理和应急管理能力与效率，真正将智慧水利"花小钱办大事"落到实处。平台设计的过程中，具体从以下四个层面进行了深度的探索（见图16）。

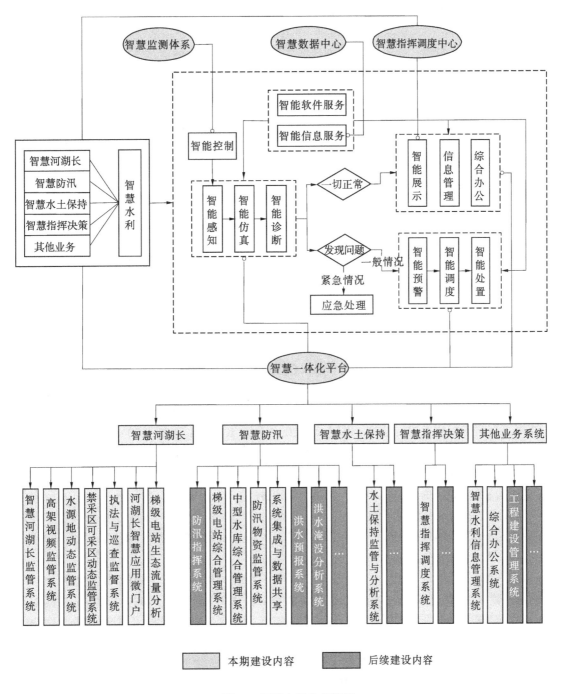

图16　智慧水利业务流程

4.1 基于一个水利数据中心，挖掘存量数据资源价值

考虑到益阳市智慧益阳已建成基础的数字政府信息化硬件设施，益阳智慧水利利用数据中心各级数据资源共享的优势，结合自身业务特色，完善数据资源目录和延展业务支撑能力，打造一个智慧水利数据中心。

通过"智能感知、智能仿真、智能诊断、智能预警、智能调度、智能处置、智能控制、智能服务"的数据信息管理流程，实现水安全智能保障，提高水资源调控能力，以支撑日常和应急状态下的水旱灾害防御、水资源、水环境、水生态、水土保持等管理业务工作。根据水利部、省水利厅发布的数据标准要求，基本完成包含 25 类水利业务的智慧数据中心建设，累计静态数据电子化入库 3 万余条。按照急用先建的原则，市水利局聚全局之力汇编完成了《益阳市水利工程基本信息》。共涵盖全市 88 个河湖基本情况，35 个主要内湖特性；4 个重点堤垸、11 个一般堤垸、7 个蓄洪堤垸、4 个一线大堤 261 处穿堤建筑物、38 个主要内湖溃堤基础资料；14 个一线大堤 222 处 55 kW 以上的泵站、3 大内湖 15 个主要内排泵的基础数据；611 个中小型水库、102 处水电站基础资料；47 个河湖控制点特征水位；"一江、三河、四水"洪水传播时间特征；47 处市级防汛物资库数据。将数据中心电子化、移动化，大大提高了工作效率，现在只需点击手机就能精准地查阅益阳市各类水利数据信息。

4.2 打造两套智慧监测体系，解决现地监测建设难题

考虑到中部地市相对较少的财政资金，如何兼顾监测建设选点和感知全面覆盖一直是欠发达地区智慧水利项目开展的重要难题。益阳市一方面率先考虑活用通信铁塔这类闲置资源，将智能视频和高架铁塔相结合，大大提升监测站点的覆盖面积；另一方面对于关键水利工程和铁塔无法覆盖的重点区域，遵循科学布设原则建设现地监测站点进行查漏堵缺，再加上通过数据中心接入省市已建站点资源，最大化监测体系的建设效益。

根据信息化产品的寿命周期，确立了"建管并举"的原则，明确了 1 年建设期、5 年运维期的政府购买服务形式。在 11 座中型水库、30 座重点小型水库、7 座梯级电站、8 处砂石采区、36 处洞庭湖重点水域等位置的高架通信铁塔上配设了 158 处智能视频监控点，为河湖管理提供实时影像；建设重点水利工程、山洪易发区、险工险段等 112 处自动测报雨水情图像视频站点，为益阳河湖管理与抗洪抢险提供重要的动态信息支撑。依托益阳智慧城市的丰硕成果，开发基于智慧国土的水利一张图数据与应用，将智慧水利所有数据与应用全部部署在智慧云大脑中，利用政务外网实时交互，最大限度地共享了市级资源，从而大大节省了网安方面的支出；接入省级水文站点数据 400 余个，省级河湖系统交互的相关数据 20 000 余条，自建站数据全部共享省级水文与防汛抗旱云平台与省级河湖系统；共享市级"雪亮工程"中公安、交通、国土等 120 余个涉水监控。通过互联共享，基本实现了对益阳重点涉水工程以及全境 4 000 km² 水域的实时监管。

4.3 构建一套智慧应用平台，着力四大业务管理痛点

在智慧（益阳）城市的整体框架下，利用计算机视觉、人工智能模型等新一代技术，充分梳理水利局业务管理中的痛点，搭建了涵盖水土保持、综合办公等 8 个大项、6 个小项的智慧水利一体化平台，进一步提升监测感知和数据资源的价值，赋能水利局四大业务管理，大大减轻了基层工作人员的压力。

第一期重点建设了河湖管理与水旱灾害防御两个子系统，初步搭建了涵盖 11 项水利业务的一体化监管平台。建成市级指挥调度中心，监管重点水利工程 322 处、重点水域 4 000 km²。基本完成市级数据中心框架与水利一张图应用发布，整编数据 4.6 万余条，涉水工程河湖断面图示 1 000 余处。整合水利业务系统 7 个，新增系统注册用户 3 435 名，省市县水利部门乡镇农委 2 972 名，政府成员部门 463 名。基本实现了传统水利向智慧水利初级阶段的跨越式发展，为下阶段全面迈入智慧水利奠定了坚实的基础。益阳建立了一套"预警—研判—执行"的闭环机制。智慧指挥调度中心依托智慧高架视频监控和智慧水文监测提供的实时数据，大大提升了响应速率，借助智慧水利一体化平台处理问题、监管执行、跟踪后续，起到了"以人为本，技术为辅，行之有效"的信息化决策支撑作用。

4.3.1 智慧河湖长

将全市已完成注册的 1 000 余名镇级以上河湖管理用户与数据化的 10 km 分段标准 314 条河流、54 个湖泊一一对应，并与全市河湖管理工作 16 项任务相结合，把监测、管理、预警、监督、考核闭环机制流程化。河湖系统投入运行后，河湖管理能力与管理效率显著提升，通过电脑端与移动终端报送现场巡查事件 21 个，共享巡河轨迹 965 条，录入河湖治理专项 106 个，追踪销号事件 104 个，以视频巡查手段震慑盗采砂石行为 19 次、水域岸线侵占行为 9 次，在河湖事件处理与事件追踪效率方面环比提高 50%。

河湖管理"盲点多，多盲点"，水政执法"取证难、难取证"等问题一直困扰综治工作。洞庭湖区自建与共享的"千里眼"使暗网矮围无处遁形，非法捕捞得以遏止，为湖区全面禁采保驾护航；资江沿线分布的"天地眼"有效地抑制了乱占、乱采、乱堆、乱建的"四乱"[4] 问题，特别是 3 个砂石盗采高发区在 2019 年得以根治；大通湖 800 km² 涉水区域实现全天候监管，极大程度震慑了偷排偷放、秸秆焚烧、违法养殖等老大难问题。

4.3.2 智慧防汛

益阳市水旱灾害防御工作任务也非常重，水旱变化转换快。2019 年智慧防汛系统准确地记录了汛期的 17 轮周期性强降雨，资水柘溪以下梯级电站 2 次联调，10 个堤垸 207.099 km 堤线超警戒水位，212 座次水库超汛限水位，79 座次水库溢洪道过水，以及防汛物资砂石料 2.122 万 m³、彩条布 2.44 万 m²、编织袋 7.44 万个的使用情况。7 月 20 日，益阳市由汛转旱，安化县通过子系统分批次调度中型水库灌区开闸放水，力保红岩木子灌区、廖家坪梅城、仙溪灌区 3 万余亩农田灌溉，南县通过子系统实时监管抗旱水源，又留足调蓄库容，将南茅运河水位控制在 29.5 m 左右，三仙湖水库水位控制在 32.8 m 左右，有效应对突发性强降雨。

初步实现资水流域柘溪以下 7 个梯级电站联合调度洪峰演进东入洞庭，198 处防洪区、重点堤垸，483 处水利工程雨水情视频站点等数据监管。2019 年智慧水利一体化平台为夺取防汛抗灾工作的全面胜利提供了信息化保障，实现了不溃一堤一垸、不垮一库一坝、山洪灾害防御人员零伤亡、有效降低灾害损失的工作目标。

4.4 建设一个统一指挥中心，集约管理提高资源利用

益阳智慧水利一体化平台自 2020 年建设至今，满足益阳市水利局各科室日常事务处理、智能协助监管和大数据分析展现方面的功能。通过共享数据、减少重复劳动而减少了大量的人员管理资金，信息资源的高效复用与统一标准的数据库在智慧水利公共信息服务平台上运行，降低了单项应用成本。2019 年减少在信息资源开发建设、各类水利数据应用运行、人工管理与车辆投入 200 余万元，结合益阳市智慧大脑成果，使得数据流转率与实效性提高了 50% 以上，实际减少运行费用 100 余万元。通过对资水流域、重点湖区的天然水体和点面污染的有效监管，可明显减少污水排放；通过信息化手段实现的工程调度，可有效缓解水污染状况，降低采水成本和减少水质因素造成的连带经济损失。同时，在农业灌溉水源调度、抗旱应急水源调度等方面效益明显。通过水利信息化监管与调节，使水利工程在社会发展、生态平衡等方面有着极大的促进作用。

5 结语

益阳市智慧水利一期项目创新性引入了高架视频的概念，在全国率先开启了水利单位与中国铁塔公司的合作。"高架视频"是在平均 38 m 以上的通信铁塔顶部安装视频设备，可对方圆约 3 km 进行监测及智能分析。利用高架定点侦测独有的视野广阔、保障全面、高效稳定等特色，凸显其在智能感知中的价值与优势。

益阳市智慧水利一期项目建设聚焦于河湖长和水旱灾害防御，通过"专家远程防汛会诊""河湖库医院"等新型管理模式，运用水陆空巡查及水利监测智能感知等先进手段，实现对益阳重点涉水工程以及全境 4 000 km² 的水域实时监管。

（1）智慧水利一体化平台具有高延展性，架构灵活，适于推广。智慧水利一体化平台基于微服务架构和模块化组件，包含智慧河湖长、智慧防汛、智慧水土保持、智慧指挥决策等功能模块，可灵活根据当地水利业务实际需求快速定制，如扩展灌区管理、农村饮水管理、工程建设管理等功能，适合在中小型城市进行推广。

（2）高架视频可复制性较高。中国铁塔在全国拥有 195 万座通信铁塔，仅在益阳就有 5 000 余座，覆盖了 95% 的涉水区域与水利工程。利用高空通信铁塔分布广、密度高、通信网络稳定的特点，布设高清摄像头，将管理区域网格化，为"水利行业强监管"提供了实时的数据支撑。同时监控信息全面、共建共享程度高，一塔多用有利于智慧城市信息化建设的社会资源综合复用和信息共建共享，便于在全国不同类型的城市及不同行业快速推广。

（3）打造具有中部城市与湖区特点的智慧水利一体化监管体系。益阳是我国中部环洞庭湖区的农业城市，经济基础薄弱，资金、技术、人才方面远不及沿海发达地区。益阳市智慧水利以问题为导向，聚焦水利工作中的迫切需求，确立了利用"成熟可靠、性价均衡"的信息化技术为重要抓手，把"护住洞庭湖，看住资江水，守住中小库"作为横跨"十三五"、贯穿"十四五"的重要信息化建设工作，对国内同类城市的智慧水利建设之路具有很高的借鉴意义。

参考文献

［1］韩建旭．习近平关于网络强国的重要思想研究［D］．北京：中央财经大学，2019．

［2］江玉才，符富果，王炎龙，等．河道采砂智能监控系统的设计［J］．现代计算机（专业版），2014（16）：53-57．

［3］姜德文，亢庆，赵永军，等．生产建设项目水土保持"天地一体化"监管技术研究［J］．中国水土保持，2016（11）：1-3．

［4］李春雷，刘立聪，张雅莉，等．遥感技术在河湖"清四乱"中的应用方法探究［J］．浙江水利科技，2019，47（4）：74-77．

宁夏引黄灌区水资源调度系统设计与实现

张恒飞[1,3]　辛黎东[2]　梅粮飞[1]　胡静宁[2]

(1. 长江设计集团长江信达软件技术（武汉）有限责任公司，湖北武汉　430010；
2. 宁夏回族自治区水利调度中心，宁夏银川　750002；
3. 国家大坝安全工程技术研究中心，湖北武汉　430010)

摘　要：为强化引黄灌区水资源调度管理能力，对灌区水资源调度业务进行了分析优化，设计了需水预测—计划制订—实时调度全过程一体化的智能调度流程。为了能够科学地实现一体化调度应用，设计实现了日-月-年多尺度作物需水精细预测模型，并形成包括优化配水模型、常规调度模型和应急调度模型在内的灌区水资源优化配置调度模型体系。同时，考虑数字治水对数据分析展示的要求，建设空间对象全面、信息组织有序的引黄灌区"一张图"，按照黄河来水、取用水形势、农业灌溉等多个维度进行综合分析展示，为业务处置和决策提供科学依据。

关键词：农业灌溉；水资源调度；需水预测；优化配置；一张图

1　引言

西北干旱地区水资源匮乏，严重依赖过境地表水，主要是黄河，在非充分灌溉条件之下，逐渐形成各类规模的灌区[1]。宁夏引黄灌区总灌溉面积780万亩，多年平均降水量为178 mm，当地水资源量4.26亿 m³，可利用水资源量1.5亿 m³，主要为地下水资源量。计入黄河干流水资源可利用量，区域水资源可利用总量为33.4亿 m³。

为了充分利用黄河来水，最大限度发挥水资源价值，按照宁夏回族自治区数字治水思路，灌区信息化建设尤为重要，是灌区水利发展的重要任务[2]。当前宁夏通过灌区信息化建设，已逐步应用信息化手段实现水资源高效管理，一批管理处开展了灌区管理信息的试点工作。灌区信息化的技术手段也越来越丰富，从前端采集到平台研发都有一定案例[3-4]。全国各地其他灌区，如江苏高邮灌区[5]、新疆石城子灌区[6]、安徽驷马山灌区[7]、四川龙泉山灌区[8]等都进行了信息化建设，提升了灌区管理能力和水平。

2　灌区水资源调度模型及服务

2.1　日-月-年多尺度作物需水精细预测

作物需水量受气象条件、土壤条件、作物耕作制度和生育期等诸多因素的影响，呈随机性变化，但从中长期角度看，作物需水量在时间分布上具有一定的规律性，呈周期性变化。

在年尺度上，根据中长期预报确定年型（丰平枯年），结合灌区的历史来水和用水分配情况对需水量进行预测，为灌区年配水方案的制订提供依据。

在月/旬尺度上，根据中长期天气预报、年配水方案、灌区内种植结构、分布和生长阶段来进行需水预测，并把年配水量在月尺度上进行优化分配。

在日尺度上，根据历史数据提取不同作物不同生长阶段的需水信息，基于当前灌区区块作物种植分布和结构，结合近期天气日预报信息，来预测作物需水量，对月分配水量过程进行优化。

作者简介：张恒飞（1985—），男，高级工程师，主要从事水利信息化方面的研究。

2.2 灌区水资源优化配置调度模型体系

在作物需水精细化预测的基础上，形成了灌区水资源优化配置调度模型体系，包括优化配水模型、常规调度模型和应急调度模型。

优化配水模型支持通过设置灌区农作物的配比及来水量时段，通过模型计算获得最大经济利益的各农作物的灌溉配水比例，为配水人员提供参考决策。

常规调度模型支持通过把引水灌溉过程分为若干配水时段，并运用模型计算推荐合理可行的配水方式组合。

应急调度模型支持针对不同的紧急情况，将应急调度的调度原则规则化，开发应急调度模型，当应急工况的条件触发时，后台自动启动模型计算，并将计算成果推送至前端展示，以辅助用户在应急工况下的调度决策。

2.3 灌区模型云化实现与部署

灌区模型的封装整合将通过单元化、模块化、通用化、服务化、组件化等方式，设计统一的服务化接口及数据传输标准，以微服务方式为用户提供包括模型计算、参数率定、结果分析等接口及服务；构建完整的模型计算交互，模型用户通过输入各类模型所要求的各类基础数据，并根据灌区情况以及实际需要对计算时间、计算步长、位置步长等模型参数进行设置，从而开展模型调用计算。同时提供数据校核、计算分析等功能，对模型计算结果实现综合展示与分析。最终将以上实现通过云端部署，以网络服务方式提供模型计算相关服务。

3 灌区调度业务智能决策与处置

3.1 调度业务流程一体化

宁夏引黄灌区水资源实行统一调度、分级管理。自治区水利调度中心负责全灌区水量调度工作，对灌区的各干渠进水口（扬水首级泵站）统一调度配置，渠首管理处（扬水管理处）执行调度指令，对各渠道进口流量进行调节。按干渠设置 12 个渠道管理单位，负责各自干渠、支干渠工程运行、供水安全及灌溉管理，各渠道管理处下设管理所、段，按照地域分段对干渠、支干渠进行管理。

在水量调度过程中，自治区水利调度中心需结合水利部、黄河水利委员会下发的年、月、旬水量调度计划，并结合调度规则、渠道信息、水权分配转换信息以及各管理处上报的引用水计划和种植结构，调用方案编制的模型，生成水利厅年、月、旬水量调度计划。在灌季开始后，各引水单位按计划引水，自治区水利调度中心根据从其他系统汇集而来的黄河重要断面水情、干渠引水口水情、扬水系统首级泵站引水情况、沿黄取水口取水情况、骨干排水沟水情等，实时掌握引水情况，并与计划进行比较。同时，每日或定期获取由各管理处、各市县水务局及取水单位上报的灌溉进度、干渠引水情况、扬水系统引水情况、生态补水情况、机井取水量、水情月报等，并从其他系统中取得城乡供水水量、水费数据，对灌溉情况进行准实时跟踪。对于在实时和准实时监视值班过程中发现的问题，则会按照规则制定、下达应急调度指令、加减水指令，并每日在交接班记录和值班记录时对相关情况进行记载。

系统功能设置围绕水资源调度计划制订、监控监视、常规调度、统计分析等业务，将各类调度和用水的业务融合到统一的调度流程中（见图 1）。在监测数据融合的基础上，与关注的阈值进行对比，按照对比情况分级预警告警，并针对预警情况选取适当的处置预案；对业务流程进行细致的梳理和分析，获取海量数据并采取适当的展示方式，为各类业务处置提供丰富的数据分析支持；在计划制订、数据填报过程中，能够自动完成数据的智能获取与统计，减轻人员填报的工作负荷。根据业务处置需要，建设地图、概化图、统计图表以及报表模块，对海量业务数据进行展示，给予用户直观、简便的交互界面，为业务处置提供智能辅助。

3.2 调度决策支持一张图

宁夏水资源调度"一张图"综合展示系统，基于三维地理信息系统实现，对整个宁夏引黄灌区范围内的行政区划、渠道、排水沟、泵站、水利工程全貌等进行直观展现。系统可在水资源调度模型概化图与地图之间进行切换，并能基于概化图与地图直观地制订水资源调度计划，还可对监视过程、

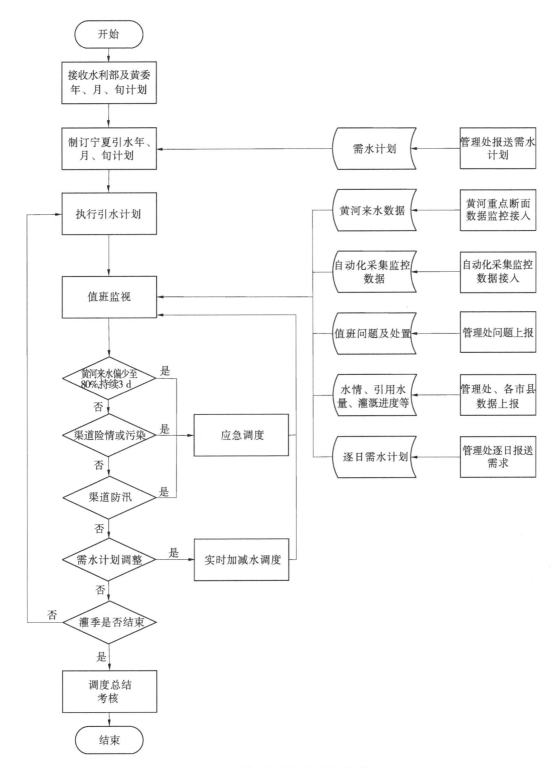

图 1　灌区水量调度过程一体化

KPI 等业务系统关键数据以多维数据图表的方式进行直观展示，提高系统的易用性与实用性。一张图在电子政务外网内使用，所需数据均为宁夏水利数据中心提供的非涉密数据，可保证安全性。

3.3　调度业务移动支持

鉴于智能移动设备可大幅扩展信息化管理的空间范围，并能够明显提升易用性和管理效能，宁夏引黄灌区基于移动应用建设水调信息推送、水调信息查询以及水调信息人工填报等功能。通过移动应用平台，用户可直观便捷地获取水情势、引用水进度、降水量等水调信息，并可从手机客户端实时查询干渠引水流量、引水量、实时监测数据、重点建筑物等的运行状态数据，此外，还可通过移动客户端完成渠道水位、水量等基本信息的填报。移动应用不涉及敏感数据，且通过防火墙与部署在电子政务外网内的数据库交互，确保安全。

4 灌区调度系统的实现与部署

水资源调度信息化是宁夏"智慧水利"的重要组成部分，基于自治区水利厅已建的数据中心、业务平台等智慧水利核心框架，集成接入灌区水闸、引水口、重点断面等监控点和视频监控数据，建设水资源调度管理系统；结合三维 GIS 技术，集成水利厅已建的各类系统和数据中心接入的数据，完成引黄灌区一张图，打造一个适度前瞻的、与水资源调度业务相适应的、面向社会提供水资源服务的信息化管理系统。系统逻辑构成包括用户层、业务应用层、应用支撑平台、数据资源建设、通信层、前端感知层、安全保障体系和标准规范体系建设等部分，整个系统部署于宁夏水利云，系统架构如图 2 所示。

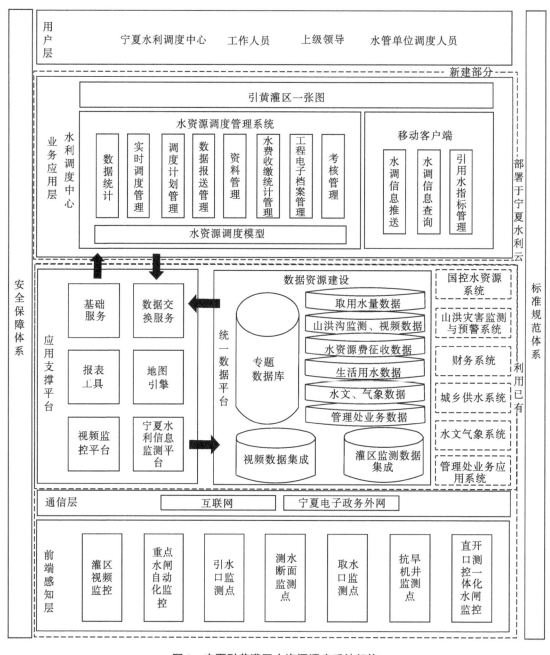

图 2　宁夏引黄灌区水资源调度系统架构

调度管理方面，以概化图为核心构建在线调度工作台，在一个页面上完成日常调度业务处置。在调度中心，可以概览总体灌溉态势，包括各干渠引水情况、各断面及闸门运行状况。若有超警戒和超计划情况，相应断面图标以红色提醒。当管理处上报了加减水申请后，页面会以声音和图标实时提醒待办，并根据系统分析的实时监测值、计划值等指标支持审核用水申请。申请通过后，渠首管理处执行并反馈，管理处根据现地流量变化情况进行确认，形成流程闭环。调度工作中的调度记录和交接班记录均可以在工作台（见图3）上完成，支持日常今日水情、干渠引水等报表的自动生成和打印。

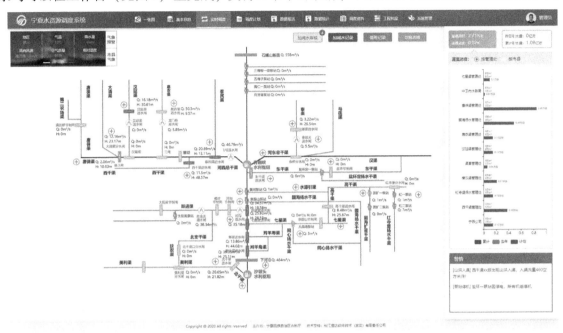

图3 调度概化工作平台

5 结论

宁夏引黄灌区水资源调度系统的设计和实现，以满足水利调度中心日常业务开展为重点，按照《黄河水量调度条例》中水资源配置要求，联合考虑引、蓄、提、供等工程，整合各灌区管理处相关信息化系统，集成灌区视频监视、渠道水位/流量实时监测信息、水闸监控信息等数据，构建了"数据自动汇总上报、配水计划自动下发、常规调度全程管理、智能辅助决策支持"的工作平台，实现了调度相关业务数据的上传下达、一张图综合展示和水资源优化调度。

参考文献

[1] 胡静宁，辛黎东. 宁夏水资源全口径调度思路及建议 [J]. 中国水利，2020 (19)：63-64, 39.

[2] 杨志. 宁夏引黄灌区现代化建设的认识与实践 [J]. 中国水利，2017 (16)：61-62.

[3] 李莎，屠佳佳，刘锋，等. 灌区信息化管理系统的设计与应用 [J]. 浙江水利科技，2021，49 (4)：63-66. DOI：10.13641/j.cnki.33-1162/tv.2021.04.016.

[4] 边玉国，杨永聪，郭志成. 信息化灌区调度中心平台应用设计 [J]. 农业技术与装备，2018 (2)：75-77. DOI：10.3969/j.issn.1673-887X.2018.02.031.

[5] 王飞，阮宗彬，戴劲，等. 高邮灌区信息化平台建设及应用分析 [J]. 陕西水利，2021 (4)：160-162.

［6］孔祥峰．哈密市石城子灌区信息化测报系统优化设计方案研究［J］．陕西水利，2021（3）：164-165，168.

［7］项双树．驷马山灌区信息化系统更新改造技术研究［J］．科学与信息化，2021（6）：33-34.

［8］黄徐燕，潘龙．龙泉山灌区水利信息化建设模式探索［J］．四川水利，2021，42（3）：147-151.

边坡表面—内部一体化三维变形自动监测装置研究

徐兰玉[1,2]　唐　伟[1,2]　翟　洁[3]

(1. 水利部南京水利水文自动化研究所，江苏南京　210012；

2. 水利部水文水资源监控工程技术研究中心，江苏南京　210012；

3. 国网新源控股有限公司北京十三陵蓄能电厂，北京　102200)

摘　要：边坡变形是反映边坡稳定性最显著的表现形式。现有的边坡变形监测通过设置单一的内部变形或表面变形监测项目，没有将表面变形和内部变形有机结合起来，存在测量过程复杂、累计误差大、数据修正需要依据人工方式进行等不足。采用表面 GNSS 技术结合内部多轴变形监测技术，结合新型嵌入式系统开发一款表面—内部变形一体化自动化测量装置，可达到真正全方位的有效监测，数据相互校核，将更加准确可靠掌握边坡的实际运行状况。

关键词：边坡变形；GNSS；MEMS；一体化变形自动监测装置

1　引言

边坡工程的安全监测在水利、岩土、建筑行业一直是研究重点[1-3]，按照监测内容可分为位移监测、物理场监测和外部环境监测。其中，位移监测是最基本的常规监测方法，因为位移是反映边坡稳定性和失稳破坏前最直观的表现形式，主要包括内部变形和表面变形。常用的表面变形监测设备及技术包括经纬仪、全站仪、水准仪、测量机器人[4]、GNSS[5-6]、合成孔径雷达 InSAR 测量技术[7-8] 及三维激光扫描技术[9] 等，表面变形测值通常为绝对值。但由于地表测点变形和滑坡变形不一致，仅基于地表变形预测滑坡的准确性十分有限。内部变形则具有更大的隐蔽性和突然性，对边坡工程安全运行的影响极其严重，可通过钻孔测斜仪、多点位移计、光纤传感技术[10]、TDR 技术[11]、阵列式位移计[12-14] 获得，其值为相对于假设深部不动点的相对位移。但假设深部位移点不动，在很多实际工程中假设可能不成立，南水北调工程许多测点表明，内部变形甚至比表面变形更大。此外，以上监测技术都只能单一测量内部变形或表面变形，没有将内部变形和表面变形有机结合起来，同时还存在测量过程复杂、累计误差大、数据修正需要依据人工方式进行等不足。为此，研究一种能准确感知、体现边坡表面及内部变形的仪器设备，避免大量的人力劳动和数据计算、减少偶然误差和计算误差是十分必要的。

近年来，GNSS 在民用技术应用领域的开放为边坡表面变形监测提供了一种新的测量系统。该系统具有精度高（毫米级）、全自动远距离监测、全天候、快速、三维变形测定、不受地形通视条件和气候条件限制、可靠性高等优点，适用于较大区域内滑坡不同变形阶段地表三维位移变形和速度的连续监测。MEMS 传感技术具有精度较测斜仪高、量程大、抗干扰和耐腐蚀性强、自动化实时监测等特点，适用于较大范围的滑坡各变形阶段滑面位移确定及深部位移监测。MEMS 技术和 GNSS 技术发展迅猛，在我国的两河口、苗尾、南水北调等工程中得到成功应用。

因此，本文通过 GNSS 获取边坡高精度表面变形，内部变形采用与 GNSS 连接的 MEMS 传感器进

作者简介：徐兰玉（1981—），女，高级工程师，主要从事水利工程监测及安全评价研究。

行，通过表面向内部逐步位移累加修正获得深部变形，结合新型嵌入式系统开发一款表面—内部一体化三维变形自动化测量装置。

2 表面—内部一体化变形监测装置

2.1 结构组成

表面—内部一体化三维变形自动监测装置包括地面变形监测组件和地下变形监测链，装置结构如图 1 所示。地面变形监测组件包括 GNSS 天线、仪器测量单元模块、供电模块和无线通信组网模块。地下变形监测链包括多个埋设于地下的变形监测单元，变形监测单元包括柔性连接、基于 MEMS 的姿态感知传感器、通信模块和锚固部件。姿态感知传感器固定在轴向导杆上，导杆一端柔性连接，另一端与锚固体连接，姿态感知传感器与通信模块通信连接。在两个变形监测单元之间，一个变形监测单元的柔性连接与另一个变形监测单元的锚固体连接。地面变形监测组件锚固于监测处的地面上，通过变形监测单元的柔性连接与地下变形监测链连接。

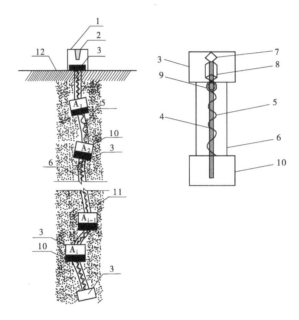

1—地面变形监测组件；2—GNSS；3—保护箱；4—导杆；5—电源及通信导线；6—波纹管；
7—柔性连接；8—通信模块；9—三轴加速度计；10—锚固体；11—土体颗粒；12—地面。

图 1 一体化装置整体结构示意图

地面变形监测组件与地下变形监测链通过钢筋混凝土测点墩连接，GNSS 通过柔性连接与地下变形监测链连接，由此保证地面变形监测组件和地下变形监测链的上部端点坐标一致，更好地实现数据整合。导杆则可以任意转动，以适应岩土体的变形。

2.2 原理及算法

根据变形传递原理，将地下三维变形采用逐段逼近的方法进行监测，通过各段测斜杆长来调整逼近精度。在逼近过程中假设各段变形能有测斜杆的倾斜度度量，将各段变形累加即可得到地下各点的三维变形。计算步骤如下：

（1）采用地面变形监测 GNSS 测量 t 时刻地面变形量。根据现场情况设置 X、Y、Z 轴方向，两两正交，一般 X 和 Y 为水平向，Z 为垂直向。各变形监测单元的柔性连接为坐标原点定义坐标系组为 $X_1-Y_1-Z_1$、$X_2-Y_2-Z_2$、$\cdots$、$X_i-Y_i-Z_i$，各坐标系组之间相互平行。采用地面变形监测组件获得 t 时刻的地面变形量，记为 $x_0(t)$、$y_0(t)$ 和 $z_0(t)$。

（2）根据 t 时刻测量的地面变形量，按式（1）~式（3）计算第 i 个地下变形监测单元对应点 $A(i)$ 的三维坐标（见图 2）。

$$x_n(t) = x_0(t) + \sum_{i=1}^{n} L_i(t) \sin\alpha_i(t) \tag{1}$$

$$y_n(t) = y_0(t) + \sum_{i=1}^{n} L_i(t) \sin\beta_i(t) \tag{2}$$

$$z_n(t) = z_0(t) + \sum_{i=1}^{n} L_i(t) \sqrt{[\cos\beta_i(t)]^2 - [\sin\alpha_i(t)]^2} \tag{3}$$

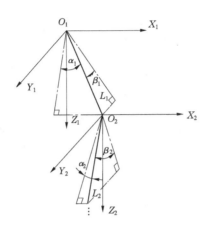

图2　变形单元三维坐标系

式中：$L_i(t)$ 为 t 时刻第 i 个变形监测单元内的单节测斜仪测得的导杆长度；$\alpha_i(t)$ 为第 i 个变形监测单元内对应导杆轴线与 Y_i - Z_i 面的夹角；$\beta_i(t)$ 为第 i 个变形监测单元内对应导杆轴线与 X_i - Z_i 面的夹角；$x_n(t)$、$y_n(t)$ 和 $z_n(t)$ 为 t 时刻地面下第 $A(n)$ 点的 X、Y、Z 向坐标，其中 $n = 1, 2, \cdots, i$。

（3）根据点 $A(i)$ t 时刻的三维坐标与初始时刻的三维坐标差，得到点 $A(i)$ 的三维变形值。

2.3　组网设计

针对边坡监测使用环境通常在无手机信号或者信号很差的问题，可采用专用无线网络覆盖方案，在此基础上可适配各类传感器快速搭建变形、环境等施工过程的安全监测，组网方式简便可靠。

除了采用无线自组网方式组网，该装置还可采用 NB-IoT、Mesh、Zigbee、LoRa、5G 等方式轻松进行自组网或融入公网，并同后台计算机或移动终端实现双向通信。

3　应用实例

3.1　工程概况

以某大型抽水蓄能电站为例，该电厂水工建筑物安装了多种监测仪器和监测设施，其中包括边坡深层位移监测设施。目前，边坡深层位移监测采用人工方式采集数据，数据实时性差，由于难以获得基准且中间环节过多，当结果或基础存在较大变形时，测量结果产生误差较大。鉴于该电厂西外坡因存在倾向坡外的 f207、f212 断层，影响边坡稳定性，该位置深层位移监测数据准确性对于电站安全运行尤为重要。

经现场踏勘，由于西外坡测点 IN5 历史观测资料显示变形特征比较明显，选择该点进行内外一体化变形自动监测系统建设。

3.2　现场应用

将 IN5 处深部位移监测与表面位移监测实施成地下地表一体化监测的方案，在地表施工观测墩，利用原深部位移监测测斜管 IN5 管口通过预埋的形式预定在观测墩内，表面位移监测 GNSS 测站底部固定于观测墩上，通过表面位移与深部位移之间的相互校核，实现地下地表一体自动化实施联动。

深部位移监测传感器选用 ADM 系列微机电加速度式传感器替代原有的活动式测斜仪，精度可达

0.1 mm，通过高度集成完美消除轴系间的误差，采用温区补偿模型消除了温飘，保证数据采集的稳定。GNSS 北斗表面变形测站选择 DT100 型 GNSS 设备，水平精度±2.5 mm，垂直精度±5 mm。

为保证该一体化变形装置设备适应地下恶劣环境，地下部分采用密封防水结构，防水等级达到 5 MPa。同时为提高系统的防雷能力，在仪器设备的电气特性上进行优化，在元器件选择、电路设计中充分考虑雷电电磁脉冲的作用，综合采用高性能芯片、电磁兼容设计和隔离光电耦合技术等，实现防雷电脉冲能力 2 000 V。在单节仪器采用 304 不锈钢材料，在仪器接头部位采用尼龙防水柔性结构，根据该材料的特征，可以实现抗拉强度 1 000 kN，现场测站布置如图 3 所示。

图 3　现场测站布置

系统实施后，可通过云平台实时获取内外变形监测数据，平台还具有云端综合处理、多样化图表展示、专业相关性分析、预警报警、报表统计上报等功能，提供安全可靠、实时全面、及时有效的信息服务，确保电站人员任何时间都可以及时掌握测点安全状态信息，见图 4。

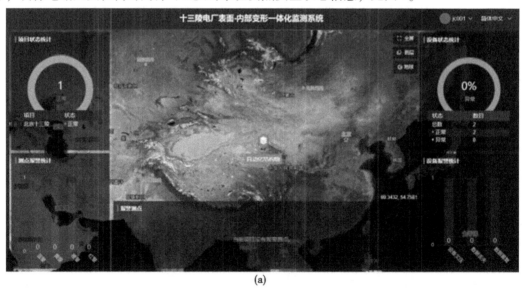

(a)

图 4　系统应用界面

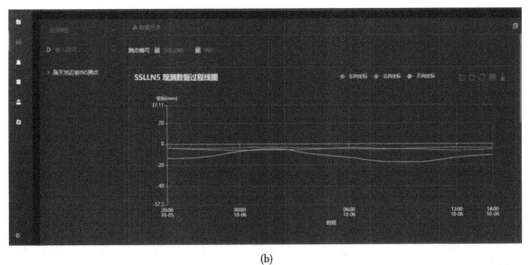

(b)

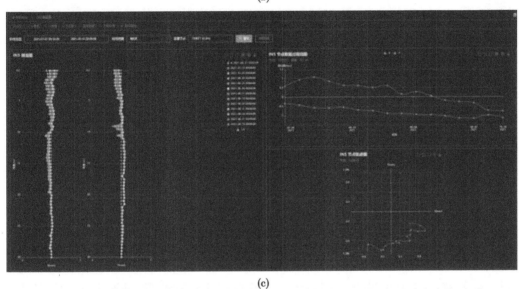

(c)

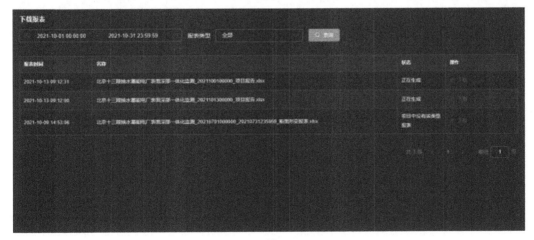

(d)

续图 4

系统建成后，运行稳定可靠，监测成果显示，该边坡深部位移测点数据与表面变形数据基本吻合，可达到内外部监测数据相互校准的效果。实时监测反映了测点的变形特征，给预警系统的可靠性奠定了基础，也为后续其他测点升级改造奠定了基础。

4 结语

采用表面 GNSS 技术结合 MEMS 传感监测技术，结合新型嵌入式系统开发一款表面—内部变形一体化自动化测量装置，可达到全方位的有效监测，内外变形数据相互校核，将更加准确可靠掌握边坡的实际运行状况。

表面—内部一体化自动监测装置的研究与应用对提高边坡安全监测技术水平、提高数据融合能力和软硬件一体化水平、确保工程安全运行具有重要意义。同时，还可推广到大型地下洞室、采空区、深埋地下隧道等应用环境。

参考文献

［1］陈贺，李亚军，房锐，等. 滑坡深部位移监测新技术及预警预报研究［J］. 岩石力学与工程学报，2015，34（S2）：4063-4070.

［2］张帅，贺拿，钟卫，等. 滑坡灾害监测与预测预报研究现状及展望［10.13393/j. cnki. issn. 1672-948X. 2021.05.007］. 2020-08-27 https：//doi. org/10.13393/j. cnki. issn. 1672-948X. 2021.05.007.

［3］钟成，李卉，项伟，等. Comprehensive Study of Landslides through the Integration of Multi Remote Sensing Techniques：Framework and Latest Advances［J］. Journal of Earth Science，2012，23（2）：243-252.

［4］徐茂林，张贺，李海铭，等. 基于测量机器人的露天矿边坡位移监测系统［J］. 测绘科学，2015，40（1）：38-41.

［5］吴浩，黄创，张建华，等. GNSS/GIS 集成的露天矿高边坡变形监测系统研究与应用［J］. 武汉大学学报（信息科学版），2015，40（5）：706-710.

［6］李治洪. GNSS 系统在黄金峡坝肩边坡变形监测中的应用［J］. 人民黄河，2021，43（1）：125-128.

［7］陈兴芳，张福存，王晓东，等. 基于时序 InSAR 技术的山体滑坡灾害监测研究［J］. 测绘工程，2020，29（5）：45-49.

［8］Casagli T，et al. Combination of GNSS，satellite InSAR，and GBInS AR remote sensing monitoring to improve the understanding of a large landslide in high alpine environment［J］. Geomorphology，2019，335：62-75.

［9］霍欣杰，崔磊，蒋国辉，等. 浅析三维激光扫描仪在边坡变形监测中的应用［J］. 测绘通报，2017，（11）：157-158.

［10］韩贺鸣，张磊，施斌，等. 基于光纤监测和 PSO-SVM 模型的马家沟滑坡深部位移预测研究［J］. 工程地质学报，2019，27（4）：853-861.

［11］张青. 滑坡地质灾害 TDR 监测技术研究［D］. 长春：吉林大学，2007.

［12］王文广，徐辉. 基于 MEMS 技术的基坑变形监测试验研究［J］. 工程勘察，2017，45（3）：12-16.

［13］郑天翱，蔡德所，陈声震，等. 基丁 MEMS 柔性测斜仪研制与性能试验研究［J］. 中国农村水利水电，2020，（7）：190-195.

［14］Bendea A C，A M M，I H. Improving GNSS Landslide Monitoring with the Use of Low-Cost MEM S Accelerometers［10.3390/app9235075］. 19 November 2019. http：//www. mdpi. com/journal/applsci.

城市雨污泵站流量率定技术研究与应用

史占红[1]　杜红娟[1]　蔡　钊[2]　孙京忠[1]

（1. 水利部南京水利水文自动化研究所，江苏南京　210012；
2. 南京水利科学研究院，江苏南京　210029）

摘　要：利用水泵原型性能试验台进行水泵出水流道流态特性试验，在不同工况条件下，同步开展水泵出水流道不同断面的流量测量，通过对比分析，掌握各工况条件下各测流断面流量测量误差变化规律，并通过 CFD 数模分析研究相应流态分布规律及对测流精度的影响。同时利用多点流速仪实测断面流速分布对 CFD 模型进行参数校核，采用物模–数模结合的技术手段，提出雨污排放泵站非标准断面高精度的流量率定方法。

关键词：雨污泵站；流量；率定；外夹式超声流量计；多点流速仪；CFD

1　引言

上海市水务局于 2021 年 6 月印发的《上海市城市内涝治理实施方案（2021—2025 年）》中要求至 2025 年，基本形成绿色源头削峰、灰色过程蓄排、蓝色末端消纳、管理提质增效的现代化内涝治理体系，排水防涝能力显著提升，内涝治理工作取得明显成效。主城区重点道路小时降雨 58 mm 不积水，严重影响生活秩序的易涝积水点 100% 消除。超标准降雨条件下少积水、退水快，基本保障城市安全运行。海绵城市建设区域达到城市建成区的 40%。至 2035 年，内涝治理体系进一步完善，排水防涝能力与上海社会主义现代化国际大都市定位相适应，总体消除防治标准内的城市内涝现象。

目前，上海市排水系统运行存在着排水量与供水量关系不匹配、排水系统地下水入渗情况严重等突出问题，严重影响排水系统整体运行效益的发挥。上海市中心城区雨污排放泵站建设较早，水泵类型多、运行时间长，经过长期使用和磨损，根据泵站额定功率计算排放量与实际排水量误差较大，导致污水处理厂出现脉冲运行，同时影响城市排涝泵站精细化调度，对河流水体纳污能力分析和水环境改善流量监测数据支撑不足。

针对上海市排水系统"雨污混接、泵站放江、污水处理能力不足"等问题，需对未安装流量计的雨水排放泵站通过水位功率及机组效率曲线推算排放流量进行率定方法研究，做好智慧排水基础数据分析支撑保障工作，摸排清楚污水系统运行情况家底，测算清楚排水系统"水量总账"，支撑排水基础数据梳理与分析工作[1]。

2　雨污排放泵站类型与特点

城市雨污排放智慧化、精细化管理系统需要掌握泵站的准确排水能力，实现对单泵及泵群进行精确调度，实现泵站无人值守，能使排水系统按照调度需求均衡地向目标输送，并最大程度地发挥泵站效率[2]。但雨污排放泵站流量的实时监测一直是泵站科学管理的难题，由于受雨污排放泵站的结构形式、设计布局及泵站的进出水管道形式等各方面因素的影响，对流量的测量存在很多困难[3]。

基金项目：中国水科院基本科研业务费专项项目（HY110145B0022021）。

基金项目：史占红（1978—），男，高级工程师，主要从事水利信息化与计量技术研究。

2.1 泵站类型与特点

目前，上海市主城区共有 328 个泵站，1 785 台水泵，污水输送水泵 935 台，放江水泵 850 台。污水输送泵站 140 个，610 台水泵；放江泵站有 71 个，282 台水泵；合流泵站 117 个，893 台水泵。不同类型水泵型号统计见表 1。

表 1　水泵类型及数量统计成果

序号	类型	泵站数量/个	污水输送水泵/台	放江水泵/台	水泵总数量/台
1	离心泵	89	319		319
2	潜水离心泵	151	476	22	498
3	混流泵	27	78	66	144
4	潜水混流泵	6	13	9	22
5	轴流泵	101	20	385	405
6	潜水轴流泵	85	25	368	393
7	螺旋泵	1	4		4
合计		328	935	850	1 785

污水输送泵站中离心泵和潜水离心泵应用较多，这两类泵站出水管径较小，直管段长，使用超声波流量计或电磁流量计即可实现流量实时监测，流量测量管道见图 1。污水输送节点泵站中混流泵应用较多，基本已装有流量计，而且水泵出水管口径较大，直管段较长，测流条件较好，测量管道见图 2。对于具有较好液体流态的测量管段，可采用高精度外夹式电磁流量计定期开展现场校准工作[4]。

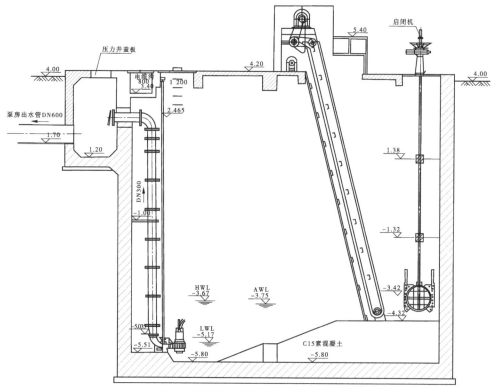

图 1　潜水离心泵污水输送泵站剖面图

图 2 混流泵污水输送节点泵站出口管道

雨水放江泵站中轴流泵和潜水轴流泵应用较多，每种类型的水泵型号也较多，出水口径大部分为500~1 400 mm，水泵进出水口段均需经过一段弯管，弯管前后直管段较短，不满足流量计的标准安装条件，泵站典型流道剖面见图 3。本研究主要是针对该类非标准测流条件下提高流量测量精度的方法。

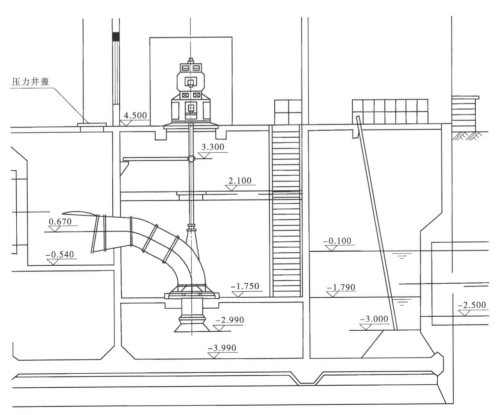

图 3 雨水放江泵站典型流道剖面

2.2 水泵时效特性分析

上海市中心城区雨污排放泵站建设年代较早，很多泵站管道埋在地下，当时没有安装流量计，也没有预留流量计安装位置，随着上海市城市化进程的发展，雨污排放量的数据准确性也日益重要，水泵出厂时的额定排水量与实际工况的抽水量误差较大，影响泵站精准调度。

安装运行后的水泵，其性能特性随着使用年限的增加会随之改变，其主要因素包括复杂输送介质影响，水泵内壁和叶轮磨损，摩阻系数增大，水头损失增大，水力运行效率降低；叶轮口环等密封元件磨损，泄漏量增加，导致容积损失增大；电机、轴承、联轴器等设备老化与磨蚀变形，缺少润滑导致运转阻力矩增加，机械损失增大；加工时微小的工艺缺陷造成汽蚀、腐蚀、化学侵蚀更加严重，使泵内产生空洞或裂缝，降低扬程、效率，可能引发安全事故；设备选型实际偏离高效区间，长期运行使以上问题显著放大。据相关生产厂家研究分析，铸铁叶轮生锈结垢导致水泵效率降低 3%，使用 5 年后效率降低近 6 个百分点，10 年以上部分铸铁叶轮生锈严重、口环磨损间隙加大后效率大幅下降 9% 以上；密封环磨损导致效率降低 3%；泵站现场实际运行的工况点因为偏离最优工况点，导致机组运行效率降低 3%。水泵机组水力性能时效特性对比分析见图 4[5]。

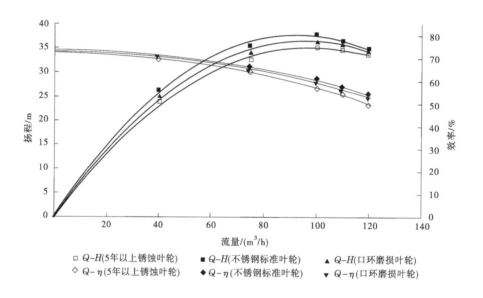

图 4　水泵机组水力性能时效特性对比分析

3　流量率定方案

为了检验非标准管道流量监测的精度，本研究利用上海凯泉泵业有限公司原型性能检测试验平台，通过同步比测轴流泵出水弯管段实测流量与长直管段标准流量，分析在水泵出口弯管段测流断面流态的分布规律与流量测量误差范围。物理模型试验的结果也可对 CFD 数学模型的结果进行验证，分析流量误差。采用物模试验-数学模拟相辅相成的技术手段，实现非标准断面流量测量方法。

该试验台轴流水泵为 900ZLB-100，出水管路安装有标准电磁流量计，前后直管段满足电磁流量计测流条件（前直管段 ≥5D，后直管段 ≥3D），可以测试在不同工况下出流管道 DN900 的轴流泵的标准流量，泵出口弯管与选取的上海雨水放江泵站 DN900 口径轴流泵出口条件类似，一截弯管、一截直管、一截弯管法兰拼接而成。试验现场情况见图 5、图 6。

图5 水泵试验台

图6 现场管段安装

试验方案如下：

（1）比测历时：工况稳定后测流历时2~3 min。

（2）流量记录：等间隔记录20组瞬时值，或记录累计值。

（3）比测时段：与试验台配置的标准流量计同步。

3.1 物理模型试验数据分析

试验管段及测量断面布置见图7。

其中，断面3为差压计；断面1为两台外夹式超声波流量计，Q1为插入式电磁流量计；断面2布置13台转子式流速仪；断面4为插入式超声流量计。

两套外夹式超声流量计安装于弯管段断面1处，分别为水平安装与45°角安装，与标准电磁流量计比测结果数据见表2。

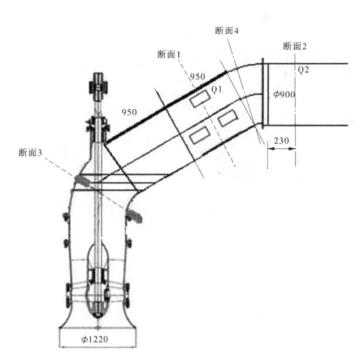

图 7   原型试验管段及测量断面布置示意图

表 2   外夹式超声流量计测量数据

工况	标准电磁流量计流量 / （m³/h）	外夹式超声流量计 1（水平）流量/（m³/h）	外夹式超声流量计 2（45°角）流量/（m³/h）	外夹式超声流量计误差/%		
				相对误差 1	相对误差 2	平均相对误差
1	5 068.270	4 523.292	4 758.530	-11	-6	-8
2	5 930.916	5 348.737	5 695.980	-10	-4	-7
3	6 353.196	5 684.640	5 729.390	-11	-10	-10
4	6 701.329	6 228.708	6 187.660	-7	-8	-7
5	7 224.785	7 007.396	7 110.590	-3	-2	-2
6	7 510.724	7 372.270	7 160.320	-2	-5	-3
7	8 026.467	8 011.683	7 575.750	0	-6	-3
8	8 340.474	8 406.346	7 824.230	1	-6	-3
9	8 449.236	8 631.681	7 724.500	2	-9	-3
10	8 550.981	8 804.077	8 085.820	3	-5	-1
11	8 072.954	8 123.368	7 452.260	1	-8	-4
12	7 578.262	7 490.291	7 228.140	-1	-5	-3
13	6 989.719	6 756.548	6 750.390	-3	-3	-3
14	6 552.916	6 278.884	6 269.660	-4	-4	-4
15	6 051.207	5 605.996	5 811.260	-7	-4	-6

多点流速仪安装于弯管出口处的直管段断面 2 处，用于测量断面流态分布以及与其他流量计流量比测分析，其安装位置如图 8 所示。

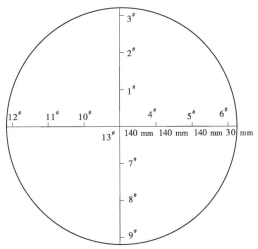

注：管内径 900 mm、水流方向往内

图 8　多点流速仪安装布置

多点流速仪测量数据按标准采用中心点流量计算方式和积分方式[6]，数据见表 3。

表 3　多点流速仪测量数据

工况	标准电磁流量计流量/（m³/h）	多点流速仪单点（$k=0.88$）流量/（m³/h）	多点流速仪（积分）流量/（m³/h）	多点流速仪	
				单点相对误差/%	积分相对误差/%
1	5 068.270	5 197.244	4 085.825	3	−19
2	5 930.916	5 848.212	5 011.024	−1	−16
3	6 353.196	6 154.202	5 662.186	−3	−11
4	6 701.329	6 495.635	6 209.605	−3	−7
5	7 224.785	7 340.357	7 033.213	2	−3
6	7 510.724	7 609.723	7 503.021	1	0
7	8 026.467	8 459.171	8 434.543	5	5
8	8 340.474	8 763.980	8 710.447	5	4
9	8 449.236	8 388.285	8 484.698	−1	0
10	8 550.981	8 525.331	8 595.036	0	1
11	8 072.954	8 019.679	8 096.987	−1	0
12	7 578.262	7 619.175	7 586.393	1	0
13	6 989.719	6 994.198	6 745.039	0	−4
14	6 552.916	6 416.479	6 173.674	−2	−6
15	6 051.207	6 095.131	5 497.594	1	−9

两套插入式超声流量计安装于弯管处断面 4，其测量数据见表 4。

表 4　插入式超声流量流量计测量数据

工况	标准电磁流量计流量/（m³/h）	插入式超声流量计 1 流量/（m³/h）	插入式超声流量计 2 流量/（m³/h）	插入式超声流量计平均流量/（m³/h）	插入式超声流量计相对误差/%
1	5 068.270	6 464.07	7 160.22	6 812.145	34
2	5 930.916	7 222.22	7 315.74	7 268.98	23
3	6 353.196	7 150.84	7 630.3	7 390.57	16
4	6 701.329	7 929.15	6 756.33	7 342.74	10
5	7 224.785	8 714.35	8 654.74	8 684.545	20
6	7 510.724	8 143.17	7 777.74	7 960.455	6
7	8 026.467	8 039.04	7 607.28	7 823.16	−3
8	8 340.474	8 068.97	8 587.00	8 327.985	0
9	8 449.236	10 084.08	8 649.46	9 366.77	11
10	8 550.981	7 975.05	7 369.08	7 672.065	−10
11	8 072.954	7 433.63	7 972.53	7 703.08	−5
12	7 578.262	7 783.20	6 704.57	7 243.885	−4
13	6 989.719	7 047.50	8 955.40	8 001.45	14
14	6 552.916	7 140.52	6 470.85	6 805.685	4
15	6 051.207	8 166.55	8 587.96	8 377.255	38

插入式电磁流量计安装在弯管处断面 1，其测量数据见表 5。

表 5　插入式电磁流量计测量数据

工况	标准电磁流量计流量/（m³/h）	插入式电磁流量计流量/（m³/h）	插入式电磁流量计修正值（k=1.25）流量/（m³/h）	插入式电磁流量计相对误差/%
1	5 068.270	3 126.856 0	3 908.570	−23
2	5 930.916	3 592.679 7	4 490.849 6	−24
3	6 353.196	4 082.538 5	5 103.173 1	−20
4	6 701.329	4 896.299 3	6 120.374 2	−9
5	7 224.785	5 434.228 4	6 792.785 6	−6
6	7 510.724	5 739.818 0	7 174.772 4	−4
7	8 026.467	6 661.164 6	8 326.455 8	4
8	8 340.474	6 647.430 2	8 309.287 8	0
9	8 449.236	6 823.687 9	8 529.609 8	1
10	8 550.981	7 331.859 2	9 164.824 0	7
11	8 072.954	6 833.988 6	8 542.485 8	6
12	7 578.262	5 956.134 1	7 445.167 7	−2
13	6 989.719	5 367.845 7	6 709.807 1	−4
14	6 552.916	4 938.647 0	6 173.308 7	−6
15	6 051.207	4 047.058 1	5 058.822 6	−16

各流量计比测误差分布如图 9 所示。

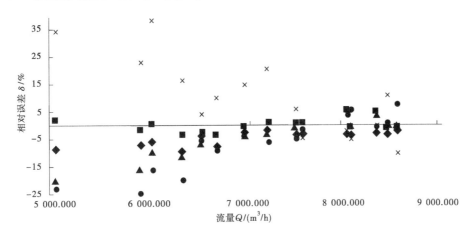

图 9　各流量计比测误差分布

试验台水泵测得的流量效率曲线如图 10 所示。

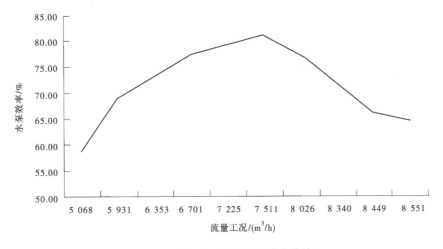

图 10　水泵流量效率曲线

从比测数据误差分析可以看出，在水泵出口处使用各种类型测流设备在水泵启泵稳定后的较高效率试验区（6 700~8 000 m³/h），流量测量误差基本可控制在 10% 之内。根据各设备的安装运维方便程度、用户使用需求，可选择高精度外夹式超声流量计进行校准，在测试流量范围内，相对误差基本可控制在 10% 之内，在水泵高效运行区，其流量测量误差可控制在 5% 之内。多点流速仪作为测试管道内流态的传统测量方法，可测量断面各点流速分布，在水泵平稳运行后，其流量误差可控制在10% 之内，在水泵高效运行区，流量误差可控制在 5% 之内。

3.2　数学模型对比分析

依据轴流泵扇叶、导流叶片、管道的几何尺寸、安装位置以及各实际物理尺寸建立了三维模型，并进行了泵站计算流体力学（CFD）模拟[7]，其三维模型和网格划分如图 11 所示。由于考虑到轴流泵叶片旋转过程中使用滑移网格模型进行网格更新，因此使用非结构化网格划分的方法，将流体计算域散成一系列的控制体进行 CFD 模拟，同时采用局部细分方法（subdivision method）对网格进行了细化，以提高网格质量。划分后初始网格数量分为 0.79（网格扭曲度小于 0.9 的网格是进行较好流体模拟的前提，且扭曲度越小越好）。

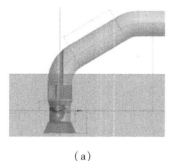 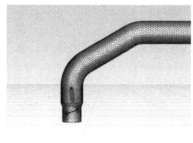 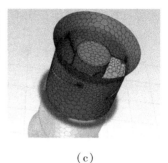

（a） （b） （c）

图 11 试验水泵三维立体模型

在 CFD 模拟研究中，至少涉及两个相的模拟，即水和空气，流体计算域中不仅有空气还有水，因此必须使用到多相流模型［VOF（Volume Of Fuild）模型］，是建立在固定的欧拉网格下的表面跟踪办法。建立在两种或者多种流体（或相）不相互混合的前提下，当需要得到一种或者多种互不相融的流体交界面时，采用 VOF 模型。使用 VOF 模型模拟水和空气两相流的运动，其动量方程为：

$$\frac{\partial}{\partial t}(\rho u_j) + \frac{\partial}{\partial x_i}(\rho u_i u_j) = -\frac{\partial P_s}{\partial x_j} + \frac{\partial}{\partial x_j}\mu\left(\frac{\partial u_i}{\partial x_j} + \frac{\partial u_j}{\partial x_i}\right) + \rho g_j + F_j \qquad (1)$$

式中：u 为速度矢量；P_s 为压力；μ 为动力黏度；F 为体积力。

在 VOF 模型中不同相（本研究为水和空气）的体积比可由方程得到：

$$\frac{1}{\rho_q}\left[\frac{\partial}{\partial t}(\alpha_q \rho_q) + \nabla \cdot (\alpha_q \rho_q \vec{v_q}) = S_{\alpha q} + \sum_{p=1}^{n}(\dot{m}_{pq} - \dot{m}_{qp})\right] \qquad (2)$$

式中：α_q 为流体在一个离散单元 q 中的体积占比；$S_{\alpha q}$ 为源项，默认为零；$\dot{m}_{qp}$ 为其中一个相 q 到相 p 的转换质量；$\dot{m}_{pq}$ 为其中相 p 到相 q 的转换质量。

在 VOF 模型中，不同的流体组分共用一套动量方程，通过引进相体积分数这一变量，实现对每一个计算单元相界面的追踪。在每个控制容积内，所有相体积分数额总和为 1。所有变量及其属性正在控制容积内各相共享，并且代表了容积平均值。这样，在任何给定控制容积内的变量及其属性纯粹地代表了一相或者相的混合，并且由相体积分数决定。在单元中，若第 q 相流体体积分数为 αq，那么可能存在以下三种情况：

（1）$\alpha q = 0$：单元里不存在第 q 相流体。

（2）$\alpha q = 1$：单元里充满了第 q 相流体。

（3）$0 < \alpha q < 1$：单元里包含了第 q 相流体和其他相（流体）的界面。

基于 αq 的局部值，适当的属性和变量在一定范围内分配给每一个控制单元。所使用的模型参数和求解方法如表 6 所示。

表 6 模拟的模型求解参数

模型		参数内容
求解模型	湍流模型	RANS 的 realizable k-ε 模型
求解方法	压力-速度组	半隐式连接压力方程方法（SIMPLE）
	空间离散	梯度：基于单元体的最小二乘法插值
		压力：急剧变化（PRESTO!）
		动量（Momentum）：二阶订正迎风
		湍动能（Turbulent Kinetic Energy）：二阶订正迎风
		湍动能耗散项（Turbulent Dissipation Rate）：二阶订正迎风

其中，变化最大的是滑移网格运动过程中轴流泵叶片附近的网格，为保证计算的精度，在模拟计算时对轴流泵叶片附近的网格状态进行监控，同时计算过程的速度、k 值、ε 值和流动连续性均在 3 000 步长后收敛，说明计算过程合理，模拟结果的准确性有保障。轴流泵计算模拟结果的剖面流速分布见图 12。

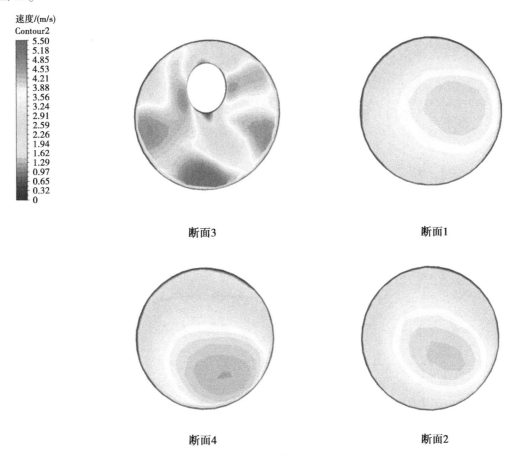

图 12　CFD 模拟剖面流速分布

在本模型中，泵管内的流量约为 8 133 m³/h，因此对试验工况为 11 和试验中工况 11 的多点流速仪数据进行对比，其中在断面 2 上模拟的流速分布结果见图 13。

图 14 给出了模拟结果与转子流速仪试验结果在水平方向和垂直方向上的对比，在整体的对比上，试验结果和模拟结果在管道的中间部分吻合度较高，即在管道的正中心位置区域，无论是水平方向还是垂直方向，吻合度均较高。但在管道的边沿部分存在一定的差别，即图 14 中的 A 和 B 两处。

造成这两个区域吻合度不高的原因分析：①断面 2 的位置装有 13 个转子流速仪，它们对流场形态会产生相互影响，可能造成管道边缘流速大于中心区域的情况；②试验中使用了球形阀，但模拟中无此装置，可能对试验中管道内，特别是贴近管道的流速有一定影响。这种现象从试验数据，即不同工况下水平和垂直流速分布可看出，球形阀对流场的分布影响较大。但从总体试验数据对比分析可知，模拟数据与试验数据吻合度较高，具有较高的借鉴意义和实际指导作用。

4　结语

雨污排放泵站在城市防洪、市政排污、调水工程等方面发挥着巨大的作用，但是污水排放泵站流量的实时监测一直是泵站科学管理的难题，由于受雨污排放泵站的结构形式、设计布局及泵站的进出水管道形式等各方面因素的影响，对流量的实际测量存在很多困难，准确地测出雨污排放水泵在各种

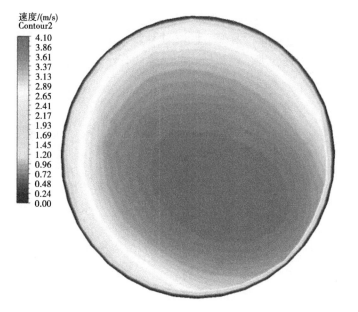

图 13　断面 2 位置的流速模拟结果

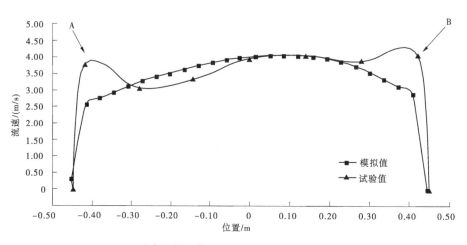

(a)垂直方向上模拟值和试验值的对比

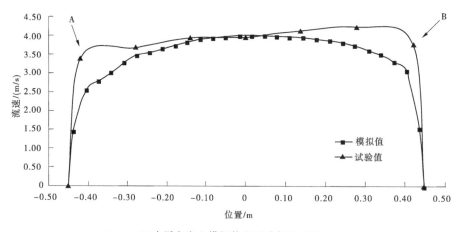

(b)水平方向上模拟值和试验值的对比

图 14　断面 2 位置转子流速仪试验结果和模拟结果的对比

工况下的流量和效率，对于实现雨污排放泵站的高效运行和经济核算至关重要，也为雨污排放泵站节能和技术改进提供科学依据。本研究通过物理模型试验，提出了外夹式超声流量计现场流量率定方法，利用 CFD 仿真模拟结合实测流速验证的方法可得知测量部位的流速径向分布，不仅可以和测量的试验结果相互验证，根据此径向分布的拟合曲线，可提供较为准确的流速-流量校准方法。在推广应用阶段，CFD 可结合外夹式超声波流量计、多点流速仪等测流方法形成试验-模拟相辅相成的技术手段，建立实时、准确、高效的泵站流量率定方法。

参考文献

［1］周骅．上海市排水除涝"量质并举"的分析与展望［J］．中国市政工程，2021（4）：30-32，106．

［2］张燕剑．基于管网水量分析的排水泵站智能调度方法［J］．智能建筑与智慧城市，2019（5）：115-117，123．

［3］马振军，李永．市政排水管网设计过程中重点、难点分析［J］．林业科技情报，2021，53（1）：91-92．

［4］张东飞，耿存杰，李长武．JJF（苏）228-2019《电磁流量计在线校准规范》解读［J］．中国计量，2019（12）：128-129．

［5］张雪蕊．低扬程大流量离心泵的高效率节能技术研究［J］．广东建材，2021，37（8）：60-62．

［6］泵站现场测试与安全检测规程：SL 548—2012［S］．

［7］周济人，汤方平，石丽建，等．基于 CFD 的轴流泵针对性设计与试验［J］．农业机械学报，2015，46（8）：42-47．

巢湖水质水量高分遥感监测业务应用探讨

智永明[1,4]　曾青松[2]　张　成[3]　王　猛[1,4]　韩继伟[1,4]　张利茹[1,4]

（1. 水利部南京水利水文自动化研究所，江苏南京　210012；

2. 合肥水文水资源局，安徽合肥　230000；

3. 安徽省高速公路路政支队，安徽合肥　230022；

4. 水利部水文水资源监控工程技术研究中心，江苏南京　210012）

摘　要：巢湖是我国重要湖泊之一，针对湖泊的污染物监测技术研究正逐渐受到重视，我们开展巢湖高分遥感水质监测研究，根据水华图像的浓淡程度，自动提取水华污染程度数据，实现半定量计算湖泊的污染物总量；依据 2016 年典型高分遥感影像自动提取巢湖水面积数据及对应的实测水位值，拟合出巢湖容积计算公式，实现巢湖容积在线测量；利用雷达遥感卫星，可不受天气影响，持续对巢湖及周边地区进行遥感监测，光学遥感卫星进行补充加密，实现日常监测频率至少每周一次，应急时，观测频率可达每日 1~2 次，基本满足巢湖水系汛情遥感监测业务需要。上述高分遥感影像在湖泊水质水量监测业务应用的探讨研究，可为水资源管理和防汛指挥调度提供有效技术支撑。

关键词：雷达遥感影像；光学遥感影像；MODIS 遥感影像；蓝藻监测；水面积自动提取

1　引言

针对湖泊水污染遥感监测的研究，我国已取得不少成果，如吕恒等[1]总结分析了国内外 3 种湖泊水质参数反演模型的优劣；王彦飞等[2]针对 HJ-1A HSI 数据，开展巢湖水质监测适宜性评价；徐雯佳等[3]利用 MODIS 第一波段数据建立叶绿素 a 浓度遥感模型；朱利等[4]利用 GF-1 WFV 数据，对太湖叶绿素 a 浓度、悬浮物、透明度和富营养化等的空间变化规律开展研究，得出 GF-1 WFV 数据能够有效地用于水质环境监测。

中国高分辨率对地观测系统（高分专项），是《国家中长期科学和技术发展规划纲要（2006—2020）》16 个重大专项之一[5]，2010 年启动实施，目前已经全部成功发射并正常卜传数据，形成全天候、全天时、全球覆盖的遥感探测能力，实现卫星资源的国产化和自主化，很大程度上实现了对国外同类型卫星数据替代，到 2020 年，已建成先进的陆地、大气、海洋对地观测系统，为现代农业、防灾减灾、资源环境、公共安全等重要领域提供服务，确保掌握信息资源自主权，促进形成空间信息产业链。水利行业遥感技术应用也初见成效，随着高分遥感影像数据资源的不断丰富，一定会进入遥感应用的普及发展期[6]。

巢湖属长江左岸水系，多年平均水位 8.52 m（吴淞高程），共有出入湖河流 40 条，每年的 4—10 月为巢湖蓝藻监测期，同时也是巢湖汛情观测期。由于不同水体的水面性质、水体中悬浮物的性质和含量、水深和水底特性等不同，从而形成传感器上接收到的反射光谱特征存在差异，为遥感探测水体提供了基础[7]。前期研究表明，对比 GF-1 WFV 传感器与 HJ-1A CCD 传感器，发现两者波段设置较为一致，水色要素监测结果近似，间接说明 GF-1 WFV 传感器数据反演水质参数具有可靠性[4]。

作者简介：智永明（1966—），男，高级工程师，主要从事土壤水分自动监测技术、水文仪器检定试验装备、高分遥感水文应用等。

2 高分遥感水质监测应用

2.1 MODIS 遥感水质监测

巢湖管理局在 2018 年上线了巢湖蓝藻应急防控结果遥感数据，选用的是 MODIS 遥感卫星数据，优点是尺度大、时间频率高，每天都有遥感影像数据，缺点是空间分辨率低，分辨率为 250 m、500 m 和 1 000 m。根据 2020 年 8 月 22—28 日巢湖蓝藻应急防控监测结果，其中 23 日、24 日、27 日监测到有效水华，图 1 为 27 日巢湖水华 MODIS 监测数据，22 日、25 日、26 日、28 日巢湖部分水域被云覆盖，未监测到有效水华。27 日巢湖水域水华面积约 181 km²，主要分布在西半湖和东半湖东北部区域，占巢湖水域面积的 23.7%。水体水色参数主要包括浮游植物、悬浮物质和有色可溶性有机物等。这些水色参数浓度的变化，会引起水体生物光学特性和水面反射率的改变。利用遥感技术能够根据水体光谱特征与水色参数间的关系建立反演模型，从而得到水色参数[8]。

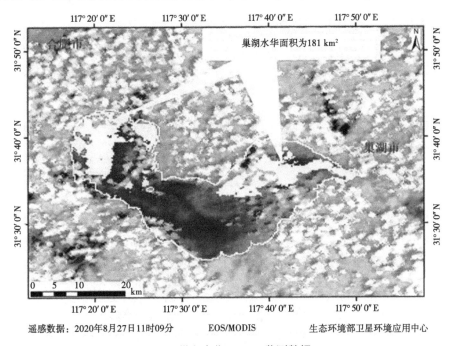

遥感数据：2020年8月27日11时09分　　　　EOS/MODIS　　　　生态环境部卫星环境应用中心

图 1　巢湖水华 MODIS 监测数据

2.2 高分遥感与 MODIS 影像观测对比

我们选取了 2019 年 6—10 月巢湖蓝藻监测 5 组数据（数据来源：巢湖管理局网站），参见图 2（b）。对应做了高分遥感蓝藻监测 5 组数据，参见图 2（a）。

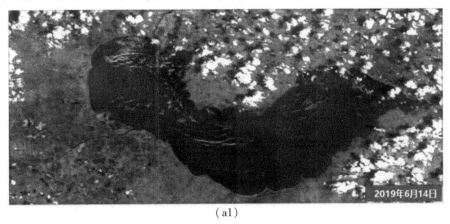

（a1）

（a）高分遥感蓝藻监测数据

图 2　高分遥感与 MODIS 蓝藻监测数据对比

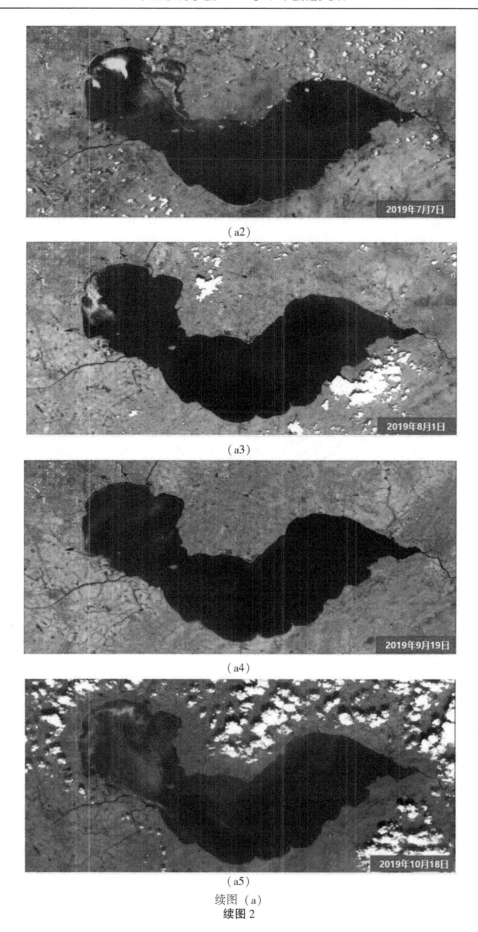

（a2）

（a3）

（a4）

（a5）

续图（a）

续图 2

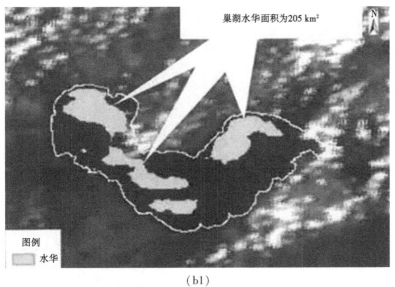

（b1）

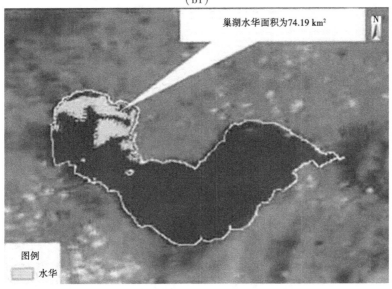

（b2）

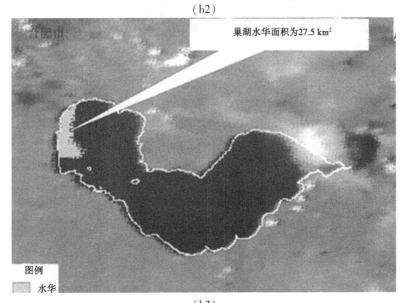

（b3）

（b）MODIS 蓝藻监测数据

续图 2

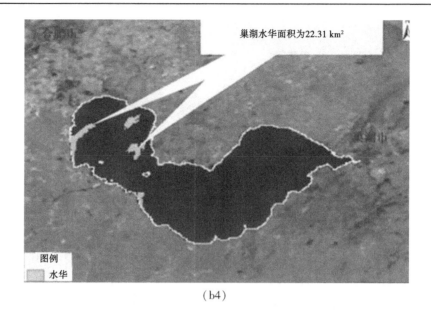

（b4）

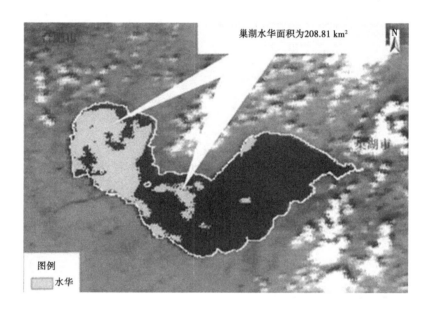

（b5）

续图（b）

续图 2

表 1 为图 2（b）MODIS 蓝藻监测规模面积及占比数据，MODIS 遥感数据可以实现水华面积和水域面积的自动提取，并计算水华占比，如果想进一步提取水华污染程度数据，由于 MODIS 的分辨率太低，根本无法提取，只能定性评估。而从图 2（a）高分遥感蓝藻监测数据来看，除可以实现水华面积和水域面积的自动提取，并计算水华占比外，还可以根据水华图像的浓淡程度，进一步自动提取水华污染程度数据，实现水华程度数据自动提取，这都是源于高分遥感的高分辨率数据的细节展示水平，可实现半定量评估，大大提升巢湖水质遥感监测自动化水平和污染物总量计算精度，后续将继续开展相关研究。

表 1   MODIS 蓝藻监测规模面积及占比

日期/年-月-日	水华面积/km²	巢湖面积占比/%
2019-06-14	205.00	26.80
2019-07-07	74.19	9.75
2019-08-01	27.50	3.61
2019-09-19	22.31	2.93
2019-10-18	208.81	27.40

3   高分遥感水量监测应用

3.1   高分遥感水量监测

近年来，我国水资源管理要求实现总量动态管理，对于巢湖等重要大型水流域的动态入湖水量、动态排水量及动态存量最好可实现实时动态计量。图 3 是我们采用 2016 年 2—12 月的 11 组巢湖高分遥感影像，自动提取的巢湖水面积数据，11 组遥感影像时间对应的巢湖低水位为 8.52 m，高水位为 11.97 m，参见表 2。

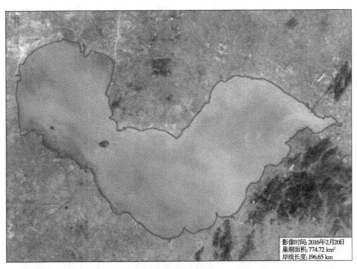

影像时间:2016年2月20日
巢湖面积:774.772 km²
岸线长度:196.65 km

（a）

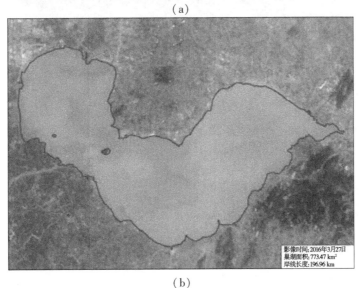

影像时间:2016年3月27日
巢湖面积:773.47 km²
岸线长度:196.96 km

（b）

图 3   2016 年巢湖高分遥感影像水面积自动提取数据

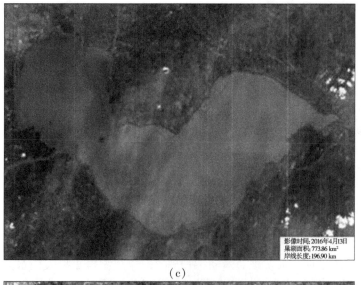

（c）

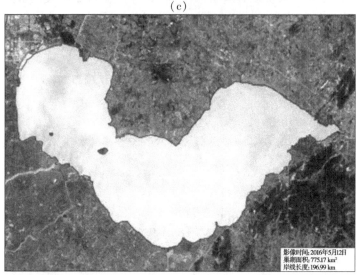

（d）

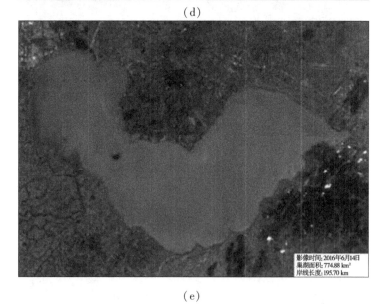

（e）

续图 3

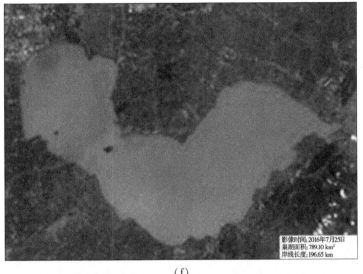

（f）

（g）

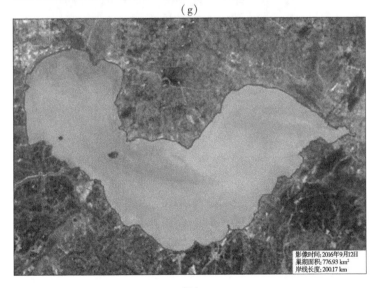

（h）

续图 3

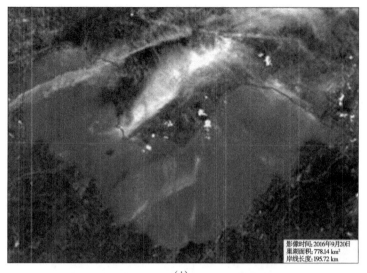

影像时间: 2016年9月20日
巢湖面积: 778.14 km²
岸线长度: 195.72 km

（i）

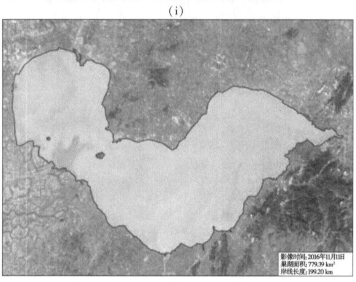

影像时间: 2016年11月11日
巢湖面积: 779.39 km²
岸线长度: 199.20 km

（j）

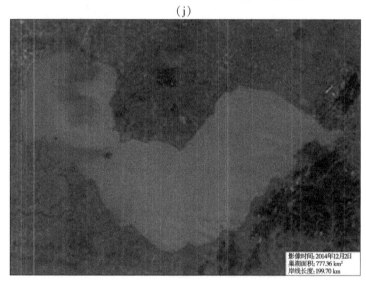

影像时间: 2014年12月2日
巢湖面积: 777.36 km²
岸线长度: 199.70 km

（k）

续图 3

表 2　基于巢湖高分遥感影像的水位/面积-容积关系数据

数据类型	时间 （年-月-日 T 时：分：秒）	水位 /m	水面面积 /km²	巢湖容积（水位-面积） /亿m³	巢湖容积（水位-容积） /亿m³	相对误差 /%
历史资料		6.00	560.00	3.50	2.52	-27.91
历史资料		8.00	764.00	17.86	17.85	-0.08
历史资料		8.52	769.00	21.86	21.86	0.00
GF1-WFV	2016-03-27T11：21：27	8.52	773.47	21.86	21.86	0.00
GF1-WFV	2016-04-13T11：35：35	8.69	773.86	23.18	23.18	0.00
GF1-WFV	2016-02-20T11：42：10	8.94	774.72	25.11	25.11	0.01
GF1-WFV	2016-05-12T11：42：52	9.03	775.17	25.81	25.81	0.01
GF1-WFV	2016-12-02T11：21：13	9.24	777.36	27.44	27.44	0.01
GF1-WFV	2016-09-12T11：43：53	9.36	776.93	28.37	28.37	0.01
GF1-WFV	2016-06-14T11：48：01	9.40	774.88	28.68	28.68	0.01
GF1-WFV	2016-09-20T11：39：01	9.40	778.14	28.68	28.68	0.01
GF1-WFV	2016-11-11T11：09：16	9.51	779.39	29.54	29.54	0.00
GF1-WFV	2016-08-30T11：27：42	9.68	778.87	30.86	30.86	0.00
GF1-WFV	2016-07-25T11：48：28	11.97	789.10	48.82	48.82	0.01
历史资料		12.00		48.91	49.06	0.30

　　表 2 中巢湖容积（水位-面积）数据是根据水位数据和高分遥感影像自动提取的水面面积，以及历史资料计算得出的，作为巢湖的实际容积数据。巢湖容积（水位-容积）数据模型是根据 11 组水位数据和巢湖容积（水位-面积）（对应高分影像）数据拟合出的数学关系式，见式（1），相关性 $R^2 = 1$，见图 4，其中 h 为水位值，V 为容积值，作为巢湖的在线机测容积数据。从相对误差的数据来看，巢湖水位在 8~12 m（高水位），该水位-容积拟合的数学公式，通过分段（低水位、高水位）率定数学公式，控制误差精度，得出的相对误差≤1%，巢湖忠庙警戒水位 10.5 m，保证水位 12.5 m，式（1）基本可以满足巢湖容积日常在线监测需求。表 2 中历史资料水位 6 m 时，相对误差较大，原因是水位 8 m 以下相关数据缺失，后续将继续开展有关研究，建立巢湖水位 8 m 以下的巢湖遥感影像数据，补齐低水位相关数据，拟合巢湖低水位 6~8 m（低水位）数学关系式，实现全水位巢湖容积拟合计算，有效控制误差精度。

$$V = 0.023\,5h^2 + 7.332\,5h - 42.318 \tag{1}$$

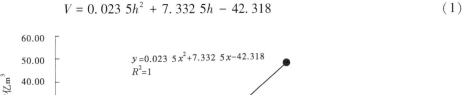
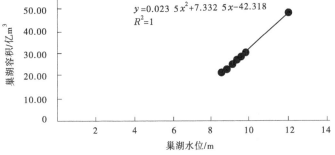

图 4　巢湖水位-容积数据拟合模型

3.2 巢湖容积遥感在线监测

图 5 是基于高分遥感影像的巢湖容积在线监测软件，根据在线实测的水位值，实时计算巢湖容积，实现了巢湖容积在线测量。图 5（c）是 2016 年巢湖水位-容积过程线，图 5（d）是 2016—2019 年历年同期水位-容积对比数据。

（a）

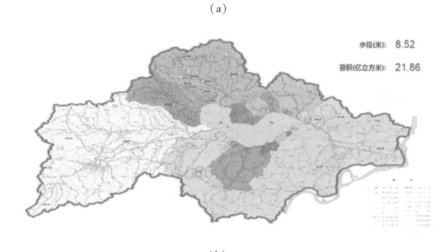

（b）

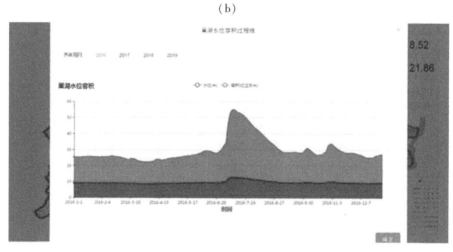

（c）

图 5　巢湖容积遥感在线监测

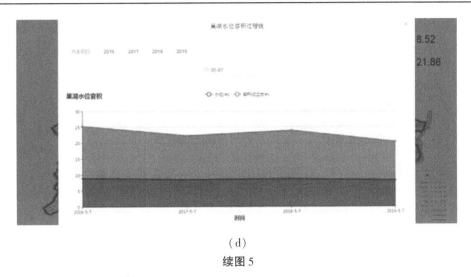

（d）

续图 5

3.3 巢湖水系汛情遥感监测方案

受强降雨影响，2020 年巢湖流域发生了超历史水位，面对严峻的汛情形势，目前技术可以实现每日为防汛指挥部推送最新光学、雷达影像，开展卫星遥感应急数据处理工作，为巢湖汛情调度提供技术支持。图 6 为高分三号 7 月 28 日 6 时 45 分影像数据[9]，进行水域提取和时空变化监测，获取巢湖水系及周边区域洪涝灾害水域动态变化情况。

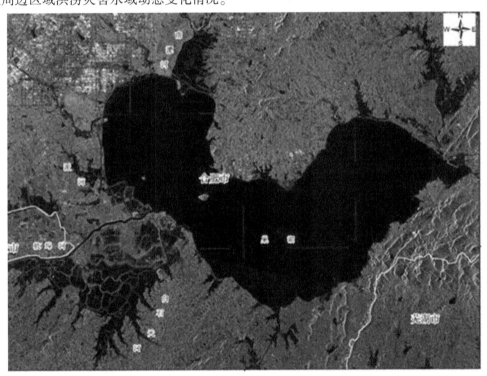

比例尺 1：200 000
高分三号卫星2020年7月28日观测

图 6　巢湖水系 7 月 28 日高分雷达遥感影像

巢湖水系汛情遥感日常业务监测，可利用雷达遥感卫星，不受天气的影响持续对巢湖及周边地区进行遥感监测，主要是高分三号卫星，适当结合哨兵一号卫星，监测频率为每周一次，汛期可加密实现两天一次。除雷达遥感卫星外，还可用高分一号、高分二号和高分六号等光学遥感卫星进行补充加密，监测频率每周一次。应急时，可调动高分四号光学遥感卫星对巢湖流域进行观测，观测频率可达每日一至两次。结合巢湖流域汛期时段，从 6—10 月采用卫星遥感数据对巢湖流域水体面积进行提取和分析，每周提交两次分析报告，基本满足巢湖水系汛情遥感监测业务需要，可为防汛指挥调度提供及时技术支撑。

4 结语

高分遥感卫星对地观测，目前已形成全天候、全天时、全球覆盖的遥感探测能力，实现了卫星资源的国产化和自主化。巢湖作为我国重要湖泊之一，开展高分遥感水质水量监测业务应用探讨研究，具有现实迫切性。充足的高分遥感影像数据，是开展巢湖水质水量日常监测和应急监测的重要保证，ENVI 等遥感影像处理技术极大提升了遥感影像提取效率，水面面积等要素的自动提取技术应用，使遥感影像监测可实现业务级应用，如每周上报，应急时每日上报数据成为可能。针对高分遥感水利水文行业应用，后续将继续开展水体要素信息图像自动提取技术研究，进一步提升高分遥感业务应用智能化水平，有效支撑水利水文行业现代化治理能力。

参考文献

[1] 吕恒，江南，李新国.内陆湖泊的水质遥感监测研究［J］.地球科学进展，2005，20（2）：185-192.

[2] 王彦飞，李云梅，吕恒，等.环境一号卫星高光谱遥感数据的内陆水质监测适宜性——以巢湖为例［J］.湖泊科学，2011，23（5）：789-795.

[3] 徐雯佳，杨斌，田力，等.应用 MODIS 数据反演河北省海域叶绿素 a 浓度［J］.国土资源遥感，2012，24（4）：152-156.

[4] 朱利，李云梅，赵少华，等.基于 GF-1 号卫星 WFV 数据的太湖水质遥感监测［J］.国土资源遥感，2015，27（1）：113-120.

[5] 国务院.国家中长期科学和技术发展规划纲要（2006—2020）.2006.

[6] 水利部.关于印发 2020 年水利工程建设工作要点的通知.2020.

[7] 梅安新，彭望琭，秦其明，等.遥感导论［M］.北京：高等教育出版社，2015.

[8] 邓书斌，陈秋锦，杜会建，等.ENVI 遥感图像处理方法［M］.北京：高等教育出版社，2017.

[9] 巢湖汛情简报.汛情遥感监测（2020 年 7 月 29 日）.

多普勒流速仪在小浪底水文站实践应用

李建平　左　超

（河南黄河水文勘测规划设计院有限公司，河南郑州　450004）

摘　要：多普勒流速仪已广泛应用于水文测验，为智慧水文提供技术支持。由于受小浪底水库调节和非汛期西霞院反调节水库回水影响，小浪底水文站在多普勒流速仪比测试验中出现异常，测验数据部分偏差较大，通过调节参数，不能获得满意效果、实现生产应用。实践应用中，通过对多普勒流速仪测验数据二次处理，扩大使用范围，能够实现多普勒流速仪在不同条件下的实践应用，为智慧水文提供更多方式方法。

关键词：小浪底水文站；比测试验；多普勒流速仪；探讨

1　ADCP 比测试验

小浪底水文站上距小浪底大坝坝址约 4 km，下距西霞院坝址约 12 km。汛期洪水受小浪底水库下泄调节影响，水位涨落变化较大，下游接西霞院反调节水库，受变动回水影响较大。受西霞院蓄水影响，非汛期测验河道内水草滋生，对流速仪法流量测验仪影响较大。

小浪底水文站采用流速仪法进行流量测验时使用 LS25-3 型流速仪，流速仪安装在铅鱼上，利用吊船作为渡河设备进行测验。垂线流速采用 0.2、0.6、0.8 水深施测，100 s 历时，人工操作为主。测验数据和精度能够满足规范[1]比测试验要求。

采用 ADCP 进行流量测验时，一般利用冲锋舟作为渡河设备进行测验，施测位置一般设在流量测验断面下游 10~60 m 范围的河段内，施测时间与流速仪施测期间同步。在此时段内施测两个测回，计算其平均值作为 ADCP 同步所施测的流量，同时要满足每半测回流量值与平均值的偏差不大于 5%，符合相应规范[2]要求。

2　比测计算

2.1　数据来源

从 2012 年以来，小浪底水文站对流速仪和 ADCP 流量进行了对比观测，比测期间影响测验数据的因素较多，但主要是水草和含沙量。由于分析时采用流速仪的数据作为标准，而水草对流速仪的影响较大，为了更加准确、客观地进行数据分析，因此数据选择水草少或无水草期间流速仪与 ADCP 的比测数据。比测试验数据较多，样本共有 64 个数据。

进行比测试验结果，以流速仪测流数据为标准，用 ADCP 测流数据与流速仪测流数据进行分析。虽然 ADCP 测流在流速仪测流期间进行 2 个测回（一次测流），取其平均值作为流量测验成果，但是 2 个测回的测验时间约为 30 min，而一次流速仪测验时间约为 90 min，因此并不能真正地同步测验。

作者简介：李建平（1966—），男，高级工程师，主要从事水利工程及水文自动测报系统设计。

2.2　数据计算

数据计算时采用两种方法进行：一种是用 ADCP 流量数据与流速仪流量数据直接比较大小；另一种是用两种数据建立各自的水位流量关系，利用同一水位在两关系线上分别进行查算推流，并对结果比较分析。

（1）数据直接比较法。对 ADCP 与流速仪两种流量结果直接进行比较，见表 1。

表 1　相对误差统计　　　　　　　　　　　　　　　　　　　　　　　%

误差最大值	<±5%的比例	≥±5%的比例	<±10%的比例	平均值
14.2	56.3	43.7	86	4.1

由表 1 可以看出，系统偏差为 4.1%。分析误差原因，主要有：一是同一组比测的数据，其相应水位不同，这是在测验过程中由不同步测验以及水位变幅过大引起的。同一组比测数据水位之差超过 3 cm 的有 20 个，占总样本数量的 31%，最大值达到 12 cm；二是两种测验方法之间的测验误差。

（2）关系线比较法。建立小浪底水文站 ADCP 与流速仪各自的水位流量关系线，见图 1。

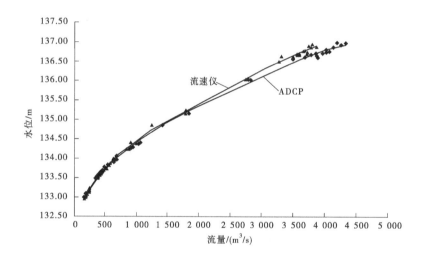

图 1　小浪底水文站 ADCP 与流速仪水位流量关系

比较时以流速仪关系线查得流量为真值，与同一水位上 ADCP 关系线上查得的流量相比较。相对误差结果见表 2。

表 2　相对误差统计　　　　　　　　　　　　　　　　　　　　　　　%

误差最大值	<±5%的比例	≥±5%的比例	≥±10%的比例	平均值
8.11	69.2	30.8	0	3.87

样本采集为 39 个，按水位每相关 10 cm 查得一个流量值。表 2 表明，ADCP 实测值系统偏大，其偏大的相对误差平均值为 3.87%。最大相对误差为 8.11%。相对误差小于 ±3.5% 的占总数的 64%，分布在流量 2 000 m³/s 以下；相对误差小于 ±5% 的占总数的 69.2%，分布在流量 2 400 m³/s 以下；相对误差大于或等于 ±5% 的占总数的 30.8%，分布在流量 2 400 m³/s 以上。总体来看，2 000 m³/s 以下误差相对稳定，2 000 m³/s 以上随着流量的增大而增大，变化规律见图 2。

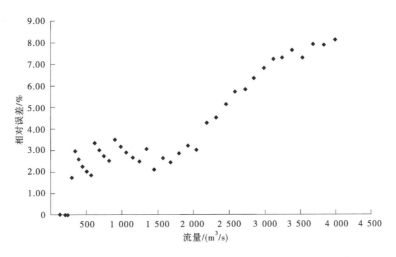

图 2　相对误差与流量的关系

由图 2 可以看出，当流量小于 2 000 m³/s 时，相对误差都小于 3.5%，平均相对误差为 2.4%；当流量大于 2 000 m³/s 时，相对误差都大于 3.5%，并且随着流量的增大相对误差呈线性增大。

2.3　计算结果

通过比测试验，ADCP 测得的流量在 2 000 m³/s 以下时，能够取得满意的数据成果，满足规范使用要求。流量在 2 000 m³/s 以上时误差较大，达不到规范使用要求。

2.4　误差分析

通过计算结果分析，ADCP 测验流量相对误差全部是正值，该误差应是 ADCP 与流速仪不同测验方式之间的误差引起的。引船速度过快、仪器安装偏角等因素是可控的。引起误差的原因主要有以下几点：流速脉动引起的流速测量误差，水位、水深、水边距离测量误差，流速仪分布经验公式插补误差，仪器入水深度测量误差，水位涨落率大时、测流历时较长引起的流量误差，仪器鉴定误差，流速仪的测验误差等。

3　数据处理

利用关系线法分析可知，原样本数据 64 个，关系线上查得样本个数为 39 个，满足数据分析样本个数要求；ADCP 测得的流量在 2 000 m³/s 以下时，相对误差都小于 3.5%，满足规范要求；当 ADCP 测得的流量在 2 000 m³/s 以上时，相对误差为 3.5%~8.11%，不满足规范要求。

利用线性相关法，把流量大于 2 000 m³/s 的数值按照数据变化规律进行处理。

3.1　线性相关公式

根据数据之间的相应关系，取得线性回归得到线性方程：

$$w = 0.000\ 013\ 1q + 0.019\ 39 \tag{1}$$

式中：w 为误差（%）；q 为 ADCP 流量，m³/s。

经修正后计算的流量以 Q_1 表示，则修正后流量数学模型为

$$Q_1 = q(1 - w) \tag{2}$$

式中：Q_1 为 ADCP 修正流量，m³/s。

将式（1）代入式（2）得

$$Q_1 = q(-0.000\ 013\ 1q + 0.980\ 611) \tag{3}$$

3.2　检验数学模型

对流量大于 2 000 m³/s 的数值经过式（3）修正后，再与水位−流量关系线上查得的流量相比，修正后数据见表 3。

表 3　修正后数据比较

序号	水位/m	ADCP 流量 q/(m³/s)	ADCP 修正流量 Q_1/(m³/s)	流速仪流量 Q/(m³/s)	$(Q_1 - Q)/Q$ 误差/%
1	135.40	2 050	1 955.200	1 990	-1.75
2	135.50	2 190	2 084.709	2 100	-0.73
3	135.60	2 320	2 204.508	2 220	-0.70
4	135.70	2 460	2 333.027	2 340	-0.30
5	135.80	2 590	2 451.906	2 450	0.08
6	135.90	2 730	2 579.435	2 580	-0.02
7	136.00	2 850	2 688.337	2 680	0.31
8	136.10	2 990	2 814.912	2 800	0.53
9	136.20	3 120	2 931.986	2 910	0.76
10	136.30	3 250	3 048.617	3 030	0.61
11	136.40	3 390	3 173.725	3 150	0.75
12	136.50	3 530	3 298.319	3 290	0.25
13	136.60	3 680	3 431.243	3 410	0.62
14	136.70	3 830	3 563.578	3 550	0.38
15	136.80	4 000	3 712.844	3 700	0.35

当流量大于 2 000 m³/s 时，经过数学模型修正后的数据，由表 3 可以看出相对误差都小于 1.75%，误差全部小于±3%，平均误差为 0.08，符合规范要求。通过数据处理后，推算流量数据满足规范使用要求。

4　结论

多普勒流速仪已广泛应用于水文测验。对一些测验条件较复杂、影响因素较多的测站，多普勒流速仪在应用时不可避免存在缺陷，这需要正确面对新设备新仪器使用中的问题，开拓思路，通过测验数据后处理，开发计算软件，探索研究 ADCP 在不同条件下的实践应用，为智慧水文提供更多方式方法。

参考文献

［1］河道流量测验规范：GB 50179—2015［S］.
［2］声学多普勒流量测验规范：SL 337—2006［S］.

故县水库洪水预报及调度优化系统研究

左 超 李建平

（河南黄河水文勘测规划设计院有限公司，河南郑州 450004）

摘 要：水库洪水预报预警及调度系统以实时监测水情为支撑，集成网络通信、数据库、计算机和水文预报模型等技术，实现了洪水预警预报和水资源的综合有效利用，是水库发挥防洪兴利任务的重要技术保障。本研究针对故县水库防洪、发电和供水任务，通过设计水库的水情测控系统，提升了水文气象监测资料的精度和实效性，建立了精确的水情信息监测系统；基于分布式蓄满-超渗洪水预报模型和改进遗传算法，研发了故县水库洪水预报及调度优化系统；根据水库洪水调度优化结果，提出了故县水库优化调度方案，其中丰、平、枯等典型年的引水流量分别为 5 m³/s、3 m³/s、2 m³/s，汛期平均发电水头分别为 75.3 m、75.2 m、72.1 m，非汛期平均发电水头分别为 78.5 m、75.8 m、74.3 m。目前，该系统自 2017 年运行至今，为故县水库的运行管理提供了有效的支撑。

关键词：故县水库；洪水预报；优化调度；蓄满超渗模型；改进遗传算法

故县水库位于洛河中游，控制流域面积 5 370 km²，占洛河流域面积的 45%。所在流域属于温带季风气候，降雨分配不均，其中 7—10 月雨量占全年的 60% 以上，引起较大洪水，而其他月份常有干旱发生，洪水和干旱威胁着两岸社会经济的高质量发展[1-2]。目前，黄河流域生态保护与高质量发展已上升为国家战略，2021 年 10 月 8 日，中共中央、国务院印发了《黄河流域生态保护和高质量发展规划纲要》，明确要求有效提升防洪能力，建立黄河流域水利工程联合调度平台，推进上中下游防汛抗旱联动。故县水库作为以防洪为主，兼顾灌溉、发电和供水综合利用的大型水库，对黄河防洪和兴利具有重要的作用，如何对洪水进行准确预报、及时预警、科学调度和有效处置是提升故县水库防洪减灾能力的关键。

水库优化调度始于 20 世纪 50 年代，Masse 首次在调度中引入优化的思想，随后 Little 将随机动态规划应用到水库优化调度中[3]，到 70 年代，G. K Young 明确提出了水库调度规则，建立了流量与径流量、蓄水量之间最优的序列[4]。以美国、意大利和欧盟为代表逐渐完善和发展了洪水预报预警及水库调度系统。国内关于水库调度研究则源于计算机技术迅速发展及我国在长江、黄河等流域水库的大规模建设，比较有代表性的有三峡水库入库站洪水预报系统、黄河防洪调度决策支持系统和长江流域防洪调度系统，目前初步构建了防汛抗旱水文监测预报预警服务体系[5]。

长期以来，以故县水库为代表的中小流域水库并未得到广泛关注，水库的建设仅作为黄河调洪削峰，发电、灌溉、供水等随社会经济快速发展才逐渐被关注。故县水库目前在网运行遥测雨量站共有 30 处，多数建于 20 世纪 90 年代，设施设备已严重老化，观测数据的准确性低、有效性差和代表性不强制约了高精度洪水预报及调度系统的研发，提高水文数据的观测精度是水文数据应用于预报平台的关键。随着计算机、人工智能等科学技术的不断发展，在地理信息系统（GIS）和数字高程模型（DEM）的支持下，开发针对中小流域的大数据智能洪水预报及调度优化系统成为可能。本研究针对

作者简介：左超（1978—），男，高级工程师，主要从事水利工程及水文自动测报系统设计。

故县水库流域特点进行水情监测系统设计，集成采用 B/S（浏览器/服务器）的方式进行开发，在雨水情自动遥测系统的支持下，开发了故县水库洪水预报及调度优化系统，为故县水库运行管理提供支撑。

1 水情监测系统

（1）水情监测系统实现了水库水情的自动采集、传输和处理。故县水库布设了雨量站 30 处、水位站 4 处、闸位站 3 处，并在故县水利枢纽管理局建立了水情遥测数据接收及处理系统，遥测信息通过远程终端单元（remote terminal unit，RTU）进行实时传输（见图 1）。

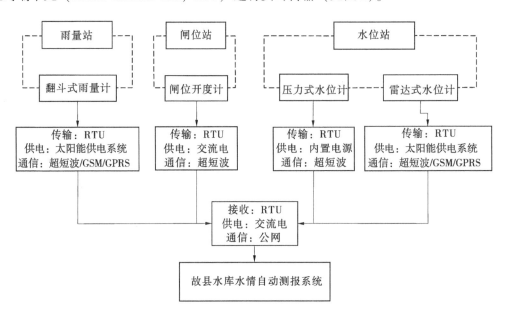

图 1　故县水库水情自动测报系统

（2）水情数据接收及处理系统。接收到的数据，采用图形窗口进行查询，可以实时显示雨情数据、水情数据、闸位数据等。遥测数据接收平台软件基于 B/S 方式访问，地图数据以 WebGIS 方式访问。其中，应用系统、GIS 地图调用服务及实时雨水情数据库部署在一台服务器上，系统的访问基于单机单点方式。

（3）水情会商系统。基于遥测信息的收集、处理，水情会商系统主要包含以下五个方面，水雨情信息展现、动态影像信息展示、会商材料制作、水文预报成果展现和系统管理（见图 2）。水雨情信息展现的形式有表格、图形（过程线、直方图、柱状图、饼图）、动画（降雨过程、洪水过程、洪峰过程、淹没过程）、GIS 方式等。

2 水库智能优化调度系统

水库智能优化调度系统集成了各种水雨情、水质、地形、发电等数据，系统基于 B/S 模式，采用统一配置的先进的网络和服务器环境，包括服务器、Microsoft SQL Server 数据库服务器等，通过 ASP. NET 技术和 C#语言及 Microsoft Visual Studio. NET 2015 等软件进行软件的开发和功能实现。系统设计为数据层、服务层、应用层三层结构。每层内分为若干子层次、子系统，各部分利用接口进行通信，协同工作（见图 3）。

（1）用户层。指系统的用户，根据业务需求设置用户，分配用户权限。一般用户能够使用基本的系统功能，系统管理员具有最高权限，包括空间数据的编辑等。界面层是直接展示给用户的各个界

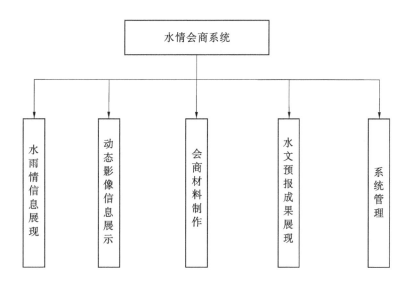

图 2　水情会商系统控制单元构成

面，界面展示查询信息结果，同时提供界面给用户输入信息，界面设计将结合人机界面设计的一般原则，提供明确、方便的界面供用户进行交互。

（2）应用服务层。包括两个部分：GIS 平台和模型及方法库。这两个系统是在同一个页面进行展示的，是一个有机的整体。应用服务层将对系统需要的各个功能提供服务，包括基于空间数据及属性数据库进行数据的查询、添加、修改，将得到的信息交给界面层进行展示。

（3）数据层。由系统运行所需的各类数据构成，向数据访问层提供查询结果。数据层包括实时水情数据库、实时雨情数据库、工情数据库、水库调度数据库、水质数据库。

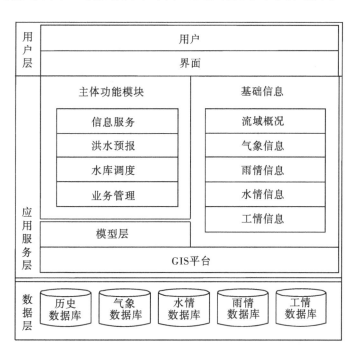

图 3　故县水库洪水预报调度优化系统逻辑结构

3 水库智能调度系统关键技术

3.1 洪水预报模型

（1）故县水库智能调度系统中包含两项关键技术，分别是洪水预报和水库调度，故县水库所在区域属于半干旱半湿润地区，该地区产流方式以超渗和混合产流为主，因此选择在半干旱半湿润地区适用较好的蓄满超渗兼容模型[6]。蓄满超渗兼容模型计算流程见图4。详细模型原理及计算公式见文献 [6]。

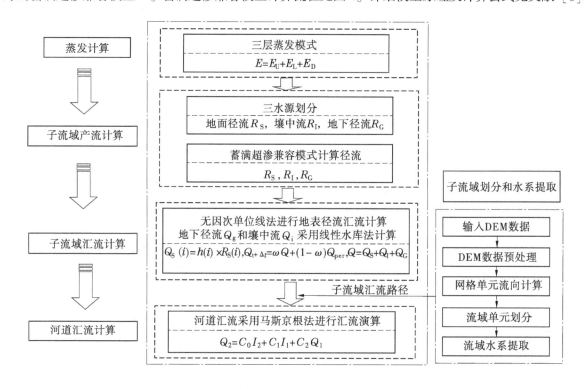

图 4　模型基本结构流程

（2）模型参数率定。选取卢氏水文站 2009—2014 年的实测降雨和洪水数据对模型进行率定和检验。表 1 为卢氏站模型参数率定结果。表 2 为模型模拟精度统计，从结果可以看出，R^2 大于 0.6 的洪水场次为 6 场，占总洪水场次的 75%。Nash 系数在 0.7~0.9 的有 6 场，占总洪水场次的 75%；洪峰相对误差在 20% 以内的有 5 场，合格率为 62.5%。根据《水文情报预报规范》（GB/T 22482—2008）规定，卢氏站控制流域蓄满超渗分布式模型的模拟结果达到乙级水平，洪水预报误差是可以接受的。

表 1　卢氏站蓄满–超渗模型参数率定结果

参数	WM	X	Y	b	B2	cke
参数值	128	0.451	0.136	0.318	0.592	1
参数	C	fc	k	ckg	Cn	cnk
参数值	0.075	9.225	0.5	0.947	1.436	4.669
参数	EX	SM	CKI	CI	CG	
参数值	2.623	16.219	0.997	0.872	0.53	

表2 卢氏站蓄满–超渗模型模拟结果统计

项目	洪号	模拟洪峰流量/（m³/s）	实测洪峰流量/（m³/s）	Nash效率系数	相关系数平方 R^2	洪峰相对误差/%	洪量相对误差/%	峰现时间差/h
率定期	20100723	1 680	1 510	0.77	0.80	11.26	6.65	1
	20100819	1 124	907	0.72	0.87	23.92	−19.16	4
	20100906	595	570	0.91	0.94	4.39	−11.96	0
	20110906	768	590	0.04	0.55	30.17	−54.44	5
	20110911	1 295	1 420	0.82	0.89	8.80	14.25	−3
	20110917	1 109	1 660	0.71	0.85	33.19	20.29	−1
检验期	20120909	459	423	0.85	0.89	8.51	−11.64	1
	20140914	724	835	0.37	0.11	−13.29	−5.6	14

3.2 水库智能优化调度模型

3.2.1 水库优化调度模型

根据实际情况，故县水库选择的优化准则包括发电量最大、供水量最大、洪灾损失最小、弃水量最小、综合效益最大等形式的目标。约束条件主要体现研究区域的实际情况和各方面的需求，既包括诸如防洪、水量平衡、水位等"硬约束"，也包括灌溉用水、发电用水、生活和工业供水等多方面的约束。故县水库为调节水库，时间长度取1个月，选择水库发电量最大为优化目标，目标函数为

$$MaxF = \max \sum E(t) = \max \sum N_t D_t = \max \sum A Q_t H_t D_t \qquad (1)$$

式中：$E(t)$为t时段内总的发电量；A为电站出力系数；Q_t为t时间内平均发电流量；H_t为t时段平均水头；N_t为t时段平均出力；D_t为t时段总发电量。

因此，研究中分别考虑了水量平衡约束、防洪约束、水位约束、发电水头和非负共7个约束。通过改进遗传算法实现水量、水头、效率等的最优利用，增加水库经济效益，提高水库管理运行水平。

3.2.2 改进遗传算法

遗传算法是一种进化算法，最早由Holland于1975年提出，现在广泛应用于最优求解，其原理及计算详见文献[7]。本研究中通过改进遗传算法对水库进行智能调度，改进遗传算法计算流程见图5。

3.2.3 水库调度方案

通过对故县水库径流资料频率分析，采用距平百分率（P）作为划分丰平枯的标准。选择2011年代表丰水年，2014年代表平水年，2008年代表枯水年。根据优化调度的计算结果，结合水库实际运行情况，分别提出了3种水库调度方案，以指导水库优化运行。

（1）丰水年。以"大发为主、发蓄兼顾"为原则，多发电、少弃水，并蓄满水库。引水工程以5 m³/s的流量进行供给，平均发电水头汛期控制在75.3 m，非汛期控制在78.5 m。汛期通过洪水到来前的预泄，腾出部分库容，重复利用库容增加发电量，通过拦蓄洪水尾巴，抬升水库运行水位，提高水库发电效率，减少水库弃水。

（2）平水年。以"发蓄并举"为原则，既不过低削落水位，也不过多抬高水位导致弃水。引水工程以3 m³/s的流量进行供给，平均发电水头汛期控制在75.2 m，非汛期控制在75.8 m。根据来水特点，前汛期以发电为主，后汛期以蓄水为主。

（3）枯水年。以"细水长流"为原则，保持出力的均匀性。引水工程以2 m³/s的流量进行供给，平均发电水头汛期控制在72.1 m，非汛期控制在74.3 m。水库发电时，保证出力的相对稳定，

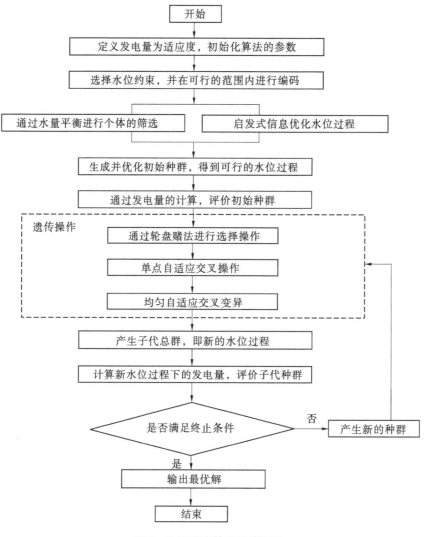

图 5　改进遗传算法计算流程

水库以蓄水为主，确保各部门的用水需求。

4　水库洪水预报调度优化系统应用

4.1　系统功能实现环境

基于 B/S 模式的网络和服务器环境，包括 Windows 2008 的服务器、Microsoft SQL Server 2008 数据库服务器等，通过 ASP. NET 技术和 C#语言及 Microsoft Visual Studio. NET 2015 等软件完成了故县水库洪水预报调度优化平台的建设。图 6 为平台登录界面。

4.2　优化调度功能

优化调度管理包含三个项目：来水预报管理、来水预报结果查询和来水调度数据管理。来水预报管理主要进行洪水预报计算的新建任务、洪水演算。来水预报结果查询主要对来水预报管理中已经运算完成的洪水预报任务结果进行查询、修正和输出，如图 7 所示。系统中洪水调度模块是依据洪水预报的结果进行洪水调度，根据洪水模拟结果，自动运行洪水调度模型，进行洪水调度演算。

4.3　人机交互功能

通过控制实时调度作业的方法与进程，接受和发送指令，实现水库的智能调度。同时，设置测站选择、时间、模型等参数的选择单元，在降雨计算过程中可交互修改降雨数据、单位线数据，通过在线编辑降雨数据对预报结果实时修正，如图 8 所示。洪水调度窗口包括调度初始条件和约束条件设定、调度方案生成及洪水调度过程及特征查询、成果管理等对话框。

图 6　系统登录界面

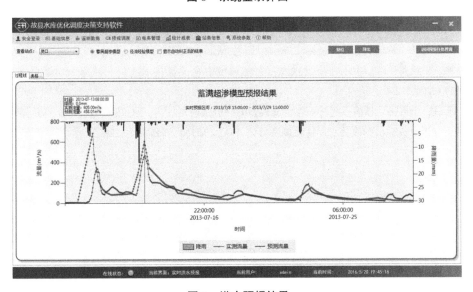

图 7　洪水预报结果

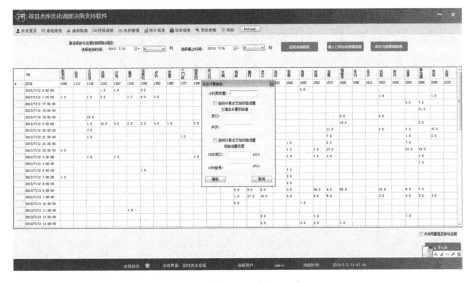

图 8　人工交互界面设计

5 结语

故县水库水情测控设备始建于 20 世纪 90 年代，运行至今出现老旧现象，针对该问题本研究重新设计了故县水库水情自动监测系统，实现了水文气象数据实时准确传输，保障了水库洪水预报调度优化系统的准确性。洪水预报模型采用了蓄满与超渗产流机制兼容的模型，保证了洪水预报的精度；通过改进的遗传算法对水库发电量最大优化调度模型进行求解，提出了丰、平、枯代表年的水库调度方案。研究将水情监测系统、洪水预报模型及调度优化算法集成于故县水库洪水预报及调度系统中。系统融合了水雨情遥测技术、网络通信技术、水文预报及优化调度技术，能够快速有效地提高洛河的洪水预报水平与防洪减灾能力，系统运行至今产生了巨大的社会效益。

参考文献

［1］胡云鹏 . 伊洛河流域并联水库联合防洪优化调度研究 ［D］. 郑州：华北水利水电大学，2019.

［2］姚娜，胡彩虹，季利，等 . 产流系数模型在故县水库产流预报中的应用研究 ［J］. 中国农村水利水电，2016（12）：97-100.

［3］Little J D C. The use of storage water in a hydroelectric system ［J］. Operations Research，1955，3：187-197.

［4］Young G K. Hydrologic estimation and economic regret ［J］. Water Resource Research，1975，5（11）：648-656.

［5］万定生，王坤，朱跃龙，等 . 中小河流洪水预报智能调度平台关键技术 ［J］. 河海大学学报（自然科学版），2021，49（3）：204-212.

［6］胡彩虹，王金星，李析男 . 蓄满—超渗兼容水文模型的改进及应用 ［J］. 水文，2014，34（1）：39-45，77.

［7］雷德义 . 基于改进遗传算法的故县水库优化调度研究 ［D］. 郑州：郑州大学，2017.

城市智慧水务框架构建及关键技术分析

张　波[1]　罗朝林[2]

（珠江水利委员会珠江水利科学研究院，广东广州　510610）

摘　要： 为了解决传统水务管理中信息共享不足、业务协同困难、智慧化决策支撑能力不高等问题，提出了智慧水务建设的解决方案。通过利用先进的云计算、大数据、人工智能、5G、水务大数据模型分析等技术，梳理业务流程，厘清数据关系，加强业务联系与数据共享，实现水务管理从"数字水务"向"智慧水务"转变，驱动水务治理体系和治理能力现代化的目标。

关键词： 智慧水务；云计算；大数据；人工智能；数据模型

1　引言

智慧水务采用先进的信息技术，实现城市水务运行的科学管理，确保供水水质安全，是城市管理信息化水平的重要标志，更是保障民生的重要技术手段[1-5]。水资源的日益稀缺与水环境保护压力的持续增大，以及阶梯水价等政策的推行，传统的管理方式远远不能满足需求，使得智慧水务的建设成为当务之急。智慧水务是一项大型的复杂的系统工程，涉及水务系统的各个环节，水务系统存在分布范围广、时空跨度大、水环境突发事件多等特征，信息化、智能化也具有一定的独特性。只有采用先进的信息技术，全面感知，智能分析，科学决策，才能实现现代化的水务管理。信息技术的高速发展，为智慧水务建设提供了强有力的技术支撑。

2　水务信息化现状及问题

近年来，各地水行政主管部门积极开展水务信息化建设，构建一系列满足业务管理需求的信息化系统，旨在解决水务管理活动中存在的水资源供需矛盾、水体污染、城市内涝等问题，有效提升了工作质量及效率，但仍然存在以下问题[6-9]：

（1）大部分已建系统仅能解决单一业务问题，系统功能单一且系统建设的时间一般较早，数据资源缺乏深度整合，无法在各应用系统之间实现共享复用。

（2）"数据孤岛"现象严重。缺乏统一的水务信息化标准规范，导致采集设备、硬件接口、数据类型、通信协议等方面都还没有统一标准，致使数据开放度低、兼容性差，形成数据烟囱和信息孤岛；各级水务部门之间同样存在数据壁垒。

（3）业务系统缺少统筹规划和系统设计，决策能力不足。已建应用业务系统大部分处在数据采集、信息查询和基础分析阶段，对新技术应用的扩展能力支撑不足，无法满足部门间业务协同的需求。在智能辅助分析决策方面的系统建设基本空白，云计算、大数据、BIM、GIS、5G等新一代信息技术尚未发挥作用。

（4）没有采用"集约化、一体化"的建设方式，造成业务系统只能在本单位内使用，各级水务

作者简介： 张波（1986—），男，工程师，主要从事水利信息化、自动化研究。

管理部门无法使用的现象，导致重复建设、资源浪费等问题的出现。

3 智慧水务建设技术框架

　　智慧水务建设充分运用云计算、大数据、物联网、5G、人工智能等新一代信息技术，强化智慧水务业务与信息技术深度融合，促进业务理念更新、业务重塑和流程再造，建立统一的水务信息化标准规范体系，建设覆盖重点区域和重点管理对象的感知网，建立与各级水行政主管单位互联互通、服务于水务业务应用的水务大数据，构建涵盖水行政主管单位职责范围的业务应用系统，建立多层级、一体化、主动感知智能防御的网络安全体系，促进水利信息化提档升级，推动水务工作向管理更规范、运行更安全、监管更高效、服务更全面的方向发展，为城市的水务发展提供重要的基础支撑作用[10-14]。

　　智慧水务建设应以水利网络安全体系和水利网信保障体系为保障，需具备完善的水务感知网，集水务数据存储、管理、交换、服务等功能为一体的水务大数据中心，提供统一应用支撑服务的监管平台，支撑职能部门开展业务的水务信息"一张图"，规范未来水务信息化建设的标准规范体系及基础设施建设等内容，技术框架如图 1 所示。

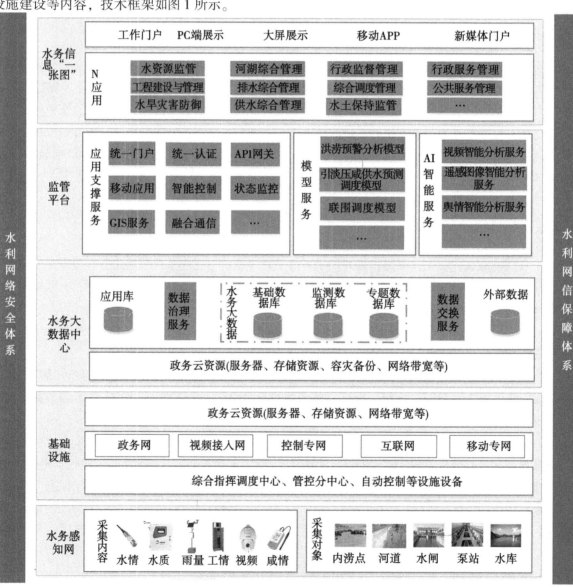

图 1　智慧水务建设技术框架

3.1 水务感知网

水务智能感知网建设应采用水量和水质监测相结合、在线自动化监测和人工检测相结合、驻站监测和移动监测相结合的模式，对自然水循环的降水、地表径流、水面蒸发土壤下渗、地下径流等自然水循环过程和水源、取水、输水、水厂、供水管网、用水、水质净化厂、排水、再利用的社会水循环的所有环节的涉水要素和工程进行及时、全面和准确监测，并实现数据联网接入，达到监测对象信息内容全覆盖、循环过程全贯穿、监测时间全天候的目标。

3.2 水务大数据中心

构建"实用、先进、安全、可靠"，并且集水务数据存储、管理、交换、服务等功能为一体的水务大数据中心，形成持续稳定的数据更新机制，满足城市水务相关业务数据和水务数据统一开发利用的需要，为城市水务管理及数据共享提供标准统一的数据支撑。

3.3 水务监管平台

建成集应用支撑服务、模型服务等公共服务为一体的水务监管平台，实现向各级水行政主管部门、涉水业务管理单位提供统一的支撑服务。智慧水务监管平台建设应遵循"统筹规划、系统设计""集约建设、统一运行""开放扩展"和"注重安全、确保稳定"的总体指导思想和原则。

3.4 水务信息"一张图"

建设由城市水务全要素专题图及 N 个业务应用构成的水务信息"一张图"。通过系统梳理水安全、水资源、水生态、水环境、水建设、供排水等业务板块的业务流程，围绕当前水务业务（如水旱灾害防御、水资源监管、水利工程建设与管理、供水综合管理、排水综合管理、河湖综合管理、水土保持监管、水政执法等），构建满足业务管理需求的应用系统，并对已建的各类信息化系统融合升级，建成全市水务要素专题图，实现集约化、一体化的建设原则。

3.5 水务标准规范体系

依照国家、省、市新型智慧城市建设和智慧水利标准，结合城市智慧水务感知对象、业务特点、管理模式，统一全市水务信息化技术框架，构建管用实用、适度超前的智慧水务标准体系，保障城市智慧水务建设有效衔接、充分共享、业务协同、互联互通。编制内容可包含采集感知、信息安全及基础设施、大数据中心、水务模型、应用开发等技术规范。

3.6 基础设施

充分利用光纤、微波、5G 等网络联接技术和云计算、大数据等信息技术，构建广域覆盖、弹性伸缩的一体化、集约化基础设施体系，有效解决复杂多样、分布广等基础设施管理难点。

4 智慧水务关键技术

4.1 微服务技术架构

微服务是指开发一个小型的但有业务功能的服务，每个服务都有自己的处理和轻量通信机制，可以部署在单个或多个服务器上，是一种松耦合的、有一定的有界上下文的面向服务架构。智慧水务建设采用微服务架构的主要优点有如下几个方面：每个微服务都很小，能聚焦一个指定的业务功能；体系中各个系统是松耦合的、有功能意义的服务，无论是在开发阶段或部署阶段都是独立的；能使用不同的语言和框架开发，封装在不同的容器中；允许容易且灵活的方式集成自动部署，通过持续集成开发工具，可以极大地提高部署效率；能够及时被要求功能扩展和修改，使得系统在线修订更加顺畅；易于被第三方系统集成；每个微服务都有自己的存储能力，可以有自己的数据库，也可以有统一数据库，使得存储系统的压力更小、更便于分布式灵活部署[15]。

4.2 面向服务体系结构（SOA）技术

面向服务的体系结构（SOA）将应用程序的不同功能单元（称为服务）通过服务之间定义的接

口和契约联系起来。接口是采用中立的方式进行定义的，其独立于实现服务的硬件平台、操作系统和编程语言，使得构建在各种系统中的服务可以以一种统一和通用的方式进行交互。智慧水务建设可采用 SOA 架构及相关技术进行规划、设计、开发、集成和运行。

4.3 混合数据库技术

智慧水务应用系统面向的数据类型有多种，包括关系型数据、流数据、大二进制数据块、文档型数据、空间数据等。鉴于多种类型的数据都需要进行采集和管理，因此智慧水务应用系统建设应采用混合数据库结构方式来构建数据存储层，所采用的数据库类型可以服务于上述的数据类型，同时还应具有分布式和高可用的特点。

5 结语

智慧水务建设是促进和带动水务现代化、提升水务行业社会管理和公共服务能力、保障水务可持续发展，实现水务智慧化、水务服务社会的重要途径和必然要求。本文对传统水务信息化的现状进行系统分析，提出了智慧水务建设的技术框架，为智慧水务的建设提供了思路。当前，我国智慧水务建设仍处于起步阶段，智慧水务建设应将"节水优先、空间均衡、系统治理、两手发力"十六字治水思路作为新时期水务工作的指导思路，积极探索新技术与水务业务的融合场景，密切关注发达国家智慧水务建设的先进理念及经验，结合我国水资源特点、水务管理需求、民生需求等因素，构建适合城市水务管理的智慧水务应用。

参考文献

［1］张寿龙．智慧水务顶层规划及应用［J］．建设科技，2018（23）：77-80.

［2］谢丽芳，邵煜，马琦，等．国内外智慧水务信息化建设与发展［J］．给水排水，2018，54（11）：135-139.

［3］高倩倩，陈家睿，杨麒臻，等．智慧水务发展的可行性［J］．城市建设理论研究（电子版），2019，4（16）：76-77.

［4］李萌．智慧水务项目建设浅析［J］．现代信息科技，2020，4（2）：156-158，161.

［5］张振山，范德昌．智慧水务安全挑战与应对措施［J］．中国信息化，2020，4（12）：63-64，60.

［6］周春峰．智慧水务建设的思考——以南京市为例［J］．城乡建设，2020（22）：53-55.

［7］弓勋．城市智慧水务建设存在的问题及改进措施［J］．住宅与房地产，2020（30）：210-211.

［8］任海静，马一祎．我国智慧水务的发展现状及前景［J］．建设科技，2021，4（6）：60-63，67.

［9］王麒．深圳市龙岗区智慧水务建设及总体规划［J］．节能，2021，40（3）：75-77.

［10］朱晓庆，殷峻暹，张丽丽，等．深圳市智慧水务应用体系研究［J］．水利水电技术，2019，50（S2）：176-180.

［11］王晓辉，殷峻暹．深圳市智慧水务建设总体框架研究［J］．水利水电技术，2019，50（S1）：192-196.

［12］成斐鸣，范营营，张岐，等．智慧水务管理平台的设计［J］．机械设计与制造工程，2019，48（10）：89-92.

［13］杜晓璐，李强．智慧水务框架设计及实施方案研究［J］．低碳世界，2021，11（4）：229-230.

［14］赵伟，陈奔，杨晴，等．智慧水务构建研究［J］．水利技术监督，2019，4（6）：51-54，227.

［15］陈琥．智慧水务平台系统的构建及关键技术分析［J］．中国设备工程，2021，4（13）：212-214.

水工机械装备智能远程运维系统技术研究应用

郝伯瑾[1,2]　张　雷[1,2]　李和林[3]

(1. 黄河水利委员会黄河水利科学研究院，河南郑州　450003；
2. 河南省水电工程磨蚀测试与防护工程技术研究中心，河南郑州　450003；
3. 郑州大学，河南郑州　450001)

摘　要：在物联网集成的基础上，实现了对水工机械装备运行状态数据稳态、动态数据采集；构建设备运维执行状态的活动模型，通过人机交互界面、动态图表等展示设备实时运行状态，同时可对设备运维结果进行管控；建立设备评估模型和故障预测模型，并基于数据驱动的预测诊断，实现设备智能运维。

关键词：水工机械；远程运维；状态监测；故障诊断；评估模型

1　引言

水利枢纽工程的水工机械装备具有运行工况多样、结构受力复杂等特点，运行过程中容易发生结构振动、变形及提升困难现象，严重时将导致闸门无法正常运行，对枢纽安全运行构成极大威胁。在水工机械装备运行寿命周期中，安全运行影响因素较多，如结构稳定性、结构可靠性、水力学问题(运行环境、结构应力、运行姿态、门槽和流道水力学参数、启闭设备的运行状态、运行操作管理人员的素质)等，具体表现为应力超标、振动、变形、启闭力不足、焊缝开裂、闸门摩擦、金属腐蚀等[1-2]，更多的是多种因素复合影响的结果。水利机械设备运行的可靠性、安全性和稳定性是枢纽工程安全运行的决定因素，也是保证工程安全的生命线，因此加强水工机械装备远程运维及管理系统技术研究很有必要。

目前，对大型水利工程安全监测较多，但对水工机械装备自动化数据采集、预警相对较少，而对设备故障诊断的相关研究更少[3]，在水工机械装备运行维护方面仍停留在传统的人工巡查或专项检测。人工巡查内容虽全但巡查深度不够；专项检测存在时间空档，记录不连续，缺乏安全隐患积累过程，很多故障等到发现就可能已形成安全险情；另外，人工巡查或检测维护投入大、效率低、故障排除及维护周期长，大大影响了水利水电工程的安全可靠运行。

2　智能远程运维系统架构

水工机械装备智能远程运维系统包含现场侧和平台侧。现场侧包括设备层和接入层，平台侧包括数据层和应用层。设备层由闸门(平面闸门或弧形闸门)、启闭机(卷扬式启闭机或液压式启闭机)及传感器、传感设备组成；接入层由现场总线、工业以太网或工业无线网络、网关组成；数据层包含数据处理、数据存储及数据发布；应用层包括状态监测、故障诊断、健康诊断、虚拟维护等，并应形

基金项目：中央级公益科研院所基金项目 (HKY-JBYW-2019-21)。

作者简介：郝伯瑾 (1977—)，男，工程师，主要从事工程力学及水利信息化相关研究。

成设备远程运维知识库，支持知识库的持续更新和维护；水工机械装备远程运维系统的平台侧满足 PC 客户端、移动客户端或监测中心大屏的部署应用。智能远程运维系统架构见图 1。

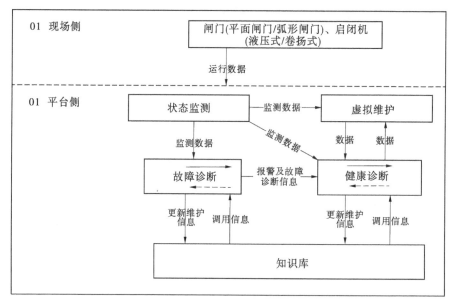

图 1　智能远程运维系统架构

3　运维及管理系统应用及实例

水工机械装备智能远程运维系统基于闸门及启闭机运行过程的实时状态监测数据及其他数据（如设备状态的录入数据），对闸门及启闭机异常信息进行预警及故障进行分析，并基于闸门及启闭机的历史运行数据进行健康诊断及健康分析。2019 年 1 月开始，该系统在河南省陆浑水库溢洪道弧形闸门及启闭机进行了安装、调试及试运行，综合运行时长超过 12 个月，目前使用效果良好。

3.1　运行状态实时监测、预警及三维可视化

目前，不管水利枢纽大坝监测系统，还是其他监测系统，设备的监测位置多为断面图，如果不是受过专业训练，看懂数据意义较为困难。水工机械装备智能远程运维系统对设备运行过程实现了多维度可视化，较为直观，并可对可视化显示进行自定义。基于监测数据分析，运用二维图、三维图、结构图、模拟动画等手段，全方位、多维度对设备状态监测信息进行展示，方式包括全部设备运行监测显示、单设备运行监测显示等。实时监测、三维可视化系统部分功能界面见图 2。

3.2　智能预警/报警

水工机械装备智能远程运维系统的预警/报警模块包括动态阈值报警、趋势预测及预警、分级预警、模式异常预警及数据统计分析等。动态阈值报警：设置动态阈值报警功能，可预设设备不同工况下的报警阈值，根据运行工况自动匹配报警阈值，实现精确报警。趋势预测及预警：对趋势的缓变、跳变进行预警。分级预警：根据超过阈值的程度不同，进行不同等级的报警。模式异常预警：自动识别并记录设备在各种工况下运行的关键参数之间的关系，利用模式识别技术，判断其相互关系是否发生异常，当发生异常时发出报警信号。系统设置多种查询方式：用户可对预警数据进行筛选和查询，包括时间查询、设备查询、报警类型查询、处理状态查询等，查询结果可以列表的形式显示。

3.3　水利机械状态评估

根据设备评价规范及导则[4-5]，基于系统智能引擎、综合分析在线监测数据、离线试验数据、缺陷数据、检修维护记录等（如闸门、启闭机运行状况；闸门门体、支承及行走、吊杆、吊耳、止水、

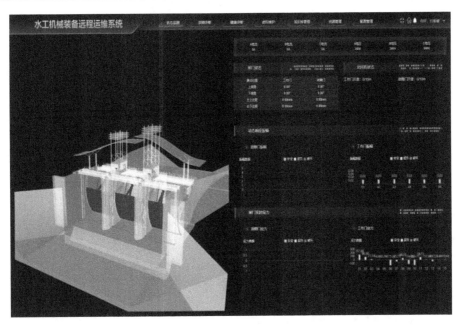

图 2　实时监测、三维可视化

埋件外观及运行状态；机箱、机座、螺杆和螺母监测和检测数据等），通过系统对数据进行自动统计、分析，结合历史设备趋势变化，对水利机械设备当前运行健康状态进行评估，从而指导设备运行及检修维护；状态评估结果以报告的形式进行呈现，报告可在线查看、编辑以及导出。

3.4　故障诊断分析

基于多元异构数据采集系统采集的数据、关联系统实时运行数据及历史巡检数据，结合信号分析技术手段及主动预警提示与推送信息，联合运维系统的知识库及专家系统，系统自动对设备运行状态评估及故障分析工作，并将可能的故障诊断结果分别提供给用户。故障诊断分析部分功能界面见图3。

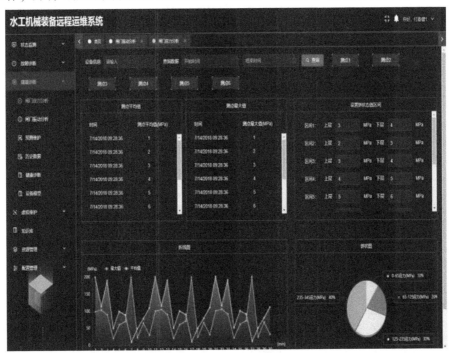

图 3　故障诊断分析

4　结语

在"水利重监管"政策的指引下，近年来水工机械装备监测相关研究发展较快，也逐渐在水利现代化进程中显现出重要作用，但智能远程运维的故障判断模型包含内容多、数据量大而研究相对较少。本研究对水工机械建立设备状态监测、评估模型和故障预测模型，并基于数据驱动的预测诊断，实现了对闸门及启闭机的常态化远程监测及运维管理，提升了数字化运维和管理能力，对水工机械领域自动化进程有一定推动作用，但在水利自动化故障诊断方面还存在一定不足，如同种故障对应不同诊断结果，不具有唯一性，还需要人工进行最终判断；或者智能诊断结果内容不全，造成诊断结果与实际故障不相符。另外，大数据、云端服务和手机多用户是当代互联网发展趋势，所以将流域（如黄河流域、长江流域等）内的水工机械设备集中建立后台服务，大数据集中管理、推进云端服务是水工机械装备智能远程运维系统研究的发展方向。

参考文献

[1] 郑绿锵. 水工钢闸门及启闭机常见质量问题及对策 [J]. 建材与装饰，2007（10）：242-243.

[2] 谭秀娟. 部分水电站水工钢闸门和启闭机安全状况分析 [J]. 大坝与安全，2002（2）：49-51.

[3] 余岭，万祖勇，徐德毅，等. 水工钢结构智能健康诊断技术研究与进展 [J]. 长江科学院院报，2005，22（5）：64-68.

[4] 中华人民共和国水利部. 水闸安全评价导则：SL 214—2015 [S]. 北京：中国水利水电出版社，2015.

[5] 中华人民共和国水利部. 水库大坝安全评价导则：SL 258—2017 [S]. 北京：中国水利水电出版社，2017.